云 计 算

（第三版）

刘　鹏　主编

电子工业出版社

Publishing House of Electronics Industry

北京 · BEIJING

内 容 简 介

本书是被绝大多数高校采用的教材《云计算（第二版）》的最新升级版，是中国云计算专家咨询委员会秘书长刘鹏教授团队的心血之作。在应对大数据挑战的过程中，云计算技术日趋成熟，拥有大量的成功商业应用。本书追踪最新技术，相比第二版更新了 60%以上的内容，包括大数据与云计算、Google云计算、Amazon 云计算、微软云计算、Hadoop 2.0 及其生态圈、虚拟化技术、OpenStack 开源云计算、云计算数据中心、云计算核心算法和中国云计算技术等。刘鹏教授创办的中国云计算（chinacloud.cn）、中国大数据（thebigdata.cn）网站和刘鹏微信公众号（lpoutlook）为本书学习提供技术支撑。

"让学习变得轻松"是本书的初衷。通过本书可掌握云计算的概念和原理，学习主要的云计算平台和技术，还可了解云计算核心算法和发展趋势。本书适合作为相关专业本科和研究生教材，也可作为云计算研发人员和爱好者的学习和参考资料。

图书在版编目（CIP）数据

云计算 / 刘鹏主编. —3 版. —北京：电子工业出版社，2015.8
ISBN 978-7-121-26386-6

Ⅰ.①云…　Ⅱ.①刘…　Ⅲ.①计算机网络　Ⅳ.①TP393

中国版本图书馆 CIP 数据核字（2015）第 137325 号

责任编辑：董亚峰　　特约编辑：王　纲
印　　刷：大厂回族自治县聚鑫印刷有限责任公司
装　　订：大厂回族自治县聚鑫印刷有限责任公司
出版发行：电子工业出版社
　　　　　北京市海淀区万寿路 173 信箱　邮编　100036
开　　本：787×1 092　1/16　印张：26.75　字数：688 千字
版　　次：2010 年 3 月第 1 版
　　　　　2015 年 8 月第 3 版
印　　次：2023 年 1 月第 34 次印刷
定　　价：59.00 元

凡所购买电子工业出版社图书有缺损问题，请向购买书店调换。若书店售缺，请与本社发行部联系，联系及邮购电话：（010）88254888，88258888。

质量投诉请发邮件至 zlts@phei.com.cn，盗版侵权举报请发邮件至 dbqq@phei.com.cn。

本书咨询联系方式：（010）88254694。

编 写 组

主　编：刘　鹏

副主编：陈卫卫

编　委：叶晓江　慈　祥　任桐炜　李志刚　鲍爱华

　　　　唐艳琴　付印金　吴海佳　李　涛　余　俊

　　　　王　真　张晓燕　沈大为　杨震宇　张海天

　　　　宋春博　王　磊

第三版前言

《云计算》第一版于 2010 年 3 月出版，第二版于 2011 年 5 月出版。时隔四年，在读者的翘首以待中，最受欢迎的云计算教材，终于出第三版啦！

有趣的是，2010 年初，我曾经发表了《云计算开启潘多拉星球时代》一文，对 2015 年的云计算发展进行了预测，我们来看看准不准。

"云计算的影响将是深远的，它将彻底改变 IT 产业的架构和运行方式。作者在此（2010 年 1 月）做出大胆预测，请广大读者在 5 年后（2015 年 1 月）回过头来检验这些预测的正确性：在短期之内，高性能计算机、高端服务器、高端存储器、高端处理器的市场的增长率将进入拐点，这些高端硬件市场将被数量众多、低成本、低能耗、高性价比的云计算硬件市场所挤占。紧接着，成本远高于云计算的传统数据中心（IDC），将因为其过高的硬件、网络、管理和能耗成本，以及过低的资源利用率，而迅速被云计算数据中心取代，已建的数以万计的数据中心将被迫转换成云计算运行模式。很快地，绝大多数软件将以服务方式呈现，用户通过浏览器访问，数据都存储在'云'中。甚至连大多数游戏都将在'云'里运行，用户终端只负责玩家输入和影音输出。在不远的将来，会出现'泛云计算化'的现象，呼叫中心、网络会议中心、智能监控中心、数据交换中心、视频监控中心、销售管理中心等，将越来越向某些超大型专业运营商集中而获取高得多的性价比。"

可以说，云计算发展到今天，与预测的结果非常吻合！现在几乎是一切皆云了！

我们唯一能做的就是跟上变化。学习最新的云计算知识，应对大数据挑战，武装自己，迎接未来！

一些同志参加了《云计算》第二版的编写工作，第三版部分地继承了他们的成果，在此记载他们的贡献。他们是：朱军、田浪军、程浩、张洁、张贞、李浩、邓鹏、刘楠、张建平、邓谦、魏家宾、王昊、李松、马少兵、冯颖聪、陈秋晓、傅雷扬等。在此一并致谢！

作者时间充分，但水平有限，欢迎大家不吝赐教。可以通过"刘鹏看未来"（lpoutlook）微信公众号或刘鹏的邮箱 gloud@126.com 与刘鹏取得联系。

刘鹏　教授
2015 年 7 月 1 日

第二版前言

　　《云计算》第一版于 2010 年 3 月出版。承蒙大家的喜爱,一年中印刷了 4 次,在当当网云计算书籍中销量保持领先。由于云计算技术发展迅猛,我们的云计算研发团队封闭数月,紧密跟踪,及时推出了第二版。新版《云计算》增加了 40%内容,并对原有内容进行全面改写或扩充,以确保能更准确地反映云计算技术的最新面貌。

　　为了使第二版能够更好满足大家的需要,本书在改版时先进行了读者调查。调查结果显示出大家已经普遍跨越了概念理解阶段,而对云计算的动手实践环节和核心技术原理有着迫切的需求。因此,本书强化了 Hadoop、Eucalyptus、CloudSim 等动手性强的内容,充实了 Google、Amazon、微软云计算原理,增补了 VMware 虚拟化技术,还同步更新了对云计算理论研究热点的综述。

　　一些同志参加了《云计算》第一版的编写工作,第二版内容部分地继承了他们的成果。由于编写组署名空间的限制,只好在此记载他们的贡献。他们是:文艾、罗太鹏、龚传、薛志强、朱扬平、王晓璇、王晓盈、鲍爱华、伊英杰、吕良干、周游等。

　　虽然云计算起步于企业界,但在发展过程中有许多挑战性的技术问题需要解决,希望学术界与企业界密切协作,共同迎接挑战。本着这个思想,我们团队与华为、中兴通讯、360 安全卫士、华胜天成、天威视讯、世纪鼎利等知名企业建立了紧密的联合研究关系,研究内容紧跟市场需求和技术发展,研究成果能够迅速转化成生产力。在这本书里,我们将和大家分享其中一些研究成果。

解放军理工大学　刘鹏

2011 年 5 月 18 日

第一版前言

随着网络带宽的不断增长，通过网络访问非本地的计算服务（包括数据处理、存储和信息服务等）的条件越来越成熟，于是就有了今天我们称作"云计算"的技术。之所以称作"云"，是因为计算设施不在本地而在网络中，用户不需要关心它们所处的具体位置，于是我们就像以前画网络图那样，用"一朵云"来代替了。其实，云计算模式的形成由来已久（Google 公司从诞生之初就采用了这种模式），但只有当宽带网普及到一定程度，且网格计算、虚拟化、SOA 和容错技术等成熟到一定程度并融为一体，又有业界主要大公司的全力推动和吸引人的成功应用案例时，它才如同一颗新星闪亮登场。

既然云计算的服务设施不受用户端的局限，就意味着它们的规模和能力不可限量。Google、亚马逊、微软和 IBM 等的云计算平台已经达到几十万乃至上百万台计算机的规模。由于规模经济性和众多新技术的运用，加之拥有很高的资源利用率，云计算的性能价格比较之传统模式可以达到惊人的 30 倍以上——这使得云计算成为一种划时代的技术。

云计算与当今同样备受关注的 3G 和物联网是什么关系呢？是互为支撑、交相辉映的关系。3G 为云计算带来数以亿计的宽带移动用户。移动终端的计算能力和存储空间有限，却有很强的联网能力，如果有云计算平台的支撑，移动用户将获得前所未有的服务体验；物联网使用数量惊人的传感器、RFID 和视频监控单元等，采集到极其海量的数据，通过 3G 和宽带互联网进行传输，如果汇聚到云计算设施进行存储和处理，则可以更加迅速、准确、智能、低成本地对物理世界进行管理和控制，大幅提高社会生产力水平和生活质量。

云计算的影响将是深远的，它将彻底改变 IT 产业的架构和运行方式。可以预见，高性能计算机、高端服务器、高端存储器和高端处理器的市场将被数量众多、低成本、低能耗和高性价比的云计算硬件市场所挤占；传统互联网数据中心（IDC）将迅速被成本低一个数量级的云计算数据中心所取代；绝大多数软件将以服务方式呈现，甚至连大多数游戏都将在"云"里运行；呼叫中心、网络会议中心、智能监控中心、数据交换中心、视频监控中心和销售管理中心等，将越来越向某些云计算设施集中而获取高得多的性价比。放眼远眺，云计算将与网格计算融为一体，实现云计算平台之间的互操作和资源共享，实现紧耦合高性能科学计算与松耦合高吞吐量商业计算的融合，使互联网上的主要计算设施融为一个有机整体——作者称之为云格（Gloud，即 Grid+Cloud）。

因为云计算如此重要，与云计算相关的书籍应运而生。但由于云计算技术起源于企业界而非学术界，各种技术文献很难寻获，目前还未见到对云计算技术进行全面、深入剖析的教科书式出版物。本书编写团队核心成员自 2000 年起就从事网格计算研发，并一直紧跟国际形势从事云计算领域研发，运营了中国网格（http://www.chinagrid.net）和中国云计算（http://www.chinacloud.cn）网站，并承担了知名企业的云计算技术培训工作。我们能够感受到广大读者渴望弄清云计算技术本质和细节的迫切心情，集中力量编写了这本书，希望有所裨益。

　　本书适合不同层次的读者阅读。根据作者的经验，读一本书，面面俱到的方法不可取——耗时过长、印象不深。建议读者带着自己的疑问，寻找感兴趣的阅读点，直奔主题而去：希望了解云计算的概念、本质和发展趋势的读者，可以重点阅读第 1、11 章；希望学习云计算技术原理的读者，可以将重点放在第 2、3、4、5 章；希望动手从事云计算开发工作的读者，可重点阅读第 6、7、8 章；希望从事云计算理论研究的学术界同仁，可重点阅读第 9、10 章。

　　此书非常适合作为高校教材使用。建议高校为高年级本科生和研究生开设《云计算》课程。目前解放军理工大学、南京大学等多所高校已经为本科生、研究生开设了《云计算》课程。本课程教学时数建议为 60 学时，其中实验教学占 10~20 学时为宜。建议各位老师在中国云计算网站上共享自己的教案和课件，争取依靠大家的共同努力把它做成精品课程。

　　感谢中国云计算专家委员会主任委员李德毅院士和林润华秘书长对我们云计算研究工作的指导和鼓励。感谢在我攻读硕、博士学位期间，我的导师谢希仁教授和李三立院士分别在计算机网络和网格计算方向对我的悉心指导。

　　由于云计算技术较为前沿，加之作者水平有限、时间较紧，书中难免存在谬误，恳请读者批评指正。意见和建议请发到 gloud@126.com。欢迎在本书配套网站中国云计算（http://www.chinacloud.cn）上获取更多资料，并交流与云计算相关的任何问题。我们将密切跟踪云计算技术的发展，吸收您的意见，适时编撰本书的升级版本。

解放军理工大学　刘鹏

2010 年 3 月 1 日

目　录

XVI

第 1 章 大数据与云计算

图灵奖获得者杰姆·格雷（Jim Gray）曾提出著名的"新摩尔定律"：每 18 个月全球新增信息量是计算机有史以来全部信息量的总和。时至今日，所累积的数据量之大，已经无法用传统方法处理，因而使"大数据"这个词备受万众瞩目。而处理"大数据"的技术手段——"云计算"——早就于几年前被人们所熟知了。那么，大数据到底怎么形成的？大数据与云计算到底是什么关系？云计算到底是什么？云计算有什么样的优势？本章将沿着这个线索展开。

1.1 大数据时代

我们先来看看百度关于"大数据"（Big Data）的搜索指数，如图 1-1 所示。

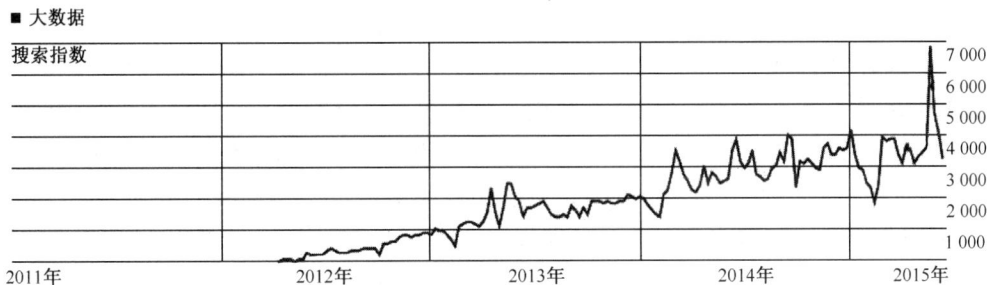

■ 大数据

图 1-1 "大数据"的搜索指数

（数据来源：百度指数©baidu）

可以看出，"大数据"这个词是从 2012 年才引起关注的，之后搜索量便迅猛增长。为什么大数据这么受关注？看看图 1-2 就明白了。2004 年，全球数据总量是 30EB[1]。随后，2005 年达到了 50EB，2006 年达到了 161EB。到 2015 年，居然达到了惊人的 7900EB。到 2020 年，将达到 35000EB。

---

[1] 1EB=1024PB=10^{18} 字节，1PB=1024TB=10^{15} 字节，1TB=1024GB=10^{12} 字节，1GB=1024MB=10^{9} 字节，1MB=1024KB=10^{6} 字节，1KB=1024 字节

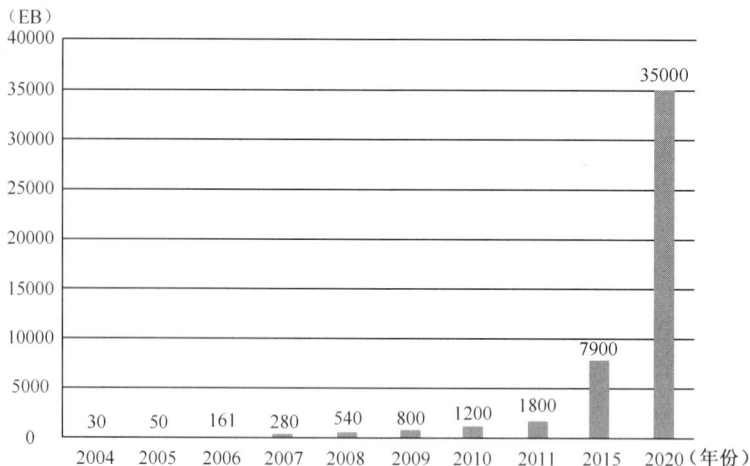

图 1-2　全球数据总量

为什么全球数据量增长如此之快？一方面是由于数据产生方式的改变。历史上，数据基本上是通过手工产生的。随着人类步入信息社会，数据产生越来越自动化。比如在精细农业中，需要采集植物生长环境的温度、湿度、病虫害信息，对植物的生长进行精细的控制。因此我们在植物的生长环境中安装各种各样的传感器，自动地收集我们需要的信息。对环境的感知，是一种抽样的手段，抽样密度越高，越逼近真实情形。如今，人类不再满足于得到部分信息，而是倾向于收集对象的全量信息，即将我们周围的一切数据化。因为有些数据如果丢失了哪怕很小一部分，都有可能得出错误的结论，比如通过分析人的基因组判断某人可能患有某种疾病，即使丢失一小块基因片段，都有可能导致错误的结论。为了达到这个目的，传感器的使用量暴增。目前全球有 30 亿～50 亿个传感器，到 2020 年将达到 1000 亿个之多。这些传感器 24 小时都在产生数据，这就导致了信息爆炸。

另一方面，人类的活动越来越依赖数据。一是人类的日常生活已经与数据密不可分。全球已经有大约 30 亿人连入互联网。在 Web 2.0 时代，每个人不仅是信息的接受者，同时也是信息的产生者，每个人都成为数据源，每个人都在用智能终端拍照、拍录像、发微博、发微信等。全球每天会有 2.88 万小时的视频上传到 Youtube，会有 5000 万条信息上传到 Twitter，会在亚马逊产生 630 万笔订单……。二是科学研究进入了"数据科学"时代。例如，在物理学领域，欧洲粒子物理研究所的大型强子对撞机，每秒产生的原始数据量高达 40TB。在天文学领域，2000 年斯隆数字巡天项目启动时，位于墨西哥州的望远镜在短短几周内收集到的数据比天文学历史上的总和还要多。三是各行各业也越来越依赖大数据手段来开展工作。例如，石油部门用地震勘探的方法来探测地质构造、寻找石油，使用了大量传感器来采集地震波形数据。高铁的运行要保障安全，需要在每一段铁轨周边大量部署传感器，从而感知异物、滑坡、水淹、变形、地震等异常。在智慧城市建设中，包括平安城市、智能交通、智慧环保和智能家居等，都会产生大量的数据。目前一个普通城市的摄像头往往就有几十万个之多，每分每秒都在产生极其海量的数据。

那么，何谓大数据？参考维基百科，本书给出的定义如下：海量数据或巨量数据，其规模巨大到无法通过目前主流的计算机系统在合理时间内获取、存储、管理、处理并提炼以帮助使用者决策。

目前工业界普遍认为大数据具有 4V+1C 的特征。

（1）数据量大（Volume）：存储的数据量巨大，PB 级别是常态，因而对其分析的计算量也大。

（2）多样（Variety）：数据的来源及格式多样，数据格式除了传统的结构化数据外，还包括半结构化或非结构化数据，比如用户上传的音频和视频内容。而随着人类活动的进一步拓宽，数据的来源更加多样。

（3）快速（Velocity）：数据增长速度快，而且越新的数据价值越大，这就要求对数据的处理速度也要快，以便能够从数据中及时地提取知识，发现价值。

（4）价值密度低（Value）：需要对大量的数据进行处理，挖掘其潜在的价值，因而，大数据对我们提出的明确要求是设计一种在成本可接受的条件下，通过快速采集、发现和分析，从大量、多种类别的数据中提取价值的体系架构。

（5）复杂度（Complexity）：对数据的处理和分析的难度大。

1.2　云计算——大数据的计算

在中国大数据专家委员会成立大会上，委员会主任怀进鹏院士用一个公式描述了大数据与云计算的关系：$G=f(x)$。x 是大数据，f 是云计算，G 是我们的目标。也就是说，云计算是处理大数据的手段，大数据与云计算是一枚硬币的正反面。大数据是需求，云计算是手段。没有大数据，就不需要云计算。没有云计算，就无法处理大数据。

事实上，云计算（Cloud Computing）比大数据"成名"要早。2006 年 8 月 9 日，谷歌首席执行官埃里克·施密特在搜索引擎大会上首次提出了云计算的概念，并说谷歌自 1998 年创办以来，就一直采用这种新型的计算方式。

那么，什么是云计算？刘鹏教授对云计算给出了长、短两种定义。长定义是："云计算是一种商业计算模型。它将计算任务分布在大量计算机构成的资源池上，使各种应用系统能够根据需要获取计算力、存储空间和信息服务。"短定义是："云计算是通过网络按需提供可动态伸缩的廉价计算服务。[1][2]"

这种资源池称为"云"。"云"是一些可以自我维护和管理的虚拟计算资源，通常是一些大型服务器集群，包括计算服务器、存储服务器和宽带资源等。云计算将计算资源集中起来，并通过专门软件实现自动管理，无须人为参与。用户可以动态申请部分资源，支持各种应用程序的运转，无须为烦琐的细节而烦恼，能够更加专注于自己的业务，有利于提高效率、降低成本和技术创新。云计算的核心理念是资源池，这与早在 2002 年就提出的网格计算池（Computing Pool）的概念非常相似[3][4]。网格计算池将计算和存储资源虚拟成为一个可以任意组合分配的集合，池的规模可以动态扩展，分配给用户的处理能力可以动态回收重用。这种模式能够大大提高资源的利用率，提升平台的服务质量。

之所以称为"云"，是因为它在某些方面具有现实中云的特征：云一般都较大；云的规模可以动态伸缩，它的边界是模糊的；云在空中飘忽不定，无法也无须确定它的具体位置，但它确实存在于某处。之所以称为"云"，还因为云计算的鼻祖之一亚马逊公司将大家曾经称为网格计算的东西，取了一个新名称"弹性计算云"（Elastic Computing Cloud），并取得了商业上的成功。

有人将这种模式比喻为从单台发电机供电模式转向了电厂集中供电的模式。它意味着计算能力也可以作为一种商品进行流通，就像煤气、水和电一样，取用方便，费用低廉。最大的不同在于，它是通过互联网进行传输的。

云计算是并行计算（Parallel Computing）、分布式计算（Distributed Computing）和网格计算（Grid Computing）[2]的发展，或者说是这些计算科学概念的商业实现。云计算是虚拟化（Virtualization）、效用计算（Utility Computing）、将基础设施作为服务 IaaS（Infrastructure as a Service）、将平台作为服务 PaaS（Platform as a Service）和将软件作为服务 SaaS（Software as a Service）等概念混合演进并跃升的结果。

从研究现状上看，云计算具有以下特点。

（1）超大规模。"云"具有相当的规模，谷歌云计算已经拥上百万台服务器，亚马逊、IBM、微软、Yahoo、阿里、百度和腾讯等公司的"云"均拥有几十万台服务器。"云"能赋予用户前所未有的计算能力。

（2）虚拟化。云计算支持用户在任意位置、使用各种终端获取服务。所请求的资源来自"云"，而不是固定的有形的实体。应用在"云"中某处运行，但实际上用户无须了解应用运行的具体位置，只需要一台计算机、PAD 或手机，就可以通过网络服务来获取各种能力超强的服务。

（3）高可靠性。"云"使用了数据多副本容错、计算节点同构可互换等措施来保障服务的高可靠性，使用云计算比使用本地计算机更加可靠。

（4）通用性。云计算不针对特定的应用，在"云"的支撑下可以构造出千变万化的应用，同一片"云"可以同时支撑不同的应用运行。

（5）高可伸缩性。"云"的规模可以动态伸缩，满足应用和用户规模增长的需要。

（6）按需服务。"云"是一个庞大的资源池，用户按需购买，像自来水、电和煤气那样计费。

（7）极其廉价。"云"的特殊容错措施使得可以采用极其廉价的节点来构成云；"云"的自动化管理使数据中心管理成本大幅降低；"云"的公用性和通用性使资源的利用率大幅提升；"云"设施可以建在电力资源丰富的地区，从而大幅降低能源成本。因此"云"具有前所未有的性能价格比。

云计算按照服务类型大致可以分为三类：将基础设施作为服务（IaaS）、将平台作为服务（PaaS）和将软件作为服务（SaaS），如图 1-3 所示。

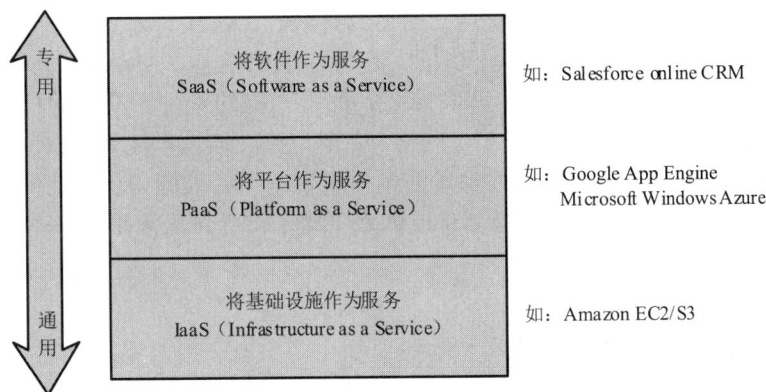

图 1-3 云计算的服务类型

IaaS 将硬件设备等基础资源封装成服务供用户使用，如亚马逊云计算 AWS（Amazon Web Services）的弹性计算云 EC2 和简单存储服务 S3。在 IaaS 环境中，用户相当于在使用裸机和磁盘，既可以让它运行 Windows，也可以让它运行 Linux，因而几乎可以做任何想做的事情，但用户必须考虑如何才能让多台机器协同工作。AWS 提供了在节点之间互通消息的接口简单队列服务 SQS（Simple Queue Service）。IaaS 最大的优势在于它允许用户动态申请或释放节点，按使用量计费。运行 IaaS 的服务器规模达到几十万台之多，用户因而可以认为能够申请的资源几乎是无限的。同时，IaaS 是由公众共享的，因而具有更高的资源使用效率。

SaaS 对资源的抽象层次更进一步，它提供用户应用程序的运行环境，典型的如 Google App Engine。微软的云计算操作系统 Microsoft Windows Azure 也可大致归入这一类。SaaS 自身负责资源的动态扩展和容错管理，用户应用程序不必过多考虑节点间的配合问题。但与此同时，用户的自主权降低，必须使用特定的编程环境并遵照特定的编程模型。这有点像在高性能集群计算机里进行 MPI 编程，只适用于解决某些特定的计算问题。例如，Google App Engine 只允许使用 Python 和 Java 语言、基于称为 Django 的 Web 应用框架、调用 Google App Engine SDK 来开发在线应用服务。

PaaS 的针对性更强，它将某些特定应用软件功能封装成服务，如 Salesforce 公司提供的在线客户关系管理 CRM（Client Relationship Management）服务。PaaS 既不像 SaaS 一样提供计算或存储资源类型的服务，也不像 IaaS 一样提供运行用户自定义应用程序的环境，它只提供某些专门用途的服务供应用调用。

需要指出的是，随着云计算的深化发展，不同云计算解决方案之间相互渗透融合，同一种产品往往横跨两种以上类型。例如，Amazon Web Services 是以 IaaS 发展的，但新提供的弹性 MapReduce 服务模仿了 Google 的 MapReduce，简单数据库服务 SimpleDB 模仿了 Google Bigtable，这两者属于 PaaS 的范畴，而它新提供的电子商务服务 FPS 和 DevPay 以及网站访问统计服务 Alexa Web 服务，则属于 SaaS 的范畴。

在这里，还需要阐述一下云安全与云计算的关系。作为云计算技术的一个分支，云安全技术通过大量客户端的参与来采集异常代码（病毒和木马等），并汇总到云计算平台上进行大规模统计分析，从而准确识别和过滤有害代码。这种技术由中国率先提出，并取得了巨大成功，自此计算机的安全问题得到有效控制，大家才告别了被病毒木马搞得焦头烂额的日子。360 安全卫士、瑞星、趋势、卡巴斯基、McAfee、Symantec、江民、Panda、金山等均推出了云安全解决方案。值得一提的是，云安全的核心思想，与刘鹏教授早在 2003 年提出的反垃圾邮件网格[5]完全一致。该技术被 IEEE Cluster 2003 国际会议评为杰出网格项目，在香港的现场演示非常轰动，并被国内代表性的电子邮件服务商大规模采用，从而使我国的垃圾邮件过滤水平居于世界领先水平。

1.3　云计算发展现状

由于云计算是多种技术混合演进的结果，其成熟度较高，又有大公司推动，发展极为迅速。谷歌、亚马逊和微软等大公司是云计算的先行者。云计算领域的众多成功公司还包括 VMware、Salesforce、Facebook、YouTube、MySpace 等。最近这几年的一个显著的变化，是以阿里云、云创大数据等为代表的中国云计算的迅速崛起。

亚马逊的云计算称为 Amazon Web Services（AWS），它率先在全球提供了弹性计算云 EC2（Elastic Computing Cloud）和简单存储服务 S3（Simple Storage Service），为企业提供计算和存储服务。收费的服务项目包括存储空间、带宽、CPU 资源以及月租费。月租费与电话月租费类似，存储空间、带宽按容量收费，CPU 根据运算量时长收费。目前，AWS 服务的种类非常齐全，包括计算服务、存储与内容传输服务、数据库服务、联网服务、管理和安全服务、分析服务、应用程序服务、部署与管理服务、移动服务和企业应用程序服务等。亚马逊披露，其全球用户数量已经超过 100 万。

谷歌是最大的云计算技术的使用者。谷歌搜索引擎就建立在分布在 200 多个站点、超过 100 万台的服务器的支撑之上，而且这些设施的数量正在迅猛增长。谷歌的一系列成功应用平台，包括谷歌地球、地图、Gmail、Docs 等也同样使用了这些基础设施。采用 Google Docs 之类的应用，用户数据会保存在互联网上的某个位置，可以通过任何一个与互联网相连的终端十分便利地访问和共享这些数据。目前，谷歌已经允许第三方在谷歌的云计算中通过 Google App Engine 运行大型并行应用程序。谷歌值得称颂的是它不保守，它早已以发表学术论文的形式公开其云计算三大法宝：GFS、MapReduce 和 Bigtable，并在美国、中国等高校开设如何进行云计算编程的课程。相应地，模仿者应运而生，Hadoop 是其中最受关注的开源项目。

微软紧跟云计算步伐，于 2008 年 10 月推出了 Windows Azure 操作系统。Azure（译为"蓝天"）是继 Windows 取代 DOS 之后，微软的又一次颠覆性转型——通过在互联网架构上打造新云计算平台，让 Windows 真正由 PC 延伸到"蓝天"上。Azure 的底层是微软全球基础服务系统，由遍布全球的第四代数据中心构成。目前，微软的云平台包括几十万台服务器。微软将 Windows Azure 定位为平台服务：一套全面的开发工具、服务和管理系统。它可以让开发者致力于开发可用和可扩展的应用程序。微软将为 Windows Azure 用户推出许多新的功能，不但能更简单地将现有的应用程序转移到云中，而且可以加强云托管应用程序的可用服务，充分体现出微软的"云"+"端"战略。在中国，微软 2014 年 3 月 27 日宣布由世纪互联负责运营的 Microsoft Azure 公有云服务正式商用，这是国内首个正式商用的国际公有云服务平台。

近几年，中国云计算的崛起是一道亮丽的风景线。阿里巴巴已经在北京、杭州、青岛、香港、深圳、硅谷等拥有云计算数据中心，并正在德国、新加坡和日本建设数据中心。阿里云提供云服务器 ECS、关系型数据库服务 RDS、开放存储服务 OSS、内容分发网络 CDN 等产品服务。其用户规模已经超过 140 万，处于全球领先的位置，并开始在欧美市场与亚马逊等正面竞争。此外，国内代表性的公有云平台还有以游戏托管为特色的 UCloud、以存储服务为特色的七牛和提供类似 AWS 服务的青云，以及专门支撑智能硬件大数据免费托管的万物云（wanwuyun.com）。不仅如此，中国的云计算产品公司也异军突起。中国云计算创新基地理事长单位云创大数据（cstor.cn）是国际上云计算产品线最全的企业，拥有自主知识产权的 cStor 云存储、cProc 云处理、cVideo 云视频、cTrans 云传输等产品线，依靠大幅的技术创新而获得独到的优势。值得一提的是，一些学术团体为推动我国云计算发展做出了不可磨灭的贡献。中国电子学会云计算专家委员会已经成功举办七届中国云计算大会。此外，代表性机构还有中国云计算专家咨询委员会、中国信息协会大数据分会、中国大数据专家委员会、中国计算机学会大数据专家委员会等。

1.4　云计算实现机制

由于云计算分为 IaaS、PaaS 和 SaaS 三种类型，不同的厂家又提供了不同的解决方案，目前还没有一个统一的技术体系结构，对读者了解云计算的原理构成了障碍。为此，本书综合不同厂家的方案，构造了一个供读者参考的云计算体系结构。这个体系结构如图 1-4 所示，它概括了不同解决方案的主要特征，每一种方案或许只实现其中部分功能，或许也还有部分相对次要功能尚未概括进来。

图 1-4　云计算技术体系结构

云计算技术体系结构分为四层：物理资源层、资源池层、管理中间件层和 SOA（Service-Oriented Architecture，面向服务的体系结构）构建层。物理资源层包括计算机、存储器、网络设施、数据库和软件等。资源池层是将大量相同类型的资源构成同构或接近同构的资源池，如计算资源池、数据资源池等。构建资源池更多的是物理资源的集成和管理工作，例如研究在一个标准集装箱的空间如何装下 2000 个服务器、解决散热和故障节点替换的问题并降低能耗。管理中间件层负责对云计算的资源进行管理，并对众多应用任务进行调度，使资源能够高效、安全地为应用提供服务。SOA 构建层将云计算能力封装成标准的 Web Services 服务，并纳入 SOA 体系进行管理和使用，包括服务接口、服务注册、服务查找、服务访问和服务工作流等。管理中间件层和资源池层是云计算技术的最关键部分，SOA 构建层的功能更多依靠外部设施提供。

云计算的管理中间件层负责资源管理、任务管理、用户管理和安全管理等工作。资源管理负责均衡地使用云资源节点，检测节点的故障并试图恢复或屏蔽它，并对资源的使用情况进行监视统计；任务管理负责执行用户或应用提交的任务，包括完成用户任务映象（Image）部署和管理、任务调度、任务执行、生命期管理等；用户管理是实现云计算商业模式的一个必不可少的环节，包括提供用户交互接口、管理和识别用户身份、创建用户程序的执行环境、对用户的使用进行计费等；安全管理保障云计算设施的整体安全，包括身份认证、访问授权、综合防护和安全审计等。

基于上述体系结构，本书以 IaaS 云计算为例，简述云计算的实现机制，如图 1-5 所示。

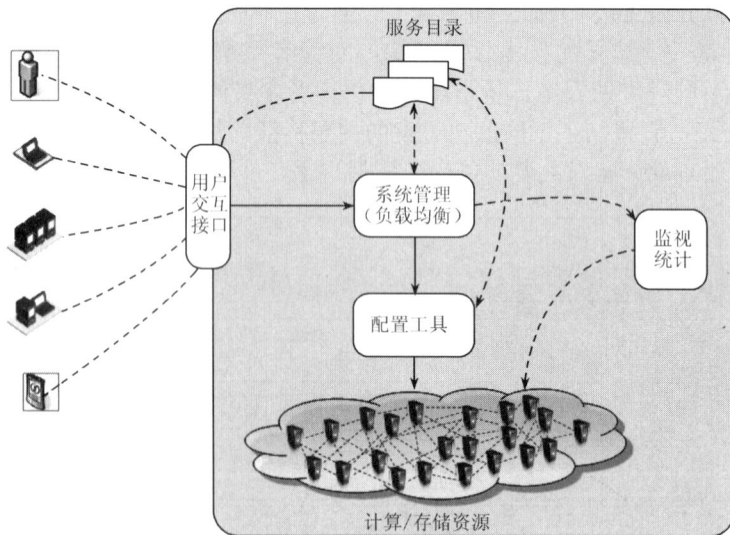

图 1-5　简化的 IaaS 实现机制图

用户交互接口向应用以 Web Services 方式提供访问接口，获取用户需求。服务目录是用户可以访问的服务清单。系统管理模块负责管理和分配所有可用的资源，其核心是负载均衡。配置工具负责在分配的节点上准备任务运行环境。监视统计模块负责监视节点的运行状态，并完成用户使用节点情况的统计。执行过程并不复杂，用户交互接口允许用户从目录中选取并调用一个服务，该请求传递给系统管理模块后，它将为用户分配恰当的资源，然后调用配置工具为用户准备运行环境。

1.5　云计算压倒性的成本优势

为什么云计算拥有划时代的优势？主要原因在于它的技术特征和规模效应所带来的压倒性的性能价格比优势。

全球企业的 IT 开销分为三部分：硬件开销、能耗和管理成本。根据 IDC 在 2007 年做过的一个调查和预测（如图 1-6 所示），从 1996 年到 2010 年，全球企业 IT 开销中的硬件开销是基本持平的。但能耗和管理的成本上升非常迅速，以至于到 2010 年管理成本占了 IT 开销的大部分，而能耗开销越来越接近硬件开销了。

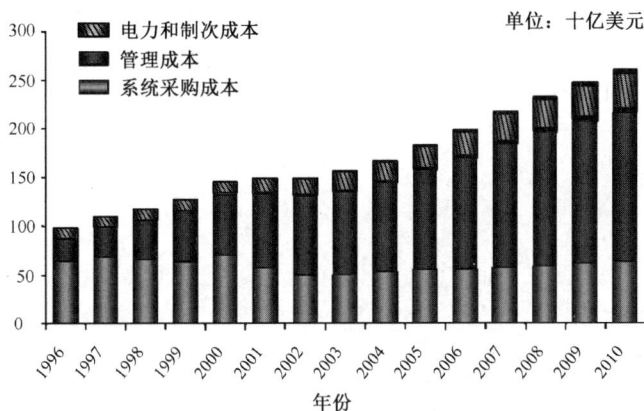

图 1-6　全球企业 IT 开销发展趋势

如果使用云计算的话，系统建设和管理成本有很大的区别，如表 1-1 所示。根据 James Hamilton 的数据[1]，一个拥有 5 万个服务器的特大型数据中心与拥有 1000 个服务器中型数据中心相比，特大型数据中心的网络和存储成本只相当于中型数据中心的 1/7～1/5，而每个管理员能够管理的服务器数量则扩大到 7 倍之多。因而，对于规模通常达到几十万乃至上百万台计算机的亚马逊和谷歌云计算而言，其网络、存储和管理成本比中型数据中心至少可以降低 5～7 倍。

表 1-1　中型数据中心和特大型数据中心的成本比较

技　术	中型数据中心成本	特大型数据中心成本	比率
网络	$95 每 Mb/秒/月	$13 每 Mb/秒/月	7.3
存储	$2.20 每 GB/月	$0.40 每 GB/月	5.5
管理	每个管理员约管理 140 个服务器	每个管理员管理 1000 个服务器以上	7.1

电力和制冷成本也会有明显的差别。例如[1]，美国爱达荷州的水电资源丰富，电价很便宜。而夏威夷州是岛屿，本地没电力资源，电力价格就比较贵。二者最多相差 7 倍，如表 1-2 所示。

表 1-2　美国不同地区电力价格的差异

每千瓦时的价格	地　点	可能的定价原因
3.6 美分	爱达荷州	水力发电，没有长途输送
10.0 美分	加州	加州不允许煤电，电力需在电网上长途输送
18.0 美分	夏威夷州	发电的能源需要海运到岛上

因为电价有如此显著的差异，谷歌的数据中心一般选择在人烟稀少、气候寒冷、水电资源丰富的地区，这些地点的电价、散热成本、场地成本、人力成本等都远远低于人烟稠密的大都市。剩下的挑战是要专门铺设光纤到这些数据中心。不过，由于光纤密集波分复用技术（DWDM）的应用，单根光纤的传输容量已超过 10Tbit/s，在地上开挖一条小沟埋设的光纤所能传输的信息容量几乎是无限的，远比将电力用高压输电线路引入城市要容易得多，而且没有衰减。拿谷歌的话来说，"传输光子比传输电子要容易得多"。这些数据中心采用了高度自动化的云计算软件来管理，需要的人员很少，而为了技术保密而拒绝外人进入参观，让人有一种神秘的感觉，故被人戏称为"信息时代的核电站"，如图 1-7 所示。

图 1-7　被称为"信息时代的核电站"的谷歌数据中心

再者，云计算与传统互联网数据中心（IDC）相比，资源的利用率也有很大不同。IDC 一般采用服务器托管和虚拟主机等方式对网站提供服务。每个租用 IDC 的网站所获得的网络带宽、处理能力和存储空间都是固定的。然而，绝大多数网站的访问流量都不是均衡的。例如，有的时间性很强，白天访问的人少，到了晚上七八点就会流量暴涨；有的季节性很强，平时访问人不多，但是到圣诞节前访问量就很大；有的一直默默无闻，但是由于某些突发事件（如迈克尔·杰克逊突然去世），使得访问量暴增而陷入瘫痪。网站拥有者为了应对这些突发流量，会按照峰值要求来配置服务器和网络资源，造成资源的平均利用率只有 10%～15%，如图 1-8 所示。而云计算平台提供的是有弹性的服务，它根据每个租用者的需要在一个超大的资源池中动态分配和释放资源，而不需要为每个租用者预留峰值资源。而且云计算平台的规模极大，其租用者数量非常多，支撑的应用种类也是五花八门，比较容易平稳整体负载，因而云计算资源利用率可以达到80%左右，这又是传统模式的5～7倍。

单位：百万点击数

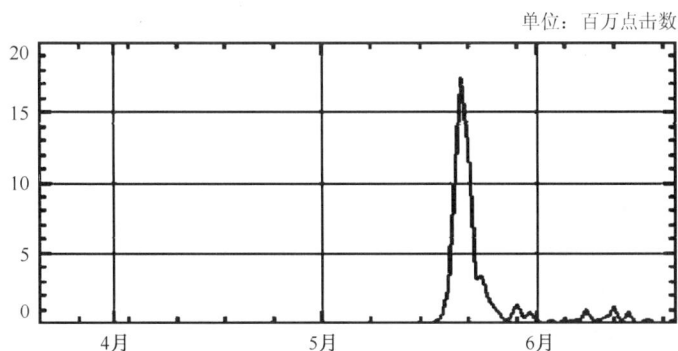

图 1-8　某典型网站的流量数据

综上所述，由于云计算有更低的硬件和网络成本、更低管理成本和电力成本，也有更高的资源利用率，两个乘起来就能够将成本节省 30 倍以上，如图 1-9 所示。这是个惊人的数字！这是云计算成为划时代技术的根本原因。

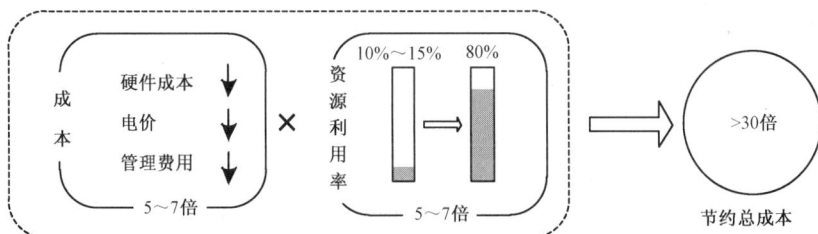

图 1-9　云计算较之传统方式的性价比优势

从前面可以知道，云计算能够大幅节省成本，规模是极其重要的因素。那么，如果企业要建设自己的私有云，规模不大，也无法享受到电价优惠，是否就没有成本优势了呢？仍然会有数倍的优势。一方面，硬件采购成本还是会节省好几倍，这是因为云计算技术的容错能力很强，使得我们可以使用低端硬件代替高端硬件。另一方面，云计算设施的管理是高度自动化的，极少需要人工干预，可以大大减少管理人员的数量。中国移动研究院建立了 1024 个节点的 Big Cloud 云计算设施，并用它进行海量数据挖掘，大大节省了成本。

对云计算用户而言，云计算的优势也是无与伦比的。他们不用开发软件，不用安装硬件，用低得多的使用成本，就可以快速部署应用系统，而且可以动态伸缩系统的规模，可以更容易地共享数据。租用公共云的企业不再需要自建数据中心，只需申请账号并按量付费，这一点对于中小企业和刚起步的创业公司尤为重要。目前，云计算的应用领域涵盖应用托管、存储备份、内容推送、电子商务、高性能计算、媒体服务、搜索引擎、Web 托管等多个领域，代表性的云计算应用企业包括 Abaca、BeInSync、AF83、Giveness、纽约时报、华盛顿邮报、GigaVox、SmugMug、Alexa、Digitaria 等。纽约时报使用亚马逊云计算服务在不到 24 小时的时间里处理了 1100 万篇文章，累计花费仅 240 美元。如果用自己的服务器，需要数月时间和多得多的费用。

习题

1. 大数据现象是怎么形成的？
2. 新摩尔定律的含义是什么？
3. 云计算有哪些特点？
4. 云计算按照服务类型可以分为哪几类？
5. 云计算技术体系结构可以分为哪几层？
6. 在性价比上云计算相比传统技术为什么有压倒性的优势？

参考文献

[1] Michael Armbrust, Armando Fox, and Rean Griffith, et al. Above the Clouds: A Berkeley View of Cloud Computing, mimeo, UC Berkeley, RAD Laboratory, 2009.

[2] Ian Foster, Carl Kesselman, and Steve Tuecke. The Anatomy of the Grid: Enabling Scalable Virtual Organizations. International Journal of High Performance Computing Applications, 15(3), 2001

[3] 刘鹏. 提出一种实用的网格实现方式——网格计算池模型，2002
http://www.chinagrid.net/show.aspx?id=1672&cid=57

[4] Peng Liu, Yao Shi, San-li Li, Computing Pool—a Simplified and Practical Computational Grid Model, the Second International Workshop on Grid and Cooperative Computing (GCC 2003), Shanghai, Dec 7-10, 2003, published in Lecture Notes in Computer Science (LNCS), Vol. 3032, Heidelberg: Springer-Verlag, 2004

[5] Peng Liu, Yao Shi, Francis C. M. Lau, Cho-Li Wang, San-Li Li, Grid Demo: AntiSpamGrid, IEEE International Conference on Cluster Computing, Hong Kong, Dec 1-4, 2003, selected as one of the excellent Grid research projects for the GridDemo session

第 2 章　Google 云计算原理与应用

　　Google（谷歌）拥有全球最强大的搜索引擎。除了搜索业务，Google 还有 Google Maps、Google Earth、Gmail、YouTube 等其他业务。这些应用的共性在于数据量巨大，且要面向全球用户提供实时服务，因此 Google 必须解决海量数据存储和快速处理问题。Google 研发出了简单而又高效的技术，让多达百万台的廉价计算机协同工作，共同完成这些任务，这些技术在诞生几年后才被命名为 Google 云计算技术。Google 云计算技术包括：Google 文件系统 GFS、分布式计算编程模型 MapReduce、分布式锁服务 Chubby、分布式结构化数据表 Bigtable、分布式存储系统 Megastore、分布式监控系统 Dapper、海量数据的交互式分析工具 Dremel，以及内存大数据分析系统 PowerDrill 等。本章详细介绍这八种核心技术和 Google 应用程序引擎。

2.1　Google 文件系统 GFS

　　Google 文件系统（Google File System，GFS）是一个大型的分布式文件系统。它为 Google 云计算提供海量存储，并且与 Chubby、MapReduce 及 Bigtable 等技术结合十分紧密，处于所有核心技术的底层。GFS 不是一个开源的系统，我们仅能从 Google 公布的技术文档来获得相关知识。文献[1]是 Google 公布的关于 GFS 的最为详尽的技术文档，它从 GFS 产生的背景、特点、系统框架、性能测试等方面进行了详细的阐述。

　　当前主流分布式文件系统有 RedHat 的 GFS[3]（Global File System）、IBM 的 GPFS[4]、Sun 的 Lustre[5]等。这些系统通常用于高性能计算或大型数据中心，对硬件设施条件要求较高。以 Lustre 文件系统为例，它只对元数据管理器 MDS 提供容错解决方案，而对于具体的数据存储节点 OST 来说，则依赖其自身来解决容错的问题。例如，Lustre 推荐 OST 节点采用 RAID 技术或 SAN 存储区域网来容错，但由于 Lustre 自身不能提供数据存储的容错，一旦 OST 发生故障就无法恢复，因此对 OST 的稳定性就提出了相当高的要求，从而大大增加了存储的成本，而且成本会随着规模的扩大线性增长。

　　Google GFS 的新颖之处在于它采用廉价的商用机器构建分布式文件系统，同时将 GFS 的设计与 Google 应用的特点紧密结合，简化实现，使之可行，最终达到创意新颖、有用、可行的完美组合。GFS 将容错的任务交给文件系统完成，利用软件的方法解决系统可靠性问题，使存储的成本成倍下降。GFS 将服务器故障视为正常现象，并采用多种方法，从多个角度，使用不同的容错措施，确保数据存储的安全、保证提供不间断的数据存储服务。

2.1.1 系统架构

GFS 的系统架构如图 2-1[1]所示。GFS 将整个系统的节点分为三类角色：Client（客户端）、Master（主服务器）和 Chunk Server（数据块服务器）。Client 是 GFS 提供给应用程序的访问接口，它是一组专用接口，不遵守 POSIX 规范，以库文件的形式提供。应用程序直接调用这些库函数，并与该库链接在一起。Master 是 GFS 的管理节点，在逻辑上只有一个，它保存系统的元数据，负责整个文件系统的管理，是 GFS 文件系统中的"大脑"。Chunk Server 负责具体的存储工作。数据以文件的形式存储在 Chunk Server 上，Chunk Server 的个数可以有多个，它的数目直接决定了 GFS 的规模。GFS 将文件按照固定大小进行分块，默认是 64MB，每一块称为一个 Chunk（数据块），每个 Chunk 都有一个对应的索引号（Index）。

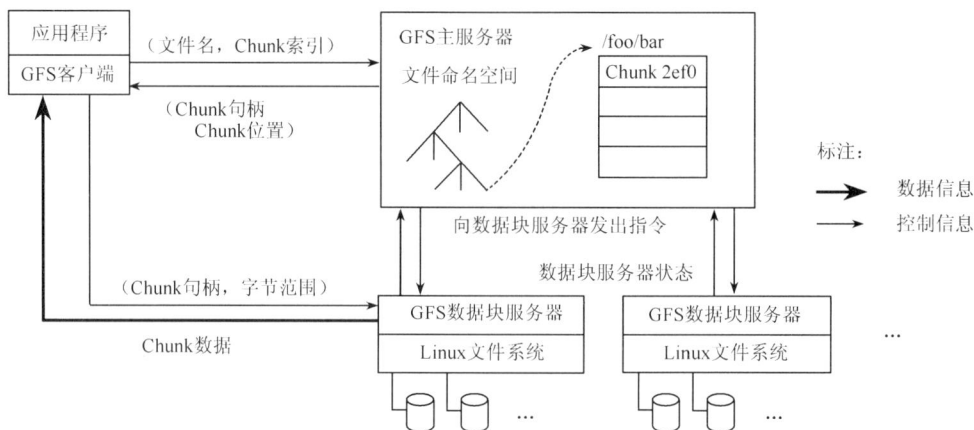

图 2-1 GFS 的系统架构

客户端在访问 GFS 时，首先访问 Master 节点，获取与之进行交互的 Chunk Server 信息，然后直接访问这些 Chunk Server，完成数据存取工作。GFS 的这种设计方法实现了控制流和数据流的分离。Client 与 Master 之间只有控制流，而无数据流，极大地降低了 Master 的负载。Client 与 Chunk Server 之间直接传输数据流，同时由于文件被分成多个 Chunk 进行分布式存储，Client 可以同时访问多个 Chunk Server，从而使得整个系统的 I/O 高度并行，系统整体性能得到提高。

针对多种应用的特点，Google 从多个方面简化设计的 GFS，在一定规模下达到了成本、可靠性和性能的最佳平衡。具体来说，它具有以下几个特点。

1. 采用中心服务器模式

GFS 采用中心服务器模式管理整个文件系统，简化了设计，降低了实现难度。Master 管理分布式文件系统中的所有元数据。文件被划分为 Chunk 进行存储，对于 Master 来说，每个 Chunk Server 只是一个存储空间。Client 发起的所有操作都需要先通过 Master 才能执行。这样做有许多好处，增加新的 Chunk Server 是一件十分容易的事情，Chunk Server 只需要注册到 Master 上即可，Chunk Server 之间无任何关系。如果采用完全对等的、无中心的模式，那么如何将 Chunk Server 的更新信息通知到每一个 Chunk Server，会是设计的一个难点，而这也将在一定程度上影响系统的扩展性。Master 维护了一个统一的命名空间，同时掌握整个系统内 Chunk Server 的情况，据此可以实现整个系统范围内数据存储的负载均衡。由于只有一个中心服务器，元数据的一致性问题自然解决。当然，中心服务器模式也带来一些固有的缺点，比如极易成为整个系统的瓶颈等。GFS 采用多种机制来避免 Master 成为系统性能和可靠性上的瓶颈，如尽量控制元数据的规模、对 Master 进行远程备份、控制信息和数据分流等。

2．不缓存数据

缓存（Cache）机制是提升文件系统性能的一个重要手段，通用文件系统为了提高性能，一般需要实现复杂的缓存机制。GFS 文件系统根据应用的特点，没有实现缓存，这是从必要性和可行性两方面考虑的。从必要性上讲，客户端大部分是流式顺序读写，并不存在大量的重复读写，缓存这部分数据对提高系统整体性能的作用不大；对于 Chunk Server，由于 GFS 的数据在 Chunk Server 上以文件的形式存储，如果对某块数据读取频繁，本地的文件系统自然会将其缓存。从可行性上讲，如何维护缓存与实际数据之间的一致性是一个极其复杂的问题，在 GFS 中各个 Chunk Server 的稳定性都无法确保，加之网络等多种不确定因素，一致性问题尤为复杂。此外由于读取的数据量巨大，以当前的内存容量无法完全缓存。对于存储在 Master 中的元数据，GFS 采取了缓存策略。因为一方面 Master 需要频繁操作元数据，把元数据直接保存在内存中，提高了操作的效率。另一方面采用相应的压缩机制降低元数据占用空间的大小，提高内存的利用率。

3．在用户态下实现

文件系统是操作系统的重要组成部分，通常位于操作系统的底层（内核态）。在内核态实现文件系统，可以更好地和操作系统本身结合，向上提供兼容的 POSIX 接口。然而，GFS 却选择在用户态下实现，主要基于以下考虑。

（1）在用户态下实现，直接利用操作系统提供的 POSIX 编程接口就可以存取数据，无须了解操作系统的内部实现机制和接口，降低了实现的难度，提高了通用性。

（2）POSIX 接口提供的功能更为丰富，在实现过程中可以利用更多的特性，而不像内核编程那样受限。

（3）用户态下有多种调试工具，而在内核态中调试相对比较困难。

（4）用户态下，Master 和 Chunk Server 都以进程的方式运行，单个进程不会影响到整个操作系统，从而可以对其进行充分优化。在内核态下，如果不能很好地掌握其特性，效率不但不会高，甚至还会影响到整个系统运行的稳定性。

（5）用户态下，GFS 和操作系统运行在不同的空间，两者耦合性降低，方便 GFS 自身和内核的单独升级。

4．只提供专用接口

通常的分布式文件系统一般都会提供一组与 POSIX 规范兼容的接口，使应用程序可以通过操作系统的统一接口透明地访问文件系统，而不需要重新编译程序。GFS 在设计之初，是完全面向 Google 的应用的，采用了专用的文件系统访问接口。接口以库文件的形式提供，应用程序与库文件一起编译，Google 应用程序在代码中通过调用这些库文件的 API，完成对 GFS 文件系统的访问。采用专用接口有以下好处。

（1）降低了实现的难度。通常与 POSIX 兼容的接口需要在操作系统内核一级实现，而 GFS 是在应用层实现的。

（2）采用专用接口可以根据应用的特点对应用提供一些特殊支持，如支持多个文件并发追加的接口等。

（3）专用接口直接和 Client、Master、Chunk Server 交互，减少了操作系统之间上下文的切换，降低了复杂度，提高了效率。

2.1.2 容错机制

1. Master 容错

具体来说，Master 上保存了 GFS 文件系统的三种元数据。

（1）命名空间（Name Space），也就是整个文件系统的目录结构。

（2）Chunk 与文件名的映射表。

（3）Chunk 副本的位置信息，每一个 Chunk 默认有三个副本。

首先就单个 Master 来说，对于前两种元数据，GFS 通过操作日志来提供容错功能。第三种元数据信息则直接保存在各个 Chunk Server 上，当 Master 启动或 Chunk Server 向 Master 注册时自动生成。因此当 Master 发生故障时，在磁盘数据保存完好的情况下，可以迅速恢复以上元数据。为了防止 Master 彻底死机的情况，GFS 还提供了 Master 远程的实时备份，这样在当前的 GFS Master 出现故障无法工作的时候，另外一台 GFS Master 可以迅速接替其工作。

2. Chunk Server 容错

GFS 采用副本的方式实现 Chunk Server 的容错。每一个 Chunk 有多个存储副本（默认为三个），分布存储在不同的 Chunk Server 上。副本的分布策略需要考虑多种因素，如网络的拓扑、机架的分布、磁盘的利用率等。对于每一个 Chunk，必须将所有的副本全部写入成功，才视为成功写入。之后，如果相关的副本出现丢失或不可恢复等情况，Master 自动将该副本复制到其他 Chunk Server，从而确保副本保持一定的个数。尽管一份数据需要存储三份，好像磁盘空间的利用率不高，但综合比较多种因素，加之磁盘的成本不断下降，采用副本无疑是最简单、最可靠、最有效，而且实现的难度也最小的一种方法。

GFS 中的每一个文件被划分成多个 Chunk，Chunk 的默认大小是 64MB，这是因为 Google 应用中处理的文件都比较大，以 64MB 为单位进行划分，是一个较为合理的选择。Chunk Server 存储的是 Chunk 的副本，副本以文件的形式进行存储。每一个 Chunk 以 Block 为单位进行划分，大小为 64KB，每一个 Block 对应一个 32bit 的校验和。当读取一个 Chunk 副本时，Chunk Server 会将读取的数据和校验和进行比较，如果不匹配，就会返回错误，使 Client 选择其他 Chunk Server 上的副本。

2.1.3　系统管理技术

GFS 是一个分布式文件系统，包含从硬件到软件的整套解决方案。除了上面提到的 GFS 的一些关键技术外，还有相应的系统管理技术来支持整个 GFS 的应用，这些技术可能不一定为 GFS 独有。

1．大规模集群安装技术

安装 GFS 的集群中通常有非常多的节点，文献[1]中最大的集群超过 1000 个节点，而现在的 Google 数据中心动辄有万台以上的机器在运行。因此迅速地安装、部署一个 GFS 的系统，以及迅速地进行节点的系统升级等，都需要相应的技术支撑。

2．故障检测技术

GFS 是构建在不可靠的廉价计算机之上的文件系统，由于节点数目众多，故障发生十分频繁，如何在最短的时间内发现并确定发生故障的 Chunk Server，需要相关的集群监控技术。

3．节点动态加入技术

当有新的 Chunk Server 加入时，如果需要事先安装好系统，那么系统扩展将是一件十分烦琐的事情。如果能够做到只需将裸机加入，就会自动获取系统并安装运行，那么将会大大减少 GFS 维护的工作量。

4．节能技术

有关数据表明，服务器的耗电成本大于当初的购买成本，因此 Google 采用了多种机制来降低服务器的能耗，例如对服务器主板进行修改，采用蓄电池代替昂贵的 UPS（不间断电源系统），提高能量的利用率。Rich Miller 在一篇关于数据中心的博客文章中表示，这个设计让 Google 的 UPS 利用率达到 99.9%，而一般数据中心只能达到 92%～95%。

2.2　分布式数据处理 MapReduce

MapReduce 是 Google 提出的一个软件架构，是一种处理海量数据的并行编程模式，用于大规模数据集（通常大于 1TB）的并行运算。Map（映射）、Reduce（化简）的概念和主要思想，都是从函数式编程语言和矢量编程语言借鉴来的[5]。正是由于 MapReduce 有函数式和矢量编程语言的共性，使得这种编程模式特别适合于非结构化和结构化的海量数据的搜索、挖掘、分析与机器智能学习等。

2.2.1　产生背景

MapReduce 这种并行编程模式思想最早是在 1995 年提出的，文献[6]首次提出了"map"和"fold"的概念，和 Google 现在所使用的"Map"和"Reduce"思想相吻合。

与传统的分布式程序设计相比，MapReduce 封装了并行处理、容错处理、本地化计算、负载均衡等细节，还提供了一个简单而强大的接口。通过这个接口，可以把大尺度的计算自动地并发和分布执行，使编程变得非常容易。另外，MapReduce 也具有较好的通用性，大量不同的问题都可以简单地通过 MapReduce 来解决。

MapReduce 把对数据集的大规模操作，分发给一个主节点管理下的各分节点共同完成，通过这种方式实现任务的可靠执行与容错机制。在每个时间周期，主节点都会对分节点的工作状态进行标记。一旦分节点状态标记为死亡状态，则这个节点的所有任务都将分配给其他分节点重新执行。

据相关统计，每使用一次 Google 搜索引擎，Google 的后台服务器就要进行 10^{11} 次运算。这么庞大的运算量，如果没有好的负载均衡机制，有些服务器的利用率会很低，有些则会负荷太重，有些甚至可能死机，这些都会影响系统对用户的服务质量。而使用 MapReduce 这种编程模式，就保持了服务器之间的均衡，提高了整体效率。

2.2.2 编程模型

MapReduce 的运行模型如图 2-2 所示。图中有 M 个 Map 操作和 R 个 Reduce 操作。

简单地说，一个 Map 函数就是对一部分原始数据进行指定的操作。每个 Map 操作都针对不同的原始数据，因此 Map 与 Map 之间是互相独立的，这使得它们可以充分并行化。一个 Reduce 操作就是对每个 Map 所产生的一部分中间结果进行合并操作，每个 Reduce 所处理的 Map 中间结果是互不交叉的，所有 Reduce 产生的最终结果经过简单连接就形成了完整的结果集，因此 Reduce 也可以在并行环境下执行。

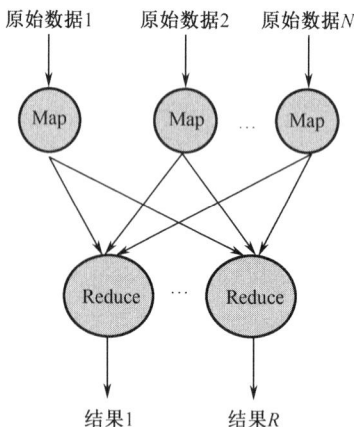

图 2-2 MapReduce 的运行模型

在编程的时候，开发者需要编写两个主要函数：

Map: (in_key, in_value) → {(key$_j$, value$_j$) | $j = 1 \cdots k$}
Reduce: (key, [value$_1$, $\cdots$, value$_m$]) → (key, final_value)

Map 和 Reduce 的输入参数和输出结果根据应用的不同而有所不同。Map 的输入参数是 in_key 和 in_value，它指明了 Map 需要处理的原始数据是哪些。Map 的输出结果是一组<key,value>对，这是经过 Map 操作后所产生的中间结果。在进行 Reduce 操作之前，系统已经将所有 Map 产生的中间结果进行了归类处理，使得相同 key 对应的一系列 value 能够集结在一起提供给一个 Reduce 进行归并处理，也就是说，Reduce 的输入参数是（key, [$value_1$,…,$value_m$]）。Reduce 的工作是需要对这些对应相同 key 的 value 值进行归并处理，最终形成（key, final_value）的结果。这样，一个 Reduce 处理了一个 key，所有 Reduce 的结果并在一起就是最终结果。

例如，假设我们想用 MapReduce 来计算一个大型文本文件中各个单词出现的次数，Map 的输入参数指明了需要处理哪部分数据，以 "<在文本中的起始位置，需要处理的数据长度>" 表示，经过 Map 处理，形成一批中间结果 "<单词，出现次数>"。而 Reduce 函数处理中间结果，将相同单词出现的次数进行累加，得到每个单词总的出现次数。

2.2.3　实现机制

MapReduce 操作的执行流程[7]如图 2-3 所示。

用户程序调用 MapReduce 函数后，会引起下面的操作过程（图中的数字标示和下面的数字标示相同）：

（1）MapReduce 函数首先把输入文件分成 M 块，每块大概 16M～64MB（可以通过参数决定），接着在集群的机器上执行分派处理程序。

（2）这些分派的执行程序中有一个程序比较特别，它是主控程序 Master。剩下的执行程序都是作为 Master 分派工作的 Worker（工作机）。总共有 M 个 Map 任务和 R 个 Reduce 任务需要分派，Master 选择空闲的 Worker 来分配这些 Map 或 Reduce 任务。

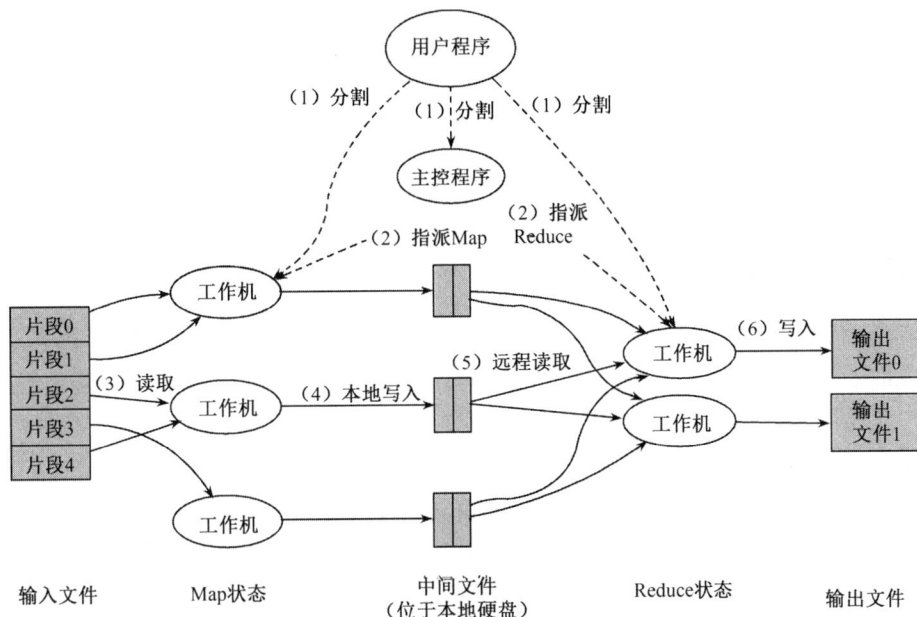

图 2-3　MapReduce 操作的执行流程

（3）一个被分配了 Map 任务的 Worker 读取并处理相关的输入块。它处理输入的数据，并且将分析出的<key,value>对传递给用户定义的 Map 函数。Map 函数产生的中间结果<key,value>对暂时缓冲到内存。

（4）这些缓冲到内存的中间结果将被定时写到本地硬盘，这些数据通过分区函数分成 R 个区。中间结果在本地硬盘的位置信息将被发送回 Master，然后 Master 负责把这些位置信息传送给 Reduce Worker。

（5）当 Master 通知执行 Reduce 的 Worker 关于中间<key,value>对的位置时，它调用远程过程，从 Map Worker 的本地硬盘上读取缓冲的中间数据。当 Reduce Worker 读到所有的中间数据，它就使用中间 key 进行排序，这样可使相同 key 的值都在一起。因为有许多不同 key 的 Map 都对应相同的 Reduce 任务，所以，排序是必需的。如果中间结果集过于庞大，那么就需要使用外排序。

（6）Reduce Worker 根据每一个唯一中间 key 来遍历所有的排序后的中间数据，并且把 key 和相关的中间结果值集合传递给用户定义的 Reduce 函数。Reduce 函数的结果写到一个最终的输出文件。

（7）当所有的 Map 任务和 Reduce 任务都完成的时候，Master 激活用户程序。此时 MapReduce 返回用户程序的调用点。

由于 MapReduce 在成百上千台机器上处理海量数据，所以容错机制是不可或缺的。总的来说，MapReduce 通过重新执行失效的地方来实现容错。

1. Master 失效

Master 会周期性地设置检查点（checkpoint），并导出 Master 的数据。一旦某个任务失效，系统就从最近的一个检查点恢复并重新执行。由于只有一个 Master 在运行，如果 Master 失效了，则只能终止整个 MapReduce 程序的运行并重新开始。

2. Worker 失效

相对于 Master 失效而言，Worker 失效算是一种常见的状态。Master 会周期性地给 Worker 发送 ping 命令，如果没有 Worker 的应答，则 Master 认为 Worker 失效，终止对这个 Worker 的任务调度，把失效 Worker 的任务调度到其他 Worker 上重新执行。

2.2.4 案例分析

排序通常用于衡量分布式数据处理框架的数据处理能力，下面介绍如何利用 MapReduce 进行数据排序。假设有一批海量的数据，每个数据都是由 26 个字母组成的字符串，原始的数据集合是完全无序的，怎样通过 MapReduce 完成排序工作，使其有序（字典序）呢？可通过以下三个步骤来完成。

（1）对原始的数据进行分割（Split），得到 N 个不同的数据分块，如图 2-4 所示。

（2）对每一个数据分块都启动一个 Map 进行处理。采用桶排序的方法，每个 Map 中按照首字母将字符串分配到 26 个不同的桶中，图 2-5 是 Map 的过程及其得到的中间结果。

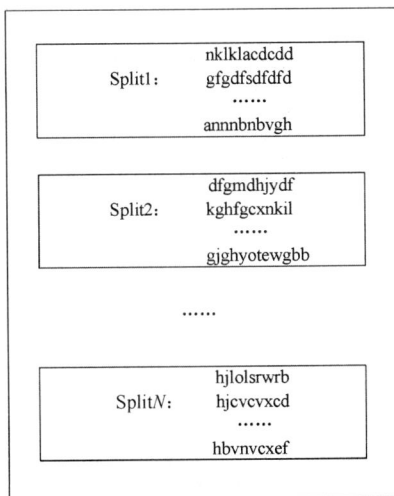

图 2-4 数据分块

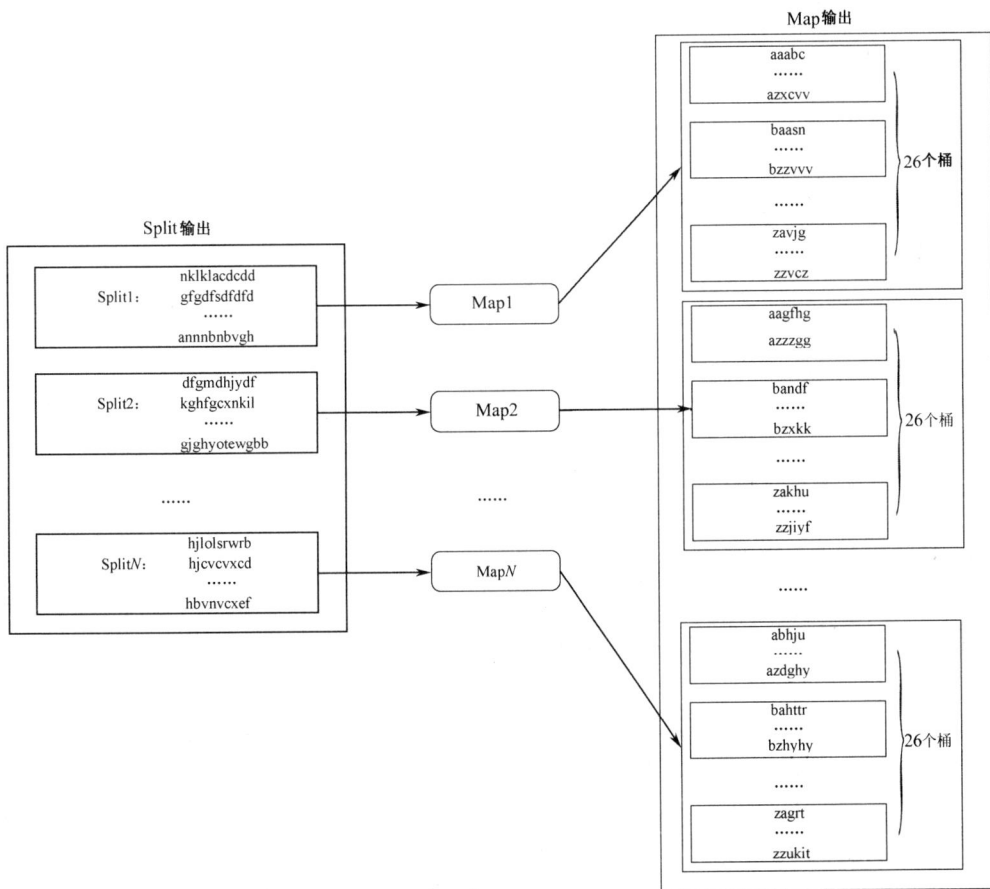

图 2-5 Map 的过程及其得到的中间结果

（3）对于 Map 之后得到的中间结果，启动 26 个 Reduce。按照首字母将 Map 中不同桶中的字符串集合放置到相应的 Reduce 中进行处理。具体来说就是首字母为 a 的字符串全部放在 Reduce1 中处理，首字母为 b 的字符串全部放在 Reduce2，以此类推。每个 Reduce 对于其中的字符串进行排序，结果直接输出。由于 Map 过程中已经做到了首字母有序，Reduce 输出的结果就是最终的排序结果。这一过程如图 2-6 所示。

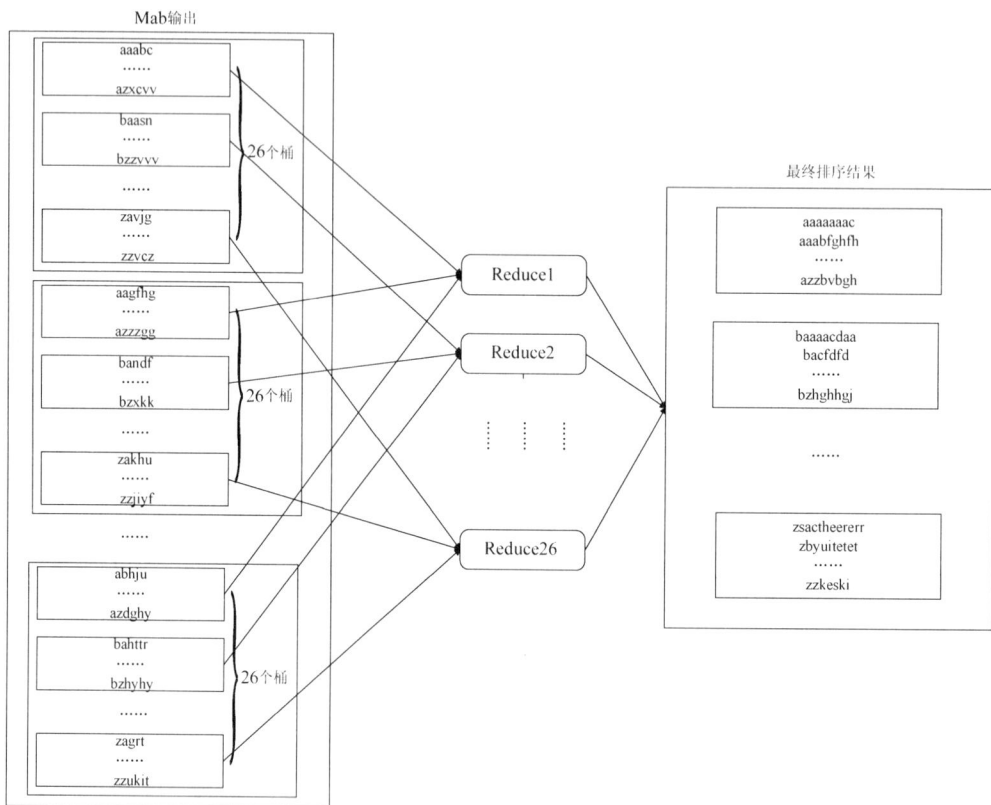

图 2-6　Reduce 过程

从上述过程中可以看出，由于能够实现处理过程的完全并行化，因此利用 MapReduce 处理海量数据是非常适合的。

2.3　分布式锁服务 Chubby

Chubby 是 Google 设计的提供粗粒度锁服务的一个文件系统，它基于松耦合分布式系统，解决了分布的一致性问题。通过使用 Chubby 的锁服务，用户可以确保数据操作过程中的一致性。不过值得注意的是，这种锁只是一种建议性的锁（Advisory Lock）而不是强制性的锁（Mandatory Lock），这种选择使系统具有更大的灵活性。

GFS 使用 Chubby 选取一个 GFS 主服务器，Bigtable 使用 Chubby 指定一个主服务器并发现、控制与其相关的子表服务器。除了最常用的锁服务之外，Chubby 还可以作为一个稳定的存储系统存储包括元数据在内的小数据。同时 Google 内部还使用 Chubby 进行名字服务（Name Server）。本节首先简要介绍 Paxos 算法，因为 Chubby 内部一致性问题的实现用到了 Paxos 算法；然后围绕 Chubby 系统的设计和实现展开讲解。

2.3.1　Paxos 算法

Paxos 算法[14]是 Leslie Lamport 最先提出的一种基于消息传递（Messages Passing）的一致性算法，用于解决分布式系统中的一致性问题。在目前所有的一致性算法中，该算法最常用且被认为是最有效的。

简单地说，分布式系统的一致性问题，就是如何保证系统中初始状态相同的各个节点在执行相同的操作序列时，看到的指令序列是完全一致的，并且最终得到完全一致的结果。怎么才能保证在一个操作序列中每个步骤仅有一个值呢？一个最简单的方案就是在分布式系统中设置一个专门节点，在每次需要进行操作之前，系统的各个部分向它发出请求，告诉该节点接下来系统要做什么。该节点接受第一个到达的请求内容作为接下来的操作，这样就能够保证系统只有一个唯一的操作序列。但是这样做也有一个很明显的缺陷，那就是一旦这个专门节点失效，整个系统就很可能出现不一致。为了避免这种情况，在系统中必然要设置多个专门节点，由这些节点来共同决定操作序列。针对这种多节点决定操作系列的情况，Lamport 提出了 Paxos 算法。在他的算法中节点被分成了三种类型：proposers、acceptors 和 learners。其中 proposers 提出决议（value，实际上就是告诉系统接下来该执行哪个指令），acceptors 批准决议，learners 获取并使用已经通过的决议。一个节点可以兼有多重类型。在这种情况下，满足以下三个条件[15]就可以保证数据的一致性。

（1）决议只有在被 proposers 提出后才能批准。

（2）每次只批准一个决议。

（3）只有决议确定被批准后 learners 才能获取这个决议。

为了满足上述三个条件（主要是第二个条件），必须对系统有一些约束条件。Lamport 通过约束条件的不断加强，最后得到了一个可以实际运用到算法中的完整约束条件。那么，如何得到这个完整的约束条件呢？在决议的过程中，proposers 将决议发送给 accpetors，acceptors 对决议进行批准，批准后的决议才能成为正式的决议。决议的批准采用少数服从多数原则，即大多数 acceptors 接受的决议将成为最终的正式决议。从集合论的观点来看，两组"多数派"（Majority）至少有一个公共的 acceptor。如果每个 acceptor 只能接受一个决议，则第二个条件就能够得到保证，因此不难得到第一个约束条件[15]：

p1：每个 acceptor 只接受它得到的第一个决议。

p1 表明一个 acceptor 可以收到多个决议，为了区分，对每个决议进行编号，后到的决议编号大于先到的决议编号。约束条件 p1 不是很完备，假设系统中一半的 acceptors 接受了决议 1，剩下的一半接受了决议 2。此时仅靠约束 p1 是根本无法得到一个"多数派"，从而无法得到一个正式的决议。进一步加强约束得到：

p2：一旦某个决议得到通过，之后通过的决议必须和该决议保持一致。

p1 和 p2 能够保证第二个条件。对 p2 稍作加强得到：

p2a：一旦某个决议 v 得到通过，之后任何 acceptor 再批准的决议必须是 v。

表面上看起来已经不存在什么问题了，但实际上 p2a 和 p1 是有矛盾的。考虑下面这种情况：假设在系统得到决议 v 的过程中一个 proposer 和一个 acceptor 因为出现问题并没有参与到决议的表决中。在得到决议 v 之后出现问题 proposer 和 accepor 恢复过来，此时这个 proposer 提出一个决议 w（w 不等于 v）给这个 acceptor。如果按照 p1，这个 acceptor 应该接受这个决议 w，但是按照 p2a，则不应该接受这个决议。所以还需进一步加强约束条件：

p2b：一旦某个决议 v 得到通过，之后任何 proposer 再提出的决议必须是 v。

满足 p1 和 p2b 就能够保证第二个条件，而且彼此之间不存在矛盾。但是 p2b 很难通过一种技术手段来实现它，因此提出了一个蕴含 p2b 的约束 p2c：

p2c：如果一个编号为 n 的提案具有值 v，那么存在一个"多数派"，要么它们中没有谁批准过编号小于 n 的任何提案，要么它们进行的最近一次批准具有值 v。

为了保证决议的唯一性，acceptors 也要满足一个约束条件：当且仅当 acceptors 没有收到编号大于 n 的请求时，acceptors 才批准编号为 n 的提案。

在这些约束条件的基础上，可以将一个决议的通过分成以下两个阶段[15]。

（1）准备阶段：proposers 选择一个提案并将它的编号设为 n，然后将它发送给 acceptors 中的一个"多数派"。acceptors 收到后，如果提案的编号大于它已经回复的所有消息，则 acceptors 将自己上次的批准回复给 proposers，并不再批准小于 n 的提案。

（2）批准阶段：当 proposers 接收到 acceptors 中的这个"多数派"的回复后，就向回复请求的 acceptors 发送 accept 请求，在符合 acceptors 一方的约束条件下，acceptors 收到 accept 请求后即批准这个请求。

为了减少决议发布过程中的消息量，acceptors 将这个通过的决议发送给 learners 的一个子集，然后由这个子集中的 learners 去通知所有其他的 learners。一般情况下，以上的算法过程就可以成功地解决一致性问题，但是也有特殊情况。根据算法一个编号更大的提案会终止之前的提案过程，如果两个 proposer 在这种情况下都转而提出一个编号更大的提案，那么就可能陷入活锁。此时需要选举出一个 president，仅允许 president 提出提案。

以上简要地介绍了 Paxos 算法的核心内容，关于更多的实现细节读者可以参考 Lamport 关于 Paxos 算法实现的文章。

2.3.2 Chubby 系统设计

通常情况下 Google 的一个数据中心仅运行一个 Chubby 单元[13]（Chubby cell，下面会有详细讲解述），这个单元需要支持包括 GFS、Bigtable 在内的众多 Google 服务，因此，在设计 Chubby 时候，必须充分考虑系统需要实现的目标以及可能出现的各种问题。

Chubby 的设计目标主要有以下几点。

（1）高可用性和高可靠性。这是系统设计的首要目标，在保证这一目标的基础上再考虑系统的吞吐量和存储能力。

（2）高扩展性。将数据存储在价格较为低廉的 RAM，支持大规模用户访问文件。

（3）支持粗粒度的建议性锁服务。提供这种服务的根本目的是提高系统的性能。

（4）服务信息的直接存储。可以直接存储包括元数据、系统参数在内的有关服务信息，而不需要再维护另一个服务。

（5）支持通报机制。客户可以及时地了解到事件的发生。

（6）支持缓存机制。通过一致性缓存将常用信息保存在客户端，避免了频繁地访问主服务器。

Google 没有直接实现一个包含了 Paxos 算法的函数库，而是在 Paxos 算法的基础上设计了一个全新的锁服务 Chubby。Chubby 中涉及的一致性问题都由 Paxos 解决，除此之外 Chubby 中还添加了一些新的功能特性。这种设计主要是考虑到以下几个问题[13]。

（1）通常情况下开发者在开发的初期很少考虑系统的一致性问题，但是随着开发的不断进行，这种问题会变得越来越严重。单独的锁服务可以保证原有系统的架构不会发生改变，而使用函数库的话很可能需要对系统的架构做出大幅度的改动。

（2）系统中很多事件的发生是需要告知其他用户和服务器的，使用一个基于文件系统的锁服务可以将这些变动写入文件中。这样其他需要了解这些变动的用户和服务器直接访问这些文件即可，避免了因大量的系统组件之间的事件通信带来的系统性能下降。

（3）基于锁的开发接口容易被开发者接受。虽然在分布式系统中锁的使用会有很大的不同，但是和一致性算法相比，锁显然被更多的开发者所熟知。

Paxos 算法的实现过程中需要一个"多数派"就某个值达成一致，进而才能得到一个分布式一致性状态。这个过程本质上就是分布式系统中常见的 quorum 机制（quorum 原意是法定人数，简单说来就是根据少数服从多数的选举原则产生一个决议）。为了保证系统的高可用性，需要若干台机器，但是使用单独的锁服务的话一台机器也能保证这种高可用性。也就是说，Chubby 在自身服务的实现时利用若干台机器实现了高可用性，而外部用户利用 Chubby 则只需一台机器就可以保证高可用性。

正是考虑到以上几个问题，Google 设计了 Chubby，而不是单独地维护一个函数库（实际上，Google 有这样一个独立于 Chubby 的函数库，不过一般情况下并不会使用）。在设计的过程中有一些细节问题也值得我们关注，比如在 Chubby 系统中采用了建议性的锁而没有采用强制性的锁。两者的根本区别在于用户访问某个被锁定的文件时，建议性的锁不会阻止访问，而强制性的锁则会阻止访问，实际上这是为了方便系统组件之间的信息交互。另外，Chubby 还采用了粗粒度（Coarse-Grained）锁服务而没有采用细粒度（Fine-Grained）锁服务，两者的差异在于持有锁的时间。细粒度的锁持有时间很短，常常只有几秒甚至更少，而粗粒度的锁持有的时间可长达几天，选择粗粒度的锁可以减少频繁换锁带来的系统开销。

如图 2-7[13]所示是 Chubby 的基本架构。很明显，Chubby 被划分成两个部分：客户端和服务器端，客户端和服务器端之间通过远程过程调用（RPC）来连接。在客户这一端每个客户应用程序都有一个 Chubby 程序库（Chubby Library），客户端的所有应用都是通过调用这个库中的相关函数来完成的。服务器一端称为 Chubby 单元，一般是由五个称为副本（Replica）的服务器组成的，这五个副本在配置上完全一致，并且在系统刚开始时处于对等地位。

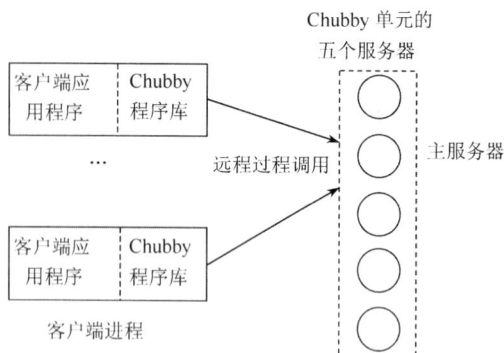

图 2-7 Chubby 的基本架构

2.3.3 Chubby 中的 Paxos

一致性问题是 Chubby 需要解决的一个关键性问题，那么 Paxos 算法在 Chubby 中究竟是怎样起作用的呢？

为了了解 Paxos 算法作用，需要将单个副本的结构剖析来看，单个 Chubby 副本结构如图 2-8[16] 所示。

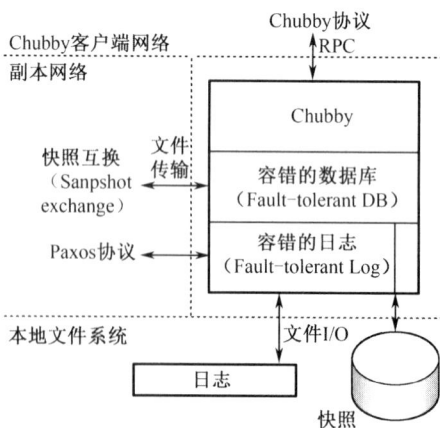

图 2-8 单个 Chubby 副本结构

从图中可以看出，单个副本主要由以下三个层次组成。

（1）最底层是一个容错的日志，该日志对于数据库的正确性提供了重要的支持。不同副本上日志的一致性正是通过 Paxos 算法来保证的。副本之间通过特定的 Paxos 协议进行通信，同时本地文件中还保存有一份同 Chubby 中相同的日志数据。

（2）最底层之上是一个容错的数据库，这个数据库主要包括一个快照（Snapshot）

和一个记录数据库操作的重播日志（Replay-log），每一次的数据库操作最终都将提交至日志中。和容错的日志类似的是，本地文件中也保存着一份数据库数据副本。

（3）Chubby 构建在这个容错的数据库之上，Chubby 利用这个数据库存储所有的数据。Chubby 的客户端通过特定的 Chubby 协议和单个的 Chubby 副本进行通信。

由于副本之间的一致性问题，客户端每次向容错的日志中提交新的值（value）时，Chubby 就会自动调用 Paxos 构架保证不同副本之间数据的一致性。图 2-9[16]就显示了这个过程。

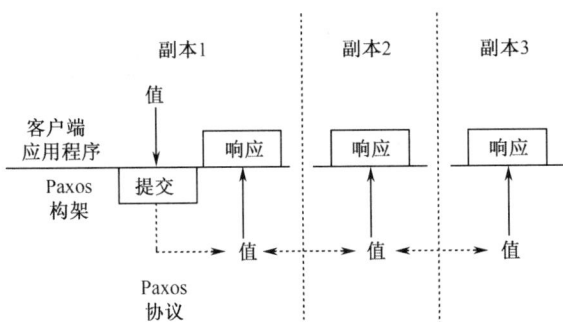

图 2-9　容错日志的 API

结合图 2-9 来看，在 Chubby 中 Paxos 算法的实际作用为如下三个过程。

（1）选择一个副本成为协调者（Coordinator）。

（2）协调者从客户提交的值中选择一个，然后通过一种被称为 accept 的消息广播给所有的副本，其他的副本收到广播之后，可以选择接受或者拒绝这个值，并将决定结果反馈给协调者。

（3）一旦协调者收到大多数副本的接受信息后，就认为达到了一致性，接着协调者向相关的副本发送一个 commit 消息。

上述三个过程实际上跟 Paxos 的核心思想是完全一致的，这些过程保证提交到不同副本上容错日志中的数据是完全一致的，进而保证 Chubby 中数据的一致性。

由于单个的协调者可能失效，系统允许同时有多个协调者，但多个协调者可能会导致多个协调者提交了不同的值。对此 Chubby 的设计者借鉴了 Paxos 中的两种解决机制：给协调者指派序号或限制协调者可以选择的值。

针对前者，Chubby 的设计者给出了如下一种指派序号的方法。

（1）在一个有 n 个副本的系统中，为每个副本分配一个 id i_r，其中 $0 \leq i_r \leq n-1$。则副本的序号 $s=k \times n + i_r$，其中 k 的初始值为 0。

（2）某个副本想成为协调者之后，它就根据规则生成一个比它以前的序号更大的序号（实际上就是提高 k 的值），并将这个序号通过 propose 消息广播给其他所有的副本。

（3）如果接受到广播的副本发现该序号比它以前见过的序号都大，则向发出广播的副本返回一个 promise 消息，并且承诺不再接受旧的协调者发送的消息。如果大多数副本都返回了 promise 消息，则新的协调者就产生了。

对于后一种解决方法，Paxos 强制新的协调者必须选择和前任相同的值。

为了提高系统的效率，Chubby 做了一个重要的优化，那就是在选择某一个副本作为协调者之后就长期不变，此时协调者就被称为主服务器（Master）。产生一个主服务器避免了同时有多个协调者而带来的一些问题。

在 Chubby 中，客户端的数据请求都是由主服务器来完成，Chubby 保证在一定的时间内有且仅有一个主服务器，这个时间就称为主服务器租约期（Master Lease）。如果某个服务器被连续推举为主服务器的话，这个租约期就会不断地被更新。租续期内所有的客户请求都由主服务器处理。客户端如果需要确定主服务器的位置，可以向 DNS 发送一个主服务器定位请求，非主服务器的副本将对该请求做出回应，通过这种方式客户端能够快速、准确地对主服务器做出定位。客户端和服务器之间的通信过程将在 2.3.5 节详细介绍。

需要注意的是，Chubby 对于 Paxos 论文中未提及的一些技术细节进行了补充，所以 Chubby 的实现是基于 Paxos，但其技术手段更加的丰富，更具有实践性。但这也导致了最终实现的 Chubby 不是一个完全经过理论上验证的系统。

2.3.4 Chubby 文件系统

Chubby 系统本质上就是一个分布式的、存储大量小文件的文件系统，它所有的操作都是在文件的基础上完成的。例如在 Chubby 最常用的锁服务中，每一个文件就代表了一个锁，用户通过打开、关闭和读取文件，获取共享（Shared）锁或独占（Exclusive）锁。选举主服务器的过程中，符合条件的服务器都同时申请打开某个文件并请求锁住该文件。成功获得锁的服务器自动成为主服务器并将其地址写入这个文件夹，以便其他服务器和用户可以获知主服务器的地址信息。

Chubby 的文件系统[13]和 UNIX 类似。例如在文件名 "/ls/foo/wombat/pouch" 中，ls 代表 lock service，这是所有 Chubby 文件系统的共有前缀；foo 是某个单元的名称；/wombat/pouch 则是 foo 这个单元上的文件目录或者文件名。由于 Chubby 自身的特殊服务要求，Google 对 Chubby 做了一些与 UNIX 不同的改变。例如 Chubby 不支持内部文件的移动；不记录文件的最后访问时间；另外在 Chubby 中并没有符号连接（Symbolic Link，又叫软连接，类似于 Windows 系统中的快捷方式）和硬连接（Hard Link，类似于别名）的概念。在具体实现时，文件系统由许多节点组成，分为永久型和临时型，每个节点就是一个文件或目录。节点中保存着包括 ACL（Access Control List，访问控制列表，将在 2.3.6 节讲解）在内的多种系统元数据。为了用户能够及时了解元数据的变动，系统规定每个节点的元数据都应当包含以下四种单调递增的 64 位编号[13]。

（1）实例号（Instance Number）：新节点实例号必定大于旧节点的实例号。

（2）内容生成号（Content Generation Number）：文件内容修改时该号增加。

（3）锁生成号（Lock Generation Number）：锁被用户持有时该号增加。

（4）ACL 生成号（ACL Generation Number）：ACL 名被覆写时该号增加。

用户在打开某个节点的同时会获取一个类似于 UNIX 中文件描述符（File Descriptor）的句柄[13]（Handles），这个句柄由以下三个部分组成。

（1）校验数位（Check Digit）：防止其他用户创建或猜测这个句柄。

（2）序号（Sequence Number）：用来确定句柄是由当前还是以前的主服务器创建的。

（3）模式信息（Mode Information）：用于新的主服务器重新创建一个旧的句柄。

在实际的执行中，为了避免所有的通信都使用序号带来的系统开销增长，Chubby 引入了 sequencer 的概念。sequencer 实际上就是一个序号，只能由锁的持有者在获取锁时向系统发出请求来获得。这样一来 Chubby 系统中只有涉及锁的操作才需要序号，其他一概不用。在文件操作中，用户可以将句柄看做一个指向文件系统的指针。这个指针支持一系列的操作，常用的句柄函数及其作用如表 2-1 所示。

表 2-1　常用的句柄函数及其作用

函 数 名 称	作　　用
Open()	打开某个文件或者目录来创建句柄
Close()	关闭打开的句柄，后续的任何操作都将中止
Poison()	中止当前未完成及后续的操作，但不关闭句柄
GetContentsAndStat()	返回文件内容及元数据
GetStat()	只返回文件元数据
ReadDir()	返回子目录名称及其元数据
SetContents()	向文件中写入内容
SetACL()	设置 ACL 名称
Delete()	如果该节点没有子节点的话则执行删除操作
Acquire()	获取锁
Release()	释放锁
GetSequencer()	返回一个 sequencer
SetSequencer()	将 sequencer 和某个句柄进行关联
CheckSequencer()	检查某个 sequencer 是否有效

2.3.5　通信协议

客户端和主服务器之间的通信是通过 KeepAlive 握手协议来维持的，这一通信过程的简单示意图如图 2-10[13]所示。

图 2-10 中，从左到右的水平方向表示时间在增加，斜向上的箭头表示一次 KeepAlive 请求，斜向下的箭头则是主服务器的一次回应。M_1、M_2、M_3 表示不同的主服务器租约期。C_1、C_2、C_3 则是客户端对主服务器租约期时长做出的一个估计。KeepAlive 是周期发送的一种信息，它主要有两方面的功能：延迟租约的有效期和携带事件信息告诉用户更新。主要的事件包括文件内容被修改、子节点的增加、删除和修改、主服务器出错、句柄失效等。正常情况下，通过 KeepAlive 握手协议租约期会得到延长，事件也会及时地通知给用户。但是由于系统有一定的失效概率，引入故障处理措施是很有必要的。通常情况下系统可能会出现两种故障：客户端租约期过期和主服务器故障，对于这两种情况系统有着不同的应对方式。

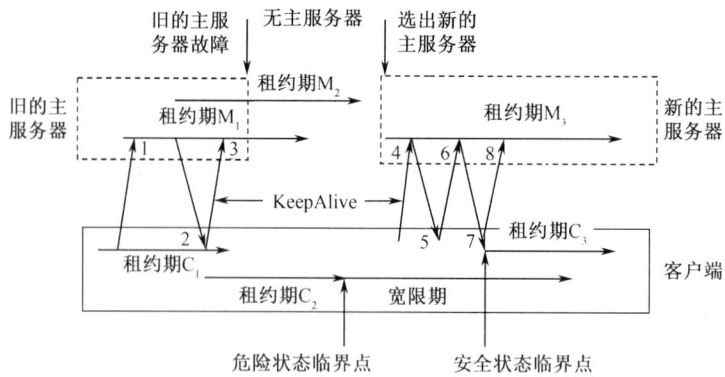

图 2-10　Chubby 客户端与服务器端的通信过程

1．客户端租约过期

刚开始时，客户端向主服务器发出一个 KeepAlive 请求（见图 2-10 中的 1），如果有需要通知的事件时则主服务器会立刻做出回应，否则主服务器并不立刻对这个请求做出回应，而是等到客户端的租约期 C_1 快结束的时候才做出回应（见图 2-10 中的 2），并更新主服务器租约期为 M_2。客户端在接到这个回应后认为该主服务器仍处于活跃状态，于是将租约期更新为 C_2 并立刻发出新的 KeepAlive 请求（见图 2-10 中的 3）。同样地，主服务器可能不是立刻回应而是等待 C_2 接近结束，但是在这个过程中主服务器出现故障停止使用。在等待了一段时间后 C_2 到期，由于并没有收到主服务器的回应，系统向客户端发出一个危险（Jeopardy）事件，客户端清空并暂时停用自己的缓存，从而进入一个称为宽限期（Grace Period）的危险状态。这个宽限期默认是 45 秒。在宽限期内，客户端不会立刻断开其与服务器端的联系，而是不断地做探询。图 2-10 中新的主服务器很快被重新选出，当它接到客户端的第一个 KeepAlive 请求（见图 2-10 中的 4）时会拒绝（见图 2-10 中的 5），因为这个请求的纪元号（Epoch Number）错误。不同主服务器的纪元号不相同，客户端的每次请求都需要这个号来保证处理的请求是针对当前的主服务器。客户端在主服务器拒绝之后会使用新的纪元号来发送 KeepAlive 请求（见图 2-10 中的 6）。新的主服务器接受这个请求并立刻做出回应（见图 2-10 中的 7）。如果客户端接收到这个回应的时间仍处于宽限期内，系统会恢复到安全状态，租约期更新为 C_3。如果在宽限期未接到主服务器的相关回应，客户端终止当前的会话。

2．主服务器出错

在客户端和主服务器端进行通信时可能会遇到主服务器故障，图 2-10 就出现了这种情况。正常情况下旧的主服务器出现故障后系统会很快地选举出新的主服务器，新选举的主服务器在完全运行前需要经历以下九个步骤[13]。

（1）产生一个新的纪元号以便今后客户端通信时使用，这能保证当前的主服务器不必处理针对旧的主服务器的请求。

（2）只处理主服务器位置相关的信息，不处理会话相关的信息。

（3）构建处理会话和锁所需的内部数据结构。

（4）允许客户端发送 KeepAlive 请求，不处理其他会话相关的信息。

（5）向每个会话发送一个故障事件，促使所有的客户端清空缓存。

（6）等待直到所有的会话都收到故障事件或会话终止。

（7）开始允许执行所有的操作。

（8）如果客户端使用了旧的句柄则需要为其重新构建新的句柄。

（9）一定时间段后（1 分钟），删除没有被打开过的临时文件夹。

如果这一过程在宽限期内顺利完成，则用户不会感觉到任何故障的发生，也就是说新旧主服务器的替换对于用户来说是透明的，用户感觉到的仅仅是一个延迟。使用宽限期的好处正是如此。

在系统实现时，Chubby 还使用了一致性客户端缓存（Consistent Client-Side Caching）技术，这样做的目的是减少通信压力，降低通信频率。在客户端保存一个和单元上数据一致的本地缓存，需要时客户可以直接从缓存中取出数据而不用再和主服务器通信。当某个文件数据或者元数据需要修改时，主服务器首先将这个修改阻塞；然后通过查询主服务器自身维护的一个缓存表，向对修改的数据进行了缓存的所有客户端发送一个无效标志（Invalidation）；客户端收到这个无效标志后会返回一个确认（Acknowledge），主服务器在收到所有的确认后才解除阻塞并完成这次修改。这个过程的执行效率非常高，仅仅需要发送一次无效标志即可，因为对于没有返回确认的节点，主服务器直接认为其是未缓存的。

2.3.6　正确性与性能

1. 一致性

前面提到过每个 Chubby 单元是由五个副本组成的，这五个副本中需要选举产生一个主服务器，这种选举本质上就是一个一致性问题。在实际的执行过程中，Chubby 使用 Paxos 算法来解决这个问题。

主服务器产生后客户端的所有读写操作都是由主服务器来完成的。读操作很简单，客户直接从主服务器上读取所需数据即可，但是写操作就会涉及数据一致性的问题。为了保证客户的写操作能够同步到所有的服务器上，系统再次利用了 Paxos 算法。因此，可以看出 Paxos 算法在分布式一致性问题中的作用是巨大的。

2. 安全性

Chubby 采用的是 ACL 形式的安全保障措施。系统中有三种 ACL 名[13]，分别是写 ACL 名（Write ACL Name）、读 ACL 名（Read ACL Name）和变更 ACL 名（Change ACL Name）。只要不被覆写，子节点都是直接继承父节点的 ACL 名。ACL 同样被保存在文件中，它是节点元数据的一部分，用户在进行相关操作时首先需要通过 ACL 来获取相应的授权。图 2-11 是一个用户成功写文件所需经历的过程。

用户 chinacloud 提出向文件 CLOUD 中写入内容的请求。CLOUD 首先读取自身的写 ACL 名 fun，接着在 fun 中查到了 chinacloud 这一行记录，于是返回信息允许

chinacloud 对文件进行写操作，此时 chinacloud 才被允许向 CLOUD 写入内容。其他的操作和写操作类似。

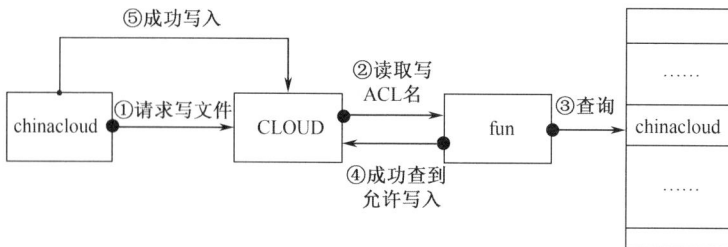

图 2-11 Chubby 的 ACL 机制

3．性能优化

为了满足系统的高可扩展性，Chubby 目前已经采取了一些措施[13]。比如提高主服务器默认的租约期、使用协议转换服务将 Chubby 协议转换成较简单的协议、客户端一致性缓存等。除此之外，Google 的工程师们还考虑使用代理（Proxy）和分区（Partition）技术，虽然目前这两种技术并没有实际使用，但是在设计时还是被包含进系统，不排除将来使用的可能。代理可以减少主服务器处理 KeepAlive 以及读请求带来的服务器负载，但是它并不能减少写操作带来的通信量。Google 自己的数据统计表明，在所有的请求中，写请求仅占极少的一部分，几乎可以忽略不计。使用分区技术的话可以将一个单元的命名空间（Name Space）划分成 N 份。除了少量的跨分区通信外，大部分的分区都可以独自地处理服务请求。通过分区可以减少各个分区上的读写通信量，但不能减少 KeepAlive 请求的通信量。因此，如果需要的话，将代理和分区技术结合起来使用才可以明显提高系统同时处理的服务请求量。

2.4 分布式结构化数据表 Bigtable

Bigtable 是 Google 开发的基于 GFS 和 Chubby 的分布式存储系统。Google 的很多数据，包括 Web 索引、卫星图像数据等在内的海量结构化和半结构化数据，都存储在Bigtable 中。从实现上看，Bigtable 并没有什么全新的技术，但是如何选择合适的技术并将这些技术高效、巧妙地结合在一起恰恰是最大的难点。Bigtable 在很多方面和数据库类似，但它并不是真正意义上的数据库。通过本节的学习，读者将会对 Bigtable 的数据模型、系统架构、实现以及它使用的一些数据库技术有一个全面的认识。

2.4.1 设计动机与目标

Google 设计 Bigtable 的动机主要有如下三个方面。

（1）需要存储的数据种类繁多。Google 目前向公众开放的服务很多，需要处理的数据类型也非常多。包括 URL、网页内容、用户的个性化设置在内的数据都是 Google 需要经常处理的。

（2）海量的服务请求。Google 运行着目前世界上最繁忙的系统，它每时每刻处理的客户服务请求数量是普通的系统根本无法承受的。

（3）商用数据库无法满足 Google 的需求。一方面现有商用数据库的设计着眼点在于其通用性，根本无法满足 Google 的苛刻服务要求，而且在数量庞大的服务器上根本无法成功部署普通的商用数据库。另一方面对于底层系统的完全掌控会给后期的系统维护、升级带来极大的便利。

在仔细考察了 Google 的日常需求后，Bigtable 开发团队确定 Bigtable 设计应达到如下几个基本目标。

（1）广泛的适用性。Bigtable 是为了满足一系列 Google 产品而并非特定产品的存储要求。

（2）很强的可扩展性。根据需要随时可以加入或撤销服务器。

（3）高可用性。对于客户来说，有时候即使短暂的服务中断也是不能忍受的。Bigtable 设计的重要目标之一就是确保几乎所有的情况下系统都可用。

（4）简单性。底层系统的简单性既可以减少系统出错的概率，也为上层应用的开发带来便利。

在目标确定之后，Google 希望巧妙地结合各种数据库技术，扬长避短。最终实现的系统也确实达到了原定的目标。下面详细讲解 Bigtable。

2.4.2　数据模型

Bigtable 是一个分布式多维映射表，表中的数据通过一个行关键字（Row Key）、一个列关键字（Column Key）以及一个时间戳（Time Stamp）进行索引。Bigtable 对存储在其中的数据不做任何解析，一律看做字符串，具体数据结构的实现需要用户自行处理。Bigtable 的存储逻辑可以表示为：

(row:string, column:string, time:int64)→string

Bigtable 数据的存储格式如图 2-12 所示[8]。

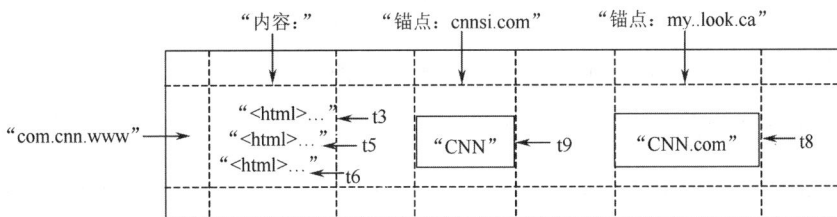

图 2-12　Bigtable 数据的存储格式

1．行

Bigtable 的行关键字可以是任意的字符串，但是大小不能够超过 64KB。Bigtable 和传统的关系型数据库有很大不同，它不支持一般意义上的事务，但能保证对于行的读写操作具有原子性（Atomic）。表中数据都是根据行关键字进行排序的，排序使用的是词典序。图 2-12 是 Bigtable 数据模型的一个典型实例，其中 com.cnn.www 就是一个行关键字。不直接存储网页地址而将其倒排是 Bigtable 的一个巧妙设计。这样做至少会带来以下两个好处。

（1）同一地址域的网页会被存储在表中的连续位置，有利于用户查找和分析。

（2）倒排便于数据压缩，可以大幅提高压缩率。

由于规模问题，单个的大表不利于数据的处理，因此 Bigtable 将一个表分成了很多子表（Tablet），每个子表包含多行。子表是 Bigtable 中数据划分和负载均衡的基本单位。有关子表的内容在 2.4.5 节详细讲解。

2．列

Bigtable 并不是简单地存储所有的列关键字，而是将其组织成所谓的列族（Column Family），每个族中的数据都属于同一个类型，并且同族的数据会被压缩在一起保存。引入了列族的概念之后，列关键字就采用下述的语法规则来定义：

族名：限定词（family：qualifier）

族名必须有意义，限定词则可以任意选定。在图 2-12 中，内容（Contents）、锚点（Anchor，就是 HTML 中的链接）都是不同的族。而 cnnsi.com 和 my.look.ca 则是锚点族中不同的限定词。通过这种方式组织的数据结构清晰明了，含义也很清楚。族同时也是 Bigtable 中访问控制（Access Control）的基本单元，也就是说访问权限的设置是在族这一级别上进行的。

3．时间戳

Google 的很多服务比如网页检索和用户的个性化设置等都需要保存不同时间的数据，这些不同的数据版本必须通过时间戳来区分。图 2-12 中内容列的 t3、t5 和 t6 表明其中保存了在 t3、t5 和 t6 这三个时间获取的网页。Bigtable 中的时间戳是 64 位整型数，具体的赋值方式可以采取系统默认的方式，也可以用户自行定义。

为了简化不同版本的数据管理，Bigtable 目前提供了两种设置：一种是保留最近的 N 个不同版本，图 2-12 中数据模型采取的就是这种方法，它保存最新的三个版本数据。另一种是保留限定时间内的所有不同版本，比如可以保存最近 10 天的所有不同版本数据。失效的版本将会由 Bigtable 的垃圾回收机制自动处理。

2.4.3　系统架构

Bigtable 是在 Google 的另外三个云计算组件基础之上构建的，其基本架构如图 2-13 所示[11]。

图中 WorkQueue 是一个分布式的任务调度器，它主要被用来处理分布式系统队列分组和任务调度，关于其实现 Google 并没有公开。在前面已经讲过，GFS[9]是 Google 的分布式文件系统，在 Bigtable 中 GFS 主要用来存储子表数据以及一些日志文件。Bigtable 还需要一个锁服务的支持，Bigtable 选用了 Google 自己开发的分布式锁服务 Chubby。在 Bigtable 中 Chubby 主要有以下几个作用[10]。

（1）选取并保证同一时间内只有一个主服务器（Master Server）。

（2）获取子表的位置信息。

（3）保存 Bigtable 的模式信息及访问控制列表。

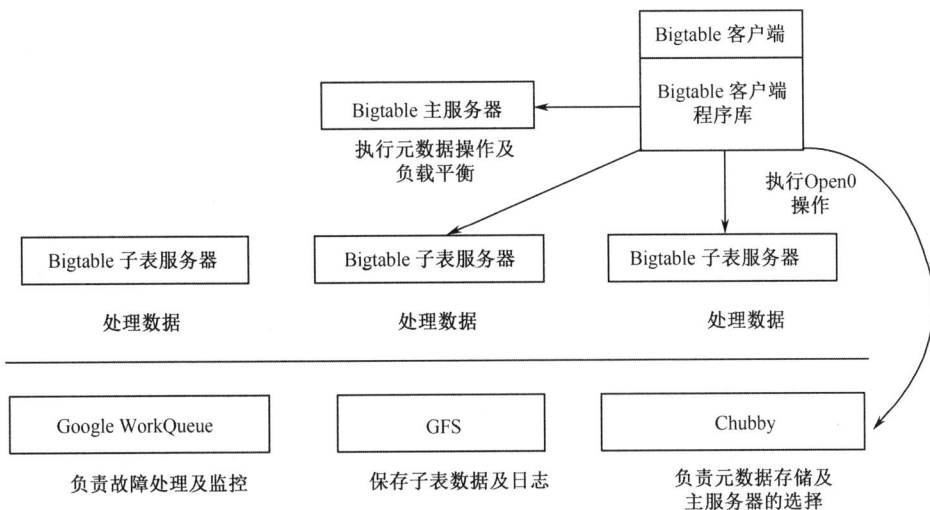

图 2-13　Bigtable 基本架构

另外在 Bigtable 的实际执行过程中，Google 的 MapReduce 和 Sawzall 也被用来改善其性能，不过需要注意的是这两个组件并不是实现 Bigtable 所必需的。

Bigtable 主要由三个部分组成：客户端程序库（Client Library）、一个主服务器（Master Server）和多个子表服务器（Tablet Server），这三个部分在图 2-13 中都有相应的表示。从图 2-13 可以看出，客户访问 Bigtable 服务时，首先要利用其库函数执行 Open()操作来打开一个锁（实际上就是获取了文件目录），锁打开以后客户端就可以和子表服务器进行通信了。和许多具有单个主节点的分布式系统一样，客户端主要与子表服务器通信，几乎不和主服务器进行通信，这使得主服务器的负载大大降低。主服务主要进行一些元数据的操作以及子表服务器之间的负载调度问题，实际的数据是存储在子表服务器上的。

2.4.4　主服务器

主服务器的主要作用如图 2-14 所示。

当一个新的子表产生时，主服务器通过一个加载命令将其分配给一个空间足够的子表服务器。创建新表、表合并以及较大子表的分裂都会产生一个或多个新子表。对于前面两种，主服务器会自动检测到，因为这两个操作是由主服务器发起的，而较大子表的分裂是由子服务发起并完成的，所以主服务器并不能自动检测到，因此在分割完成之后子服务器需要向主服务发出一个通知。由于系统设计之初就要求能达到良好的扩展性，所以主服务器必须对子表服务器的状态进行监控，以便及时检测到服务器的加入或撤销。Bigtable 中主服务器对子表服务器的监控是通过 Chubby 完成的，子表服务器在初始化时都会从 Chubby 中得到一个独占锁。通过这种方式所有的子表服务器基本信息被保

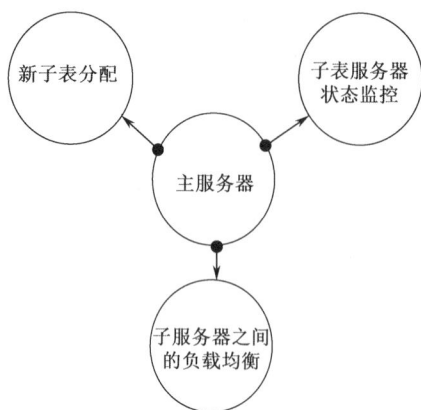

图 2-14　主服务器的主要作用

存在 Chubby 中一个称为服务器目录（Server Directory）的特殊目录之中。主服务器通过检测这个目录可以随时获取最新的子表服务器信息，包括目前活跃的子表服务器，以及每个子表服务器上现已分配的子表。对于每个具体的子表服务器，主服务器会定期向其询问独占锁的状态。如果子表服务器的锁丢失或没有回应，则此时可能有两种情况，要么是 Chubby 出现了问题（虽然这种概率很小，但的确存在，Google 自己也做过相关测试），要么是子表服务器自身出现了问题。对此主服务器首先自己尝试获取这个独占锁，如果失败说明 Chubby 服务出现问题，需等待 Chubby 服务的恢复。如果成功则说明 Chubby 服务良好而子表服务器本身出现了问题。这种情况下主服务器会中止这个子表服务器并将其上的子表全部移至其他子表服务器。当在状态监测时发现某个子表服务器上负载过重时，主服务器会自动对其进行负载均衡操作。

基于系统出现故障是一种常态的设计理念（Google 几乎所有的产品都是基于这个设计理念），每个主服务器被设定了一个会话时间的限制。当某个主服务器到时退出后，管理系统就会指定一个新的主服务器，这个主服务器的启动需要经历以下四个步骤[8]。

（1）从 Chubby 中获取一个独占锁，确保同一时间只有一个主服务器。

（2）扫描服务器目录，发现目前活跃的子表服务器。

（3）与所有的活跃子表服务器取得联系以便了解所有子表的分配情况。

（4）通过扫描元数据表（Metadata Table），发现未分配的子表并将其分配到合适的子表服务器。如果元数据表未分配，则首先需要将根子表（Root Tablet）加入未分配的子表中。由于根子表保存了其他所有元数据子表的信息，确保了扫描能够发现所有未分配的子表。

在成功完成以上四个步骤后主服务器就可以正常运行了。

2.4.5　子表服务器

Bigtable 中实际的数据都是以子表的形式保存在子表服务器上的，客户一般也只和子表服务器进行通信，所以子表以及子表服务器是我们重点讲解的概念。子表服务器上的操作主要涉及子表的定位、分配以及子表数据的最终存储问题。其中子表分配在前面已经有了详细介绍，这里略过不讲。在讲解其他问题之前我们首先介绍一下 SSTable 的概念以及子表的基本结构。

1. SSTable 及子表基本结构

SSTable 是 Google 为 Bigtable 设计的内部数据存储格式。所有的 SSTable 文件都存储在 GFS 上，用户可以通过键来查询相应的值，图 2-15 是 SSTable 格式的基本示意。

SSTable 中的数据被划分成一个个的块（Block），每个块的大小是可以设置的，一般来说设置为 64KB。在 SSTable 的结尾有一个索引（Index），这个索引保存了 SSTable 中块的位置信息，在 SSTable 打开时这个索引会被加载进内存，这样用户在查找某个块时首先在内存中查找块的位置信息，然后在硬盘上直接找到这个块，这种查找方法速度非常快。由于每个 SSTable 一般都不是很大，用户还可以选择将其整体加载进内存，这样查找起来会更快。

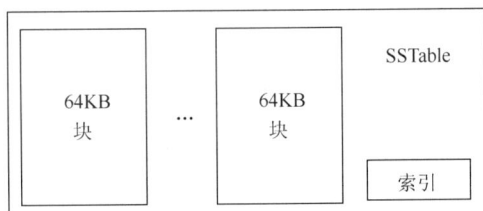

图 2-15　SSTable 格式的基本示意

从概念上讲子表是表中一系列行的集合，它在系统中的实际组成如图 2-16 所示。

每个子表都是由多个 SSTable 以及日志（Log）文件构成。有一点需要注意，那就是不同子表的 SSTable 可以共享，也就是说某些 SSTable 会参与多个子表的构成，而由子表构成的表则不存在子表重叠的现象。Bigtable 中的日志文件是一种共享日志，也就是说系统并不是对子表服务器上每个子表都单独地建立一个日志文件，每个子表服务器上仅保存一个日志文件，某个子表日志只是这个共享日志的一个片段。这样会节省大量的空间，但在恢复时却有一定的难度，因为不同的子表可能会被分配到不同的子表服务器上，一般情况下每个子表服务器都需要读取整个共享日志来获取其对应的子表日志。Google 为了避免这种情况出现，对日志做了一些改进。Bigtable 规定将日志的内容按照键值进行排序，这样不同的子表服务器都可以连续读取日志文件了。一般来说每个子表的大小在 100MB 到 200MB 之间。每个子表服务器上保存的子表数量可以从几十到上千不等，通常情况下是 100 个左右。

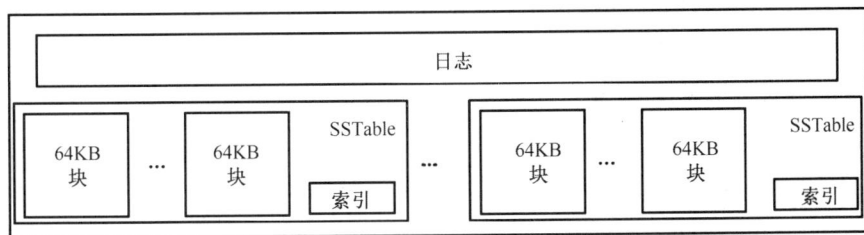

图 2-16　子表实际组成

2.子表地址

子表地址的查询是经常碰到的操作。在 Bigtable 系统的内部采用的是一种类似 B+ 树的三层查询体系。子表地址结构如图 2-17 所示[8]。

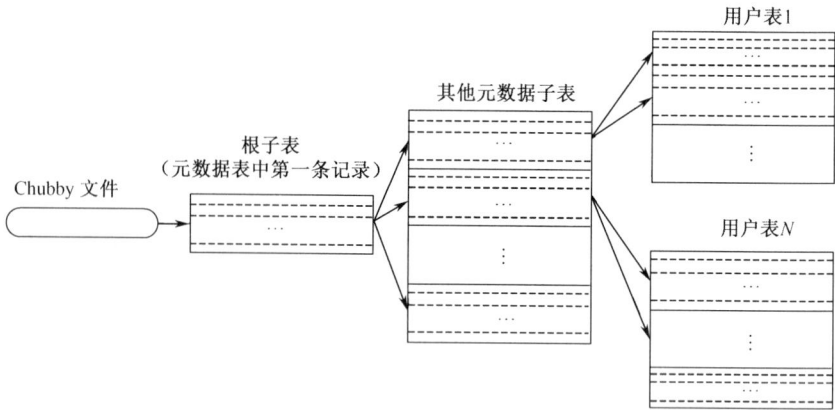

图 2-17　子表地址结构

所有的子表地址都被记录在元数据表中，元数据表也是由一个个的元数据子表（Metadata Tablet）组成的。根子表是元数据表中一个比较特殊的子表，它既是元数据表的第一条记录，也包含了其他元数据子表的地址，同时 Chubby 中的一个文件也存储了这个根子表的信息。这样在查询时，首先从 Chubby 中提取这个根子表的地址，进而读取所需的元数据子表的位置，最后就可以从元数据子表中找到待查询的子表。除了这些子表的元数据之外，元数据表中还保存了其他一些有利于调试和分析的信息，比如事件日志等。

为了减少访问开销，提高客户访问效率，Bigtable 使用了缓存（Cache）和预取（Prefetch）技术，这两种技术手段在体系结构设计中是很常用的。子表的地址信息被缓存在客户端，客户在寻址时直接根据缓存信息进行查找。一旦出现缓存为空或缓存信息过时的情况，客户端就需要按照图 2-17 所示方式进行网络的来回通信（Network Round-trips）进行寻址，在缓存为空的情况下需要三个网络来回通信。如果缓存的信息是过时的，则需要六个网络来回通信。其中三个用来确定信息是过时的，另外三个获取新的地址。预取则是在每次访问元数据表时不仅仅读取所需的子表元数据，而是读取多个子表的元数据，这样下次需要时就不用再次访问元数据表。

3．子表数据存储及读/写操作

在数据的存储方面 Bigtable 做出了一个非常重要的选择，那就是将数据存储划分成两块。较新的数据存储在内存中一个称为内存表（Memtable）的有序缓冲里，较早的数据则以 SSTable 格式保存在 GFS 中。这种技术在数据库中不是很常用，但 Google 还是做出了这种选择，实际运行的效果也证明 Google 的选择虽然大胆却是正确的。

从图 2-18[8]中可以看出读和写操作有很大的差异性。做写操作（Write Op）时，首先查询 Chubby 中保存的访问控制列表确定用户具有相应的写权限，通过认证之后写入的数据首先被保存在提交日志（Commit Log）中。提交日志中以重做记录（Redo Record）的形式保存着最近的一系列数据更改，这些重做记录在子表进行恢复时可以向系统提供已完成的更改信息。数据成功提交之后就被写入内存表中。在做读操作（Read Op）时，首先还是要通过认证，之后读操作就要结合内存表和 SSTable 文件来进行，因为内存表和 SSTable 中都保存了数据。

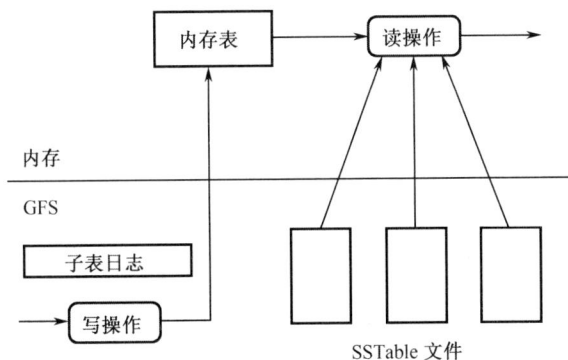

图 2-18　Bigtable 数据存储及读/写操作

在数据存储中还有一个重要问题，就是数据压缩的问题。内存表的空间毕竟是很有限的，当其容量达到一个阈值时，旧的内存表就会被停止使用并压缩成 SSTable 格式的文件。在 Bigtable 中有三种形式的数据压缩，分别是次压缩（Minor Compaction）、合并压缩（Merging Compaction）和主压缩（Major Compaction）。三者之间的关系如图 2-19 所示。

每一次旧的内存表停止使用时都会进行一个次压缩操作，这会产生一个 SSTable。但如果系统中只有这种压缩的话，SSTable 的数量就会无限制地增加下去。由于读操作要使用 SSTable，数量过多的 SSTable 显然会影响读的速度。而在 Bigtable 中，读操作实际上比写操作更重要，因此 Bigtable 会定期地执行一次合并压缩的操作，将一些已有的 SSTable 和现有的内存表一并进行一次压缩。主压缩其实是合并压缩的一种，只不过它将所有的 SSTable 一次性压缩成一个大的 SSTable 文件。主压缩也是定期执行的，执行一次主压缩之后可以保证将所有的被压缩数据彻底删除，如此一来，既回收了空间又能保证敏感数据的安全性（因为这些敏感数据被彻底删除了）。

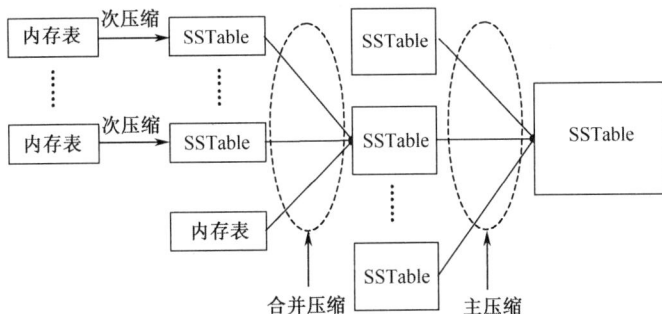

图 2-19　三种形式压缩之间的关系

2.4.6 性能优化

上述各种操作已经可以实现 Bigtable 的所有功能了，但是这些基本的功能很多时候并不是很符合用户的使用习惯，或者执行的效率较低。有些功能 Bigtable 自身已经进行了优化，包括使用缓存、共享式的提交日志以及利用系统的不变性。除此之外，Bigtable 还允许用户个人在基本操作基础上对系统进行一些优化。这一部分主要向读者介绍用户可以使用的几个重要优化措施。实际上这些技术手段都是一些已有的数据库方法，只不过Google 将它具体地应用于 Bigtable 之中了。

1. 局部性群组（Locality groups）

Bigtable 允许用户将原本并不存储在一起的数据以列族为单位，根据需要组织在一个单独的 SSTable 中，以构成一个局部性群组。这实际上就是数据库中垂直分区技术的一个应用。结合图 2-13 的实例来看，在被 Bigtable 保存的网页列关键字中，有的用户可能只对网页内容感兴趣，那么它可以通过设置局部性群组只看内容这一列。有的则会对诸如网页语言、网站排名等可以用于分析的信息比较感兴趣，他也可以将这些列设置到一个群组中。局部性群组如图 2-20 所示。

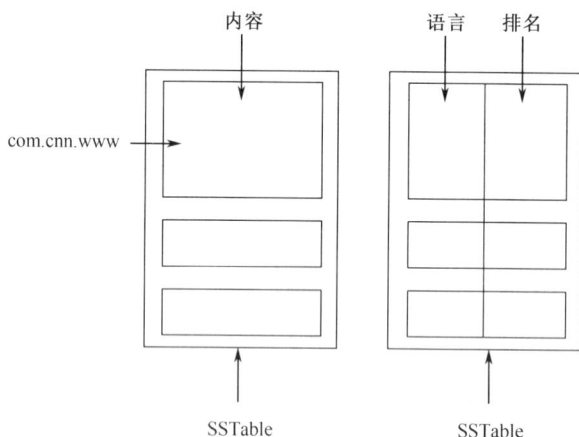

图 2-20 局部性群组

通过设置局部性群组用户可以只看自己感兴趣的内容，对某个用户来说的大量无用信息无须读取。对于一些较小的且会被经常读取的局部性群组，用户可以将其 SSTable 文件直接加载进内存，这可以明显地改善读取效率。

2. 压缩

压缩可以有效地节省空间，Bigtable 中的压缩被应用于很多场合。首先压缩可以被用在构成局部性群组的 SSTable 中，可以选择是否对个人的局部性群组的 SSTable 进行压缩。Bigtable 中这种压缩是对每个局部性群组独立进行的，虽然这样会浪费一些空间，但是在需要读时解压速度非常快。通常情况下，用户可以采用两步压缩的方式[8]：第一步利用 Bentley & McIlroy 方式（BMDiff）在大的扫描窗口将常见的长串进行压缩；第二步采取 Zippy 技术进行快速压缩，它在一个 16KB 大小的扫描窗口内寻找重复数据，这个过程非常快。压缩技术还可以提高子表的恢复速度，当某个子表服务器停止使用后，需要将上面所有的子表移至另一个子表服务器来恢复服务。在转移之前要进行两次压缩，第一次压缩减少了提交日志中的未压缩状态，从而减少了恢复时间。在文件正式转移之前还要进行一次压缩，这次压缩主要是将第一次压缩后遗留的未压缩空间进行压缩。完成这两步之后压缩的文件就会被转移至另一个子表服务器。

3．布隆过滤器（Bloom Filter）

Bigtable 向用户提供了一种称为布隆过滤器[12]的数学工具。布隆过滤器是巴顿·布隆在 1970 年提出的，实际上它是一个很长的二进制向量和一系列随机映射函数，在读操作中确定子表的位置时非常有用。布隆过滤器的速度快，省空间。而且它有一个最大的好处是它绝不会将一个存在的子表判定为不存在。不过布隆过滤器也有一个缺点，那就是在某些情况下它会将不存在的子表判断为存在。不过这种情况出现的概率非常小，跟它带来的巨大好处相比这个缺点是可以忍受的。

目前包括 Google Analytics、Google Earth、个性化搜索、Orkut 和 RRS 阅读器在内的几十个项目都使用了 Bigtable。这些应用对 Bigtable 的要求以及使用的集群机器数量都是各不相同的，但是从实际运行来看，Bigtable 完全可以满足这些不同需求的应用，而这一切都得益于其优良的构架以及恰当的技术选择。与此同时 Google 还在不断地对 Bigtable 进行一系列的改进，通过技术改良和新特性的加入提高系统运行效率及稳定性。

2.5　分布式存储系统 Megastore

互联网的迅速发展带来了新的数据应用场景，和传统的数据存储有别的是，互联网上的应用对于数据的可用性和系统的扩展性具有很高的要求。一般的互联网应用都要求能够做到 7 天×24 小时的不间断服务，达不到的话则会带来较差的用户体验。热门的应用往往会在短时间内经历急剧的用户数量增长，这就要求系统具有良好的可扩展性。在互联网的应用中，为了达到好的可扩展性，常常会采用 NoSQL 存储方式。但是从应用程序的构建方面来看，传统的关系型数据库又有着 NoSQL 所不具备的优势。Google 设计和构建了用于互联网中交互式服务的分布式存储系统 Megastore，该系统成功的将关系型数据库和 NoSQL 的特点与优势进行了融合。本节将向大家介绍该系统，着重突出 Megastore 设计与构建过程中的核心思想和技术。

2.5.1　设计目标及方案选择

Megastore 的设计目标很明确，那就是设计一种介于传统的关系型数据库和 NoSQL 之间的存储技术，尽可能达到高可用性和高可扩展性的统一。为了达到这一目标，设计团队采用了如下的两种方法：

（1）针对可用性的要求，实现了一个同步的、容错的、适合远距离传输的复制机制。在方案的选择和实现过程中 Megastore 团队研究和比较了一些传统的远距离复制技术，最终确定了引入 Paxos 算法并对其做出一定的改进以满足远距离同步复制的要求。具体的实现将在 2.5.5 节介绍。

（2）针对可扩展性的要求，设计团队借鉴了数据库中数据分区的思想，将整个大的数据分割成很多小的数据分区，每个数据分区连同它自身的日志存放在 NoSQL 数据库中，具体来说就是存放在 Bigtable 中。

图 2-21[17]显示了数据的分区和复制。在 Megastore 中，这些小的数据分区被称为实体组集（Entity Groups）。每个实体组集包含若干的实体组（Entity Group，相当于分区中表的概念），而一个实体组中又包含很多的实体（Entity，相当于表中记录的概念）。从图中还可以看出单个实体组支持 ACID 语义，以上这些都体现了关系型数据库的特征。

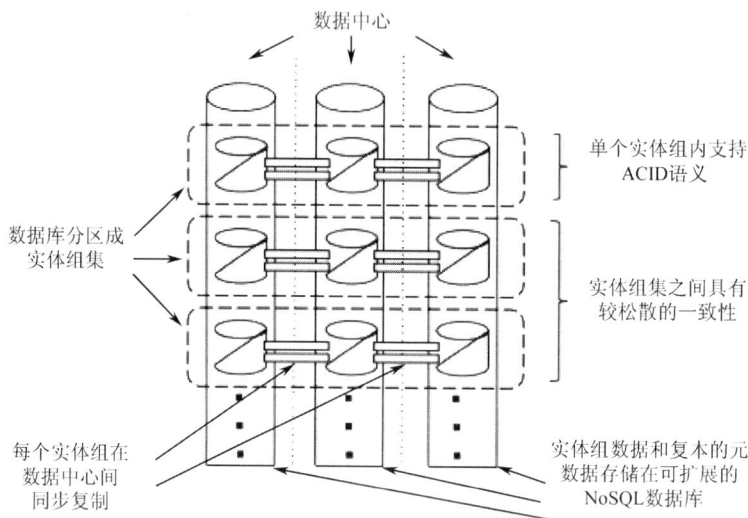

图 2-21　数据的分区和复制

实体组集之间只具有比较松散的一致性。每个实体组都通过复制技术在数据中心中保存若干数据副本，这些实体组及其副本都存储在 NoSQL 数据库（Bigtable）中。

2.5.2　Megastore 数据模型

传统的关系型数据库是通过连接（join）来满足用户的需求的，但是就 Megastore 而言，这种数据模型是不合适的，主要有以下三个原因。

（1）对于高负载的交互式应用来说，可预期的性能提升要比使用一种代价高昂的查询语言所带来的好处多。

（2）Megastore 所面对的应用是读远多于写的，因此好的选择是将读操作所需要做的工作尽可能地转移到写操作上。

（3）在 Bigtable 这样的键/值存储系统中存储和查询级联数据（Hierarchical Data）是很方便的。

基于上述三点考虑，Google 团队设计了一种能够提供细粒度控制的数据模型和模式语言。Megastore 中关系型数据库的特征就集中体现在这种数据模型。同关系型数据库一样，Megastore 的数据模型是在模式（schema）中定义的且是强类型的（strongly typed）。每个模式都由一系列的表（tables）构成，表又包含有一系列的实体（entities），每个实体中又包含一系列的属性（properties）。属性是命名的且具有类型，这些类型包括字符型（strings）、数字类型（numbers）或者 Google 的 Protocol Buffers。这些属性可以被设置成必需的（required）、可选的（optional）或者可重复的（repeated，即允许单个属性上有多个值）。图 2-22[17]是 Megastore 中一个照片共享服务的数据模型实例。

```
CREATE SCHEMA PhotoApp;

CREATE TABLE User {
 required int64 user_id;
 required string name;
} PRIMARY KEY(user_id), ENTITY GROUP ROOT;

CREATE TABLE Photo {
 required int64 user_id;
 required int32 photo_id;
 required int64 time;
 required string full_url;
 optional string thumbnail_url;
 repeated string tag;
} PRIMARY KEY(user_id, photo_id),
  IN TABLE User,
  ENTITY GROUP KEY(user_id) REFERENCES User;

CREATE LOCAL INDEX PhotosByTime
  ON Photo(user_id, time);

CREATE GLOBAL INDEX PhotosByTag
  ON Photo(tag) STORING (thumbnail_url);
```

图 2-22　照片共享服务的数据模型实例

从图中可以很容易地发现，这种模式定义的方式和关系型数据库中的定义方法非常的类似。在 Megastore 中，所有的表要么是实体组根表（Entity Group Root Table），要么是子表（Child Table）。所有的子表必须有一个参照根表的外键，这个外键是通过 ENTITY GROUP KEY 来声明的。图 2-22[17]中表 Photo 就是一个子表，因为它声明了一个外键，User 则是一个根表。一个 Megastore 实例中可以有若干个不同的根表，表示不同类型的实体组集。

图 2-22 中的实例还可以看到三种不同的属性设置，既有必需的（如 user_id），也有可选的（如 thumbnail_url）。值得注意的是 Photo 中的可重复类型的 tag 属性，这也就意味着一个 Photo 中允许同时出现多个 tag 属性。

Megastore 数据模型中另一个非常重要的概念——索引（Index）也在图 2-22 中得到体现。Megastore 将索引分成了两大类：局部索引（Local Index）和全局索引（Global

Index）。局部索引定义在单个实体组中，它的作用域仅限于单个实体组。全局索引则可以横跨多个实体组集进行数据读取操作。图 2-22 中 PhotosByTime 就是一个局部索引，而 PhotosByTag 则是一个全局索引。除了这两大类的索引外，Megastore 还提供了一些额外的索引特性，主要包括以下几个。

（1）STORING 子句（STORING Clause）：通过在索引中增加 STORING 子句，应用程序可以存储一些额外的属性，这样在读取数据时可以更快地从基本表中得到所需内容。PhotosByTag 这样一个索引中就对 thumbnail_url 使用了 STORING 子句。

（2）可重复的索引（Repeated Indexes）：Megastore 提供了对可重复属性建立索引的能力，这种可重复的索引对于子表来说常常是很有效的。

（3）内联索引（Inline Indexes）：任何一个有外键的表都能够创建一个内联索引。内联索引能够有效的从子实体中提取出信息片段并将这些片段存储在父实体中，以此加快读取速度。

最后简单地了解在这种数据模型下数据是如何存储在 Bigtable 中的。Megastore 中的实体组都存储在 Bigtable 中，表 2-2[17]列出了上面照片共享服务实例的数据在 Bigtable 中的存储情况。

表 2-2　在数据 Bigtable 中的存储情况

行键（Row Key）	User.name	Photo.time	Photo.tag	Photo._url
101	John			
101,500		12:30:01	Dinner, Paris	…
101,502		12:15:22	Betty, Paris	…
102	Mary			

从表中不难看出，Bigtable 的列名实际上是表名和属性名结合在一起得到的。不同表中的实体可以存储在同一个 Bigtable 行中。

2.5.3　Megastore 中的事务及并发控制

每个实体组实际上就像一个小的数据库，在实体组内部提供了完整的序列化 ACID 语义（Serializable ACID Semantics）支持。

Megastore 提供了三种方式的读，分别是 current、snapshot 和 inconsistent。其中 current 读和 snapshot 读总是在单个实体组中完成的。在开始某次 current 读之前，需要确保所有已提交的写操作已经全部生效，然后应用程序再从最后一个成功提交的事务时间戳位置读取数据。对于 snapshot 读，系统取出已知的最后一个完整提交的事务的时间戳，接着从这个位置读数据。和 current 读不同的是，snapshot 读的时候可能还有部分事务提交了但未生效。inconsistent 读忽略日志的状态直接读取最新的值。这对于那些要求低延迟并能容忍数据过期或不完整的读操作是非常有用的。

Megastore 事务中的写操作采用了预写式日志（Write-ahead Log），也就是说只有当所有的操作都在日志中记录下后写操作才会对数据执行修改。一个写事务总是开始于一个 current 读以便确认下一个可用的日志位置。提交操作将数据变更聚集到日志，接着分配一个比之前任意一个都高的时间戳，然后使用 Paxos 将数据变更加入到日志中。这个协议使用了乐观并发（Optimistic Concurrency）：尽管可能有多个写操作同时试图写同一个日志位置，但只会有 1 个成功。所有失败的写都会观察到成功的写操作，然后中止并重试它们的操作。

一个完整的事务周期要经过如下几个阶段。

（1）读：获取最后一次提交的事务的时间戳和日志位置。

（2）应用逻辑：从 Bigtable 读取并且聚集数据到日志入口。

（3）提交：使用 Paxos 达到一致，将这个入口追加到日志。

（4）生效：将数据更新到 Bigtable 中的实体和索引。

（5）清除：清理不再需要的数据。

Megastore 中事务间的消息传递是通过队列（Queue）实现的，图 2-23[17]显示了这一过程。

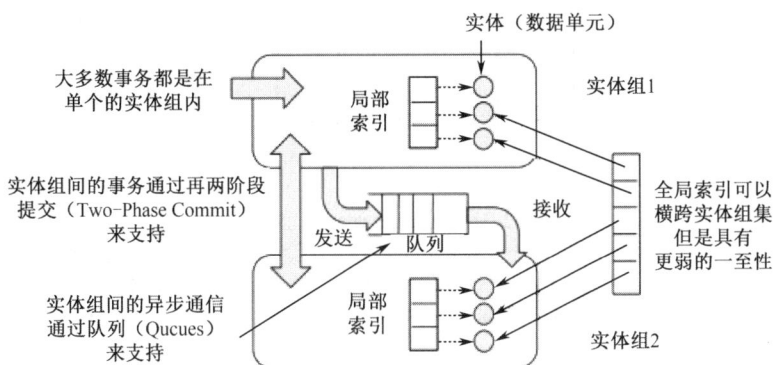

图 2-23　Megastore 中的事务机制

Megastore 中的消息能够横跨实体组，在一个事务中分批执行多个更新或者延缓作业（Defer Work）。在单个实体组上执行的事务除了更新它自己的实体外，还能够发送或收到多个信息。每个消息都有一个发送和接收的实体组；如果这两个实体组是不同的，那么传输将会是异步的。虽然这种消息队列机制在关系型数据库中已经有了很长的应用历史，Megastore 实现的这种消息机制的最大特点在于其规模：声明一个队列后可以在其他所有的实体组上创建一个收件箱。

除了队列机制之外，Megastore 还支持两阶段提交（Two-phase Commit）。但是这会产生比较高的延迟并且增加了竞争的风险，一般情况下不鼓励使用。

2.5.4　Megastore 基本架构

图 2-24[17]是 Megastore 的基本架构，最底层的数据是存储在 Bigtable 中的。不同类型的副本存储不同的数据。在 Megastore 中共有三种副本，分别是完整副本（Full Replica）、见证者副本（Witness Replica）和只读副本（Read-only Replica）。图 2-24 中出现了两种副本，分别是完整副本 A 和副本 B，以及见证者副本 C。对于完整副本，

Bigtable 中存储完整的日志和数据。见证者副本的作用是在 Paxos 算法执行过程中无法产生一个决议时参与投票，因此对于这种副本，Bigtable 只存储其日志而不存储具体数据。最后一种只读副本和见证者副本恰恰相反，它们无法参与投票。它们的作用只是读取到最近过去某一个时间点的一致性数据。如果读操作能够容忍这些过期数据，只读副本能够在不加剧写延迟的情况下将数据在较大的地理空间上进行传输。

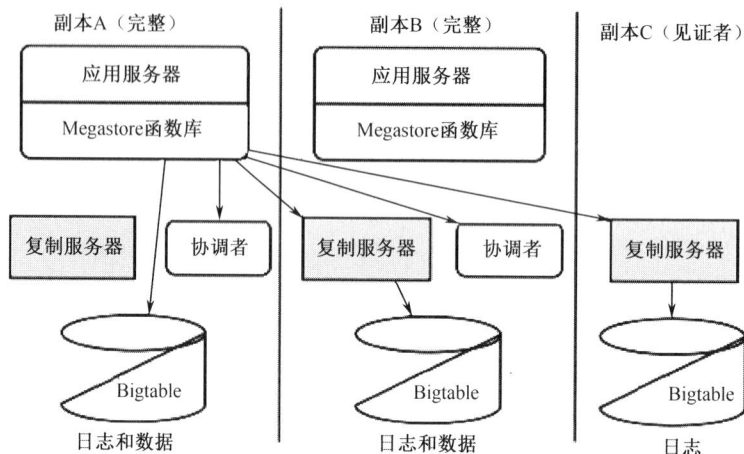

图 2-24　Megastore 的基本架构

Megastore 的部署需要通过一个客户端函数库和若干的服务器。应用程序连接到这个客户端函数库，这个函数库执行 Paxos 算法。图 2-24 中还有一个称为协调者的服务，要想理解这个服务的作用，首先来了解下 Megastore 中提供的快速读（Fast Reads）和快速写（Fast Writes）机制。

1．快速读

如果读操作不需要副本之间进行通信即可完成，那么读取的效率必然相对较高。由于写操作基本上能在所有的副本上成功，一旦成功认为该副本上的数据都是相同的且是最新的，就能利用本地读取（Local Reads）实现快速读，能够带来更好的用户体验及更低的延迟。确保快速读成功的关键是保证选择的副本上数据是最新的。为了达到这一目标，设计团队引入了协调者的概念。协调者是一个服务，该服务分布在每个副本的数据中心里面。它的主要作用就是跟踪一个实体组集合，集合中的实体组需要具备的条件就是它们的副本已经观察到了所有的 Paxos 写。只要出现在这个集合中的实体组，它们的副本就都能够进行本地读取，也就是说能够实现快速读。协调者的状态是由写算法来保证，关于这点将在 2.5.5 节中再次介绍。

2．快速写

为了达到快速的单次交互的写操作，Megastore 采用了一种在主/从式系统中常用的优化方法。如果一次写成功，那么下一次写的时候就跳过准备过程，直接进入接受阶段。因为一次成功的写意味着也准确地获知了下一个日志的位置，所以不再需要准备阶段。Megastore 没有使用专门的主服务器，而是使用 leaders。系统在每一个日志位置都运行一个 Paxos 算法实例。leader 主要是来裁决哪个写入的值可以获取 0 号提议。第一个将值提交给 leader 的可以获得一个向所有副本请求接收这个值作为 0 号提议最终值的机会。其他的值就需要重新使用 Paxos 算法。

由于写入者在提交值给其他副本之前必须要和 leader 通信，为了尽可能地减少延迟，Megastore 做了一个简单的优化，即在提交值最多的位置附近选择一个副本作为 leader。

客户端、网络及 Bigtable 的故障都会导致一个写操作处于不确定的状态。图 2-24 中的复制服务器会定期扫描未完成的写入并且通过 Paxos 算法提议没有操作的值（No-op Values）来让写入完成。

2.5.5　核心技术——复制

复制可以说是 Megastore 最核心的技术，如何实现一个高效、实时的复制方案对于整个系统的性能起着决定性的作用。通过复制保证所有最新的数据都保存有一定数量副本，能够很好地提高系统的可用性。

1．复制的日志

每个副本都存有记录所有更新的数据。即使是它正从一个之前的故障中恢复数据，副本也要保证其能够参与到写操作中的 Paxos 算法，因此 Megastore 允许副本不按顺序接受日志，这些日志将独立的存储在 Bigtable 中。图 2-25[17]是 Megastore 中预写式日志的一个典型应用场景。

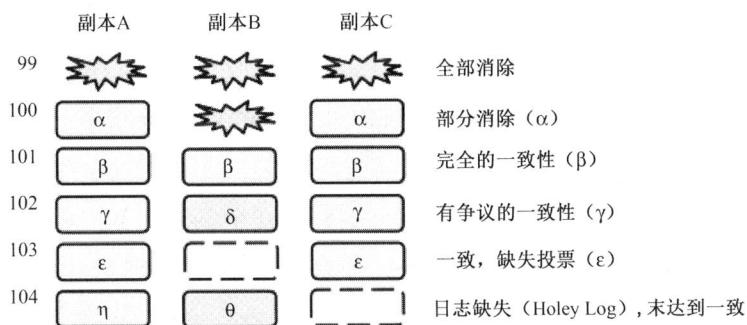

图 2-25　预写式日志

当日志有不完整的前缀时我们就称一个日志副本有"缺失"（Holes）。在图 2-25 中 0～99 的日志位置已经被全部清除，100 的日志位置被部分清除，因为每个副本都会被通知到其他副本已经不再需要这个日志。101 的日志位置被全部副本接受。102 的日志位置被 γ 获得，这是一种有争议的一致性。103 的日志位置被副本 A 和副本 C 接受，副本 B 则留下了一个"缺失"。104 的日志位置则未达到一致性，因为副本 A 和副本 B 存在争议。

2．数据读取

在一次 Current 读之前，要保证至少有一个副本上的数据是最新的，也就是说所有之前提交到日志中的更新必须复制到该副本上并确保在该副本上生效。这个过程称为追赶（Catchup）。

图 2-26[17]是一次数据读取过程，总的来看，该过程要经过以下几个步骤。

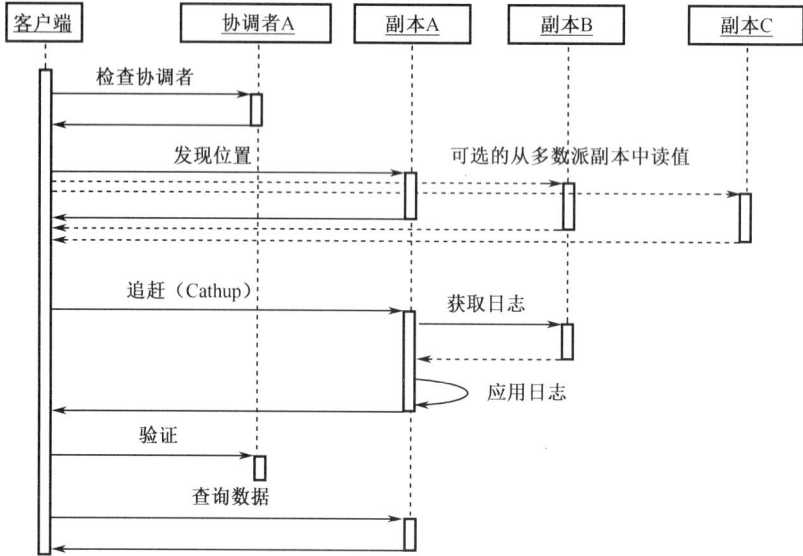

图 2-26　数据读取

1）本地查询（Query Local）

查询本地副本的协调者来决定这个实体组上数据是否已经是最新的。

2）发现位置（Find Position）

确定一个最高的已经提交的日志位置，选择一个已经在该位置上生效的副本。

（1）本地读取（Local Read）：如果本地查询确定当前的本地副本已经是最新的，则从副本中的最高日志位置和时间戳读取数据。这实际上就是前面提到的快速读。

（2）多数派读取（Majority Read）：如果本地副本不是最新的（或者本地查询或本地读取超时），从一个副本的多数派中发现最大的日志位置，然后从中选取一个读取。选择一个响应最快或者最新的副本，并不一定就是本地副本。

3）追赶

一旦某个副本被选中，就采取如下方式使其追赶到已知的最大日志位置处。

（1）对于所选副本中所有不知道共识值（Consensus Value）的日志位置，从其他的副本中读取值。对于任意的没有任何可用的已提交的值的日志位置，将会利用 Paxos 算法发起一次无操作的写。Paxos 将会促使绝大多数副本达成一个共识值——可能是无操作的写也可能是以前的一次写操作。

（2）接下来就所有未生效的日志位置生效成上面达成的共识值，以此来达到一种分布式一致状态。

4）验证（Validate）

如果本地副本被选中且数据不是最新，发送一个验证消息到协调者断定（entity group, replica）对（（entity group, replica）pair）能够反馈所有提交的写操作。无须等待回应，如果请求失败，下一个读操作会重试。

5）查询数据（Query Data）

在所选的副本中利用日志位置的时间戳读取数据。如果所选的副本不可用了，重新选中一个替代副本，执行追赶操作，然后从中读取数据。单个的较大查询结果可能是从多个副本中汇聚而来。

需要指出的是，本地查询和本地读取是并行执行的。

3. 数据写入

执行完一次完整的读操作之后，下一个可用的日志位置、最后一次写操作的时间戳，以及下一次的 leader 副本都知道了。在提交时刻所有的更新都被打包（Packaged）和提议（Proposed），同时还包含一个时间戳、下一次 leader 提名及下一个日志位置的共识值。如果该值赢得了分布式共识，它将应用到所有的副本中。否则整个事务将中止且从读操作重新开始。

在 2.5.4 节中介绍快速读时曾经提到协调者的状态是由写算法来保证的。这实际上描述了这样的一个过程：如果一次写操作不是被所有的副本所接受，必须要将这些未接受写操作的副本中相关的实体组从协调者中移去，这个过程称为失效（Invalidation）。失效的过程可以保证协调者所看到的副本上数据都是接受了写操作的最新数据。在一次写操作被提交并准备生效之前，所有的副本必须选择接受或者在协调者中将有关的实体组进行失效。

图 2-27[17]是数据写入的完整过程，具体包括以下几个步骤。

（1）接受 leader：请求 leader 接受值作为 0 号提议。这实际上就是前面介绍的快速写方法。如果成功，跳至步骤（3）。

（2）准备：在所有的副本上使用一个比其当前所见的日志位置更高的提议号进行 Paxos 准备阶段。将值替换成拥有最高提议号的那个值。

（3）接受：请求剩余的副本接受该值，如果大多数副本拒绝这个值，返回步骤（2）。

（4）失效：将不接受值的副本上的协调者进行失效操作。

（5）生效：将值的更新在尽可能多的副本上生效。如果选择的值和原来提议的有冲突，返回一个冲突错误。

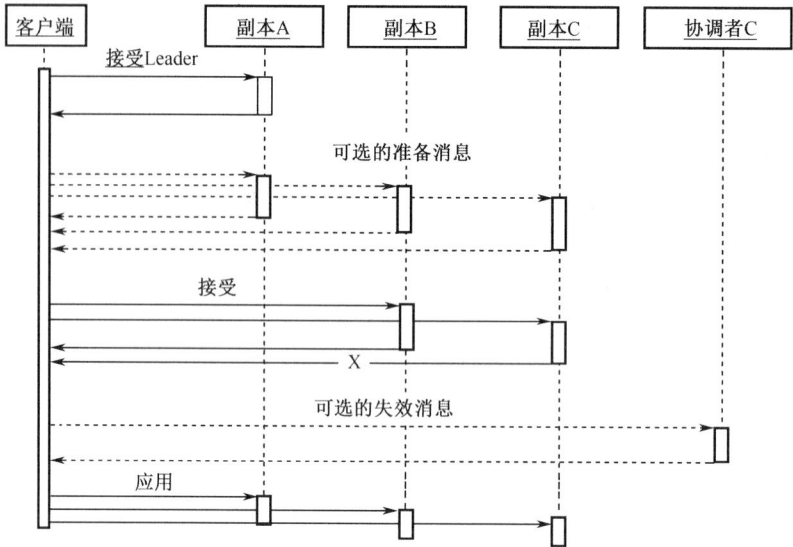

图 2-27　数据写入

4．协调者的可用性

从上面的介绍中可以发现协调者在系统中是比较重要的，协调者的进程运行在每个数据中心。每次的写操作中都要涉及协调者，因此协调者的故障将会导致系统的不可用。虽然在实践中由协调者导致的系统不可用的情况很少出现，但是网络和主机故障还是有可能导致协调者出现暂时的不可用。

Megastore 使用了 Chubby 锁服务，协调者在启动的时候从数据中心获取指定的 Chubby 锁。为了处理请求，一个协调者必须持有其多数锁。一旦因为出现问题导致它丢失了大部分锁，协调者就会恢复到一个默认保守状态——认为所有它所能看见的实体组都是失效的。

写入者通过测试一个协调者是否丢失了锁从而让其在协调者不可用的过程中得到保护。写入者知道在恢复之前协调者会认为自己是失效的。当一个协调者突然不可用时，这个算法需要面对一个短暂（几十秒）的写停顿风险——所有的写入者必须等待协调者的 Chubby 锁过期。

除了可用性问题，对于协调者的读写协议必须满足一系列的竞争条件。失效的信息总是安全的，但是生效的信息必须谨慎处理。在协调者中较早的写操作生效和较晚的写操作失效之间的竞争通过带有日志位置而被保护起来。较高位置的失效操作总是胜过较低位置的生效操作。一个位置 n 的失效操作和一个位置 $m < n$ 的生效操作之间的竞争常常和一个冲突联系在一起。Megastore 通过一个唯一的代表协调者的序号来检测冲突：生效操作只允许在最近一次对协调者进行的读取操作以来序号没有发生变化的情况下修改协调者的状态。

在实际的应用中，以下因素能够减轻使用协调者所带来的问题。

（1）协调者比任何的 Bigtable 服务器都简单，基本上没有依赖，所以可用性更高。

（2）协调者简单、均匀的工作负载让它们能够低成本地进行预防措施。

（3）协调者轻量的网络传输允许使用高可用连接进行服务质量监控。

（4）操作者能够在维护期或者故障期集中地让一批协调者失效。当出现某些系统默认的监控信号时这一过程会自动进行。

（5）Chubby 锁的 quorum 机制能够监测到大多数网络问题和节点的不可用。

2.5.6　产品性能及控制措施

本节将介绍 Megastore 在 Google 中实际应用的情况及系统出现错误时的一些控制措施。

Megastore 在 Google 中已经部署和使用了若干年，有超过 100 个产品使用 Megastore 作为其存储系统。图 2-28[17]显示了这些产品可用性的分布情况，从图中可以看出，绝大多数产品具有极高的可用性（>99.999%）。这表明 Megastore 系统的设计是非常成功的，基本达到了预期目标。

图 2-29[17]是产品延迟情况的分布，根据数据中心的距离和写入数据的大小，应用程序的平均读取延迟在万分之一毫秒之内，平均写入延迟在 100～400 毫秒。

当某个完整副本忽然变得不可用或失去连接时，为了避免 Megastore 的性能下降，可采取以下三种应对方法。

（1）通过重新选择路由使客户端绕开出现问题的副本，这是最重要的一种错误处理机制。

（2）将出现问题副本上的协调者禁用，确保问题的影响降至最小。

（3）禁用整个副本，这是最严厉的一种手段，但是这种方法比较少使用。

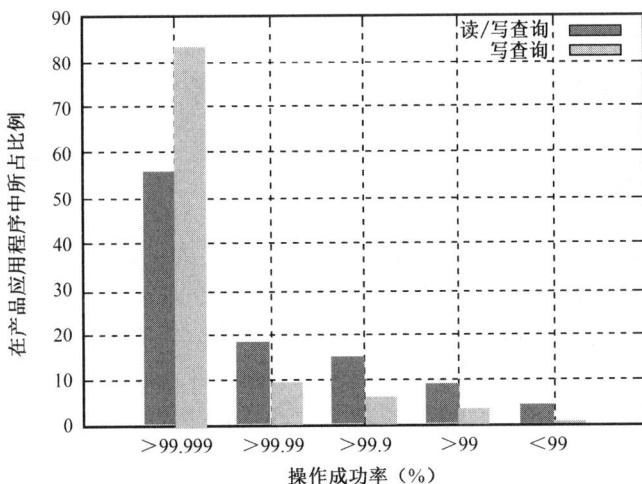

图 2-28　可用性的分布情况

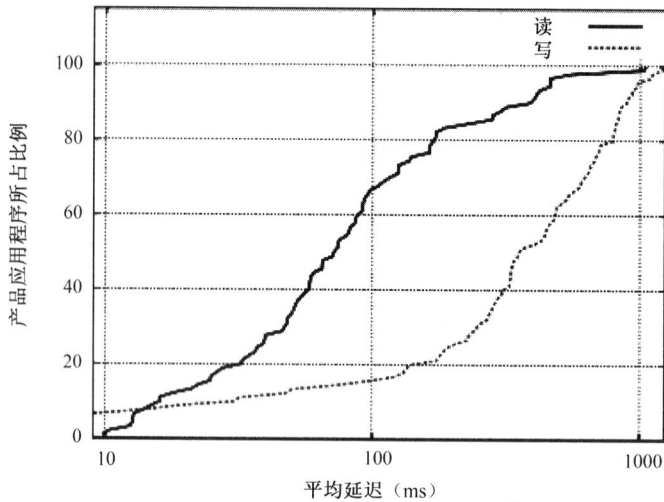

图 2-29　产品延迟情况的分布

　　一般来说，出现错误之后，上述三种方法可能会结合起来使用，而不是仅仅使用某种方法。

　　本节主要介绍了 Megastore 的设计思想以及核心的技术手段，其中很多内容对于设计 NoSQL 存储系统是有借鉴意义的。但需要跟读者指出的是：Megastore 已经是 Google 相对过时的存储技术。Google 目前正在使用的存储系统是 Spanner 架构，Spanner 的设计目标是能够控制一百万到一千万台服务器，Spanner 最强大之处在于能够在 50ms 之内为数据传递提供通道——即使这两个数据中心分布于地球的两端。

2.6　大规模分布式系统的监控基础架构 Dapper

　　Google 认为系统出现故障是一种常态，基于这种设计理念，Google 的工程师们结合 Google 的实际开发出了 Dapper。这是目前所知的第一种公开其实现的大规模分布式系统的监控基础架构。

2.6.1　基本设计目标

　　Google 使用最多的服务就是它的搜索引擎，以此为例，有资料表明，用户的平均每一次前台搜索会导致 Google 的后台发生 1011 次的处理。用户将一个关键字通过 Google 的输入框传到 Google 的后台，系统再将具体的查询任务分配到很多子系统中，这些子系统有些是用来处理涉及关键字的广告，有些是用来处理图像、视频等搜索的，最后所有这些子系统的搜索结果被汇总在一起返回给用户。在我们看来很简单的一次搜索实际上涉及了众多 Google 后台子系统，这些子系统的运行状态都需要进行监控，而且随着时间的推移 Google 的服务越来越多，新的子系统也在不断被加入，因此在设计时需要考虑到的第一个问题就是设计出的监控系统应当能够对尽可能多的

Google 服务进行监控，即广泛可部署性（Ubiquitous Deployment）。另一方面，Google 的服务是全天候的，如果不能对 Google 的后台同样进行全天候的监控很可能会错过某些无法再现的关键性故障，因此需要进行不间断的监控。这两个基本要求导致了以下三个基本设计目标。

（1）低开销：这个是广泛可部署性的必然要求。监控系统的开销越低，对于原系统的影响就越小，系统的开发人员也就越愿意接受这个监控系统。

（2）对应用层透明：监控系统对程序员应当是不可见的。如果监控系统的使用需要程序开发人员对其底层的一些细节进行调整才能正常工作的话，这个监控系统肯定不是一个完善的监控系统。

（3）可扩展性：Google 的服务增长速度是惊人的，设计出的系统至少在未来几年里要能够满足 Google 服务和集群的需求。

2.6.2　Dapper 监控系统简介

1．基本概念

对系统行为进行监控的过程非常的复杂，特别是在分布式系统中。为了理解这种复杂性，首先来看如图 2-30[18]所示的一个过程。

在图中，用户发出一个请求 X，它期待得到系统对它做出的应答 X。但是接收到该请求的前端 A 发现该请求的处理需要涉及服务器 B 和服务器 C，因此 A 又向 B 和 C 发出两个 RPC（远程过程调用）。B 收到后立刻做出响应，但是 C 在接到后发现它还需要调用服务器 D 和 E 才能完成请求 X，因此 C 对 D 和 E 分别发出了 RPC，D 和 E 接到后分别做出了应答，收到 D 和 E 的应答之后 C 才向 A 做出响应，在接收到 B 和 C 的应答之后 A 才对用户请求 X 做出一个应答 X。 在监控系统中记录下所有这些消息不难，如何将这些消息记录同特定的请求（本例中的 X）关联起来才是分布式监控系统设计中需要解决的关键性问题之一。

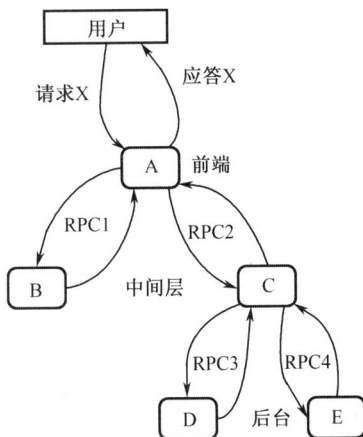

图 2-30　典型分布式系统的请求及应答过程

一般来说，有两种方案可供选择：黑盒（Black Box）方案及基于注释的监控（Annotation-based Monitoring）方案。二者比较而言，黑盒方案比较轻便，但是在消息关系判断的过程中，黑盒方案主要是利用一些统计学的知识来进行推断，有时不是很准确。基于注释的方案利用应用程序或中间件给每条记录赋予一个全局性的标示符，借此将相关消息串联起来。考虑到实际的需求，Google 的工程师最终选择了基于注释的方案，为了尽可能消除监控系统的应用程序对被监控系统的性能产生的不良影响，Google 的工程师设计并实现了一套轻量级的核心功能库，这将在后面进行介绍。

Dapper 监控系统中有三个基本概念：监控树（Trace Tree）、区间（Span）和注释（Annotation）。如图 2-31[18]所示是一个典型的监控树，从中可以看到所谓的监控树实际上就是一个同特定事件相关的所有消息，只不过这些消息是按照一定的规律以树的形式组织起来。树中的每一个节点称为一个区间，区间实际上就是一条记录，所有这些记录联系在一起就构成了对某个事件的完整监控。从图 2-31 不难看出，每个区间包括以下内容：区间名（Span Name）、区间 id（Span id）、父 id（Parent id）和监控 id（Trace id）。区间名主要是为了方便人们记忆和理解，因此要求这个区间名是人们可以读懂的。区间 id 是为了在一棵监控树中区分不同的区间。父 id 是区间中非常重要的一个内容，正是通过父 id 才能够对树中不同区间的关系进行重建，没有父 id 的区间称为根区间（Root Span）。图 2-31 中的 Frontend Request 就是一个根区间。在图中还能看出，区间的长度实际上包括了区间的开始及结束时间信息。

监控 id 在图 2-31 中并没有列出，一棵监控树中所有区间的监控 id 是相同的，这个监控 id 是随机分配的，且在整个 Dapper 监控系统中是唯一的。正如区间 id 是用来在某个监控树中区分不同的区间一样，监控 id 是用来在整个 Dapper 监控系统中区分不同的监控。注释主要用来辅助推断区间关系，也可以包含一些自定义的内容。图 2-32[18]展示了图 2-31 中区间 Helper.Call 的详细信息。

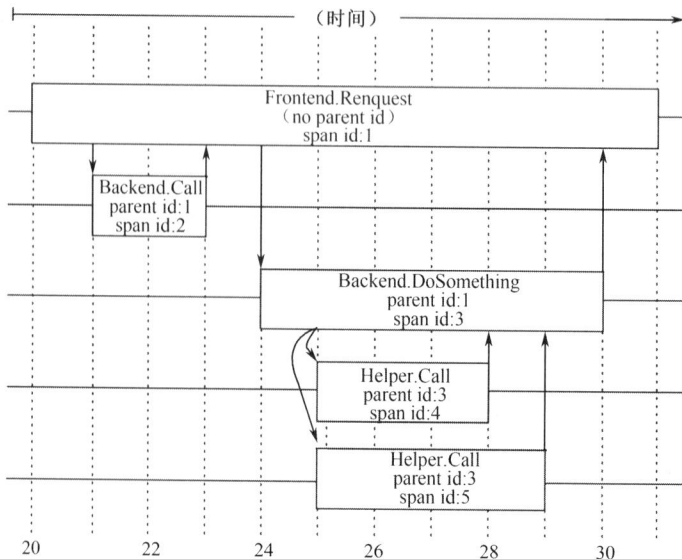

图 2-31　监控树

在图 2-32 中可以清楚地看到这个区间的区间名是"Helper.Call"，监控 id 是 100，区间 id 是 5，父 id 是 3。一个区间既可以只有一台主机的信息，也可以包含来源于多个主机的信息；事实上，每个 RPC 区间都包含来自客户端（Client）和服务器端（Server）的注释，这使得双主机区间（Two-host Span）成为最常见的一种。图 2-32 中的区间就包含了来自客户端的注释信息："<Start>"、"Client Send"、"Client Recv"和"<End>"，也包含了来自服务器端的注释信息："Server Recv"、"foo"和"Server Send"。除了"foo"是用户自定义的注释外，其他的注释信息都是和时间相关的信息。Dapper 不但支持用户进行简单的文本方式的注释，还支持键—值对方式的注释，这赋予了开发者更多的自由。

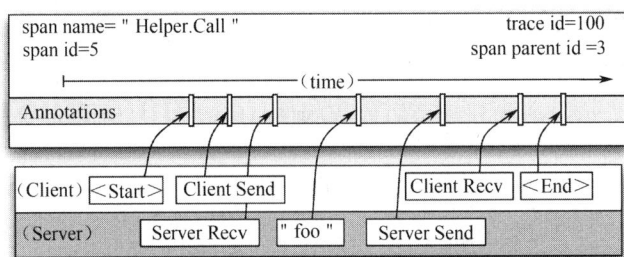

图 2-32　区间 Helper.Call 的详细信息

2．监控信息的汇总

Dapper 对几乎所有的 Google 后台服务器进行监控。海量的消息记录必须通过一定的方式汇集在一起才能产生有效的监控信息。在实际中，Dapper 监控信息的汇总需要经过三个步骤，如图 2-33[18]所示。

（1）将区间的数据被写入到本地的日志文件。

（2）利用 Dapper 守护进程（Dapper daemon）和 Dapper 收集器（Dapper Collectors）将所有机器上的本地日志文件汇集在一起。

（3）将汇集后的数据写入到 Bigtable 存储库中。

从图中也很容易地看出，（1）和（2）是一个读的过程，而（3）是一个写的过程。选择 Bigtable 主要是因为区间的数目非常多，而且各个区间的长度变化很大，Bigtable 对于这种很松散的表结构能够很好地进行支持。写入数据后的 Bigtable 中，单独的一行表示一个记录，而一列则相当于一个区间。这些监控数据的汇总是单独进行的，而不是伴随系统对用户的应答一起返回的。如此选择主要有如下的两个原因：首先，一个内置的汇总方案（监控数据随 RPC 应答头返回）会影响网络动态。一般来说，RPC 应答数据规模比较的小，通常不超过 10KB。而区间数据往往非常的庞大，如果将二者放在一起传输，会使这些 RPC 应答数据相对"矮化"进而影响后期的分析。另一方面，内置的汇总方案需要保证所有的 RPC 都是完全嵌套的，但有许多的中间件系统在其所有的后台返回最终结果之前就对调用者返回结果，这样有些监控信息就无法被收集。基于这两个考虑，Google 选择将监控数据和应答信息分开传输。

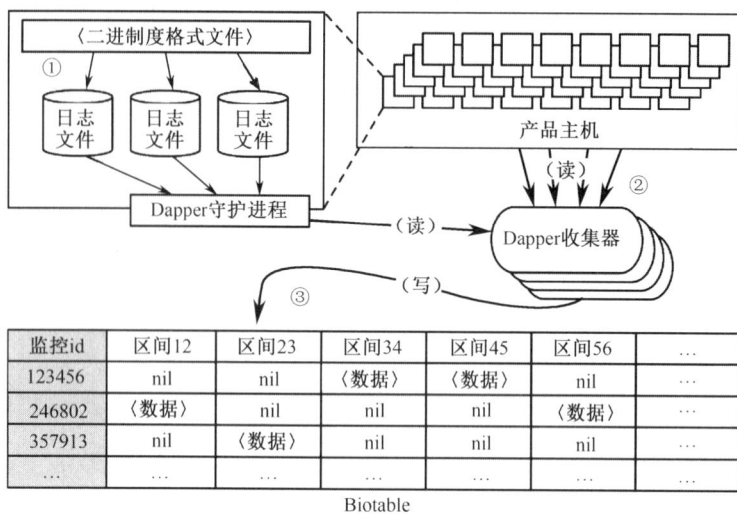

图 2-33　监控信息的汇总

安全问题是所有系统都必须考虑的问题，为了防止未授权用户对于 RPC 信息的访问，信息汇总过程中 Dapper 只存储 RPC 方法的名称却不存储任何 RPC 负载数据，取而代之的是，应用层注释提供了一种方便的选择机制（Opt-in Mechanism）：应用程序开发者可以将任何对后期分析有益的数据和区间关联起来。

2.6.3　关键性技术

前面提到了 Dapper 的三个基本设计目标，在这三个目标中，实现难度最大的是对应用层透明。为了达到既定设计目标，Google 不断进行创新，最终采用了一些关键性技术解决了存在的问题。这些关键性技术概括起来主要包括以下两个方面。

1．轻量级的核心功能库

这主要是为了实现对应用层透明，设计人员通过将 Dapper 的核心监控实现限制在一个由通用线程（Ubiquitous Threading）、控制流（Control Flow）和 RPC 代码库（RPC Library Code）组成的小规模库基础上实现了这个目标。其中最关键的代码基础是基本 RPC、线程和控制流函数库的实现，主要功能是实现区间创建、抽样和在本地磁盘上记录日志。用 C++的话 Dapper 核心功能的实现不超过 1000 行代码，而用 Java 则不到 800 行。键/值对方式注释功能的实现需要额外增加 500 行代码。将复杂的功能实现限制在一个轻量级的核心功能库中保证了 Dapper 的监控过程基本对应用层透明。

2．二次抽样技术

监控开销的大小直接决定 Dapper 的成败，为了尽可能地减小开销，进而将 Dapper 广泛部署在 Google 中，设计人员设计了一种非常巧妙的二次抽样方案。二次抽样顾名思义包括两次抽样过程。Google 每天需要处理的请求量惊人，如果对所有的请求都进行监控的话所产生的监控数据将会十分的庞大，也不利于数据分析，因此 Dapper 对这些请求进行了抽样，只有被抽中的请求才会被监控。在实践中，Dapper 的设计人员发现了一个非常有意思的现象，那就是当抽样率低至 1/1024 时也能够产生足够多的有效监控数据，即在 1024 个请求中抽取 1 个进行监控也是可行的，这种低抽样率有效的原因在于巨大的事件数量使关注的事件可能出现的足够多，从而可以捕获有效数据。这就是 Dapper 的第一次抽样。最初 Dapper 设计的是统一的抽样率，但是慢慢地发现对于一些流量较低的服务，低抽样率很可能会导致一些关键性事件被忽略，因此 Dapper 的设计团队正在设计一种具有适应性抽样率的方案。尽管采取抽样监控，所产生的数据量也是惊人的。根据 Dapper 团队的统计，Dapper 每天得到的监控数据量已经超过 1T，如果将这些数据全部写入 Bigtable 中效率较低，而且 Bigtable 的数据存储量有限，必须定期处理，较少的数据能够保存更长的时间。对此，Dapper 团队设计了第二次的抽样。这次抽样发生在数据写入 Bigtable 之前，具体方法是将监控 id 散列成一个标量 z，其中 $0 \leq z \leq 1$。如果某个区间的 z 小于事先定义好的汇总抽样系数（Collection Sampling Coeficient），则保留这个区间并将它写入 Bigtable。否则丢弃不用。也就是说在采样决策中利用 z 值来决定某个监控树是整棵予以保留还是整棵弃用。这种方法非常的巧妙，因为在必要时只需改动 z 值就可以改变整个系统的写入数据量。利用二次抽样技术成功地解决了低开销及广泛可部署性的问题。

上面的两种技术手段解决了主要设计问题，这使得 Dapper 在 Google 内部得到了广泛的应用。Dapper 守护进程已成为 Google 镜像的一部分，因此 Google 所有的服务器上都有运行 Dapper。

2.6.4　常用 Dapper 工具

1. Dapper 存储 API

Dapper 的"存储 API"简称为 DAPI，提供了对分散在区域 Dapper 存储库（DEPOTS）的监控记录的直接访问。一般来说，有以下三种方式可以对这些记录进行访问。

（1）通过监控 id 访问（Access by Trace id）：利用全局唯一的监控 id 直接访问所需的监控数据。

（2）块访问（Bulk Access）：DAPI 可以借助 MapReduce 来提供对数以十亿计的 Dapper 监控数据的并行访问。用户覆写一个将 Dapper 监控作为其唯一参数的虚函数（Virtual Function），在每次获取用户定义的时间窗口内的监控数据时架构都将引用该函数。

（3）索引访问（Indexed Access）：Dapper 存储库支持单索引（Single Index），因为监控 id 的分配是伪随机的，这是快速访问同特定服务或主机相关监控的最好方式。

根据不完全的统计，目前大约有三个基于 DAPI 的持久应用程序，八个额外的基于 DAPI 的按需分析工具及 15～20 个使用 DAPI 框架构建的一次性分析工具。

2．Dapper 用户界面

大部分的用户在使用 Dapper 时都是通过基于 Web 的交互式用户界面，图 2-34～图 2-38 显示其一般性的使用流程。

（1）首先用户需要选择监控对象，包括监控的起止时间、区分监控模式的信息（图 2-34[18]中是区间名）及一个衡量开销的标准（图 2-34 中是服务延迟）。

（2）如图 2-35[18]所示，一个大的性能表给出了所有同指定监控对象有关的分布式执行模式的简要情况。用户可以按其意愿对这些执行模式进行排序并选择某一个查看更多的细节。

（3）图 2-36[18]是某个选中的分布式执行模式，该执行模式以图形化描述呈现给用户。

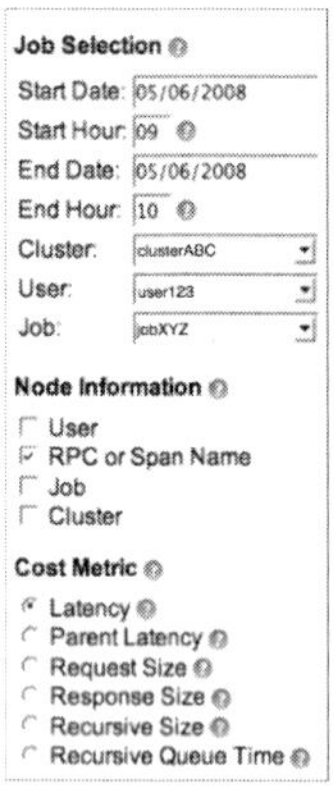

图 2-34　监控对象选择

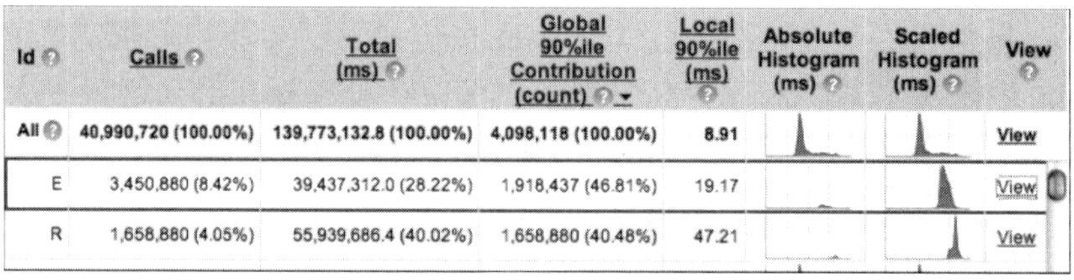

Id	Calls	Total (ms)	Global 90%ile Contribution (count)	Local 90%ile (ms)	Absolute Histogram (ms)	Scaled Histogram (ms)	View
All	40,990,720 (100.00%)	139,773,132.8 (100.00%)	4,098,118 (100.00%)	8.91			View
E	3,450,880 (8.42%)	39,437,312.0 (28.22%)	1,918,437 (46.81%)	19.17			View
R	1,658,880 (4.05%)	55,939,686.4 (40.02%)	1,658,880 (40.48%)	47.21			View

图 2-35　监控对象相关的执行模型

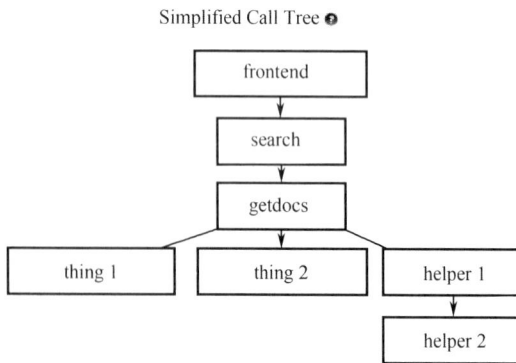

Simplified Call Tree

图 2-36　特定的执行模式

（4）根据最初选择的开销度量标准，Dapper 会以频度直方图的形式将步骤（3）中选中的执行模式的开销分布展示出来，如图 2-37[18]所示，同时呈现给用户的还有一系列特殊的监控样例信息，这些信息落在直方图的不同部分。用户可以进一步的选择这些监控样例。

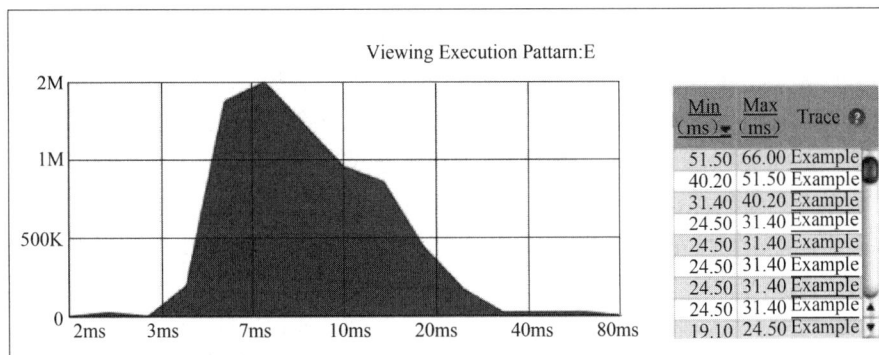

图 2-37　执行模式开销的频度直方图

（5）在用户选择了某个监控样例后，就会进入所谓的监控审查视图（Trace Inspection View）。图 2-38[18]是部分的监控审查视图，在这个视图中，最顶端是一条全局的时间线（Global Time Line）。每一行是一个监控树，选择"+"或"−"能够展开或折叠监控树。每个监控树用嵌套的彩色长方形表示的。每个 RPC 区间又被进一步的分成花在服务器处理上的时间和花在网络通信上的时间。用户注释并未在图中显示出来，但是它们可以按照逐个区间被选择包含在全局时间线上。

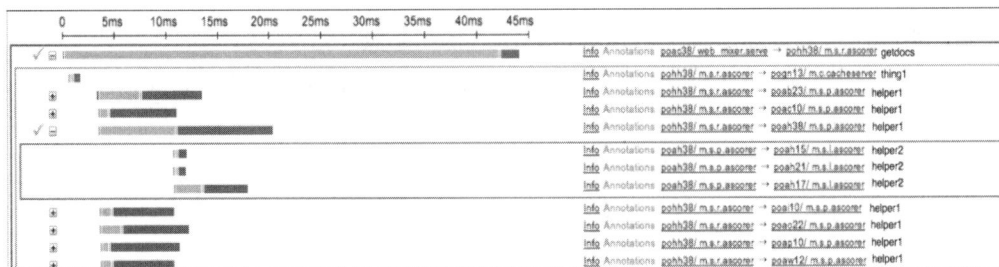

图 2-38　监控审查视图

根据统计，一个普通的工作日内大概有 200 个不同的 Google 工程师在使用 Dapper 用户界面。因此，在一周的时间里，有 750～1000 个不同的用户。

2.6.5　Dapper 使用经验

本节介绍 Dapper 在 Google 中的一些使用经验，通过这些经验可以看出在哪些场景中 Dapper 是最适用的。

1. 新服务部署中 Dapper 的使用

Google 的 AdWords 系统的构建围绕着一个由关键字命中准则和相关的文字广告组成的大型数据库。在这个系统进行重新开发时，开发团队从原型系统直到最终版本的发布过程中，反复的使用了 Dapper。开发团队利用 Dapper 对系统的延迟情况进行一系列的跟踪，进而发现存在的问题，最终证明 Dapper 对于 AdWords 系统的开发起到了至关重要的作用。

2. 定位长尾延迟（Addressing Long Tail Latency）

Google 最重要的产品就是搜索引擎，由于规模庞大，对其进行调试是非常复杂的。当用户请求的延迟过长，即延迟时间处于延迟分布的长尾时，即使最有经验的工程师对这种端到端性能表现不好的根本原因也常常判断错误。通过图 2-39[18]不难发现，端到端性能和关键路径上的网络延迟有着极大的关系，因此发现关键路径上的网络延迟常常就能够发现端到端性能表现不佳的原因。利用 Dapper 恰恰能够比较准确的发现关键路径。

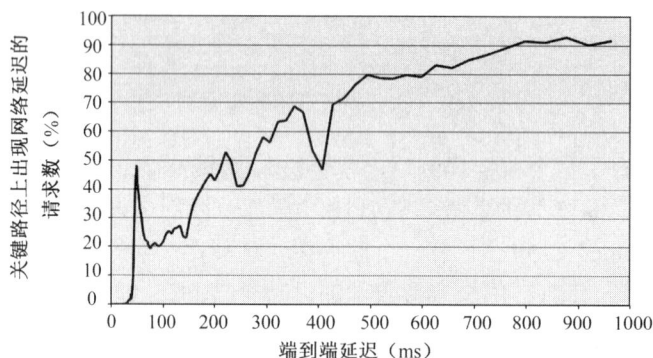

图 2-39 关键路径网络延迟对于端到端性能表现的影响

3. 推断服务间的依存关系（Inferring Service Dependencies）

Google 的后台服务之间经常需要互相的调用，当出现问题时需要确定该时刻哪些服务是相互依存的，因为这样有利于发现导致问题的真正原因。Google 的"服务依存关系"项目使用监控注释和 DPAI 的 MapReduce 接口实现了服务依存关系确定的自动化。

4. 确定不同服务的网络使用情况

在 Dapper 出现之前，Google 的网管人员在网络出现故障时几乎没有工具能够确定到底是哪个部分的网络出现的故障。而现在 Google 利用 Dapper 平台构建了一个连续不断更新的控制台，用来显示内部集群网络通信中最活跃的应用层终端。这样在出现问题时可以最快的定位占用网络资源最多的几个服务。

5. 分层的共享式存储系统

Google 中的许多存储系统都是由多个相对独立且具有复杂层次的分布式基础架构组成。例如，Google App Engine 是构建在一个可扩展的实体存储系统之上的。而该实体存储系统则是构建在底层的 Bigtable 之上，展现出一些 RDBMS（关系型数据库管理系统）的功能。而 Bigtable 又依次用到了 Chubby 和 GFS。在这样的层次式系统中决定端用户的资源消耗模式并不总是那么简单。例如，由 Bigtable 的单元引起的 GFS 高流量可能主要由一个用户或几个用户产生，但是在 GFS 的层次上这两种不同的使用模式是没法分开的。更进一步，在没有 Dapper 之类工具的情况下对于这种共享式服务资源的争用也同样难以调试。

6．利用 Dapper 进行"火拼"（Firefighting with Dapper）

这里所谓的"火拼"是指处于危险状态的分布式系统的代表性活动。正在"火拼"中的 Dapper 用户需要访问最新的数据却没有时间来编写新的 DAPI 代码或者等待周期性的报告，此时可以通过和 Dapper 守护进程的直接通信，将所需的最新数据汇总在一起。

Dapper 在 Google 内部取得了巨大的成功，虽然这种成功在一定程度上得益于 Google 内部系统的同构性，但是 Dapper 团队的创新性设计才是系统取得成功的根本性因素。Google 的后台系统可以说是目前全球最大的一个云平台，读者借鉴 Dapper 的设计思想一定能够为不同规模的云平台设计出合适的监控系统。

2.7　海量数据的交互式分析工具 Dremel

数据本身不会产生价值，只有经过分析才有可能产生价值。Google 公开了 MapReduce 计算框架之后，由于其强大的数据分析和处理能力，很快就被视为数据分析的一个实际标准，各种围绕着 MapReduce 框架开发的软件和系统层出不穷。但是随着互联网尤其是移动互联网的发展，数据种类和应用需求呈现出爆炸式的增长。MapReduce 作为一种面向批处理的框架，在很多应用领域已经不太适用。对此出现了两种应对思路，一种是将 MapReduce 进行改造，使其除了能进行批处理之外，还能进行其他类型的数据处理，比如处理流数据。另一种思路就是完全抛开 MapReduce，根据具体的应用重新进行架构。后一种思路显然对问题的解决更彻底，但是很长时间里也没有出现能够弥补 MapReduce 缺失功能的框架，直到 Google 公开了 Dremel 系统。

Dremel 早在 2006 年就开始在 Google 内部使用，但是直到 2010 年的 VLDB（数据库国际三大顶级会议之一）Google 才公开了 Dremel 的实现。本节将详细讲解 Dremel 的实现，对其产生的背景和具体的设计细节进行阐述。

2.7.1　产生背景

MapReduce 在处理数据时的确有其便捷性，但是假设我们有这样的一个应用场景：数据分析师在编写完一段代码之后，想立刻验证下这段代码是否可以有效地从海量的数据集中提取出有效的特征，于是他运行这段代码。如果是利用 MapReduce 的话，由于数据量巨大，很可能需要等待几个小时甚至更长时间才能出结果。假如发现代码的算法有问题，无法有效地提取特征，因此又重新修改了代码，并再次运行。这样的过程可能要反复好几次，总的耗时可能多达数天。这种情况下 MapReduce 的效率显然无法让人接受。类似这样的数据探索（Data Exploration）的应用在实际中是非常普遍的，很多时候用户更期望的是实时的数据交互，就像传统的 SQL 查询一样。用户希望提交完自己的请求之后，在一个相对可以接受的合理时间内系统就会返回结果，而不是像 MapReduce 这样，需要耗费很长的时间。

随着上述需求在 Google 内部越来越强烈，Google 的团队结合其自身的实际需求，借鉴搜索引擎和并行数据库的一些技术，开发出了实时的交互式查询系统 Dremel。

Dremel 支撑了 Google 内部的很多系统，典型的应用包括：

- Web 文档的分析；
- Android 市场的应用安装数据的跟踪；
- Google 产品的错误报告；
- Google 图书的光学字符识别；
- 欺诈信息的分析；
- Google 地图的调试；
- Bigtable 实例上的 tablet 迁移；
- Google 分布式构建系统的测试结果分析；
- 磁盘 I/O 信息的统计；
- Google 数据中心上运行任务的资源监控；
- Google 代码库的符号和依赖关系分析。

Dremel 并不开源，但是 Google 利用 Dremel 向外界用户提供 BigQuery 服务，读者可以通过体验 BigQuery 服务来感受 Dremel 的强大功能。正如 Google 的 MapReduce 被 Hadoop 复制一样，目前也有一些开源项目尝试复制 Dremel 系统，比如 Apache 的 Drill 等。

2.7.2 数据模型

Google 的数据平台常常需要满足通用性，也就是不同平台之间能够很好地实现数据的交互处理。在这种情况下想要实现上述场景中所说的实时交互查询，需要两方面的技术支撑：首先需要有一个统一的存储平台，能够实现高效的数据存储，Dremel 使用的底层数据存储平台是 GFS。另一方面还需要有一个统一的数据存储格式，这样存储的数据才可以被不同的平台所使用。而数据存储格式的实现又包含两个方面的内容：数据模型以及模型的具体实现。首先我们来看 Dremel 的数据模型。

关系数据库中用关系模型对其存储的数据进行建模，统一的模型一定程度上简化了数据的存储和查询。但是在现实的世界中，很多数据之间并没有严格的关系，它们更多的是一种松散和扁平的结构。很显然此时关系模型就无法很好地进行建模。Google 在对其存储的数据进行仔细的分析之后，发现嵌套数据模型（Nested Data Model）很适合 Google 的数据存储。在关系数据库中，数据的存储方式一般有两种，较早期基本使用的都是行［关系数据库中也称其为元组（tuple）］存储，或者说是面向记录的存储。这种存储方式以行为单位，一行一行地存储数据。列存储则是以属性为单位，每次存储一个属性，在应用时再将需要的属性重新组装成原始的记录。在关系数据库中列存储的研究已经相对成熟，但是在嵌套数据模型中，尚未有大规模的应用实例。Google 的 Dremel 是第一个在嵌套数据模型基础上实现列存储的系统。列存储的主要好处在于处理时只需要使用涉及的列数据，且列存储更利于数据的压缩。图 2-40[19]是面向记录和面向列的存储。

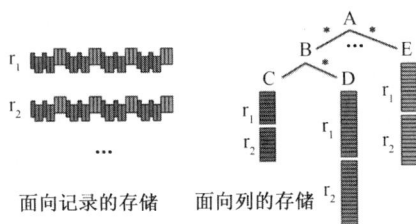

图 2-40 面向记录和面向列的存储

式（2-1）是嵌套模型的形式化定义，其中 τ 可以是原子类型（Atomic Type），也可以是记录类型（Record Type）。原子类型允许的取值类型包括整型、浮点型、字符串等，记录类型则可以包含多个域。A_i 代表该记录型数据的名称。记录型数据包括三种类型：必须的（Required）、可重复的（Repeated）以及可选的（Optional）。其中 Required 类型必须出现且仅能出现一次。

$$\tau = \text{dom} \mid \langle A_1 : \tau [* | ?], \cdots, A_n : \tau [* | ?] \rangle \tag{2-1}$$

图 2-41[19]是一个记录类型文档的实例。其中，右上角的虚线框内是该文档的模式（Schema）定义。而 r_1 和 r_2 则是符合该模式的两条记录。r_1 和 r_2 中的属性是通过完整的路径来表示的，比如 Name.Language.Code。

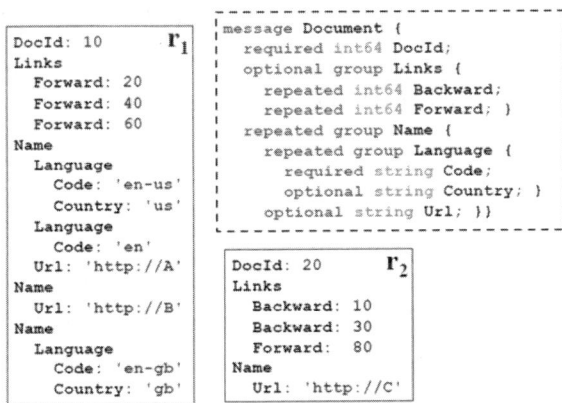

图 2-41 嵌套结构的模式和实例

图 2-41 中所定义的这种嵌套式数据模型对于 Google 而言非常重要，因为这种定义方式跟具体的语言和处理平台无关。利用该数据模型，可以使用 Java 语言，也可以使用 C++语言来处理数据，甚至可以用 Java 编写的 MapReduce 程序直接处理 C++语言产生的数据集。这种跨平台的优良特性正是 Google 所需要的。

2.7.3 嵌套式的列存储

关系型数据库中采用列存储有其便利之处，因为在不同列中相同位置的数据必然属于原数据库中的同一行，因此我们可以直接将每一列的值按顺序排列下来，不用引入其他的概念，也不会丢失数据信息。但是针对 Google 的这种嵌套式数据结构的列存储，数据本身之间的关系比关系数据库要复杂。存储后的数据本身反映不出任何结构上的信息，因此存储中除了记录值，还要记录结构。另外，所有的列存储在应用时往往要涉及多个列，如何按照正确的顺序快速地进行数据重组也是列存储需要解决的。Dremel 从数据结构的表示等方面解决了上述问题。

1. 数据结构的无损表示

在嵌套式的数据模型中，对于某个值，譬如图 2-41 中 r₁ 的'en-us'和'en'，如果仅仅是单纯地记录下来，根本无法判断这两个值对应的是 r₁ 中哪个位置，因为在 r₁ 中 Name.Language.Code 出现了三次。为了准确地在存储中反映出嵌套的结构，Dremel 定义了两个变量：r（Repetition Level，重复深度）和 d（Definition Level，定义深度）。重复深度和定义深度的直接定义比较晦涩，下面以图 2-41 中记录 r₁ 和 r₂ 为例来解释这两个概念。从 r₁ 中可以发现，Name.Language.Code 一共出现了三次，值分别为'en-us'、'en' 和 'en-gb'。对照模式定义，不难发现在 Name.Language.Code 中，可重复的（repeated）字段有 Name 和 Language，因此 Code 的可重复深度的取值只可能为 0、1、2，其中 0 表示一个新记录的开始。沿着 r₁ 的记录从上到下读取，当我们第一个读取到'en-us'时，我们尚没有看见 Name 和 Language 重复出现（这两个字段都是第一次出现），所以'en-us'的 r 值取 0。接着往下读取，'en'出现的时候，Language 出现了第二次，也就是说重复了。因为 Language 在 Name.Language.Code 路径中的位置排在第二，所以'en'的 r 值取 2。当读取到'en-gb'时，Name 重复（此 Name 后 Language 只出现过一次，没有重复），Name 在 Name.Language.Code 中排第一位，所以重复深度是 1。因此，r₁ 中 Code 的值的重复深度分别是 0、2、1。简单来说，重复深度记录的是该列的值是在哪一个级别上重复的。

要注意第二个 Name 在 r₁ 中没有包含任何 Code 值。为了确定'en-gb'出现在第三个 Name 中而不是第二个，系统会添加一个 NULL 值在'en'和 'en-gb'之间（图 2-42[19]）。由于在模式定义中，Language 字段中的 Code 字段是必需的，所以它的缺失意味着 Language 也没有定义。

从上述过程可以看出，Dremel 的重复深度跟树的深度概念不太一样。树每向下延伸一层，深度就增加一层。但是 Dremel 中重复深度的定义并不考虑非 repeated 类型的字段，因为 required 和 optional 类型的值不可能重复，所以只考虑 repeated 类型字段出现的情况就可以完整表达出嵌套结构中字段的重复情况。

重复深度主要关注的是可重复类型，而定义深度同时关注可重复类型和可选类型（optional）。定义深度表示"值的路径中有多少可以不被定义（因为是可重复类型或可选类型）的字段实际是有定义的"。以 Name.Language.Country 路径为例，按照模式定义，Name、Language 和 Country 三个字段均属于可有可无型，所以其重复深度的可能取值为 0、1、2、3。Name.Language.Country 在 r₁ 中一共有 4 个定义，值分别为'us'、

NULL、NULL 和'gb'。对于'us'，Name、Language、Country 都是有定义的，所以'us'的 d 值为 3。同理，第一个 NULL 的 d 值为 2，第二个 NULL 的 d 值为 1，'gb'的 d 值为 3。图 2-42 列出了记录 r_1 和 r_2 的完整 r 值与 d 值。

DocId		
value	r	d
10	0	0
20	0	0

Name.Url		
value	r	d
htttp://A	0	2
htttp://B	1	2
NULL	1	1
htttp://C	0	2

Links.Forward		
value	r	d
20	0	2
40	1	2
60	1	2
80	0	2

Links.Backward		
value	r	d
NULL	0	1
10	0	2
30	1	2

Name.Language.Code		
value	r	d
en-us	0	2
en	2	2
NULL	1	1
en-gb	1	2
NULL	0	1

Name.Language.Country		
value	r	d
us	0	3
NULL	2	2
NULL	1	1
gb	1	3
NULL	0	1

图 2-42　带有重复深度和定义深度的 r_1 与 r_2 的列存储

每一列最终会被存储为块（Block）的集合，每个块包含重复深度和定义深度且包含字段值。NULLs 没有明确存储因为它们可以根据定义深度确定：任何定义深度小于可重复和可选字段数量之和就意味着这是一个 NULL。必需字段的值不需要存储定义深度。类似地，重复深度只在必要时存储；比如，定义深度 0 意味着重复深度 0，所以后者可省略。

2．高效的数据编码

虽然从理论上已经完成了嵌套结构的无损表示，但是实际中如何将一行行的记录表示成图 2-42 所示的结构仍是一个挑战。计算重复和定义深度的基础算法如图 2-43[19] 所示。

算法遍历记录结构然后计算每个列值的深度（包括重复和定义深度，下同），即使是 NULL 时也不例外。在 Google，经常会出现模式包含成千上万的字段，却仅有几百个在记录中被使用的情况。因此需要尽可能廉价地处理缺失字段。Dremel 利用图 2-43 的算法创建一个树状结构，树的节点为字段的 writer，它的结构与模式中的字段层级匹配。核心的想法是只在字段 writer 有自己的数据时执行更新，非绝对必要时不尝试往下传递父节点状态。子节点 writer 继承父节点的深度值。当任意值被添加时，子 writer 将深度值同步到父节点。

```
 1 procedure DissectRecord(RecordDecoder decoder,
 2            FieldWriter writer, int repetitionLevel):
 3 Add current repetitionLevel and definition level to writer
 4 seenFields = {} // empty set of integers
 5 while decoder has more field values
 6   FieldWriter chWriter =
 7     child of writer for field read by decoder
 8   int chRepetitionLevel = repetitionLevel
 9   if set seenFields contains field ID of chWriter
10     chRepetitionLevel = tree depth of chWriter
11   else
12     Add field ID of chWriter to seenFields
13   end if
14   if chWriter corresponds to an atomic field
15     Write value of current field read by decoder
16     using chWriter at chRepetitionLevel
17   else
18     DissectRecord(new RecordDecoder for nested record
19       read by decoder, chWriter, chRepetitionLevel)
20   end if
21 end while
22 end procedure
```

图 2-43　计算重复和定义深度的基础算法

3. 数据重组

无论何种模型，只要采用列存储，在使用时就需要考虑数据重组问题。简单来说，就是将查询涉及的列取出，然后将其按照原始记录的顺序组装起来，让用户感觉好像数据库中仅存在这些查询涉及的列一样。Dremel 数据重组方法的核心思想是为每个字段创建一个有限状态机（FSM），读取字段值和重复深度，然后顺序地将值添加到输出结果上。一个字段的 FSM 状态对应这个字段的 reader。重复深度驱动状态变迁。一旦一个 reader 获取了一个值，就去查看下一个值的重复深度来决定状态如何变化、跳转到哪个 reader。一个 FSM 状态变化的始终就是一条记录装配的全过程。以图 2-41 中的 r_1 为例，其所对应的有限状态机如图 2-44[19]所示。

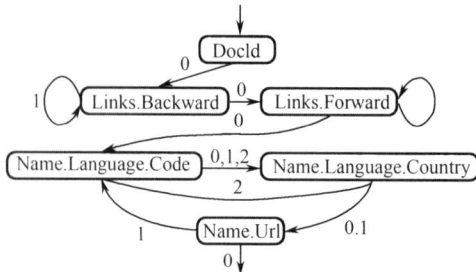

图 2-44　r_1 的有限状态机

结合图 2-42 中相关字段的内容，可以构建出 r_1 的完整数据重组过程，见表 2-3。

表 2-3　r_1 的数据重组过程

当前 FSM	写入值	下一个重复深度值	动作
DocId（开始）	10	0	跳转至 Links.Backward
Links.Backward	NULL	0	跳转至 Links.Forward
Links.Forward	20	1	停留在 Links.Forward
Links.Forward	40	1	停留在 Links.Forward
Links.Forward	60	0	跳转至 Name.Language.Code
Name.Language.Code	en-us	2	跳转至 Name.Language.Country
Name.Language.Country	us	2	跳转至 Name.Language.Code
Name.Language.Code	en	1	跳转至 Name.Language.Country
Name.Language.Country	NULL	1	跳转至 Name.Url
Name.Url	http://A	1	跳转至 Name.Language.Code
Name.Language.Code	NULL	1	跳转至 Name.Language.Country
Name.Language.Country	NULL	1	跳转至 Name.Url
Name.Url	http://B	1	跳转至 Name.Language.Code
Name.Language.Code	en-gb	0	跳转至 Name.Language.Country
Name.Language.Country	gb	0	跳转至 Name.Url
Name.Url	NULL	0	结束

如果具体的查询中不是涉及所有列，而是仅涉及很少的列的话，上述数据重组的过程会更加便利，比如图 2-45[19]中仅仅涉及 DocId 和 Name.Language.Country 的有限状态机。

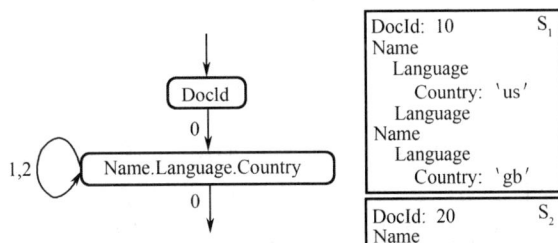

图 2-45　DocId 和 Name.Language.Country 的有限状态机

图 2-46[19]是有限状态机的构造算法，核心的思想如下：设置 t 为当前字段读取器的当前值 f 所返回的下一个重复深度。在模式树中，找到它在深度 t 的祖先，然后选择该祖先节点的第一个叶子字段 n。由此得到一个 FSM 状态变化 $(f,t) \rightarrow n$。比如，如果 $t=1$ 为 f=Name.Language.Country 读取的下一个重复深度。它的祖先重复深度为 1 的是 Name，而 Name 的第一个叶子字段是 n=Name.Url，这就形成了图 2-44 中 Name.Language.Country 遇到 1 跳转到 Name.Url 的过程。

```
 1 Record AssembleRecord(FieldReaders[] readers):
 2   record = create a new record
 3   lastReader = select the root field reader in readers
 4   reader = readers[0]
 5   while reader has data
 6     Fetch next value from reader
 7     if current value is not NULL
 8       MoveToLevel(tree level of reader, reader)
 9       Append reader's value to record
10     else
11       MoveToLevel(full definition level of reader, reader)
12     end if
13     reader = reader that FSM transitions to
14        when reading next repetition level from reader
15     ReturnToLevel(tree level of reader)
16   end while
17   ReturnToLevel(0)
18   End all nested records
19   return record
20 end procedure
21
22 MoveToLevel(int newLevel, FieldReader nextReader):
23   End nested records up to the level of the lowest common ancestor
24      of lastReader and nextReader.
25   Start nested records from the level of the lowest common ancestor
26      up to newLevel.
27   Set lastReader to the one at newLevel.
28 end procedure
29
30 ReturnToLevel(int newLevel) {
31   End nested records up to newLevel.
32   Set lastReader to the one at newLevel.
33 end procedure
```

图 2-46　有限状态机的构造算法

2.7.4　查询语言与执行

Dremel 的查询语言是基于 SQL 的，这点跟 Hive 很像。这种抽象大大降低了用户的使用门槛，提高了系统的易用性。Dremel 的 SQL 查询输入的是一个或多个嵌套结构的表以及相应的模式，而输出的结果是一个嵌套结构的表以及相应的模式。

图 2-47[19]是一个典型的查询实例，图中显示了查询语言、查询结果模式以及最终输出的数据模式。图 2-47 中的查询执行在图 2-41 中的 $t = \{r_1, r_2\}$ 上，实际执行了投影（projection）、选择（selection）和记录内聚合（within-record aggregation）等操作。查询会最终根据某种规则产出一个嵌套结构的数据，不需要用户在 SQL 中自己来指明该规则。

为了具体解释图 2-47 中的查询，考虑其 SQL 语句中的选择和投影两个操作。在选择操作（where 子句）中。可以将一个嵌套记录想象为一个树结构，树中每个节点的标签对应字段的名字。选择操作就是对不满足指定条件的分支进行剪枝。因此在图 2-47 的例子中，只有当 Name.Url 非空且满足正则表达式 "^http" 才被保留。接下来的投影操作中，SELECT 子句中的每个标量表达式都会投影为一个值，此值的嵌套深度和表达式中重复字段最多的保持一致。所以，Str 值的嵌套深度与 Name.Language.Code 相同。COUNT 部分完成记录内聚合，每个 Name 子记录都会执行此聚合。将 Name.Language.Code 出现的 COUNT 投影为每个 Name 下的 Cnt 值，它是一个非负的 64 位整型。

```
SELECT DocId AS Id,
  COUNT(Name.Language.Code) WITHIN Name AS Cnt,
  Name.Url + ',' + Name.Language.Code AS Str
FROM t
WHERE REGEXP(Name.Url, '^http') AND DocId < 20;
```

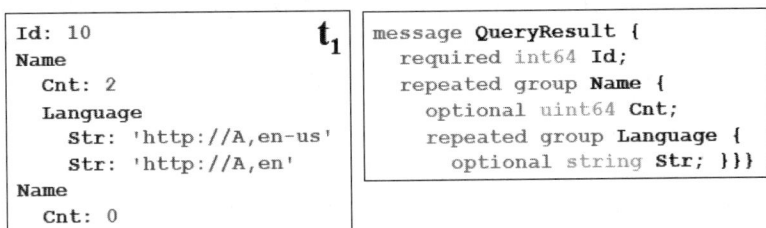

```
Id: 10                          t₁
Name
  Cnt: 2
  Language
    Str: 'http://A,en-us'
    Str: 'http://A,en'
Name
  Cnt: 0
```

```
message QueryResult {
  required int64 Id;
  repeated group Name {
    optional uint64 Cnt;
    repeated group Language {
      optional string Str; }}}
```

图 2-47　Dremel 的 SQL 查询语句实例

Dremel 的类 SQL 语言支持嵌套子查询、记录内聚合、top-k、joins、用户自定义函数（user-defined）等操作类型。

在了解 Dremel 的 SQL 查询语言之后，我们来看看具体的查询在系统中是如何执行的。如图 2-48[19]所示，Dremel 利用多层级服务树（multi-level service tree）的概念来执行查询操作。Dremel 的查询流程非常清晰，根服务器接受客户端发出的请求，读取相应的元数据，然后将请求转发至中间服务器。中间服务器负责查询中间结果的聚集，而执行的数据来源则主要由叶子服务器负责。叶子服务器既可以读取其本地的数据，也可以向统一的存储层发出数据请求来获取数据。

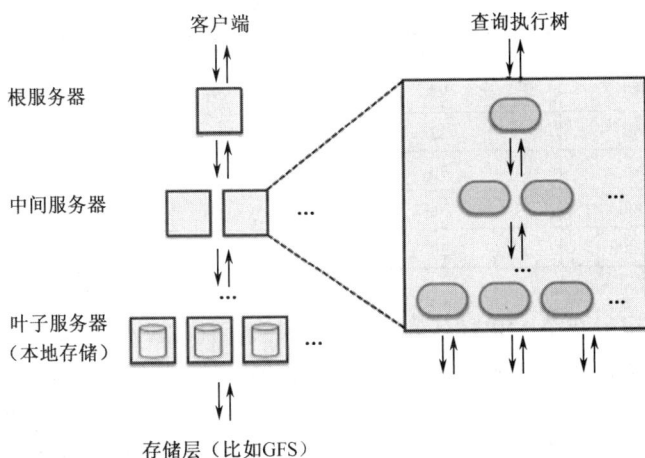

图 2-48　查询执行的基本架构

大多数的 Dremel 查询都是简单的聚集操作（不涉及 join 等复杂操作），具体的执行过程比较容易理解。从图 2-48 来看，向下的箭头主要执行的是查询重写（rewrite）过程，而向上的箭头主要是查询执行和聚集的过程。以如下的一个典型的查询为例：

$$\text{SELECT A, COUNT(B) FROM T GROUP BY A} \tag{2-2}$$

当系统接收到这个查询请求之后，沿着多层级服务树从上到下不断地执行查询重写。首先将式（2-2）重写成式（2-3）的形式：

$$\text{SELECT A, COUNT(c) FROM（}R_1^1\text{ UNION ALL ... }R_n^1\text{）GROUP BY A} \tag{2-3}$$

其中 R_i^1 是树中第 1 层的节点 1～n 返回的子查询结果（根节点是第 0 层，下一层是第 1 层）。R_i^1 的查询表达式如式（2-4）所示：

$$R_i^1=\text{SELECT A, COUNT(B) AS c FROM }T_i^1\text{ GROUP BY A} \tag{2-4}$$

Dremel 中的数据都是分布式存储的，因此每一层查询涉及的数据实际都被水平划分后存储在多个服务器上。式（2-4）中的 T_i^1 表示 T 的第 i 个分区的数据。接下来的第 2 层直到叶子节点都将进行类似的查询重写。在每个部分得到子查询结果之后，会依次从下到上执行一个查询结果聚集的过程，直到得到最后的结果并返回给用户。

Dremel 是一个多用户系统，因此同一时刻往往会有多个用户进行查询。为了维护系统的性能稳定，需要查询分发器（query dispatcher）来进行负载均衡。同时查询分发器还负责系统的容错，当某个节点的执行时间过长，会分配其他节点来执行该任务。执行时间信息由查询分发器维护一个直方图来体现。

查询分发器有一个很重要参数，它表示在返回结果之前一定要扫描百分之多少的tablet，Google 的使用经验表明设置这个参数到较小的值（比如 98%而不是 100%，也就是说不需要扫描完所有的数据）通常能显著地提升执行速度。

2.7.5 性能分析

由于 Dremel 并不开源，我们只能通过 Google 论文中的分析大致了解其性能。Google 的实验数据集规模见表 2-4。

表 2-4　实验数据集

表名	记录数（亿）	规模（未压缩，TB）	域数目	数据中心	复制因子
T1	850	87	270	A	3
T2	240	13	530	A	3
T3	40	70	1200	A	3
T4	>10000	105	50	B	3
T5	>10000	20	50	B	2

图 2-49[19]展现了两个 MR 任务和 Dremel 的执行耗时。所有的任务均运行在 3000 个工作节点上。在实验中，Dremel 和 MR-列状存储，实际仅读取大约 0.5TB 的压缩列状数据，而 MR-面向记录存储则读取 87TB 数据（也就是读取了全部数据）。如图 2-49 所示，MR 从面向记录转换到列状存储后性能提升了一个数量级（从小时到分钟），而使用 Dremel 则又提升了一个数量级（从分钟到秒）。更多的性能分析此处不再赘述，有兴趣

的读者可以查阅原论文。

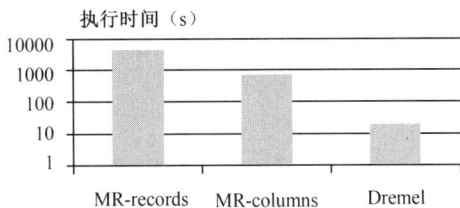

图 2-49　面向记录和面向列存储的 MR 与 Dremel 性能对比

2.7.6　小结

本节给读者介绍了 Dremel 产生的背景，对其设计的核心思想和关键性实现技术进行了详细的介绍。Dremel 和 MapReduce 并不是互相替代，而是相互补充的技术。在不同的应用场景下各有其用武之地。Drill 的设计目标就是复制一个开源的 Dremel，但是从目前来看，该项目无论是进展还是影响力都达不到 Hadoop 的高度。希望未来能出现一个真正有影响力的开源系统实现 Dremel 的主要功能并被广泛采用。

2.8　内存大数据分析系统 PowerDrill

Dremel 的推出，在一定程度上减轻了 Google 内部对于 MapReduce 系统的依赖。但是随着数据量的增加和对数据分析时效性的要求越来越高，Dremel 在有些场景下也显得不太适用，为此 Google 研发了内部代号为 PowerDrill 的系统。该系统从 2008 年年底开始部署，2009 年中旬开始在 Google 内部公开使用。到了 2012 年的时候，Google 在 VLDB 会议上公开了 PowerDrill 的部分实现。根据 Google 自己的说法，该系统在针对相对特定的数据集上，可以比 Dremel 处理得更快。由于 Google 主要公开的是 PowerDrill 的存储部分，因此本节主要介绍 PowerDrill 为了达到更快的处理速度所采用的存储方案及相关的优化等。

2.8.1　产生背景与设计目标

用户对于实时的交互式数据查询和分析一直都有很高的要求，尤其是在一些数据探索（data exploration）的场景，完成一项任务之前需要先向系统发出请求，根据得到的结果来修正查询内容，并再次向系统发出新的查询，如此反复的过程可能要进行很多次。很显然 MapReduce 无法实现这种程度的交互式查询。Dremel 可以在一定程度上实现实时的交互式查询，但是随着数据规模的增大和 Google 内部对 ad hoc 查询（即席查询）需求的增多，Google 设计和开发了新的交互式查询系统 PowerDrill。ad hoc 查询是用户根据自己的需求，灵活地选择查询条件，系统根据用户的选择生成相应的统计结果。通常的查询在系统设计和实施时是已知的，所以我们可以在系统构建时通过建立索引、分区等技术来优化这些查询，达到提升查询效率的目的。但 ad hoc 查询是用户在使用时临时产生的，系统无法预先优化这些查询，因此需要通过其他技术手段来实现高效的 ad hoc 查询。

通过对内部数据和查询类型的分析，PowerDrill 开发团队得出了以下两个假设结论，整个系统的开发和优化都基于这两个假设：

（1）绝大多数的查询是类似和一致的；

（2）存储系统中的表只有一小部分是经常被使用的，绝大部分的表使用频率不高。

在这两个假设的指导下，为了实现高效的查询，PowerDrill 开发团队主要考虑如下两方面的内容：

（1）如何尽可能在查询中略去不需要的数据分块；

（2）如何尽可能地减少数据在内存中的占用，占用越少意味着越多的数据可以被加载进内存中处理。

与 Dremel 数据处理方式不同的是，PowerDrill 需要尽可能地将数据加载至内存，在某种程度上其计算方式更接近内存计算。PowerDrill 整个系统实际分为三个部分：

（1）Web UI，用于和用户进行交互；

（2）一个抽象层，用户的命令会被转换成 SQL，然后根据不同的需求，这些命令会被发送至不同的终端，比如 Dremel，Bigtable 等；

（3）列式存储。

在论文中仅涉及列式存储部分，因此本节主要介绍列式存储的基本数据结构以及为了实现高效查询所采取的优化策略。

2.8.2 基本数据结构

列式存储主要有两个好处：减少查询涉及的数据量以及便于数据压缩。传统的关系数据库一般通过索引来减少查询中用到的数据量，但是在 ad hoc 查询这样的场景下，索引基本不起作用。PowerDrill 采用的方式是对数据进行分块，对块数据设计巧妙的数据结构，使得在查询时可以确定哪些块不需要，可以直接被略去，这样就大大减少了所需的数据量。关于分块的内容会在 2.8.3 节介绍，下面首先介绍块数据的数据结构。

图 2-50[20]是一张存储搜索关键字（search string）的表，清楚阐述了 PowerDrill 采用的数据结构，简单来说就是一个双层数据字典结构。图 2-50 中假设表的数据已经被分成 3 个块，分别是 chunk 0、chunk 1 和 chunk 2。图 2-50 最左侧是一个全局字典表，存储的是全局 id（global-id）和搜索关键字的对应关系。全局字典表的右侧是 3 个块的数据，对于每个块，主要由两部分组成：块字典和块元素。块字典记录的是块 id（chunk-id）和全局 id 的映射关系，而块元素记录的是块中存储数据的块 id（注意不是全局 id）。在具体查询时需要完成两层的数据映射才能得到真实的数据值。比如 chunk 0 中第一个块 id 为 3，查块字典得到其全局 id 为 5，再查询全局字典得到其真实值为 ebay。反过来从真实值查询其对应的块 id 也是类似的过程。需要说明的是图 2-50 仅仅说明了数据结构，具体实现时根据不同的应用场景可以采用前缀树（trie）或其他合适的方法。

global-dictionary dict

id	search string
0	ab in den Urlaub
1	amazon
2	cheap tickets
3	chaussures
4	cheap flights
5	ebay
6	faschingskosttime
7	immobilienscout
8	karnevalskosttime
9	la redoute
10	pages jaunes
11	voyanges snfc
12	yellow pages

chunk 0

chunk-dict $ch_0.dict$		elements $ch_0.elems$
id	global-id	
0	1	3
1	2	2
2	4	0
3	5	4
4	12	0
		0
		2
		1
		3
		2

chunk 1

chunk-dict $ch_1.diet$		elements $ch_1.elems$
id	global-id	
0	0	5
1	5	2
2	6	1
3	7	4
4	8	3
5		0
		0
		1
		5
		5

chunk 2

chunk-dict $ch_2.diet$		elements $ch_2.elems$
id	global-id	
0	1	0
1	3	0
2	5	2
3	10	4
4	10	3
		4
		4
		5
		2
		1

图 2-50　基本数据结构

2.8.3　性能优化

PowerDrill 系统更关心查询的时效性，如果对于任何的查询，都需要从磁盘上将数据加载至内存，势必会严重影响查询效率。因此如何在基本的数据结构之上进行全面的优化，使得尽可能多的数据能够常驻内存才是性能得到显著提升的关键因素。在实际的开发中，PowerDrill 团队采用了多种优化技术，虽然不是全新的方法，但是组合起来对 PowerDrill 系统性能的提升还是很显著的。下面分别对这些优化进行简要的讲解。

1．数据分块

由于传统的索引对于 PowerDrill 的查询场景作用不是很大，因此一个很自然的考虑就是对数据进行分块，然后通过一些方法过滤查询中不需要的数据块来减少数据量。数据分块的另一个好处就是防止单个数据表过大，导致性能下降。基本上现代的数据库系统都是支持数据分区的，常见的分区方法有范围分区（range partitioning）、散列分区（hash partitioning）等。PowerDrill 实际采用的是一种组合范围分区 （composite range partitioning）方法。大致的方法是由领域专家确定若干个划分的域（需要是有序的，一般是 3 个到 5 个域），然后依次利用这几个域（要求该域至少有两个以上的不同属性值）对数据进行划分，可以设定一个阈值，比如 50000。当每个块的行数达到这个阈值时就停止划分，否则可以进一步划分。PowerDrill 采用的数据分块方法简单实用，但是由于域的确定需要领域专家，因此这种方法在实际使用中还有一定的局限性。

2．数据编码的优化

在实际存储中选择合适的编码方式也很重要。最简单的自然是统一编码，比如对所有的块 id 都采用 32 位的整型来记录。但是这种方法会带来空间上的浪费。比如一个块中仅有 1 个不同值，那我们实际只需要记录块中的记录数即可。如果有两个不同值，1比特位也就足够了。依次类推，对于不同的块，如果我们可以确定块中不同值的数量，那么就可以根据这个数量值来选择可变的比特位来记录块 id。统计一组数中不同值的个数有一个专有名词，称为"基数估计"。对于小规模的数据集，可以比较容易地统计出精确的基数。但是在大数据的环境下，精确的基数统计非常耗时，因此能保证一定精度的基数估计就可以满足实际的需求。基数估计的方法很多，大多利用了散列函数的一些特性，Google 内部使用的是一种称为 Hyperloglog 的基数估计方法的变种。

3．全局字典优化

对于 Google 的生产环境来说，全局字典是非常庞大的，因此有必要对全局字典进行优化。在优化中主要利用了两个特性：

（1）全局字典是有序的；

（2）排序后的数据常常有共同的前缀。

基于这两个特性，前缀树是一个不错的选择。实际使用中为了进一步减少查询中需要加载到内存的全局字典，对全局字典又进行了分块，因为不同的值使用的频度是不一样的，将最常用的值组织成一个块，全局字典中剩余值再组织成其他若干个块，这样就能保证每次涉及的块较少。除此之外，对每个全局字典块还会维护一个布隆过滤器（bloom filter）来快速确定某个值是否在字典中。

4．压缩算法

上面提到过列存储的最大优势之一就是便于数据的压缩，当然不同的压缩算法在执行效率上是有差别的。Google 曾经对一些主流的压缩算法做过简单的测试，性能见表 2-5[21]。

表 2-5　常见压缩算法性能对比

算法	压缩后剩余数据百分比	编码速度	解码速度
GZIP	13.4%	21 MB/s	118 MB/s
LZO	20.5%	135 MB/s	410 MB/s
Zippy/Snappy	22.2%	172 MB/s	409 MB/s

虽然 Zippy 是 Google 自己开发的压缩算法，但是 PowerDrill 的开发团队在经过测试之后，最终选择了 LZO 算法的一个变种作为实际生产环境中的压缩算法，可能是因为 LZO 算法整体表现比较均衡。但是对 LZO 算法具体做了何种改动，Google 的论文中并没有提及。

不管压缩算法的解压速度多快，总会消耗一定的物理资源与时间。对此 PowerDrill 采用了一种冷热数据分别对待的策略。即在内存中保有压缩和未压缩的数据，根据需要对数据进行压缩和解压缩。在冷热数据切换策略中，比较常用的是 LRU 算法。LRU 是 Least Recently Used 的缩写，即最近最少使用页面置换算法。但是 PowerDrill 开发团队认为直接的 LRU 算法效果还不是很理想，为此他们采用了一种启发式的缓存策略来代替原始的 LRU 算法。

5．行的重排

有研究表明，在列存储中，对行进行适当的重排不会影响结果且会提升压缩效率。这个是比较好理解的，以图 2-51[20]为例。

假设图 2-51 中左侧是原始的数据顺序，而右侧是重排后的，从直观上感觉肯定是右侧的更利于数据压缩。下面解释为什么这种重排会提升压缩效率以及如何实现这种重排。

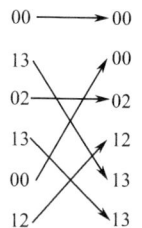

图 2-51　行的重排

数据压缩的算法有很多，比较常用的一种称为游程编码（Run-Length Encoding，RLE），又称行程长度编码，其好处是压缩和解压缩都非常快。RLE 算法将数据压缩成三元组的形式。比如 AAAABBBBBBCCCCC 这样一个包含 16 条数据的某列数值，RLE 算法会将它压缩成形如"[实际值,起始位置,个数]"的三元数组，所以上面的数值会压缩成[A,1,4]、[B,5,6]、[C,11,5]的格式，从而比原始的数据占用更少的空间。由于 RLE 算法的特点，相邻数据之间越相似，压缩效果越好，因此数据往往需要重新排序从而得到更好的结果。这就是为什么图 2-51 中右侧的数据会有更好压缩效果的原因。

虽然知道重排可以提升压缩效果，但是实际的重排过程却并不是那么容易。数据重排的过程等效于著名的 TSP（旅行商）问题，也就是说这是一个 NP 困难问题。为什么数据重排的过程等效于 TSP 问题呢？首先我们来看汉明距离（hamming distance）的定义。在信息论中，两个等长字符串之间的汉明距离是两个字符串对应位置的不同字符的个数。

例如图 2-52[20]中左侧的字符串 010 和 011 的汉明距离就为 1，因为它们只是第 3 个位置上的字符不同。假设图 2-52 中左侧每一行的字符串看做汉明空间的一个点，则图 2-52 中右侧表示这 3 行字符串（3 个点）的访问顺序。即从 010 到 011（距离为 1），再到 100（距离为 3），总的距离为 4。这也是使得这 3 个点在汉明空间取得最小总距离的访问顺序。根据 RLE 算法，保证相邻两行之间的距离之和最小就能够保证高效的压缩。这实际上相当于寻找一种重排方案，使得重排后的数据从第一行一直遍历到最后一行，每次计算相邻两行的距离，最后累加值最小，这显然就是一个 TSP 问题。但是由于 TSP 问题是一个 NP 困难问题，PowerDrill 在实际生产环境中采用了一个比较简单的启发式方法来进行数据的重排，即对数据分块时选定的那几个域按照字典序进行排序来得到重排的结果。

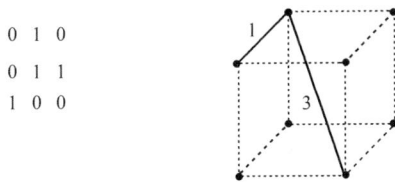

```
0 1 0
0 1 1
1 0 0
```

图 2-52　字符串的汉明距离

2.8.4　性能分析与对比

PowerDrill 在 Google 内部已经使用了一段时间，令我们比较关注的是两组数字：

（1）在查询过程中，平均 92.41%的数据被略去，5.02%的数据会直接被缓存命中，一般仅须扫描 2.66%的数据即可得到查询结果。这说明 PowerDrill 的数据分块策略是比较成功的。

（2）虽然 PowerDrill 的设计目标是将尽可能多的数据加载进内存，使得查询能够直接利用内存中的数据完成，但实际使用过程中不可避免地会有查询需要访问磁盘。

根据 Google 自己的统计，超过 70%的查询是不需要从磁盘访问任何数据的，这些查询的平均访问延迟大约是 25 秒。96.5%的查询需要访问的磁盘量不超过 1GB。图 2-53[20]是查询延迟和访问磁盘数据量的关系，其中横轴表示访问数据量（GB），纵轴表示延迟时间（s）。

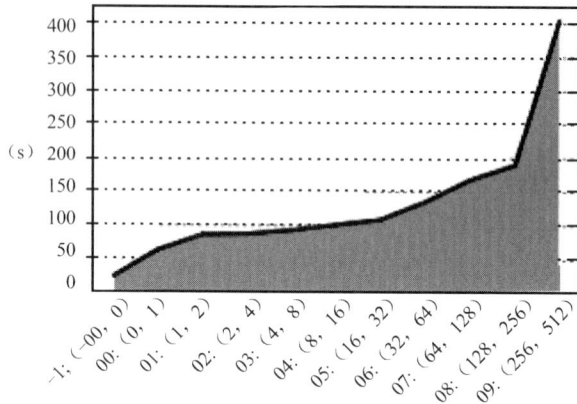

图 2-53 查询延迟和访问磁盘数据量的关系

由于均采用列存储，因此 PowerDrill 不可避免地被人们拿来和 Dremel 做对比，但实际上除了都采用列存储之外，二者并没有什么特别共同的地方，相反却有不少区别。

（1）两者的设计目标不同，Dremel 用来处理非常大量的数据集（指数据集的数量和每个数据集的规模都大），而 PowerDrill 设计用来分析少量的核心数据集（指每个数据集的规模大，但数据集的数量不多）。

（2）基本设计理念路不同，主要有：

① Dremel 处理的数据来自外存，PowerDrill 处理的数据尽可能地存于内存。

② Dremel 未进行数据分区，分析时要扫描所有需要的列；PowerDrill 使用了组合范围分区，分析时可以跳过很多不需要的分区。

③ Dremel 数据通常不需要加载，增加数据很方便；PowerDrill 数据需要加载，增加数据相对不便。

总的来看，PowerDrill 涉及的技术手段并无特别新颖之处，大都是对已有技术手段直接采用或进行改进。

2.9 Google 应用程序引擎

如果说 Amazon 给开发人员配置了一台可以在上面安装许多软件的虚拟机的话（参见第 3 章），Google App Engine[22]可以说是给开发人员提供了一个基于 Python 语言的 Django 框架。由于 Google App Engine 与 Google 自身的操作环境联系比较紧密，涉及底层的操作很少，用户比较容易上手。并且 Python 语言相对而言简单易学，开发人员可以很容易地开发出自己的程序。但是 Google App Engine 简单方便的同时，却在提供的解决方案上有着自己的局限性。

2.9.1　Google App Engine 简介

Google 公司发展迅速，不断推出自己的新产品，比如 Google 搜索、Google Maps、Google Earth、Google AdSense、Google Reader 等。在推出自己产品的同时，Google 倾力打造了一个平台，来集成自己的服务并供开发者使用，这就是 Google App Engine 平台。

简单地说，Google App Engine 是一个由 Python 应用服务器群、Bigtable 数据库及GFS 数据存储服务组成的平台，它能为开发者提供一体化的可自动升级的在线应用服务。

从云计算平台的分类来看，Amazon 提供的是 IaaS 平台，而 Google 提供的 Google App Engine 是一个 PaaS 平台，用户可以在上面开发应用软件，并在 Google 的基础设施上运行此软件。其定位是易于实施和扩展，无须服务器维护。

Google App Engine 可以让开发人员在 Google 的基础架构上运行网络应用程序。在Google App Engine 之上易构建和维护应用程序，并且应用程序可根据访问量和数据存储需要的增长轻松进行扩展。使用 Google App Engine，开发人员将不再需要维护服务器，只需要上传应用程序，它便可立即为用户提供服务。

在 Google App Engine 中，用户可以使用 appspot.com 域上的免费域名为应用程序提供服务，也可以使用 Google 企业应用套件从自己的域为它提供服务。开发人员可以与全世界的人共享自己的应用程序，也可以限制为只有自己组织内的成员可以访问。

除此之外，还可以免费使用 Google App Engine。注册一个免费账户即可开发和发布应用程序，而且不需要承担任何费用和责任。免费账户可以使用多达 500MB 的持久存储空间，以及可支持每月约 500 万页面浏览量的超大 CPU 和带宽。

Google App Engine 作为一个开发平台，有其自身的特点。

Google App Engine 的整体架构如图 2-54[23]所示。Google App Engine 的架构可以分成四部分：前端和静态文件负责将请求转发给应用服务器并进行负载均衡和静态文件的传输；应用服务器则能同时运行多个应用的运行时（Runtime）；服务器群提供了一些服务，主要有 Memcache、Images、URLfetch、E-mail 和 Data Store 等；Google App Engine 还有一个应用管理节点，主要负责应用的启停和计费。

关于 Google App Engine 的一些基本概念，比如应用程序环境、沙盒、Python 运行时环境、数据库、Google 账户、App Engine 服务、开发流程、配额和限制等，总体而言，每个开发程序都将涉及这些概念。每个开发程序有自身的应用程序环境（这个环境由 Google App Engine 提供），该环境对应用程序提供了一些基本的支持，使应用程序可以在 Google App Engine 上正常运行。除此之外，Google App Engine 为每个应用程序提供了一个安全运行环境（沙盒），该沙盒可以保证每个应用程序能够安全地隔离运行。现阶段，Google App Engine 支持 Java 和 Python 语言，通过 Google App Engine 的 Java运行时环境，可以使用标准 Java 技术构建应用程序。开发程序时还可能要使用到 Python 运行时环境，该环境包括 Python 运行库等模块，并且 Google App Engine 还提供了一个由 Python 语言编写的网络应用程序框架 Webapp。Google App Engine 上开发的应用程序使用的是 Data Store 数据库，该数据库不同于日常使用的 Oracle、SQL Server 等数据库，它是一个分布式存储数据库，可以随着应用程序访问量的增加而增加。使用 Google App Engine 开发应用程序必须拥有一个 Google 账户，有了该账户之后才可以在 Google App Engine 上运行开发的程序。为了简化开发流程，Google App Engine 提供了一些服务，这些服务统称为 App Engine 服务，使用 Google App Engine 开发应用程序必须遵守一定的开发流程。Google App Engine 为每个 Google 账户用户提供了一些免费的空间与流量支持，但是免费的空间和流量有一定的配额和限制。

通过对这些概念的了解，可深入理解 Google App Engine。

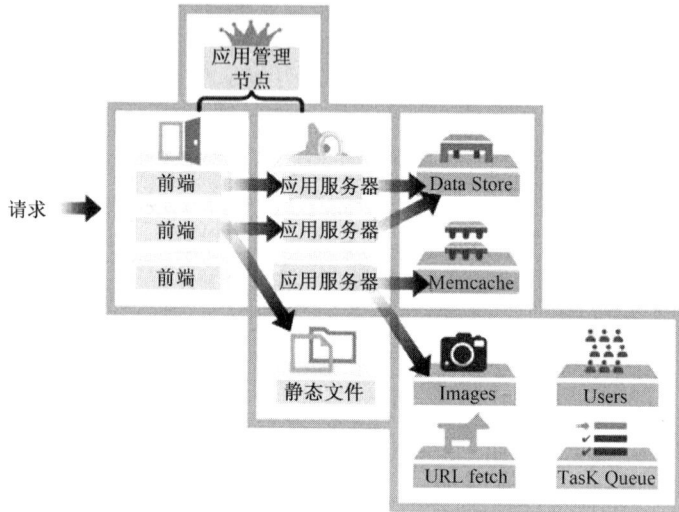

图 2-54　Google App Engine 的整体架构

2.9.2　应用程序环境

Google App Engine 有着自身的应用程序环境，这个应用程序环境包括以下特性。

（1）动态网络服务功能。能够完全支持常用的网络技术。

（2）具有持久存储的空间。在这个空间里平台可以支持一些基本操作，如查询、分类和事务的操作。

（3）具有自主平衡网络和系统的负载、自动进行扩展的功能。

（4）可以对用户的身份进行验证，并且支持使用 Google 账户发送邮件。

（5）有一个功能完整的本地开发环境，可以在自身的计算机上模拟 Google App Engine 环境。

（6）支持在指定时间或定期触发事件的计划任务。

基于这样的环境支持，Google App Engine 可以在负载很重和数据量极大的情况下轻松构建安全运行的应用程序。

最开始 Google App Engine 只支持 Python 开发语言，现阶段开始支持 Java 语言。本书案例中，Google App Engine 应用程序使用 Python 编程语言实现。该运行时环境包括完整的 Python 语言和绝大多数的 Python 标准库。在 Python 运行时环境中使用的是

Python 2.5.2 版本。这里先详细介绍一下 Python 运行时环境。

Python 运行时环境包括 Python 标准库，开发人员可以调用库中的方法来实现程序功能，但是不能使用沙盒限制的库方法。这些受限制的库方法包括尝试打开套接字、对文件进行写入操作等。为了便于编程，Google App Engine 设计人员将一些模块禁用了，被禁用的这些模块的主要功能是不受运行时环境的标准库支持的，因而，开发者在导入这些模块的代码时程序将给出错误提示。

在 Python 运行时环境中，应用程序只能以 Python 语言编写，扩展代码中若有 C 语言，则应用程序将不受系统支持。Python 环境为开发平台中的数据库、Google 账户、网址抓取和电子邮件服务等提供了丰富的 Python API。此外，Google App Engine 还提供了一个简单的 Python 网络应用程序框架，这个框架称为 Webapp。借助于这个框架，开发人员可以轻松构建自己的应用程序。为了方便开发，Google App Engine 还包括了 Django 网络应用程序框架，在开发过程中，可以将 Django 与 Google App Engine 配合使用。

沙盒是 Google App Engine 虚拟出的一个环境，类似于 PC 所使用的虚拟机。在这个环境中，用户可以开发使用自己的应用程序，沙盒将用户应用程序隔离在自身的安全可靠的环境中，该环境和网络服务器的硬件、系统及物理位置完全无关，并且沙盒仅提供对基础操作系统的有限访问权限。

沙盒还可以对用户进行如下限制。

（1）用户的应用程序只能通过 Google App Engine 提供的网址抓取 API 和电子邮件服务 API 来访问互联网中其他的计算机，并且其他计算机如请求与该应用程序相连接，只能在标准接口上通过 HTTP 或 HTTPS 进行。

（2）应用程序无法对 Google App Engine 的文件系统进行写入操作，只能读取应用程序代码上的文件，并且该应用程序必须使用 Google App Engine 的 Data Store 数据库来存储应用程序运行期间持续存在的数据。

（3）应用程序只有在响应网络请求时才运行，并且这个响应时间必须极短，在几秒之内必须完成。与此同时，请求处理的程序不能在自己的响应发送后产生子进程或执行代码。

简言之，沙盒给开发人员提供了一个虚拟的环境，这个环境使应用程序与其他开发者开发使用的程序相隔离，从而保证每个使用者可以安全地开发自己的应用程序。

开发人员开发程序必须使用 Google App Engine SDK，即 Google App Engine 软件开发套件。可以先下载这个套件到自己的本地计算机上，然后进行开发和运行。使用 SDK 时，可以在本地计算机上模拟包括所有 Google App Engine 服务的网络服务器应用程序，该 SDK 包括 Google App Engine 中的所有 API 和库。该网络服务器还可以模拟沙盒环境，这些沙盒环境用来检查是否存在禁用的模块被导入的情况，以及对不允许访问的系统资源的尝试访问等情况的发生。

Google App Engine SDK 完全使用 Python 实现，这个开发套件可以在装有 Python 2.5 的任何平台上面运行，包括 Windows、Mac OS X 和 Linux 等，开发人员可以在 Python 网站上获得适合自己系统的 Python。

该开发套件还包括将应用程序上传到 Google App Engine 之上的工具。用户创建自己应用程序的代码、静态文件和配置文件之后，就可以运行这个工具将数据上传到平台上面。在上传过程中，该工具还将提示开发者输入 Google 账户和电子邮件地址及密码等信息。

系统中有一个管理控制台，这个管理控制台有一个网络接口，用于管理在 Google App Engine 上运行的应用程序。开发人员可以使用管理控制台来创建应用程序、配置域名、更改应用程序当前的版本、检查访问权限和错误日志以及浏览应用程序数据库等。

2.9.3　Google App Engine 服务

Google App Engine 提供了多种服务。这些服务可以帮助开发人员在管理应用程序的同时执行常规操作，可以通过以下 API 来使用 Google App Engine 提供的服务。

1．图像操作 API

开发的应用程序可以使用 Google App Engine 提供的图像操作 API 对图像进行操作，使用该 API 可以对 JPEG 和 PNG 格式的图像进行缩放、裁剪、旋转和翻转等操作。

1）Image 类

Image 类来自 google.appengine.api.images 模块，该类可以用来封装图像信息及转换该图像，转换时可以使用 execute_transforms()方法；可以使用 class Image(image_data)来构造函数，参数 image_data 表示字节字符串（str）格式的图像数据；可以采用 PNG、JPEG、TIFF 或 ICO 等格式对图像数据进行编码。

Image 类中主要有如下实例方法。

（1）resize(width=0, height=0)：该方法用来缩放图像，可以将图像缩小或放大到参数指定的宽度或者高度。参数 width 和 height 都以像素数量来表示，并且必须是 int 型或 long 型。

（2）crop(left_x, top_y, right_x, bottom_y)：该方法可以将图像裁剪到指定边界框的大小，并且裁剪后以相同的格式返回转换的图像。参数 left_x 表示边界框的左边界，top_y 表示边界框的上边界，right_x 表示边界框的右边界，bottom_y 表示边界框的下边界。以上四个参数均采用指定为 float 类型值的从 0.0 到 1.0 的图像宽度的比例（其中 float 值包括了 0.0 和 1.0）。

（3）rotate(image_data, degrees, output_encoding=images.PNG)：该方法用来旋转图像。参数 degrees 表示图像旋转的量，采用的形式是度数，且这个度数必须是 90°的倍数，数据格式必须为 int 型或 long 型，使用该函数对图像进行旋转是沿顺时针方向执行的。image_data 是指要旋转的图像，是 JPEG、GIF、BMP、TIFF 或者 ICO 等格式的字节字符串（str）。output_encoding 指转换的图像所需的格式，可以是 images.PNG 或 images.JPEG 格式，默认的格式是 images.PNG 格式。

（4）horizontal_flip(image_data, output_encoding=images.PNG)：该函数表示对图像进行水平翻转。参数 image_data 表示要翻转的图像是 JPEG、PNG、TIFF 或 ICO 格式的字节字符串（str）。output_encoding 参数表示要转换的图像所需要的格式，可以是

images.PNG 或是 images.JPEG，默认的格式是 images.PNG 格式。

（5）vertical_flip(image_data, output_encoding=images.PNG)：该函数表示垂直地翻转图像，并且转换后的图像与以前的格式一样。

2）exception 类

google.appengine.api.images 包主要为用户提供了以下 exception 类。

（1）exception Error()：这是该包中所有异常的基类。

（2）exception TransformationError()：表示尝试转换图像时发生错误。

（3）exception BadRequestError()：表示转换参数无效。

2. 邮件 API

Google App Engine 为开发的应用程序提供了电子邮件服务。邮件 API 为用户提供了两种方式来发送电子邮件，分别是 mail.send_mail()函数和 EmailMessage 类。发送电子邮件时可以发送附件，为了安全考虑，用户发送的附件必须是所允许的文件类型。

1）允许的附件类型

允许作为电子邮件附件的 MIME 类型以及相对应的文件扩展名主要有：图像格式包括 BMP、GIF、JPEG、JPG、JPE、PNG、TIFF、TIF、WBMP，文本格式包括 CSS、CSV、HTM、HTML、TEXT、TXT、ASC、DIFF、POT，应用程序格式包括 PDF、RSS。

2）EmailMessage 类

邮件 API 中的 EmailMessage 类由 google.appengine.api.mail 包提供。EmailMessage 实例代表那些要使用 Google App Engine 邮件服务来发送的电子邮件，电子邮件中有一组字段，这组字段可以使用构造函数进行初始化。

（1）构造函数。在构造函数 class EmailMessage(**kw)中，邮件的字段可以使用传递到构造函数的关键字参数进行初始化，并且字段还可以在构造之后对实例的属性进行设置，也可以通过 initialize()方法设置。

（2）实例方法。check_initialized()方法用来检查 EmailMessage 类是否已经进行了正确的初始化，以便对邮件进行发送。若邮件成功发送，则该方法不会返回错误，否则会抛出与其找到的第一个问题对应的错误。

initialize(**kw)方法只是对 EmailMessage 是否进行了正确的初始化进行判断。如果是则返回 True，与 check_initialized()一样执行同样的操作，区别只是不抛出错误。

send()方法用来发送电子邮件。

（3）函数。google.appengine.api.mail 包为邮件 API 主要提供了以下函数。

① Is_email_valid(email_address)：如果参数 email_address 是有效的电子邮件地址，则函数返回 True。该函数会执行与 check_email_valid 相同的检查，但是不会抛出异常。

② send_mail(sender, to, subject, body, **kw)：创建并且发送一封电子邮件。sender、to、subject 和 body 参数是邮件必填的字段。其他的字段也可以指定为关键字参数。

（4）异常。google.appengine.api.mail 包为邮件 API 主要提供了以下 exception 类。

① exception Error()：该包中所有异常的基类。

② exception BadRequestError()：邮件服务以无效为理由拒绝 EmailMessage。

③ exception InvalidEmailError()：表示该电子邮件的地址无效。电子邮件地址字段仅接受有效的电子邮件地址，例如 sender 或 to。

3．Memcache API

高性能的网络应用程序一般在运行之前需要使用分布式内存数据缓存（Memcache），或用分布式内存数据缓存来代替某些任务的稳定持久存储，Google App Engine 为用户提供了这样一个高性能的内存键值缓存，可以使用应用程序的实例来访问这个缓存。Memcache 适合存储永久性功能和事务性功能的数据，例如，可以将临时数据或数据库数据复制到缓存以进行高速访问。

Memcache API 提供了一个基于类的接口，以便和其他 Memcache API 相兼容。这里 Client 类由 google.appengine.api.memcache 包提供。

1）构造函数

class Client()产生与 Memcache 服务通信的客户端。

2）实例方法

构造的 Client 实例主要有以下几种方法。

（1）set(key, value, time=0, min_compress_len=0)：该方法用来设置键的值，与先前缓存中的内容无关。其中参数 key 表示要设置的键，key 可以是字符串或（哈希值，字符串）格式的元组；参数 value 表示要设置的值；参数 time 指可选的过期时间，可以是相对当前时间的秒数（最多 1 个月），也可以是绝对 UNIX 时间戳的时间；min_compress_len 是为了兼容性而忽略的选项。

（2）get(key)：该方法用来在 Memcache 中查找一个键。参数 key 指明要在 Memcache 中查找的键，key 可以是字符串或（哈希值，字符串）格式的元组。如果在 Memcache 中找到键，则返回值为该键的值，否则返回 None。

（3）delete(key, seconds=0)：该方法用来从 Memcache 删除键。参数 key 指要删除的键，可以是字符串或（哈希值，字符串）格式的元组，参数 seconds 指定删除的项目对添加操作锁定的可选秒数，值可以是从当前时间开始的增量，也可以是绝对 UNIX 时间戳时间，默认情况下值为 0。

（4）add(key, value, time=0, min_compress_len=0)：该方法用来设置值，但是只在项目没有处于 Memcache 时设置。参数 key 指明要设置的键，它可以是字符串或（哈希值，字符串）格式的元组；参数 value 是指要设置的值；参数 time 指明可选的过期时间，可以是相对当前时间的秒数，也可以是绝对 UNIX 时间戳时间；参数 min_compress_len 是为了兼容性而忽略的选项。

（5）replace(key, value, time=0, min_compress_len=0)：该方法用来替换键的值。参数 key 指要设置的键，Key 可以是字符串或（哈希值，字符串）格式的元组；参数 value 指明要设置的值；参数 time 是指可选的过期时间，可以是相对当前时间的秒数，也可以是绝对 UNIX 时间戳时间；参数 min_compress_len 是为了兼容性而忽略的选项。

（6）incr(key, delta=1)：该方法可以自动增加键的值。在内部，值是无符号 64bit 整数，同时 Memcache 不会检查 64bit 溢出，如果值过大则会换行。这里的键必须已存在于缓存中才能增加值。初始化计数器时可以使用 set()进行初始值的设置。参数 key 是指要增加的键，key 可以是字符串或（哈希值，字符串）格式的元组；参数 delta 值作为键的增加量的非负整数值（int 型或 long 型），默认值为 1。

（7）decr(key, delta=1)：该方法可以自动减少键的值。内部而言，值是无符号的 64bit 数，并且 Memcache 不检查 64bit 溢出，若值过大则会换行。初始化计数器时可以使用 set()进行初始值设置。参数 key 指要减少的键，key 可以是字符串或（哈希值，字符串）格式的元组；参数 delta 是键的减少量的非负整数值（int 型或 long 型），默认值为 1。

（8）flush_all()：该方法用来删除 Memcache 中的所有内容。若成功则返回 True，若是 RPC 或服务器错误，则返回 False。

（9）get_stats()：该方法可获取该应用程序的 Memcache 统计信息。函数的返回值是将统计信息名称映射到相关值的参照表。

4．用户 API

Google App Engine 的功能和账号是集成的，因此应用程序可以让用户使用他们自身的 Google 账户登录。

1）User 对象

用户 API 主要是通过 User 类来实现其功能的，每个 User 类的对象代表着一个用户。User 对象是唯一的且可比较，若两个对象相同，则这两个对象代表着同一个用户。开发的应用程序可通过调用 users.get_current_user()函数来访问当前用户的 User 对象，也可以利用电子邮件地址来构造 User 对象。

2）登录网址

用户 API 提供了函数来构建到 Google 账户的网址，这样 Google 账户允许用户登录或退出，并重新定向到用户的应用程序。登录或退出目标网址可以使用 users.create_login_url()和 users.create_logout_url()。

3）User 类

User 类的一个对象代表具有 Google 账户的一个用户，User 类是由 google.appengine. api. users 模块提供的。

（1）构造函数。class User(email=None)这个函数代表具有 Google 账户的用户。函数中参数 email 表示用户的电子邮件地址，默认为当前用户。若系统没有指定电子邮件地址，并且当前用户没有登录，那么系统将抛出 UserNotFoundError 错误。

系统在创建 Use 对象时，不检查这个电子邮件地址是否有效。若该 User 对象的邮件地址不是有效的，则该 User 对象仍然可能存储在数据库中，但是不会与真正的用户相匹配。

（2）实例方法。User 实例主要提供以下方法。

① nickname()：用来返回用户的"昵称"。

② email()：用于返回用户的电子邮件地址。

（3）函数。google.appengine.api.users 包主要提供以下函数。

① create_login_url(dest_url)：用于返回一个网址。当用户访问这个网址时，它将提示用户使用自己的 Google 账户登录，并将用户重新定向到指定的 dest_url 网址。其中 dest_url 可以是完整的网址，也可以是相对于应用程序的域的路径。

② create_logout_url(dest_url)：用来返回一个网址。当用户访问这个网址时会注销这个用户，然后将用户重新定位到指定的 dest_url 网址。其中参数 dest_url 可以是完整的网址，或者是相对于应用程序的域的路径。

③ get_current_user()：若用户已登录，则该函数返回当前用户的 User 对象；若用户未登录，返回 None。

（4）异常。google.appengine.api.users 包主要提供以下 exception 类。

① exception Error()：这个包中所有异常的基类。

② exception UserNotFoundError()：若用户没有提供电子邮件地址，且当前用户未登录，则系统将由 User 构造函数抛出异常。

③ exception RedirectTooLongError()：表示 create_login_url() 或 create_logout_url() 函数的重定向网址的长度超过了所允许的最大长度。

5. 数据库 API

Google App Engine 提供了一个强大的分布式数据存储服务。该服务包含查询引擎、事务功能等功能，并且该数据库规模可以随着访问量的上升而扩大。Google App Engine 数据库和传统的关系数据库不同，该数据库中的数据对象有一个类和一组属性。数据库中的查询可以检索按照属性值过滤的实体，也可以检索按照分类指定种类的实体，其中属性值可以是任何一种受系统数据库支持的属性值类型。

Google App Engine 的数据库使用了简单的 API 来为用户提供查询引擎和事务存储服务，并且这些服务都运行在 Google 的可扩展结构上。在 Google App Engine 中，Python 接口包含了数据建模 API 和类似于 SQL 的一种查询语言（称为 GQL）。通过这些 API 和 GQL 查询语言，可以极大地方便用户开发可扩展数据库的应用程序。

Google App Engine 的数据库 API 拥有一个用于定义数据模型的机制。这里 Model 用来描述实体的类型（包括其属性的类型和配置）。数据库 API 提供两种查询接口：查询对象接口和 GQL 查询语言。查询的结果以 Model 类的实例形式返回实体，这些 Model 类可以被修改并放到数据库中。

1）Model 类

Model 类是数据模型定义的超类，由 google.appengine.ext.db 包提供。

Model 类的构造函数定义如下。

class Model(parent=None, key_name=None, **kw)。其中参数 parent 用来作为新实体的父实体的 Mode 实例或 key 实例；参数 key_name 是新实体的名称，并且 key_name 的值不得以数字开头，也不能采用"__*__"的形式，存储为 Unicode 字符串，str 值转换为 ASCII 文本；参数"**kw"表示实例的属性的初始值，作为关键字参数。

（1）类方法。Model 类主要提供以下类方法。

① Model.get(keys)：用来获取指定 Key 对象的 Model 实例，键值必须代表 Model 类的实例。若程序提供的键类型不符合，则系统抛出 KindError。参数 keys 是指 Key 对象或 Key 对象的列表，还可以是 Key 对象的字符串版本或字符串列表。

② Model.all()：返回代表与该 Model 对应类型的所有实体的 Query 对象。在执行 Query 对象上的方法之前，可以对查询进行过滤和排序。

③ Model.gql(query_string, *args, **kwds)：用来对该 Model 的实例执行 GQL 查询。其中参数 query_string 指明 GQL 查询中"SELECT * FROM model"后的部分；参数"*args"用于位置参数绑定，类似于 GqlQuery 构造函数；参数"**kwds"表示关键字参数绑定，类似于 GqlQuery 构造函数。

（2）实例方法。Model 实例主要有以下方法。

① key()：返回该 Model 实例的数据库 Key。在 put()入数据库之前，Model 实例没有键。在实例拥有键之前调用 key()会抛出 NotSavedError 错误。

② put()：将 Model 实例存储在数据库中。如果 Model 实例是新创建的并且之前从未存储过，则该方法会在数据库中创建新的数据实体，否则，该方法会用当前属性值更新数据实体。该方法会返回存储的实体的 Key。

③ delete()：用来从数据库中删除 Model 实例。如果实例从未被 put()到数据库，则删除不会起任何作用。

2）Property 类

Property 类也是一个超类，用来对数据模型的属性进行定义。它可以定义属性值的类型、值的验证方式以及在数据库中的存储方式等，Property 由 google.appengine.ext.db 包提供。

（1）类构造函数。Property 基类的构造函数定义如下。

class Property(verbose_name=None, name=None, default=None, required=False, validator=None, choices=None)。这是 Model 属性定义的超类。其中参数 verbose_name 表示用户友好的属性名称，属性构造函数的第一个参数必须始终是这个参数。参数 name 表示的是属性的存储名称，默认情况下，该名称表示属性的属性名称。参数 default 是指属性的默认值，若属性值从未被指定或值是 None，则该属性值被视为默认值。参数 required 若是 True，则属性值不能为 None，Model 实例必须要利用构造函数来初始化所有必需的属性，这样创建实例时才不会缺少值。参数 validator 表示分配属性值的时候应该调用以便用来验证值的函数，函数使用该属性值为唯一的参数。参数 choices 表示可接受的属性值的列表，如果设置了该参数，则不能给属性分配该列表以外的其他值。

（2）类属性。Property 类下面的子类可以定义下面的属性。

data_type 属性用来接受作为 Python 自有值的 Python 数据类型或类。

（3）实例方法。Property 类实例主要具有以下方法。

① default_value()：返回属性的默认值。其中基础的实施方案使用的是传递到构造函数 default 参数的值。

② validate(value)：表示属性的完整验证程序。若 value 值有效，则函数返回该值。程序的基础实施方案将会检查以下的内容：value 值是否为 None；若已经根据选择的内容对属性进行了设置，那么该值是否是一个有效的选择（choices 参数）；若这个值存在，那么该值是否已经通过自定义的程序的验证（validator 参数）。

③ empty(value)：若这个属性类型的 value 使用的是空值，那么该应用程序将返回 True。

3）Query 类

Query 类是一个数据库查询的接口，程序可以使用对象和方法来准备这个查询。Query 类由 google.appengine.ext.db 包提供。

（1）构造函数。Query 类的构造函数的定义如下。

class Query(model_class)。函数主要表示使用对象和方法来准备数据查询的接口，由构造函数返回的 Query 实例表示的是对该类型的所有实体的查询。函数中参数 model_class 代表了查询的数据库实体类型的 Model（或者 Expando）类。

（2）实例方法。Query 类主要有以下几种实例方法。

① filter(property_operator, value)：对属性的条件进行过滤，并加到该查询中，因而该查询只会返回满足所有条件的属性的实体。参数 property_operator 包含了属性名称和比较运算符的字符串，并且支持下列的比较运算符：<、<=、=、>=、>。参数 value 用来代表比较过程中所用的置于表达式右侧的值。

② order(property)：用来给结果添加排序，并且结果将根据首先添加的顺序进行排列。参数 property 表示的是一个字符串，是要为其排序的属性的名称，若要将排列顺序改为降序，可以在名称前加上一个连字符（-），若不加表示进行升序排列。

③ ancestor(ancestor)：对祖先条件进行过滤，并且将它加入查询，该查询只会返回以这个祖先条件为过滤器的那些实体。参数 ancestor 代表的是该祖先的 Model 实例或 Key 实例。

④ get()：执行查询，然后返回第一个结果。若这个查询没有返回任何结果，则会返回 None。

⑤ fetch(limit, offset=0)：执行查询，然后返回结果。参数 limit 是必须有的一个参数，表示要返回的结果的数量。若满足条件的结果数量不够，则返回的结果或许会少于 limit 个。参数 offset 表示要跳过的结果的数量，返回值是一个 Model 实例列表，也可能是一个空的列表。

⑥ count(limit)：返回这个查询所抓取的结果的数量。参数 limit 表示的是要计数的结果的最大数量。

4）GqlQuery 类

GqlQuery 类是一种使用了 Google App Engine 查询语言（即 GQL）的数据库查询接口。GqlQuery 类由 google.appengine.ext.db 包提供。

（1）构造函数。GqlQuery 类的构造函数定义如下。

class GqlQuery(query_string, *args, **kwds)，函数使用的是 GQL 的 Query 对象。参数 query_string 表示的是以 "SELECT * FROM model-name" 开头的完整 GQL 语句，参

数"*args"表示位置参数绑定，参数"**kwds"表示关键字参数绑定。

（2）实例方法。GqlQuery 实例主要有以下方法。

① bind(*args, **kwds)：重新绑定参数进行查询。新的查询将会在重新绑定参数之后第一次访问结束时执行。参数"*args"表示新位置参数绑定，参数"**kwds"表示新关键字参数绑定。

② get()：执行查询，并且返回第一个结果。若查询之后没有返回结果就返回 None。

③ fetch(limit, offset=0)：执行查询，然后返回结果。参数 limit 表达的是程序将要返回的结果的数量，是必需的参数。当结果数未知时，可以迭代地使用 GqlQuery 对象而不是使用 fetch()方法来从查询结果中获取每个结果。参数 offset 是指要跳过的结果的数量，返回的值是一个 Model 实例列表，也可能是一个空的列表。

④ count(limit)：返回该查询抓取的结果的数量。count()比那些通过常量系数来进行检索的速度要快一些。参数 limit 表示的是要计数的结果的最大值。

5）Key 类

Key 类的实例代表的是数据库实体唯一键，Key 类由 google.appengine.ext.db 包提供。

（1）构造函数。class Key(encoded=None)。函数表示的是数据库对象的唯一键。用户可以通过将 Key 对象传递到 str()（或调用对象的__str__()方法），也可以把键编码成字符串。参数 encoded 表示的是 Key 实例的 str 形式。

（2）类方法。Key 类提供以下类方法。

Key.from_path(*args, **kwds)方法表示从一个或者多个实体键的祖先路径来构建新的 Key 对象。这里的路径代表的是实体中父子之间关系的层次结构，每一个实体都由实体的类型以及其数字 ID 或键名来代表。参数"*args"是从根实体到主题的路径，参数"**kwds"是关键字参数。

（3）实例方法。Key 实例主要有以下方法。

① app()：返回存储数据实体的应用程序的名称。

② kind()：以字符串形式返回数据实体的类型。

③ id()：以整数形式返回数据实体的数字 ID，若实体没有数字 ID，则函数返回 None。

④ name()：返回数据实体的名称，若实体没有名称则返回 None。

（4）函数。google.appengine.ext.db 包主要提供以下函数。

① get(keys)：用于获取任何 Model 的指定键的实体。其中参数 keys 表示的是 Key 对象或 Key 对象的列表。

② put(models)：将一个或多个 Model 实例放置到数据库中。参数 models 表示的是要存储的 Model 实例或 Model 实例的列表。

③ delete(models)：从数据库中删除一个或多个 Model 实例。参数 models 表示要删除的 Model 实例、实体的 Key，或 Model 实例列表，也可以是实体的 Key 列表。

④ run_in_transaction(function, *args, **kwargs)：用于在一个事务中运行包含数据库

更新的函数。若代码在事务处理过程之中抛出异常，则事务中进行的所有数据库更新都将回滚。参数 function 指的是要在数据库事务中运行的函数，参数"*args"是指传递到函数的位置参数，参数"**kwargs"是指传递到函数的关键字参数。

习题

1. Google 云计算技术包括哪些内容？
2. 当前主流分布式文件系统有哪些？各有什么优缺点？
3. GFS 采用了哪些容错措施来确保整个系统的可靠性？
4. MapReduce 与传统的分布式程序设计相比有何优点？
5. Chubby 的设计目标是什么？Paxos 算法在 Chubby 中起什么作用？
6. 阐述 Bigtable 的数据模型和系统架构。
7. 分布式存储系统 Megastore 的核心技术是什么？
8. 大规模分布式系统的监控基础架构 Dapper 关键技术是什么？
9. 相比于行存储，列存储有哪些优点？
10. 为什么 MapReduce 不适合实时数据处理？
11. 简单阐述 Dremel 如何实现数据的无损表示。
12. PowerDrill 能实现高效的数据处理，在存储部分主要依赖哪两方面的技术？
13. Google App Engine 提供了哪些服务？
14. Google App Engine 的沙盒对开发人员有哪些限制？

参考文献

[1] Sanjay Ghemawat, Howard Gobioff, Shun-Tak Leung. The Google File System, Proceedings of 19th ACM Symposium on Operating Systems Principles, 2003, 20-43.

[2] Sun "Lustre Networking: High-Performance Features and Flexible Support for a Wide Array of Networks" https://www.sun.com/offers/details/lustre_networking.xml.

[3] Soltis, Steven R; Erickson, Grant M; Preslan, Kenneth W (1997), "The Global File System: A File System for Shared Disk Storage", IEEE Transactions on Parallel and Distributed Systems.

[4] Schmuck, Frank; Roger Haskin (January 2002). "GPFS: A Shared-Disk File System for Large Computing Clusters". Proceedings of the FAST'02 Conference on File and Storage Technologies. Monterey, California, USA.

[5] Wikipedia. http://zh.wikipedia.org/wiki/MapReduce.

[6] John Darlington, Yi-ke Guo, Hing Wing To. Structured parallel programming: theory meets practice. Computing tomorrow: future research directions in computer science book contents Pages: 49-65.

[7] Jeffrey Dean, Sanjay Ghemawant. MapReduce: Simpli_ed Data Processing on Large

Clusters.

[8]　Chang F, Dean J, Ghemawat S, Hsieh WC, Wallach DA, Burrows M, Chandra T, Fikes A, Gruber RE. Bigtable: A distributed storage system for structured data. In: Proc. of the 7th USENIX Symp. on Operating Systems Design and Implementation. Berkeley: USENIX Association, 2006. 205-218.

[9]　Ghemawat S, Gobioff H, Leung ST. The Google file system. In: Proc. of the 19th ACM Symp. on Operating Systems Principles. New York: ACM Press, 2003. 29-43.

[10]　Burrows M. The chubby lock service for loosely-coupled distributed systems. In: Proc. of the 7th USENIX Symp. on Operating Systems Design and Implementation. Berkeley: USENIX Association, 2006. 335-350.

[11]　陈康，郑纬民. 云计算：系统实例与研究现状。软件学报，2009，20(5)：1337-1348.

[12]　BLOOM, B. H. Space/time trade-offs in hash coding with allowable errors. CACM 13, 7 (1970), 422-426.

[13]　BURROWS, M. The Chubby lock service for loosely-coupled distributed systems. In Proc. of the 7th OSDI,Nov, 2006.

[14]　LAMPORT, L. Paxos made simple. ACM SIGACT News 32, 4 (2001), 18-25.

[15]　Paxos 算法.维基百科.http://zh.wikipedia.org/zh-cn/Paxos%E7%AE%97%E6%B3%95.

[16]　T.D.Chandra,R.Griesemer,andJ.Redstone.　Paxos　made　live:　an　engineering perspective.In PODC,2007.

[17]　Jason Baker, Chris Bond, James C.Corbett, JJ Furman,Andrey Khorlin,James Larson, Jean-Michel Leon,Yawei Li, Alexander Lloyd,andVadim Yushprakh.Megastore: Providing scalable, highly available storage for Interactive services.InProc.CIDR,2011.

[18]　Benjamin H. Sigelman, Luiz André Barroso, Mike Burrows, Pat Stephenson, Manoj Plakal, Donald Beaver, Saul Jaspan, Chandan Shanbhag. Dapper, a Large-Scale Distributed Systems Tracing Infrastructure. Google Technical Report,2010.

[19]　Melnik S, Gubarev A, Long J J, et al. Dremel: interactive analysis of web-scale datasets. Proceedings of the VLDB Endowment, 2010, 3(1-2): 330-339.

[20]　Hall A, Bachmann O, Büssow R, et al. Processing a trillion cells per mouse click. Proceedings of the VLDB Endowment, 2012, 5(11): 1436-1446.

[21]　George L. HBase: the definitive guide. O'Reilly Media, Inc., 2011.

[22]　http://code.google.com/intl/zh-CN/appengine/docs/.

[23]　http://q.sohu.com/forum/5/topic/21388686.

第3章　Amazon 云计算 AWS

Amazon（亚马逊）凭借在电子商务中积累的大量基础性设施和各类先进技术，很早地进入了云计算领域，并在提供计算、存储等服务方面处于领先地位。在此基础上，Amazon 还不断地进行技术创新，开发并提供了一系列新颖且实用的云计算服务，赢得了巨大的用户群体。这些云计算服务共同构成了 Amazon 的云计算服务平台 Amazon Web Service（AWS）。目前，AWS 提供的服务主要包括：弹性计算云 EC2[13]、简单存储服务 S3[15]、简单数据库服务 Simple DB[16]、简单队列服务 SQS[17]、弹性 MapReduce 服务[19]、内容推送服务 CloudFront[21]、电子商务服务 DevPay[24]和 FPS[25]等。这些服务涵盖了云计算的各个方面，用户可以根据需要从中选取一个或多个云计算服务来构建自己的应用程序，并能够按需获取资源且具有很高的可扩展性及灵活性。

本章详细介绍 AWS 的基础存储架构 Dynamo[1]及各项主要服务，重点剖析其中所涉及的核心概念、重要技术和基本原理。本章不介绍 AWS 中各类服务的具体使用方法，感兴趣的读者可以参考 Amazon 的相关技术文档。

3.1　基础存储架构 Dynamo

当 Web 服务刚刚兴起时，各种平台大多采用关系型数据库进行数据存储。但由于Web 数据中大部分为半结构化数据且数据量巨大，关系型数据库无法满足其存储要求。为此，很多服务商都设计并开发了自己的存储系统。其中，Amazon 的 Dynamo 是非常具有代表性的一种存储架构，被作为状态管理组件用于 AWS 的很多系统中。2007 年，Amazon 将 Dynamo 以论文形式发表，引起了广泛的关注，并被作为其他云存储架构的基础和参照，例如最初由 Facebook 开发的开源分布式数据库 Cassandra[39]。

3.1.1　Dynamo 概况

Amazon 作为目前世界上最主要的电子商务提供商之一，其系统每天要接受全球数以百万计的服务请求。图 3-1[1]展示了面向服务的 Amazon 平台基本架构。

为了保证其稳定性，Amazon 的系统采用完全的分布式、去中心化的架构。其中，作为底层存储架构的 Dynamo 也同样采用了无中心的模式。

Dynamo 只支持简单的键/值（key/value）方式的数据存储，不支持复杂的查询，适用于 Amazon 的购物车、S3 等服务。Dynamo 中存储的是数据值的原始形式，即按位存储，并不解析数据的具体内容，这也使得 Dynamo 几乎可以存储所有类型的数据。

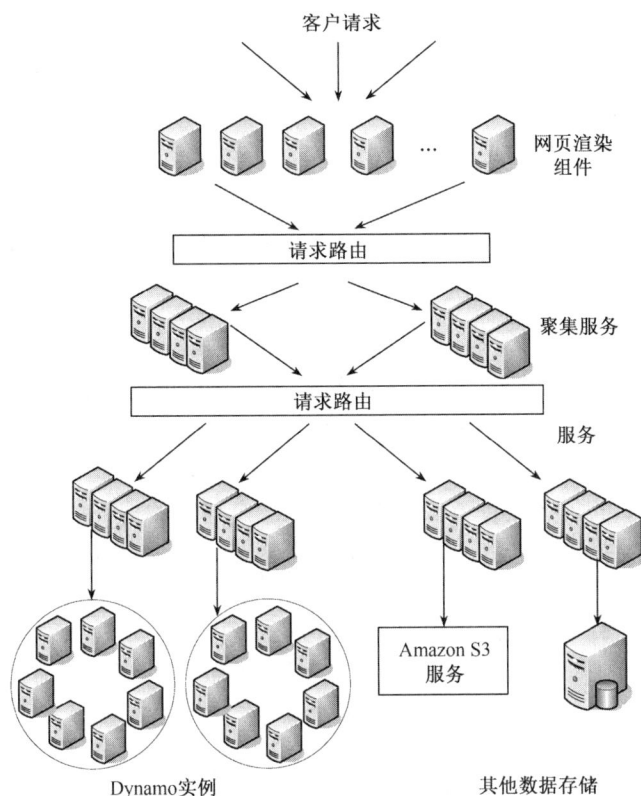

图 3-1　面向服务的 Amazon 平台架构

3.1.2　Dynamo 架构的主要技术

Dynamo 在设计时被定位为一个基于分布式存储架构的，高可靠、高可用且具有良好容错性的系统。表 3-1[1]列举了 Dynamo 设计时面临的主要问题及所采取的解决方案。

表 3-1　Dynamo 需要解决的主要问题及解决方案

问　　题	采取的相关技术
数据均衡分布	改进的一致性哈希算法
数据备份	参数可调的弱 quorum 机制
数据冲突处理	向量时钟（Vector Clock）
成员资格及错误检测	基于 Gossip 协议的成员资格和错误检测
临时故障处理	Hinted handoff（数据回传机制），
永久故障处理	Merkle 哈希树

如图 3-1 所示，Dynamo 中的存储节点呈无中心的环状分布。其中包含两个基本概

念：preference list 和 coordinator[1]。preference list 是存储与某个特定键值相对应的数据的节点列表，coordinator 是执行一次读或写操作的节点。通常，coordinator 是 preference list 上的第一个节点。

1. 数据均衡分布的问题

Dynamo 采用了分布式的数据存储架构，均衡的数据分布可以保证负载平衡和系统良好的扩展性。因此，如何在各个节点上数据的均衡性是影响 Dynamo 性能的关键问题。Dynamo 中使用改进后的一致性哈希算法，并在此基础上进行数据备份，以提高系统的可用性。

1）一致性哈希算法

一致性哈希算法[2]是目前主流的分布式哈希表（Distributed Hash Table，DHT）协议之一，于 1997 年由麻省理工学院提出。一致性哈希算法通过修正简单哈希算法，解决了网络中的热点问题，使得 DHT 可以真正地应用于 P2P 环境中。一致性哈希算法的基本过程为：对于系统中的每个设备节点，为其分配一个随机的标记，这些标记可以构成一个哈希环。在存储数据时，计算出数据中键的哈希值，将其存放到哈希环顺时针方向上第一个标记大于或等于键的哈希值的设备节点上。图 3-2 展示了基于一致性哈希算法进行数据存储的示例。对于给定的数据对象，计算出其键的哈希值，顺时针方向找到的第一个设备节点为节点 2，因此将该数据对象存放在节点 2 上。

一致性哈希算法除了能够保证哈希运算结果充分分散到整个环上外，还能保证在添加或删除设备节点时只会影响到其在哈希环中的前驱设备节点，而不会对其他设备节点产生影响。如图 3-2 和图 3-3 所示，当在节点 2 和节点 3 之间增加节点 5 之后，原来存储在节点 3 上的部分数据会被迁移到节点 5 中，但对节点 1、节点 2 和节点 4 没有影响。同样，如果从图 3-3 中删除节点 5，原来存储在节点 5 上的数据会迁移到节点 3 上，对节点 1、节点 2 和节点 4 也没有影响。这表明一致性哈希算法可以大大降低在添加或删除节点时引起的节点间的数据传输开销。

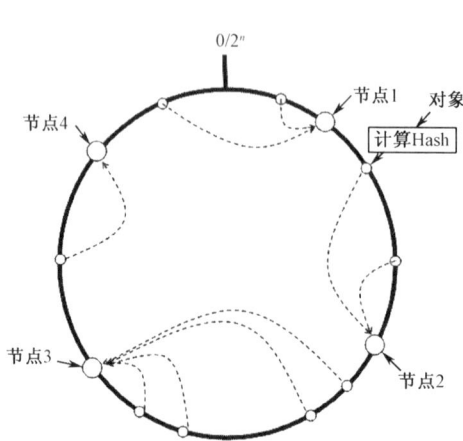

图 3-2　一致性哈希算法　　图 3-3　添加节点示意图

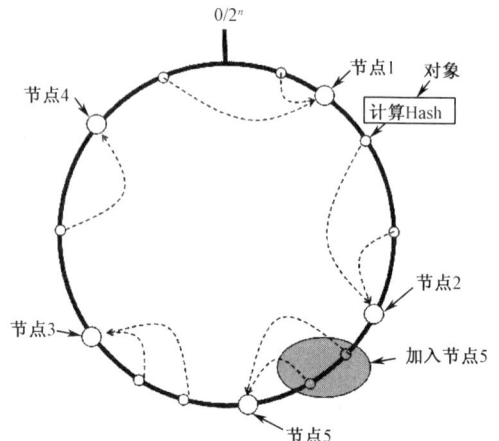

2）改进的一致性哈希算法

一致性哈希算法在设备节点数量较少的情况下，有可能造成环上节点分布的不均匀；并且没有考虑哈希环上不同设备节点的性能差异。为了解决这些问题，Dynamo 中引入了虚拟节点[1]的概念。每个虚拟节点都隶属于某一个实际的物理节点，一个物理节点根据其性能的差异被分为一个或多个虚拟节点。各个虚拟节点的能力基本相当，并随机分布在哈希环上。如图 3-4 所示，在存储数据时，数据对象先按照其键的哈希值被分配到某个虚拟节点上，并存储在该虚拟节点所对应的物理节点中。

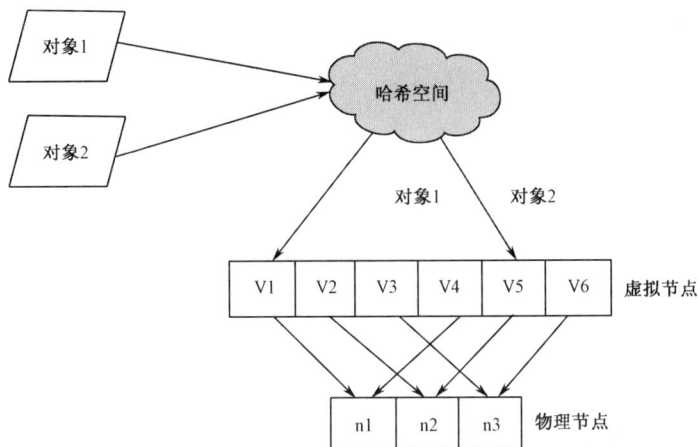

图 3-4　Dynamo 中的虚拟节点和物理节点

为了进一步提高数据分布的均衡性，如图 3-5 所示，Dynamo 将整个哈希环划分成 Q 等份，每个等份称为一个数据分区（Partition）[1]。假设系统中共有 S 个虚拟节点，且满足 $Q \gg S$，则每个虚拟节点负责的数据分区数为 $V=Q/S$。在存储数据时，每个数据会被先分配到某个数据分区，再根据负责该数据分区的虚拟节点，最终确定其所存储的物理节点。采用数据分区的好处有两点。首先，在虚拟节点数量较少时，随机将数据分配到虚拟节点上可能会引起数据分布的不均衡。由于数据分区的数量远大于虚拟节点的数量，可以减小数据分布不均衡的可能性。其次，采用数据分区后，在添加或删除设备节点时，会引起较小的数据传输。以添加设备节点为例，为简化讨论，假设该设备节点包含 N 个虚拟节点。虽然在添加该设备节点时会使得每个原有虚拟节点负责的数据分区数量从 Q/S 变为 $Q/(S+N)$，但实际上每个原有的虚拟节点只需要将 $Q/S-Q/(S+N)$ 个数据分区移到新的虚拟节点上，总的数据传输量为 $QN/(S+N)$。因此，在添加节点的过程中，只是改变了少量数据分区所属的虚拟节点，而对大多数数据分区并不需要改变。这样就可以在很小的数据传输代价下，保证整个系统中数据分布的均衡性。需要注意的是，随着节点的增加，特别是 S 接近 Q 后，Dynamo 的性能会急剧下降，因此需要选择好 Q 的取值。

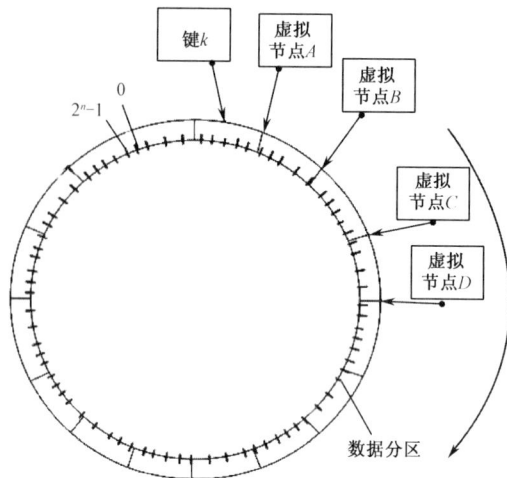

图 3-5　Dynamo 节点划分方式示意图

2．数据备份

　　为了提高数据的可用性，Dynamo 中在存储每个数据对象时，保存了其多个副本作为冗余备份。假设每个数据对象保存在系统中的副本数为 N（通常为 3），考虑到存在节点失效的情况，preference list 中节点的个数大于 N，并且为实际的物理节点。在 Dynamo 中，每个数据的副本备份存储在哈希环顺时针方向上该数据所在虚拟节点的后继节点中。如图 3-5 所示，某个数据对象的键为 k，其数据存储在虚拟节点 A 中，则其数据副本将按顺时针方向存储在虚拟节点 B、C 上。数据备份在存储数据的同时进行，会使每次写操作的时延变长。因此，Dynamo 中对写操作进行了优化，保证一个副本必须写入硬盘，其他副本只要写入节点的内存即返回写成功。这样即保证了副本的数量，又减少了时延。根据这个规定，每个虚拟节点上实际存储了分配给它以及分配它的前 $N-1$ 个前驱虚拟节点的数据。Amazon 中保证相邻的虚拟节点分别位于不同的区域，这样即便某个数据中心由于自然灾害或断电的原因整体瘫痪，仍然可以保证其他数据中心中保存有数据的备份。

　　Dynamo 在产生 N 个数据副本时采用了参数可调的弱 quorum（Sloppy quorum）的机制[1]。该机制中涉及三个参数 W、R、N，其中 W 表示一次成功的写操作至少需要写入的副本数，R 表示一次成功读操作须由服务器返回给用户的最小副本数，N 表示每个数据存储的副本数。只要满足 $R+W>N$ 的要求，Dynamo 保证当存在故障的节点数量不超过 1 台时，用户至少可以获得一份最新的数据副本。通过配置 R 和 W，可以调节系统的性能。如果应用要求较高的读效率，则可以设置 $R=1$，$W=N$；如果要求较高的写效率，则可以设置 $R=N$，$W=1$；如果希望在读/写效率中取得平衡，以 $N=3$ 为例，则可以设置 $R=2$，$W=2$。此外，通过配置 R 和 W，还可以在系统的可用性和容错性之间取得平衡。例如，当 $N=3$ 时，如果丢失一些最后的更新并不会造成太大影响，则可以 $R=1$，$W=1$。

3．数据冲突问题

分布式系统架构中通常需要考虑三个因素：可靠性（Reliability）、可用性（Availability）和一致性（Consistency）。但这三者不能同时满足，最多只能实现其中的两个。Dynamo 系统根据其业务特点，选择通过牺牲一致性来保证系统的可靠性和可用性。Dynamo 中没有采用强一致性模型（Strong Consistency），而采用了最终一致性模型（Eventual Consistency）。后者不要求各个数据副本在更新过程中始终保持一致，只需要最终时刻所有数据副本能够保证一致性。由于 Dynamo 中可能出现同一个数据被多个节点同时更新的情况，且无法保证数据副本的更新顺序，这有可能会导致数据冲突。为了解决该问题，Dynamo 中采用了向量时钟技术（Vector Clock）。

图 3-6 展示了向量时钟的一个示例。Dynamo 中的向量时钟通过[node, counter]对来表示。其中，node 表示操作节点；counter 是其对应的计数器，初始值为 0，节点每进行一次更新操作则计数器加 1。

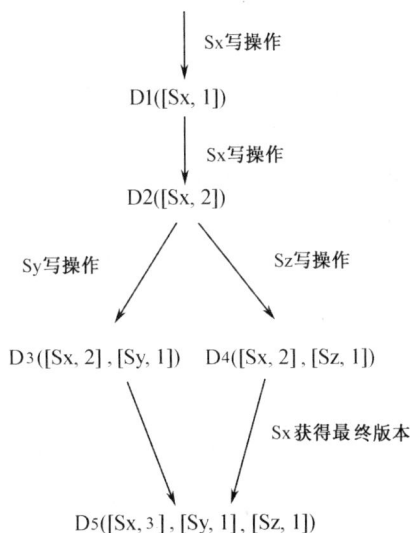

图 3-6　向量时钟原理图

在图 3-6 中，节点 Sx 首先对数据对象 D 进行一次更新操作，产生第一个版本 D1([Sx,1])，其中操作节点为 Sx，计数器的值为 1。接着，Sx 进行第二次操作，产生第二个版本 D2([Sx,2])，其中操作节点不变，计数器加 1。之后，节点 Sy 和 Sz 分别同时对该数据对象进行更新操作，Sy 将自身的信息加入时钟向量产生了新的版本 D3([Sx,2], [Sy,1])；同样，Sz 产生了新的版本 D4([Sx,2], [Sz,1])。此时，对于同一个数据对象 D，Dynamo 系统中会存在两个相互冲突的版本。如果节点 Sx 需要再次更新数据对象 D，它将会同时获得两个数据版本，并通过解决数据冲突来获得最终版本，如 D5([Sx,2], [Sy,1], [Sz,1])。常用的解决冲突的方案有两种：一种是通过客户端由用户来解决，例如购物车应用；另一种是系统自动选择时间戳最近的版本，但由于集群内的各个节点并不能严格保证时钟同步，所以不能完全保证最终版本的准确性。需要注意的是，向量时钟的数量是有限制的，当超过限制时将会根据时间戳删除最早的向量时钟。

4．成员资格及错误检测

由于 Dynamo 采用了无中心的架构，每个成员节点都需要保存其他节点的路由信息，以保障系统中各个节点之间数据转发顺畅。但由于机器或人为的因素，Dynamo 中添加或删除节点的情况时常发生。为了保证每个节点都能拥有最新的成员节点信息，Dynamo 中采用了一种类似于 Gossip（闲聊）协议[1]的技术，要求每个节点相隔固定时间（1 秒）从其他节点中任意选择一个与之通信。

如果通信时连接成功，双方将交换各自保存的系统中节点的负载、路由等信息。在交换信息时，一个节点 A 先将保存的所有节点版本发送给对方节点 B；节点 B 将接收到的节点版本与自身保存节点版本相比对，将比 A 中新的节点信息发送给 A，同时告知 A 需要将哪些节点信息发给它；节点 A 收到节点 B 的回复后，更新自身的节点信息，并将 B 索要的节点信息发给 B；节点 B 接受 A 发来的节点信息，并更新自身的节点信息。这样，节点 A 和节点 B 就完成了节点信息的互换，同时更新各自保存的节点信息。

Dynamo 中还通过 Gossip 来实现错误检测。任何节点向其他节点发起通信后，如果对方没有回应，则认为对方节点失效，并选择别的节点进行通信。发起通信的节点会定期向失效节点发出消息，如果对方有回应，则可以重新建立通信。

为了避免新加入的节点之间不能及时发现其他节点的存在，Dynamo 中设置了一些种子节点（Seed Node）。如图 3-7 所示，种子节点和所有的节点都有联系。当新节点加入时，它扮演一个中介的角色，使新加入节点之间互相感知。

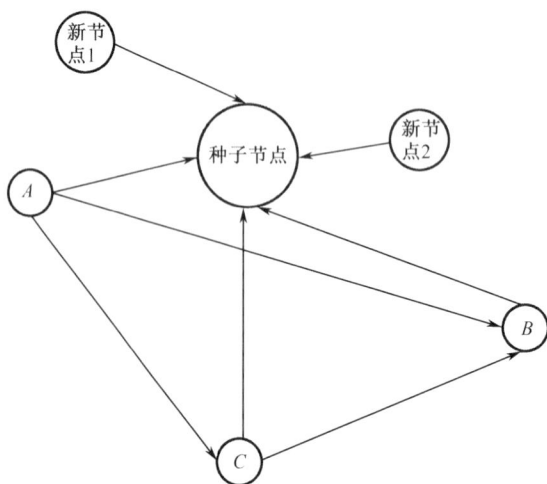

图 3-7　基于 Gossip 协议的成员检测机制

假如一新节点加入节点总数为 N 的系统，并以最优的方式进行传播（即每次通信的两个节点都是第一次交换新节点信息），那么将新节点信息传遍整个系统需要的时间复杂度为 log$n$。如图 3-8 所示，自底向上每一层代表一次随机通信。第一层节点 1 将信息交换给节点 2；第二层节点 1 和 2 同时开始随机选择其他节点交换信息，比如节点 1 向节点 3 发送信息，节点 2 向节点 4 发送信息；以此类推，直到 N 个节点全部传遍。整个过程形成一个倒的二叉树，树高为 log$n$。显然，当 N 的值很大时，传播时间就会变得很长，因此，Dynamo 中的节点数不能太多。根据 Amazon 的实际经验，当节点数 N 在数千时，Dynamo 的效率是非常高的；但当节点数 N 增加到数万后，效率就会急剧下降。为此，Amazon 采用了分层 Dynamo 结构来解决该问题[1, 40]。

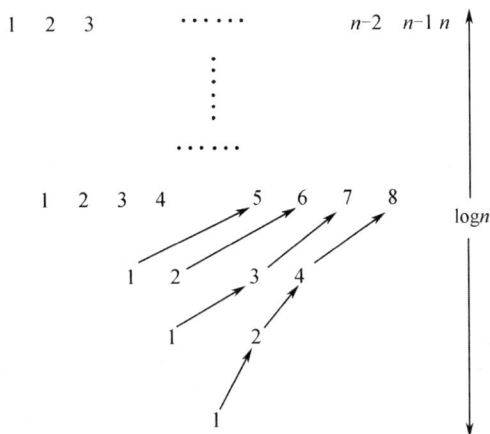

图 3-8　基于 Gossip 协议的最优传遍路径

5. 容错机制

Dynamo 采用了廉价的服务器作为硬件设施，并将物理节点失效作为常态来处理。Dynamo 的容错机制中包括了对临时故障和永久性故障的处理机制。

1）临时故障处理机制

Dynamo 中如果某个节点由于机器假死等因素无法与其他节点通信，则会被其他节点认为失效。这种故障是临时性的，被认为失效的节点会在后期的闲聊中被发现并重新使用。为了处理临时失效的节点，Dynamo 中采用了一种带有监听的数据回传机制（Hinted Handoff）[1]。假设数据副本的数量为 N，当写入某个数据时，如果其 preference list 中前 N 个节点中某个节点失效，则会在 preference list 中第 N+1 个节点上的临时空间内记录需要在失效节点上写入的数据。同时，第 N+1 个节点需要记录失效节点的位置，并对失效的节点进行监测。一旦失效的节点重新可用，第 N+1 个节点会将保存的临时数据回传给该节点，并删除临时空间中的数据。图 3-9 展示了 Dynamo 中临时故障的处理机制。当虚拟节点 A 失效后，会将数据临时存放在节点 D 的临时空间中，并在节点 A 重新可用后，由节点 D 将数据回传给节点 A。

2）永久性故障处理机制

在节点失效超过了设定时间后，如果没有发现节点可以重用，则 Dynamo 会认定该节点出现了永久性故障，例如磁盘损坏等。此时，Dynamo 需要从其他数据副本进行数据同步。在同步过程中，为了保障数据传输的有效性，Dynamo 采用 Merkle 哈希树技术[1]

来加快检测和减少数据传输量。Merkle 哈希树可以为二叉树或多叉树，其中每个叶子节点的值为单个数据文件的哈希值，非叶子节点的值为该节点所有子节点组合后的哈希值。当采用 Merkle 哈希树检测数据是否一致时，系统会先比较根节点的值，如果值相同则说明所有数据一致，否则需要继续比较，直到哈希值不同的叶子节点。

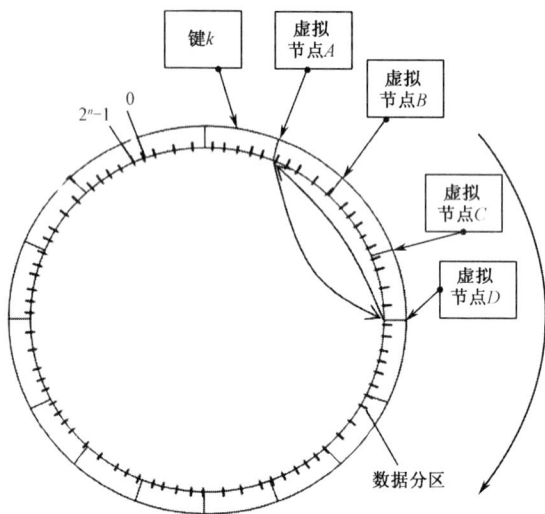

图 3-9　Dynamo 临时故障处理机制

如图 3-10 所示，Merkle 哈希树 A 和 B 的根节点值不同。进一步比较其子节点，发现左子节点的值相同，表明左子节点所覆盖的所有叶节点对应的数据文件一致；而右子节点的值不同，则进一步比较其子节点，如此下去，直至发现原来在 A 中值为 11 的叶节点在 B 中变成了 17，表明该叶节点对应的数据需要重新同步。通过对每个节点上每个区间的数据构建 Merkle 哈希树，Dynamo 可以快速地进行数据比对，检测数据的一致性，并大大减少了需要传输的数据量，提高了系统效率。

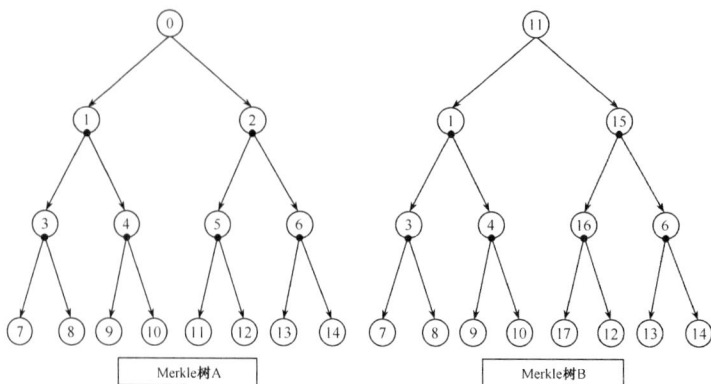

图 3-10　Merkle 哈希树

3.2　弹性计算云 EC2

弹性计算云服务（Elastic Compute Cloud，EC2）是 AWS 的重要组成部分，用于提供大小可调节的计算容量[13]。它为用户提供了许多非常有价值的特性，包括低成本、灵活性、安全性、易用性和容错性等[8]。借助 Amazon EC2，用户可以在不需要硬件投入的情况下，快速开发和部署应用程序，并方便地配置和管理[10]。

3.2.1　EC2 的基本架构

图 3-11 展示了 Amazon EC2 的基本架构，主要包括了 Amazon 机器映象、实例、存储模块等组成部分，并能与 S3 等其他 Amazon 云计算服务结合使用。

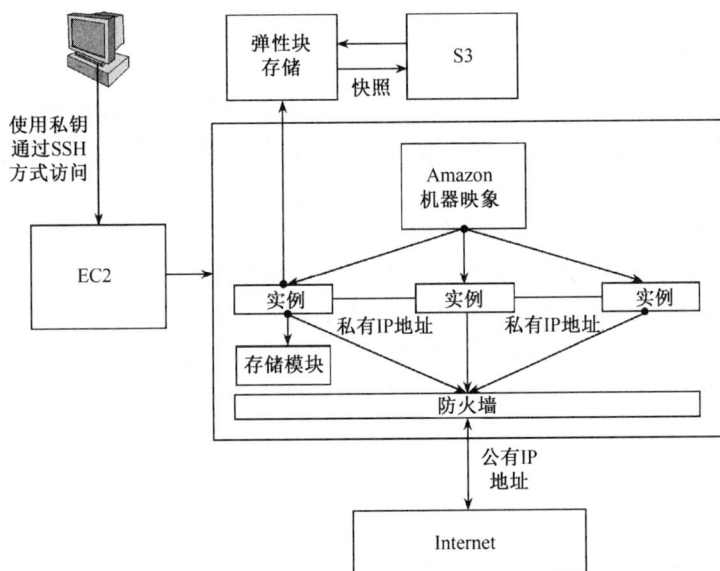

图 3-11　EC2 的基本架构

1. Amazon 机器映象（AMI）

Amazon 机器映像（Amazon Machine Image，AMI）是包含了操作系统、服务器程序、应用程序等软件配置的模板，可以用于启动不同实例，进而像传统的主机一样提供服务[13]。因此，当用户使用 EC2 服务去创建自己的应用程序时，首先需要构建或获取相应的 AMI。Amazon 为用户提供了四种获取 AMI 的途径。用户可以免费使用 Amazon 提供的公共 AMI，或根据自身需要定制一个或多个私有 AMI。此外，用户还可以向开发者付费购买 AMI，或者使用其他开发者分享的共享 AMI。构建好的 AMI 分为 Amaznon EBS 支持和实例存储支持两类，所启动的实例的根设备分别为 Amazon EBS 卷和实例存储卷，后者依据 Amazon S3 中存储的模板而创建。

2．实例（Instance）

EC2 中实例由 AMI 启动，可以像传统的主机一样提供服务。同一个 AMI 可以用于创建具有不同计算和存储能力的实例。目前，Amazon 提供了多种不同类型的实例，分别在计算、GPU、内存、存储、网络、费用等方面进行了优化[43]。这些实例类型面向了不同的用户需求。例如，构建基因组分析等科学计算应用的用户可以选择计算优化型实例，构建数据仓库应用的用户可以选择存储优化型实例，而构建吞吐量很小的应用的用户可以选择费用很低的微型实例。此外，Amazon 还允许用户在应用程序的需求发生变更时，对实例的类型进行调整，从而实现按需付费。

除了可以选择不同的实例类型外，Amazon EC2 还为实例提供了许多附加功能，帮助用户更好地部署和管理应用程序[43]。例如，用户可以通过 EBS 优化来获得专用的吞吐量，借助增强型连网来提供网络传输性能，甚至使用专用硬件把自己的实例与其他用户实例进行物理隔离。

3．弹性块存储（EBS）

除了少数实例类型外，每个实例自身携带一个存储模块（Instance Store），用于临时存储用户数据。但存储模块中的数据仅在实例的生命周期内存在；如果实例出现故障或被终止，数据将会丢失。因此，如果希望存储的数据时间与实例的生命周期无关，可以采用弹性块存储（Elastic Block Store，EBS）或 S3（参见 3.3 节）进行数据存储。

EBS 存储卷的设计与物理硬盘相似，其大小由用户设定，目前提供的容量从 1GB 到 1TB 不等。同一个实例可以连接多个 EBS 存储卷，每个 EBS 存储卷在同一时刻只能连接一个实例。但用户可以将 EBS 存储卷从所连接的实例断开，并连接到另一个实例上。EBS 存储卷适用于数据需要细粒度地频繁访问并持久保存的情形，适合作为文件系统或数据库的主存储。

快照功能是 EBS 的特色功能之一，用于在 S3 中存储 Amazon EBS 卷的时间点副本。快照备份采用了增量备份的方式，仅保存上一次快照后更改的数据块；同样，删除快照时也仅删除该快照专有的数据块。快照包含了从拍摄时间起的所有信息，可以作为创建新的 Amazon EBS 的起点。

3.2.2　EC2 的关键技术

1．地理区域和可用区域

AWS 中采用了两种区域[13]（Zone）：地理区域（Region Zone）和可用区域（Availability Zone）。其中，地理区域是按照实际的地理位置划分的。目前，Amazon 在全世界共有 10 个地理区域，包括：美东（北佛吉尼亚）、美西（俄勒冈）、美西（北加利佛尼亚）、欧洲（爱尔兰）、亚太（新加坡）、亚太（东京）、亚太（悉尼）、南美（圣保罗）、美西服务政府的 GovCloud 区域和中国（北京）区域。而可用区域的划分则是根据是否有独立的供电系统和冷却系统等，这样某个可用区域的供电或冷却系统错误就不会影响到其他可用区域，通常将每个数据中心看做一个可用区域。

图 3-12 展示了两者之间的关系。EC2 系统中包含多个地理区域，而每个地理区域

中又包含多个可用区域。为了确保系统的稳定性，用户最好将自己的多个实例分布在不同的可用区域和地理区域中。这样在某个区域出现问题时可以用别的实例代替，最大限度地保证了用户利益。

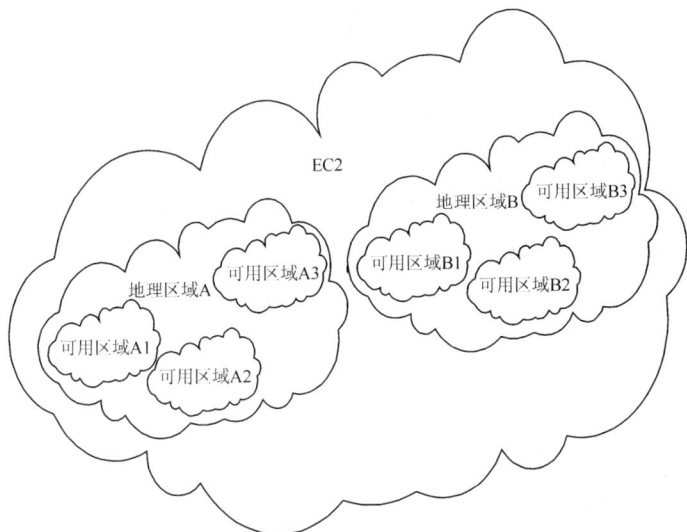

图 3-12　EC2 中区域间关系

2．EC2 的通信机制

在 EC2 服务中，系统各模块之间及系统和外界之间的信息交互是通过 IP 地址进行的。EC2 中的 IP 地址包括三大类：公共 IP 地址[13]（Public IP Address）、私有 IP 地址[13]（Private IP Address）及弹性 IP 地址[13]（Elastic IP Address）。EC2 的实例一旦被创建就会动态地分配两个 IP 地址，即公共 IP 地址和私有 IP 地址。公共 IP 地址和私有 IP 地址之间通过网络地址转换（Network Address Translation，NAT）技术实现相互之间的转换。公共 IP 地址和特定的实例相对应，在某个实例终结或被弹性 IP 地址替代之前，公共 IP 地址会一直存在，实例通过这个公共 IP 地址和外界进行通信。私有 IP 地址也和某个特定的实例相对应，它由动态主机配置协议（DHCP）分配产生。

3．弹性负载平衡（Elastic Load Balancing）

弹性负载平衡功能允许 EC2 实例自动分发应用流量，从而保证工作负载不会超过现有能力，并且在一定程度上支持容错。弹性负载平衡功能可以识别出应用实例的状态，当一个应用运行不佳时，它会自动将流量路由到状态较好的实例资源上，直到前者恢复正常才会重新分配流量到其实例上。

4．监控服务（CloudWatch）

Amazon CloudWatch 提供了 AWS 资源的可视化监测功能，包括 EC2 实例状态、资源利用率、需求状况、CPU 利用率、磁盘读取、写入和网络流量等指标。使用 CloudWatch 时，用户只需要选择 EC2 实例，设定监视时间，CloudWatch 就可以自动收集和存储监测数据。用户可以通过 AWS 服务管理控制台或命令行工具来维护和处理这些监测数据。

5．自动缩放（AutoScaling）

自动缩放可以按照用户自定义的条件，自动调整 EC2 的计算能力。在需求高峰期时，该功能可以确保 EC2 实例的处理能力无缝增大；在需求下降时，自动缩小 EC2 实例规模以降低成本。自动缩放功能特别适合周期性变化的应用程序，它由 CloudWatch 自动启动。

6．服务管理控制台（AWS Management Console）

服务管理控制台是一种基于 Web 的控制环境，可用于启动、管理 EC2 实例和提供各种管理工具和 API 接口。图 3-13 展示了各项技术通过互相配合来实现 EC2 的可扩展性和可靠性。

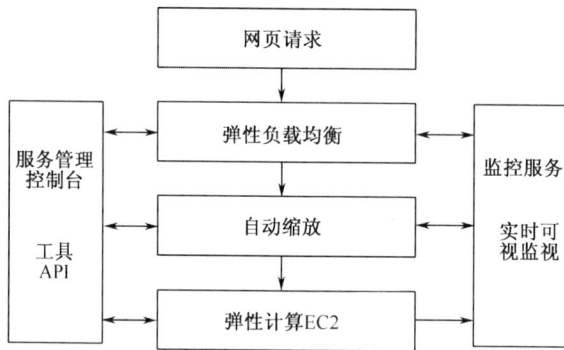

图 3-13　各关键技术的配合工作图

3.2.3　EC2 的安全及容错机制

对网络传输中的数据进行控制的一个非常有效的办法是配置防火墙，但是传统的防火墙的规则是建立在 IP 地址、子网范围等基础之上的。EC2 的特点之一就是允许用户随时更新实例状态，用户可以随时加入或删除实例，实例状态的动态变化方便了用户，但是却给防火墙的配置带来了麻烦。因此，EC2 采用了安全组[13]（Security Group）技术。安全组是一组规则，用户利用这些规则来决定哪些网络流量会被实例接受，其他则全部拒绝。当用户的实例被创建时，如果没有指定安全组，则系统自动将该实例分配给一个默认组（Default Group）。默认组只接受组内成员的消息，拒绝其他任何消息。当一个组的规则改变后，改变的规则自动适用于组中所有的成员。

用户在访问 EC2 时需要使用 SSH（Secure Shell）密钥对[13]（Key Pair）来登录服务。图 3-14[13]展示了使用 SSH 访问 EC2 的流程。SSH 是目前对网络上传输的数据进行加密的一种很可靠的协议，当用户创建一个密钥对时，密钥对的名称（Key Pair Name）和公钥（Public Key）会被存储在 EC2 中。在用户创建新的实例时，EC2 会将它保存的信息复制一份放在实例的元数据（Metadata）中，然后用户使用自己保存的私钥（Private Key）就可以安全地登录 EC2 并使用相关服务。

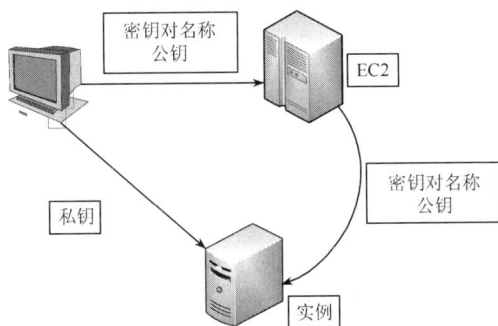

图 3-14　用户使用密钥对登录服务

在 EC2 的容错机制中，使用弹性 IP 地址是非常有效的一种方法。在创建实例时，系统会分配一个公共 IP 和一个私有 IP 给实例。用户是通过 Internet 利用公共 IP 地址访问实例的，但每次启动实例时这个公共 IP 地址都会发生变化。而 DNS 解析器中的 IP 地址和 DNS 名称的映射关系的更新大概需要 24 小时，为了解决这个问题，EC2 引入了弹性 IP 地址的概念。弹性 IP 地址和用户账号绑定而不是和某个特定的实例绑定，这给系统的容错带来极大的方便，每个账号默认绑定 5 个弹性 IP 地址。当系统正在使用的实例出现故障时，用户只需要将弹性 IP 地址通过网络地址转换 NAT 转换为新实例所对应的私有 IP 地址，这样就将弹性 IP 地址与新的实例关联起来，访问服务时不会感觉到任何差异。这也是前面为什么建议在不同的区域建立实例的原因，当某一区域出现问题时可以直接用其他区域的实例来代替。因为所有区域的实例都出现故障的概率几乎为零，所以通过弹性 IP 地址改变映射关系总可以保证有实例可用。

3.3　简单存储服务 S3

简单存储服务（Simple Storage Services，S3）构架在 Dynamo 之上，用于提供任意类型文件的临时或永久性存储。S3 的总体设计目标是可靠、易用及低成本[9]。

3.3.1　S3 的基本概念和操作

图 3-15 展示了 S3 存储系统的基本结构，其中涉及两个基本概念：桶（Bucket）和对象（Object）。

1. 桶

桶是用于存储对象的容器，其作用类似于文件夹[15]，但桶不可以被嵌套，即在桶中不能创建桶。目前，Amazon 限制了每个用户创建桶的数量，但没有限制每个桶中对象的数量。桶的名称要求在整个 Amazon S3 的服务器中是全局唯一的，以避免在 S3 中数据共享时出现相互冲突的情况。在对桶命名时，建议采用符合 DNS 要求的命名规则，以便与 CloudFront 等其他 AWS 服务配合使用。

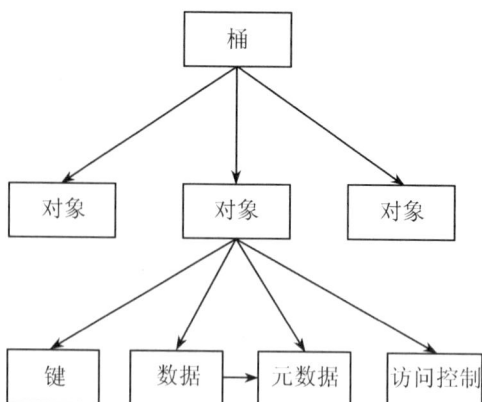

图 3-15　S3 的基本结构图

2．对象

对象是 S3 的基本存储单元，主要由数据和元数据组成[15]。数据可以是任意类型，但大小会受到对象最大容量的限制。元数据是数据内容的附加描述信息，通过名称-值（name-value）集合的形式来定义，可以是系统默认的元数据（System Metadata）或用户指定的自定义元数据（User Metadata）。表 3-2 展示了 S3 中系统默认的元数据。

表 3-2　S3 的系统默认元数据

元数据名称	名 称 含 义
last-modified	对象被最后修改的时间
ETag	利用 MD5 哈希算法得出的对象值
Content-Type	对象的 MIME（多功能网际邮件扩充协议）类型，默认为二进制/八位组
Content-Length	对象数据长度，以字节为单位

每个对象在所在的桶中有唯一的键（key）[15]。通过将桶名和键相结合的方式，可以标识每个对象。键在对象创建后无法被更改，即重命名对于 S3 中的对象是无效的。

S3 中对象的存储在默认情况下是不进行版本控制的。但 S3 中提供了版本控制的功能，用于存档早期版本的对象或者防止对象被误删。版本控制只能对于桶内所有的对象启用，而无法具体对某个对象启用版本控制。当对某个桶启用版本控制后，桶内会出现键相同但版本号不同的对象，此时对象需要通过"桶名+键+版本号"的形式来唯一标识。

3．基本操作

S3 中支持对桶和对象的操作，主要包括：Get、Put、List、Delete 和 Head。表 3-3[5] 列出了五种操作的主要内容。

表 3-3　S3 的主要操作

操 作 目 标	Get	Put	List	Delete	Head
桶	获取桶中对象	创建或更新桶	列出桶中所有键	删除桶	—
对象	获取对象数据和元数据	创建或更新对象	—	删除对象	获取对象元数据

3.3.2　S3 的数据一致性模型

与其构建的基础 Dynamo 相同，S3 中采用了最终一致性模型。图 3-16 展示了 S3 中数据一致性模型的示意图。在数据被充分传播到所有的存放节点之前，服务器返回给用户的仍是原数据，此时用户操作可能会出现如下几种情况[15]。

（1）写入一个新的对象并立即读取它，服务器可能返回"键不存在"。

（2）写入一个新的对象并立即列出桶中已有的对象，该对象可能不会出现在列表中。

（3）用新数据替换现有的对象并立即读取它，服务器可能会返回原有的数据。

（4）删除现有的对象并立即读取它，服务器可能会返回被删除的数据。

（5）删除现有的对象并立即列出桶中的所有对象，服务器可能会列出被删除的对象。

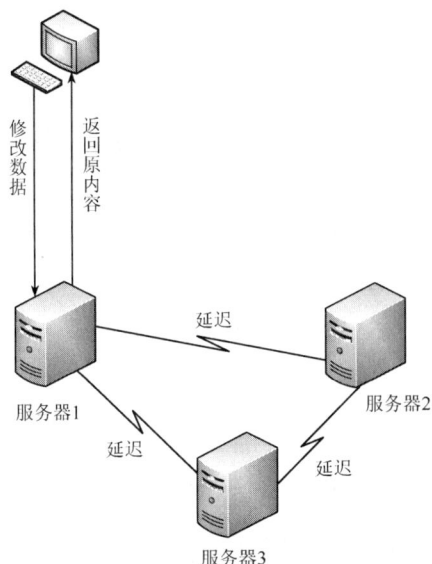

图 3-16　S3 的数据最终一致性模型示意图

3.3.3　S3 的安全措施

对于用户尤其是商业用户来说，系统的易用性是其考虑的一方面，但最终决定其是否使用 S3 服务的通常是 S3 的安全程度。S3 向用户提供包括身份认证[15]（Authentication）和访问控制列表[15]（ACL）的双重安全机制。

1．身份认证

S3 中使用基于 HMAC-SHA1 的数字签名方式来确定用户身份。HMAC-SHA1 是一种安全的基于加密 Hash 函数和共享密钥的消息认证协议，它可以有效地防止数据在传输过程中被截获和篡改，维护了数据的完整性、可靠性和安全性。HMAC-SHA1 消息认证机制的成功在于一个加密的 Hash 函数、一个加密的随机密钥和一个安全的密钥交换机制。在新用户注册时，Amazon 会给每个用户分配一个 Access Key ID 和一个 Secret Access Key。Access Key ID 是一个 20 位的由字母和数字组成的串，Secret Access Key 是一个 40 位的字符串。Access Key ID 用来确定服务请求的发送者，而 Secret Access Key 则参与数字签名过程，用来证明用户是发送服务请求的账户的合法拥有者。数字签名具体实现过程如图 3-17 所示。

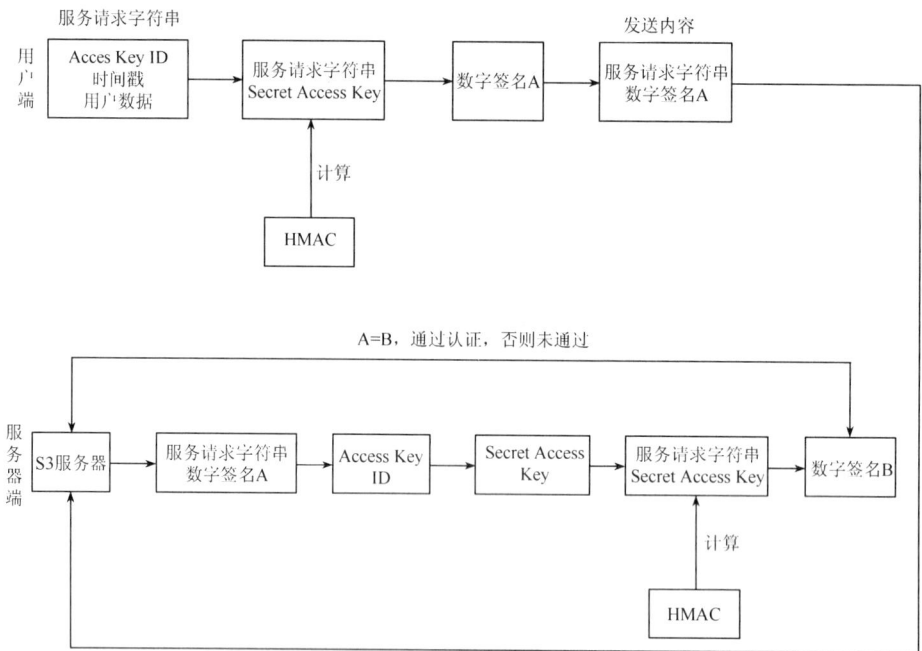

图 3-17　S3 数字签名具体实现过程

S3 用户首先发出服务请求，系统会自动生成一个服务请求字符串。HMAC 函数的主要功能是计算用户的服务请求字符串和 Secret Access Key 生成的数字签名，并将这个签名和服务请求字符串一起传给 S3 服务器。当服务器接收到信息后会从中分离出用户的 Access Key ID，通过查询 S3 数据库得到用户的 Secret Access Key。利用和上面相同的过程生成一个数字签名，然后和用户发送的数字签名做比对，相同则通过验证，反之拒绝。

2．访问控制列表

访问控制列表（Access Control List，ACL）是 S3 提供的可供用户自行定义的访问控制策略列表。很多时候用户希望将自己的文件和别人共享但又不想未经授权的用户进入，此时可以根据需要设置合适的访问控制列表。S3 的访问控制策略（Access Control Policy，ACP）提供表 3-4 所列的五种访问权限。

表 3-4　S3 的访问控制策略

权　　限	允许操作目标	具体权限内容
READ	桶	列出已有桶
	对象	读取数据及元数据
WRITE	桶	创建、覆写、删除桶中对象
READ_ACP	桶	读取桶的 ACL
	对象	读取对象中的 ACL
WRITE_ACP	桶	覆写桶的 ACP
	对象	覆写对象的 ACP
FULL_CONTROL	桶	允许进行以上所有操作，是 S3 提供的最高权限
	对象	

需要注意的是桶和对象的 ACL 是各自独立的，对桶有某种访问权限不代表对桶中的对象也具有相同的权限，也就是说 S3 的 ACL 不具有继承性。

S3 中有三大类型的授权用户，分别是所有者（Owner）、个人授权用户（User）和组授权用户（Group）[4]。

1）所有者

所有者是桶或对象的创建者，默认具是 WRITE_ACP 权限。所有者本身也要服从 ACL，如果该所有者没有 READ_ACP，则无法读取 ACL。但是所有者可以通过覆写相应桶或对象的 ACP 获取想要的权限，从这个意义上来说，所有者默认就是最高权限拥有者。

2）个人授权用户

这包括两种授权方式。一种是通过电子邮件地址授权的用户（User by E-mail），即授权给和某个特定电子邮件地址绑定的 AWS 用户；另一种是通过用户 ID 进行授权（User by Canonical Representation），这种方式是直接授权给拥有某个特定 AWS ID 的用户。后一种方式比较麻烦，因为 ID 是一个不规则的字符串，用户在授权的过程中容易出错。值得注意的是通过电子邮件地址方式授权的方法最终还是在 S3 服务器内部转换成相应的用户 ID 进行授权。

3）组授权用户

同样包括两种方式。一种是 AWS 用户组（AWS User Group），它将授权分发给所有 AWS 账户拥有者；另一种是所有用户组（All User Group），这是一种有着很大潜在危险的授权方式，因为它允许匿名访问，所以不建议使用这种方式。

3.4 非关系型数据库服务 SimpleDB 和 DynamoDB

与 S3 不同，非关系型数据库服务主要用于存储结构化的数据，并为这些数据提供查找、删除等基本的数据库功能。AWS 中提供的非关系型数据库主要包括 SimpleDB 和 DynamoDB。

3.4.1 非关系型数据库与传统关系数据库的比较

非关系型数据库与传统的关系数据库相比，有以下区别。

1．数据模型

关系数据库对数据有严格的约束，包括数据之间的关系和数据的完整性。比如，关系数据库中某个属性的数据类型是确定的（如整数、字符串等），数据的范围是确定的（如 0～1023 等）。而在非关系型数据库的 key-value 存储形式中，key 和 value 可以使用任意的数据类型。

2．数据处理

关系数据库满足 CAP 原则的 C 和 A，在 P 方面很弱，所以导致其在可扩展性方面面临很多问题。非关系型数据库满足 CAP 原则的 A 和 P，而在 C 方面比较弱，所以使得其无法满足 ACID 要求。

3．接口层

关系数据库都是以 SQL 语言对数据进行访问的，提供了强大的查询功能，并便于在各种关系数据库间移植。非关系型数据库对数据的操作大多通过 API 来实现，支持简单的查询功能，且由于不同数据库之间 API 的不同而造成移植性较差。

综上所述，关系数据库具有高一致性，在 ACID 方面很强，移植性很高；但在可扩展性方面能力较弱，只能通过提高服务器的配置来提高处理能力。非关系型数据库具有很高的可扩展性，可以通过增加服务器数量来不断提高存储规模，具有很好的并发处理能力；但由于缺乏数据一致性保证，所以处理事务性问题能力较弱，并且难以处理跨表、跨服务器的查询。

3.4.2 SimpleDB

SimpleDB 基本结构图如图 3-18 所示，包含了域、条目、属性、值等概念。

1．域（Domain）

域是用于存放具有一定关联关系的数据的容器，其中的数据以 UTF-8 编码的字符串形式存储[16]。每个用户账户中的域名必须是唯一的，且域名长度为 3～255 个字符。每个域中数据的大小具有一定的限制，因此通常将不同特征的数据放入不同的域中；对于 Web 数据等不易划分的数据，可以利用哈希函数将其散列到不同的域中。但域的划分也会为数据操作带来一些限制，例如 SimpleDB 中的数据库操作以域为基本单位，即所有的查询只能在一个域内进行，而不允许在域间进行操作。因此，是否划分域需要综合多种因素考虑。

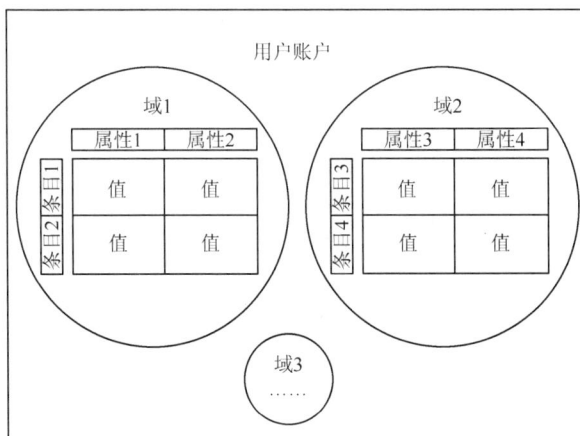

图 3-18　SimpleDB 的基本结构图

2．条目（Item）

条目对应着一条记录，通过一系列属性来描述，即条目是属性的集合[16]。在每个域中，条目名必须是唯一的。与关系数据库不同，SimpleDB 中不需要事先定义条目的模式，即条目由哪些属性来描述。这使得 SimpleDB 在操作上具有极大的灵活性，用户可以随时创建、删除以及修改条目的内容。

3．属性（Attribute）

属性是条目的特征，每个属性都用于对条目某方面特性进行概括性描述[16]。每个条目可以有多个属性。属性的操作相对自由，当某个条目需要新的属性时，只需要将该属性添加进去，而不用考虑该属性是否与域中的其他条目相关。

4．值（Value）

值用于描述某个条目在某个属性上的具体内容[16]。SimpleDB 中允许多值属性，即一个条目的一个属性中可以有多个值。多值属性可以带来很大的便利性。例如，某类商品除颜色外其他参数完全一致，此时可以通过在颜色属性中存放多个值来使用一个条目表示该商品，而不需要像关系数据库中那样建立多条记录。图 3-19 显示了 SimpleDB 的树状组织方式，其中可以看出 SimpleDB 对多值属性的支持。

SimpleDB 在使用过程中会有一些限制。例如，SimpleDB 中每个属性值的大小不能超过 1KB，这个限制使得 SimpleDB 存储的数据范围极其有限。常用的解决方案是将相对大的数据存储在 S3 中，在 SimpleDB 中只保存指向某个特定文件位置的指针。图 3-20 展示了 SimpleDB 与其他 AWS 组件综合使用的方式。

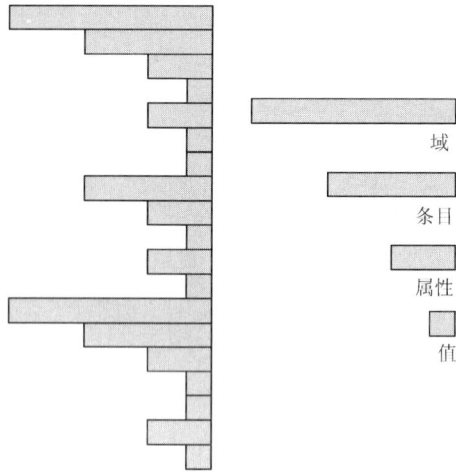

图 3-19　SimpleDB 的树状结构图

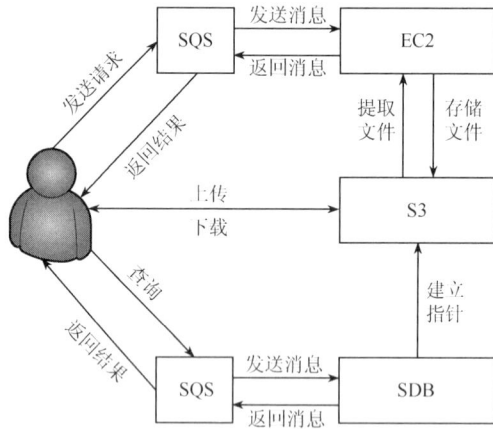

图 3-20　AWS 服务的综合使用方式

由于 SimpleDB 中的数据都以字符串形式存储，使得查询操作时采取的是词典顺序，直接使用会出现一些问题。常见的问题和解决方式包括[16]在整数之前补零、对负整数集添加正向偏移量、采用 ISO 8601 格式对日期进行转换等。

此外，SimpleDB 为了提高系统可用性采取了最终一致性数据模型，并为每次操作设定了一个阈值，当操作时间超过该阈值时，系统会向用户返回错误。

3.4.3　DynamoDB

DynamoDB 是 Amazon 在 SimpleDB 之后提供的非关系型数据库服务。它在设计上既延续了 SimpleDB 的优点，也解决了 SimpleDB 中存在的部分问题。

DynamoDB 以表为基本单位，表中的条目同样不需要预先定义的模式，即每个条目可以具有不同的属性。与 SimpleDB 不同，DynamoDB 中取消了对表中数据大小的限制，这使得用户可以将表的容量设置成任意需要的大小，并由系统自动分配到多个服务器上。在数据一致性方面，DynamoDB 不再固定使用最终一致性数据模型，而是允许用户选择弱一致性或者强一致性。此外，DynamoDB 还在硬件上进行了优化，采用固态硬盘作为支撑，并根据用户设定的读/写流量限制预设来确定数据分布的硬盘数量，以确保每次请求的性能都是高效且稳定的。

3.4.4　SimpleDB 和 DynamoDB 的比较

SimpleDB 和 DynamoDB 都是 Amazon 提供的非关系型数据库服务。SimpleDB 中限制了每张表的大小，更适合于小规模负载的工作；但 SimpleDB 会自动对所有属性进行索引，提供了更加强大的查询功能。与之相比，DynamoDB 支持自动将数据和负载分布到多个服务器上，并未限制存储在单个表中数据量的大小，适用于较大规模负载的工作。

3.5　关系数据库服务 RDS

非关系数据库在处理 ACID 类问题时存在一些先天性的不足，为了满足相关应用的需求，Amazon 提供了相关数据库服务（Relational Database Service，RDS）。

3.5.1　RDS 的基本原理

Amazon RDS[42]将 MySQL 数据库移植到集群中，在一定的范围内解决了关系数据库的可扩展性问题。

MySQL 集群方式采用了 Share-Nothing 架构，如图 3-21 所示。每台数据库服务器都是完全独立的计算机系统，通过网络相连，不共享任何资源。这是一个具有较高可扩展性的架构，当数据库处理能力不足时，可以通过增加服务器数量来提高处理能力，同时多个服务器也增加了数据库并发访问的能力。

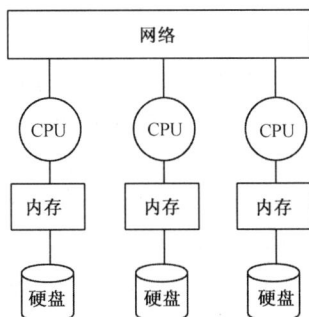

图 3-21　Share-Nothing 架构

集群 MySQL 通过表单划分（Sharding）的方式将一张大表划分为若干个小表，分别存储在不同的数据库服务器上，这样就从逻辑上保证了数据库的可扩展性。但是表单的划分没有固定的方式，主要根据业务的需要进行针对性的划分，这就对数据库的管理人员提出了非常高的要求，如果划分得不科学，则查询经常会跨表单和服务器，性能就会严重下降。

集群 MySQL 通过主从备份和读副本技术提高可靠性和数据处理能力，如图 3-22 所示。Master A 为主数据库，Master B 为从数据库，组成主从备份。如果 Master B 检测到 Master A 瘫痪，则立刻接替 Master A 的位置，成为主服务器，并会重新创建一台从服务器。在数据库升级时，先对从数据库进行升级，然后将从数据库转变为主数据库，再对新的从数据库进行升级，这样就可以实现数据库的实时升级，保证业务的连续性；为了提高数据库的并发处理能力，集群 MySQL 设置了若干个读副本（Slave），顾名思义，读副本中的数据只能读，不能写，写操作只能由主数据库来完成。

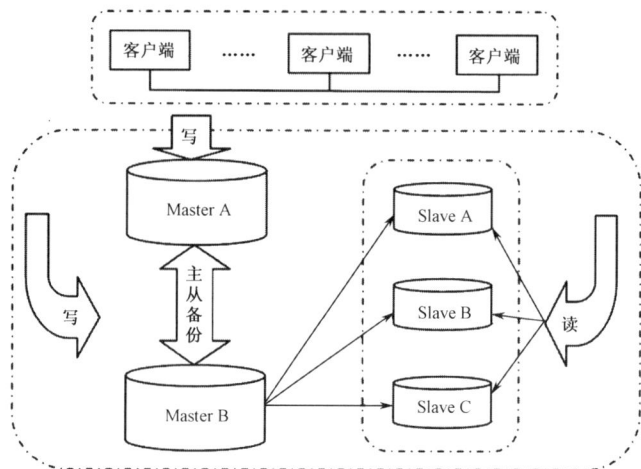

图 3-22 集群 MySQL

3.5.2 RDS 的使用

从用户和开发者的角度来看，RDS 和一个远程 MySQL 关系数据库没什么两样。Amazon 将 RDS 中的 MySQL 服务器实例称做 DB Instance，通过基于 Web 的 API 进行创建和管理，其余的操作可以通过标准的 MySQL 通信协议完成。创建 DB Instance 时需要指定一些属性来确定数据库实例的行为和能力，例如 Class 属性决定了所创建的 DB Instance 可用的内存和处理能力。Amazon 以 ECU（Elastic Compute Unit）作为其计算能力单位（1 个 ECU 差不多相当于 1 个 1.0GHz 2007 Xeon 处理器），用户可以创建拥有 1.7GB 内存和 1 ECU 的小型 DB Instance 或拥有 68GB 内存和 26 ECU 的超级大型（Quadruple Extra Large）DB Instance。创建 DB Instance 时还需要定义可用的存储，存储范围为 5GB 到 1024GB，RDS 数据库中表最大可以达到 1TB。

可以通过两种工具对 RDS 进行操作：命令行工具和兼容的 MySQL 客户端程序。命令行工具是 Amazon 提供的 Java 应用套装，负责处理 DB Instance 的管理，比如创建、参数调整、删除等，可以从 Amazon 网站下载。MySQL 客户端是可以与 MySQL 服务器进行通信的应用程序，比如 MySQL Administrator 客户端。

3.6　简单队列服务 SQS

要想构建一个灵活且可扩展的系统，低耦合度是很有必要的。因为只有系统各个组件之间的关联度尽可能低，才可以根据系统需要随时从系统中增加或者删除某些组件。但松散的耦合度也带来了组件之间的通信问题，如何实现安全、高效通信是设计一个低耦合度的分布式系统所必须考虑的问题。简单队列服务（Simple Queue Service，SQS）是 Amazon 为了解决其云计算平台之间不同组件的通信而专门设计开发的。

3.6.1　SQS 的基本模型

图 3-23 展示了 SQS 的基本模型。SQS 由三个基本部分组成：系统组件（Component）、队列（Queue）和消息（Message）[17]。系统组件是 SQS 的服务对象，而 SQS 则是组件之间沟通的桥梁。组件在这里有双重角色，它既可以是消息的发送者，也可以是消息的接收者。

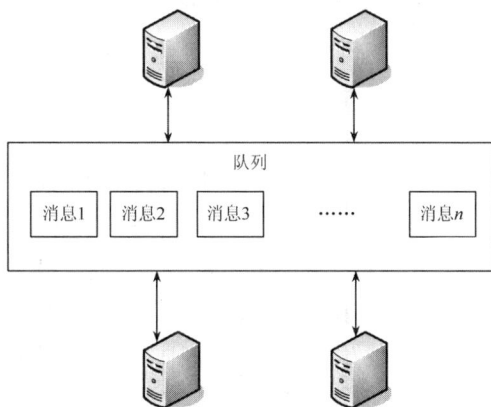

图 3-23　SQS 基本模型

在 SQS 中，消息和队列是最重要的两个概念。消息是发送者创建的具有一定格式的文本数据，接收对象可以是一个或多个组件。消息的大小是有限制的，目前 Amazon 规定每条消息不得超过 8KB，但是消息的数量并未做限制。队列是存放消息的容器，类似于 S3 中的桶，队列的数目也是任意的，创建队列时用户必须给其指定一个在 SQS 账户内唯一的名称。当需要定位某个队列时采用 URL 的方式进行访问，URL 是系统自动给创建的队列分配的。队列在传递消息时会尽可能实现"先进先出"，但无法保证先进入的消息一定会最先被投递给指定的接收者。不过 SQS 允许用户在消息中添加有关的序列数据，对于数据发送顺序要求比较高的用户可以在发送消息之前向其中加入相关信息。与队列相比，消息涉及的内容更多，需要考虑的问题更复杂。下面就消息的内容进行分析。

3.6.2 SQS 的消息

1．消息的格式

消息由以下四部分组成[11]。

（1）消息 ID（Message ID）：由系统返回给用户，用来标识队列中的不同消息。

（2）接收句柄（Receipt Handle）：当从队列中接收消息时就会从消息那里得到一个接收句柄，这个句柄可以用来对消息进行删除等操作。

（3）消息体（Body）：消息的正文部分，需要注意的是消息存放的是文本数据并且不能是 URL 编码方式。

（4）消息体 MD5 摘要（MD5 of Body）：消息体字符串的 MD5 校验和。

2．消息取样

队列中的消息是被冗余存储的，同一个消息会存放在系统的多个服务器上。其目的是保证系统的高可用性，但这会给用户查询队列中的消息带来麻烦。为了解决该问题，SQS 采用了基于加权随机分布（Weighted Random Distribution）的消息取样[17]，当用户发出查询队列中消息的命令后，系统在所有的服务器上使用基于加权随机分布算法随机地选出部分服务器，然后返回这些服务器上保存的所查询的队列消息副本。图 3-24 展示了 SQS 中消息取样的示意图。

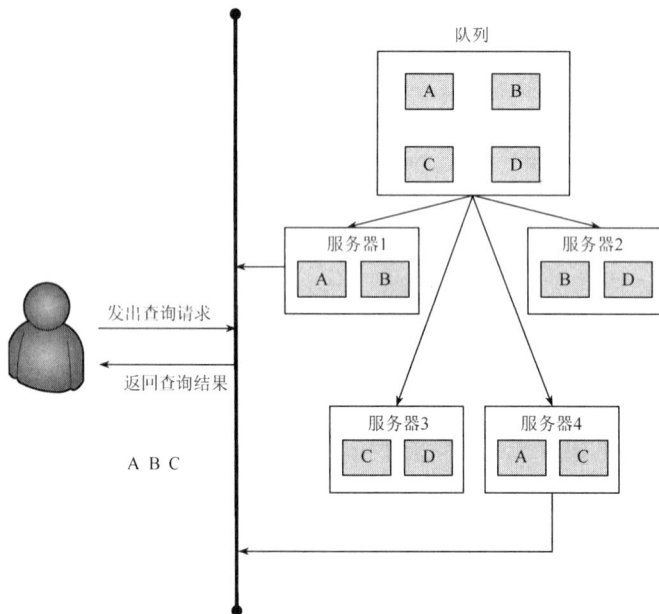

图 3-24　基于加权随机分布的消息取样

当消息数量较少时，SQS 进行消息取样时可能会出现返回结果不准确的现象。如图 3-24 中，队列中实际包含了 A、B、C、D 四个消息，但返回给用户的只有 A、B、C 三个消息。但由于消息采样具有随机性，只要用户一直查询下去，总会查询到所有的消息。

3．消息的可见性超时值及生命周期

在 SQS 中，消息是否被接受是由用户自己确认的。当用户执行删除操作后，系统就会认为用户已经准确地接收到消息，将队列中的消息彻底删除。如果用户未接收到数据或接收到数据并没有执行删除操作，SQS 将在队列中保留该消息。为了保证其他组件不会看见用户的消息，SQS 会将该消息阻塞，也就相当于给消息加了一把锁。但是这把锁并不会一直锁住消息，因为系统保留消息的目的是给用户重传数据。为此 SQS 引入了一个可见性超时值[11, 17]（Visibility Timeout）。可见性表明该消息可以被所有的组件查看，可见性超时值相当于一个计时器，在设定好的时间内，发给用户的消息对于其他所有的组件是不可见的。如果在计时器到时之前用户一直未执行删除操作，则 SQS 会将该消息的状态变成可见并给用户重传这个消息。可见性超时值可以由用户自行设置，用户可以根据自己操作的需要改变这个值，经验表明太长或太短的超时值都是不合适的。除了在计时器开始计时前改变设置，在计时器计时的过程中还可以对计时器进行两种操作：扩展（Extend）和终止（Terminate）。扩展操作就是将计时器按照新设定的值重新计时，终止就是将当前的计时过程终止，直接将消息由不可见变为可见。这两个操作的设置都只是临时性设置，不会被系统保存。消息从产生并发送至队列一直到其从队列中被删除的全过程称为消息的生命周期（Life Cycle）。如果消息在队列中存放的时间超过 4 天，SQS 也会自动将其删除。图 3-25 是消息的可见性超时值和生命周期的示意图。

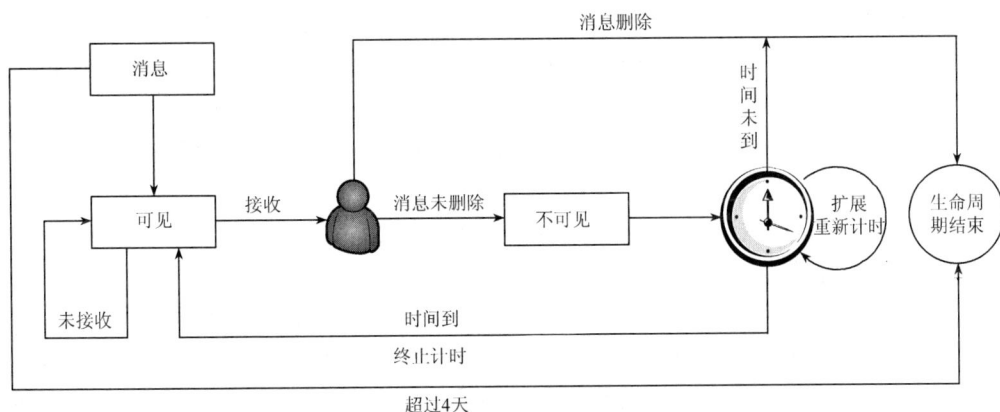

图 3-25　消息可见性超时值及生命周期

3.7　内容推送服务 CloudFront

CloudFront 是基于 Amazon 云计算平台实现的内容分发网络（Content Delivery Network，CDN）。借助 Amazon 部署在世界各地的边缘节点，用户可以快速、高效地对由 CloudFront 提供服务的网站进行访问。

3.7.1　CDN

传统的网络服务模式中，用户和内容提供商位于服务的两端，网络服务提供商将两者联系起来。在这种情况下，网络服务提供商仅仅起"桥梁"作用。图 3-26 是传统的用户访问网站的模式。

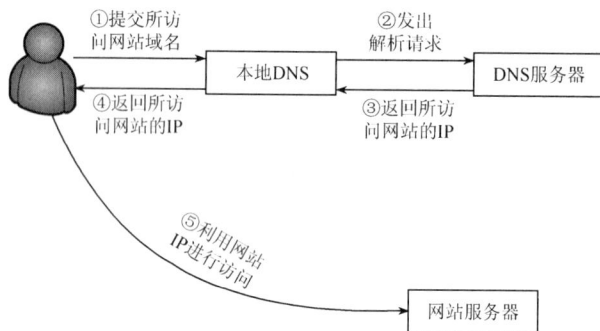

图 3-26　传统用户访问网站的模式

用户在发出服务请求后，需要经过 DNS 服务器进行域名解析后得到所访问网站的真实 IP，然后利用该 IP 访问网站。在这种模式中，世界各地的访问者都必须直接和网站服务器连接才可以访问相关内容，存在明显的缺陷。首先，网站服务器可以容纳的访问量是有限的，一旦发生突发事件，例如率先发布了某个重大消息或遭受到 DDOS（分布式拒绝服务攻击），网站的流量会在短时间内急剧上升，带来的必然结果就是访问速度下降，更有甚者直接导致网站瘫痪。其次，这种模式中没有考虑访问者的地域问题，会造成与网站服务器处于不同地域的用户访问速度很慢甚至无法访问。最后，使用不同网络服务提供商服务的用户之间的互访速度也会受到限制。

为了解决这个弊端，CDN 技术通过将网站内容发布到靠近用户的边缘节点，使不同地域的用户在访问相同网页时可以就近获取。这样既可以减轻源服务器的负担，也可以减少整个网络中流量分布不均的情况，进而改善整个网络性能。所谓的边缘节点是 CDN 服务提供商经过精心挑选的距离用户非常近的服务器节点，仅"一跳"（Single Hop）之遥。用户在访问时就无须再经过多个路由器，访问时间大大缩减。CDN 是通过在现有的网络上增加一层网络架构来实现的。图 3-27 是使用了 CDN 后用户访问网站的基本流程图。

如图 3-27 所示，DNS 在对域名进行解析时不再向用户返回网站服务器的 IP，而是返回了由智能 CDN 负载均衡系统选定的某个边缘节点的 IP。用户利用这个 IP 来访问边缘节点，然后该节点通过其内部 DNS 解析出真实的网站 IP 并发出请求来获取用户所需的页面，请求成功后向用户显示该页面并加以保存，以便用户再次访问时可以直接读取。这种访问模式的好处主要有以下几点。

（1）将网站的服务流量以比较均匀的方式分散到边缘节点中，减轻了网站源服务器的负担。

（2）由于边缘节点与访问者的地理位置较近，访问速度快。

（3）智能 DNS 负载均衡系统和各个边缘节点之间始终保持着通信联系，可以确保分配给用户的边缘节点始终可用且在允许的流量范围之内。

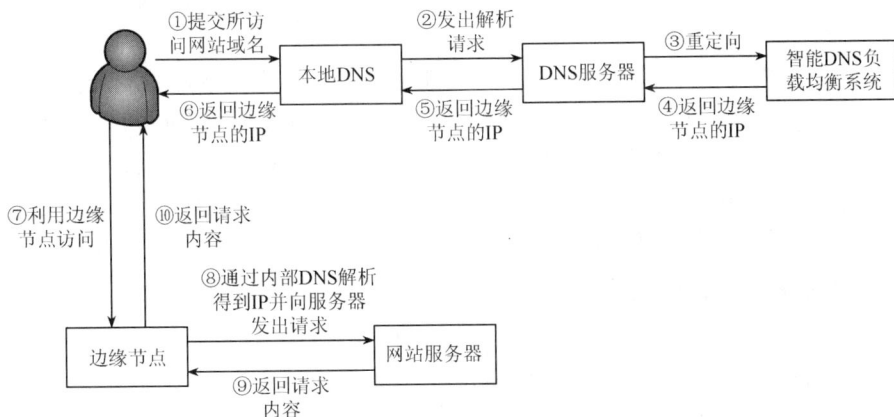

图 3-27　加入 CDN 后用户访问流程

CDN 的实现需要多种网络技术的支持，主要包括以下几种。

（1）负载均衡技术。负载均衡就是将流量均匀地分发到可以完成相同功能的若干个服务器上，在减轻服务器压力的同时也避免了单一网络通道的流量拥堵。

（2）分布式存储。在使用 CDN 服务之后，网站的内容不再是单一地被保存在源服务器上，多个边缘节点中都可能保存相应的副本。如何对网页内容进行分发以及如何保证边缘节点内容的时效性都是需要考虑的问题。

（3）缓存技术。缓存技术通过将内容存储在本地或者网络服务提供商的服务器上来改善用户的响应时间。

目前国内一些大的门户网站像新浪、网易等都已经采用了 CDN，用户无论在何地访问这些网站可能都感觉不到网络拥堵的情况。但对一些经济实力有限的中小企业来说，资金的限制使他们无法大规模地使用普通的 CDN 服务，CloudFront 的推出无疑给这些企业带来了便利。下面就简单介绍 CloudFront 这种云端的 CDN。

3.7.2　CloudFront

CloudFront 正是通过 Amazon 设在全球的边缘节点来实现 CDN 的，但是较普通的 CDN 而言，它的优势无疑是巨大的。首先，CloudFront 的收费方式和 Amazon 的其他云计算收费方式一样是按用户实际使用的服务来收费，这尤其适合那些资金缺乏的中小企业。其次，CloudFront 的使用非常简单，只要配合 S3 再加上几个简单的设置就可以完成 CDN 的部署。下面先介绍 CloudFront 中的几个基本概念。

1．对象（Object）

对象[21]就是希望利用 CloudFront 进行分发的任意一个文件，但该文件首先须满足两个条件：一个是必须存储在 S3 中，另一个是它必须被设置为公开可读（Publicly

Readable）。一般来说，通过 CloudFront 分发网页中的静态内容比较合适。

2．源服务器（Origin Server）

源服务器[21]就是存储需要分发文件的位置，对 CloudFront 服务而言就是 S3 中的桶。

3．分发（Distribution）

分发[21]的作用是在 CloudFront 服务和源服务器之间建立一条通道，告诉 CloudFront 需要对这个源服务器上的文件使用 CloudFront 服务，所以要使用 CloudFront 必须要创建新的分发并将分发和指定的源服务器做关联，这种关联关系一旦建立就不可更改。每个用户最多可以创建 100 个分发，在创建时可以设置分发的状态为启用（Enabled）或禁用（Disabled），这两种状态之间可以任意切换。

4．别名指向（CNAME）

用户在使用 CloudFront 服务之后，系统会自动给用户分配一个域名，以便用户使用这个新域名对源服务器中的文件进行引用而不是使用 S3 中原来使用的引用方式。CNAME[21]实际上就是这个系统分配给用户域名的一个别名。举个简单的例子：假设用户需要对 S3 中的文件 pic.jpg 进行分发，系统分配的域名是 http://abc.cloudfront.net，那么如果不使用别名指向，用户看到的该文件的链接就会是 http://abc.cloudfront.net/pic.jpg。这显然不能满足很多用户的需求，他们希望所有的链接看起来都像是由自己的网站发布的，这时用户就可以使用别名指向。假设想使用的别名指向是 http://chinacloud.cn，那么用户访问时所见到的最终链接地址就是 http://chinacloud.cn/pic.jpg。这项功能是相当实用的，多数用户都会选择使用它。

5．边缘节点位置（Edge Location）

边缘节点位置[21]就是实际的边缘节点服务器位置，目前 Amazon 在全球共有 14 个边缘节点，分布在美国、欧洲和亚洲。

6．有效期（Expiration）

有效期[21]就是文件副本在边缘节点上的存放时间，默认的是 24 小时，用户可以对这个值进行设置，但最少不能低于 24 小时，当时间到了之后边缘节点就会自动删除文件副本。

图 3-28 是 CloudFront 的基本架构，它和上面的 CDN 结构很类似。

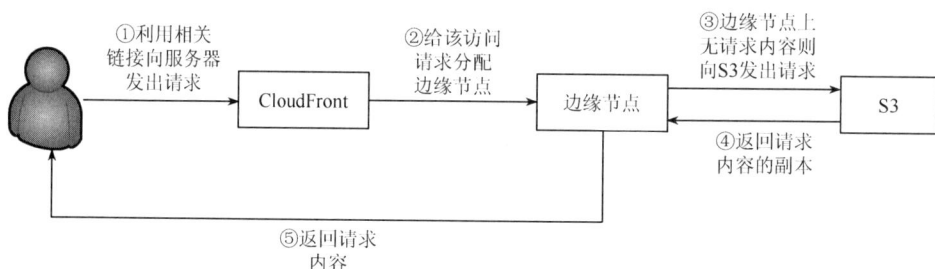

图 3-28　CloudFront 基本架构

从图 3-28 中可以看出，CloudFront 在此处就相当于 CDN 中的智能 DNS 负载均衡系统，用户实际是和 CloudFront 进行服务交互而不是直接和 S3 中的原始文件进行交互。这样既保证了 CloudFront 和 S3 的相对独立性，又使访问效率得以提高。

CloudFront 服务的安全措施也至关重要。除了所有 AWS 共有的安全措施之外，CloudFront 还向用户提供了访问日志[21]，用户可以自行决定是否启用这项功能，访问日志会记录所有通过 CloudFront 服务访问用户分发的文件的行为。访问日志本身并不会阻止某些非法用户的访问，它的作用主要是用来对于访问者行为进行分析以便发现某些漏洞，进而采取更严密措施保证系统安全。CloudFront 与其他一些 AWS 不同的是，它只接受安全的 HTTPS 方式而不接受 HTTP 方式进行访问，这又进一步提高了安全性。

3.8　其他 Amazon 云计算服务

3.8.1　快速应用部署 Elastic Beanstalk 和服务模板 CloudFormation

为了更好、更方便地使用各种云服务，Amazon 提供了快速应用部署 Elastic Beanstalk 和服务模板 CloudFormation 两种服务。

AWS Elastic Beanstalk[48]是一种简化在 AWS 上部署和管理应用程序的服务。用户只需要上传自己的程序，系统会自动地进行需求分配、负载均衡、自动缩放、监督检测等一些具体部署细节。在使用 AWS Elastic Beanstalk 的同时，用户可以随时对其使用的资源和程序进行访问。而传统的程序容器或以平台为服务的解决方案，在减少编程工作量的同时也大大减弱了开发人员的灵活性和对资源的控制能力。开发者只能使用供应商提供的接口来控制资源。目前 AWS Elastic Beanstalk 仅针对 Java 开发者提供支持。

Elastic Beanstalk 虚拟机是一种运行 Apache Web Server、Tomcat 和 the Enterprise Edition of the Java platform 的 AMI 虚拟机，具有以下特点。

（1）Elastic Beanstalk 构筑于 AWS 之上，因此它具有 Amazon EC2、负载均衡、云监控、自动缩放等全部的特性。

（2）通过 Elastic Beanstalk，用户可以采用多种方式对其程序进行控制和参数设置，也可以通过登录 EC2 实例来处理程序出现的问题，或者采用 Elastic Beanstalk AMI 提供的默认处理方式。

（3）Elastic Beanstalk 为每个应用运行多个 EC2 实例，提高程序的可靠性。

（4）利用 Elastic Beanstalk 部署的用户程序可以调用部署在其他 EC2 实例上的程序，并能保证时延。

AWS CloudFormation[46]的功能是为开发者和系统管理员提供一个简化的、可视的 AWS 资源调用方式。开发者可以直接利用 CloudFormation 提供的模板或自己创建的模板方便地建立自己的服务，这些模板包含了 AWS 资源及相关的参数的设置、应用程序的调用方式。用户不需要了解 AWS 的资源及相互依赖关系，CloudFormation 都可以自动地处理完成。

3.8.2　DNS 服务 Route 53

传统的 DNS 服务器都面临着域名对应的 IP 地址变更后可能传播得非常缓慢的问题。为了很好地解决这个问题，Amazon 提供了云中的 DNS 服务 Route 53。

Route 53[45]是用来管理 DNS、处理 DNS 请求的全新 AWS。该服务运行在 Amazon 的云中，提供了 DNS 授权服务器的功能，可以通过 RESTAPI 进行访问，这个 API 允许用户创建管理区（Zone），并在区中保存 DNS 记录。创建管理区的时候，Route 53 同时分配多个域名服务器来处理域名的请求，这些域名都是与用户创建的管理区关联的。Route 53 可以为运行在 Amazon 云中的域名、互联网中的域名，或者是两种相混合的域名提供服务。

为了提供高可用、低延迟的 DNS 服务，Amazon 在全球分布了多台服务器。Route 53 会把 DNS 请求路由到最近的服务器，以便快速地响应用户请求。

3.8.3　虚拟私有云 VPC

Amazon 虚拟私有云（Virtual Private Cloud，VPC）[44]是一个安全的、可靠的、可以无缝连接企业现有的基础设施和 Amazon 云平台的技术。图 3-29 展示了 VPC 的示意图。VPC 将企业现有网络和 AWS 计算资源连接成一个虚拟专用网络资源，提供强大的网络功能，例如安全检测、防火墙和入侵检测等。对于一些小规模或初创的企业来说，维护和管理自己的 IT 基础设施往往会分散企业注意力，减弱企业竞争力和提供服务的能力。通过 Amazon VPC，企业可以很容易地获得需要的基础资源，有效地控制成本、节省时间和管理成本。

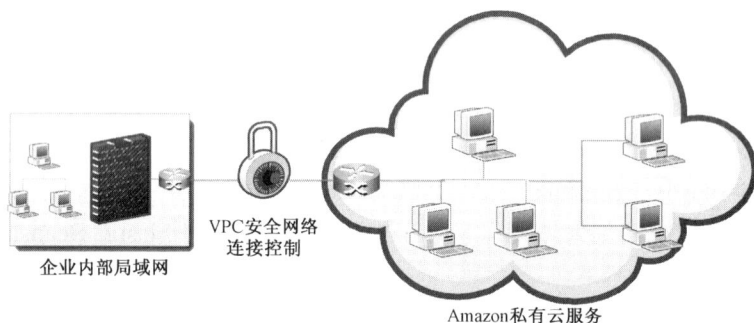

图 3-29　VPC 示意图

3.8.4　简单通知服务和简单邮件服务

简单通知服务（Simple Notification Service，SNS）[47]是一种 Web 服务，提供方便的信息发布平台，具有高的可扩展性和成本优势。应用程序可以通过 SNS 发布消息，快速地传送给用户或其他应用程序的开发员。无须其他中间件和管理程序的辅助，用户可以直接通过 SNS 来创建的高可靠性、事件驱动的工作流程和信息应用，使得通过网络进行大规模的计算和程序开发变得更容易。SNS 潜在的用途包括监控应用、工作流系统、事件敏感的信息更新、移动应用等。例如，运行在 EC2 上应用程序发布更新版本，可以通过发布事件 SNS 信息，传递给其他应用程序或终端用户。此外，用户可以用 SNS 作为 Amazon SQS 的传输协议，将 SQS 消息传递到消息队列，保证消息的传递和持久性。在未来，Amazon 的 SNS 将整合到 Amazon S3 和 Simple DB 等其他 AWS 服务中。

Amazon 简单邮件服务（Simple E-mail Service，SES）是一个简单的高扩展性和具有成本优势的电子邮件发送服务。SES 消除了建立企业内部电子邮件系统的复杂性，节省了设计、开发、安装和运行第三方电子邮件系统的费用。通过简单的 API 调用，企业就可以获得高品质电子邮件系统，将高效率、低成本的优势转移到用户身上。同时 SES 采用了内容过滤技术，有力地阻止垃圾邮件。

3.8.5　弹性 MapReduce 服务

MapReduce 是一种便捷的分布式计算框架，最早由 Google 提出。它采用了"分而治之"的思想，将复杂的分布式计算分解为 Map 和 Reduce 两个操作，对用户屏蔽了底层的资源管理。将 MapReduce 部署在 Amazon 的 EC2 上，可以在拥有底层资源的高扩展性和可用性的同时，获取实现分布式计算的便捷性。在 Amazon 推出弹性 MapReduce 服务之前，已经有人成功地通过在 EC2 上部署 Hadoop 实现了 MapReduce 的功能[6]，现在 Amazon 将这项服务整合到 AWS 之中，为需要进行海量数据处理的用户提供了极大便利。用户可以忽略服务器及软件部署的细节问题，而将主要精力集中在对数据的处理和研究之中。MapReduce 及 Hadoop 的相关内容在书中其他部分有详细介绍，这里不再重复，本节重点介绍 Amazon 的弹性 MapReduce 实现方式。

Amazon 的弹性 MapReduce 是通过 EC2 和 S3 来实现的，其基本架构如图 3-30[19]所示。

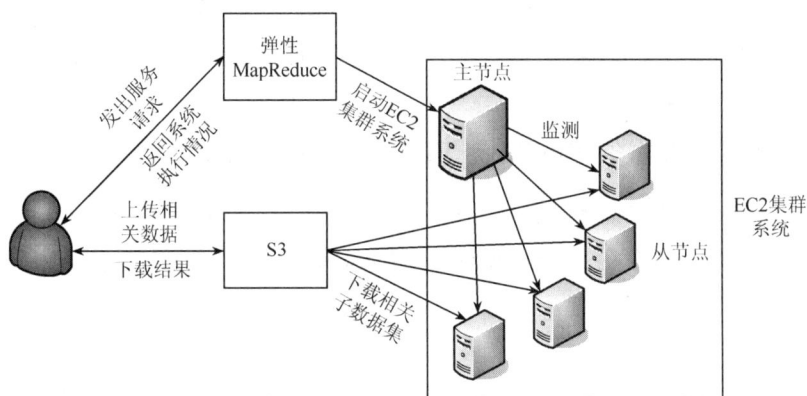

图 3-30　弹性 MapReduce 架构

用户在使用弹性 MapReduce 时，首先要将相关数据上传至 S3，在 Amazon 弹性 MapReduce 中，S3 作为原始数据和处理结果的存储系统。需要上传的相关数据中既包括用户待处理的数据，也包括一个 Mapper[20]和一个 Reducer[20]执行代码。Mapper 和

Reducer 分别实现了 MapReduce 中的 Map（映射）和 Reduce（化简）功能。这两个功能实现的语言并没有限制，用户可以根据自己的习惯选择。在弹性 MapReduce 内部也有一些 Amazon 提供给用户的默认 Mapper 和 Reducer。相关数据上传成功后用户就可以向系统发出一个服务请求，系统接收到请求后就会启动一个由一定数量的 EC2 实例组成的集群系统，集群中的实例数量和实例类型用户可以自行设置。为了使集群的效率达到最高，用户在使用前最好做相关测试以确定需要的实例数量和类型。EC2 集群系统采用主/从（Master/Slave）模式，即系统中有一个主节点和若干数量的从节点，主/从节点上都运行着 Hadoop。主节点上的 Hadoop 在主节点接受启动集群的服务请求后，将 S3 中的待处理数据划分成若干个子数据集；从节点在 S3 中下载相关子数据集，这包括划分好的待处理数据的子集、一个 Mapper 以及一个 Reducer；接下来，每个从节点都独自处理分发到的子数据集。整个运行过程在主节点的监测之下，每个从节点需要向主节点发送运行状态元数据（Status Metadata）。处理完的结果将再次被汇总至 S3，此时弹性 MapReduce 服务会通知用户数据处理完毕，用户直接从 S3 上下载最终结果即可。

从上面的处理过程可以看出，弹性 MapReduce 的运行过程非常简单，用户根本不需要考虑计算中涉及的服务器部署、维护及软件环境的配置。除了这些基本的设置不需要用户处理之外，Amazon 在可靠性、数据安全等方面也采取了和其他云计算服务类似的措施。例如为了保证高可靠性，子数据集不是被分发到一个从节点而是被分发到多个从节点，这样保证单个从节点的失败不会影响最后结果。Amazon 允许用户在上传数据前对数据进行加密并通过安全的 HTTPS 协议上传数据。弹性 MapReduce 中的实例被划分成两个安全组：一个是主节点安全组，另一个是从节点安全组。Amazon 提供了诸如此类的一系列完善的用户安全服务。在弹性 MapReduce 中，有一个概念需要特别注意：任务流[19]（Job Flow）。任务流实际上是由一系列前后相关的处理过程组成的，可以与线性链表的结构类比，除了第一个节点和最后一个节点，每个节点既是前一个节点的后继也是后一个节点的前驱。同样的道理，任务流中除了第一个任务和最后一个任务外，其他的任务既作为上一个任务的输出也作为下一个任务的输入。Amazon 的弹性 MapReduce 将数据的实际计算过程都看成任务流中的某一个步骤。

3.8.6 电子商务服务 DevPay、FPS 和 Simple Pay

Amazon 在其最擅长的电子商务领域先后推出了一系列服务，其中比较有代表性的是 DevPay、灵活支付服务（Flexible Payments Service，FPS）和简单支付服务 Simple Pay。

1. DevPay

DevPay[24]是 Amazon 推出的主要针对开发者的软件销售及账户管理平台。开发者将自己开发的付费 AMI 和基于 S3 的相关产品通过 DevPay 平台进行发布，用户则通过 DevPay 浏览包括软件功能和价格在内的相关信息，并通过 DevPay 进行购买并支付费用。开发者通过 DevPay 提供的账户管理功能对自己的账户及产品进行管理，可以进行诸如查看使用产品的用户情况、修改产品价格等操作。Amazon Payments[24]属于第三方支付平台，DevPay 中的所有的交易都通过 Payments 完成。

　　开发者和用户都可以从 DevPay 中受益，用户可以利用开发者开发的软件更加方便地使用包括 EC2、S3 在内的 Amazon 云计算服务。开发者则可以在 Amazon 的巨大用户群体中推广自己的产品，除此之外还能利用 Amazon 先进的支付手段来降低开发难度，并能有效地保证资金安全。图 3-31 是 DevPay 服务的基本架构图。

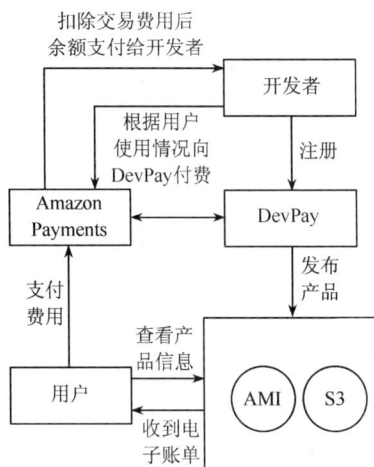

图 3-31　DevPay 服务的基本架构

　　开发者首先在 DevPay 上将自己希望发布的产品进行注册。DevPay 允许开发者发布的产品目前只有两类：一类是付费 AMI[24]，另一类是基于 S3 服务开发的产品[24]。用户在产品成功发布后就可通过有关页面看到产品的信息。产品成功购买后用户就会收到 Amazon 发出的电子账单，用户可以立即或稍后通过 Amazon Payments 进行支付，Amazon Payments 扣除交易费用后余额会支付给开发者。在每月的固定时间开发者还需要向 Amazon 支付使用 DevPay 的费用，关于收费情况将在稍后介绍。需要注意的是用户会收到系统产生的一个激活码，用户在使用产品之前需要利用这个激活码来激活产品。

　　在 DevPay 服务中，计费包括两部分：开发者向用户收取的费用和 DevPay 向开发者收取的费用。整个计费系统如图 3-32 所示。

　　根据规定，开发者可以向用户收取的费用包括三种[24]：一次性注册费（One-time Sign-up Charge）、月租（Monthly Charge）、服务使用费（Usage-based Charges）。开发者可以根据自身的情况从这三种费用中选取若干种对用户收取费用，并可以根据需要通过 DevPay 随时改变自己产品的定价策略。

　　AWS 服务使用费是用户使用开发者产品过程中引发的相关 AWS 服务费用，比如使用基于 S3 的产品产生的每月的存储费、数据上传及下载的费用。用户在使用开发者的产品后就不需要再支付这些费用，因为这些费用将由开发者支付，DevPay 在开发者额外获取的费用[24]（Value-Add）中收取百分之三的服务费。另外对于每个用户，Devpay 将向开发者征收 0.3 美金的交易费，用户数是按实际使用的用户数目来计算的。如果用户不支付或只支付了一部分费用，DevPay 有另外的计费方式，限于篇幅这里不再介绍。

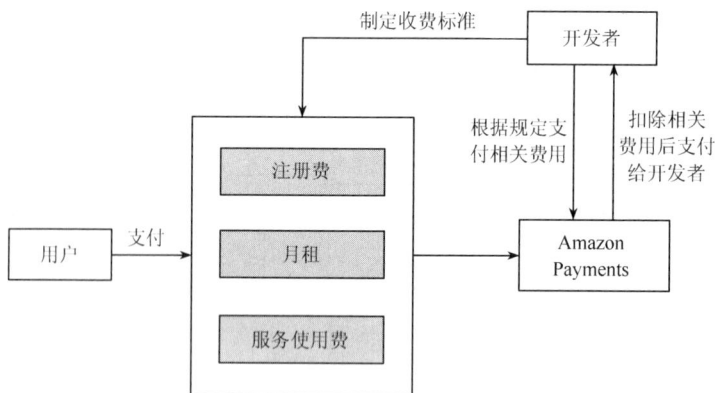

图 3-32　DevPay 计费系统

2. 灵活支付服务 FPS

灵活支付服务 FPS 并不是 Amazon 推出的第一项支付服务，但有别于其他的支付服务，FPS 的特色体现在它的灵活性上。FPS 允许用户根据需要和实际情况对支付服务进行各种个性化的设置，使其和用户的电子商务平台更加契合。为了实现这种灵活性，FPS 将网上交易中可能出现的交易类型进行了细化，并在此基础上将 FPS 服务划分成五种类型，这五种类型及其适用的范围见表 3-5[25]。

表 3-5　FPS 服务类型

FPS 服务类型	适合的交易类型
Amazon FPS Basic Quick Start[26]	一次性的交易
Amazon FPS Advanced Quick Start[27]	买卖双方多次或重复交易
Amazon FPS Marketplace Quick Start[28]	有中介参与的三方交易
Amazon FPS Aggregated Payments Quick Start[29]	将数个小额交易集合成单个交易
Amazon FPS Account Management Quick Start[30]	账户管理

在这五种类型中，FPS Account Management Quick Start 主要是便于用户对自己的 FPS 账户进行管理，并不直接和支付发生关系，概念相对简单，这里不展开介绍，这里主要介绍其他四种类型的 FPS 服务。FPS 服务中有三种身份的参与者[25, 4]，分别是 sender、recipient、caller。sender 是消费者，是相关产品或服务费用的支付者；recipient 是销售者，它接受消费者支付的费用；caller 扮演的是资金流动的中介者角色，它的作用是将资金从 sender 转移到 recipient。在实际的商品交易过程中，这三者之间的身份界限有时并不是那么清晰，但是用户不能既是 sender 又是 recipient，也就是说资金不能从用户流向其自身。和 DevPay 一样，FPS 服务中的资金流动也是通过 Amazon Payments 实现的，所以使用 FPS 的用户也需要拥有一个 Amazon Payments 账户。

顾客在使用了 FPS 服务的网站上购买产品或服务的基本流程如图 3-33 所示。

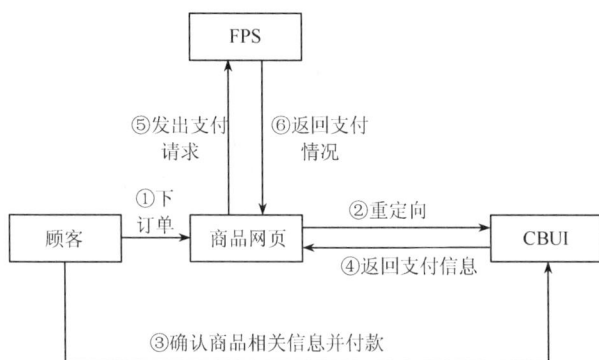

图 3-33　顾客购买基本流程

　　整个购买流程由包括顾客在内的四部分组成，其中和顾客直接发生关系的有两个部分，分别是商品网页和 CBUI[25]。商品网页很好理解，顾客在该网页上选购产品。CBUI 是 Co-Branded User Interface 的简写，也就是联合品牌标志用户界面。在 CBUI 上会有商家及 Amazon Payments 双重品牌标志，这样做的目的是保持购物过程中用户体验的一致性。如果不使用 CBUI，用户在付款时忽然跳转到一个完全没有该商家标志的支付网页可能会产生一种不信任感。当用户在 CBUI 对所购买的商品做出确认并付款后系统向用户返回一个事先设定好的表示交易成功的界面，同时系统会向商品页面返回支付信息。支付信息中有一个称为 Payment Token[25] 的 ID，这个 ID 非常重要，因为它包含了用户购买产品数量、产品类型等交易信息，通过这个 ID 可以区分 FPS 服务类型。Payment Token 有以下几种[25]。

　　（1）Single-use：一次性交易中所需的 Token。

　　（2）Recurring-use：每隔固定的间隔时间就对购买进行确认所需的 Token。例如用户在网上订阅了一份周报，那么就需要使用 Recurring-use Token 每隔一周就对付款做出确认。

　　（3）Multi-use：可以在多次交易中使用的 Token。Recurring-use Token 是 Multi-use Token 的一种。

　　（4）Prepaid：使用预付款方式进行交易中所需的 Token。用户首先预付一定的款项，下次交易时产生的费用直接从预付款中扣除直到预付款为零。这类似于在超市购买消费卡。

　　（5）Postpaid：使用赊账方式进行交易所需的 Token。消费者在购买商品时不是直接付款，而是采取了赊账的方式进行消费，等到了赊账的限额或到了买卖双方商定的额度时消费者一次付清所有费用。这和使用信用卡透支消费类似。

　　（6）Editing：对已存在的 Token 修改时所需。

　　不同类型的 FPS 服务中会返回不同的 Payment Token，这就是几种 FPS 服务的最主要区别。图 3-34 显示了不同的 FPS 服务可能返回的 Payment Token。

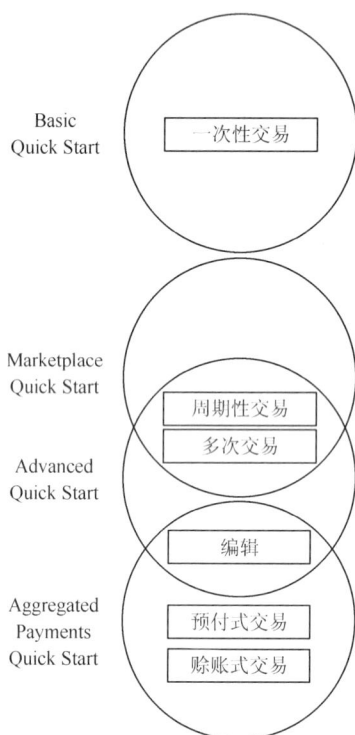

图 3-34　不同 FPS 服务返回的 Payment Token

在收到 Payment Token 后，商品网页会向 FPS 服务发出支付请求，成功之后顾客的付款就转移到销售者的账户上。

FPS 还向开发者提供了一个沙盒[25]（Sandbox）用来做测试，在正式使用 FPS 之前利用沙盒进行测试是非常有必要的，而且不会产生任何费用。

3．Simple Pay

简单支付服务（Simple Pay）[23]是一种允许顾客使用其 Amazon 账户进行支付的服务，商家只需要在相应的 Web 支付页面放置合适的按钮就可以使用户利用其 Amazon 账户对商品进行支付。目前简单支付服务有五种常用的支付按钮[23]，按钮类型及其功能见表 3-6。

表 3-6　简单支付服务常用按钮

按 钮 类 型	功　　能
Standard Button	普通的一次性购物
Marketplace Button	作为交易的中介者
Basic Donation Button	允许在美国的通过美国国税局认证的非营利性机构募集捐款
Marketplace-Enabled Donation Button	允许第三方机构代表非营利性组织来募集捐款
Subscription Button	通过该按钮可以收取类似订阅费的重复性费用，还可以利用该按钮对用户提供免费试用服务或进行产品介绍

简单支付服务的功能和 FPS 服务类似，但和 FPS 相比，它的最大优势就是简单。FPS 服务允许开发者自行定制其支付页面，可以实现各种复杂的支付方式，但高度的灵活性带来的必然是实现上的复杂性。FPS 服务需要用户具有一定的编程经验，而简单支付服务对用户的编程技术几乎没有什么要求，简单支付服务流程如图 3-35 所示。

图 3-35　简单支付服务流程

从图 3-35 中可以看出简单支付服务使用者只需要简单地了解一些网页开发技术即可，使用者不需要编写任何代码就可以实现常用的基本支付服务。和 FPS 类似的是，使用简单支付服务也需要一个 Amazon Payments 账户及一个用于测试的 Amazon 沙盒账户。简单支付服务同样提供 FPS 中的 CBUI 来保证用户购物体验的一致性。

总的来讲，对于支付服务有着较高要求的用户可以选择 FPS，但只是简单地完成一些日常支付服务的则推荐使用简单支付服务。两种服务的适用范围不同，用户根据需要自行选择。

3.8.7　Amazon 执行网络服务

Amazon 执行网络（Fulfillment Web Service，FWS）[32]是一个非常有用的代理订单执行网络服务，简单来说它的作用就是产品存储及销售业务的托管，也可直接理解为 Amazon 替用户销售产品。该项服务主要面向的对象是中小企业，这些企业受限于自身厂房和配送渠道，它们可以将自己的产品全权委托给 Amazon，由 Amazon 帮助其完成产品存储及销售过程。FWS 服务分成两部分：Inbound 服务和 Outbound 服务。Inbound 对应着用户将自己的产品运送到 Amazon 的存储中心的过程。当这些产品顺利到达后，用户就可以使用相关的 Inbound API 来管理自己的产品，发布产品相关的信息并跟踪产品的存储和销售状况。Outbound 则对应着顾客购买产品后的一系列流程。如果用户是在 Amazon 上售卖自己的产品则不用考虑 Outbound，因为 Amazon 会自动替用户完成这些功能，否则用户就需要利用 Outbound API 自行处理 Outbound 流程。FWS 流程图如图 3-36 所示。

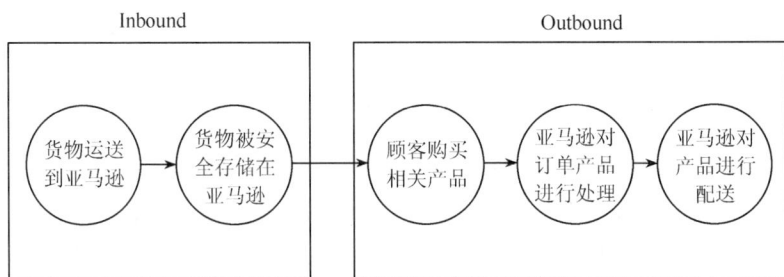

图 3-36　FWS 流程图

3.8.8 土耳其机器人

Amazon 的土耳其机器人[31]是一个特殊的服务，采用了众包（crowdsourcing）的思想。众所周知，计算机擅长的是有着固定流程的程式化计算，而对于像写作、翻译等具有高度灵活性且无固定规律可循的任务则显得无能为力。土耳其机器人的推出就是为了解决这个问题。和 EC2 等服务聚集大量的计算机不同的是，土耳其机器人聚集的是人这种特殊的"计算工具"，所以将土耳其机器人称为"人计算"似乎更为恰当。土耳其机器人中涉及的概念主要有以下几个。

（1）Requester：任务的发布者，可以是个人也可以是某个组织。

（2）HIT：是 Human Intelligence Task 的简写。HIT 就是 Requester 发布的任务，HIT 有一个时间限制，在该时间内接受该任务是有效的，否则无效。同时 HIT 还规定了接受任务者完成任务的时间。

（3）Worker：任务的接受者，对于同一个 HIT 每个 Worker 只能完成一次。

（4）Assignment：可以用来监督 HIT 的完成情况，对于每个 Worker 都会创建一个 Assignment。

（5）Reward：Worker 成功完成 HIT 后需要支付给其的奖励。

土耳其机器人的基本工作流程如图 3-37 所示。首先是任务的发布，在任务发布后，全球各地的土耳其机器人服务的使用者就会在网页上看到该任务，如果觉得各方面都合适他们会接受这个任务。任务发布者可以从中挑选适当的人来完成任务，在完成的过程中可以对其完成情况进行监督。任务完成后，只要检验合格任务发布者就需要向完成者支付事先约定好的报酬。

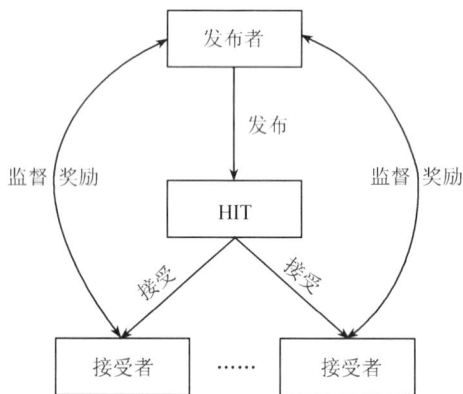

图 3-37 土耳其机器人基本工作流程

比如用户有一篇很长的稿件需要翻译，用户可以约定好报酬和截止时间后将该任务发布到土耳其机器人的网页上。如果报酬合适则会有人接受任务，用户可以将该稿件分成好几个部分，然后指定几个人各自翻译其中的某一部分，最后只需要将其合并到一起即可。Amazon 土耳其机器人将人从烦琐的工作中解放出来，使一件工作集合全球人的智慧来完成，效率得以提高，工作结果得到改进。

3.8.9　数据仓库服务 Redshift

Amazon Redshift 是一种完全托管的 PB 级数据仓库服务，其费用不到大多数其他数据仓库解决方案成本的十分之一。除了降低数据仓库的成本，Redshift 可以通过简单的 API 调用进行扩展或缩减，自动进行修补，并自动或根据用户定义进行备份。此外，Redshift 还提供了对大规模数据进行快速分析的功能，可以实现对多个物理资源上数据的分布式并行查询。

与传统的数据仓库和数据库相比，Redshift 具有如下特点。

首先，Redshift 采用了列式数据存储，更加适用于数据仓库存储及分析。在数据仓库中，查询会涉及对大型数据集进行聚合。由于仅对查询中所涉及的列进行处理，且数据按列顺序存储在介质上，因此系统所需的 I/O 会少得多，有助于提高查询性能。

其次，Redshift 采用了多种压缩技术，并对加载的数据自动选择最合适的压缩方案，从而实现更好的压缩效果。一方面，列式数据组织将相同类型的数据顺序存储在一起，有助于进行数据压缩。另一方面，与传统的关系数据存储相比，Redshift 可以实现更高的压缩比，且不需要索引或具体化视图，所使用的空间更少。

此外，Redshift 具有大规模并行处理的能力。Redshift 会使用 Round-Robin 算法在所有节点之间自动分配数据及查询负载，使得在数据仓库规模扩大同时，保持快速的查询性能。

3.8.10　应用流服务 AppStream 和数据流分析服务 Kinesis

很多应用程序中需要从分散且数量众多的数据源中收集数据。这要求开发人员实现大规模的汇聚网络进行数据收集，并采用弹性处理框架来适应数据量的变化。为了满足这类需求，Amazon 提供了一系列的数据流服务，其中包括应用流服务 AppStream 和数据流服务 Kinesis。

1．应用流服务 AppStream

随着移动互联网的发展，应用程序通常适应于不同的终端设备，例如台式计算机、笔记本电脑、平板电脑、智能手机等。这些设备在硬件配置上存在较大的差异，为此，应用开发人员通常需要面临一个困难的抉择：是适应尽可能多的设备而牺牲部分用户体验，还是保持用户体验但只适应一部分设备。

为了解决该问题，Amazon 提供了应用流服务 AppStream。AppStream 允许开发人员将应用程序部署在 AWS 的基础设施上，并以流传输的方式发送到不同的终端设备上。这样，AppStream 就在应用程序和设备之间形成了一个代理。由于应用程序在云中运行，它可以根据需要随时扩展计算和存储资源；而对于终端设备，只需要处理简单的显示数据流，而不需要针对不同的应用程序配备相应的处理元件。这使得一些原先只能在特定设备上运行的应用程序，例如图形计算密集型应用程序原先只能在配备特殊 GPU 的设备上运行，也能够在智能手机、平板电脑等设备上正常运行。同时，AppStream 只是将数据传送到不同终端设备上的浏览器或客户端程序，避免了对应用程序本身的修改。

此外，AppStream 还可以与 Amazon WorkSpaces 虚拟桌面进行结合，以满足企业用户的需求，甚至在此基础上对数据流进行分析，用于金融、医疗等领域。

2．数据流服务 Kinesis

Amazon Kinesis 是一种完全托管的数据流服务，用于实时地处理快速流转的数据。它可以调集弹性网络服务来处理单一或分布式的大容量数据流，适用于网站点击、金融信息分析、社交媒体、运行日志等大规模数据传输和事务处理应用。

Kinesis 可以轻松实时地处理快速流转的数据，其基本功能是数据流的输入与输出。每个数据流由"碎片"组成，"碎片"每秒最多可以收集 1MB 的数据，并以每秒 2MB 的速度向连接到 Kinesis 的应用程序提供数据。用户可以通过拆分或合并"碎片"来动态调整数据流，不需要重新启动数据流，也不会影响向 Kinesis 提供数据的数据源。调整一个数据流通常需要几秒，并且一次只能调整一个数据流。

Kinesis 允许定义任意数量的数据源，并与任意数量的处理相关联。为提高可靠性，用户可以在多个可用区域上复制数据流。数据流会在这些可用区域上存储 24 小时。在此期间内，数据可以被读取、重读、回填和分析，或者迁移到 S3、DynamoDB、Redshift 等长期存储中。

3.9 AWS 应用实例

3.9.1 照片和视频共享网站 SmugMug

SmugMug 作为在线照片和视频共享网站，目前拥有数百万用户并存储了数十亿张照片和视频[34]。在公司发展初期，SmugMug 为避免承担巨额的基础设施开销，采用自己构建数据中心和使用 Amazon S3 服务相结合的方式。SmugMug 将少量最热门的部分照片保留在自己的服务器上，剩下的照片迁移到 S3 服务器中存储，照片迁移过程仅花费了一周的时间。

图 3-38 展示了采用 Amazon S3 服务后的 SmugMug 基本架构。虽然 SmugMug 提供了利用 API 直接对存储在 S3 中照片进行访问的方式[35]，超过 99%的用户依然采用访问 SmugMug 的方式处理照片，照片存储的方式对于用户是透明的。目前，SmugMug 已经将所有的数据从传统的数据中心中迁入 S3 中。除了 Amanzon S3 外，SmugMug 还采用了 EC2 进行照片处理，并采用 Amazon CloudSearch 来支持用户在数十亿照片和视频中搜索。此外，SmugMug 构建了自己的队列服务和控制器[37]，它们能与 AWS 很好地协作，使得系统中大部分操作都能够自动完成。

AWS 的使用使得 SmugMug 可以避免基础设施的建设和维护，仅需要几十名人员就可以完成所有工作，保证了公司的快速发展。

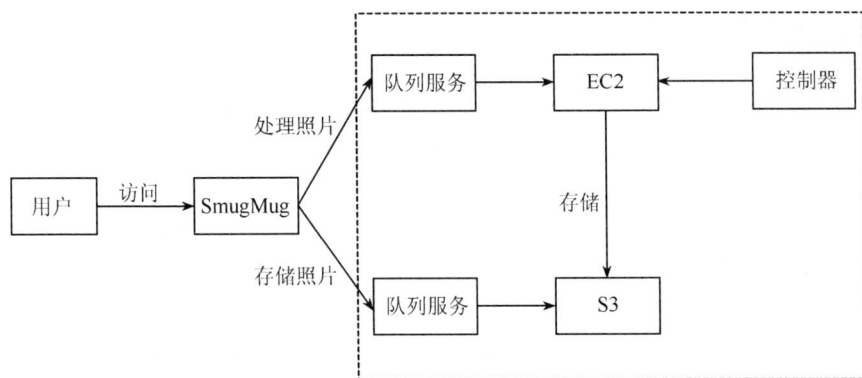

图 3-38 SmugMug 基本架构

3.9.2 视频制作网站 Animoto

Animoto 网站根据用户上传的图片、视频片段和音乐，自动编辑生成专业水准的视频，并且与用户的好友分享[36]。目前，Animoto 已经拥有数百万用户，并累积制作了数千万视频。在初创时间，由于 Facebook 用户开始使用 Animoto 服务，Animoto 的用户数量在短期内由数千人上升到几十万人，需要公司将服务器能力提高 100 倍。为了解决资金和技术方面的困难，Amazon 网站采用了 AWS 服务来支持自身的应用，短期内便获得了所需要的计算资源，而每台服务器每小时的费用仅为 10 美分。

图 3-39 展示了 Animoto 的基本架构[38]。AWS 所提供的 S3 和 SQS 等服务对于用户而言是完全透明的，用户的所有操作通过 Animoto 网站转到 AWS 中完成。这种方式为 Animoto 提供了具有很高伸缩性和灵活性的基础设施。

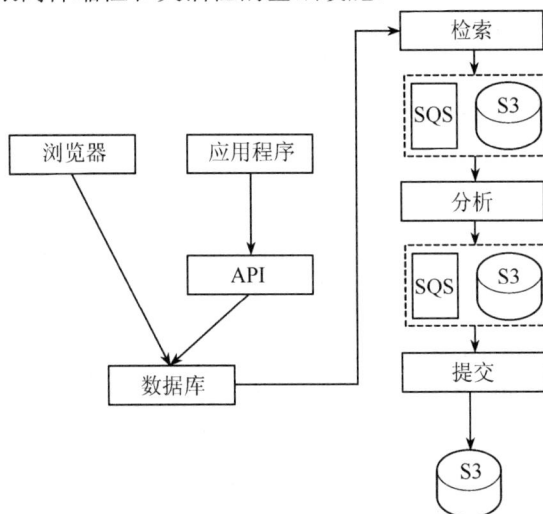

图 3-39 Animoto 基本架构

3.9.3 网站排名 Alexa

Alexa[33]公司是一家专注于世界网站排名的公司。它通过其发布的 Alexa Toolbar 来对网民的浏览习惯进行监测，安装有 Alexa Toolbar 的用户在浏览每个网页时都会自动向 Alexa 发回一串代码，对这段代码进行分析之后 Alexa 就会得到用户的访问信息，通过统计一定时间内全球网站的访问记录后对各大网站进行排名。在此基础上，Alexa 通过向客户提供各种网络服务来迅速扩展其业务。

为了提高服务质量和降低开发管理成本，Alexa 使用了大量的 AWS 服务，包括 EC2、S3、SimpleDB、SQS 等。这些 AWS 服务为 Alexa 的高容量 Web 服务提供了可扩展的基础设施。在 Alexa 的 Web 服务中，Site Thumbnail 帮助开发人员直接将网站首页的缩略图嵌入其网站或应用程序中。这项服务会涉及大量缩略图像的存储和查询。Alexa 使用 S3 存储缩略图像，并利用 SimpleDB 对缩略图像进行自动索引和高效查询。目前，Alexa 在 S3 中存储的缩略图像已经达到了数百万张，每天对其执行几百万次的查询。Web Search 是 Alexa 提供的另一项 Web 服务，它支持用户使用 Alexa 尚未索引的条件创建自定义筛选条件，如查找包含特定 HTML 标记、链接或图像的文档。Alexa 使用 EC2 来运行 Hadoop 集群进行，将中间状态/日志数据存储在 SimpleDB 中，并且选用 S3 存储检索输入数据集和输出数据集。

3.10 小结

Amazon 并不是 IT 设备的制造商或者软件开发企业，其之所以能够保持云计算领域的领先，源于它的先发优势和丰富的服务。不难发现，Amazon 以 Dynamo 架构为核心，在 EC2、S3、SDB 等服务的基础上，不断推出新的云服务来满足用户的各类需求。基于这些服务，用户可以在无须购置和维护基础设置的情况下，快捷地构建应用程序，并且方便地进行部署和管理。

习题

1．在 Dynamo 中添加一个新的节点时，原先各节点保存的数据是否需要改变？如果改变，应该如何变化？

2．Merkle 哈希树的创建需要较大的时间开销。频繁地重建 Merkle 树会对系统造成很大的负担。假设 Merkle 树的叶子节点表示的是数据分区的 Hash 值，请设计一个 Merkle 树重建方案，尽量减少 Merkle 树的重建工作。

3．私有 IP、公有 IP 和弹性 IP 的区别在哪里？

4．地理区域和可用区域有哪些区别？

5．简单存储服务 S3 与传统的文件系统有哪些区别？

6．简单阐述 SQS 在 Amazon 云计算中的作用。

7．如何理解传统数据库在可扩展性方面的能力较弱？

8．非关系型数据库是如何解决可扩展性问题的？

9．简述 Share-Nothing 架构的特点。

10．简述 AWS 如何支持在线数据流应用。

11．描述一个基于 Amazon AWS 的应用实例。

参考文献

[1]　Giuseppe DeCandia,Deniz Hastorun,Madan Jampani,Gunavardhan Kakulapati, Avinash Lakshman,Alex Pilchin, Peter Vosshall,Werner Vogels. Swaminathan Sivasubramanian. Dynamo: Amazon's Highly Available Key-value Store. SOSP'07, October 14-17,2007.

[2]　Karger.D, Lehman.E, Leighton, T, Panigrahy, R, Levine, M., and Lewin, D. Consistent hashing and random trees: distributed caching protocols for relieving hot spots on the World Wide Web. In Proceedings of the Twenty-Ninth Annual ACM Symposium on theory of Computing. STOC '97. ACM Press, New York, NY, 654-663.

[3]　Lamport, L. Time, clocks, and the ordering of events in adistributed system. ACM Communications,21(7),pp. 558-565, 1978.

[4]　James Murty.Programming Amazon Web Services: S3, EC2, SQS, FPS, and SimpleDB. O'Reilly,2008.

[5]　Scott Patten.The S3 Cookbook: Get cooking with Amazon's Simple Storage Service. Sopobo, 2009.

[6]　Jinesh Varia. Cloud Architectures,2008. http://jineshvaria.s3.amazonaws.com/public/cloud-architectures-varia.pdf.

[7]　Francis Shanahan.Amazon.com Mashup.Wiley,2007.

[8]　Prabhakar Chaganti. Cloud computing with Amazon Web Services, Part 1: Introduction, 2008. http://www.ibm.com/developerworks/library/ar-cloudaws1/

[9]　Prabhakar Chaganti. Cloud computing with Amazon Web Services, Part 2: Storage in the cloud with Amazon Simple Storage Service (S3),2008. http://www.ibm.com/developer-works/library/ar-cloudaws2/

[10]　Prabhakar Chaganti. Cloud computing with Amazon Web Services, Part 3: Servers on demand with EC2,2008. http://www.ibm.com/developerworks/library/ar-cloudaws3/

[11]　Prabhakar Chaganti. Cloud computing with Amazon Web Services, Part 4: Reliable messaging with SQS,2008. http://www.ibm.com/developerworks/library/ar-cloudaws4/

[12]　Prabhakar Chaganti. Cloud computing with Amazon Web Services, Part 5: Dataset processing in the cloud with SimpleDB,2009. http://www.ibm.com/developerworks/library/ar-cloudaws5/

[13]　Amazon. Amazon Elastic Compute Cloud 文档，2014. http://aws.amazon.com/cn/documentation/ec2/

[14]　Frank Bitzer. Management Framework for Amazon EC2,2009. http://elib.uni-stuttgart.de/opus/volltexte/2009/3917/pdf/DIP_2841.pdf.

[15]　Amazon.Amazon S3 Developer Guide,2009.http://docs.amazonwebservices.com/ Amazon S3/latest/

[16]　Amazon. Amazon SimpleDB Developer Guide,2009. http://docs.amazonwebservices.com/ AmazonSimpleDB/latest/DeveloperGuide/

[17]　Amazon. Amazon Simple Queue Service Developer Guide,2009. http://docs.amazon-webservices.com/AWSSimpleQueueService/latest/SQSDeveloperGuide/

[18]　Amazon.Getting Started with Amazon EC2 and Amazon SQS:Building Scalable,Reliable Amazon EC2 Applications with Amazon SQS,2008. http://sqs-public-images.s3.ama-zonaws.com/Building_Scalabale_EC2_applications_with_SQS2.pdf.

[19]　Amazon. Amazon Elastic MapReduce Developer Guide,2009. http://docs.amazonweb-services.com/ElasticMapReduce/latest/DeveloperGuide/

[20]　Amazon.Introduction to Amazon Elastic MapReduce,2006. http://awsmedia.s3.amazonaws. com/ pdf/introduction-to-amazon-elastic-MapReduce.pdf

[21]　Amazon. Amazon CloudFront Developer Guide,2009. http://docs.amazonwebservices. com/AmazonCloudFront/latest/DeveloperGuide/

[22]　Amazon. Amazon Simple Pay Getting Started Guide,2009. http://docs.amazonwebservices. com/ AmazonSimplePay/latest/ASPGettingStartedGuide/

[23]　Amazon. Amazon Simple Pay Advanced User Guide,2009. http://docs.amazonwebservices. com/ AmazonSimplePay/latest/ASPAdvancedUserGuide/

[24]　Amazon.Amazon DevPay Developer Guide,2009. http://docs.amazonwebservices.com/ AmazonDevPay/latest/DevPayDeveloperGuide/

[25]　Amazon. Amazon Flexible Payments Service Getting Started Guide,2009. http://docs. amazonwebservices.com/AmazonFPS/latest/FPSGettingStartedGuide/

[26]　Amazon. Amazon FPS Basic Quick Start Developer Guide,2009. http://docs.amazon-webservices.com/AmazonFPS/latest/FPSBasicGuide/

[27]　Amazon.Amazon FPS Advanced Quick Start Developer Guide,2009. http://docs.amazon-webservices.com/AmazonFPS/latest/FPSAdvancedGuide/

[28]　Amazon.Amazon FPS Marketplace Quick Start Developer Guide,2009. http://docs.amazon-webservices.com/AmazonFPS/latest/FPSMarketplaceGuide/

[29]　Amazon.Amazon FPS Aggregated Payments Quick Start Developer Guide,2009. http://docs.amazonwebservices.com/AmazonFPS/latest/FPSAggregatedGuide/

[30]　Amazon.Amazon FPS Account Management Quick Start Developer Guide,2009. http://docs. amazonwebservices.com/AmazonFPS/latest/FPSAccountManagementGuide/

[31]　Amazon.Amazon Mechanical Turk Getting Started Guide,2009. http://docs.amazon-webservices.com/AWSMechTurk/latest/AWSMechanicalTurkGettingStartedGuide/

[32]　Amazon.Amazon Fulfillment Web Service Developer Guide,2009. http://docs.amazon-webservices.com/AWSFWS/latest/DeveloperGuide/

[33]　Amazon. Alexa Web Information Service Developer Guide,2005. http://docs.amazon-webservices.com/AlexaWebInfoService/2005-07-11/

[34]　http://www.smugmug.com/

[35]　http://www.royans.net/arch/2007/09/19/scaling-smugmug-from-startup-to-profitability/

[36]　http://animoto.com/

[37]　Don MacAskill.SkyNet Lives! (aka EC2 @ SmugMug),2008. http://blogs.smugmug.com/don/2008/06/03/skynet-lives-aka-ec2-smugmug/

[38]　Thorsten von Eicken .One Year of Scaling Rails on Amazon EC2 ,2008. http://assets.en.oreilly.com/1/event/6/One%20Year%20of%20Scaling%20Rails%20on%20Amazon%20EC2%20Presentation.pdf

[39]　http://cassandra.apache.org/

[40]　Ramasubramanian, V., and Sirer, E. G.　Beehive: O(1)lookup performance for power-law query distributions in peer-to-peer overlays. In Proceedings of the 1st Conference on Symposium on Networked Systems Design and Implementation, San Francisco, CA, March 29 - 31, 2004.

[41]　Michael A. Olson,Keither Bostic,Margo Seltzer.Sleepycat Software,Inc.Berkeley DB.

[42]　Amazon. Amazon Relational Database Service (Amazon RDS). http://aws.amazon.com/rds/

[43]　Amazon. Amazon Elastic Compute Cloud (Amazon EC2).　http://aws.amazon.com/ec2/

[44]　Amazon. Amazon Virtual Private Cloud (Amazon VPC).　http://aws.amazon.com/vpc/

[45]　Amazon. Amazon Route 53. http://aws.amazon.com/route53/

[46]　Amazon. Amazon CloudFront. http://aws.amazon.com/cloudfront/

[47]　Amazon. Amazon Simple Notification Service (Amazon SNS). http://aws.amazon.com/sns/

[48]　Amazon. AWS Elastic Beanstalk.　http://aws.amazon.com/elasticbeanstalk/

[49]　Amazon. Amazon Simple E-mail Service (Amazon SES) . http://aws.amazon.com/ses/

第4章 微软云计算 Windows Azure

微软的商业模式建立在个人计算机（PC）时代，在网络时代软件免费的商业模式的推动下，微软也推出了自己的云计算平台。微软 PDC2008 年度大会上，微软公司首席软件架构师 Ray Ozzie 隆重宣布了微软云计算战略及微软云计算服务平台——Windows Azure Service Platform。微软中国于 2014 年 3 月底宣布由世纪互联负责运营中国大陆地区的微软 Windows Azure 公有云平台及服务。Windows Azure 平台的最新版本允许用户使用非微软编程语言和框架开发自己的应用程序，不但支持传统的微软编程语言和开发平台（如 C#和.NET 平台），还支持 PHP、Python、Java、Node.js 和 Ruby 等多种非微软编程语言和架构。由于 Windows Azure 并不局限于 Windows 操作系统，2014 年 4 月微软将云计算操作系统 Windows Azure 更名为 Microsoft Azure。本章着重介绍微软的云计算操作系统、云数据库和基础架构服务等组件。

4.1 微软云计算平台

传统的企业和用户在开发和部署自己的应用程序时，主要有两种方式：一种是购买和维护自己基础设施——如服务器、各种桌面软件等，这需要耗费大量的资金和维护精力；另一种是租用服务器或租用虚拟主机，这种方式大大降低了在人力和资金上的投入，但是对后台服务器的控制权也随之降低，有时会受到其他应用程序的影响。微软的云计算技术有效结合了上述两种方式的优点。云计算平台提供了可以通过互联网访问的基础设施，包括处理器、存储设施、服务等，用户也可以将他们的应用程序和数据部署在微软云计算平台上。另外，在开发本地运行的应用程序时，用户也可以在云中存储数据或依赖其他的云计算基础设施服务。由于云计算平台依赖于微软强大的分布式集群，所以能够提供巨大的计算能力和存储能力，并具有很好的稳定性和可靠性。同时云计算平台采用量入为出的方式，用户只需按照他们动态使用的计算和存储资源来付费。所谓动态是指用户可以根据需要利用云提供商提供的巨大的数据中心和服务，轻易地扩展自己的应用程序，这个费用相比建设和维护峰值负载规模的庞大的服务器群更低，这样可以为应用程序开发商大大节约成本。

微软的云计算服务平台 Windows Azure 属于 PaaS 模式，一般面向的是软件开发商。当前版本的 Windows Azure 平台包括 4 个组成部分，如图 4-1 所示。

（1）Windows Azure。位于云计算平台最底层，是微软云计算技术的核心。它作为微软云计算操作系统，提供了一个在微软数据中心服务器上运行应用程序和存储数据的 Windows 环境。

（2）SQL Azure。它是云中的关系数据库，为云中基于 SQL Server 的关系型数据提供服务。

（3）Windows Azure AppFabric。为在云中或本地系统中的应用提供基于云的基础架构服务。部署和管理云基础架构的工作均由 AppFabric 完成，开发者只需要关心应用逻辑。

（4）Windows Azure Marketplace。为购买云计算环境下的数据和应用提供在线服务。

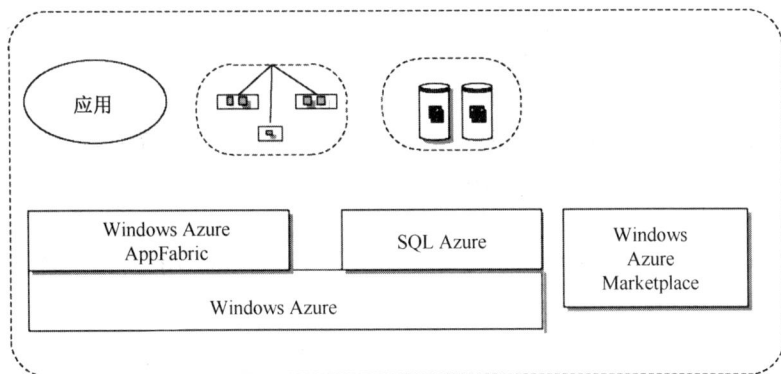

图 4-1　Windows Azure 平台体系架构

上述四个部分均运行在微软已运行的 19 个数据中心上。19 个数据中心分别部署在美洲（9 个）、欧洲（2 个）、亚洲（6 个）和澳洲（2 个）。开发者能够通过云平台指定某个数据中心来运行应用程序和存储数据，以确保这些应用程序和数据与用户在地理位置上更靠近。虽然微软已连续发布了几个版本，但是很多特性和服务还在不断完善和改进阶段，相信在不久的将来微软会推出功能更加完善和强大的版本。

4.2　微软云操作系统 Windows Azure

4.2.1　Windows Azure 概述

Windows Azure 是微软云计算战略的核心——云计算操作系统。不同于微软以前的战略，即向用户提供软件，用户在自己的机器上安装和运行这些软件，Windows Azure 是一个服务平台，用户利用该平台，通过互联网访问微软数据中心运行 Windows 应用程序和存储应用程序数据，这些应用程序可以向用户提供服务。Windows Azure 提供了托管的、可扩展的、按需应用的计算和存储资源，同时还提供了云平台管理和动态分配资源的控制手段。Windows Azure 最新版本包含 5 个部分，如图 4-2 所示。

（1）计算服务。计算服务为在 Azure 平台中运行的应用提供支持，尽管 Windows Azure 编程模型与本地 Windows Server 模型不一样，但是这些应用通常被认为是在一个 Windows Server 环境下运行的。这些应用可以在.NET Framework 中使用 C#、Visual Basic 语言创建，或在非.NET 平台下使用 C++、Java 和其他语言创建。可以使用 Visual Studio 或其他开发工具，也可以自由使用 WCF（Windows Communication Foundation）、

ASP.NET 和 PHP 等技术。

（2）存储服务。Windows Azure 存储服务主要用来存储二进制和结构化的数据，允许存储大型二进制对象（Binary Large Objects，Blobs），同时提供消息队列（Queue），用于 Windows Azure 应用组件间的通信，还提供一种表形式（Table）存储结构化数据。Windows Azure 应用和本地应用都能够通过 REST 协议访问 Windows Azure 存储服务。

（3）Fabric 控制器。Fabric 控制器主要用来部署、管理和监控应用。Fabric 控制器的作用主要是将单个 Windows Azure 数据中心的机器整合成一个整体。Windows Azure 计算和存储服务建立在这个整合的资源池上。

（4）内容分发网络 CDN（Content Delivery Network）。CDN 的主要作用是通过维持世界各地数据缓存副本，提高全球用户访问 Windows Azure 存储中的二进制数据的速度。

（5）Windows Azure Connect。在本地计算机和 Windows Azure 之间创建 IP 级连接，使本地应用和 Azure 平台相连。

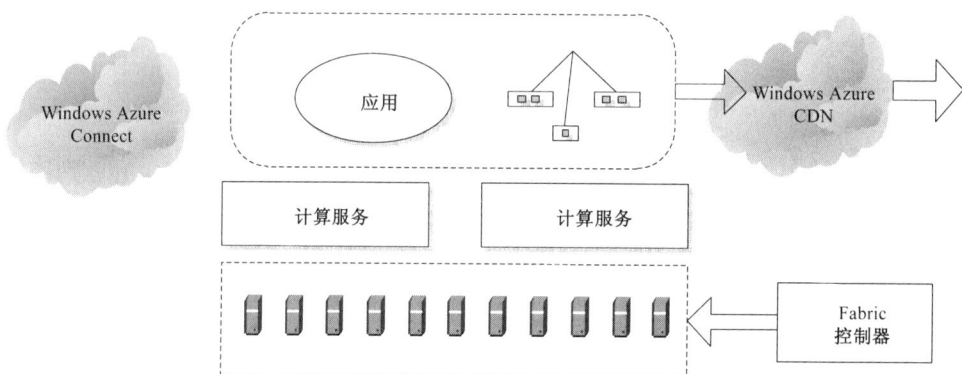

图 4-2　Windows Azure 体系架构

在后面的内容中将对上述 Windows Azure 的 5 个组成部分做具体的介绍。

4.2.2　Windows Azure 计算服务

Windows Azure 计算服务可以支持运行有大量并行用户的大型应用程序。Windows Azure 中，每个虚拟机运行一个操作系统，可选版本为：Windows Server 2008/2012、Ubuntu、Centos 和 SUSE 等，这些虚拟机由微软数据中心负责维护和管理，每个实例都运行在自己的虚拟机上。用户只关心如何构建和配置自己的应用程序，比如决定运行实例的数量、实例运行代码区域等。用户运行自己的应用程序时，只需通过 Web 浏览器访问 Windows Azure 入口，使用 Window Live ID 登录 Windows Azure，然后创建自己的运行应用程序账户或自己的存储账户，一旦用户创建了宿主账户，就可以加载自己的应用程序到 Windows Azure 上，并指定应用程序要运行的实例数目。这时，Windows Azure 将自动地创建虚拟机并运行用户的应用程序。

不同于 Amazon 云计算（用户自己提供机器的虚拟映像（Image）到虚拟机），Windows Azure 能够自动虚拟出虚拟机，用户不用考虑如何维护 Windows 操作系统的备份问题，只要专注于如何创建应用程序即可。目前，Windows Azure 服务平台的 CTP 版提供了一整套的开发工具和组件允许创建.NET 4.0 应用程序。与传统的.NET 应用程序不同的是，Windows Azure 应用程序包括 Web Role 实例、Worker Role 实例和 VM Role 实例，使用这三种实例的 Windows Azure 应用程序运行机制如图 4-3 所示。

（1）Web Role。基于 Web Role 可以使基于 Web 的应用创建过程变得简单。每个 Web Role 实例都提前在内部安装了 IIS7，通过 ASP.NET、WCF（Windows Communication Foundation）或其他 Web 技术使创建应用程序变得简单。如果不使用.NET Framework，而通过本机代码创建应用，开发者可以安装或运行非微软的技术，如 PHP 和 Java。

（2）Worker Role。Worker Role 设计用来运行各种各样的基于 Windows 的代码。Web Role 和 Worker Role 的最大不同在于：Worker Roles 内部没有安装 IIS，所以 IIS 并没有托管 Worker Roles 运行的代码。比如，Worker Role 可以运行一个模拟、进行视频处理等。应用通过 Web Role 与用户相互作用，然后利用 Worker Role 进行任务处理。

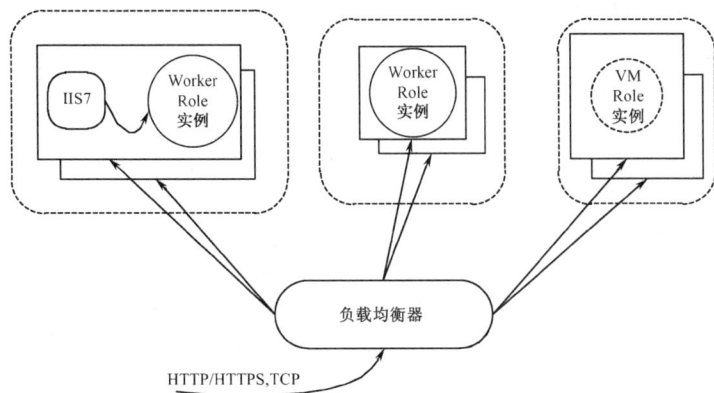

图 4-3　Windows Azure 应用程序运行机制

（3）VM Role。VM Role 运行系统提供的 Windows Server 2008 R2 镜像。此外，将本地的 Windows Server 应用移到 Windows Azure 中时，VM Role 将会起作用。但由于 VM Role 来实现 IaaS 的部分功能，微软后来引入 Virtual Machine 这个功能替代 VM Role 来实现 Windows Azure 对 IaaS 的支持。

可以使用 Windows Azure 门户将应用提交到 Windows Azure 中，提交应用的同时，需要同时提交配置信息，告知平台每个 Role 需要运行实例的数量。Windows Azure Fabric 控制器再为每个实例创建一个虚拟机，在虚拟机中运行相应的 Role。

Windows Azure 支持 HTTP、HTTPS 和 TCP 协议，用户可以通过这些协议向 Windows Azure 发起请求。这些请求在分发给各个实例之前均会被负载均衡，同时负载均衡器不允许用户与各个 Role 实例之间保持联系，因此来自同一个用户的多种请求可能会被负载均衡器分发给不同的 Role 实例。

创建 Windows Azure 应用时，可以任意结合使用 Web Role、Worker Role 和 VM Role 实例。当应用的负载增加时，可以使用 Windows Azure 门户为应用中的 Role 请求更多的实例。如果负载减少，可以减少运行实例的数量。Windows Azure 也提供了一个 API 接口，通过程序改变运行实例的数量，不需要人工干预，但是平台本身不能根据应用的负载自动地调整应用规模。

4.2.3　Windows Azure 存储服务

Windows Azure 存储服务依靠微软数据中心，允许用户在云端存储应用程序数据。应用程序可以存储任何数量的数据，并且可以存储任意长的时间，用户可以在任何时间、任何地方访问自己的数据。Windows Azure 存储服务目前提供了四种主要的数据存储结构，即 Blob 类型、Table 类型、Queue 类型和 File 类型，如图 4-4 所示。

Blob 数据类型存储二进制数据，可以存储大型的无结构数据，容量巨大，能够满足海量数据存储需求。Table 数据类型能够提供更加结构化的数据存储，但是它不同于关系数据库管理系统中的二维关系表，查询语言也不是大家熟悉的关系查询语言 SQL。Queue 类型的作用和微软消息队列（MSMQ）相近，用来支持在 Windows Azure 应用程序组件之间进行通信。File 类型是使用标准 SMB 2.1 协议支持 Windows Azure 虚拟机和云服务，可通过装载的共享在应用程序组件之间共享文件数据，本地应用程序可通过文件存储 API 来访问共享中的文件数据。

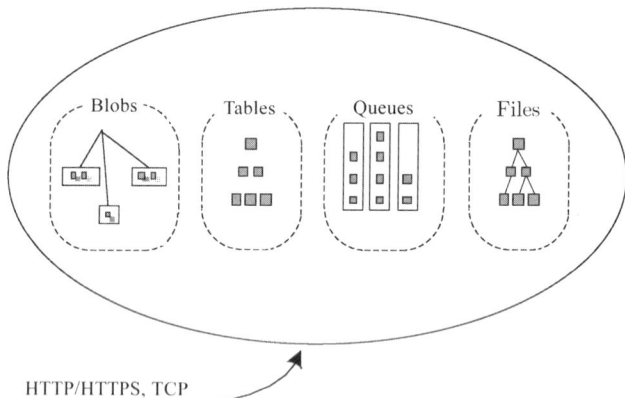

图 4-4　Windows Azure 存储服务

1. 全局命名空间

Windows Azure Storage（WAS）实现了一个单一的全局命名空间，使得用户从世界任何地方都可以一致地存储和访问云中数据，并且存储容量可以随着时间推移任意增长。存储名空间被划分为三部分：账户名（AccountName）、分区名（PartitionName）和对象名（ObjectName），所有的数据都通过如下的 URI 形式访问：

http(s)://AccountName.<service>.core.windows.net/PartitionName/ObjectName

账户名是 DNS 主机名的一部分，是客户为访问存储而选择的账户名。账户名的 DNS 翻译可定位数据存储的数据中心和主存储集群，该账户的所有请求将会去访问这个主位置的数据。一个应用可能使用多个账户名将它的数据存储在不同的位置。

分区名使用账户名定位存储集群后，在集群内将数据访问请求进一步定位到存储节点。

对象名则用来对分区中的多个对象进行区分。对一些类型的数据，分区名可以唯一标识账户里的对象时，对象名就变得可要可不要了。

这种命名方法使得 WAS 可以弹性地支持它的四种数据抽象类型。对于大型二进制对象（Blob），一个全 Blob 名字是分区名；表（Table）中每行的主键由分区名和对象名两个属性组成，这允许应用将表中的行分组到同一个分区来执行原子事务；消息队列（Queue）名是分区名，每个消息由一个对象名来唯一标识。文件（File）服务中分区名唯一标识数据卷，而由对象名来唯一标识文件名或目录名。

2．体系架构

WAS 的一个重要特征是能够存储和访问达到甚至超过 EB 级的海量数据，其产品系统由存储域（Storage Stamp）和位置服务（Location Service）构成，如图 4-5 所示。

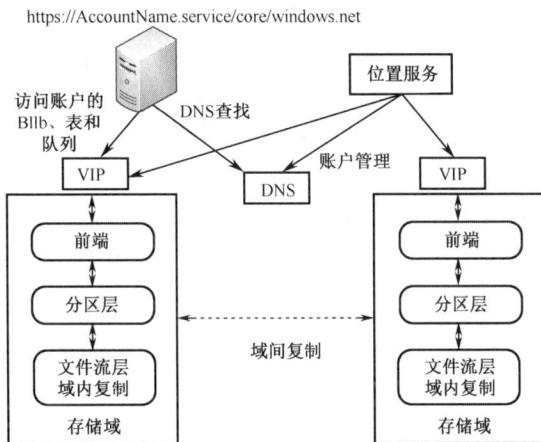

图 4-5　Windows Azure Storage 体系架构

存储域是 N 个装满存储节点的存储柜构成的一个集群，每个存储柜都有单独的冗余网络和电源实现的容错保护机制。每个集群拥有 10~20 个存储柜，每个存储柜由 18 个挂满磁盘的存储节点构成。第一代存储域大概可存储 2PB 的数据量，下一代会有 30PB 的容量。

为了降低云存储服务的成本，需要保持尽可能高的存储配置资源利用率。目标是保持存储域在容量、事务和带宽上大约 70%的使用率，并尽量避免超过 80%。因为要保持 20%的空间来加快寻道速度，提高磁盘吞吐率，以及存储柜失效时的存储服务接管。当一个存储域的利用率达到 70%的时候，位置服务就利用域间复制将账户迁移到其他的不同的存储域上。

位置服务管理所有的存储域。同时也负责不同的存储域之间的账户名空间管理。把账户分配到各个存储域上，并实现跨存储域管理这些账户来支持灾难恢复和负载平衡。它自身也放在两个不同的地理位置来实现自身的容灾。

WAS 在美洲、欧洲、亚洲和澳洲四个地域的多个位置提供存储服务。每个地方都是一个拥有一栋或者数栋大楼的数据中心，每个数据中心有多个存储域。为了提供附加的存储容量，位置服务可以很容易地增加新地区、地区内的新位置或者位置上的新存储域。因此，为了增加存储容量，可以在期望位置的数据中心配置一个或多个存储域，并将它们加到位置服务中。位置服务可以为用户分配新存储账户到这些新存储域，也可以把存储账户从已有的存储域迁移到新的存储域来保持负载平衡。

3．存储域的层次结构

如图 4-5 所示，存储域包括以下三层。

（1）文件流层。该层存储数据在硬盘上，负责在多个服务器间分布和复制数据来保持存储域中数据的可用性。文件流层可以被认为是存储域内的分布式文件系统层。它将文件理解为流，能够知道如何存储它们，如何复制它们，但不能理解更高级别的数据对象结构或它们的语义。虽然数据存储在文件流层，但是只能通过分区层来访问它们。事实上，分区服务器和文件流服务器一起部署在每个存储节点上。

（2）分区层。该层负责管理和理解上层数据抽象类型（Blob、表、队列和文件），提供一个可扩展的名空间，保证数据对象事务处理顺序和强一致性，在数据流层之上存储数据，缓存数据对象来减少磁盘 I/O。该层的另一个任务是实现存储域内的可扩展性，管理分区服务器所服务的分区名。此外，它也在服务器间自动地实现分区名负载平衡。

（3）前端。由一组无状态服务器构成来处理访问请求。一旦接收到一个请求，该层便会查找账户名，认证请求，再把请求路由到分区层的服务器。这个系统保持一个分区图来追踪分区服务器对应的分区名范围。前端服务器会缓存分区图，并用它来决定每个请求发往哪个分区服务器。有时候为了提高效率，也会直接访问文件流层的数据，并缓存频繁访问的数据。

4．双复制引擎

为了实现数据高可用，WAS 通过在文件流层进行域内数据复制和在分区层进行域间数据复制，实现必要的数据容灾保护机制。

（1）域内复制。WAS 在文件流层实现同步复制，保证存储域内的所有数据写在其内部是可靠的。在磁盘、节点和存储柜失效时，保证跨不同存储节点有足够多的数据副本。域内的复制在文件流层的用户写请求的关键路径上实现。只有域内的复制操作完成，才会给用户返回写成功。

（2）域间复制。WAS 系统在分区层实现跨存储域的异步复制。域间的复制不在用户请求关键路径上，是在后台完成的。这种复制在对象级进行，对给定账户的整个对象或最近的差分更新进行复制。域间复制可通过保持账户数据在两个位置存放副本来实现容灾，还有账户数据在域间的迁移。通过位置服务来配置账户的域间复制。

这两种复制方式之所以被分到两个不同层是因为：域内复制专门为硬件失效而设计，在大规模系统内这类失效比较普遍，而域间复制提供跨地域冗余来防止地域灾难，这种情况一般不多出现。这样就使得用户请求关键路径上的低延迟域内复制至关重要，而域间复制在充分使用网络带宽的条件下，保持可接受的复制延迟。另一个原因是这两层所维护的名空间问题。文件流层的域内复制所管理的数据量受单个存储域容量的限制，所有的元状态都可以被缓存在内存中，保证 WAS 提供快速健壮的存储响应。相对而言，域间复制可以和位置服务结合起来，提供跨数据中心的数据处理。

5．文件流层

文件流层提供一个只为分区层使用的内部接口，具有类似文件系统的名空间和应用接口，但所有的写只能追加。用户可允许对称为流（Stream）的大文件进行打开、关闭、删除、重命名、读、追加写以及合并等操作。一系列追加的块（Block）被称为区块（Extent），流就是一连串有序区块的指针列表。

如图 4-6 所示，文件流层包括流管理器（Stream Manager，SM）和区块节点（Extent Node，EN）两大部分。

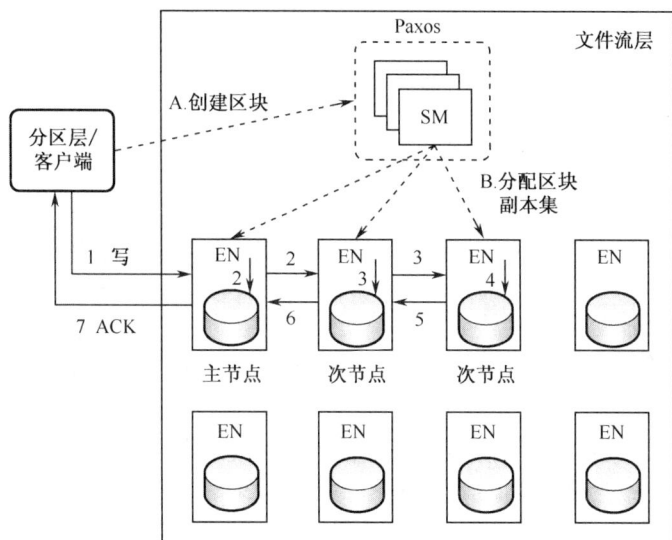

图 4-6　文件流层的体系结构

（1）流管理器。负责管理文件流的名空间、流到区块的映射，以及区块到存储节点的分配信息。流管理器是一个标准的 Paxos 集群，脱离于客户端请求的关键路径。流管理器周期性地同步区块节点的状态和节点上所存的区块，并保持区块有期望的副本数目。由于只跟踪单个存储域内的文件流和区块的信息，而对底层的块信息一无所知，存放在流管理器内存中的状态信息量足够小。

（2）区块节点。每个节点保存流管理器分配的区块副本和相应的数据块。区块节点不知道上层的流信息，只处理区块和块信息。在节点服务器内，磁盘上的每个区块是一个文件，存有数据块和其校验和，并有一个索引来建立区块到块的偏移和相应文件位置的映射。区域节点根据客户端发送的写请求，与其他节点交互复制块，或者根据流管理器的请求创建已有副本的额外副本。当区块不被流所引用时，流管理器对区块进行垃圾回收，并通知区块节点回收相应的空间。

流只能够追加写，已有的数据不能再修改。追加写是以数据块为单位的原子操作，也可以一次追加写多个块。客户端可以指定区块的目标大小，区块被数据块填满后，就以块边界进行封装。区块封装后就不能再被追加写，当追加新的数据块时，就必须添加新的区块。

每个追加写操作将相应的区块复制三份，分别存放在不同的区块节点上。客户端发送所有的写请求到主区块节点，但可以从任意一份副本读取数据，即使副本存在于没封装的区块内。如图 4-6 所示，WAS 追加写的操作流程如下。

步骤 1：客户端将追加写请求发送到主区块节点，主节点确定追加写在区块内的偏移量。

步骤 2：当同一区块有多个并发追加写请求时，对所有追加写请求进行排序。

步骤 3：发送追加写请求到两个次区块节点，并附上选定的区块偏移量。

步骤 4：当三个区块节点都成功追加写内容到磁盘后，反馈写成功消息给客户端。

文件流层与分区层可以进行交互。分区层有两种不同的读模式。

（1）从已知位置读记录。如果文件流层成功地返回三个副本的追加写，分区层将根据返回的位置信息，读取行和 Blob 这两种类型的数据流。域内复制机制保证对三个副本的读操作都可以获得相同的数据内容。

（2）在分区加载中顺序地读流中的所有记录。在分区层中，元数据和确认日志这两种额外的文件流可以从起始点到最后一个记录顺序地读取。分区服务器发送一个确认日志检验给文件流最后一个区块的主区块节点，检验区块的所有副本是否可用和它们是否有相同的长度。如果不能通过检验，区块是封装的，并且在分区加载中只读由流管理器封装的副本。这确保分区加载能够看到它的所有数据和相同视图，即使重复加载从流最后区块的不同封装副本读取的同一分区。

文件流层支持读操作负载平衡。每个区块节点对读请求的响应有一个时间限制，如果区块节点不能在规定的时间段内响应区块的读请求，客户端就会立即收到反馈，并允许客户端从其他存有相同副本的区块节点中读取区块，使得读操作能够快速完成。

WAS 也可采用其他机制来提高存储可靠性。为减少存储代价，利用纠删码来处理 Blob 存储的封装区块。将一个区块划分为 N 个相同大小的块，再使用 Reed-Solomon 编码生成额外的 M 个纠错块，只要在这 $M+N$ 个数据块中，丢失块数不超过 M，WAS 就可以将整个区块恢复出来。

为了在保持数据持久性的同时，获得好的系统性能，文件流层让每个区块节点保留一个磁盘或者固态硬盘来充当日志盘，记录节点所有追加写操作的日志信息。在区块节点内数据的追加写操作步骤如下。

步骤 1：将所有数据追加写到日志盘。

步骤 2：对数据盘上的区块追加写请求进行排队。

步骤 3：如果日志操作先完成，则数据被缓存在内存中。

步骤 4：一旦写成功就返回。

6. 分区层

分区层存储不同类型的对象，并理解对于给定的对象类型（BLOB，表、队列或文件）进行事务处理的意义。分区层能够提供：不同存储对象类型的数据模型，不同类型对象处理的逻辑和语义，大规模扩展的对象命名空间，跨多个可用分区服务器访问对象的负载平衡，以及访问对象的事务排序和强一致性。

分区层提供一种重要的内部数据结构——对象表（Object Table）。对象表可动态地划分为多个分区段（RangePartition），并将这些分区段分散到同一存储域中的多个分区服务器上。分区段是对象表内从低键值到高键值的一连串行内容。对象表的所有分区段是不重叠的。

在分区层中，有各种类型的对象表。账户表保存存储域内每个分配账户的元数据和配置。Blob 表保存存储域内所有账户的 Blob 对象。实体表存储域内所有账户的全部实体行。消息表存储域内所有账户的消息队列。格式表跟踪所有对象表的格式。分区映射表记录了全部对象表的分区段和每个分区段所在的分区服务器。这个表被前端服务器用来指导请求到相应分区服务器的路由。

如图 4-7 所示，分区层包括三个主要的体系结构模块：一个分区管理器（PM）、多个分区服务器（PS）和一个锁服务。

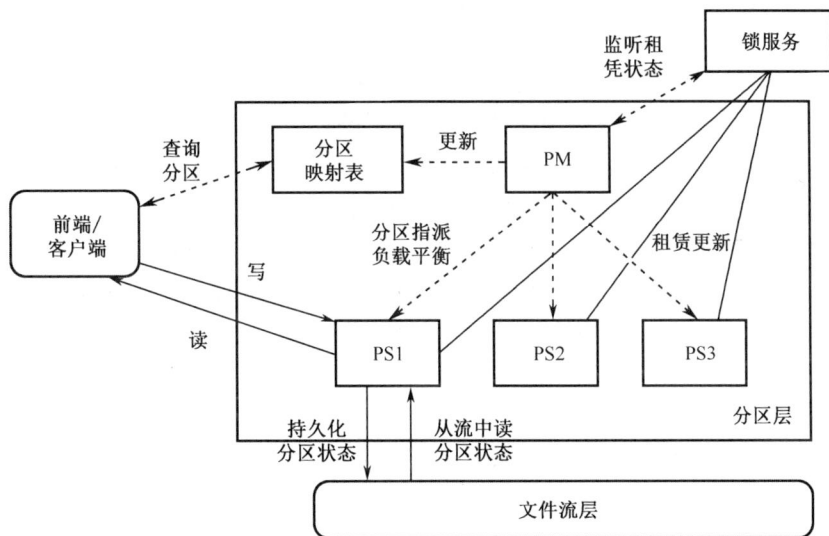

图 4-7　分区层体系结构

（1）分区管理器。负责保存对象表到分区段的划分和每个分区段到相应分区服务器的分配情况。分区管理器将每个存储域内的对象表分成 N 个分区段，跟踪每个分区表的划分情况和其分配到的分区服务器。分区管理器将分配信息保存在分区映射表中。管理器确保每个分区段被分配到一个活动分区服务器，并且两个分区段不会重叠地分配到同一服务器。它也负责分区服务器之间的负载平衡。每个存储域的分区管理器运行多个实例，并且它们所争用的主锁由锁服务提供。带租约的分区管理器是控制分区层的活跃管理器。

（2）分区服务器。负责处理由分区管理器分配给它的一组分区段的请求。分区服务器将分区的所有持久状态保存进文件流，并为提升效率维护一个保存分区状态的内存缓存。该系统保证没有两个分区服务器可以通过锁服务租赁在同一时间服务于相同的分区段。允许分区服务器为它所服务的分区段提供强一致性和并发事务的排序，还可同时并发服务来自不同分区段的对象表。目前，在任何时候分区服务器可同时服务平均 10 个分区段。

（3）锁服务。Paxos 锁服务用于分区服务器的主服务器选举。此外，每个分区服务器为服务分区也保持锁服务租赁。当分区服务器得到一个新分配段，只要分区服务器持有其租赁，就会开始服务新的分区段。

为了将负载分散到多个分区服务器和控制存储域内分区的总数，分区管理器可执行以下三种操作。

（1）负载平衡。当给定的分层管理器负载过高时，将一个或多个分区段重新分配到其他负载较低的分区服务器。

（2）划分。当单个分区段负载过高时，将其划分为两个或更多小的不重叠分区段，并重新分配它们到两个或更多分区服务器，以保持系统负载平衡。

（3）合并。将负载低的分区段合并为对象表中一个连续键值段，并让存储域内的分区服务器数与分区段数保持在一定比例范围内。

为支持分区层的负载平衡，需要跟踪每个分区段的负载以及每个分区服务器的整体负载。这两种负载包括：事务数/秒、平均未决事务计数、节流率、CPU 使用率、网络使用率、请求延迟以及分区段的数据大小。分区管理器保持每个分区服务器的心跳服务。此信息被传递回分区管理器来回应心跳。如果分区管理器看到一个负载过高的分区段，那么它将决定划分该分区，并发送一个命令到分区服务器进行拆分。相反，如果一个分区服务器有太高的负荷，但没有单个分区段有过高负载时，分区管理器将从分区服务器取一个或多个分区段，并将它们重新分配到一个负载较轻的分区服务器。

为了平衡一个分区段的负载，分区管理器发送一个卸载命令到管理服务器，卸载之前将有分区段写一个当前的检查点。一旦完成，分区服务器的 ACK 返回分区管理器表明卸载完成。然后，分区管理器将分配分区段到新的服务器，并更新分区映射表到新的服务器的映射。新的分区服务器加载和启动分区段服务流。因为提交日志很小和卸载前的检查点处理，分区段对新分区服务器的加载非常快。

WAS 的分区服务器跟踪分区段内负载高的键值范围，并以此来确定分区段内的哪些键值需要被拆分。为了将一个分区段 B 拆分为两个新的分区段 C 和 D，需要进行下列步骤。

步骤 1：分区管理器通知分区服务器将段 B 拆分为 C 和 D。

步骤 2：分区服务器处理 B 的检查点，再暂停相应的服务请求。

步骤 3：分区服务器使用一种"MultiModify"的特殊流操作处理 B 的每个流，并分别生成与 B 中区块顺序相同的 C 和 D 流子集，再追加 C 和 D 的新分区键值范围到它们的元数据流。

步骤 4：分区服务器开始将服务请求发送至新的分区 C 和 D。

步骤 5：分区服务器通知分区管理器拆分操作完成，并且分区管理器更新分区映射表和相应的元数据信息，分区管理器将其中一个拆分的分区迁移到一个不同的分区服务器。

　　分区管理器可以选择两个分区名范围不重叠的低负载分区段 C 和 D，将它们合并为一个新的分区段 E，具体步骤如下。

　　步骤 1：分区管理器将分区段 C 和 D 迁移到同一个分区服务器上，并通知该分区服务器将 C 和 D 合并为 E。

　　步骤 2：分区服务器为 C 和 D 设置一个检查点，然后暂停相应的服务请求。

　　步骤3：分区服务器使用 MultiModify 流命令创建一个新的确认日志和 E 的数据流，在新的确认日志中分区段 E 的区块顺序是 C 原来的区块顺序后跟 D 原来的区块顺序。

　　步骤 4：分区服务器构建区段 E 的元数据流，包含新确认日志和数据流的名字。E 的键值范围、确认日志的首尾指针和数据索引都是从 C 和 D 派生出来的。

　　步骤 5：E 的新元数据流能被正确地加载，分区服务器开始发送合并后新分区段的服务请求。

　　步骤 6：分区管理器更新分区映射表和相应的元数据信息。

4.2.4　Windows Azure Connect

　　虽然云计算发展迅速，但是用户在本地的应用程序和数据可能还会继续使用，如何将本地环境和 Windows Azure 环境连接起来显得尤为重要。

　　Windows Azure Connect 被设计用来实现上述需求的功能。Connect 在 Windows Azure 应用和本地运行的机器之间建立一个基于 IPsec 协议的连接，使两者更容易结合起来使用，如图 4-8 所示。

　　图 4-8 中，当本地计算机需要连接到 Windows Azure 应用时，需要在本地计算机上安装一个终端代理。由于该技术依赖于 IPv6，所以终端代理仅对 Windows Server 2008、Windows Server 2008R2、Windows Vista 和 Windows 7 适用。Windows Azure 应用实例需要配置以方便和 Windows Azure Connect 工作。一旦这些工作完成，终端代理使用 IPsec 连接应用中的一个具体的 Role。

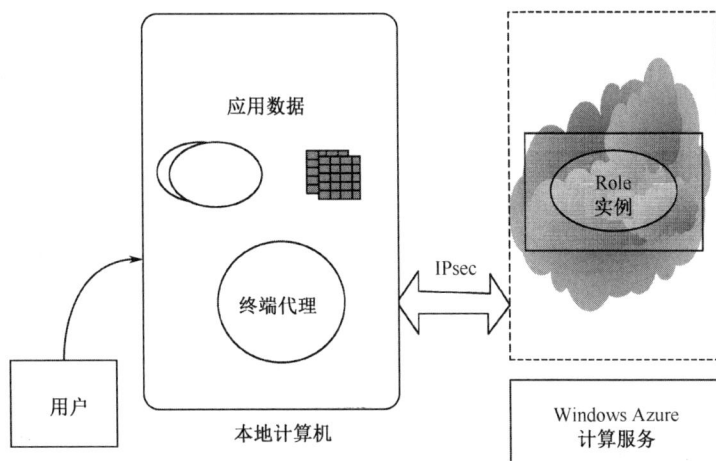

图 4-8　IPsec 连接

需要注意的是，Connect 不是一个成熟的 VPN（Virtual Private Network），只是一个简单的解决方案。创建 Connect 并不需要与网络管理员进行约定，所有 IPsec 协议的配置工作均由 Connect 完成。一旦 Connect 创建完成之后，Windows Azure 应用中的 Roles 将会和本地的机器一样显示在同一个 IP 网络中，并允许以下两个事件。

（1）Windows Azure 应用能够直接访问本地的数据库。如某个组织机构需要将现有的由 ASP.NET 创建的 Windows Server 应用移动到 Windows Azure Web Role 中去。如果这个应用使用的数据库需要保留在本地机器上，那么 Windows Azure Connect 的连接能够使运行在 Windows Azure 上的应用正常访问本地数据库，甚至使用的连接字符串都不需要改变。

（2）Windows Azure 应用能够区域连接到本地环境。本地用户能够以单一登录的方式登录到云应用中，应用也能够使用现有活动目录账户和组织进行访问控制。

4.2.5 Windows Azure CDN

4.2.2 节介绍的 Blob 存储类型可以存储来自不同地方的访问信息。现在要将一个视频应用提供给全球的 Flash、Silverlight 或 HTML5 用户，可以使用 Blob 进行存储。

为了提高访问性能，Windows Azure 提供了一个内容分发网络 CDN（Content Delivery Network）。这个 CDN 存储了距离用户较近的站点的 Blobs 副本，如图 4-9 所示。需要注意的是，Blob 所存放容器都能够被标记为 Private 或 Public READ。对于"Private"容器中的 Blobs，所有存储账户的读写请求都必须标记。而对于 Public READ 型 Blob，允许任何应用读数据。Windows Azure CDN 只对存储在"Public READ"Blob 上的容器起作用。

用户第一次访问 Blob 时，CDN 存储了 Blob 的副本，存放的地点与用户在地理位置上比较靠近。当这个 Blob 被第二次访问时，它的内容将来自缓存，而不是来自离它位置较远的原始数据。

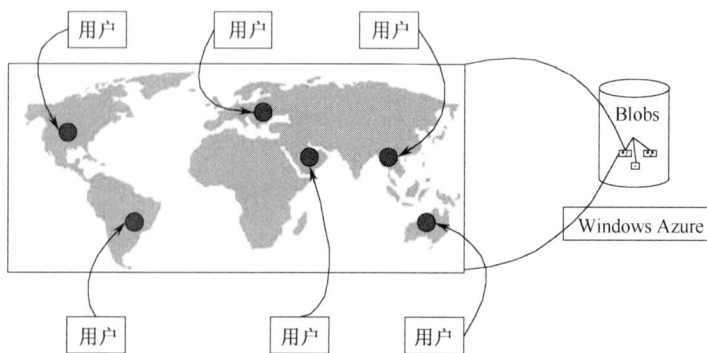

图 4-9 Windows Azure CDN 信息访问

例如，Windows Azure 提供一天体育事件的视频，第一个用户访问视频时，用户不会从 CDN 中获益，因为 Blob 还没有缓存一个离用户较近点的位置，而同一地理位置的其他的用户将会从 CDN 中获得更好的性能，同时缓存副本可以使视频装载得更快。

4.2.6　Fabric 控制器

Windows Azure 的所有应用和存储的数据都是基于微软数据中心的。在数据中心中，Windows Azure 的机器集合和运行在这些机器上的软件均由 Fabric 控制器控制，如图 4-10 所示。

Fabric 控制器是一个分布式应用，拥有计算机、交换机、负载均衡器等各种资源。在 Role 实例中需要安装 Fabric 代理，每台机器的 Fabric 控制器均可以与 Fabric 代理进行通信。Fabric 控制器同样也知道运行在其上的每个 Windows Azure 应用，但是数据管理和复制的详细过程对于 Fabric 控制器而言是不可知的，这是因为 Fabric 控制器将 Windows Azure 存储作为另一个应用。

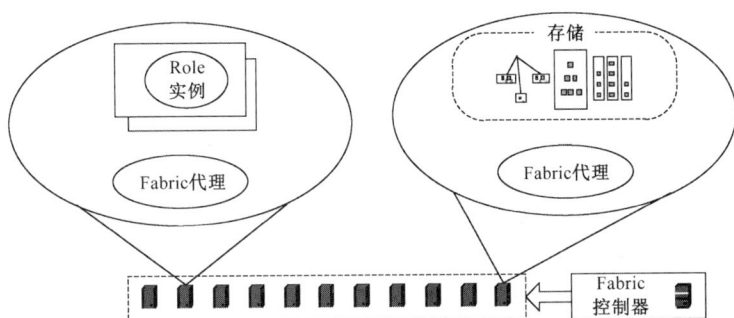

图 4-10　Fabric 控制器

Fabric 控制器作用很广，它可以控制所有运行的应用。Fabric 控制器通常依赖 Windows Azure 应用上传的配置信息决定新应用运行的位置，选择物理服务器来最优化硬件使用。这个基于 XML 描述的配置文件提供了一个应用需要的 Web Role 实例数量、Worker Role 实例的数量等。当 Fabric 控制器部署一个新的应用时，使用配置文件决定需要创建的 VMs（虚拟机）的数量。

Fabric 控制器在创建 VMs 后，还监控 VMs。例如，如果应用需要 5 个 Web Role 实例，运行的过程中有一个出故障，Fabric 控制器将会自动地创建一个新的实例。类似地，如果一个正在运行的 VM 突然宕机，Fabric 控制器将会在另外的机器上开始一个新的 Role 实例，同时重新设置负载均衡器作为必须的指针指向这个新的 VM。

Windows Azure 提供给开发者 5 种规格的虚拟机，见表 4-1。

表 4-1　VM 规格说明

虚拟机规格	配　置　情　况	存　储　容　量
Extra-small	单核、1.0GHz CPU、768MB 内存、I/O 性能低	200GB 实例存储容量
Small	单核、1.6GHz CPU、1.75GB 内存、I/O 性能中等	225GB 实例存储容量
Medium	双核、1.6GHz CPU、3.5GB 内存、I/O 性能高	490GB 实例存储容量
Large	四核、1.6GHz CPU、7GB 内存、I/O 性能高	1000GB 实例存储容量
Extra-large	八核、1.6GHz CPU、14GB 内存、I/O 性能高	2048GB 实例存储容量

其中，每个 Extra-small 实例均与其他的 Extra-small 实例共享一个处理器内核；对于其他规格的虚拟机，每个实例都有一个或多个专有的内核。这意味着应用性能是可以预计的，可执行的实例的长度是没有限制的。比如在计算π时，Worker Role 实例可以将π的值精确计算到一百万位。

对于 Web Role 和 Worker Role 而言，Fabric 控制器能够管理他们每个实例中的操作系统，包括更新操作系统补丁和其他操作系统软件。这使得开发者只关心开发应用的过程，而不需要管理平台本身。对于每个运行的 Role 而言，Fabric 控制器总是假设至少有两个实例运行，这样关掉其中的一个来更新软件不会导致整个应用关闭。需要注意的是，在任何 Windows Azure Role 上只运行一个实例不是一个好的选择。

4.3 微软云关系数据库 SQL Azure

4.3.1 SQL Azure 概述

SQL Azure 是微软的云中关系型数据库，是基于 SQL Server 技术构建的，主要为用户提供数据应用。SQL Azure 数据库简化了多数据库的供应和部署，开发人员无须安装、设置数据库软件，也不需要进行数据库补丁升级或数据库管理。同时，SQL Azure 还为用户提供了内置的高可用性和容错能力。

SQL Azure 提供了关系型数据库存储服务，包含三部分，如图 4-11 所示。

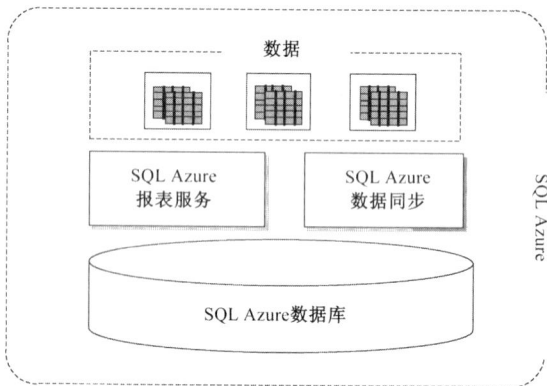

图 4-11 SQL Azure 体系架构

1. SQL Azure 数据库

SQL Azure 数据库提供了一个云端的 DBMS，这使得本地应用和云应用可以在微软数据中心的服务器上存储数据。和其他的云技术一样，用户按需付费，最主要的费用是操作费用，而不是磁盘和 DBMS 软件投入的费用。

2. SQL Azure 报表服务

SQL Azure 报表服务（SQL Azure Reporting）是 SQL Server Reporting Service

（SSRS）的云化版本。主要是用 SQL Azure 数据库提供报表服务，允许在云数据中创建
标准的 SSRS 报表。

3．SQL Azure 数据同步

SQL Azure 数据同步（SQL Azure Data Syn）允许同步 SQL Azure 数据库和本地 SQL
Server 数据库中的数据，也能够在不同的微软数据中心之间同步不同的 SQL Azure 数
据库。

4.3.2　SQL Azure 关键技术

在本地数据库中，DBMS 起到了十分重要的作用。对于用户而言，管理功能在云中
实现起来也非常困难，微软通过 SQL Azure 数据库在云中实现了这一功能。在 SQL
Azure 中，数据库规模的扩展也由 SQL Azure 数据库完成。SQL Azure 除了提供 SQL
Azure 数据库服务外，还提供报表服务和数据同步服务。

1．SQL Azure 数据库

SQL Azure 数据库是 SQL Azure 的一种云服务，提供了核心的 SQL Server 数据库功
能，基本架构如图 4-12 所示。SQL Azure 数据库支持 TDS 和 Transact-SQL
（T－SQL），用户可以使用现有技术在 T－SQL 上进行开发，还可以使用与现有的本地
数据库软件相对应的关系型数据模型。SQL Azure 数据库提供的是一个基于云的数据库
管理系统，能够整合现有工具集并对应用户的本地软件。

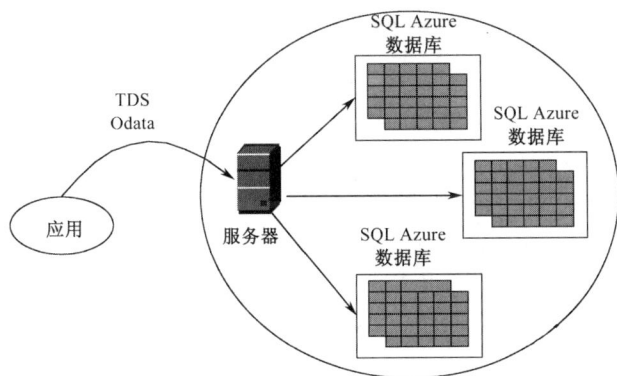

图 4-12　SQL Azure 数据库

图 4-12 中，在创建一个部署在 Windows Azure 的应用中，用户使用了 SQL Azure 数
据库，这个应用可以运行在企业数据中心或移动设备上。上述应用通常使用 TDS
（Tabular Data Stream，表型数据流）或 Odata 协议来访问本地的 SQL Server 数据库，因
而 SQL Azure 数据库应用能够使用任何现有的 SQL Server 客户端，这些客户端包括
Entity Framework、ADO.NET、ODBC 和 PHP 等。SQL Azure 和 SQL Server 看起来并没
有太大的差别，也可以使用 SQL Server 中的大量工具，比如 SQL Server Management

Studio、SQL Server Integration Services 和大量数据副本备份的 BCP。

每个 SQL Azure 账户都拥有一个或多个逻辑服务器，这些逻辑服务器可以组织账户数据和账单，但这些服务器并不是真正意义上的 SQL Server 实例。每台服务器都拥有多个 SQL Azure 数据库，每个 SQL Azure 数据库均可以达到 50GB 的大小。用户可以自由地使用 SQL Azure 数据库，能够在某个 SQL Azure 数据库中存放另一个数据库的快照以实现整个数据库的备份。

SQL Azure 与 SQL Server 有一些差别。SQL Azure 省略了 SQL Server 中的一些技术点，比如 SQL CLR（Current Language Runtime，公共语言运行时）、全文本搜索技术等。用户没有底层管理功能，所有管理功能都由微软实现。这样用户不能直接关闭自身运行的系统，也不能管理运行应用的硬件设施。但是，相比于 SQL Server 所提供的单个实例而言，SQL Azure 运行环境比较稳定，应用获取的服务也比较健壮。出于可靠性的考虑，SQL Azure 数据库与 Windows Azure 存储服务一样，存储的所有数据均备份了 3 份。

2. SQL Azure 报表服务

用户使用 SQL Azure 数据库存储数据时，通常需要 SQL Azure 数据库支持报表功能。在 SQL Azure 中，SQL Azure 报表服务实现了这一个功能，它是基于 SQL Server 报表服务（SSRS，SQL Server Reporting Services）实现的。

现在 SQL Azure Reporting 主要有两个使用场景。第一，SQL Azure 报表创建的报表可以发布到某一个门户上，云端用户可以访问这个门户的报表，也可以通过 URL 地址直接访问报表；第二，ISV（Independent Software Vendor，独立的软件开发商）能够嵌入发布到 SQL Azure 报表门户的报表，这些门户来自不同的应用，包括 Windows Azure 应用。ISV 可以使用 Visual Studio 标准的 ReportViewer 控制，这与将本地报表嵌入到应用中没有任何差别。

SQL Azure 报表服务与存储在 SQL Azure 数据库中的数据相互作用。SQL Azure 使用的报表可以通过 Business Intelligence Developer Studio 创建。SQL Azure Reporting 与 SSRS 的报表格式是相同的，都使用微软定义的 RDL（Report Definition Language）。

需要注意的是，SQL Azure Reporting 并没有实现本地情况下 SSRS 提供的所有的功能。比如，当前的 SQL Azure Reporting 并不支持调度和订阅功能，这使得报表每隔一定的时间将会运行和分发一次。

3. SQL Azure 数据同步

Internet 上的应用可以访问 SQL Azure 数据库中存储的数据。为了提高存储数据的访问性能，同时确保网络发生故障时应用仍然能够访问数据库，需要在本地拥有 SQL Azure 的数据库副本，微软使用了 SQL Azure 数据同步技术，如图 4-13 所示。

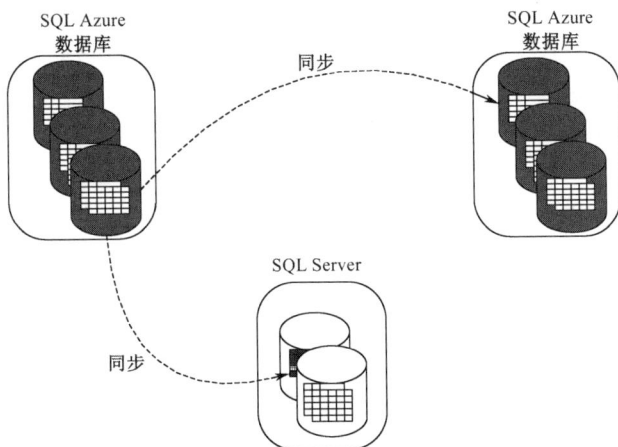

图 4-13　SQL Azure 数据同步

该技术主要包括以下两个方面。

（1）SQL Azure 数据库与 SQL Server 数据库之间的数据同步。用户选择这类同步的原因有很多，除了前面提到的网络故障等因素外，数据调度也需要数据副本在某一区域范围内进行，同时需要防止某些操作失误所带来的数据丢失。这时用户可以通过 SQL Azure 数据库与 SQL Server 数据库的信息同步在本地数据库保存副本。

（2）SQL Azure 数据库之间的同步。某些 ISVs（独立的软件开发商）或全球化的企业需要创建一个应用，为了满足高性能的需求，应用的创建者也许会选择在三个不同的 Windows Azure 数据中心（比如，北美数据中心、欧洲数据中心、亚洲数据中心）运行这个应用。如果这个应用将数据存放在 SQL Azure 数据中，需要使用 SQL Azure 数据同步服务保持三个数据中心之间的信息同步。

SQL Azure 数据同步服务使用"轮辐式（hub-and-spoke）"模型，所有的变化将会首先被复制到 SQL Azure 数据库"hub"上，然后再传送到其他"spoke"上。这些"spoke"成员可以是一个 SQL Azure 数据库，也可以是本地 SQL Server 数据库。上述的同步过程可以同步整个数据库，也可以只同步有更新的数据库表格。

4.3.3　SQL Azure 和 SQL Server 对比

SQL Azure 是云中的关系数据库，和本地的 SQL Server 数据库有很多相似的地方。比如 SQL Azure 提供了一个表格数据流（Tabular Data Stream，TDS）接口供基于 Transact-SQL 的数据库进行访问，这和 SQL Server 中的实例访问数据库情况是相似的。SQL Azure 和 SQL Server 之间也有一些不同之处。在 SQL Azure 中，由于物理管理工作是由微软进行的，所以在管理、服务提供、Transact-SQL 支持和编程方式等方面，与 SQL Server 有所不同。

1. 物理管理和逻辑管理

SQL Azure 在管理上突出强调了物理管理，DBA（Database Administrator，数据库管

理员）在管理 SQL Azure 数据应用方面仍然发挥着很积极的作用。DBAs 管理模式创建、统计、索引优化、查询优化，同时还进行安全管理（包括登录安全、用户安全和创建角色的安全等）。

SQL Azure DBA 和 SQL Server DBA 在物理管理方面存在很大的差异。SQL Azure 能够自动复制所有存储的数据以提供高可用性，同时 SQL Azure 还可以管理负载均衡、故障转移等功能。

用户不能管理 SQL Azure 的物理资源。比如用户不能指定数据库索引所在的物理硬盘或者文件组，物理资源是由微软自行管理。同样，由于无法访问计算机文件系统，SQL Azure 不能使用 SQL Server 备份机制，所有的数据都是自动复制备份的。

2．服务提供

在部署本地 SQL Server 时，需要准备和配置所需要的硬件和软件，这些工作一般由 DBA 或 IT 部门完成。而使用 SQL Azure 时，这些任务均由 SQL Azure 服务程序来执行。

当用户在 Windows Azure 平台上创建了一个账户后，用户便可以使用 SQL Azure 数据库，同时还可以访问所有提供的服务，比如 Windows Azure、.NET 服务和 SQL Azure 等服务。通过这些服务可以创建和管理用户的订阅。

每个 SQL Azure 订阅都会绑定到微软数据中心的某个 SQL Azure 服务器上。在 SQL Azure 服务器上通常定义了一组数据库。为了提供负载均衡和高可用性，SQL Azure 服务器上的数据库通常会在数据中心其他物理机上进行备份。

3．Transact-SQL 支持

大多数 SQL Server Transact-SQL 语句都有一些参数，用户通过这些参数可以指定文件组或物理文件的路径。由于这些参数依赖于物理配置，在 SQL Azure 中由微软进行物理资源的管理，因而这些类型的参数并不适用于 SQL Azure。

4．特征和类型

SQL Azure 不支持 SQL Server 的所有特征和数据类型。在现今版本的 SQL Azure 中，不支持分析、复制、报表和服务代理等服务。

SQL Azure 提供物理管理，会锁住任何试图操作物理资源的命令语句，比如 Resource Governor、文件组管理和一些物理服务器 DDL 语句等。另外还有一些操作是不允许的，比如设置服务器选项和 SQL 追踪标签、使用 SQL Server 分析器或使用"数据库引擎优化顾问"。

4.4　Windows Azure AppFabric

4.4.1　AppFabric 概述

Windows Azure AppFabric 为本地应用和云中应用提供了分布式的基础架构服务，使用户本地应用与云应用之间进行安全联接和信息传递，让在云应用和现有应用或服务之

间的连接及跨语言、跨平台、跨不同标准协议的互操作变得更加容易，并且与云提供商或系统平台无关。AppFabric 目前主要提供互联网服务总线（Service Bus）、访问控制（Access Control）服务和高速缓存服务，如图 4-14 所示。

Windows Azure AppFabric 的所有部件都是在 Windows Azure 的基础上创建的（尽管 AppFabric 并没有为所有的 Windows Azure 应用提供服务），其部件描述如下。

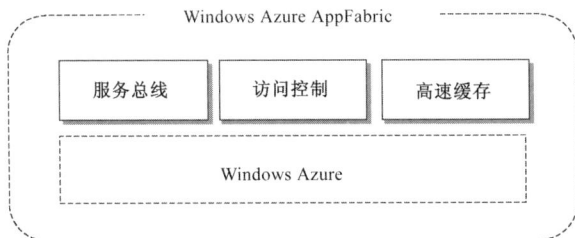

图 4-14　Windows Azure AppFabric 体系架构

1. 服务总线

服务总线的目标是通过云中应用公开的终端使公开应用服务变得简单，这个终端是可以被其他应用（无论是本地应用还是云应用）访问的。每个公开的终端都被分配了一个 URI，用户可以通过这个 URI 来定位和访问服务。服务总线同样能够处理网络地址转换所带来的挑战，并且可以在没有打开新的公开应用端口的情况下通过防火墙。

2. 访问控制

用户可以通过很多种方法获得一个数字身份认证，包括 Active Directory、Windows Live ID、Google Account、Facebook 等。如果一个应用希望注册带有其中的一种数字身份认证，那么这个应用的创建者为了支撑这个身份认证将面临很多严峻的挑战。AppFabric 访问控制服务简化了这一工作，同时也定义了一定的规则来控制用户的访问。

3. 高速缓存

在很多情况下，应用需要重复访问存取同一个数据。为了提升这类应用的访问速率，可以缓存这些经常被访问的信息，从而减少应用查询数据库的次数。高速缓存服务实现了上述功能，提高了应用的访问效率。

4.4.2　AppFabric 关键技术

Windows Azure AppFabric 为应用提供了各种各样的基础架构，用户可以从这些基础架构上获益，AppFabric 的关键技术就是服务总线、访问控制和高速缓存这三个部件。

1. 服务总线

运行在组织内部的应用提供了 WCF 创建的 Web 服务，此服务可以连接到组织外部的软件上。软件通常运行在 Windows Azure 这类云平台或其他组织内部。

在具体实现服务连接的过程中会出现很多问题。比如其他组织内部的客户端连接到 Web 服务时，需要知道如何定位到服务的终端。其他组织的软件请求需要确定如何通过

155

服务端的服务。网络地址转换（Network Address Translation，NAT）是十分普遍的，应用对外通常不会有一个固定的 IP 地址。那么，在没有使用 NAT 的情况下，请求需要确定如何通过防火墙。

AppFabric 中，服务总线（Service Bus）解决了这些问题，如图 4-15 所示。一个 WCF 服务可以通过服务总线注册终端，然后由客户端发现和使用这些终端访问服务。

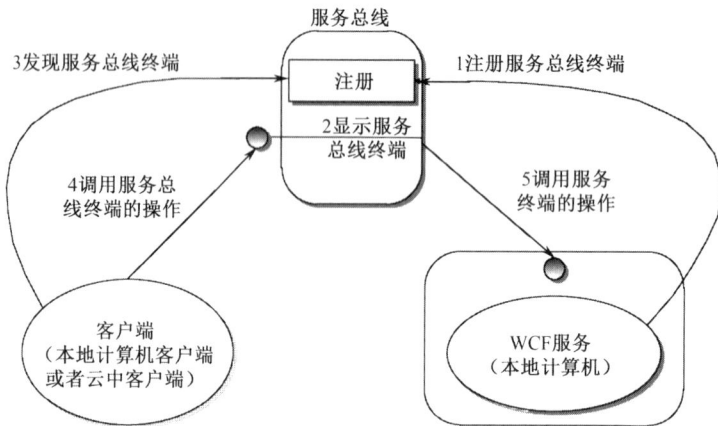

图 4-15　AppFabric 服务总线

开始时，WCF 服务注册一个或多个服务总线的终端（图 4-15 中步骤 1）。对于每个注册的终端，服务总线都会显示其通信终端（步骤 2）。服务总线分配一个 URI 口令给组织，组织通过这个 URI 可以自由创建命名层次。这样，终端就被分配了具体的 URIs。

在提供了终端 URI 的情况下，客户端可通过服务总线注册（步骤 3）发现终端。这个请求使用了 Atom Publishing Protocol，并且返回了一个 AtomPub 服务参考文档到代表应用的终端服务总线上去。在上述工作完成后，客户端可以调用通过上述显示终端的服务操作（步骤 4）。对于每个服务总线接受请求，调用 WCF 服务显示的终端通信操作（步骤 5）。

用户服务需要使用 AppFabric 服务总线的开放 TCP 连接显示终端，并保持这个连接一直处于开放的状态，这就解决了两个问题：一是解决了 NAT 问题，服务总线上的开放连接可以路由到应用程序；二是由于连接是在防火墙内初始化的，所以通过连接将消息传回应用时防火墙不会阻止该消息。

服务总线也提高了安全性。由于客户端只可以看见服务总线提供的一个 IP 地址，看不到内部的 IP 地址。服务总线充当了一个外部 DMZ（Demilitarized Zone，隔离区）的角色，起到了间接阻止攻击的作用。

通过服务总线展示其服务的应用一般是使用 WCF 实现，客户端可以由 WCF 或其他技术创建，比如 Java 等。这些客户端创建完成之后，他们可以通过 TCP、HTTP 或者 HTTPS 发送请求。应用同样可以自由地使用自己的安全机制，比如加密、屏蔽通信攻击等。

服务总线提供了以下一些有用的特征。

（1）支持消息缓冲。消息缓冲是通过一个简单的队列来实现的。客户端可以放置一个多达 256MB 大小的消息到消息缓冲池中去，而不需要客户端直接响应服务。存储消息持久存放在磁盘上，服务可以从磁盘上读取这些被放置的消息。为了防止故障的发生，存放的消息通常需要进行备份，与 Windows Azure 平台上消息备份方式相同。

（2）多个 WCF 服务监听同一个 URI。服务总线通过监听服务随机传播客户端请求，为 WCF 服务提供负载均衡和容错能力。

2．访问控制

AppFabric 访问控制如图 4-16 所示。

一个依赖于访问控制的应用通常既可以运行在本地平台上，也可以运行在云平台上。首先用户打算通过浏览器访问应用（图 4-16 中步骤 1）。如果应用接受 IdP 令牌（Token），那么将重新定位浏览器到这个 IdP（Identity Providers）。用户使用 IdP 来进行授权，比如通过输入用户名和密码的方式来进行授权，IdP 返回的令牌包含申明信息（步骤 2）。接下来用户浏览器发送 IdP Token 到访问控制中去（步骤 3），访问控制验证接受到得 IdP Token，其次根据事先定义好的应用规则来创建一个新的 Token（步骤 4）。访问控制包含了一个规则引擎，允许每个应用管理员定义不同的 IdPs Token 转换到 AC（Access Control）Token 方式。比如不同的 IdPs 有不同的定义用户名的方式，访问控制规则可以将这些不同格式的用户名转换成相同格式的用户名字符串。最后访问控制将 AC Token 返回到浏览器（步骤 5），再由浏览器将这个新的 Token 发送给应用（步骤 6）。一旦应用获得了 AC Token，可以验证这个 Token 并使用其中所包含的声明（步骤 7）。

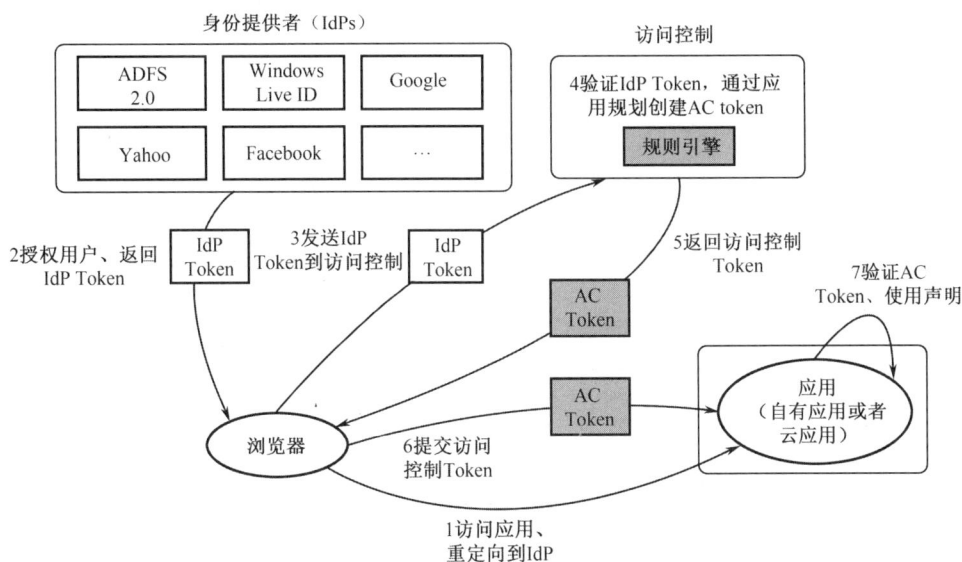

图 4-16　AppFabric 访问控制

应用接受来自多个 IdPs 发出的身份和常见声明的 Token，而不是处理包含不同声明的各种 Tokens，这样就不需要配置应用来使得不同的 IdPs 可信，这些信任关系可以由访问控制维持。

图 4-16 中，访问控制是为一些 IdPs（包括 AD FS 2.0、Windows Live ID、Google、Yahoo、Facebook 等）提供支撑服务的，它同样可以对支持 OpenID 的 IdP 有效。浏览器和其他客户端可以通过 OAuth 2 或 WS-Trust 请求 AC Tokens，AC Tokens 通常有不同的格式，包括 SAML 1.1、SAML 2.0 和 SWT（Simple Web Token）。为了创建应用，Windows 开发者使用 WIF（Windows Identity Foundation）接受 AC Tokens。

在每个分布式应用中，身份都是非常重要的。用户创建的安全应用都是来自不同提供者的身份，访问控制的目标是为了使创建过程变得简单。通过将访问控制这个服务放到云中，微软可以保证任何平台上的应用都可以使用它。

3. 高速缓存

AppFabric 高速缓存服务为 Windows Azure 应用提供了一个分布式缓存，同时为访问高速缓存提供了一个库，如图 4-17 所示。高速缓存服务保存每个应用角色实例近期访问数据条款副本的缓存。如果应用需求的数据条款不在本地的高速缓存中，高速缓存库将会自动地连接高速缓存服务提供的共享高速缓存。高速缓存可以通过一些 Windows Azure 实例进行传播，每个实例都保存了不同的缓存数据。然而，使用高速缓存过程中出现的分集对于应用是不可见的。应用只需要请求数据条款，如果高速缓存中没有这个条款，则让高速缓存找到这个请求的条款，最后返回实例中包含所有缓存数据条款。

在 Windows Azure 中，AppFabric 高速缓存并不是缓存最近的访问信息，通常通过 Caching API 在高速缓存中插入一个明确的数据条款。在不修改代码的情况下，为了方便存储正在会话的对象数据，可以通过高速缓存服务配置 Windows Azure 上的 ASP.NET 应用来加速访问。

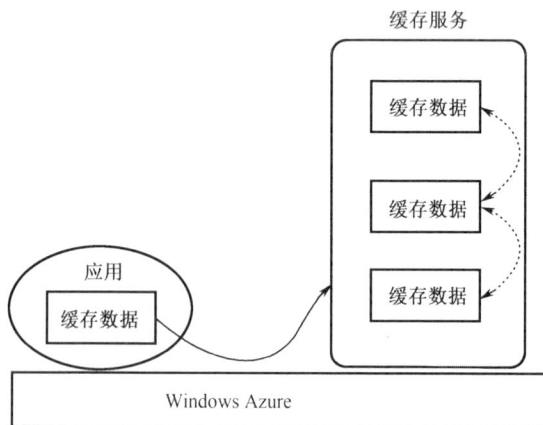

图 4-17　AppFabric 高速缓存

本地环境可使用 Windows Server AppFabric 提供高速缓存服务，与 Windows Azure

AppFabric 有许多相似之处。两者之间最大的区别在于：Windows Azure AppFabric 是一种服务，它不需要配置服务器和管理高速缓存，而且是面向多租户的，每个应用都可以获得实例。由于应用对其自身的实例进行了授权访问，所以某个应用高速缓存服务器中的数据对于其他应用而言是无法访问的。

4.5　Windows Azure Marketplace

在本地计算机上，不是所有的应用都是定制的，用户通常也会购买很多应用。许多组织除了购买应用，有时候也会购买数据集。随着云计算越来越受到关注，微软提供了 Windows Azure Marketplace 方便顾客寻找、购买云应用和数据集。

目前 Windows Azure Market 由以下两个部分组成。

（1）DataMarket。内容提供者通过 DataMarket 可以提供交易的数据集。顾客可以浏览这些数据集，并购买他们感兴趣的数据集。无论是定制的应用还是现有的应用（比如 Microsoft Excel）都可以通过 REST 请求或 OData 门户访问这些数据。

（2）AppMarket。云应用创建者通过 AppMarket 可以将应用展现给潜在的用户。目前 AppMarket 尚未实现，微软只是将其列入了研究计划。

现今社会中，购买应用已经变得十分普遍，而购买数据却没有那么广泛。很多公司均出售各种各样数据，包括人口统计、金融、版权信息等。DataMarket 可以查找内容提供者存储的所有种类的数据，同时检查这些数据是否满足购买者的需求。图 4-18 详细说明了这一过程。

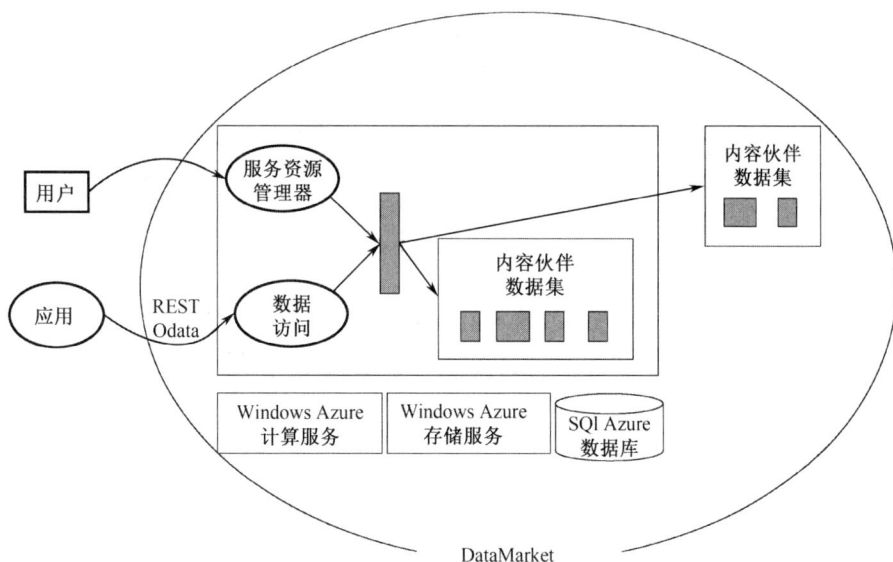

图 4-18　DataMarket 信息访问

应用和用户都可以通过 DataMarket 访问信息。DataMarket 中存在一个服务资源管理器，是一个 Windows Azure 应用，用户通过这个资源管理器可以查看所有可用的数据集，然后购买需要的数据。应用可以通过 REST 或者 OData 请求访问数据，数据集通常使用 Windows Azure 存储服务或者 SQL Azure 数据库进行存储的。当然，数据集也可以存放在外部内容提供者处。

4.6 Windows Azure 服务平台

Windows Azure 云计算服务平台现在已经包含如下功能：网站、虚拟机、云服务、移动应用服务、大数据支持以及媒体服务支持。

4.6.1 网站

Windows Azure 网站服务能够帮助开发者快速在 Azure 平台上部署网站。Windows Azure 网站服务在虚拟机内运行 Windows Server 和互联网信息服务（IIS）。如图 4-19 所示，一个单一的虚拟机往往包含由多个用户创建的多个网站，尽管各个网站运行自己的虚拟机是可能的。网站服务支持三种主要情景：构建静态 Web 网站、配置流行的开源应用和创建 Web 应用。

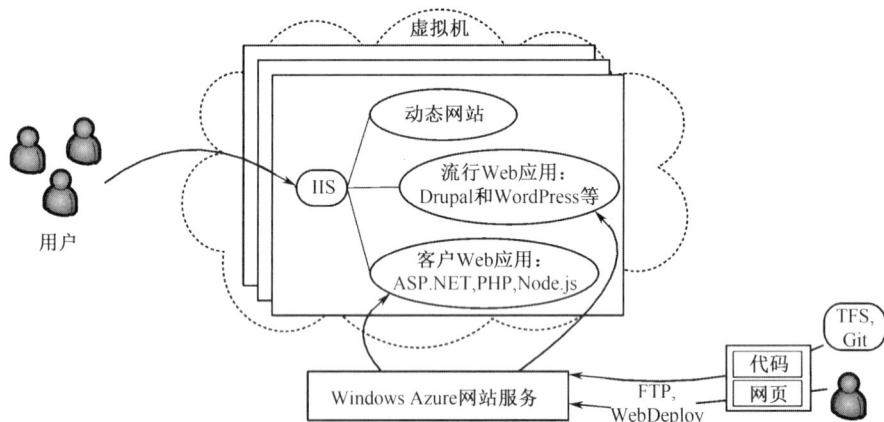

图 4-19 Windows Azure 网站服务

构建静态 Web 网站只需要复制 HTML 和其他 Web 内容的文件到一个特定的目录，然后 IIS 可为用户提供这些文件服务。Windows Azure 网站服务更像一个标准的 IIS 环境来直接完成这个工作。

网站服务也能支持一些流行的开源应用，包括 Drupal、WordPress 和 Joomla。用户可以从菜单中选择一种应用自动安装，并让其可用。由于大量的应用使用 MySQL，第三方公司 ClearDB 可以通过 Windows Azure 平台提供 MySQL 服务。

开发者也可以通过网站服务创建 Web 应用。这些技术支持使用 ASP.NET、PHP 和 Node.js 创建应用。应用可以使用固定会话，现有的应用不修改即可迁移到云平台。

构建在网站服务上的应用可以自由使用其他 Windows Azure 部件，如 Service Bus、

SQL Database 和 Blob 存储。用户可以在不同的虚拟机上运行一个应用的多个副本，网站服务可以在多个虚拟机之间自动负载平衡。

如图 4-19 所示，用户可以上载代码和其他 Web 内容到网站服务。一个简单的 Web 网站可使用 FTP 或微软 WebDeploy 技术。网站服务也支持从源控制系统上载代码，如 Git、Team Foundation Service（TFS）和基于云的 TFS。

4.6.2　虚拟机

Windows Azure 虚拟机服务让开发者、IT 操作人员和其他用户可以在云中创建和使用虚拟机，提供一种基础框架即服务（IaaS）的云计算模式。

如图 4-20 所示，用户可以通过 Windows Azure 管理门户网站或者基于 REST 的 Windows Azure 服务管理 API 创建虚拟机。管理门户网站可以通过各种流行的浏览器访问，包括 IE、Mozilla 和 Chrome 等；微软也提供针对 Windows、Linux 和 Macintosh 操作系统的客户端脚本工具支持 REST 访问接口。

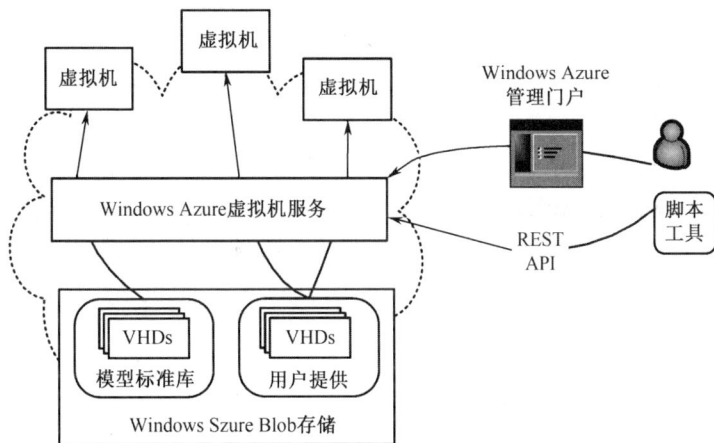

图 4-20　Windows Azure 虚拟机服务

当登录 Windows Azure 云计算平台创建一个新的虚拟机时，需要选择一个虚拟硬盘（VHD）来管理虚拟机镜像。虚拟硬盘存放在 Windows Azure 的 Blob 存储中，用户可以选择上载自己的虚拟硬盘，或者使用 Window Azure 提供的虚拟机模型标准库。在标准库中的虚拟硬盘包括 Windows Server 2008 R2、配置 SQL Server 的 Windows Server 2008 R2 和 Windows Server 2012 版本镜像。同时，它还提供 SUSE、Ubuntu 和 CentOS 等 Linux 版本镜像。

Windows Azure 创建虚拟机，不仅可以按需指定使用虚拟硬盘的类型，还可以按需选择虚拟机的 CPU、内存、I/O 性能及磁盘容量等配置。最后，用户还可以选择将新建的虚拟机运行在美洲、欧洲、澳洲或亚洲的数据中心。一旦虚拟机运行，用户就按小时计费；删除虚拟机后，用户停止付费。付费的多少由系统时钟来决定，并不依赖于虚拟机运行负载的高低。

每个运行的虚拟机有一个相关的操作系统盘和至少一个数据盘。每个盘实际存放在一个 Blob 中，Windows Azure 通过在单个数据中心内部或在多个数据中心之间复制 Blob 来支持数据容灾。虚拟机服务监控每个虚拟机的硬件设施。如果一个虚拟机所在的物理服务器失效，Windows Azure 平台获知这一信息，并在另一台物理机上启动相同的虚拟机；如果权限许可，用户也可以从操作系统盘中复制一个修改后的虚拟硬盘，将其运行在用户可信的数据中心或者别的云服务提供商。

运行的虚拟机可以使用管理门户网站、PowerShell 及其他脚本工具，或者直接通过 REST 接口管理；与微软合作的第三方公司，如 RightScale 和 ScaleXtreme，也利用 REST 接口提供管理服务。

Windows Azure 虚拟机服务可以通过许多不同方式使用，最主要包括以下四种场合。

（1）开发和测试。开发组往往需要具有特定配置的虚拟机来创建应用。Windows Azure 虚拟机服务提供了一种直接和经济的方式来创建、使用和删除虚拟机。

（2）云中的应用。一些应用运行在公共云中将更经济实惠。尽管购买足够的机器来构建自己的数据中心来运行应用是可行的，但大量的机器在很长一段时间内很可能是空闲的。Windows Azure 让用户可以关掉空闲的机器，只为需要运行的虚拟机付费。

（3）扩展自己的数据中心到公共云。通过 Windows Azure 虚拟网络，用户可以创建一个虚拟网络使一组 Windows Azure 虚拟机看起来像自身网络的一部分。这样允许一些 Windows Azure 应用，相比于运行在自身的数据中心，更容易配置和更经济。

（4）容灾。Windows Azure 虚拟机支持基础框架即服务的容灾，让用户在真正需要时按需支付计算资源，而不是构建一个很少使用的持续运转备份数据中心。如果主数据中心停止运行，用户可以在 Windows Azure 上创建一些虚拟机来运行必需的应用，并可在不需要时关闭这些虚拟机。

4.6.3 云服务

云服务提供平台即服务（PaaS）的云计算模式。该技术支持高度可用的且可无限缩放的应用程序和服务，支持多层方案、自动化部署和灵活缩放。云服务也依靠虚拟机创建，它提供两种不同的虚拟机选择：一种是运行在配置 IIS 的 Windows Server 上的 Web Roles 实例，另一种是运行在未配置 IIS 的 Windows Server 上的 Worker Roles 实例。一个云服务应用常常同时使用这两者。

如图 4-21 所示，单一应用中的所有虚拟机运行在相同云服务中。用户通过单一公共 IP 地址访问应用，随着访问请求数的变化，同一应用的多个虚拟机自动负载均衡。与 Windows Azure 虚拟机服务一样，云服务也采用同样的方式避免单点硬件失效。云服务不仅检测硬件失效，还检测虚拟机和应用失效。在每个 Web Role 和 Worker Role 中，云服务有一个代理来支持失效时创建新的虚拟机和应用实例。

云服务虚拟机有别于使用 Windows Azure 虚拟机模型创建的虚拟机。Windows Azure 本身管理它们，执行如安装操作系统修补程序并自动推出新修补的映像等操作。用户不需要创建虚拟机，只需要配置应用所需虚拟机的计算和存储能力。如果用户的应用需要处理更高的负载，可以申请更多的虚拟机，Windows Azure 将会创建这些实例；

如果应用负载降低，用户可以关闭这些实例，并停止支付相应的云服务成本。

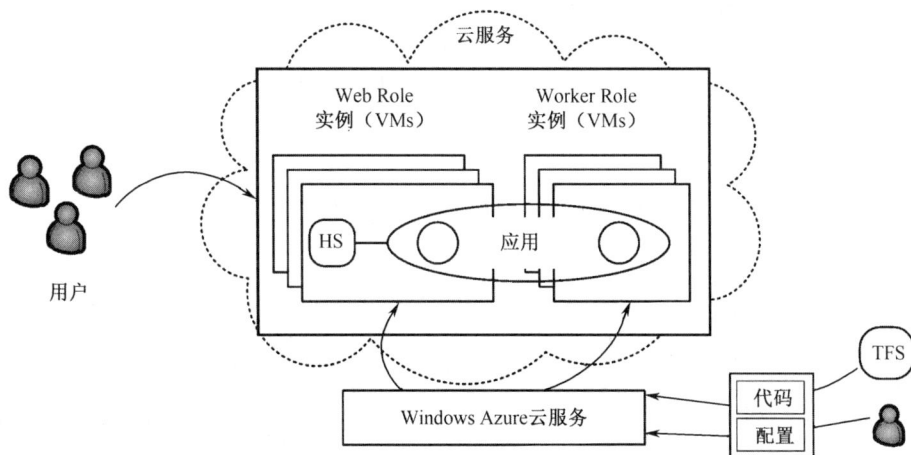

图 4-21　Windows Azure 云服务

在任意 Web Role 或 Worker Role 实例失效时，构建在云服务中的应用应该正确地运行。因此，云服务应用不应该保留所运行虚拟机文件系统的状态。不同于 Windows Azure 虚拟机服务创建的虚拟机，云服务虚拟机的写操作不是持久的，而是显式地写所有状态到 SQL Database、Blob、表或其他外部存储。采用这种方式构建应用，使得云服务应用更容易扩展和更能抵抗失效。

4.6.4　移动服务

Windows Azure 移动服务可通过使用 Windows Azure 创建高性能的移动应用程序。移动服务使得连接扩展云后端到你的客户端和手机应用变得非常简单。它允许你轻松地在云中存储结构化数据，且可跨设备和用户，通过用户认证整合服务，同时通过推送通知用户发布更新，支持 SQL Database、Mobile 服务，并可以快速生成 Windows Phone、Android 或者 iOS 应用程序项目。

移动服务一起提供一组 Windows Azure 服务，这些服务为你的应用程序实现后端功能。移动服务在 Windows Azure 中提供以下后端功能以便支持你的应用程序。

（1）客户端库支持在多种设备上开发移动应用程序。

（2）可以很轻松地对表进行设置和管理，以便存储应用程序数据。

（3）与通知服务相集成，以便向你的应用程序提供推送通知。

（4）与已知的标识提供程序相集成以便进行身份验证。

（5）精确控制授予对表的访问权限。

（6）支持脚本以便将业务逻辑注入数据访问操作。

（7）与其他云服务相集成。

（8）支持对移动服务实例进行缩放的功能。

（9）服务监视和日志记录。

使用 Windows Azure 移动服务将数据存储到云上已经非常简单。当你创建一个 Windows Azure 移动服务后，自动将它与 Windows Azure 上的 SQL 数据库相关联。Windows Azure 移动服务后台便会提供内置支持，允许远程应用程序从云中安全存储和检索数据（利用基于 JASON 的 ODATA 格式，使用安全 REST 端点），不需要你编写和部署任何定制的服务代码。在 Windows Azure 中内置管理支持可创建表格、浏览数据、设置索引和控制访问权限。

Windows Azure 移动服务也使得整合用户认证以及在应用中推送通知变得简单化。你能利用这些特性去对查询你存储在云中的数据的用户进行身份认证以及访问控制。同时当这些数据改变时会给用户推送通知。Windows Azure 移动服务支持"服务脚本"的概念（执行小模块的服务器端脚本来响应操作），这使得这些方案的实现变得很简单。

Windows Azure 移动服务现在允许每个 Windows Azure 用户免费创建和运行最多 10 个移动服务，共享/多租托管环境。这就提供了一个简单的方法，使你在使用 Windows Azure 移动服务连接数据库的情况下不花任何费用来开始你的项目。Windows Azure 按照每小时所使用的计算功能来计费，允许用户根据自己的需要扩大或减少资源的使用。

4.6.5　大数据处理

Windows Azure 提供了海量数据处理能力，可以从数据中获取可执行洞察力，利用完全兼容的企业准备就绪 Hadoop 服务。PaaS 产品/服务提供了简单的管理，并与 Active Directory 和 System Center 集成。支持 Hadoop、Business Analytics、Storage、SQL Database 及在线商店 Marketplace。

传统的关系型数据分析可以使用 SQL Server Analysis Services 等工具来处理，但在整个数字世界中，大量的数据是非关系型数据，传统的数据分析工具难以有效地分析处理这些数据。近年来一种新兴的开源技术——Hadoop，在物理机或者虚拟机集群上通过并行处理大数据，能够有效地解决这一问题。Hadoop 使用的机器越多，就能越快地完成工作。在公有云中按需创建虚拟机运行 Hadoop，不但能够避免大量专用服务器长期处于空闲状态而引起的资源浪费，更能减少因为移动数据产生问题。

Windows Azure 支持 Hadoop 服务来进行大数据处理，主要的服务组成部分如图 4-22 所示。为了使用 Windows Azure 的 Hadoop 服务，需要指定所需的虚拟机数量，在云平台上创建一个 Hadoop 集群。相比于用户自己来构建一个 Hadoop 集群，Windows Azure 将会让用户更简便地完成这一任务。当任务完成不需要集群时，可以将其关闭。同时，用户也不需要支付没使用计算资源的云代价。

一个 Hadoop 应用往往被称为一个作业，它使用 MapReduce 编程模型。一个 MapReduce 作业逻辑上在多个虚拟机上同时运行；通过数据并行处理，Hadoop 较单机策略分析数据更快。在 Windows Azure 平台上，MapReduce 作业处理的数据往往存放在 Blob 存储中。不同于传统 Hadoop 的 MapReduce 作业将数据存放在 HDFS 上，Windows Azure 的 Hadoop 平台使用 Blob 存储代替 HDFS API 来实现数据管理功能。然而，在逻辑上 MapReduce 作业像访问一般的 HDFS 文件一样访问 Blob 存储上的数据流。为了支持多个作业运行在同一数据集上，Windows Azure 的 Hadoop 允许将数据从 Blob 存储复制到虚拟机上运行的完整 HDFS。

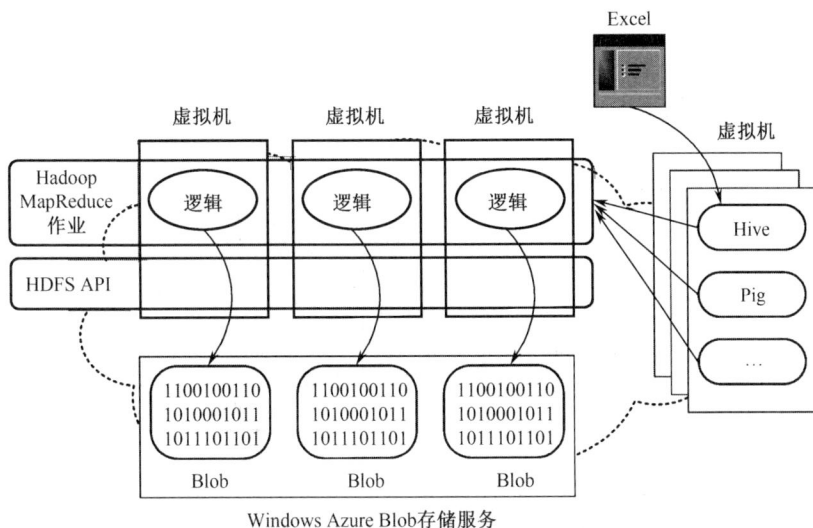

图 4-22　Windows Azure 大型数据处理

MapReduce 作业一般采用 Java 实现。微软也增加了使用 C#、F#和 JavaScript 语言实现功能。除了 HDFS 和 MapReduce，Windows Azure 平台的 Hadoop 服务还支持大数据分析语言 Pig、类 SQL 处理语言 Hive、机器学习库 Mahout 和图像挖掘系统 Pegasus 等技术。

4.6.6　媒体支持

Windows Azure 媒体服务是一个 PaaS 平台，用来为用户部署和提供媒体解决方案，具有灵活性、可缩放性和可靠性，可以为全球用户提供高质量的媒体体验。如图 4-23 所示，媒体发布者（如广播员、网络操作员、内容发布者和企业等）可以在云端部署媒体工作流，Windows Azure 媒体服务提供包括内容注入、编码、格式转换、内容保护、内容分析以及按需和实时流等功能。媒体服务平台可通过标准应用程序接口单独调用媒体服务，以便与私有云的应用程序和服务轻松集成。支持的客户端连接设备包括 Xbox、Windows Phone 手机、Windows PC、智能 TV、机顶盒、MacOS、iOS 以及 Android 设备，为用户提供出租免费订阅和购买广告支持等应用需求。

为了访问这些服务，需要创建一个供媒体服务使用的 Windows Azure 账户。启用账户可允许存储与媒体内容和处理工作相关的元数据。一旦启动了媒体服务并创建了希望上传的内容，就可以使用媒体服务软件开发工具（SDK）.NET 版或 Windows Azure Media Service REST 应用程序接口（API）来连接服务和内容。上传大量的内容非常耗费时间，但是微软公司与第三方合作伙伴已开发出优化的上传工具。

在云计算中运行媒体服务的一个优势就是可以利用多台服务器进行处理工作。Windows Azure 媒体服务支持多种格式的编码、增加水印以及使用 Microsoft PlayReady

Protection 进行内容加密。媒体服务使用了一个工作抽象，后者由一组适用于内容的任务组成。通过采用这个方法，可以在一个单一逻辑处理中执行多个处理步骤。

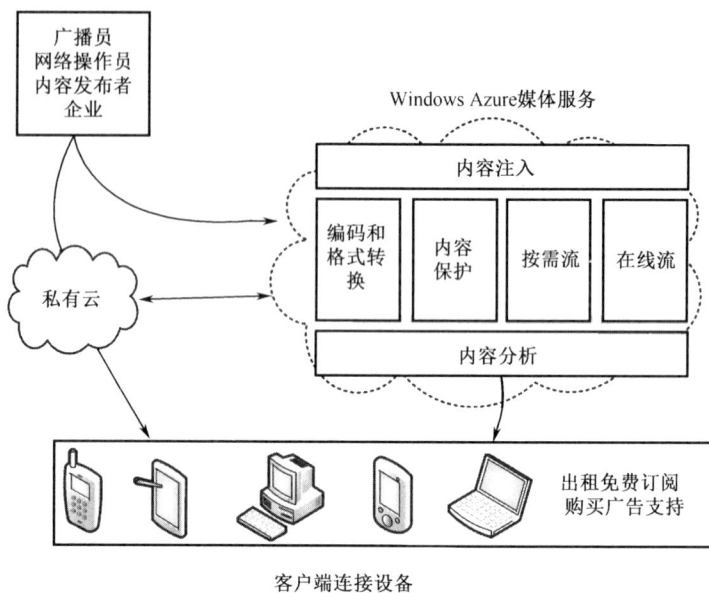

图 4-23　Windows Azure 媒体服务

在内容被处理过之后，它被永久地存储在 Windows Azure storage 中。可通过 URL 访问内容，客户端应用程序就可以直接访问内容。媒体服务也支持访问控制。

习题

1．微软云计算平台包含几部分？每部分的作用是什么？

2．Windows Azure 存储服务提供了几种类型的存储方式？阐述每种存储方式主要的存储对象。

3．阐述 Web Role 实例和 Worker Role 实例之间的通信机制。

4．SQL Azure 数据同步技术主要有几种？分别如何实现？

5．阐述 SQL Azure 和 SQL Server 的相同点和不同点。

6．AppFabric 高速缓存技术是如何实现的？

7．利用 Visual Studio 2010 开发一个简单的应用程序，并将其部署到 Windows Azure 平台上。

8．Windows Azure 是如何支持大数据处理的？

参考文献

[1]　Introducing the Windows Azure Platform, Final PDC10.

[2]　Introducing Windows Azure, Final PDC10.

[3]　MS800_SQL Azure Database Whitepaper_r01.

[4]　Similarities and Differences (SQL Azure vs. SQL Server).

[5]　Windows Azure Blob - May 2009.

[6]　Windows Azure Queue - Dec 2008.

[7]　Windows Azure Table - May 2009.

[8]　Windows-Azure-AppFabric-PDC10-Overview

[9]　Windows Azure Execution Models – July 2012.

[10]　Windows Azure Data Management and Business Analytics, 2011.

[11]　Brad Calder, Ju Wang, Aaron Ogus, et al. Windows Azure Storage: A Highly Available Cloud Storage Service with Strong Consistency, In Proceedings of the 23rd ACM Symposium on Operating Systems Principles (SOSP'11), Pages 143-157, October 2011.

[12] Windows Azure 入门指南, http://www.windowsazure.cn/zh-cn/starter-guide/, 2015.

（参考文献 [1]～[10] 来自微软官方网站： http://www.microsoft.com/windowsazure/ whitepaperdownload/）

第 5 章　Hadoop 2.0：主流开源云架构

自从云计算的概念被提出，不断地有 IT 厂商推出自己的云计算平台。Amazon 的 AWS、微软的 Azure 和 IBM 的蓝云等都是云计算的典型代表，但它们都是商业性平台，对于想要继续研究和发展云计算技术的个人和科研团体来说，无法获得更多的了解，Hadoop 的出现给研究者带来了希望。本章将重点介绍 Hadoop 2.0 的 HDFS、Yarn 和 MapReduce，以及 Hadoop 2.0 的具体使用。

5.1　引例

据不完全统计，全球数据总量在 2011 年就达到了 2.1ZB[2]，IDC 更是预计 2020 年全球数据总量将超过 40ZB（即 40 万亿 GB），这相当于届时全球每人平均拥有 5TB 的数据量。大数据对存储和计算带来了巨大的挑战，下面给出一场景和三类问题，请读者在此场景下讨论并解决这三类问题。

5.1.1　问题概述

【例 5-1】假设现有一些配置完全相同的机器 cSlave0～cSlave$N$，cMaster0，cMaster1，并且每台机器都有 1 个双核 CPU，5GB 硬盘。现有两个大小都是 2GB 的文件 file0 和 file1。

第一类问题，存储。

问题①：将 file0 和 file1 存入两台不同机器，但要求对外显示它们存于同一硬盘空间。问题②：不考虑①，现有一新文件 file2，大小为 6GB，要求存入机器后对外显示依旧为一个完整文件。

第二类问题，计算。

问题③：在问题①下，统计 file0 和 file1 这两个文件里每个单词出现的次数。

第三类问题，可靠性。

问题④：假设用于解决上述问题的机器宕机了，问如何保证数据不丢失。

为求简单明了，上述场景与问题的描述可能不够完善，读者也暂不考虑诸如数据库、压缩存储、NFS 等方案，把思路放在分布式上，下面给出最直观解答。

5.1.2　常规解决方案

问题①解答：取两台机器 cSlave0 和 cSlave1，cSlave0 存储 file0，cSlave1 存储 file1。

问题解决了吗？显然没有，虽然 file0 和 file1 都存了下来，但对外显示时它们并非存于同一个硬盘空间，似乎除非将两块硬盘连接到一起，才能解决这个问题，可是这两块硬盘明显属于两台不同的机器。

问题②解答：将 file2 拆成两个大小分别为 3GB 的文件 file2-a 和 file2-b，将 file2-a 存入 cSlave0、file2-b 存入 cSlave1。

和①一样，我们成功地存储了"大"文件 file2，但本来一个文件，存入后对外显示时却成了两个不同文件。

问题③解答：

步骤一，将 cSlave1 上的 file1 复制一份到 cSlave0 上，这样 cSlave0 上同时存有 file0 和 file1。

步骤二，编写一简单程序，程序里使用 HashMap<String, Integer>，顺序读取文件，判断新读取的单词是否存在于 HashMap，存在 Integer+1，不存在则 HashMap 里加入这个新单词，Integer 置为 1，记此程序为 WordCount。

步骤三，将此程序 WordCount 放在 cSlave0 上执行，得出结果。

统计单词个数问题被我们解决了，如果现实问题真是如此，上述方案简单明了，易于操作，的确是个好方法。可是假如数据分布在 100 台机器上，每台机器存的不是 2GB 而是 1TB，仅仅数据复制这一步，就需要花去几天时间，并且普通服务器一般配置 2TB 硬盘空间，单台服务器不可能存下 200TB 数据，大数据环境下已不可能依赖单台服务器存储和处理数据了。

对于问题④，最直观的想法是为每台机器都做磁盘冗余阵列（RAID），购买更稳定的硬件，配置最好的机房、最稳定的网络。

硬件要提供极高的稳定性，这点没错，但我们不能"千方百计"地依赖于硬件的可靠性，最好能在存储和计算这两端都做些冗余，从软件层预防和处理硬件失败。

5.1.3　分布式下的解决方案

上述方案并没有真正解决问题，下面介绍的分布式方案也是 Hadoop 的架构思路，读者须仔细研读，重点理解其架构思想，至于有些不好理解的地方，暂不必追究，后面章节将深入讲解。

1. 分布式存储

对于第一类存储问题，若能将多台机器硬盘以某种方式连接到一起，则问题迎刃而解。取机器 cSlave0，cSlave1 和 cMaster0，采用客户-服务器模式构建分布式存储集群，让 cMaster0 管理 cSlave0，cSlave1。规定 cMaster0 为 store master，cSlave0，cSlave1 为 store slave，store master 不存储数据，统一管理所有 store slave 硬盘空间，store slave 作为存储节点，由 store master 管理，用来存储真实数据（见图 5-1）。

经过上述方式构建后的集群，对内，由于采用客户-服务器模式（客户端主动连接，服务器被动接受，并且客户端取得服务方式相同），只要保证 store master 正常工作，我们很容易随意添加 store slave，硬盘存储空间无限大。对外，整个集群就像是一台机器、一片云，硬盘显示为统一存储空间，文件接口统一。

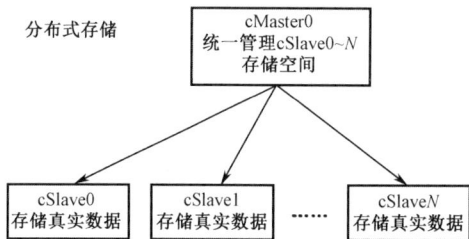

图 5-1　分布式存储架构思想

称此新构建的文件系统为分布式文件系统（Distributed File System，DFS），这个DFS 可以解决问题①、②。Hadoop 分布式文件系统（Hadoop DFS，HDFS）的架构思想和上述过程类似。

2．分布式计算

针对第二类计算问题，不可能每次都将数据复制到同一台机器计算，Google 论文MapReduce 给出观点"移动计算比移动数据更划算"，试想一下数据动辄就是几个 TB，而代码一般才几 MB，如果每次都将程序分发至存储数据的机器上执行，而不是移动数据，处理能力将大大提高。采用分布式计算思想解决问题③，先给出以下思路。

首先引入 key/value 对概念，称"<key,value>"为 key/value 对，或者 KV 对，大量半结构化数据都可以表示成这种形式，其中 value 为此 key 对应的值，且 key、value 都可以是复合类型。

假定 cSlave0 存储 file0，cSlave1 存储 file1，file0 和 file1 内容分别为"china cstor china"，"cstor china cstor"。首先，在 cSlave0 与 cSlave1 上，针对各自存储的文件分别独立执行 WordCount 程序（单词计数），结果记成"<key,value>"形式，其中 key 为单词，value 为此 key 出现次数，如<cstor,2>表示单词 cstor 出现 2 次。其次，规定key=china 的<key,value>对前往 cSlave0 进行合并计算，key=cstor 的<key,value>对前往cSlave1 进行合并计算。再次，cSlave0 和 cSlave1 分别独立计算汇总中间结果，并得出最终结果。最后，将结果（依旧为<key,value>形式）存入 DFS（见图 5-2）。

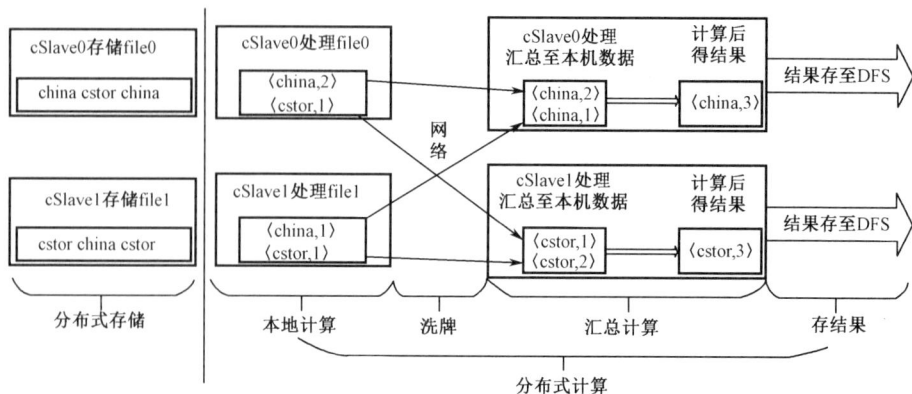

图 5-2　WordCount 分布式计算思路

根据图 5-2，处理过程可大致划分为三步：本地计算（Map）、洗牌（Shuffle）和合并再计算（Reduce），三个过程构建如下。

取新机器 cMaster1，采用客户-服务器模式构建由机器 cSlave0、cSlave1 和 cMaster1 组成的分布式计算集群。规定 cMaster1 为 compute master，cSlave0 和 cSlave1 为 compute slave，compute master 不执行具体计算任务，主要负责分配计算任务和过程监管，compute slave 负责具体计算任务，并且还要不断向 compute master 汇报计算进度（见图 5-3）。

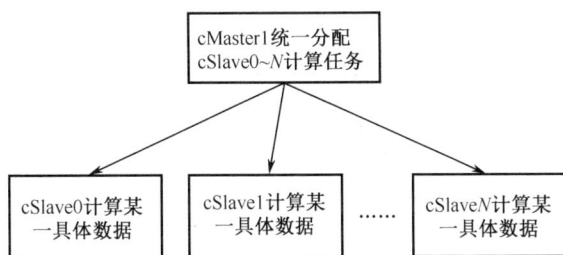

图 5-3　分布式计算架构思想

按照"移动计算比移动数据更划算"的思想，cSlave0 最好是处理存于本机硬盘上的 file0，而不是将 file1 从 cSlave1 调过来（通过网络）再处理 file1；同样 cSlave1 处理存在 cSlave1 上的 file1，这就是所谓的"本地计算"（见图 5-4）。Hadoop 将此过程称为分布式计算的 Map 阶段。

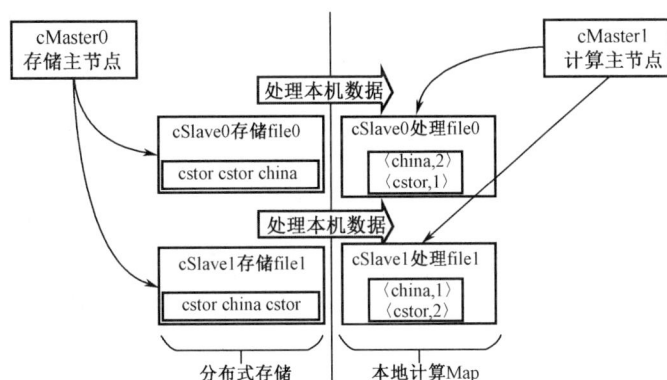

图 5-4　本地计算

上述本地计算 Map 阶段结束后，cSlave0~1 分别有中间结果<cstor,2><china,1> 和 <cstor,1><china,2>。至此，虽已成功实现了本地计算，但只是中间结果，单词计数问题依旧没有解决，容易看出，将这两个中间结果合并，即为最终结果，于是我们自然想到将 cSlave1 上的中间结果复制到 cSlave0，在 cSlave0 上进行合并计算，可是这个合并是单机的，那我们如何能够实现"合并"过程也由多机执行呢？

为此引入"洗牌"（Shuffle）过程，即规定将 key 值相同的 KV 对，通过网络发往同一台机器。易知，只要规定的规则相同，那同一个 key 所对应的 KV 对（不管它们原来在哪台机器）经规则后必发往同一台机器。

经过洗牌后，cSlave0 上有<china,2><china,1>，cSlave1 上有<cstor,1><cstor,2>，下面进行合并计算。

合并计算过程稍微微妙些，第一步每台机器将各自 KV 对中的 value 连接成一个链表，如<china,2><china,1>经连接后成为<china,[1,2]>，而 cSlave1 则成为<cstor,[1,2]>，接着各台机器可对<key,valueList>进行业务处理（如相加），称此过程为 Reduce。

最后，将得出的结果再存于 DFS，这里若每个 Reduce 得出的结果都存成一个单独文件，则存储结果文件的过程是并行的。容易看出，无论是 Map、Shuffle 还是 Reduce，甚至是存储结果，在每个阶段都是并行的，整个过程则构成一个有向无环图（DAG），称此 MapShuffleReduce 过程为 MapReduce 分布式计算过程，也称 MapReduce（见图 5-5）。

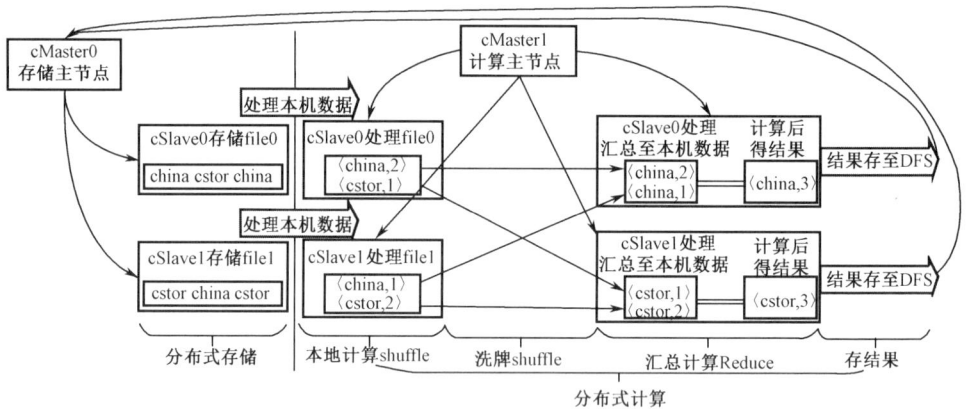

图 5-5　分布式计算完整形式

上述分布式计算架构的思想和 Hadoop 的 MapReduce 分布式计算的架构基本相似。至此，已讲解完分布式存储和分布式计算这两种架构思路，但 Hadoop 的分布式存储和计算还能解决硬件失效问题，正如例 5-1 中问题④，下面给出解答。

3. 冗余存储与冗余计算

分布式下采用冗余解决可靠性问题，上述过程构建的 DFS 对外是一个统一文件系统，但对内文件都是存储在具体机器上的，我们只要保证存于 cSlave0 上的数据，同时还存在于别的机器上，那即使 cSlave0 宕机，数据依旧不会丢失。

存储时，引入新机器 cSlave2 和 cSlave3，将存于 cSlave0 的 file0 同样存储于 cSlave2，存于 cSlave1 的 file1 同样存一份于 cSlave3。同 cSlave0~1 一样，cSlave2~3 的存储空间也由 cMaster0 统一管理，而 cMaster0 既知道它们是同一份数据，又要求所有数据都得这样存储。用这种办法，即使 cSlave0 宕机，数据依旧不会丢失，用冗余存储来解决硬件失效问题。

计算时，cSlave0~3 的计算任务统一由 cMaster1 指派。以 file0 为例，file0 存于 cSlave0 和 cSlave2，启动计算时，cMaster1 要求 cSlave0 和 cSlave2 都计算本地的 file0，期间若 cSlave0 宕机，由于 cSlave2 的计算还在，cSlave0 的失败对整个计算过程并无太大影响，若 cSlave0 与 cSlave2 都在正常计算，并未出现故障，则 cMaster1 选中先结束的那台机器的计算结果，并停止另一台机器里还在计算的进程。

通过冗余存储，不仅提高了分布式存储可靠性，还提高了分布式计算的可靠性。

5.1.4　小结

本节通过问答方式，引出了分布式存储和分布式计算架构的思路，这也是 Hadoop 的 HDFS 和 MapReduce 架构思路。当然，现实中 Hadoop 的实现机制则更加复杂，比如它的存储与计算都以块为单位、机架感知、调度策略、推测执行等，都有其精妙之处，但其架构的基本思路和本节很类似，读者可通过本节理解分布式存储和分布式计算的架构思想，下面章节将深入 Hadoop 架构。

读者还要明白，分布式存储和分布式计算这两者间并没有关系，它们各自都可以独立存在，只是，当 MapReduce 运行于 HDFS 上时，性能较好而已，MapReduce 同样可以运行于其他文件系统。

5.2　Hadoop 2.0 简述

5.2.1　Hadoop 2.0 由来

2002 年开源组织 Apache 成立开源搜索引擎项目 Nutch，但在 Nutch 开发过程中，始终无法有效地将计算任务分配到多台计算机上。2004 年前后，Google 陆续发表三大论文 GFS、MapReduce 和 BigTable。于是 Apache 在其 Nutch 里借鉴了 GFS 和 MapReduce 思想，实现了 Nutch 版的 NDFS 和 MapReduce。但 Nutch 项目侧重搜索，而 NDFS 和 MapReduce 则更像是分布式基础架构，故 2006 年开发人员将 NDFS 和 MapReduce 移出 Nutch，形成独立项目，称为 Hadoop。

由于技术和实践的发展，Hadoop 本身也在发展并完善着，工业界称 Hadoop 1.X 及其以前的版本（0.23.X 除外）为 Hadoop 1.0，称 Hadoop 2.X 及其以后版本为 Hadoop 2.0，两个版本在 Hadoop 架构上有较大改变。

Hadoop 2.0 提供分布式存储（HDFS）和分布式操作系统（Yarn）两大功能软件包。

将 Hadoop 2.0 部署至集群后，通过调用 Hadoop 2.0 程序库，能够用简单的编程模型来处理分布在不同机器上的大规模数据集。由于采用客户-服务器模式，Hadoop 2.0 很容易从一台机器扩展至成千上万台机器，并且每台机器都能提供本地计算存储和本地计算。考虑到集群中每台机器都可能会出问题（如硬件失效），Hadoop 2.0 本身从设计上就在程序层规避了这些问题。

Hadoop 至少应当包含分布式存储和分布式计算两个模块，下面给出 Hadoop1.0 项目模块。

（1）Hadoop Common：支持其他模块的公用组件。

（2）Hadoop Distributed File System (HDFS)：Hadoop 的分布式文件系统。

（3）Hadoop MapReduce：分布式计算框架。

Common 是联系 HDFS 和 MapReduce 的纽带，它一方面为另外两组件提供一些公用 jar 包，另一方面也是程序员访问其他两模块的接口。HDFS 模块主要提供分布式存储服务。MapReduce 模块则主要负责资源管理、任务调度和 MapReduce 算法实现。

为便于叙述，如不特别说明，Hadoop 指的是 Hadoop 2.0。

5.2.2　Hadoop 2.0 相关项目

作为 Google 云计算的开源实现，Hadoop 中的 HDFS 和 MapReduce，分别对应 Google 的 GFS 和 MapReduce。HBase 对应 Google 云计算另一核心技术 BigTable，但 Hbase 本身不属于 Hadoop，而是 Hadoop 相关项目，从表 5-1 可以看出 Google 云计算组件和 Hadoop 及其相关项目之间的对应关系。

表 5-1　Hadoop 云计算系统与 Google 云计算系统组件对应关系表

Hadoop 云计算系统	Google 云计算系统
Hadoop HDFS	Google GFS
Hadoop MapReduce	Google MapReduce
HBase	Google BigTable
ZooKeeper	Google Chubby
Pig	Google Sawzall

虽然 Hadoop 项目从 Google 云计算发展而来，但 Hadoop 及其相关项目并不拘泥于 Google 云计算，近几年工业界围绕 Hadoop 进行了大量的外围产品开发，图 5-6 描述了各个产品项目之间的层次关系。

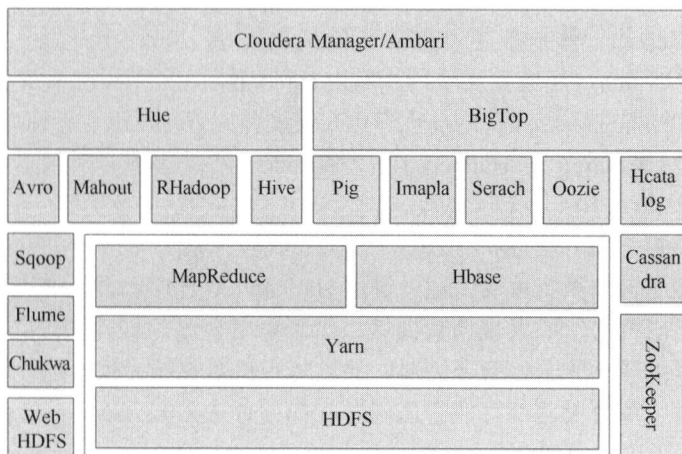

图 5-6　Hadoop 生态圈

注意，图 5-6 所示的项目层次关系只是个参考，除了方框内的 4 个项目，其他项目所处层次并不是绝对的，并且它们也只是 Hadoop 相关项目里的一部分。有些项目，如 Accumulo、Whirr 并未在图中显示；有些项目虽在层次结构中，但并不是开源项目，如 Cloudera Manager；有些项目和其他项目功能有些相似，如 Imapla 与 Hive，Flume 与 Chukwa，这些项目将在第 6 章里进一步介绍。

5.2.3　Hadoop 应用

Hadoop 有以下几个主要应用领域。

1．构建大型分布式集群

Hadoop 最直接的应用就是构建大型分布式集群，提供海量存储和计算服务，像国内的中国移动"大云"、淘宝"云梯"等，都已是大型甚至超大型分布式集群。

2．数据仓库

很多公司的 log 日志文件、其他半结构化业务数据并不适合存入关系型数据库，却特别适合存入半结构化的 HDFS，然后应用其他工具（如 Hive、Hbase）提供报表查询之类的服务。

3．数据挖掘

大数据环境下的数据挖掘其实并没有太大改变，但大数据却给数据挖掘的预处理工具出了难题。受限于硬盘性能和内存大小限制，普通服务器读取 1TB 数据需要至少二十分钟，但 Hadoop 却是每台机器读取 $1/n$ TB，加上共享集群内存和 CPU，实际处理时间何止 n 倍。

Hadoop 已广泛应用于分布式集群构建、数据存储、数据挖掘等领域。随着大数据和云计算时代的到来，相信 Hadoop 的应用将更加广泛。

5.3　Hadoop 2.0 部署

部署 Hadoop 是学习与应用 Hadoop 的必由之路，也是拦路虎，令初学者望而却步。本节将深入浅出地讲解 Hadoop 部署，期望能把读者引入 Hadoop 的精彩世界。

5.3.1　部署综述

1．部署方式

Hadoop 主要有两种安装方式，即传统解压包方式和 Linux 标准方式。早期的 Hadoop 都是采用直接解压 Hadoop-x.gz 包方式部署的，近两年来由于 Cloudera[3]、Hortonworks[4]等公司对 Hadoop 及其相关组件的包装、整合，Hadoop 部署方式正向标准 Linux 部署方式靠拢。相对来说，标准 Linux 部署方式简单易用，而传统部署方式则烦琐易错；标准部署方式隐藏了太多细节，而传统解压包方式有助于读者深入理解 Hadoop，编者建议在采用标准方式部署前，先学习传统部署方式。5.3.2 节以传统解压包方式部署 Hadoop，6.1.2 节以标准 Linux 方式部署 Hadoop，请读者比较二者区别。

安装 Hadoop 的同时，还要明确工作环境的构建模式。Hadoop 部署环境分为单机模式、伪分布模式和分布式模式三种。单机模式不需要与其他节点交互，因此不需要使用 HDFS，直接读写本地的文件系统，该模式主要用于开发调试 MapReduce 程序的应用逻辑。伪分布模式也是在一台单机上运行，但是用不同的进程模仿分布式运行中的各类节点。分布式模式则在不同的机器上部署系统。

2. 部署步骤

无论是解压包方式还是标准方式，部署 Hadoop 时都大概分为以下几个步骤：

步骤 1：制定部署规划；

步骤 2：准备机器；

步骤 3：准备机器软件环境；

步骤 4：下载 Hadoop；

步骤 5：解压 Hadoop；

步骤 6：配置 Hadoop；

步骤 7：启动 Hadoop；

步骤 8：测试 Hadoop。

这里称步骤 2、3 为部署前工作，步骤 5、6、7 为 Hadoop 部署，最后的步骤 8 为 Hadoop 测试，当然，其实最重要的还是第 1 步部署规划，它为 Hadoop 部署指明了方向，根据上述划分，Hadoop 部署步骤又可简述如下：

步骤 1：制定部署规划；

步骤 2：部署前工作；

步骤 3：部署 Hadoop；

步骤 4：测试 Hadoop。

无论是下一小节的传统部署方式，还是第 6 章的标准部署方式，都会按照这个步骤部署，请读者务必从整体上把握部署步骤。

3. 准备环境

准备环境讲解的是准备机器和准备机器软件环境，也就是部署前工作，本质上说，Hadoop 部署和这一步无关，但大部分用户或是没有 Linux 环境，或是刚安装 Linux，直接使用刚安装的 Linux 来部署完全模式的 Hadoop 是不可能实现的，用户必须做些诸如修改机器名、添加域名映射等工作（当然，若有 DNS 服务器，那可以不添加域名映射）后才可部署。

1）硬件环境

由于分布式计算需要用到很多机器，部署时用户须提供多台机器，至于提供几台，须根据步骤 1 "部署规划" 确定，如下一节传统方式部署的 "部署规划" 指明使用 3 台机器，而第 6 章的标准方式的 "部署规划" 则要求使用 6 台机器。

实际上，完全模式部署 Hadoop 时，最低需要两台机器（一个主节点，一个从节点）即可实现完全分布模式部署，而使用多台机器部署（一个主节点，多个从节点），会使这种完全分布模式体现得"更加充分"，这二者并无本质区别。读者可以根据自身情况，做出符合当前实际的"部署规划"，其他部署步骤都相同。此外，硬件方面，每台机器最低要求有 1GB 内存，20GB 硬盘空间。

需要特别说明的是，分布式模式部署中需要使用的机器并非一定是物理实体机器，实际上，用户可以提供两台或多台实体机器，也可以提供两台或多台虚拟机器，即用户可以使用虚拟化技术，将一台机器虚拟成两台或多台机器，并且虚拟后的机器和实体机器使用上无任何区别，用户可认为此虚拟机就是实体机器。

【例 5-2】机器 A 的配置为 4GB 内存、双核、硬盘 100GB；系统为 64 位 Windows 7，现要求使用 VMware 将此机器虚拟成三台 CentOS 机器 cMaster，cSlave0，cSlave1。

解答：用户须下载并安装 VMware，接着使用 VMware 安装 CentOS。正如在 Windows 7 上安装其他软件一样，用户根据实际情况，大体步骤如下。

步骤 1：下载 VMware Workstation：谷歌搜索并下载 VMware Workstation。

步骤 2：安装 VMware Workstation：在 Windows 7 下正常安装 VMware Workstation 软件。

步骤 3：下载 CentOS：到 CentOS 官网下载 64 位的 CentOS，请尽量下载最新版。

步骤 4：新建 CentOS 虚拟机：打开 VMware Workstation→File（文件）→New Virtual Machine Wizard（新建虚拟向导）→Typical（推荐）→Installer disc image file（iso）（例如选中下载的 CentOS-6.4-x.iso 文件）→填写用户名与密码，用户名建议使用 joe 密码亦建议使用 joe→填入机器名 cMaster→直至 Finish。

步骤 5：重复步骤 4，填入机器名 cSlave0，接着安装直至结束；再次重复步骤 4，填入机器名 cSlave1，接着安装直至结束。

上述步骤 4 使用 VMware 新装了 cMaster，步骤 5 其实跟步骤 4 一样，只是机器名改成了 cSlave0 和 cSlave1，至此，Windiows 7 下已新装了三台 CentOS 机器。

需要注意的是，此处的 cMaster 只是 VMware 面板对此机器的称号，并不是此机器真实机器名，实际上新安装 CentOS 的机器名统一为"localhost.localdomain"，也就是这三台机器真实机器名都是"localhost.localdomain"，而不是 cMaster 或 cSlave，它只是 VMware 面板对这些机器的称号。

此外，采用虚拟化技术时，最稀缺的是内存资源，根据编者经验，如果你的 Windows 7 机器内存仅为 2GB 时，其下 VMware 可启动 1 台 CentOS；4GB 时，VMware 可同时启动 3 台 CentOS；6GB 时，VMware 可同时启动 5 台 CentOS。此外，32 位 Windows 7 仅支持 2GB 内存，如果你的内存大于 2GB，须使用 64 位 Windows 7。

2）软件环境

Hadoop 支持 Windows 和 Linux，但在 Windows 上仅测试过此软件可运行，并未用于生产实践，而大量的实践证明，在 Linux 环境下使用 Hadoop 则更加稳定高效。本节使用 Linux 较成熟的发行版 CentOS 部署 Hadoop，须注意的是新装系统（CentOS）的机器不可以直接部署 Hadoop，须做些设置后才可部署，这些设置主要为：修改机器名，添加域名映射，关闭防火墙，安装 JDK。

【例 5-3】现有一台刚装好 CentOS 系统的机器，且装机时用户名为 joe，要求将此机器名修改为 cMaster，添加域名映射，关闭防火强，并安装 JDK。

解答：修改机器名、添加域名映射、关闭防火墙和安装 JDK 这四个操作是 Hadoop 部署前必须做的事情，请务必做完这四个操作后再部署 Hadoop，读者可参考以下命令完成这四个操作。

（1）修改机器名。

```
[joe@localhost ~]$ su - root                              #切换成 root 用户修改机器名
[root@localhost ~]# vim /etc/sysconfig/network            #编辑存储机器名文件
```

将"HOSTNAME=localhost.localdomain"中的"localhost.localdomain"替换成需要使用的机器名，按题目要求，此处应为 cMaster，即此行内容为：

```
HOSTNAME=cMaster                                          #指定本机名为 cMaster
```

注意重启机器后更名操作才会生效，用户须通过此命令修改集群中所有机器的机器名，重启后，本机将有自己唯一的机器名 cMaster 了。

（2）添加域名映射。

首先使用如下命令查看本机 IP 地址，这里以 cMaster 机器为例。

```
[root@cMaster ~]# ifconfig                                #查看 cMaster 机器 IP 地址
```

假如看到此机器的 IP 地址为"192.168.1.100"，机器名为 cMaster，则域名映射应为：

```
192.168.1.100   cMaster
```

接着编辑域名映射文件"/etc/hosts"，将上述内容加入此文件。

```
[root@cMaster ~]# vim /etc/hosts                          #编辑域名映射文件
```

（3）关闭防火墙。

CentOS 的防火墙 iptables 默认情况下会阻止机器间通信，编者建议系统管理员开启 Hadoop 使用的端口，也可以暂时关闭或永久关闭 iptables（不建议），本节为简单起见，永久关闭防火墙，其关闭命令如下（执行命令后务必重启机器才可生效）：

```
[root@cMaster ~]# chkconfig --level 35 iptables off       #永久关闭 iptables，重启后生效
```

（4）安装 JDK。

Hadoop 部署前须安装 JDK，而且 Hadoop 只能使用 Oracle 的 1.6 及以上版本的 JDK，不能使用 openjdk。用户须首先下载 jdk-x.rpm 包，如 jdk-7u40-linux-x64.rpm。打开刚才已经安装的 CentOS 机器，将 jdk-7u40-linux-x64.rpm 复制至虚拟机下某位置，Termianl 下执行（此方式安装的 J D K 无须配置 java__home）如下命令：

```
[root@cMaster ~]# java                                    #查看 java 是否安装
[root@cMaster ~]# rpm -ivh /home/joe/jdk-7u40-linux-x64.rpm   #以 root 权限，rpm 方式安装
JDK
[root@cMaster ~]# java                                    #验证 java 是否安装成功
```

【例 5-4】现有三台机器，且都刚安装好 CentOS 系统，安装系统时用户名皆为 joe，要求将此三台机器的名字分别修改为 cMaster、cSlave0 和 cSlave1，接着添加域名映射，关闭防火墙，并安装 JDK。

解：除了添加域名映射外，其他三项按例 5-3 根据实际情况，在每台机器上执行即可。此处的域名映射需要在三台机器上都添加，首先登录到每台机器上，查看这三台机

器对应的 IP 地址。

[root@cMaster ~]# ifconfig	#查看 cMaster 机器 IP 地址
[root@cSlave0 ~]# ifconfig	#查看 cSlave0 机器 IP 地址
[root@cSlave1 ~]# ifconfig	#查看 cSlave1 机器 IP 地址

假定这三台机器对应的 IP 地址为：

192.168.1.100	cMaster
192.168.1.101	cSlave0
192.168.1.102	cSlave1

接着分别编辑每台机器的 "/etc/hosts" 文件，将上述内容添加进此文件即可，注意三台机器都要添加。

[root@cMaster ~]# vim /etc/hosts	#编辑 cMaster 的域名映射文件
[root@cSlave0 ~]# vim /etc/hosts	#编辑 cSlave0 的域名映射文件
[root@cSlave1 ~]# vim /etc/hosts	#编辑 cSlave1 的域名映射文件

添加域名映射后，用户就可以在 cMaster 上直接 ping 另外两台机器的机器名了，如：

[root@cMaster ~]# ping cSlave1	#在 cMaster 上 ping 机器 cSlave1

4．关于 Hadoop 依赖软件

Hadoop 部署前提仅是完成修改机器名、添加域名映射、关闭防火墙和安装 JDK 这四个操作，其他都不需要。下面的 SSH 可能是部分读者关心，但实际上却完全不相关的操作或设置。

许多人都认为部署 Hadoop 需要建立集群 SSH 无密钥认证，事实上并不是这样的，SSH 只是给 sbin/start-yarn.sh 等几个 start-x.sh 与 stop-x.sh 脚本使用，Hadoop 本身是一堆 Java 代码，而 Java 代码本身并不依赖 SSH，也完全不应该依赖 SSH（第三方软件），只是运维时为了方便启动或关闭整个集群，才须打通 SSH，本节部署时将不会涉及任何 SSH 操作，也无须打通 SSH。

此外，本节使用的 Hadoop 版本为稳定版 Hadoop-2.2.0.tar.gz，读者可以在 Apache 官网下载该版本的 Hadoop。CentOS 版本为 64 位 CentOS-6.5，读者可以到 CentOS 官网下载。JDK 版本为 jdk-7u40-linux-x64.rpm，读者可以到 Oracle 官网下载。

5.3.2　传统解压包部署

相对于标准 Linux 方式，解压包方式部署 Hadoop 有利于用户更深入理解 Hadoop 体系架构，建议先采用解压包方式部署 Hadoop，熟悉后可采用标准 Linux 方式部署 Hadoop。以下将采用例题的方式，实现在三台机器上部署 Hadoop。

【例 5-5】现有三台机器，且它们都刚装好 64 位 CentOS-6.5，安装系统时用户名为 joe，请按要求完成：①修改三台机器名为 cMaster，cSlave0 和 cSlave1，并添加域名映射、关闭防火墙和安装 JDK。②以 cMaster 作为主节点，cSlave0 和 cSlave1 作为从节点，部署 Hadoop。

解答：按上一小节讲解的部署步骤，读者可按以下步骤完成部署。

（1）制定部署规划。

按题目要求，此 Hadoop 集群需三台机器（cMaster，cSlave0 和 cSlave1），其中

cMaster 作为主节点，cSlave0 和 cSlave1 作为从节点。

（2）准备机器。

请读者准备三台机器，它们可以是实体机也可以是虚拟机，若使用虚拟机，读者可按例 5-2 新建三台虚拟机。

（3）准备机器软件环境。

三台机器都要完成：修改机器名、添加域名映射、关闭防火墙和安装 JDK。这几步请参考例 5-3 与例 5-4 完成。

（4）下载 Hadoop。

谷歌搜索"Hadoop download"并下载，以 joe 用户身份，将 Hadoop 分别复制到三台机器上。

（5）解压 Hadoop。

分别以 joe 用户登录三台机器，每台都执行如下命令解压 Hadoop 文件：

```
[joe@cMaster ~]# tar –zxvf /home/joe/Hadoop-2.2.0.tar.gz        #cMaster 上 joe 用户解压 Hadoop
[joe@cSlave0 ~]# tar –zxvf /home/joe/Hadoop-2.2.0.tar.gz        #cSlave0 上 joe 用户解压 Hadoop
[joe@cSlave1 ~]# tar –zxvf /home/joe/Hadoop-2.2.0.tar.gz        #cSlave1 上 joe 用户解压 Hadoop
```

（6）配置 Hadoop（三台机器都要配置，且配置相同）。

首先，编辑文件"/home/joe/Hadoop-2.2.0/etc/Hadoop/Hadoop-env.sh"，找到如下一行：

```
export JAVA_HOME=${JAVA_HOME}
```

将这行内容修改为：

```
export JAVA_HOME=/usr/java/jdk1.7.0_40
```

这里的"/usr/java/jdk1.7.0_40"就是 JDK 安装位置，如果不同，读者须根据实际情况更改之，需要注意的是，三台机器都要执行此操作。

其次，编辑文件"/home/joe/Hadoop-2.2.0/etc/Hadoop/core-site.xml"，并将如下内容嵌入此文件里 configuration 标签间，和上一个操作相同，三台机器都要执行此操作：

```
<property><name>hadoop.tmp.dir</name><value>/home/joe/cloudData</value></property>
<property><name>fs.defaultFS</name><value>hdfs://cMaster:8020</value></property>
```

编辑文件"/home/joe/Hadoop-2.2.0/etc/Hadoop/yarn-site.xml"，并将如下内容嵌入此文件里 configuration 标签间，同样，三台机器都要执行此操作：

```
<property><name>yarn.resourcemanager.hostname</name><value>cMaster</value></property>
<property><name>yarn.nodemanager.aux-services</name><value>mapreduce_shuffle</value>
</property>
```

最后，将文件"/home/joe/Hadoop-2.2.0/etc/Hadoop/mapred-site.xml.template"重命名为"/home/joe/Hadoop-2.2.0/etc/Hadoop/mapred-site.xml"，接着编辑此文件并将如下内容嵌入此文件的 configuration 标签间，同样，三台机器都要执行此操作：

```
<property><name>mapreduce.framework.name</name><value>yarn</value></property>
```

（7）启动 Hadoop。

首先，在主节点 cMaster 上格式化主节点命名空间：

```
[joe@cMaster ~]# Hadoop-2.2.0/bin/hdfs namenode -format        #格式化主节点命名空间
```

其次，在主节点 cMaster 上启动存储主服务 namenode 和资源管理主服务

resourcemanager。

```
[joe@cMaster ~]# hadoop-2.2.0/sbin/Hadoop-daemon.sh start namenode          #cMaster 启动存储主服务
[joe@cMaster ~]# hadoop-2.2.0/sbin/yarn-daemon.sh start resourcemanager     #启动资源管理主服务
```

最后，在从节点上启动存储从服务 datanode 和资源管理从服务 nodemanager，注意，cSlave0 和 cSlave1 这两台机器上都要执行，对应命令如下：

```
[joe@cSlave0 ~]# hadoop-2.2.0/sbin/Hadoop-daemon.sh start datanode      #cSlave0 启动存储从服务
[joe@cSlave0 ~]# hadoop-2.2.0/sbin/yarn-daemon.sh start nodemanager     #cSlave0 启动资源管理从服务
[joe@cSlave1 ~]# hadoop-2.2.0/sbin/Hadoop-daemon.sh start datanode      #cSlave1 启动存储从服务
[joe@cSlave1 ~]# hadoop-2.2.0/sbin/yarn-daemon.sh start nodemanager     #cSlave1 启动资源管理从服务
```

（8）测试 Hadoop。

读者可以分别在三台机器上执行如下命令，查看 Hadoop 服务是否已启动。

```
$ /usr/java/jdk1.7.0_40/bin/jps          #jps 查看 java 进程
$ ps –ef | grep java                     #ps 查看 java 进程
```

你会在 cMaster 上看到类似的如下信息：

```
3056 ResourceManager          #资源管理主服务
2347 NameNode                 #存储主服务
```

而 cSlave0 和 cSlave1 上看到类似的如下信息：

```
4021 DataNode                 #存储从服务
2761 NodeManager              #资源管理从服务
```

此外，还可以任选一台机器，如 cMaster，打开 CentOS 默认浏览器 Firefox，地址栏输入"cMaster:50070"，即可在 Web 界面看到 HDFS 相关信息；同理，地址栏输入"cMaster:8088"，即可在 Web 界面看到 Yarn 相关信息。

需要注意的是，进程显示出来，Web 界面也能看到，但这并不代表集群部署成功，一个典型的例子是这些都显示出来，但做 MapReduce 程序时却出错，因此我们还要进一步用程序验证集群，这将在下个例题中讲解。

【例 5-6】使用刚创建的集群，完成下列要求：①使用 hadoop 命令在集群中新建文件夹"/in"。②将 cMaster 上，文件夹"/home/joe/Hadoop-2.2.0/etc/hadoop/"里的所有文件上传至集群的文件夹"/in"下。③使用示例程序 WordCount，统计"/in"下每个单词出现次数，并将结果存入"/out"目录。

解：在 cMaster 上，以 joe 用户，按如下步骤执行即可：

```
[joe@cMaster ~]# cd hadoop-2.2.0
[joe@cMaster ~]# bin/hdfs dfs -mkdir /in                                      #集群里新建 in 目录
[joe@cMaster ~]# bin/hdfs dfs -put /home/joe/hadoop-2.2.0/etc/Hadoop/* /in    #将本地文件上传至 hdfs
[joe@cMaster ~]# bin/Hadoop jar share/hadoop/mapreduce/hadoop-mapreduce-examples-2.2.0.jar
wordcount /in /out/wc-01                                                      #使用示例程序 WordCount 计算数据
```

此时浏览器迅速打开"cMaster:8088"，将会看到 Web 界面上显示正在运行的 Word Count 信息。打开"cMaster:50070"并点击链接"Browse the filesystem"将会看到刚才的输入数据"/in"和输出结果数据"/out/wc-01/part-r-00000"。当然也可以用 Shell 查看输入/输出，对应的 Shell 命令分别为：

```
[joe@cMaster ~]# bin/hdfs dfs -cat /in/*          #使用命令查看 hdfs 中的文件
```

```
[joe@cMaster ~]# bin/hdfs dfs -cat /out/wc-01/*
```

　　至此，Hadoop 部署才算真正完毕。细心的读者会发现，其实我们根本未涉及任何打通 SSH 操作，读者应当明白打通 SSH 只是为了 sbin/start-x.sh 相关脚本使用，并不是 Hadoop 需要的，Hadoop 依赖的只是 Oracle 版 JDK。

　　通过上述单机部署和集群部署，可以看出，Hadoop 本身部署起来很简单，其大量工作其实都是前期的 Linux 环境配置，Hadoop 安装只是解压、修改配置文件、格式化、启动和验证，关于 Linux 命令问题，请参考 Linux 专业书籍。

5.4　Hadoop 2.0 体系架构

　　Hadoop 2.0 虽包含 Common、HDFS、Yarn 和 MapReduce 这四个模块，但实际对外提供服务时，只能看到 HDFS 和 Yarn，Common 主要为其他模块提供服务，MapReduce 其实只是 Yarn 模块里 Yarn 编程的一种方式而已，下面我们将深入 Hadoop 内部，从定位、架构与功能上讲解 Hadoop 各个模块，特别是 HDFS 和 Yarn 模块，至于 Hadoop 2.0 编程接口，将在下一节讲解。

5.4.1　Hadoop 2.0 公共组件 Common

1．Common 定位

　　Common 的定位是其他模块的公共组件，定义了程序员取得集群服务的编程接口，为其他模块提供公用 API。它里面定义的一些功能一般对其他模块都有效，通过设计方式，降低了 Hadoop 设计的复杂性，减少了其他模块之间的耦合性，大大增强了 Hadoop 的健壮性。

2．Common 功能

　　Common 不仅包含了大量常用 API，同时它提供了 mini 集群、本地库、超级用户、服务器认证和 HTTP 认证等功能，除了 mini 集群用于测试或快速体验，其他都是 Hadoop 功能里的基本模块，下面分别给出简单介绍。

　　1）提供公用 API 和程序员编程接口

　　下面是 Common 模块里最常用的几个包。

　　org.apache.hadoop.conf：定义了 Hadoop 全局配置文件类。

　　org.apache.hadoop.fs：HDFS 文件系统接口。

　　org.apache.hadoop.io：提供大量文件系统操作流。

　　org.apache.hadoop.security：Hadoop 安全机制接口类。

　　org.apache.hadoop.streaming：其他语言编写的代码转化为 Hadoop 语言的接口。

　　org.apache.hadoop.util：常用类包，提供大量常用 API。

　　org.apache.hadoop.examples：Hadoop 示例代码包。

　　以 Configuration 为例，它是 conf 包下定义的类，用于指定 Hadoop 的某些配置参数，但 HDFS 里配置文件类却是 HdfsConfiguration 类，Yarn 里则是 YarnConfiguration，

HdfsConfiguration 与 YarnConfiguration 皆继承自 Configuration，它们两者之间并没有关系。

程序员只需要定义 Configuration 实例，即可以在 HDFS 与 Yarn 里同时使用，大大方便了客户端编程，同时也降低了 Hadoop 设计的复杂性。

2）本地 Hadoop 库（Native Hadoop Library）

无论是 Windows 还是 Linux 文件系统，都可以存储各类压缩文件，同样 HDFS 里也可以存储压缩文件（现只支持 gzip、bzip2、lzo、snappy），但当 Hadoop 压缩或解压数据时，为提高性能其并未用 Java 实现压缩或解压算法，而是调用了本地库，这些 C 或 C++语言编写的算法，具有较高执行效率。读者可以打开解压后的 Hadoop，进入 lib 和 native 目录就能看到 Hadoop 可以使用的一些本地库文件。

注意，默认情况下 Hadoop 不使用本地压缩库，此功能须单独开启，并且本地库仅支持 Linux 平台，不支持 Windows 与 MacOS。

3）超级用户 superuser

Hadoop 2.0 下用户有严格的权限管理，但有时普通用户需要暂时使用超级用户执行某些功能，此模块提供 superuser 模拟其他用户的能力，这点类似于 Linux 的命令 sudo –u username。假设现需要以用户 joe 身份访问 HDFS 并提交任务，但 Hadoop 集群并没有给用户 joe 建立任何认证，此时就需要 joe 借用 superuser 用户的认证来访问集群，换句话说就是，superuser 在模拟 joe 用户。当然，我们必须事先在配置文件里声明允许 superuser 模拟 joe 用户。

4）服务级别认证

假如管理员只想让 mapred 组成员提交 Yarn 任务，假如管理员只想让集群中以 HDFS 用户启动的 DataNode 进程连接到主进程 NameNode，这些想法都是可以实现的，Common 模块里定义了服务级别的认证。

默认情况下，服务级别认证并未开启，管理员须首先在 core-site.xml 文档里启用服务级别认证，即将属性{Hadoop.security.authorization}值设置为{true}，其次配置 Hadoop-policy.xml 文档，具体限定权限。

5）HTTP 认证

默认情况下，Hadoop 各模块 Web 页面是可以任意访问的，比如可以在任何地方打开 HDFS 主页面 http://namenodeIP:50070，而这个页面里甚至有指向真实数据的链接，这给 Hadoop 安全带来了很大隐患。

同上述服务级别认证相似，Hadoop 的各类 Web 页面也提供了充足的安全机制，通过使用 HTTP SPNEGO 协议，Web 端将必须使用 Kerberos 认证才能取得服务端服务。

配置步骤分为服务器端和客户端（浏览器），服务器端首先配置集群使用 Kerberos 安全机制，接着通过在 core-site.xml 里指定属性{Hadoop.http.authentication.type}值为{kerberos}开启 Web 的 Kerberos 认证，余下的工作就是创建 keytab 认证了。浏览器端须使用支持 Kerberos 认证的浏览器（如火狐或 IE），访问时提供用户名和密码即可。

5.4.2　分布式文件系统 HDFS

Hadoop 分布式文件系统 HDFS 可以部署在廉价硬件之上，能够高容错、可靠地存储海量数据（可以达到 TB 甚至 PB 级）。它还可以和 Yarn 中的 MapReduce 编程模型很好地结合，为应用程序提供高吞吐量的数据访问，适用于大数据集应用程序。

1．定位

HDFS 的定位是提供高容错、高扩展、高可靠的分布式存储服务，并提供服务访问接口（如 API 接口、管理员接口）。

为提高扩展性，HDFS 采用了 master/slave 架构来构建分布式存储集群，这种架构很容易向集群中任意添加或删除 slave。HDFS 里用一系列块来存储一个文件，并且每个块都可以设置多个副本，采用这种块复制机制，即使集群中某个 slave 机宕机，也不会丢失数据，这大大增强了 HDFS 的可靠性。由于存在单 master 节点故障，近年来围绕主节点 master 衍生出许多可靠性组件。

2．HDFS 体系架构

理解 HDFS 架构是理解 HDFS 的关键，下面对于 HDFS 架构的介绍这一节，只保留了 HDFS 最关键的两个实体 namenode 和 datanode，而在 HDFS 典型拓扑中则会讲解 HDFS 部署的典型拓扑，这些拓扑中除了最关键的两个实体外，新增加的实体都是功能或可靠性增强型组件，并不是必需的。

1）HDFS 架构

HDFS 采用 master/slave 体系来构建分布式存储服务，这种体系很容易向集群中添加或删除 slave，既提高了 HDFS 的可扩展性又简化了架构设计。另外，为优化存储颗粒度，HDFS 里将文件分块存储，即将一个文件按固定块长（默认 128M）划分为一系列块，集群中，master 机运行主进程 namenode，其他所有 slave 都运行从属进程 datanode。namenode 统一管理所有 slave 机器 datanode 存储空间，但它不做数据存储，它只存储集群的元数据信息（如文件块位置、大小、拥有者信息），datanode 以块为单位存储实际的数据。客户端联系 namenode 以获取文件的元数据，而真正的文件 I/O 操作时客户端直接和 datanode 交互。

NameNode 就是主控制服务器，负责维护文件系统的命名空间（Namespace）并协调客户端对文件的访问，记录命名空间内的任何改动或命名空间本身的属性改动。DataNode 负责它们所在的物理节点上的存储管理，HDFS 开放文件系统的命名空间以便让用户以文件的形式存储数据。HDFS 的数据都是"一次写入、多次读取"，典型的块大小是 128MB，通常按照 128MB 为一个分割单位，将 HDFS 的文件切分成不同的数据块（Block），每个数据块尽可能地分散存储于不同的 DataNode 中。NameNode 执行文件系统的命名空间操作，比如打开、关闭、重命名文件或目录，还决定数据块到 DataNode 的映射。DataNode 负责处理客户的读/写请求，依照 NameNode 的命令，执行数据块的创建、复制、删除等工作。图 5-7 是 HDFS 的结构示意图。例如，客户端要访问一个文件，首先，客户端从 NameNode 获得组成文件的数据块的位置列表，也就是知道数据块被存储在哪些 DataNode 上；其次，客户端直接从 DataNode 上读取文件数据。NameNode 不参与文件的传输。

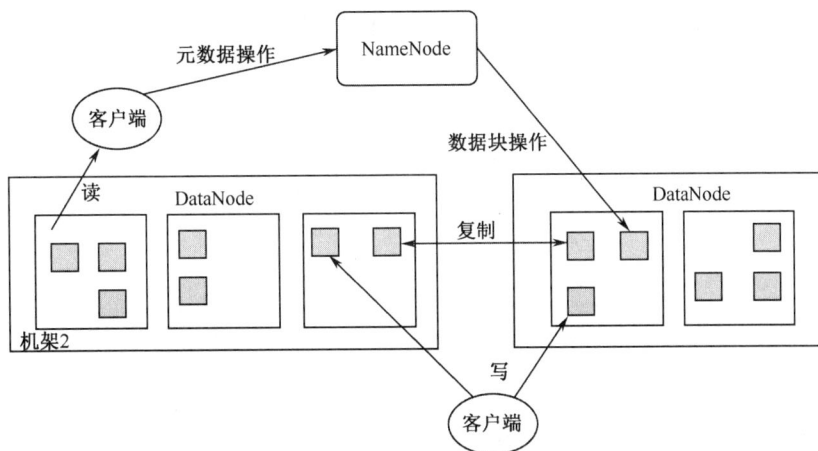

图 5-7　HDFS 的结构示意图

NameNode 使用事务日志（EditLog）记录 HDFS 元数据的变化，使用映象文件（FsImage）存储文件系统的命名空间，包含文件的映射、文件的属性信息等。事务日志和映象文件都存储在 NameNode 的本地文件系统中。

NameNode 启动时，从磁盘中读取映象文件和事务日志，把事务日志的事务都应用到内存中的映象文件上，然后将新的元数据刷新到本地磁盘的新的映象文件中，这样可以截去旧的事务日志，这个过程称为检查点（Checkpoint）。HDFS 还有 Secondary NameNode 节点，它辅助 NameNode 处理映象文件和事务日志。NameNode 启动的时候合并映象文件和事务日志，而 Secondary NameNode 会周期地从 NameNode 上复制映象文件和事务日志到临时目录，合并生成新的映象文件后再重新上传到 NameNode，NameNode 更新映象文件并清理事务日志，使得事务日志的大小始终控制在可配置的限度下。

2）HDFS 典型拓扑

HDFS 典型拓扑包含如下两种：

（1）一般拓扑（见图 5-8）。只有单个 NameNode 节点，使用 SecondaryNameNode 或 BackupNode 节点实时获取 NameNode 元数据信息，备份元数据。

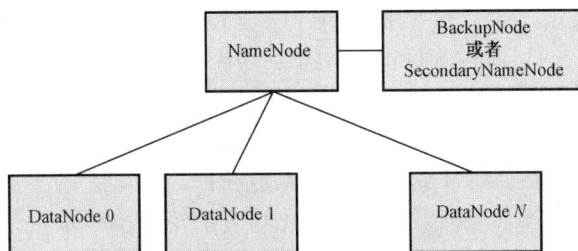

图 5-8　HDFS 一般拓扑

（2）商用拓扑（见图 5-9）：有两个 NameNode 节点，并使用 ZooKeeper 实现 NameNode 节点间的热切换。

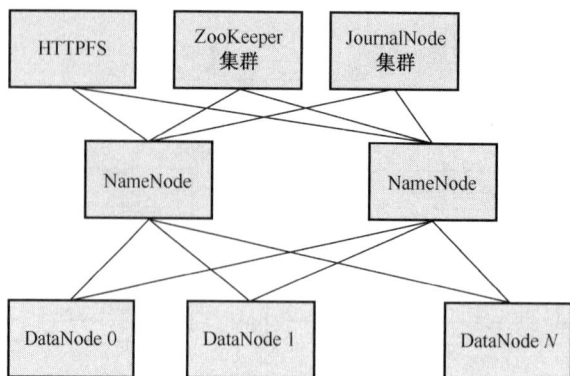

图 5-9　HDFS 高稳定部署

ZooKeeper 集群：至少三个 ZooKeeper 实体，用来选举 ActiveNamenode。

JourNalNode 集群：至少三个，用于与两 NameNode 交换数据，也可使用 NFS。

HTTPFS：提供 Web 端读/写 HDFS 功能。

从架构上看 HDFS 存在单点故障，无论是一般拓扑还是商用拓扑，新增的实体几乎都是增强 NameNode 可靠性的组件，当然这里的 ZooKeeper 集群还可以用于 Hbase。

3．HDFS 内部特性

1）冗余备份

HDFS 将每个文件存储成一系列数据块（Block），默认块大小为 128MB（可配置）。为了容错，文件的所有数据块都会有副本（副本数量即复制因子，可配置）。HDFS 的文件都是一次性写入的，并且严格限制为任何时候都只有一个写用户。DataNode 使用本地文件系统存储 HDFS 的数据，但是它对 HDFS 的文件一无所知，只是用一个个文件存储 HDFS 的每个数据块。当 DataNode 启动时，它会遍历本地文件系统，产生一份 HDFS 数据块和本地文件对应关系的列表，并把这个报告发给 NameNode，这就是块报告（BlockReport）。块报告包括了 DataNode 上所有块的列表。

2）副本存放

HDFS 集群一般运行在多个机架上，不同机架上机器的通信需要通过交换机。通常情况下，副本的存放策略很关键，机架内节点之间的带宽比跨机架节点之间的带宽要大，它能影响 HDFS 的可靠性和性能。HDFS 采用机架感知（Rack-aware）的策略来改进数据的可靠性、可用性和网络带宽的利用率。通过机架感知，NameNode 可以确定每个 DataNode 所属的机架 ID。一般情况下，当复制因子是 3 时，HDFS 的部署策略是将一个副本存放在本地机架上的节点，一个副本放在同一机架上的另一个节点，最后一个副本放在不同机架上的节点。机架的错误远比节点的错误少，这个策略可以防止整个机架失效时数据丢失，提高数据的可靠性和可用性，又能保证性能。图 5-10 体现了复制因子为 3 的情况下，各数据块的分布情况。

数据块副本

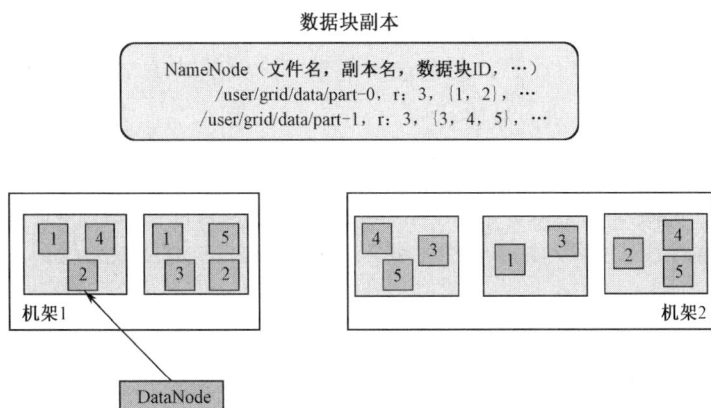

图 5-10 复制因子为 3 时数据块分布情况

3）副本选择

HDFS 会尽量使用离程序最近的副本来满足用户请求，这样可以减少总带宽消耗和读延时。如果在读取程序的同一个机架上有一个副本，那么就使用这个副本；如果 HDFS 机群跨了多个数据中心，那么读取程序将优先考虑本地数据中心的副本。

HDFS 的架构支持数据均衡策略。如果某个 DataNode 的剩余磁盘空间下降到一定程度，按照均衡策略，系统会自动把数据从这个 DataNode 移动到其他节点。当对某个文件有很高的需求时，系统可能会启动一个计划创建该文件的新副本，并重新平衡集群中的其他数据。

4）心跳检测

NameNode 周期性地从集群中的每个 DataNode 接受心跳包和块报告，收到心跳包说明该 DataNode 工作正常。NameNode 会标记最近没有心跳的 DataNode 为宕机，不会发给它们任何新的 I/O 请求。任何存储在宕机的 DataNode 的数据将不再有效，DataNode 的宕机会造成一些数据块的副本数下降并低于指定值。NameNode 会不断检测这些需要复制的数据块，并在需要的时候重新复制。重新复制的引发可能有多种原因，比如 DataNode 不可用、数据副本的损坏、DataNode 上的磁盘错误或复制因子增大等。

5）数据完整性检测

多种原因可能造成从 DataNode 获取的数据块有损坏。HDFS 客户端软件实现了对 HDFS 文件内容的校验和检查（Checksum），在创建 HDFS 文件时，计算每个数据块的校验和，并将校验和作为一个单独的隐藏文件保存在命名空间下。当客户端获取文件后，它会检查从 DataNode 获得的数据块对应的校验和是否和隐藏文件中的相同，如果不同，客户端就会判定数据块有损坏，将从其他 DataNode 获取该数据块的副本。

6）元数据磁盘失效

映象文件和事务日志是 HDFS 的核心数据结构。如果这些文件损坏，会导致 HDFS 不可用。NameNode 可以配置为支持维护映象文件和事务日志的多个副本，任何对映象文件或事务日志的修改，都将同步到它们的副本上。这样会降低 NameNode 处理命名空间事务的速度，然而这个代价是可以接受的，因为 HDFS 是数据密集的，而非元数据密集的。当 NameNode 重新启动时，总是选择最新的一致的映象文件和事务日志。

7）简单一致性模型、流式数据访问

HDFS 的应用程序一般对文件实行一次写、多次读的访问模式。文件一旦创建、写入和关闭之后就不需要再更改了。这样就简化了数据一致性问题，高吞吐量的数据访问才成为可能；运行在 HDFS 上的应用主要以流式读为主，做批量处理；更注重数据访问的高吞吐量。

8）客户端缓存

客户端创建文件的请求不是立即到达 NameNode，HDFS 客户端先把数据缓存到本地的一个临时文件，程序的写操作透明地重定向到这个临时文件。当这个临时文件累积的数据超过一个块的大小（128MB）时，客户端才会联系 NameNode。NameNode 在文件系统中插入文件名，给它分配一个数据块，告诉客户端 DataNode 的 ID 和目标数据块 ID，这样客户端就把数据从本地的缓存刷新到指定的数据块中。当文件关闭后，临时文件中剩余的未刷新数据也会被传输到 DataNode 中，然后客户端告诉 NameNode 文件已关闭，此时 NameNode 才将文件创建操作写入日志进行存储。如果 NameNode 在文件关闭之前死机，那么文件将会丢失。如果不采用客户端缓存，网络速度和拥塞都会对输出产生很大的影响。

9）流水线复制

当客户端准备写数据到 HDFS 的文件中时，就像前面介绍的那样，数据一开始会写入本地临时文件。假设该文件的复制因子是 3，当本地临时文件累积到一个数据块的大小时，客户端会从 NameNode 获取一个副本存放的 DataNode 列表，列表中的 DataNode 都将保存那个数据块的一个副本。客户端首先向第一个 DataNode 传输数据，第一个 DataNode 一小块一小块（4KB）地接收数据，写入本地库的同时，把接受到的数据传输给列表中的第二个 DataNode；第二个 DataNode 以同样的方式边收边传，把数据传输给第三个 DataNode；第三个 DataNode 把数据写入本地库。DataNode 从前一个节点接收数据的同时，即时把数据传给后面的节点，这就是流水线复制。

10）架构特征

硬件错误是常态而不是异常。HDFS 被设计为运行在普通硬件上，所以硬件故障是很正常的。HDFS 可能由成百上千的服务器构成，每个服务器上都存储着文件系统的部分数据，而 HDFS 的每个组件随时都有可能出现故障。因此，错误检测并快速自动恢复是 HDFS 的最核心设计目标。

11）超大规模数据集

一般企业级的文件大小可能都在 TB 级甚至 PB 级，HDFS 支持大文件存储，而且提供整体上高的数据传输带宽，一个单一的 HDFS 实例应该能支撑数以千万计的文件，并且能在一个集群里扩展到数百个节点。

4. HDFS 对外功能

除了提供分布式存储这一最主要功能外，HDFS 还提供了以下常用功能。

1）NameNode 高可靠性

由于 master/slave 架构天生存在单 master 缺陷，因此，HDFS 里可以配置两个甚至更多 NameNode。一般部署时，常用的 SecondaryNameNode 或 BackupNode 只是确保存储于 NameNode 的元数据多处存储，不提供 NameNode 其他功能；双 NameNode 时，一旦正在服务的 NameNode 失效，备份的 NameNode 会瞬间替换失效的 NameNode，提供存储主服务。

2）HDFS 快照

快照支持存储某个时间点的数据复制，当 HDFS 数据损坏时，可以回滚到过去一个已知正确的时间点。

3）元数据管理与恢复工具

这是 Hadoop 2.0 新增加的功能，用户可以使用 "hdfs oiv" 和 "hdfs oev" 命令，管理修复 fsimage 与 edits，fsimage 存储了 HDFS 元数据信息，而 edits 存储了最近用户对集群的更改信息。

4）HDFS 安全性

新的 HDFS 相对于以前 HDFS 的最大改进就是提供了强大的安全措施，HDFS 安全措施包括两个方面：用户与文件级别安全认证，机器与服务级别安全认证。

用户与文件级别安全认证几乎类似于 Linux，HDFS 里超级用户为 HDFS 用户，也有添加用户更改文件属性等概念。

机器与服务级别安全认证则是 Hadoop 特有的概念，分布式环境下，启动 NameNode 或 DataNode 的这台机器是否合法，访问 NameNode 的这个用户是否取得凭证，凭证允许时间多长，这些都是应当关注的问题，Kerberos 即是完成这类跨网络认证的最好的第三方工具，HDFS 本身没有实现 Kerberos 认证的任何功能，而是在需要认证时询问是否有 Kerberos 凭证罢了，比如运行 DataNode 的 cSlave0 服务欲向 cMaster 运行的 NameNode 服务发送心跳包，在使用 Kerberos 认证时，cSlave0 有凭证则 cMaster 接收发过来的心跳包，否则 cMaster 不接收。

5）HDFS 配额功能

此功能类似于 Linux 配额管理，主要管理目录或文件配额大小。

6）HDFS C 语言接口

其提供了 C 语言操作 HDFS 接口。

7）HDFS Short-Circuit 功能

在 HDFS 服务里，对于数据的读操作都需要通过 DataNode，也就是当客户端想要读取某个文件时，DataNode 首先从磁盘读取数据，接着通过 TCP 端口将这些数据发送到客户端。而所谓的 Short-Circuit 指的是读时绕开 DataNode，即客户端直接读取硬盘上的数据。显然，只有当客户端和 DataNode 是同一台机器时，才可以实现 Short-Circuit，但由于 MapReduce 里的 Map 阶段一般都是处理本机数据，这一点改进也将大大提高数据处理效率。

8）WebHdfs

此功能提供了 Web 方式操作 HDFS。在以前版本中，若需要在 HDFS 里新建目录，写入数据，一般都通过命令行接口或编程接口突现，现在，使用 WebHdfs 可直接在 Web 里对 HDFS 进行插、删、改、查操作，提高了效率。

5.4.3 分布式操作系统 Yarn

1．定位

和其他操作系统一样，分布式操作系统的基本功能是：管理计算机资源，提供用户（包括程序）接口。Yarn 一方面管理整个集群的计算资源（CPU、内存等），另一方面提供用户程序访问系统资源的 API。

2．体系架构

1）Yarn 架构

Yarn 的主要思想是将 MRv1 版 JobTracker 的两大功能——资源管理和任务调度，拆分成两个独立的进程，即将原 JobTracker 里资源管理模块独立成一个全局资源管理进程 ResourceManager，将任务管理模块独立成任务管理进程 ApplicationMaster。而 MRv1 里的 TaskTracker 则发展成为 NodeManager。

Yarn 依旧是 master/slave 架构，主进程 ResourceManager 是整个集群资源仲裁中心，从进程 NodeManager 管理本机资源，ResourceManager 和从属节点的进程 NodeManager 组成了 Hadoop 2.0 的分布式数据计算框架（见图 5-11）。

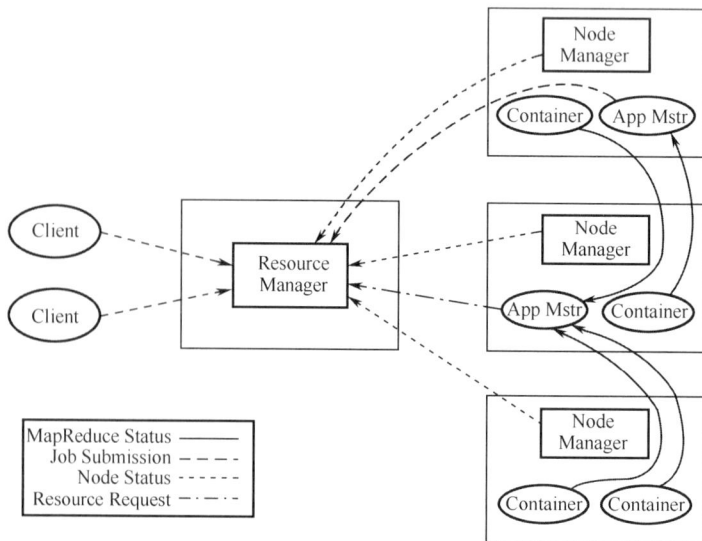

图 5-11　Yarn 体系架构

2）Yarn 执行过程

Yarn 在执行时包含以下独立实体（见图 5-12）。

① Client：客户端，负责向集群提交作业。

② ResourceManager：集群主进程，仲裁中心，负责集群资源管理和任务调度。

③ Scheduler：资源仲裁模块。

④ ApplicationManager：选定，启动和监管 ApplicationMaster。

⑤ NodeManager：集群从进程，管理监视 Containers，执行具体任务。

⑥ Container：本机资源集合体，如某 Container 为 4 个 CPU，8GB 内存。

⑦ ApplicationMaster：任务执行和监管中心。

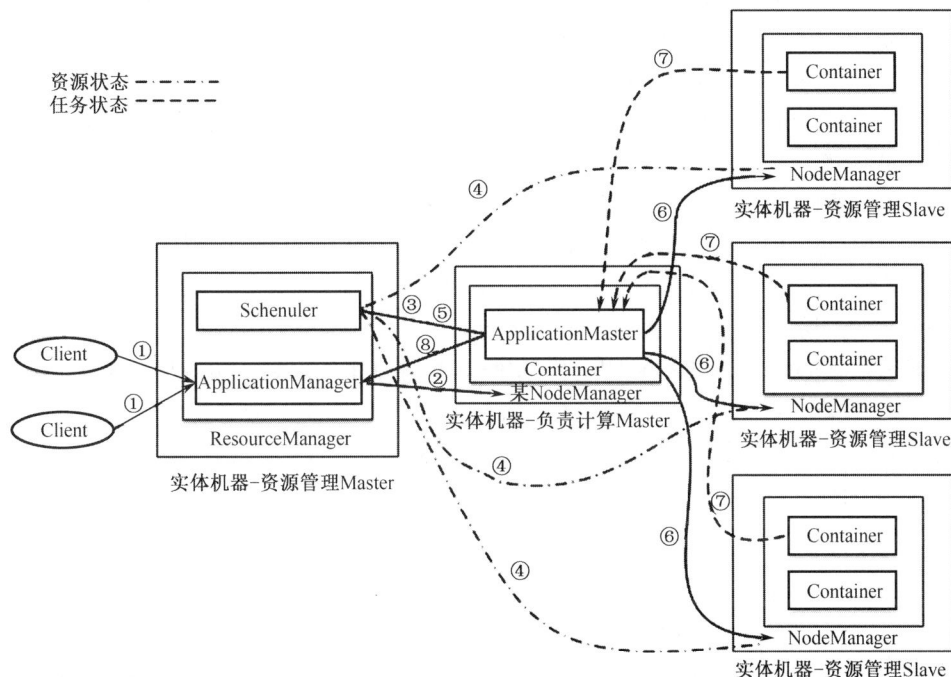

图 5-12　Yarn 任务执行过程

（1）作业提交。

Client 端向主进程 ResourceManager 的 ApplicationManager 模块提交任务（图 5-12 中①），ApplicationManager 按某种策略选中某 NodeManager 的某 Container 来执行此应用程序的 ApplicationMaster（图 5-12 中②）。

（2）任务分配。

ApplicationMaster 向 Scheduler 申请资源（图 5-12 中③），Scheduler 根据所有 NodeManager 发送过来的资源信息（图 5-12 中④）和集群指定的调度策略以 Container 为单位给 ApplicationMaster 分配计算资源（图 5-12 中⑤）。

（3）任务执行。

ApplicationMaster 向选定的 NodeManager 发送任务信息（包括程序代码、数据位置等信息），通知选中的 NodeManager，让其启动本 NM 管理的 Container 计算任务（图 5-12 中⑥）。

（4）进度和状态更新。

处于计算状态的 Container 向其所在 NodeManager 汇报计算进度，NodeManager 则通过心跳包，将这些信息再汇报给 ApplicationMaster，ApplicationMaster 则根据汇总过来的信息，给出任务进度。

（5）任务完成。

所有任务完成后，信息一层层向上汇报到 ApplicationMaster，ApplicationMaster 再将结束信息汇报给 ApplicationManager 模块，ApplicationManager 通知客户端任务结束。

上述过程是任务成功执行时的执行步骤，还有可能是任务失败，此时如果是 ApplicationMaster 失败，则 ApplicationManager 会重新选择一个 Container 再次执行此任务对应的 ApplicationMaster；如果是计算节点（某个 Container，甚至是 NodeManager）失败，则 ApplicationMaster 首先向 Scheduler 申请资源，接着根据申请到的资源重新分配失败节点上的任务。

从 Yarn 架构和 Yarn 任务执行过程能看出 Yarn 具有巨大优势，Scheduler 是个纯粹的资源仲裁中心，它根据集群资源状况以 Container 为单位分配资源，但不负责监管任务，也不负责重启任务，从而优化 Scheduler 设计，明确角色；ApplicationManager 将任务接下后，随即将任务扔给 ApplicationMaster，本身只监管 ApplicationMaster，大大减轻了工作量；ApplicationMaster 则更像 MRv1 里的 JobTracker，负责任务整体执行，并且它可以是集群中任意一个 NodeManager 下的 Container。Yarn 的设计大大减轻了 ResourceManager 的资源消耗，并且 ApplicationMaster 可分布于集群中任意一台机器，设计上更加优美。

3）Yarn 典型拓扑

除了 ResourceManager 和 NodeManager 两个实体外，Yarn 还包括 WebAppProxyServer 和 JobHistoryServer 两个实体（见图 5-13）。在实际部署时，可以选定三台服务器，分别独立部署 ResourceManager、WebAppProxyServer 和 JobHistoryServer，余下的服务器都部署 NodeManager，这四个实体都会在部署的机器上启动其命令的守护进程。但 WebAppProxyServer 和 JobHistoryServer 只是负责一些"补强"功能，不是计算框架必须部署的组件，下面简单介绍这两个实体。

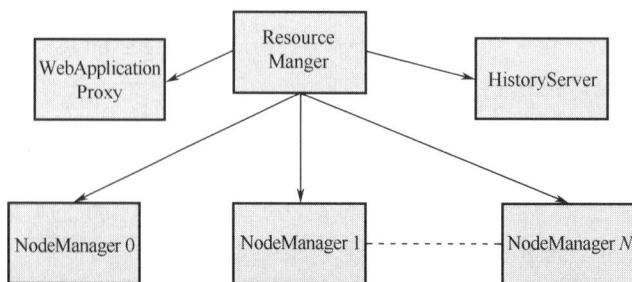

图 5-13　Yarn 典型拓扑

（1）JobHistoryServer：管理已完成的 Yarn 任务。

在 MRv1 里，历史任务的日志和执行时的各种统计信息统一由 JobTracker 管理，可以通过 JobTracker 的 Web 界面找到以往所有的 MapReduce 任务，且可查看此任务的日志和统计信息。

Yarn 对于历史任务的管理和 MRv1 完全不同，为进一步减轻 ResourceManager 负载，简化主进程设计，Yarn 将管理历史任务的功能抽象成一独立实体 JobHistoryServer。当任务完成时（无论成功与否），ApplicationMaster 将任务输出的日志信息和统计信息写入 HDFS 固定位置，JobHistoryServer 通过读取并解析这个位置上文件来显示集群中已执行过的任务。可以通过点击 http://ResourceManagerURL 页面历史任务链接查看历史任务信息，也可以通过 http://jobhistoryURL 查看日志任务。注意，所有关于 JobHistory 的配置都在 mapred-site.xml 里。

（2）WebAppProxyServer：任务执行时的 Web 页面代理。

WebAppProxyServer 也属于 Yarn，默认情况下它作为 ResourceManager 的一部分运行于 ResourceManager 进程内，但可以配置它以独立的方式运行，其属性在 yarn-site.xml 文件里配置。通过使用代理，不仅进一步降低了 ResourceManager 的压力，还能降低 Yarn 受到的 Web 攻击。

在 Yarn 体系里，ApplicationMaster 负责监管具体 MapReduce 任务执行全过程，它会将从 Container 那里收集过的任务执行信息汇总并显示到一个 Web 界面上，接着将此链接发送给 ResourceManager。对于用户来说，我们相信 http://ResourceManagerURL 提供的任务信息是正确的，我们也相信它提供的链接是安全的，但现实中，如果运行 ApplicationMaster 的这个用户是恶意用户，那给 ResourceManager 的这个链接可能就是非安全的链接。

一方面，Web 代理会警告用户，点击的链接可能存在危险。另一方面，Proxy 也降低了恶意 AM 链接对用户造成的影响。我们知道，大多数 Web 认证都是基于 Cookie 认证的，当用户访问 http://ResourceManagerURL 时，Web 代理会从登录的用户信息里剥离出用户 Cookie 信息，接着修改这个用户 Cookie，只保留里面用户的登录名，当用这种"精心设计"后的 Cookie 来访问可能含有恶意的链接时，即使恶意链接获取了用户的 Cookie，此时它获取的 Cookie 已不是原来的 Cookie 了，这可以大大降低恶意链接上的代码（如 js 代码）对用户的破坏恶意行为。

通过使用 Web 代理，Yarn 只是降低了 Web 攻击的可能性，并没有彻底解决恶意链接问题，当前的 Web 代理还不能有效解决这个问题，以后的发行版会有所改善。

3．编程模板

ApplicationMaster 是一个可变更的部分，只要实现不同的 ApplicationMaster，就可以实现不同的编程模式，如果将 ApplicationMaster 看成是一种编程模板，那么 MapReduce 模板对应 MapReduce 类型的 ApplicationMaster，distributedshell 模板对应着 distributedshell 类型的 ApplicationMaster，通过提供不同的编程模板，可以让更多类型的编程模型能够运行在 Hadoop 集群中。

1）示例模板

Yarn 的示例编程为"distributedshell"，该程序可以将给定的 shell 命令分布到机器执行，代码与执行过程请参考 5.6 节的 Yarn 编程。

2）MapReduce 模板

MapReduce 把运行在大规模集群上的并行计算过程抽象为两个函数：Map 和 Reduce，也就是映射和化简。简单说，MapReduce 就是"任务的分解与结果的汇总"。Map 把任务分解成为多个任务，Reduce 把分解后多任务处理的结果汇总起来，得到最终结果。

适合用 MapReduce 处理的任务有一个基本要求：待处理的数据集可以分解成许多小的数据集，而且每一个小数据集都可以完全并行地进行处理。

图 5-14 介绍了用 MapReduce 处理大数据集的过程。一个 MapReduce 操作分为两个阶段：映射阶段和化简阶段。

在映射阶段，MapReduce 框架将用户输入的数据分割为 M 个片断，对应 M 个 Map 任务。每一个 Map 操作的输入是数据片断中的键值对<K1,V1>集合，Map 操作调用用户定义的 Map 函数，输出一个中间态的键值对<K2,V2> 集合。接着，按照中间态的 K2 将输出的数据集进行排序，并生成一个新的<K2,list(V2)>元组，这样可以使得对应同一个键的所有值的数据都在一起。然后，按照 K2 的范围将这些元组分割为 R 个片断，对应 Reduce 任务的数目。

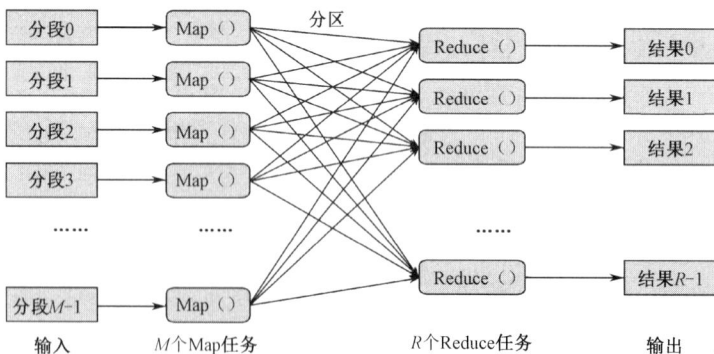

图 5-14　MapReduce 处理大数据集的过程

在化简阶段，每一个 Reduce 操作的输入是一个<K2,list(V2)>片断，Reduce 操作调用用户定义的 Reduce 函数，生成用户需要的键值对<K3,V3>进行输出。

4．调度策略

MapReduce 任务的调度策略是 Yarn 的核心问题，Yarn 目前配有容量调度算法（CapacityScheduler）和公平调度算法（FairScheduler）两种调度策略。ResourceManager 的 Scheduler 模块支持插拔，通过配置文件，用户可以个性化指定其调度策略，在实现 Yarn 协议前提下，用户甚至可以开发一套新的调度策略，在 Yarn 配置文件里指定即可。

1）容量调度策略 CapacityScheduler

（1）概述。

CapacityScheduler 是一种多用户多任务调度策略，它以队列为单位划分任务，以 Container 为单位分配资源，它也是 Hadoop 2.0 默认的调度策略，为多个用户共享集群资源提供安全可靠的保障。

一般情况下，各个组织的硬件资源量都略高于业务最高峰时的需求量，但业务高峰期一般是一个或多个时间段，这样均匀下来，硬件资源的平均利用率并不高，并且有些公司或公司内部不同部门可能会建立本部门的分布式集群，这些都可能导致资源过剩。通过共建集群的方式，不但可以提高资源利用率，还能在必要时刻使用更多的集群资源，同时，组织机构间共建集群也大大降低了运维成本，但问题是，每个组织，为确保其业务高峰时的服务稳定性，一般不会同意共享集群资源。那是否有方法能让他们共享一个集群的同时，又能满足其业务峰限时的服务要求呢？

CapacityScheduler 就是一种满足此需求的调度策略，对于已经分配固定资源的用户 A 和 B，如 A 配置了集群 70%的资源量，那么即使 B 用户提交的作业排起很长的等待队列，而 A 用户此时却没有任何任务，CapacityScheduler 也不允许 B 使用超过集群 30%的资源，当然在实际使用中，容量调度支持弹性配置。

容量调度策略通过队列来划分资源，队列间关系类似于一棵多叉树，队列间一层层继承，根队列称为 root 队列，Yarn 初次启动时默认启动队列为 root.default 队列。

（2）示例。

多级队列是个较抽象的概念，下面通过一个具体的例子来理解多级队列。

【例 5-7】某三个组织机构 companyA，companyB 和 institutionC 欲共同组建一个 Hadoop 集群 DataCenterABC。高峰时 companyA 需要使用 60 台服务器，companyB 使用 30 台，而 institutionC 使用 10 台，如何配置多级队列来满足各个组织需求？若 companyA 下有算法部和研发部，算法部 A_algorithm 须使用 90%资源，研发 A_RD 使用 10%资源时，又如何分配？在上述条件下，若 A_algorithm 部门只允许 joe、joe 和 hue 用户，并且每个用户至少配置本部门 30%的资源，又如何配置多级队列？

解：多级队列对应的配置文件为 capacity-scheduler.xml，它和其他 Hadoop 配置文件在同一个目录下。

第一问解答如下，在 capacity-scheduler.xml 中配置多级如下队列，其中配置 capacity 时，可以使用 double 类型的数字，用户须确保三个组织资源使用总和为100。

```xml
<property>
    <name>yarn.scheduler.capacity.root.queues</name>
    <value>companyA,companyA,institutionC</value>
</property>
<property>
    <name>yarn.scheduler.capacity.root.companyA.capacity</name>
    <value>60</value>
</property>
<property>
```

```
        <name>yarn.scheduler.capacity.root.companyB.capacity</name>
        <value>30</value>
    </property>
    <property>
        <name>yarn.scheduler.capacity.root.institutionC.capacity</name>
        <value>10</value>
    </property>
```

第二问，创建继承自 root.companyA 的新队列，用户须确保本层队列容量和为 100。

```
<property>
    <name>yarn.scheduler.capacity.root. companyA.queues</name>
    <value>A_algorithm,A_RD</value>
</property>
<property>
        <name>yarn.scheduler.capacity.root.companyA. A_algorithm.capacity</name>
        <value>90</value>
</property>
<property>
        <name>yarn.scheduler.capacity.root.companyB. A_RD.capacity</name>
        <value>10</value>
</property>
```

第三问，针对 A_algorithm 队列，指定授权访问用户，可参考如下配置。

```
<property>
    <name>yarn.scheduler.capacity.root.companyA.A_algorithm.acl_submit_applications</name>
    <value>joe,joe,hue</value>
</property>
<property>
        <name>yarn.scheduler.capacity.root.companyA.A_algorithm.minimum-user-limit-percent</name>
        <value>30</value>
</property>
```

多级队列还有很多配置参数，比如设计弹性计算时的 maximum-capacity，user-limit-factor 等，用户可参考 Yarn 官方文档。

（3）特性。

① 多级队列：容量调度策略以队列来划分集群资源，不同机构可以在集群里新建不同队列，集群管理员为不同队列配置不同比例的集群即可，队列内部也可以新建属于自身的队列。

② 容量确定性：通过规定某队列占用集群资源的上下限，能够确保即使其他队列用到其最高峰时，也能预留充足资源留给此队列。

③ 安全性：每个队列都有相应的访问控制列表 ACL 文件，通过配置这个文件，集群管理员能够严格限制，哪些机器、哪些组、哪些用户可以向这个队列提交任务。

④ 弹性：多个组织共享集群的最大好处就是，这些组织可以使用超过其业务高峰以外的机器资源，通过设置队列额外资源使用量，能够让此队列使用超出规定的资

源量。

⑤ 多用户：通过设置不同队列拥有资源的比例，设置下一层队列用户拥有的资源比例等限制措施，避免某用户或某进程独占集群资源，实现多用户多任务调度。

⑥ 易操作性：主要包括实时配置和实时更改队列状态。

实时配置，管理员能够以安全的方式，在不停止集群的情况下，实时更新队列配置，比如新增队列，修改某队列资源占用量，更改某队列 ACL 文件。为了实现队列更新时不停止集群和对前端用户造成最小影响，不允许在集群运行的情况下删除某队列。

① 实时更改队列状，管理员可以在不停止集群的情况下，将队列从运行态切换成停止态，此时如果这个队列里还有作业正在运行，则此作业将继续运行，直至完成，处于停止态的队列及其子队列不能接受任何新作业，同理，管理员也可以在不暂停集群的情况下启动处于停止态的队列；通过对队列及其 ACL 文件的增加修改切换操作，Yarn 可以管理用户权限和作业提交。

② 基于资源调度：Yarn 支持资源密集型作业，作业在分配 Container 时其 Container 所包含的资源量是一定的，但 Yarn 允许此 Container 在执行时占用更多的资源，目前只支持内存。

（4）管理接口。

① Web 接口：用户可以通过 http://ResourceManagerURL/cluster/scheduler 查看当前配置的所有队列情况。须修改下述几个文件才能指定集群开启 CapacityScheduler。

yarn-site.xml 指定使用容量调度策略。

capacity-scheduler.xml 配置全局多级队列和队列的 ACL 文件。

mapred-site.xml 配置客户端提交 MapReduce 任务时使用的队列。

Hadoop-policy.xml 配置全局 ACL 文件。

② Shell 命令接口：$HADOOP_YARN_HOME/bin/yarn rmadmin –refreshQueues，管理员可以通过此命令在不停止集群的情况下，使多级队列的配置立即生效。

注意，对于队列操作，只能增加新队列或子队列，不能删除已有队列，在不停止集群的情况下，管理员可以通过改变队列状态来启用或废弃一个队列，当然也可以通过重启集群来删除已有队列。队列内部容量调度算法依据作业资源量来分配作业，当小任务较多时，将导致大任务长期得不到执行。

2）公平调度策略 FairScheduler

（1）概述。

FairScheduler 是一种允许多个 Yarn 任务公平使用集群资源的可插拔式调度策略。

当集群资源满足所有提交的任务时，FairScheduler 会将资源分配给集群中所有的任务；而当集群资源受限时，FairScheduler 则会将正在执行任务释放的部分资源分配给等待队列里的任务，而不是用此资源继续执行原任务，通过这种方式，从宏观上看，集群资源公平地为每一个任务所拥有，它不仅可以让短作业在合理的时间内完成，也避免了长作业长期得不到执行的尴尬局面。

（2）多级队列。

多级队列包括如下几个方面的内容。

① 默认队列：公平调度策略也通过队列来组织和管理任务，并且也支持多级队列，其队列之间为多叉树结构，根队列称为 root，未配置时支持默认队列 root.default。

② 队列间权重配置：多级队列的配置方式是在上层所有路径名后加子孙节点名，如 root.companyA，root.companyB，root.instituteC，root.companyA.A_ algorithm。在默认情况下，队列之间采用公平调度策略，但可以设置某队列资源权重，权重越大，获得资源的比例越大。

③ 队列内多调度策略：队列内部的调度策略是可配置的，默认为 FairSharePolicy 策略，但同时还提供了 FifoPolicy 和 DominantResourceFairnessPolicy（只支持内存和 CPU）调度策略，用户甚至可以扩展 org.apache.Hadoop.yarn.server.resourcemanager.scheduler. fair.SchedulingPolicy 来实现自己的队列内调度策略。

④ 队列下限：为保证公平性，可以为每个队列设置资源下限值，它和容量调度策略里的下限值完全不同，对于公平调度策略，当队列里有任务时，可以确保此队列里任务一定得到资源并且尽快执行，当此队列里没有任务时，集群资源被其他正运行任务共享，不会占着部分资源不放，这样可以大大提高集群资源利用率。

⑤ 支持多用户：通过多级队列可以将不同的用户分配到不同的队列里。

⑥ 访问控制列表 ACL：管理员可以设置队列的 ACL 文件，严格控制用户访问。

（3）接口。

用户可以通过 http://ResourceManagerURL/cluster/scheduler 查看当前配置的所有队列情况。配置集群使用公平调度策略则须修改下述文件。

① yarn-site.xml：设定属性 yarn.resourcemanager.scheduler.classYarn 启动公平调度策略，设置属性 yarn.scheduler.fair.allocation.file 来指定多级队列文件位置。

② fair-scheduler.xml：配置多级队列的文件，此文件名与位置是通过 Yarn 配置文件 yarn-site.xml 里 yarn.scheduler.fair.allocation.file 属性指定的，并且在默认情况下，系统每隔 10 秒会重读此文件，实现队列的动态加载。

配置好后，FairScheduler 支持动态更新，当 Scheduler 感知到 fair-scheduler.xml 文件更改后，会在其更改后的 10～15 秒重新加载此队列配置文件。

5.4.4　Hadoop 2.0 安全机制简介

早期 Hadoop 版本假定 HDFS 和 MapReduce 运行在安全的环境中，它基本上没有安全措施。集群内部，任何用户提交的 MR 任务都可以任意访问 HDFS 数据；集群外部，我们甚至可以启动一个非法 slave 连接到 master，从而冒充集群 slave 骗取集群数据。随着 Hadoop 应用越来越广泛，它的安全机制也在不断完善。

1．Hadoop 安全机制背景

在 Hadoop 0.16 版本之前，基本上没有安全机制。从 0.16 版本开始，模仿 Linux 文件权限，对 HDFS 中的文件，引入了用户和组的概念，但其用户和组认证措施很弱，非

法用户很容易模拟合法用户访问集群。从 0.20 开始，引入第三认证 Kerberos，利用这个第三方来确保提交的用户一定是合法用户，可直到 0.21 版本，这项工作仍未完全结束，因此 0.22 之前的 Kerberos 认证可能不够稳定。

下面罗列 Hadoop 可能面临的几大安全问题。

数据未加密：Client 端向集群提交的任务，HDFS 里存储的数据，MR 任务的 Shuffle 过程，NameNode 的 Web 界面，这些都可以。而且应当进行数据加密。

用户和服务弱验证：一方面，在原 Hadoop 安全机制下，连 Hadoop 服务本身是否安全都无法确保，比如集群中某个 slave 机器是否合法，某 slave 启动的 DataNode 服务是否合法；另一方面，Hadoop 提供应用时采取的安全措施太弱，比如很容易使用非法 Client 模拟合法用户向集群提交任务。

2．Hadoop 安全机制架构思想

早在 2009 年 Yahoo 就提出了使用 Kerberos 来实现 Hadoop 用户认证，即 Hadoop 不直接管理用户隐私，而 Kerberos（一个成熟的开源网络认证协议）也不关心用户的授权信息。换句话说，Kerberos[6]的职责在于鉴定登录用户（服务）是否是其声称的用户（服务），Hadoop 则决定这个用户到底拥有多少权限。

默认情况下 Hadoop 并不使用 Kerberos 认证，由于 Kerberos 本身就较难理解，加之配置烦琐，运维难度更大，这里不深入介绍。

5.5　Hadoop 2.0 访问接口

5.5.1　访问接口综述

Hadoop 2.0 分为相互独立的几个模块，访问各个模块的方式也是相互独立的，但每个模块访问方式都可分为浏览器接口、Shell 接口和编程接口。下面两小节简述浏览器接口和 Shell 接口，至于编程接口，独立成一大节，将详细讲解 Hadoop 2.0 各模块编程。

5.5.2　浏览器接口

开启集群后，各模块主进程会开启与其对应的 Web 界面，从 Web 界面上，我们能看到几乎所有的集群信息。此外，Web 接口的端口都是可配置的，下面给出默认情况下各模块的 Web 地址，并给出对应的配置文件和配置属性。

1．HDFS

主进程 NameNode 开启 Web 地址 http://NameNodeHostName:50070，对应配置文件为 hdfs-site.xml，配置参数{dfs.namenode.http-address}。

当集群开启 Security 模式时，其 Web 地址为 http://NameNodeHostName:50470，对应的配置文件依旧是 hdfs-site.xml，参数为{ dfs.datanode.https.address}。

在此页面上能看到集群 HDFS 统计信息，如节点个数、存储空间容量，点击浏览文件链接，还能进入整个文件系统，看到 HDFS 里存储的文件。

2．Yarn

主进程 ResourceManager 开启的 Web 地址为 http://ResourceManagerHostName:8088，对应配置文件文件为 yarn-site.xml，配置参数{ yarn.resourcemanager.webapp.address}。

当集群开启 Security 时，其 Web 地址为 http://ResourceManagerHostName:8090， 对应配置文件 yarn-site.xml，参数为{yarn.resourcemanager.webapp.https.address}。

此页面主要显示集群整体状况、配置的节点信息、Yarn 任务进度和集群当前配置的调度队列。

从属进程 NodeManager 开启 Web 地址 http://NodeManagerHostName:8042，配置文件依旧为 yarn-site.xml，配置参数{ yarn.nodemanager.webapp.address}，通过主进程 Web 页面上的节点信息可以链接到本页面，也可直接打开这个页面，此页面显示此 NodeManager 相关信息，如内存和 CPU 配置、任务状况、Container 状况等信息。

3．MapReduce

历史日志进程 JobHistoryServer 开启的 Web 地址为 http://JobHistoryHostName:19888，对应配置文件为 mapred-site.xml，配置参数{mapreduce.jobhistory.webapp.address}，从此页面可以看到集群所有历史 Yarn 任务。

读者切不可混淆，MapReduce 只是并行处理算法，集群任务调度是由 Yarn 来完成的。在 Hadoop 2.0 里，MapReduce 是 Yarn 不可缺少的模块，这里的 JobHistory 是一个任务独立模块，用来查看历史任务，和 MapReduce 并行处理算法无关。

5.5.3 命令行接口

Shell 接口不仅用于管理员管理集群常用命令，也用于普通用户提交任务，查看任务状态等，下面给出各模块的 Shell 命令的简单介绍。

1．HDFS

以 tar 包方式部署时，其执行方式是 HADOOP_HOME/bin/hdfs，当以完全模式部署时，使用 HDFS 用户执行 hdfs 即可（见图 5-15）。

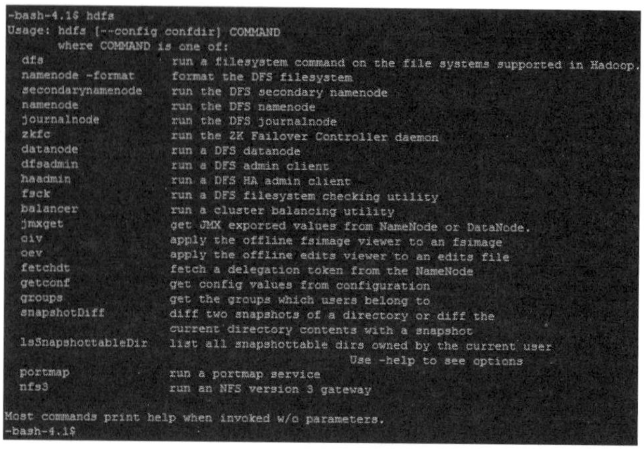

```
-bash-4.1$ hdfs
Usage: hdfs [--config confdir] COMMAND
       where COMMAND is one of:
  dfs                  run a filesystem command on the file systems supported in Hadoop.
  namenode -format     format the DFS filesystem
  secondarynamenode    run the DFS secondary namenode
  namenode             run the DFS namenode
  journalnode          run the DFS journalnode
  zkfc                 run the ZK Failover Controller daemon
  datanode             run a DFS datanode
  dfsadmin             run a DFS admin client
  haadmin              run a DFS HA admin client
  fsck                 run a DFS filesystem checking utility
  balancer             run a cluster balancing utility
  jmxget               get JMX exported values from NameNode or DataNode.
  oiv                  apply the offline fsimage viewer to an fsimage
  oev                  apply the offline edits viewer to an edits file
  fetchdt              fetch a delegation token from the NameNode
  getconf              get config values from configuration
  groups               get the groups which users belong to
  snapshotDiff         diff two snapshots of a directory or diff the
                       current directory contents with a snapshot
  lsSnapshottableDir   list all snapshottable dirs owned by the current user
                                               Use -help to see options
  portmap              run a portmap service
  nfs3                 run an NFS version 3 gateway

Most commands print help when invoked w/o parameters.
-bash-4.1$
```

图 5-15 hdfs 命令行

每一命令还包含很多子命令，读者可以进一步深入各命令，这些命令主要可以分为两类——管理员命令和用户命令，管理员可以使用这个命令前台启动 NameNode，DataNode 等，也可以管理 DFS 进行集群数据均衡化（balancer）、检测文件系统（fsck）等操作。

2．Yarn

以 tar 包方式部署时，其执行方式是 HADOOP_HOME/bin/yarn，当以完全模式部署时，使用 Yarn 用户执行 yarn 即可（见图 5-16）。

```
-bash-4.1$ yarn
Usage: yarn [--config confdir] COMMAND
where COMMAND is one of:
  resourcemanager      run the ResourceManager
  nodemanager          run a nodemanager on each slave
  rmadmin              admin tools
  version              print the version
  jar <jar>            run a jar file
  application          prints application(s) report/kill application
  node                 prints node report(s)
  logs                 dump container logs
  classpath            prints the class path needed to get the
                       Hadoop jar and the required libraries
  daemonlog            get/set the log level for each daemon
or
  CLASSNAME            run the class named CLASSNAME
Most commands print help when invoked w/o parameters.
-bash-4.1$
```

图 5-16　yarn 命令行

每一条命令都包含若干条子命令，Yarn 的 Shell 命令也主要分为用户命令和管理员命令，用户可以使用 jar <jar 包>提交 Yarn 作业，可以使用 application 查看当前任务，还可以使用 logs 查看某具体 Container 执行上下文。管理员则可以使用 rmadmin 管理 Yarn 队列，更新节点信息，使用 ResourceManager 等前台开启 Yarn 相关进程等。

3．Hadoop

以 tar 包方式部署时，其执行方式是 HADOOP_HOME/bin/Hadoop，当以完全模式部署时，在终端直接执行 Hadoop（见图 5-17）。

```
[root@master0 ~]# hadoop
Usage: hadoop [--config confdir] COMMAND
       where COMMAND is one of:
  fs                   run a generic filesystem user client
  version              print the version
  jar <jar>            run a jar file
  checknative [-a|-h]  check native hadoop and compression libraries availability
  distcp <srcurl> <desturl> copy file or directories recursively
  archive -archiveName NAME -p <parent path> <src>* <dest> create a hadoop archive
  classpath            prints the class path needed to get the
                       Hadoop jar and the required libraries
  daemonlog            get/set the log level for each daemon
or
  CLASSNAME            run the class named CLASSNAME

Most commands print help when invoked w/o parameters.
```

图 5-17　Hadoop 命令行

从提示可以看出（见图 5-17），这个脚本既包含 HDFS 里最常用命令 fs（即 HDFS 里的 dfs），又包含 Yarn 里最常用命令 jar，可以说是 HDFS 和 Yarn 的结合体。

此外，distcp 用 MapreDuce 来实现两个 Hadoop 集群之间大规模数据复制。archive 也是用 MapReduce 任务重新整理原来的 HDFS 文件，经优化后的 archive 文件有利于优化文件存储，也有利于 NameNode 对元数据的存储。

4．其他常用命令

传统 gz 包方式部署时，上述三个 Shell 命令主要存放在 HADOOP_HOME/bin 目录下，而标准方式部署时，Hadoop 各个文件会打散到整个系统中，比如脚本命令放在 /usr/bin 目录下，日志文件放在/var/log 目录，配置文件放在/etc/conf 目录下。

当以传统 gz 包部署时，除了 HADOOP_HOME/bin 目录下的 Shell 脚本外，它还在 HADOOP_HOME/sbin 目录下提供了一些其他 Shell 命令，下面简单介绍一下这些命令。

从图 5-18 可以看到 sbin/目录下的脚本主要分为两种类型：启停服务脚本和管理服务脚本。其中，脚本 hadoop-daemon.sh 可单独用于启动本机服务，方便本机调试，start/stop 类脚本适用于管理整个集群，读者只要在命令行下直接使用这些脚本，它会自动提示使用方法。

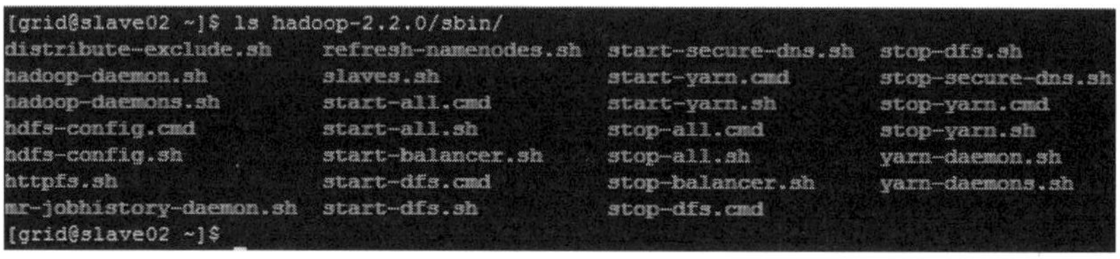

```
[grid@slave02 ~]$ ls hadoop-2.2.0/sbin/
distribute-exclude.sh      refresh-namenodes.sh    start-secure-dns.sh    stop-dfs.sh
hadoop-daemon.sh           slaves.sh               start-yarn.cmd         stop-secure-dns.sh
hadoop-daemons.sh          start-all.cmd           start-yarn.sh          stop-yarn.cmd
hdfs-config.cmd            start-all.sh            stop-all.cmd           stop-yarn.sh
hdfs-config.sh             start-balancer.sh       stop-all.sh            yarn-daemon.sh
httpfs.sh                  start-dfs.cmd           stop-balancer.sh       yarn-daemons.sh
mr-jobhistory-daemon.sh    start-dfs.sh            stop-dfs.cmd
[grid@slave02 ~]$
```

图 5-18 Hadoop 常用脚本

5.6 Hadoop 2.0 编程接口

Hadoop 包含 HDFS 和 Yarn 这两个独立实体，我们可以编写程序，单独操作这两个独立模块，也可以编写 MapReduce 程序（Yarn 编程的一种），实现在 HDFS 文件系统上运行 MR 任务。下面讲解一些常用程序。

5.6.1 HDFS 编程

使用 Java 处理文件时，我们首先新建 File 类，接着、可以使用 File 类方法对文件句柄进行相关操作，也可以针对这个 File 新建各种流，对文件内容进行操作。

同样，编写 HDFS 代码操作 HDFS 里的文件时，也是这个思路，只不过 HDFS 须先加载配置文件，在进行任何操作之前，我们都要实例化配置文件，HDFS 编程思路大概如下。

1．HDFS 编程实例

【例 5-8】请编写一简单程序，要求实现在 HDFS 里新建文件 myfile，并且写入内容 "china cstor cstor cstor china"。

代码如下：

```
public class Write {
```

```
public static void main(String[] args) throws IOException {
    Configuration conf = new Configuration();                      //实例化配置文件
    Path inFile = new Path("/user/joe/myfile");                    //命名一个文件
    FileSystem hdfs = FileSystem.get(conf);                        //获取文件系统
    FSDataOutputStream OutputStream = hdfs.create(inFile); //获取文件流
    outputStream.writeUTF("china cstor cstor cstor china");   //使用流向文件里写内容
    outputStream.flush();
    outputStream.close();
    }
}
```

假定程序打包后称为 hdfsOperate.jar，并假定以 joe 用户执行程序，主类为 Write，主类前为包名，则命令执行如下：

```
[joe@cMaster ~]$ hadoop jar hdfsOperate.jar cn.cstor.data.hadoop.hdfs.write.Write
```

成功执行上述命令后，读者可使用如下两种方式确认文件已经写入 HDFS。

第一种方式：使用 Shell 接口，以 joe 用户执行如下命令：

```
[joe@cMaster ~]$ hdfs dfs -cat ls                    #类似于 Linux 的 ls，列举 HDFS 文件
[joe@cMaster ~]$ hdfs dfs -cat myfile                #类似于 Linux 的 cat，查看文件
```

第二种方式：使用 Web 接口，浏览器地址栏打开 http://namenodeHostName:50070，点击 Browse the filesystem，进入文件系统，接着查看文件/user/joe/myfile 即可。

【例 5-9】请编写一简单程序，要求输出 HDFS 里刚写入的文件 myfile 的内容。

代码如下：

```
public class Read {
    public static void main(String[] args) throws IOException {
        Configuration conf = new Configuration();
        Path inFile = new Path("/user/joe/myfile");                //HDFS 里欲读取文件的绝对路径
        FileSystem hdfs = FileSystem.get(conf);
        FSDataInputStream inputStream = hdfs.open(inFile);         //获取输出流
        System.out.println("myfile: "+inputStream.readUTF());     //使用输出流读取文件
        inputStream.close();
        }
}
```

下面是命令执行方式及其结果：

```
[joe@cMaster ~]# hadoop jar hdfsOperate.jar cn.cstor.data.hadoop.hdfs.read.Read
myfile: china cstor cstor china
```

【例 5-10】请编写一简单代码，要求输出 HDFS 里文件 myfile 相关属性（如文件大小、拥有者、集群副本数，最近修改时间等）。

代码如下：

```
public class Status {
    public static void main(String[] args) throws Exception {
        Configuration conf = new Configuration();
```

```
Path file = new Path("/user/joe/myfile");
System.out.println("FileName: " + file.getName());
FileSystem hdfs = file.getFileSystem(conf);
FileStatus[] fileStatus = hdfs.listStatus(file);
for (FileStatus status : fileStatus) {
    System.out.println("FileOwner: "+status.getOwner());
    System.out.println("FileReplication: "+status.getReplication());
    System.out.println("FileModificationTime: "+new Date(status.getModificationTime()));
    System.out.println("FileBlockSize: "+status.getBlockSize());           }
    }
}
```

程序执行方式及其结果如下：

```
[joe@cMaster ~] Hadoop jar hdfsOperate.jar cn.cstor.data.Hadoop.hdfs.file.Status
FileName: myfile
FileOwner: joe
FileReplication: 3
FileModificationTime: Tue Nov 12 05:24:02 PST 2013
```

上面我们通过三个例题介绍了 HDFS 文件最常用操作，但这仅仅是三个小演示程序，读者在真正处理 HDFS 文件流时，可以使用缓冲流将底层文件流一层层包装，可大大提高读取效率。

2．HDFS 编程基础

1）Hadoop 统一配置文件类 Configuration

Hadoop 的每一个实体（Common，HDFS，Yarn）都有与其相对应的配置文件，Configuration 类是联系几个配置文件的统一接口。当执行代码 Configuration conf = new Configuration()时，程序会获取本机 Hadoop 本地配置文件，比如此时的 conf 对象里，已经包含了诸如 NameNode 位置信息 fs.defaultFS 属性值。

此外，Hadoop 各模块间传递的一切值都必须通过 Configuration 类实现，比如想在 Reduce 类里获取用户设置的 int 型参数 size，可以这样写：

```
conf.setInt("MainMethodProvidedParametersxx",78532);
```

则 Reduce 函数端可以这样获取：

```
int size=context.getConfiguration().getInt("MainMethodProvidedParametersxx", 0)
```

其他方式均无法获取程序设置的参数，若想实现参数最好使用 Configuration 类的 get 和 set 方法。

2）取得 HDFS 文件系统接口

在 Hadoop 源代码中，HDFS 相关代码大都存放在 org.apache.Hadoop.hdfs 包里，比如 HDFS 架构里最主要两个类 namenode.java 和 datanode.java 存放在 org.apache.hadoop.hdfs.server 包里。但是，我们编写代码操作 HDFS 里的文件时，不可以调用这些代码，而是通过 org.apache.hadoop.fs 包里的 FileSystem 类实现（见图 5-19）。

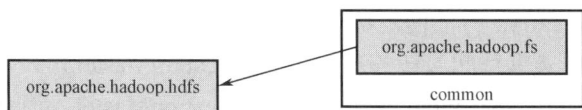

图 5-19　FileSystem 和 HDFS 关系图

FileSystem 类是 Hadoop 访问文件系统的抽象类，它不仅可以获取 HDFS 文件系统服务，也可以获取其他文件系统（比如本地文件系统）服务，为程序员访问各类文件系统提供统一接口。

3）HDFS 常用流和文件状态类

Common 还提供了一些处理 HDFS 文件的常用流，比如 fs 包下的 FSDataInputStream、io 包下的缓冲流 DataInputBuffer、util 包下的 LineReader 等。用户可以和 Java 流相互配合使用。

5.6.2　Yarn 编程

Yarn 是一个资源管理框架，由 ResourceManager（RM）和 NodeManager（NM）组成。但 RM 和 NM 不参与计算逻辑，计算逻辑代码由 ApplicationMaster 和 Client 实现，具体计算时则由集群中的 ApplicationMaster 与 Container 完成。

称由 ApplicationMaster 和 Client 组成的处理逻辑相同的一类任务为一个逻辑实体，你的逻辑实体可以定义为 Map 型、MapReduce 型、MapReduceMap 型，甚至是没有任何输入/输出的 CPU 密集型任务，只要编写相应的逻辑实体即可。Yarn 编程突破了 MapReduce 编程局限。

1．概念和流程

在资源管理框架中，RM 负责资源分配，NM 负责管理本地资源。在计算框架中，Client 负责提交任务，RM 启动任务对应的 ApplicationMaster，ApplicationMaster 则再向 RM 申请资源，并与 NodeManager 协商启动 Container 执行任务。

1）编程时使用的协议

（1）ApplicationClientProtocol：Client<-->ResourceManager。

Client 通知 RM 启动任务（如要求 RM 启动 ApplicationMaster），获取任务状态或终止任务时使用的协议。

（2）ApplicationMasterProtocol：ApplicationMaster<-->ResourceManager。

ApplicationMaster 向 RM 注册/注销申请资源时用到的协议。

（3）ContainerManager ：ApplicationMaster<-->NodeManager。

ApplicationMaster 启动/停止获取 NM 上的 Container 状态信息时所用的协议。

2）一个 Yarn 任务的执行流程简析

Client 提交任务时，通过调用 ApplicationClientProtocol#getNewApplication 从 RM 获取一个 ApplicationId，然后再通过 ApplicationClientProtocol#submitApplication 提交任

务。作为 submitApplication 方法的一部分，Client 还必须提供充足的信息，以便 RM 首先启动一个 Container 来执行此次任务对应的 ApplicationMaster。

接着，RM 会选定一个 Container 来启动 ApplicationMaster。而 ApplicationMaster 则负责此次任务的处理全过程，它首先调用 ApplicationMasterProtocol#Register Application-Master 向 RM 完成注册，为完成任务，它使用 ApplicationMasterProtocol# allocate 向 RM 申请和接受 Container，而当收到 RM 分配的 Container 后，ApplicationMaster 使用 ContainerManager#startContainer 启动这个 Container 来执行本次任务，作为启动 Container 的一部分，ApplicationMaster 必须指定 ContainerLaunchContext，这个 Context 中包含了用户处理代码、启动命令、环境变量等信息。当任务完成时，ApplicationMaster 须向 RM 注销自己，这个动作可通过调用 ApplicationMasterProtocol# finishApplicationMaster 完成。

在任务运行过程中，ApplicationMaster 会通过心跳包与 RM 保持通信，心跳不仅告知 RM，ApplicationMaster 还存活着，同时也充当两者之间的消息通道，如果一段时间，RM 未收到 ApplicationMaster 心跳包，则认为 ApplicationMaster 死掉，RM 会重启一个 ApplicationMaster 或让任务失败。此外、Client 端可以通过询问 RM 或直接询问 ApplicationMaster 获取任务状态信息，甚至是调用 ApplicationClientProtocol# forceKill-Application 终止任务。

3）编程步骤小结

（1）Client 端。

步骤 1：获取 ApplicationId。

步骤 2：提交任务。

（2）ApplicationMaster 端。

步骤 1：注册。

步骤 2：申请资源。

步骤 3：启动 Container。

步骤 4：重复步骤 2、3，直至任务完成。

步骤 5：注销。

容易看出，在实现 Yarn 协议的基础上，只要编写符合一定逻辑的 ApplicationMaster 和 Client，我们就能实现一套"自己的"的分布式处理过程，在这个用户"本土"分布式处理过程中，资源分配已经由 Yarn 帮我们实现了，但用户必须编写复杂的 ApplicationMaster 来实现任务分解、逻辑处理等，编写一个性能高、通用性强的 ApplicationMaster 是件不容易的事，一般由专业人员编写，Yarn 提供了三个 Application-Master 实现：DistributedShell、unmanaged-am-launcher 和 MapReduce。

2．实例分析

DistributedShell 是 Yarn 自带的一个应用程序编程实例，相当于 Yarn 编程中的 "Hello World"，它的功能是并行执行用户提交的 Shell 命令或 Shell 脚本。

从 Hadoop 官方网站下载 Hadoop-2.2.0-src.tar.gz（Hadoop 源码包）并解压后，依次进入 Hadoop-yarn-project\Hadoop-yarn\Hadoop-yarn-applications，下面就是 Yarn 自带的两

个 Yarn 编程实例。

DistributedShell 中主要包含两个类 Client 和 ApplicationMaster。其中 Client 主要向 RM 提交任务。ApplicationMaster 则须向 RM 申请资源，并与 NM 协商启动 Container 完成任务。

（1）Client 类最主要代码。

```
YarnClient yarnClient = YarnClient.createYarnClient();    //新建 Yarn 客户端
yarnClient.start();                                       //启动 Yarn 客户端
YarnClientApplication app = yarnClient.createApplication();    //获取提交程序句柄
ApplicationSubmissionContext appContext = app.getApplicationSubmissionContext();    //获取上下文
句柄
ApplicationId appId = appContext.getApplicationId();    //获取 RM 分配的 appId
appContext.setResource(capability);    //设置任务其他信息举例
appContext.setQueue(amQueue);
appContext.setPriority(priority);


//实例化 ApplicationMaster 对应的 Container
ContainerLaunchContext amContainer = Records.newRecord(ContainerLaunchContext.class);
amContainer.setCommands(commands);    //参数 commands 为用户预执行的 Shell 命令
appContext.setAMContainerSpec(amContainer);    //指定 ApplicationMaster 的 Container
yarnClient.submitApplication(appContext);    //提交作业
```

从代码中能看到，关于 RPC 的代码已经被上一层代码封装了，Client 端编程简单地说就是获取 YarnClientApplication，接着设置 ApplicationSubmissionContext，最后提交任务。

（2）ApplicationMaster 类最主要代码。

```
//新建 RM 代理
AMRMClientAsync amRMClient = AMRMClientAsync.createAMRMClientAsync(1000, allocListener);
amRMClient.init(conf);
amRMClient.start();
//向 RM 注册
amRMClient.registerApplicationMaster(appMasterHostname, appMasterRpcPort,appMasterTrackingUrl);
containerListener = createNMCallbackHandler();
//新建 NM 代理
NMClientAsync nmClientAsync = new NMClientAsyncImpl(containerListener);
nmClientAsync.init(conf);
nmClientAsync.start();
//向 RM 申请资源
for (int i = 0; i < numTotalContainers; ++i) {
        ContainerRequest containerAsk = setupContainerAskForRM();
            amRMClient.addContainerRequest(containerAsk);
}
```

```
numRequestedContainers.set(numTotalContainers);
//设置 Container 上下文
ContainerLaunchContext ctx = Records.newRecord(ContainerLaunchContext.class);
ctx.setCommands(commands);
//要求 NM 启动 Container
nmClientAsync.startContainerAsync(container, ctx);
//containerListener 汇报此 NM 完成任务后，关闭此 NM
nmClientAsync.stop();
//向 RM 注销
amRMClient.unregisterApplicationMaster(appStatus, appMessage, null);
amRMClient.stop();
```

源码中的 ApplicationMaster 有 1000 行，上述代码给出了源码里最重要的几个步骤。

3．代码执行方式

默认情况下 Yarn 包里已经有分布式 Shell 的代码了，可以使用任何用户执行如下命令：

```
$hadoop jar /usr/lib/Hadoop-yarn/Hadoop-yarn-applications-distributedshell.jar
> org.apache.Hadoop.yarn.applications.distributedshell.Client
> -jar /usr/lib/Hadoop-yarn/Hadoop-yarn-applications-distributedshell.jar
> -shell_command   '/bin/date' -num_containers 100
```

4．实例分析-MapReduce

1）概述

Yarn 下的 MapReduce 和 MRv1 里的 MapReduce 相同，是 Google-MapReduce 思想的实现，不同的是，Yarn 下编程不只有 MapReduce 这一种模式，如果我们将 MapReduce 看成一种编程模板，那么 MRv1 下，只有这一种模板，可是 Yarn 下可以有各种各样的编程模板，比如 DistributedShell 形式、MapReduce 形式，尽管编程形式多了，但 MapReduce 依旧是分布式编程首选的模板。

同 DistributedShell 相同，编写 MapReduce 程序基本步骤依旧如下。

（1）编写 Client：默认实现类 MRClientService。

（2）编写 ApplicationMaster：默认实现类 MRAppMaster。

Hadoop 开发人员为 MapReduce 编程模型开发了 Client 和 ApplicationMaster 默认实现了 MRClientService 和 MRAppMaster，MRv1 版本的 MapReduce 代码在 Yarn 里是兼容的，用户只要重新编译一下即可。

有了高效的 MRClientService，MRAppMaster，用户编写 MapReduce 过程就简单多了，可依旧使用以前的那一套 MapReduce 开发流程，下面具体讲解。

2）MapReduce 编程步骤

MapReduce 编程模型简单，在实际操作时，最常用的编程步骤如下。

步骤 1：确定<key,value>对。

<key,value>对是 MapReduce 编程框架中基本的数据单元，其中 key 实现了

WritableComparable 接口，value 实现了 Writable 接口，这使得框架可以对其序列化并可以对 key 执行排序。

步骤 2：确定输入类。

InputFormat、InputSplit、RecordReader 是数据输入的主要编程接口。InputFormat 主要实现的功能是将输入数据分切成多个块，每个块都是 InputSplit 类型；而 RecordReader 负责将每个 InputSplit 块分解成多个<key1,value1>对传送给 Map 任务。

步骤 3：Mapper 阶段。

此阶段设计的编程接口主要有 Mapper、Reducer、Partitioner。实现 Mapper 接口主要是实现其 Map 方法，Map 主要用来处理输入<key1,value1>对并产生输出<key2,value2>对。在 Map 处理过<key1,value1>对之后，可以实现一个 Combiner 类对 Map 的输出进行初步的规约操作，此类实现了 Reducer 接口。而 Partitioner 主要是根据 Map 的输出<key2,value2>对的值，将其分发给不同 Reduce 任务。

步骤 4：Reducer 阶段。

此阶段需要实现 Reducer 接口，主要是实现 Reduce 方法，框架将 Map 输出的中间结果根据相同的 key2 组合成<key2,list(value2)>对作为 Reduce 方法的输入数据并对其进行处理，同时产生输出数据<key3,value3>对。

步骤 5：数据输出。

数据输出阶段主要实现两个编程接口，其中 FileOutputFormat 接口用来将数据输出到文件，RecordWriter 接口负责输出一个<key,value>对。

我们可将上述过程简单概括如下（见图 5-20）。

步骤 1：实例化配置文件类。

步骤 2：实例化 Job 类。

步骤 3：编写输入格式。

步骤 4：编写 Map 类。

步骤 5：编写 Partitioner 类。

步骤 6：编写 Reduce 类。

步骤 7：编写 OutputFormat 类。

步骤 8：提交任务。

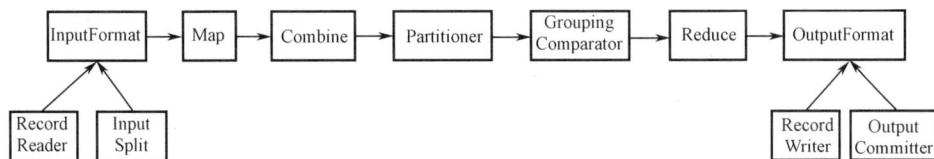

图 5-20　MapReduce 编程过程

但是，用户在编写 MapReduce 程序时，并没有这么复杂，"好像"只需要编写 Map 类与 Reduce 类，那是因为框架默认情况下制定了其他类。MapReduce 框架默认类统计见表 5-2。

表 5-2　Yarn 框架处理 MR 程序时默认类

InputFormat	TextInputFormat
RecordReader	LineRecordReader
InputSplit	FileSplit
Map	IdentityMapper
Combine	不使用
Partitioner	HashPartitioner
GroupCompatator	不使用
Reduce	IdentityReducer
OutputFormat	FileOutputFormat
RecordWriter	LineRecordWriter
OutputCommitter	FileOutputCommitter

在用户不做任何显示设置的情况下，MapReduce 框架就已经默认使用上述类了，故最简单情况下，用户只需要编写 Map 类和 Reduce 类，即可完成任务，下面对最常用的几个过程给出讲解。

3）MapReduce 编程示例——WordCount

下面是 MapReduce 自带的最简单代码，MapReduce 算法实现统计文章中单词出现次数，源代码如下：

```
public class WordCount {
    //定义 map 类，一般继承自 Mapper 类，里面实现读取单词，写出<单词,1>
    public static class TokenizerMapper extends Mapper<Object, Text, Text, IntWritable> {
    private final static IntWritable one = new IntWritable(1);
    private Text word = new Text();
    //map 方法，划分一行文本，读一单词写出一个<单词,1>
    public void map(Object key, Text value, Context context)throws IOException, InterruptedException {
        StringTokenizer itr = new StringTokenizer(value.toString());
        while (itr.hasMoreTokens()) {
        word.set(itr.nextToken());
        context.write(word, one);//写出<单词,1>
    }}}
    //定义 reduce 类，对相同的单词，把它们<K,VList>中的 VList 值全部相加
    public static class IntSumReducer extends Reducer<Text, IntWritable, Text, IntWritable> {
    private IntWritable result = new IntWritable();
    public void reduce(Text key, Iterable<IntWritable> values,Context context)
                    throws IOException, InterruptedException {
        int sum = 0;
        for (IntWritable val : values) {
            sum += val.get();//相当于<cstor,1><cstor,1>，将两个 1 相加
        }
```

```
        result.set(sum);
        context.write(key, result);//写出这个单词，和这个单词出现次数<单词，单词出现次数>
}}
    public static void main(String[] args) throws Exception {//主方法，函数入口
        Configuration conf = new Configuration();              //实例化配置文件类
        Job job = new Job(conf, "WordCount");                  //实例化 Job 类
        job.setInputFormatClass(TextInputFormat.class);        //指定使用默认输入格式类
        TextInputFormat.setInputPaths(job, inputPaths);        //设置待处理文件的位置
        job.setJarByClass(WordCount.class);                    //设置主类名
        job.setMapperClass(TokenizerMapper.class);             //指定使用上述自定义 Map 类
        job.setMapOutputKeyClass(Text.class);                  //指定 Map 类输出的<K,V>，K 类型
        job.setMapOutputValueClass(IntWritable.class);         //指定 Map 类输出的<K,V>，V 类型
        job.setPartitionerClass(HashPartitioner.class);        //指定使用默认的 HashPartitioner 类
        job.setReducerClass(IntSumReducer.class);              //指定使用上述自定义 Reduce 类
        job.setNumReduceTasks(Integer.parseInt(numOfReducer)); //指定 Reduce 个数
        job.setOutputKeyClass(Text.class);                     //指定 Reduce 类输出的<K,V>,K 类型
        job.setOutputValueClass(Text.class);                   //指定 Reduce 类输出的<K,V>,V 类型
        job.setOutputFormatClass(TextOutputFormat.class);      //指定使用默认输出格式类
        TextOutputFormat.setOutputPath(job, outputDir);        //设置输出结果文件位置
        System.exit(job.waitForCompletion(true) ? 0 : 1);      //提交任务并监控任务状态
}}
```

4）MapReduce 编程示例——矩阵相乘

【例 5-11】请读者使用 MapReduce 编程模型实现矩阵相乘。

分析：一般来说，矩阵相乘就是左矩阵乘右矩阵，结果为积矩阵，左矩阵的列数与右矩阵的行数相等，设左矩阵为 $a×b$ 的矩阵，右矩阵为 $b×c$ 的矩阵，左矩阵的行与右矩阵的列对应元素乘积之和为积矩阵中的元素值。本例中的矩阵相乘也是这种传统算法，左矩阵的一行和右矩阵的一列组成一个 InputSplit，其存储 b 个<key,value>对，key 存储积矩阵元素位置，value 为生成一个积矩阵元素的 b 个数据对中的一个；Map 方法计算一个<key,value>对的 value 中数据对的积；而 Reduce 方法计算 key 值相同的所有积的和。本例中的矩阵为整数矩阵。

（1）根据以上分析，程序中将使用如下类。

matrix 类用于存储矩阵。

IntPair 类实现 WritableComparable 接口用于存储整数对。

matrixInputSplit 类继承了 InputSplit 接口，每个 matrixInputSplit 包括 b 个<key,value>对，用来生成一个积矩阵元素。key 和 value 都为 IntPair 类型，key 存储的是积矩阵元素的位置，value 为计算生成一个积矩阵元素的 b 个数据对中的一个。

继承 InputFormat 的 matrixInputFormat 类，用于数据输入。

matrixRecordReader 类继承了 RecordReader 接口，MapReduce 框架调用此类生成<key,value>对赋给 Map 方法。

主类 matrixMulti，其内置类 MatrixMapper 继承了 Mapper 重写覆盖了 Map 方法，类似地，FirstPartitioner、MatrixReducer 也是如此。在 main 函数中，需要设置一系列的类，详细内容参考源码。

MultipleOutputFormat 类用于向文件输出结果。

LineRecordWriter 类被 MultipleOutputFormat 中的方法调用，向文件输出一个结果 <key,value>对。

（2）代码片段。

matrixInputFormat：

```java
public class matrixInputFormat extends InputFormat<IntPair, IntPair> {
    public matrix[] m=new matrix[2];//新建两个 matrix 实例，m[0]为左矩阵，m[1] 为右矩阵
    public List<InputSplit> getSplits(JobContext context) throws IOException, InterruptedException {
        //从文件里读取矩阵填充 m[0]、 m[1]，文件在 HDFS 中
        int NumOfFiles = readFile(context);
        for(int n=0;n<row;n++){// row 为 m[0]的行数
        for(int m=0;m<col;m++){// col 为 m[1]的列数
            // 以 m[0]的第 n 行与 m[1]的第 m 列为参数实例化一个 matrixInputSplit
            matrixInputSplit split = new matrixInputSplit(n,this.m[0],m,this.m[1]);
            splits.add(split);
        }
        }
        return splits;
}
```

matrixMulti:

```java
public class matrixMulti {

public static class MatrixMapper extends Mapper<IntPair, IntPair, IntPair, IntWritable> {
    public void map(IntPair key, IntPair value, Context context) throws IOException,
        InterruptedException {
            int left=value.getLeft();
            int right=value.getRight();
            intWritable result=new IntWritable(left*right);
            context.write(key, result);
    }
}
    public static class FirstPartitioner extends Partitioner<IntPair,IntWritable>{
    public int getPartition(IntPair key, IntWritable value, int numPartitions) {
        //按 key 的左值即行号分配<k,v>对到对应的 Reduce 任务，numPartitions 为
        //Reduce 任务的个数
        int abs=Math.abs(key.getLeft()) % numPartitions;
        return abs;
```

```
        }
    }
    public static class MatrixReducer extends Reducer<IntPair, IntWritable, IntPair, IntWritable> {
        private IntWritable result = new IntWritable();
        public void reduce(IntPair key, Iterable<IntWritable> values, Context context)
            throws IOException, InterruptedException {
                int sum = 0;
                for (IntWritable val : values){
                    int v=val.get();
                    sum += v;    }//对 key 值相同的 val 求和
                    result.set(sum);
                    context.write(key, result);
            }
        }
    }
}
```

（3）程序的运行过程。

程序从文件中读出数据到内存，生成 matrix 实例，通过组合左矩阵的行与右矩阵的列生成 $a×c$ 个 matrixInputSplit。

一个 Mapper 任务对一个 matrixInputSplit 中的每个<key1,value1>对调用一次 Map 方法，对 value1 中的两个整数相乘。输入的<key1,value1>对中 key1 和 value1 的类型均为 IntPair，其输出为<key1,value2>对，key1 不变，value2 为 IntWritable 类型，值为 value1 中的两个整数的乘积。

MapReduce 框架调用 FirstPartitioner 类的 getPartition 方法将 Map 的输出<key1,value2> 对分配给指定的 Reducer 任务（任务个数可以在配置文件中设置）。

Reducer 任务对 key1 值相同的所有 value2 求和，得出积矩阵中的元素 k 的值。其输入为<key1,list(value2)>对，输出为<key1,value3>对，key1 不变，value3 为 IntWritable 类型，值为 key1 值相同的所有 value2 的和。

MapReduce 框架实例化一个 MultipleOutputFormat 类，将结果输出到文件。

（4）程序执行过程。

程序需要两个参数：输入目录和输出目录，如图 5-21 中首行的 input、output。

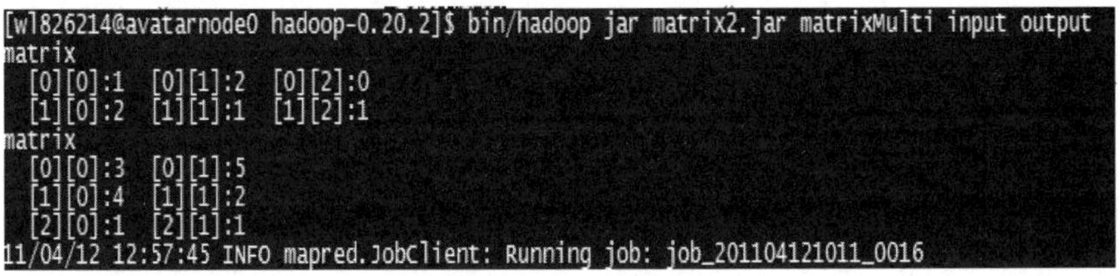

图 5-21　操作界面

习题

1．简述 Hadoop 1.0 与 Hadoop 2.0 的优缺点，并比较二者区别与联系。
2．简述解压包方式部署 Hadoop 的弊端。
3．简述 Hadoop 2.0 安全机制，试分析其优缺点。
4．简述 Yarn 编程过程，再简述 MR 编程过程，说明二者有何关系。
5．试从架构上分析 Hadoop 的优缺点。

参考文献

[1]　http://Hadoop.apache.org/

[2]　http://www.idc.com.cn/

[3]　http://www.cloudera.com/content/cloudera/en/home.html

[4]　http://hortonworks.com/

[5]　http://Hadoop.apache.org/docs/current/

[6]　http://web.mit.edu/kerberos/

第6章 Hadoop 2.0 大家族

Hadoop[1]是谷歌 GFS 和 MapReduce 的开源实现，其 HDFS 和 Yarn 模块分别为分布式集群提供了最基础的分布式存储服务和分布式操作系统服务，但分布式环境下还有分布式数据库、分布式锁、数据挖掘库等组件，本章主要介绍分布式环境下除 Hadoop 外的其他组件。

6.1 Hadoop 2.0 大家族概述

随着大数据和云计算时代的到来，越来越多的业务需要在分布式环境下才能解决，虽然 Hadoop 为大数据处理提供了基本手段，但实际业务中还需要大量其他工具（组件），这些组件几乎都是围绕 Hadoop 并为解决特定领域问题而构建的，当处理实际业务时，选择合适的组件能大大提高开发周期。对于大部分组件，用户只需要了解此组件用来处理哪种类型的问题即可，在实际工作中碰到时再具体深入研究。

6.1.1 分布式组件

1．组件简介

主要的分布式组件有以下 19 种。

（1）Apache ZooKeeper[2]：一个为分布式应用所设计的分布式、开源的协调服务，它主要是用来解决多个分布式应用遇到的互斥协作与通信问题，使用 ZooKeeper 能大大简化分布式应用协调及其管理的难度。

（2）Apache Hbase[3]：一种高可靠性、高性能、面向列、可伸缩的分布式存储系统，利用 Hbase 技术可在廉价 PC Server 上搭建大规模结构化存储集群。

（3）Apache Pig[4]：基于 Hadoop 的大规模数据分析工具，它提供类 SQL 类型语言，该语言的编译器会把用户写好的 Pig 型类 SQL 脚本转换为一系列经过优化的 MR 操作并负责向集群提交任务。

（4）Apache Hive[5]：是基于 Hadoop 的一个数据仓库工具，可以将结构化的数据文件映射为一张数据库表，通过类 SQL 语句快速实现简单的 MR 统计，不必开发专门的 MapReduce 应用，适合数据仓库的统计分析。

（5）Apache Oozie[6]：提供工作流引擎服务，用于管理和协调运行在 Hadoop 平台上各种类型任务（HDFS、Pig、MR、Shell，Java 等）。

（6）Apache Flume[7]：分布式日志数据聚合与传输工具，可用于日志数据收集、处理和传输，功能类似于 Chukwa，但比 Chukwa 更小巧实用。

（7）Apache Mahout[8]：基于 Hadoop 的机器学习和数据挖掘的一个分布式程序库，

Mahout 里提供了大量机器学习算法的 MR 实现，并提供了一系列工具，简化了从建模到测试流程。

（8）Apache Sqoop[9]：用来将 Hadoop 和关系型数据库中的数据相互转移的工具，使用它可将一个关系型数据库（MySQL 、Oracle 、Postgres 等）中的数据导入 Hadoop 的 HDFS 中，也可以将 HDFS 的数据导入关系型数据库中。

（9）Apache Cassandra[10]：一套开源分布式 NoSQL 数据库系统。它最初由 Facebook 开发，用于存储简单格式数据，集 Google BigTable 的数据模型与 Amazon Dynamo 的完全分布式的架构于一身。

（10）Apache Avro[11]：数据序列化系统，用于大批量数据实时动态交换，它是新的数据序列化与传输工具，估计会逐步取代 Hadoop 原有的 RPC 机制。

（11）Apache Ambari[12]：Hadoop 及其组件的 Web 工具，提供 Hadoop 集群的部署、管理和监控等功能，为运维人员管理 Hadoop 集群提供了强大的 Web 界面。

（12）Apache Chukwa[13]：分布式的数据收集与传输系统，它可以将各种各样类型的数据收集与导入 Hadoop。

（13）Apache Hama[14]：基于 HDFS 的 BSP（Bulk Synchronous Parallel）并行计算框架，Hama 可用于包括图、矩阵和网络算法在内的大规模、大数据计算。

（14）Apache Giraph[15]：基于 Hadoop 的分布式迭代图处理系统，灵感来自 BSP (Bulk Synchronous Parallel) 和 Google 的 Pregel。

（15）Apache Crunch[16]：是基于 Google 的 FlumeJava 库编写的 Java 库，用于创建 MR 程序，与 Hive、Pig 类似，Crunch 提供了用于实现如连接数据、执行聚合和排序记录等常见任务的模式库。

（16）Apache Whirr[17]：是一套运行于云服务的类库（包括 Hadoop），可提供高度的互补性，Whirr 支持 Amazon EC2 和 Rackspace 服务。

（17）Apache Bigtop[18]：针对 Hadoop 及其周边组件的打包、分发和测试工具，解决组件间版本依赖、冲突问题，实际上当用户用 rpm 或 yum 方式部署时，脚本内部会用到它。

（18）Apache HCatalog[19]：基于 Hadoop 的数据表和存储管理工具，可用于管理 HDFS 元数据，它跨越 Hadoop 和 RDBMS，可以利用 Pig 和 Hive 提供关系视图。

（19）Cloudera Hue[20]：Hadoop 及其生态圈组件的 Web 编辑工具，实现对 HDFS、Yarn、MapReduce、Hbase、Hive、Pig 等的 Web 化操作。

2. 组件分类

Hadoop 生态圈中各个组件按其功能可以分成下述几种类型（见图 6-1），需要注意的是，同一种类型的组件，其应用场景也可以是不一样的，如数据传输组件 Flume 与 Sqoop，虽同样都是数据传输型工具，但其应用场景明显不同，Flume 典型应用是将生产机日志实时传输至 HDFS，Sqoop 则实现关系型数据库与 HDFS 间数据传输。

（1）分布式存储：HDFS

（2）分布式操作系统：Yarn

（3）分布式处理算法：MapReduce

（4）分布式锁服务：ZooKeeper

（5）分布式数据库：Hbase、Cassandra

（6）工作流引擎：Oozie

（7）高层语言：Pig、Hive、Impala、RHadoop

（8）机器学习库：Mahout、Giraph、Hama、RHadoop

（9）元数据与表管理工具：Hcatalog

（10）数据传输工具：Flume、Avro、Chukwa、Sqoop

（11）集群管理工具：Ambari、Cloudera Manager

（12）各组件的 Web 化编辑器：Hue

（13）组件间版本依赖处理工具：BigTop

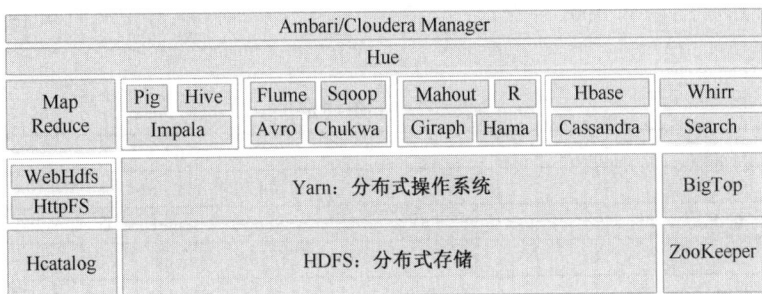

图 6-1　Hadoop 生态圈分类

6.1.2　部署概述

开源社区 Apache 推出新版或稳定版的分布式组件（包括 Hadoop）后，一般情况下，大数据商业公司 Cloudera 和 Hortonworks 会在此版基础上进行稳定性、可靠性、兼容性和易用性封装，即 Cloudera（Hortonworks）版的分布式组件，如 Cloudera 的 pig-0.11.0-cdh5.0.0-beta-1.jar 对应 Apache 的 pig-0.11.0，并且几乎所有的分布式组件，Cloudera（Hortonworks）都有相应封装。

1．部署过程

各个分布式组件部署（包括 Hadoop）都可分为 Apache 社区版部署和 Cloudera（Hortonworks）商用版部署，但社区版部署需要大量手工工作，并且还得处理各个组件版本兼容性问题，为降低复杂性，这里各个组件都采用 Cloudera 版，下面以 Pig 为例，简单叙述社区版和商用版部署步骤。

Apache 社区版分布式组件部署步骤：

（1）部署前提与规划；

（2）下载与此 Hadoop 版本兼容版本的 Pig；

（3）解压，配置 Pig；

（4）按需将解压且配置好的 Pig 发送到需要部署的机器上；

（5）新建相应用户、文件夹等，并赋予合适权限。

商业版（Cloudera 或 Hortonworks）部署步骤：

（1）部署前提与规划；

（2）部署，配置 Pig；

（3）新建相应存储目录，并赋予合适权限。

从上述部署步骤可以看出，社区版部署须解决版本兼容与本地权限文件的问题，烦琐易错，很不容易部署成功，而 Cloudera 版本身已经解决了版本与权限问题，并且其部署时只要使用标准的 Linux 安装命令（如 CentOS 使用 yum）并修改一些配置即可。

2．部署规划

本章所有组件皆采用 Cloudera 当前最新版 cloudera-cdh-5-0.x86_64.rpm，并做出表 6-1 中的约定，其中集群共五台机器，cMaster 为主节点，cProxy 为主节点代理，其他为 Slave 节点，注意 iClient 并不属于集群，用户还须确保集群中所有机器和 iClient 都可以连网。

表 6-1　部署约定

系统	CentOS-6.6 64bit
JDK	jdk-7u45-linux-x64.rpm
集群	cMaster、cSlave0、cSlave1、cSlave2、cProxy
客户端	iClient
执行例题的机器	iClient
执行例题时用户	joe

部署时不同机器上会执行不同的命令，请注意将命令放在应当执行的机器上执行，此外，还须在 iClient 上通过命令"adduser joe"添加 joe 用户，除非特别说明外，本章所有例题都在 iClient 上以 joe 用户执行。

Hadoop 和 Hbase 均采用 Master/Slave 架构体系，故其角色有 Master、Slave 之分；ZooKeeper 为对等结构；Pig、Hive、Oozie 与 Mahout 更像是 Hadoop 的一个客户端；作为一个数据传输工具，Flume 必然有数据源和汇的说法，关于各个组件的部署规划，可参见表 6-2。

表 6-2　集群部署规划表

机器\组件	cMaster	cSlave0	cSlave1	cSlave2	cProxy	iClient
Hadoop	Master	Slave	Slave	Slave	Proxy	Hadoop Client
Hbase	Master	Slave	Slave	Slave		Hbase Client
ZooKeeper		ZooKeeper	ZooKeeper	ZooKeeper		ZooKeeper Client
Pig						Pig
Hive						Hive
Flume	Flume 汇					Flume 源
Oozie	Oozie					Client
Mahout						Mahout

3．商用版 Hadoop 部署[21]

上一章已经介绍了社区版 Hadoop 部署方式，在实际应用中，一般都使用商业版，为方便起见，本章也用 Cloudera 版，下面讲解 Cloudera 版 Hadoop 部署过程。

1）准备软硬件环境

主要包括新建 CentOS 机器、修改机器名、添加域名映射、关闭防火墙、安装 JDK。这步很关键，如果 CentOS 软件环境配置不正确，将不可能部署成功（即使部署成功，重启或过段时间后，集群将依旧会出现各种奇怪问题）。

2）下载 Cloudera 的 rpm 文件

由于纯净的 CentOS 并未记录 Cloudera 仓库位置，因此，须将 Cloudera 仓库位置信息加入本地 yum 库，当然有多种方式添加或新建仓库信息，这里介绍简单方式：安装 Cloudera rpm。下面以版本 cloudera-cdh-5-0.x86_64.rpm 为例，介绍如何下载。

网页搜索"cloudera doc"，依次点击"Documentation - Cloudera"→"CDH 5 Documentation"→"CDH 5 Installation Guide"→"CDH 5 Installation"→"Installing CDH 5"，在此页面中看到类似于"Red Hat/CentOS/Oracle 6 link (64-bit)"，打开并确定此链接为 cloudera-cdh-5-0.x86_64.rpm，接着下载即可。当然如果存在的话，读者可以下载更新版本，有时中间会有 Beta 字样，这表明此版本为测试版。

3）将 rpm 文件复制到各 CentOS

本例中即将 cloudera-cdh-5-0.x86_64.rpm 复制到表 6-2 中的 6 台机器。注意，6 台机器必须都复制此文件。

4）安装 rpm 文件

这一步非常关键，它是部署 Hadoop 和 Cloudera 所有组件的前提条件。

```
$ sudo yum --nogpgcheck localinstall cloudera-cdh-5-0.x86_64.rpm #以 root 权限、6 台机器都要执行
```

5）Hadoop 部署规划

Hadoop 包含 HDFS 和 Yarn 两大服务，其中 HDFS 主服务称为 NameNode 进程，应当运行在 Master 机上，HDFS 从服务运行 DataNode 进程，正常部署在 Slave 机器上，并且每个 Slave 运行一个 DataNode，Yarn 与此类似，表 6-3 为 Hadoop 部署规划表，部署时将按照此表部署。

表 6-3　Hadoop 部署规划表

	cMaster	cSlave0	cSlave1	cSlave2	cProxy	iClient
HDFS	NameNode	DataNode	DataNode	DataNode	HistoryServer	Hadoop
Yarn	RM	NM	NM	NM	ProxyServer	Client

6）安装 Hadoop

按照规划表，下面将为每台机器安装合适进程，请注意执行命令中的机器名与用户权限，形如[root@cMaster ~]表示在 cMaster 上，以 root 权限执行。

```
[root@cMaster ~]# sudo yum install hadoop-hdfs-namenode hadoop-yarn-resourcemanager
```

[root@cSlave0 ~]# sudo yum install hadoop-yarn-nodemanager hadoop-hdfs-datanode hadoop-mapreduce

[root@cSlave1 ~]# sudo yum install hadoop-yarn-nodemanager hadoop-hdfs-datanode hadoop-mapreduce

[root@cSlave2 ~]# sudo yum install hadoop-yarn-nodemanager hadoop-hdfs-datanode hadoop-mapreduce

[root@cProxy ~]# sudo yum install hadoop-mapreduce-historyserver hadoop-yarn-proxyserver

[root@iClient ~]# sudo yum install hadoop-client

7）配置 HDFS（6 台机器都需要配置，且内容相同）

在/etc/hadoop/conf/core-site.xml 文档里 configuration 标签间加入如下内容：

<property><name>fs.defaultFS</name><value>hdfs://cMaster:8020</value></property>

在/etc/hadoop/conf/hdfs-site.xml 文档里 configuration 标签间加入如下内容：

<property><name>dfs.permissions.superusergroup</name><value>hadoop</value></property>

<property><name>dfs.namenode.name.dir</name><value>/data/dfs/nn</value></property>

<property><name>dfs.datanode.data.dir</name><value>/data/dfs/dn</value></property>

8）建立本地目录

cMaster 上执行如下两条命令：

[root@cMaster ~]# sudo mkdir -p /data/dfs/nn

[root@cMaster ~]# sudo chown -R hdfs:hdfs /data/dfs/nn

cSlave0、cSlave1、cSlave2 上以 root 权限执行如下两条命令：

$ sudo mkdir -p /data/dfs/dn

$ sudo chown -R hdfs:hdfs /data/dfs/dn

9）格式化存储主节点

[root@cMaster ~]# sudo -u hdfs hadoop namenode -format   #cMaster 上以 root 权限执行

10）启动 HDFS 服务

cMaster 上启动 HDFS 主服务 namenode：

[root@cMaster ~]# sudo service hadoop-hdfs-namenode start   #cMaster 上以 root 权限执行

cSlave0、cSlave1、cSlave2 上启动从服务，即 root 权限执行如下命令：

$ sudo service hadoop-hdfs-datanode start   #start 对应命令为 stop、restart

11）建立 HDFS 相关目录

为防止某些进程使用 tmp 目录时发生权限问题，这里一开始就新建 tmp 目录并赋予最大权限，而其他目录则在下面 Yarn 配置中将会使用到，这里一并建立，注意这些目录都是 HDFS 里的目录。

```
[root@iClient ~]# sudo -u hdfs hdfs fs -mkdir /tmp                          #iClient 上以 root 权限执行
[root@iClient ~]# sudo -u hdfs hadoop fs -chmod -R 1777 /tmp
[root@iClient ~]# sudo -u hdfs hdfs fs -mkdir -p /user/history
[root@iClient ~]# sudo -u hdfs hdfs fs -chmod -R 1777 /user/history
[root@iClient ~]# sudo -u hdfs hdfs fs -chown yarn /user/history
[root@iClient ~]# sudo -u hdfs hdfs fs -mkdir -p /var/log/hadoop-yarn
[root@iClient ~]# sudo -u hdfs hdfs fs -chown yarn:mapred /var/log/hadoop-yarn
```

12）配置 Yarn（6 台机器都须配置，且内容相同）

在/etc/hadoop/conf/mapred-site.xml 文档里 configuration 标签间加入如下内容：

```
<property><name>mapreduce.framework.name</name><value>yarn</value></property>
<property><name>mapreduce.jobhistory.address</name><value>cProxy:10020</value></property>
<property>
<name>mapreduce.jobhistory.webapp.address</name><value>cProxy:19888</value>
</property>
<property><name>yarn.app.mapreduce.am.staging-dir</name><value>/user</value></property>
```

在/etc/hadoop/conf/yarn-site.xml 文档里 configuration 标签间加入如下内容：

```
<property><name>yarn.resourcemanager.hostname</name><value>cMaster</value></property>
<property><name>yarn.nodemanager.aux-services</name><value>mapreduce_shuffle</value>
</property>
<property><name>yarn.nodemanager.local-dirs</name><value>/data/yarn/local</value></property>
<property><name>yarn.nodemanager.log-dirs</name><value>/data/yarn/logs</value></property>
<property><name>yarn.web-proxy.address</name><value>cProxy:56800</value></property>
<property><name>yarn.log-aggregation-enable</name><value>true</value></property>
<property>
<name>yarn.nodemanager.remote-app-log-dir</name><value>/var/log/hadoop-yarn/apps</value>
</property>
<property>
<name>yarn.nodemanager.aux-services.mapreduce.shuffle.class</name>
<value>org.apache.hadoop.mapred.ShuffleHandler</value>
</property>
```

13）建立本地目录

cSlave0、cSlave1、cSlave2 上以 root 权限执行如下两条命令：

```
$ sudo mkdir -p /data/yarn/local /data/yarn/logs
$ sudo chown -R yarn:yarn /data/yarn/local /data/yarn/logs
```

14）启动 Yarn 服务

cMaster 上启动 Yarn 主服务 resourcemanager：

```
[root@cMaster ~]# sudo service hadoop-yarn-resourcemanager start        #cMaster 上以 root 权限执行
```

cSlave0、cSlave1、cSlave2 上启动从服务，即 root 权限执行如下命令：

```
$ sudo service hadoop-yarn-nodemanager start                            #3 台 slave 上以 root 权限执行
```

cProxy 上启动 RM 的代理 ProxyServer 和 MR 历史任务管理进程 historyserver：

```
[root@cProxy ~]# sudo service hadoop-yarn-proxyserver start
```

```
[root@cProxy ~]# sudo service hadoop-mapreduce-historyserver start
```

15）Web 界面与进程信息

HDFS 服务 Web 地址为"cMaster:50070"，Yarn 服务 Web 地址为"cMaster:8088"，JobHistory 服务 Web 地址为"cProxy:19888"，至于 Yarn 代理，只有当执行任务时才会暴露出来。当各个服务启动后，就可以使用 Web 界面查看了，当成功执行测试程序 grep 后，可以通过 Web 接口查看结果，此外还可以使用 jps 命令查看本机启动的服务进程名及其进程号，如在 cMaster 上执行：

```
[root@cMaster ~]#/usr/java/jdk1.7.0_45/bin/jps

2313 NameNode

2484 ResourceManager
```

【例 6-1】按要求完成问题：①在 iClient 上新建 joe 用户，在 HDFS 集群里新建 joe 用户并初始化 HDFS 里 joe 用户目录。②使用 joe 用户，在 iClient 上将/etc/hadoop/conf/下所有文件导入 joe 用户目录下的 input 目录。③使用 WordCount，统计 input 目录下文件里单词出现次数。④使用 Grep 程序，查询 input 下所有文件里，以 dfs 开头且中间字母是 a 到 z 的单词。

解：下面的命令完成上述四个问题，用户按照此命令顺利执行即可，需要注意的是，这一系列操作都是在 iClient 上，以 joe 用户执行的，请一定要确保 HDFS 里新建了 joe 对应的目录，并赋予合适权限，如果没有完成此操作，这一章的例题均无法操作。

```
[root@iClient ~]# adduser joe                                           #本地新建 joe 用户

[root@iClient ~]# sudo -u hdfs hdfs dfs -mkdir /user/joe                 #HDFS 里新建文件夹/user/joe

[root@iClient ~]# sudo -u hdfs hdfs dfs -chown -R joe /user/joe          #更改 HDFS 里文件夹/user/joe 权限

[root@iClient ~]# sudo -u joe hdfs dfs -put /etc/hadoop/conf/* input     #本地文件上传至 HDFS

[root@iClient ~]#sudo -u joe hadoop jar /usr/lib/hadoop-mapreduce/hadoop-mapreduce-examples.jar
wordcount input out/wc                                                  #执行示例 MR 程序 WordCount

[root@iClient ~]#sudo -u joe hadoop jar /usr/lib/hadoop-mapreduce/hadoop-mapreduce-examples.jar
grep input out/grep 'dfs[a-z.]+'                                        #执行示例 MR 程序 Grep
```

命令执行时，用户可以打开 Web 界面"cMaster:8088"，查看正在执行的 Mahout 任务；还可以通过 Web 界面"cMaster:50070"，定位到"/user/joe/mahout/"查看目录变化。

6.2　ZooKeeper

当一条消息在网络中的两个节点之间传送时，由于可能会出现各种问题，发送者无法知道接收者是否已经接收到这条消息，比如在接收者还未接收到消息前，发生网络中断，再比如接收者接收到消息后发生网络中断，甚至是接收进程死掉。发送者能够获取真实情况的唯一途径是重新连接接收者，并向它发出询问。这就是部分失败，即在分布式环境下甚至不知道一个操作是否已经失败。

由于部分失败是分布式系统固有特征，因此编写分布式程序显得相当困难，而本节所讲解的 ZooKeeper 就是用来解决这类问题的。

6.2.1　ZooKeeper 简介

ZooKeeper（又称分布式锁）是由开源组织 Apache 开发的一个高效、可靠的分布式协调服务。从功能上看它几乎是谷歌 Chubby 的开源实现，起初由雅虎开发，并于 2008 年前后贡献于 Apache，当前稳定版为 3.4.5。

1. ZooKeeper 工作过程

如图 6-2 所示，假设机器 A 上的进程 Pa 须向机器 B 上的进程 Pb 发送一个消息，使用 ZooKeeper 实现时，具体过程是：Pa 产生这条消息后将此消息注册到 ZooKeeper 中，Pb 需要这条消息时直接从 ZooKeeper 中读取即可。

从此工作过程可以看出 ZooKeeper 提供了松耦合交互方式，即交互双方不必同时存在，也不用彼此了解。比如 Pa 在 ZooKeeper 中留下一条消息后，进程 Pa 结束，此后进程 Pb 才刚开始启动。

值得注意的是 ZooKeeper 服务本身也是不可靠的，比如运行 ZooKeeper 服务的机器宕机，则此服务将失效，为提高 ZooKeeper 可靠性，在使用时 ZooKeeper 本身一般都以集群方式部署（见图 6-3），其内部实现细节参考下面 ZooKeeper 工作原理。

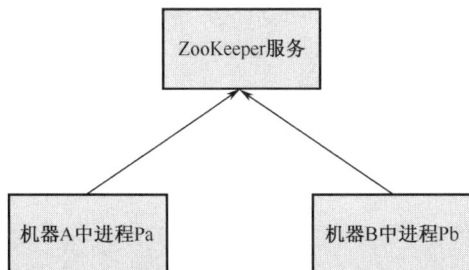

图 6-2　ZooKeeper 服务方式

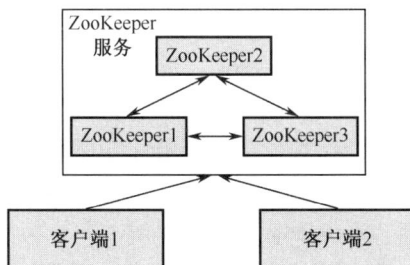

图 6-3　ZooKeeper 服务体

2. ZooKeeper 工作原理

集群中各台机器上的 ZooKeeper 服务启动后，它们首先会从中选择一个作为领导者，其他则作为追随者，如图 6-3 中 ZooKeeper0、ZooKeeper1 与 ZooKeeper2 启动后，三者会采取投票方式，以少数服从原则从中选取出一个领导者。当发生客户端读/写操作时，规定读操作可以在各个节点上实现，写操作则必须发送到领导者，并经领导者同意才可执行写操作。

ZooKeeper 集群内选取领导时，内部采用的是原子广播协议，此协议是对 Paxos 算法的修改与实现。集群内各个 ZooKeeper 服务选举领导的核心思想是：由某个新加入的服务器发起一次选举，如果该服务器获得 $n/2+1$ 个票数，则此服务器将成为整个 ZooKeeper 集群的领导者。当"领导者"服务器发生故障时，剩下的"追随者"将重新进行新一轮"领导者"选举。因此，集群中 ZooKeeper 个数必须以奇数出现（3、5、7、9…），并且当构建 ZooKeeper 集群时，最少需 3 个节点。

6.2.2 ZooKeeper 入门

1. ZooKeeper 部署[21]

要取得 ZooKeeper 服务，首先须部署 ZooKeeper，其实 ZooKeeper 可以只使用单机模式，考虑到集群完整性，下面直接进行集群部署，部署步骤如下。

（1）部署前提：集群已安装 cloudera-cdh-5-0.x86_64.rpm。

（2）部署规划：cSlave0，cSlave1，cSlave2 上部署 ZooKeeper 服务。

（3）下载并安装 ZooKeeper 服务。

```
$ sudo yum install zookeeper-server                    #cSlave0、cSlave1、cSlave2 上执行此命令
```

（4）初始化 ZooKeeper。

```
[root@cSlave0 ~]# sudo service zookeeper-server init --myid=1          #cSlave0 上执行
[root@cSlave1 ~]# sudo service zookeeper-server init --myid=2          #cSlave1 上执行
[root@cSlave2 ~]# service zookeeper-server init --myid=3               #cSlave2 上执行
```

（5）配置 ZooKeeper，将下述内容追加到/etc/zookeeper/conf/zoo.cfg 文件中。

```
server.1=cSlave0:2888:3888
server.2=cSlave2:2888:3888
server.3=cSlave3:2888:3888
```

zoo.cfg 是 ZooKeeper 的配置文档，其中 ZooKeeper 间正常交换信息时使用 2888 端口，选举领导时使用 3888 端口。还须注意的是，cSlave0、cSlave1 和 cSlave2 这三台机器都要执行这个操作，即保持整个集群中 ZooKeeper 配置相同。

（6）启动 ZooKeeper 服务。

```
$ sudo service zookeeper-server start                  #cSlave0、cSlave1、cSlave2 上执行
```

（7）查看 ZooKeeper 是否部署成功。

```
$ netstat -an|grep 3888                                #cSlave0、cSlave1、cSlave2 上执行
$ netstat -an|grep 2888                                #cSlave0、cSlave1、cSlave2 上执行
```

执行此命令后，用户可以看到，各 ZooKeeper 间正在使用此端口通信（选举领导等），用户还可以使用 jps 命令查看 ZooKeeper 服务进程，即：

```
$ /usr/java/jdk1.7.0_45/bin/jps -l                     #cSlave0、cSlave1、cSlave2 上执行
```

用户能看到 org.apache.zookeeper.server.quorum.QuorumPeerMain，表示 ZooKeeper

服务已经启动。

虽然在 ZooKeeper 集群内，各个 ZooKeeper 有"领导者"和"追随者"之分，但在部署时没有 Master/Slave 之分，即在部署和使用时，可以将各台机器的 ZooKeeper 服务看成对等实体，直接部署与使用即可，无须关心 ZooKeeper 集群内部如何选举领导、谁是领导。

2. ZooKeeper 接口

ZooKeeper 主要提供了 Shell 接口和编程接口，其中 Shell 接口提供了管理 ZooKeeper 最常用的操作，编程接口则更加灵活，比如使用 ZooKeeper 实现上文所述的两进程 Pa 与 Pb 通信等。

【例 6-2】按要求完成问题：①分别使用命令行接口和 API 接口，在 ZooKeeper 存储树中新建一节点并存入信息。②假设机器 cSlave0 上有进程 Pa，机器 cSlave2 上有进程 Pb，使用 ZooKeeper 实现进程 Pa 与 Pb 相互协作。

解：对于问题①，下面用 ZooKeeper 命令行接口，在根目录（/）下新建节点 cstorShell，并存入信息 chinaCstorShell，为简单起见，此操作直接在 cSlave0 上进行，过程如下。

```
[root@cSlave0 ~]# zookeeper-client                              #cSlave0 上，进入 ZooKeeper 命令行
[zk: localhost:2181(CONNECTED) 0] ls /                          #查看当前 ZooKeeper 目录结构
[zk: localhost:2181(CONNECTED) 0] create /cstorShell chinaCstorShell
[zk: localhost:2181(CONNECTED) 0] ls /                          #查看当前 ZooKeeper 目录结构
[zk: localhost:2181(CONNECTED) 0] ls /cstorShell                #查看 cstorShell 节点目录结构
[zk: localhost:2181(CONNECTED) 0] get /cstorShell               #获取 cstorShell 节点信息
[zk: localhost:2181(CONNECTED) 0] rmr /cstorShell               #删除 cstorShell 节点
[zk: localhost:2181(CONNECTED) 0] ls /
[zk: localhost:2181(CONNECTED) 0] help                          #查看所有命令及其帮助
[zk: localhost:2181(CONNECTED) 0] quit                          #退出 ZooKeeper 命令行接口
```

其中"create…"一句含义为"创建节点 cstorShell，并赋予此节点信息 chinaCstorShell"。

使用 API 时，程序具有更大的灵活性，下面的代码主要实现在根目录下新建节点 cstorJava，并存入信息 chinaCstorJava。

```
public class Pa implements Watcher{
private static final int SESSION_TIMEOUT=5000;     //连接超时时间
private ZooKeeper zk;                              //ZooKeeper 实例
private CountDownLatch connectedSignal=new CountDownLatch(1);   //同步辅助线程类
public void connect(String hosts)throws IOException,InterruptedException{//连接 ZooKeeper
zk=new ZooKeeper(hosts, SESSION_TIMEOUT, this);
connectedSignal.await();}
public void process(WatchedEvent event) {
if (event.getState()==KeeperState.SyncConnected) {
connectedSignal.countDown();}}
public void create(String groupName)throws KeeperException,InterruptedException{
```

```
String path="/"+groupName;
String creatp;
creatp=zk.create(path,"chinaCstorJava".getBytes(),Ids.OPEN_ACL_UNSAFE,CreateMode.PERSISTENT);
System.out.println("Created "+createdPath);}
public void close()throws InterruptedException{zk.close();}
public static void main(String[] args) throws Exception {Pa pa=new Pa();
pa.connect("cSlave0");
pa.create("cstorJava");
pa.close();}}
```

假定此程序打包好后名为 ZDemo.jar，存放于/root 目录下，包名为 com.cstore.book.zkp，并且规定在 cSlave0 上执行，执行命令如下所示，执行后，用户可进入 ZooKeeper 命令行，使用 "ls /"查看结果。

```
[root@cSlave0 ~]# java -cp /root/ZDemo.jar com.cstore.book.zkp.Pa          #cSlave0 执行 Pa 进程
```

对于问题②，不防假设 cSlave0 上进程 Pa 向 ZooKeeper 新建目录 cstorJava，并存入信息 chinaCstorJava，此后进程 Pa 结束，此时 cSlave2 上启动进程 Pb，读取 ZooKeeper 目录中 cstorJava 节点及其信息，结束。直接使用第一问中的 Pa 类，现在新建 Pb 类，其中 Pb 类只要将 Pa 类中的 Pa 换成 Pb，并将 create 方法换成下面的 getData 方法：

```
public void getData(String groupName)throws KeeperException,InterruptedException{
String path="/"+groupName;
String data=new String(zk.getData(path, false, null));
System.out.println("ZNode: "+groupName+"\n"+"Its data: "+data);}
```

在 cSlave0 上执行完 Pa 后，在 cSlave2 上执行 Pb 即可。

```
[root@cSlave2 ~]# java -cp /root/ZDemo.jar com.cstore.book.zkp.Pb          #cSlave2 上执行 Pb 进程
```

6.3 Hbase

2006 年谷歌发表论文 BigTable，年末，微软旗下自然语言搜索公司 Powerset 出于处理大数据的需求，按论文思想，开启了 Hbase 项目，并于 2008 年将 Hbase 交给 Apache 托管，2010 年 Hbase 成为 Apache 顶级项目。

Hbase 是基于 Hadoop 的开源分布式数据库，它以 Google 的 BigTable 为原型，设计并实现了具有高可靠性、高性能、列存储、可伸缩、实时读写的分布式数据库系统。HBase 不仅仅在其设计上不同于一般的关系型数据库，在功能上区别更大，表现在其适合于存储非结构化数据，而且 Hbase 是基于列的而不是基于行的模式。就像 BigTable 利用 GFS（Google 文件系统）所提供的分布式存储一样，Hbase 在 Hadoop 之上提供了类似于 BigTable 的能力。

6.3.1 Hbase 简介

Hbase 是以列存储数据的，下面给出 Hbase 中数据存储模型，接着简单介绍 Hbase 本身体系架构。

1．Hbase 数据模型

数据库一般以表的形式存储结构化数据，Hbase 也以表的形式存储数据，我们称用户对数据的组织形式为数据的逻辑模型，Hbase 里数据在 HDFS 上的具体存储形式则称为数据的物理模型。

1）逻辑模型

Hbase 以表的形式存储数据，每个表由行和列组成，每个列属于一个特定的列族（Column Family）。表中的行和列确定的存储单元称为一个元素（Cell），每个元素保存了同一份数据的多个版本，由时间戳（Time Stamp）来标识。表 6-4 给出了 www.cnn.com 网站的数据存放逻辑视图，表中仅有一行数据，行的唯一标识为 com.cnn.www，对这行数据的每一次逻辑修改都有一个时间戳关联对应。表中共有四列：contents:html，anchor:cnnsi.com，anchor:my.look.ca，mime:type，每一列以前缀的方式给出其所属的列族。

表 6-4　Hbase 表逻辑视图示例

行健	时间戳	列族 contents	列族 anchor	列族 mime
"com.cnn.www"	t9		anchor:cnnsi.com= "CNN"	
	t8		anchor:my.look.ca= "CNN.com"	
	t6	contents:html="<html>…"		mime:type="text/html"
	t5	contents:html="<html>…"		
	t6	contents:html="<html>…"		

行键是数据行在表中的唯一标识，并作为检索记录的主键。在 Hbase 中访问表中的行只有三种方式：通过单个行健访问、给定行健的范围访问、全表扫描。行健可以是任意字符串，默认按字段顺序进行存储。

表中的列定义为：<family>:<qualifier>（<列族>:<限定符>），如 contents:html。通过列族和限定符两部分可以唯一指定一个数据的存储列。

时间戳对应着每次数据操作所关联的时间，可以由系统自动生成，也可以由用户显示地赋值。如果应用程序需要避免数据版本冲突，则必须显示地生成时间戳。Hbase 提供了两个版本的回收方式：一是对每个数据单元，只存储指定个数的最新版本，二是保存最近一段时间内的版本（如七天），客户端可以按需查询。

元素由行健、列（<列族>:<限定符>）和时间戳唯一确定，元素中的数据以字节码的形式存储，没有类型之分。

2）物理模型

Hbase 是按照列存储的稀疏行/列矩阵，其物理模型实际上就是把概念模型中的一个行进行分割，并按照列族存储，见表 6-5。从表中可以看出表中的空值是不被存储的，所以查询时间戳为 t8 的 contents:html 将返回 null。如果没有指名时间戳，则返回指定列的最新数据值，如不指明时间戳时查询 contents:，将返回 t6 时刻的数据。容易看出，可以随时向表中的任何一个列添加新列，而不需要事先声明。

表 6-5　Hbase 表物理存储示例

行健	时间戳	列族 contents
"com.cnn.www"	t6	contents:html="<html>…"
	t5	contents:html="<html>…"
	t3	contents:html="<html>…"
行健	时间戳	列族 anchor
"com.cnn.www"	t9	anchor:cnnsi.com= "CNN"
	t8	anchor:my.look.ca= "CNN.com"
行健	时间戳	列族 mime
"com.cnn.www"	t6	mime:type="text/html"

2．Hbase 架构

Hbase 采用 Master/Slave 架构，图 6-4 是 Hbase 体系架构，主节点运行的服务称为 HMaster，从节点服务称为 HRegionServer，底层采用 HDFS 存储数据。为提供高可靠性，Hbase 可以有多个 HMaster，但同一时刻只可能有一个 HMaster 作为主服务，为此 Hbase 使用了 ZooKeeper 来选定主 HMaster，下面简单介绍体系架构中的各个实体。

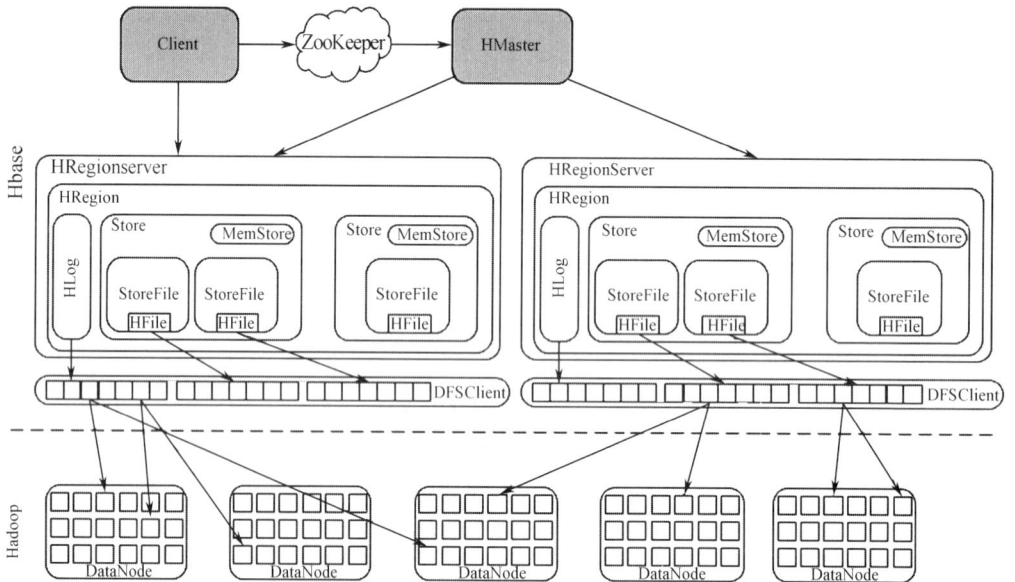

图 6-4　Hbase 体系架构

1）Client

Client 端使用 Hbase 的 RPC 机制与 HMaster 和 HRegionServer 进行通信，对于管理类操作，Client 与 HMaster 进行 RPC；对于数据读/写类操作，Client 与 HRegionServer 进行 RPC。

2）ZooKeeper

ZooKeeper 中存储了 root 表的地址、HMaster 的地址和 HRegionServer 地址，通过 ZooKeeper，HMaster 可以随时感知到各个 HRegionServer 的健康状态。此外，ZooKeeper 也避免了 HMaster 的单点故障问题，Hbase 中可以启动多个 HMaster，通过 ZooKeeper 的选举机制能够确保只有一个为当前整个 Hbase 集群的 master。

3）HMaster

即 Hbase 主节点，集群中每个时刻只有一个 HMaster 运行，HMaster 将 Region 分配给 HRegionServer，协调 HRegionServer 的负载并维护集群状态，HMaster 对外不提供数据服务，HRegionServer 负责所有 Regions 读/写请求。如果 HRegionServer 发生故障终止后，HMaster 会通过 ZooKeeper 感知到，HMaster 会根据相应的 Log 文件，将失效的 Regions 重新分配，此外 HMaster 还管理用户对 Table 的增、删、改、查操作。

4）HRegionServer

HRegionServer 主要负责响应用户 I/O 请求，向 HDFS 文件系统中读/写数据，其内部管理了一系列 HRegion 对象，当 StoreFile 大小超过一定阈值后，会触发 Split 操作，即将当前 Region 拆成两个 Region，父 Region 会下线，新 Split 出的两个孩子 Region 会被 HMaster 分配到相应的 HRegionServer 上。

6.3.2　Hbase 入门

1．Hbase 部署[21]

1）部署前提

除了要求集群已安装 cloudera-cdh-5-0.x86_64.rpm 外，Hbase 还要求集群已部署好 ZooKeeper 集群和 Hadoop 集群。

2）Hbase 部署规划

cMaster 为 Hbase 主节点，cSlave0~2 为 Hbase 从节点，iClient 安装 Hbase 客户端。

3）部署 Hbase

```
[root@iClient ~]# sudo yum install hbase                        #iClient 安装 Hbase 客户端
[root@cMaster ~]# sudo yum install hbase-master                 #cMaster 安装主服务 HMaster
[root@cSlave0 ~]# sudo yum install hbase-regionserver           #cSlave0 安装从服务
[root@cSlave1 ~]# sudo yum install hbase-regionserver           #cSlave1 安装从服务
[root@cSlave2 ~]# sudo yum install hbase-regionserver           #cSlave2 安装从服务
```

4）配置 Hbase

编辑/etc/hbase/conf/hbase-site.xml 将下面内容添加到 configuration 便笺切记 iClient，cMaster，cSlave0~2 这五台机器都要进行配置，且要求配置相同。

```
<property><name>hbase.cluster.distributed</name><value>true</value></property>
<property><name>hbase.rootdir</name><value>hdfs://cMaster:8020/hbase</value></property>
<property>
```

```
    <name>hbase.zookeeper.quorum</name><value>cSlave0, cSlave1, cSlave2</value>
</property>
```

5）HDFS 里新建 Hbase 存储目录

```
[root@iClient ~]# sudo -u hdfs hdfs dfs -mkdir /hbase
[root@iClient ~]# sudo -u hdfs hdfs dfs chown –R hbase /hbase
```

6）启动 Hbase 集群

共分三步，即启动 ZooKeeper 集群（参考 ZooKeeper 部署），启动主服务 HMaster 和启动从服务 HRegionServer。

```
[root@cMaster ~]# sudo service hbase-master start          #cMaster 开启主服务命令
$ sudo service hbase-regionserver start            #cSlave0, cSlave1, cSlave2 开启
regionserver
```

Hbase 启动好后，在 iClient 上浏览器打开 "cMaster:60010"，即可以看到 Hbase 的 Web 页面。

2. Hbase 接口

Hbase 提供了诸多访问接口，下面简单罗列各种访问接口。

（1）Native Java API：最常规和高效的访问方式，适合 Hadoop MapReduce Job 并行批处理 Hbase 表数据。

（2）Hbase Shell：Hbase 的命令行工具，最简单的接口，适合管理、测试时使用。

（3）Thrift Gateway：利用 Thrift 序列化技术，支持 C++，PHP，Python 等多种语言，适合其他异构系统在线访问 Hbase 表数据。

（4）REST Gateway：支持 REST 风格的 HTTP API 访问 Hbase，解除了语言限制。

（5）Pig：可以使用 Pig Latin 流式编程语言操作 Hbase 中的数据，和 Hive 类似，本质上最终也是编译成 MR Job 来处理 Hbase 表数据，适合做数据统计。

（6）Hive：同 Pig 类似，用户可以使用类 SQL 的 HiveQL 语言处理 Hbase 表中数据，当然最终本质依旧是 HDFS 与 MR 操作。

【例 6-3】按要求完成问题：①假定 MySQL 里有 member 表（见表 6-6），要求使用 Hbase 的 Shell 接口，在 Hbase 中新建并存储此表。②简述 Hbase 是否适合存储问题①中的结构化数据，并简单叙述 Hbase 与关系型数据库的区别。

表 6-6 结构化表 member

身份 ID	姓名	性别	年龄	教育	职业	收入
201401	aa	0	21	e0	p3	m
201402	bb	1	22	e1	p2	l
201403	cc	1	23	e2	p1	m

解：Hbase 是按列存储的分布式数据库，它有一个列族的概念，对应表 6-6，这里的列族应当是什么呢？这需要我们做进一步抽象，下面将姓名、性别、年龄这三个字段抽象为个人属性（personalAttr），教育、职业、收入抽象为社会属性（socialAttr），personalAttr 列族包含 name、gender 和 age 三个限定符；同理 socialAttr 下包含 edu、 prof、inco 三个限定符，表 6-7 是针对表 6-6 的进一步逻辑抽象。

表 6-7　Hbase 里 member 表的逻辑模型

key 行键	value 列键					
	列族 personalAttr			列族 socialAttr		
身份 ID	姓名	性别	年龄	教育	职业	收入
201401	aa	0	21	e0	p3	M
201402	bb	1	22	e1	p2	L
201403	cc	1	23	e2	P1	M

按上述思路，iClient 上依次执行如下命令：

```
[root@iClient ~]# hbase shell                                          #进入 Hbase 命令行
hbase(main):001:0> list                                                #查看所有表
hbase(main):002:0> create 'member','id','personalAttr','socialAttr'    #创建 member 表
hbase(main):003:0> list
hbase(main):004:0> scan 'member'                                       #查看 member 内容
hbase(main):005:0> put 'member','201401','personalAttr:name','aa'      #向 member 表中插入数据
hbase(main):006:0> put 'member','201401','personalAttr:gender','0'
hbase(main):007:0> put 'member','201401','personalAttr:age','21'
hbase(main):008:0> put 'member','201401','socialAttr:edu','e0'
hbase(main):009:0> put 'member','201401','socialAttr:job','p3'
hbase(main):010:0> put 'member','201401','socialAttr:imcome','m'
hbase(main):011:0> scan 'member'
hbase(main):012:0> disable 'member'                                    #废弃 member 表
hbase(main):013:0> drop 'member'                                       #删除 member 表
hbase(main):014:0> quit
```

其实 Hbase 里的数据依旧可以看成<key,value>对，只是它的 value 可以是一个 List，即<key,valueList>即<key,value1,…,value$N$>，如表中的<ID,[personalAttr,socialAttr]>，而每个列族也是一个 List，比如列族 personalAttr 包含三个限定符 name，gender，age。读者也可以只定义一个列族，比如列族 info，此列族下包含六个限定符。

显然表 6-6 键 ID 数量众多，且其结构定义完整，事实上 Hbase 并不适合存储这类结构化数据，Hbase 设计之初是为了存储互联网上大量的半结构化数据（见表 6-4），比如本题中用户甚至都可以 put 'member','201401','socialAttr:country','china'，而表中并没有定义 country 字段，但 Hbase 里可以随意插入，这是它的巨大优势，这是问题②前一问答案，针对后一问，下面简单罗列 Hbase 和关系型数据库的区别。

Hbase 只提供字符串这一种数据类型，其他数据类型的操作只能靠用户自行处理，而关系型数据库有丰富的数据类型；Hbase 数据操作只有很简单的插入、查询、删除、修改、清空等操作，不能实现表与表关联操作，而关系型数据库有大量此类 SQL 语句和函数；Hbase 基于列式存储，每个列族都由几个文件保存，不同列族的文件是分离的，关系型数据库基于表格设计和行模式保存；Hbase 修改和删除数据实现上是插入带有特殊标记的新记录，而关系型数据库是数据内容的替换和修改；Hbase 为分布式而设

计，可通过增加机器实现性能和数据增长，而关系型数据库很难做到这一点。

6.4 Pig

Pig 是一个构建在 Hadoop 之上，用来处理大规模数据集的脚本语言平台。其设计思想来源于谷歌的 Sawzall，最初由雅虎团队开发，并与 2008 年 9 月贡献给 Apache。程序员或分析师只需要根据业务逻辑写好数据流脚本，Pig 会将写好的数据流处理脚本翻译成多个 HDFS、Map 和 Reduce 操作。通过这种方式，Pig 为 Hadoop 提供了更高层次的抽象，将程序员从具体的编程中解放出来。

6.4.1 Pig 简介

1. Pig 基本框架

Pig 相当于一个 Hadoop 的客户端，它先连接到 Hadoop 集群，之后才能在集群上进行各种操作。Pig 的基本框架如图 6-5 所示。

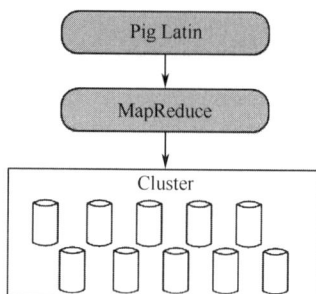

图 6-5 Pig 基本框架

Pig 包括两部分，一部分是用于描述数据流的语言，称为 Pig Latin；另一部分则是用于运行 Pig Latin 程序的执行环境。Pig Latin 程序由一系列的 operation 和 transformation 组成，Pig 内部解释器会将这些变换操作转换成一系列的 HDFS 操作和 MapReduce 作业，这些操作整体上描述了一个数据流。

当需要处理海量数据时，先用 Pig Latin 语言编写 Pig Latin 数据处理脚本，然后在 Pig 中执行 Pig Latin 程序，Pig 会自动将 Pig Latin 脚本翻译成 MapReduce 作业，上传到集群，并启动执行。对用户来说，底层的 MapReduce 工作完全是透明的，用户只需要了解 SQL-Like 的 Pig Latin 语法，就可以驱动强大的集群。但 Pig 不适合所有的数据处理任务，和 MapReduce 一样，它是为数据批处理而设计的。如果只想查询大数据集中的一小部分数据，Pig 的实现不会很好，因为它要扫描整个数据集或绝大部分数据。

2. Pig 语法

Pig Latin 是 Pig 的专用语言，它是类似于 SQL 的面向数据流语言，这套脚本语言提供了对数据进行排序、过滤、求和、分组、关联等各种操作，此外，用户还可以自定义一些函数（User-Defined Functions，UDF），以满足某些特殊的数据处理要求。

1）Pig Latin 数据类型

（1）基本数据类型。

和大部分程序语言类似，Pig 的基本数据类型为 int、long、float、double、chararray 和 bytearray。

（2）复杂数据类型：字符串或基本类型与字符串的组合，主要包含以下四种。

Filed：存放一个原子类型数据，如一个字符串或一个数字等，如'lucy'。

Tuple：Field 的序列，其中每个 File 可以是任何一种基本类型，如（'lucy', '1234'）。

Bag：Tuple 集合。每个 Tuple 可以包含不同数目不同类型的 Field，如

('lucy', '1234')

('jack'（'ipod', 'apple'))

Map：一组键值对的组合，在一个关系中的键值对必须是唯一的，如

[name#Mike,phone#18362100000]

2）Pig Latin 运算符

Pig Latin 提供了算术、比较、关系等运算符，这些运算符的含义和用法与其他语言（C，Java）相差不大。其中算术运算符主要包括加（+），减（−），乘（*），除（/），取余（%）和三目运算符（?:)，比较运算符主要包括等于（==)，不等（!=)。

3）Pig Latin 函数

Pig Latin 是由一系列函数（命令）构成的数据处理流，这些函数或是内置或是用户自定义，表 6-8 是最常用的几个命令。

表 6-8　Pig 常用命令

操作名称	功能
LOAD	载入待处理数据
FOREACH	逐行处理 Tuple
FILTER	过滤不满足条件的 Tuple
DUMP	将结果打印到屏幕
STORE	将结果保存到文件

6.4.2　Pig 入门

1. Pig 部署[21]

由于 Pig 只相当于 Hadoop 的一个客户端，用户所写的 Pig Latin 经翻译器翻译后再提交集群执行，故只要在客户机上部署 Pig 即可，下面的命令即是在 iClient 上部署 Pig。

[root@iClient ~]# sudo yum install pig

2. Pig 访问接口

Pig 提供了类 Shell 方式的访问接口，用户在 Linux Shell 下输入 Pig，然后回车即可

进入 Pig 命令行接口（即 grunt）。

【例 6-4】按要求完成问题：①进入 Pig 命令行，查看并练习常用命令。②使用 Pig Latin 实现 WordCount。

解：问题①即在 Pig 命令行中输入 help 即可。对于问题②假定 cMaster 上存在用户 joe，并且 joe 用户在 HDFS 里有文件夹 input（即相对路径为 input，绝对路径为/user/joe/input），此目录下有一些文本文件，现用 Pig 实现此文件夹下所有文件里单词计数。

```
[root@iClient ~]# sudo -u joe pig              #进入 joe 用户的 Pig 命令行
grunt> help;                                   #查看 Pig 操作
grunt> A = load 'input';                       #载入待处理文件夹 input
grunt> B = foreach A generate flatten(TOKENIZE((chararray)$0)) as word;   #划分单词
grunt> C = group B by word;                    #指定按单词聚合，即同一个单词到一起
grunt> D = foreach C generate COUNT(B),group;  #同一个单词出现次数相加
grunt> store D into 'out/wc-19';                     #将处理好的文件存入 HDFS 下
/user/joe/out/wc-19
grunt> dump D into ;                           #将处理结果 D 打印到屏幕
```

执行时，用户可以将结果存入 HDFS，也可以将结果打印到屏幕，并且，只有最后两条语句才会触发 MapReduce 程序，这种"懒"策略有利于提高集群利用率。

6.5 Hive

Hive 是一个构建在 Hadoop 上的数据仓库框架，它起源于 Facebook 内部信息处理平台。由于需要处理大量社会网络数据，考虑到扩展性，Facebook 最终选择 Hadoop 作为存储和处理平台。Hive 的设计目的是让 Facebook 内精通 SQL（但 Java 编程相对较弱）的分析师能够以类 SQL 的方式查询存放在 HDFS 的大规模数据集。

6.5.1 Hive 简介

1. Hive 基本框架

Hive 包含 Shell 环境、元数据库、解析器和数据仓库等组件，其体系结构如图 6-6 所示。

（1）用户接口：包括 Hive Shell、Thrift 客户端、Web 接口。

（2）Thrift 服务器：当 Hive 以服务器模式运行时，可以作为 Thrift 服务器，供客户端连接。

（3）元数据库：Hive 元数据（如表信息）的集中存放地。

（4）解析器：包括解释器、编译器、优化器、执行器，将 Hive 语句翻译成 MapReduce 操作。

（5）Hadoop：底层分布式存储和计算引擎。

2. Hive 语法

Hive 的 SQL 称为 HiveQL，它与大部分的 SQL 语法兼容，但是并不完全类似

SQL，如 HiveQL 不支持更新操作，以及其独有的 MAP 和 REDUCE 子句等，这些都受到 Hadoop 平台特性影响，但使用 Hive 常规查询都可以得到满足。下面简介 Hive 数据类型与常用函数，至于 Hive 表类型、桶和分区等这里不深入介绍。

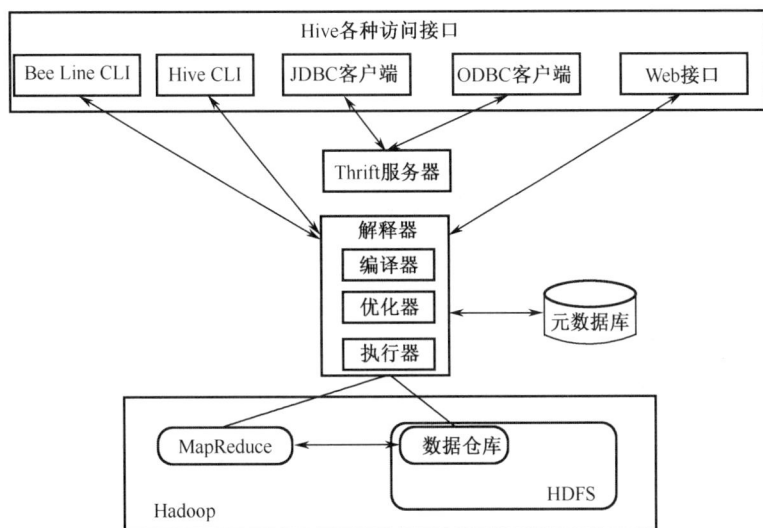

图 6-6　Hive 体系结构

1）数据类型

Hive 支持基本类型和复杂类型，基本类型主要有数值型、布尔型和字符串，复杂类型为 ARRAY、MAP 和 STRUCT。

2）操作和函数

HiveQL 操作符类似于 SQL 操作符，如关系操作（如 x='a'）、算术操作（如加法 x+1）、逻辑操作（如逻辑或 x or y），这些操作符使用起来和 SQL 一样。

Hive 提供了数理统计、字符串操作、条件操作等大量的内置函数，用户可在 Hive Shell 端中输入"SHOW FUNCTION"获取函数列表，此外，用户还可以自己编写函数。

6.5.2　Hive 入门

1. Hive 部署[21]

相对于其他组件，Hive 部署要复杂得多，按 Metastore 存储位置的不同，其部署模式分为内嵌模式、本地模式和完全远程模式三种。当使用完全模式时，可以提供很多用户同时访问并操作 Hive，并且此模式还提供各类接口（BeeLine，CLI，甚至是 Pig），下面简单介绍这三种模式。

1）内嵌模式

此模式是安装时的默认部署模式，此时元数据存储在一个内存数据库 Derby 中，并且所有组件（如数据库、元数据服务）都运行在同一个进程内，这种模式下，一段时间内只支持一个活动用户。但这种模式配置简单，所需机器较少，限于集群规模，本节 Hive 部署即采用这种模式（见图 6-7）。

2）本地模式

此模式是 Hive 元数据服务依旧运行在 Hive 服务主进程中，但元数据存储在独立数据库中（可以是远程机器），当涉及元数据操作时，Hive 服务中的元数据服务模块会通过 JDBC 和存储于 DB 里的元数据数据库交互（见图 6-8）。

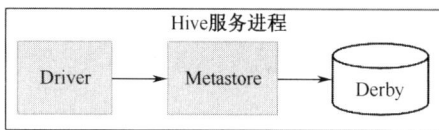

图 6-7　内嵌模式示例　　　　图 6-8　本地模式示例

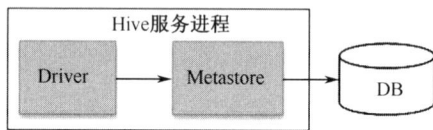

3）完全远程模式

此时，元数据服务以独立进程运行，并且元数据存储在一个独立的数据库里。此时 HiveServer2、Hcatalog、Cloudera ImpalaTM 等其他进程可以使用 Thrift 客户端通过网络来获取元数据服务。而 metastore service 则通过 JDBC 和存储在数据库（如 MySQL）里的 Metastore Database 交互。其实，这也是典型的网站架构模式，前台页面给出查询语句，中间层使用 Thrift 网络 API 将查询传到 Metastore service，接着 Metastore service 根据查询得出相应结果，并给出回应（见图 6-9）。

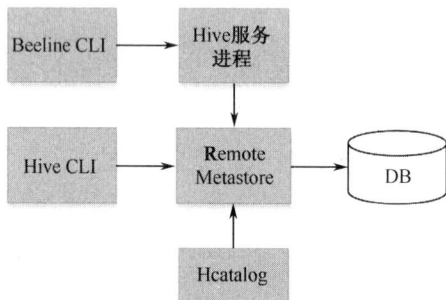

图 6-9　完全远程模式示例

下面只讲解内嵌模式部署，另两种部署模式较复杂，这里不做介绍。由于内嵌模式时，Hive 相当于 Hadoop 的一个客户端，因此只要在 iClient 上部署即可。

（1）下载并安装 Hive。

```
[root@iClient ~]# sudo yum install hive
```

（2）HDFS 里新建 Hive 存储目录。

```
[root@iClient ~]# sudo –u hdfs hdfs dfs –mkdir /user/hive           #HDFS 里新建 Hive 存储目录
[root@iClient ~]# sudo –u hdfs hdfs dfs –chmod –R 1777 /user/hive   #为目录设置适当权限
```

只需上述两步就可以直接使用 Hive 了，当然，也可以使用 jps 命令查看 Hive 进程。

2．Hive 接口

Hive 提供了强大的访问接口，从图 6-6 中即可看出 Hive 提供的诸多接口，此外也可以通过 Hcatalog、Pig、BeeLine 等访问 Hive。

【例 6-5】按要求完成问题：①进入 Hive 命令行接口，获取 Hive 函数列表并单独查询 count 函数用法。②在 Hive 里新建 member 表，并将表 6-6 中的数据载入 Hive 里的 member 表中。③查询 member 表中所有记录，查询 member 表中 gender 值为 1 的记录，查询 member 表中 gender 值为 1 且 age 为 22 的记录，统计 member 中男性和女性出现次数。④试比较 Pig 中"单词计数"和"统计男女出现次数"的异同点。

解：问题①较为简单，参考下面两条命令即可，注意本题所有操作都在 iClient 上执行，为方便载入数据，本次使用 root 用户。

```
[root@iClient ~]# Hive              #进入 Hive 命令行
hive>show functions;               #获取 Hhive 所有函数列表
hive>describe function count;      #查看 count 函数用法
```

对于问题②，我们首先为表准备数据，即在 iClient 目录"/root"下新建文件 memberData 并写入如下内容，注意记录间为换行符，字段间以 Tab 键分割。

```
201401 aa 0 21 e0 p3 m
201402 bb 1 22 e1 p2 l
201403 cc 1 22 e2 p1 m
```

下面建表时将赋予各个字段合适的含义与类型，由于较为简单，请直接参考下面语句，这里不再赘述。

```
hive>show tables;        #查看当前 Hive 仓库中所有表（以确定当前无 member 表）
hive>create table member(id int,name string,gender tinyint,age tinyint,edu string,prof string,income string)row format delimited fields terminated by '\t';    #使用合适字段与类型，新建 member 表
hive>show tables;                              #再次查看，将显示 member 表
hive>load data local inpath '/root/memberData' into table member;  #将本地文件 memberData 载入
HDFS
hive>select * from member;                     #查看表中所有记录
hive>select * from member where gender=1;      #查看表中 gender 值为 1 的记录
hive>select * from member where gender=1 AND age=23;   #查看表中 gender 值为 1 且 age 为
23 的记录
hive>select gender,count(*) from member group by gender;  #统计男女出现总次数
hive>drop table member;                        #删除 member 表
hive>quit;                                     #退出 Hive 命令行接口
```

统计表中"男女出现次数"是一个常见的 SQL 操作，统计"单词个数"更像是处理互联网的单词热度之类的操作，两个其实没有可比性，这里只是强调，Hive 将 Hadoop 抽象成为 SQL 类型的数据仓库。

6.6 Oozie

Oozie 起源于雅虎，主要用于管理与组织 Hadoop 工作流。Oozie 的工作流必须是一个有向无环图，实际上 Oozie 就相当于 Hadoop 的一个客户端，当用户需要执行多个关联的 MapReduce（MR）任务时，只需要将 MR 执行顺序写入 workflow.xml，然后使用 Oozie 提交本次任务，Oozie 会托管此任务流。

6.6.1 Oozie 简介

现实业务中处理数据时不可能只包含一个 MR 操作，一般都是多个 MR，并且中间还可能包含多个 Java 或 HDFS，甚至是 Shell 操作，利用 Oozie 可以完成这些任务。实际上 Oozie 不是仅用来配置多个 MR 工作流的，它可以是各种程序夹杂在一起的工作流，比如执行一个 MR1 后，接着执行一个 Java 脚本，再执行一个 Shell 脚本，接着是 Hive 脚本，然后又是 Pig 脚本，最后又执行了一个 MR2，使用 Oozie 可以轻松完成这种多样的工作流，使用 Oozie 时，若前一个任务执行失败，后一个任务将不会被调度。

Oozie 的主要功能包括：组织各种工作流（包括 Pig、Hive 等），以规定方式执行工作流（包括定时任务、定数任务、数据促发任务等），托管工作流（包括命令行接口，任务失败时的通知机制，如邮件通知等）。

由于需要存储工作流信息，为提供高可靠性，确保任务配置不丢失，Oozie 内部使用数据库来存储工作流相关信息，用户可以使用 Oozie 内嵌的 Derby 数据库，也可以使用 MySQL、PostgreSQL、Oracle 等数据库，为降低复杂性，本节部署时使用内嵌的 Derby 数据库。

6.6.2 Oozie 入门

1. Oozie 部署[21]

Oozie 相当于 Hadoop 的一个客户端，因此集群中只有一台机器部署 Oozie server 端即可，由于可以有任意多个客户端连接 Oozie，故每个客户端上都须部署 Oozie client，本节选择在 cMaster 上部署 Oozie server，在 iClient 上部署 Oozie client。

1）部署 Oozie 服务端

```
[root@cMaster ~]# sudo yum install oozie          #cMaster 上以 root 权限执行，部署 Oozie 服务端
```

2）部署 Oozie 客户端

```
[root@iClient ~]#sudo yum install oozie-client
```

3）配置 Oozie

修改/etc/oozie/conf/oozie-env.sh 中的 CATALINA_BASE 属性值，注释原值并指定新值，当此值指向 oozie-server-0.20 表明 Oozie 支持 MRv1，指向 oozie-server 表示支持 Yarn。注意 cMaster、iClient 都要配置，并保持一致。

```
#export CATALINA_BASE=/usr/lib/oozie/oozie-server-0.20
```

```
export CATALINA_BASE=/usr/lib/oozie/oozie-server
```

在/etc/hadoop/conf/core-site.xml 文档里 configuration 标签间加入如下内容。注意，6
台机器都要更新这个配置，并且配置此属性后，一定要重启集群中所有 Hadoop 服务，
此属性值才能生效。

```
<property><name>hadoop.proxyuser.oozie.groups</name><value>*</value></property>
<property><name>hadoop.proxyuser.oozie.hosts</name><value>*</value></property>
```

下面是重启 Hadoop 集群的命令：

```
$ for x in `cd /etc/init.d ; ls hadoop-*` ; do service $x restart; done; #除了 iCleint 外，其他机器都要执行
```

4）创建 Oozie 数据库模式

```
[root@cMaster ~]#sudo -u oozie /usr/lib/oozie/bin/ooziedb.sh create –run          #仅 cMaster 执行
```

5）配置 Oozie Web 页面

Oozie 的 Web 界面用到第三方包，但由于版权原因 ext-2.2 并未打包进 Oozie，事实
上开启 Oozie server 不需要开启 Oozie Web 界面，但如果想在开启 Oozie server 同时也开
启 Oozie Web 界面，则必须下载 ext-2.2.zip 并将其解压到目录/var/lib/oozie 下。

```
[root@cMaster ~]# cd /var/lib/oozie/
[root@cMaster oozie]# sudo -u oozie wget http://archive.cloudera.com/gplextras/misc/ext-2.2.zip
[root@cMaster oozie]# sudo -u oozie unzip ext-2.2.zip
```

6）将 Oozie 常用 Jar 包导入 HDFS

这一步也是可选的，如果工作流里包含 Pig 或 Hive 脚本，必须将这些 jar 包导入
HDFS。

```
[root@cMaster ~]# sudo -u hdfs hdfs dfs -mkdir /user/oozie
[root@cMaster ~]# sudo -u hdfs hdfs dfs -chown oozie:oozie /user/oozie
[root@cMaster ~]# mkdir /tmp/ooziesharelib
[root@cMaster ~]# cd /tmp/ooziesharelib
[root@cMaster ~]# tar xzf /usr/lib/oozie/oozie-sharelib-yarn.tar.gz
[root@cMaster ~]# sudo -u oozie hdfs dfs -put share /user/oozie/share
```

7）开启 Oozie 服务

```
[root@cMaster ~]# sudo service oozie start
```

8）查看 Oozie 服务

当成功部署并在 cMaster 上开启 Oozie 服务后，如果配置了 ext-2.2，在 iClient 上的
浏览器中打开"cmaster:11000"将显示 Oozie Web 界面，也可以使用下述命令查看
Oozie 工作状态。

```
[root@iClient ~]# oozie admin -oozie http://cMaster:11000/oozie -status
```

2．Oozie 访问接口

Oozie 最常用的是命令行接口，它的 Web 接口只可以看到 Oozie 托管的任务，不可
以配置作业。

【例 6-6】按要求完成问题：①进入 Oozie 客户端，查看常用命令。②运行 Oozie
MR 示例程序。③运行 Oozie Pig、Hive 等示例。④编写 workflow.xml，完成一次

WordCount。⑤编写 workflow.xml，完成两次 WordCount，且第一个 WC 的输出为第二个 WC 的输入。

解答：对于问题①，在 iClient 上执行下述命令即可，用户可以是 root 或 joe。

```
[root@iClient ~]# sudo –u joe oozie help                          #查看所有 Oozie 命令
```

对于问题②，首先解压 Oozie 示例 jar 包，接着修改示例配置中的地址信息，最后上传至集群执行即可，读者按下述流程执行即可。

```
[root@iClient ~]# cd /usr/share/doc/oozie-4.0.0+cdh5.0.0+54
[root@iClient oozie-4.0.0+cdh5.0.0+54]# tar -zxvf oozie-examples.tar.gz
```

编辑 examples/apps/map-reduce/job.properties，将如下两行：

```
nameNode=hdfs://localhost:8020
jobTracker=localhost:8021
```

替换成集群现在配置的地址与端口：

```
nameNode=hdfs://cMaster:8020
jobTracker=cMaster:8032
```

接着将 examples 上传至 HDFS，使用 oozie 命令执行即可：

```
[root@iClient oozie-4.0.0+cdh5.0.0+54]# sudo -u joe hdfs dfs -put examples examples
[root@iClient oozie-4.0.0+cdh5.0.0+54]# cd
[root@iClient ~]# sudo -u joe oozie job -oozie http://cMaster:11000/oozie -config /usr/share/doc/oozie-4.0.0+cdh5.0.0+54/examples/apps/map-reduce/job.properties -run
```

问题③其实和②是一样的，读者可按上述过程使用 oozie 执行 Pig 或 Hive 等的示例脚本。切记修改相应配置（如 examples/apps/pig/job.properties）后，再上传至集群，执行时也要定位到相应路径（如 sudo –u joe oozie … …/apps/pig/joe.properties -run）。

对于问题④，读者可参考"examples/apps/map-reduce/workflow.xml"，其对应 jar 包在"examples/apps/map-reduce/lib"下，其下的 DemoMapper.class 和 DemoReducer.class 就是 WordCount 的代码，对应的源代码在"examples/src"下，可按如下步骤完成此问题。

（1）编辑文件"examples/apps/map-reduce/workflow.xml"，找到下述内容：

```
<property>
<name>mapred.mapper.class</name><value>org.apache.oozie.example.SampleMapper</value>
</property>
<property>
<name>mapred.reducer.class</name><value>org.apache.oozie.example.SampleReducer</value>
</property>
```

（2）将其替换成：

```
<property>
    <name>mapred.mapper.class</name><value>org.apache.oozie.example.DemoMapper</value>
</property>
<property>
<name>mapred.reducer.class</name><value>org.apache.oozie.example.DemoReducer</value>
</property>
<property><name>mapred.output.key.class</name><value>org.apache.hadoop.io.Text</value></property>
```

```
<property>
    <name>mapred.output.value.class</name><value>org.apache.hadoop.io.IntWritable</value>
</property>
```

（3）接着将原来 HDFS 里 examples 文件删除，按问题②的解答，上传执行即可，这里只给出删除原 examples 的命令，上传和执行命令和问题②解答一样。

```
[root@iClient ~]# sudo -u joe    hdfs dfs -rm -r -f examples            #删除 HDFS 原 examples 文件
```

问题⑤是业务逻辑中最常遇到的情形，比如你的数据处理流是："M1"→"R1"→"Java1"→"Pig1"→"Hive1"→"M2"→"R2"→"Java2"，单独写出各类或脚本后，写出此逻辑对应的 workflow.xml 即可。限于篇幅，下面只给出 workflow.xml 框架，请读者自行解决问题④。

```
<workflow-app xmlns="uri:oozie:workflow:0.2" name="map-reduce-wf">
    <start to="mr-node"/>
    <action name="mr-node">
        <map-reduce>第一个 wordcount 配置</map-reduce>
        <ok to="mr-wc2"/><error to="fail"/>
    </action>
    <action name="mr-wc2">
        <map-reduce>第二个 wordcount 配置</map-reduce>
        <ok to="end"/><error to="fail"/>
    </action>
    <kill name="fail">
        <message>Map/Reduce failed error message[${wf:errorMessage(wf:lastErrorNode())}] </message>
    </kill>
    <end name="end"/>
</workflow-app>
```

6.7　Flume

Flume 是一个分布式高性能、高可靠的数据传输工具，它可用简单的方式将不同数据源的数据导入某个或多个数据中心，典型应用是将众多生产机器日志数据实时导入 HDFS。除了简单的数据传输功能外，Flume 更像一个智能的路由器，内部提供了强大的分用、复用、断网续存功能。

这里以 Flume 1.4.0 版本为例介绍 Flume。

6.7.1　Flume 简介

1．Flume 逻辑结构

Flume 核心思想是数据流，即数据从哪来到哪去，中间需不需要经过谁。比如将生产机 WebA 和 WebB 的日志数据实时导入 HDFS，须在 WebA、WebB 和集群中部署 Flume，WebA 与 WebB 上的 Flume 负责读取并实时发送日志，集群中的 Flume 则负责接收数据并将数据写入 HDFS（见图 6-10）。

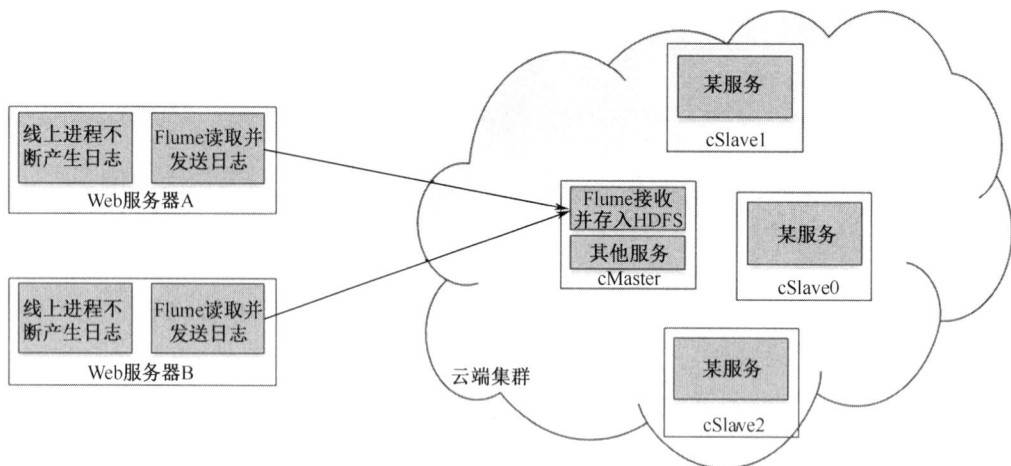

图 6-10　Flume 典型应用

用户可以将 Flume 看成是两台机器之间通过网络互相传送数据，甚至用户自己可以使用 netty 写一个类似程序（实际上 Flume 内部也是封装 netty 实现的），不同之处在于 Flume 定制了大量的数据源（如 Thrift、Shell）与数据汇（如 Thrift、HDFS、Hbase），用户只要简单配置即可使用。此外，通过使用"管道"，Flume 能够确保不会丢失一条数据，提供了数据高可靠性，即使在断网的情况下，Flume 也会将数据先存入"管道"，待网络恢复后重新发送，图 6-11 是 Flume 逻辑图。

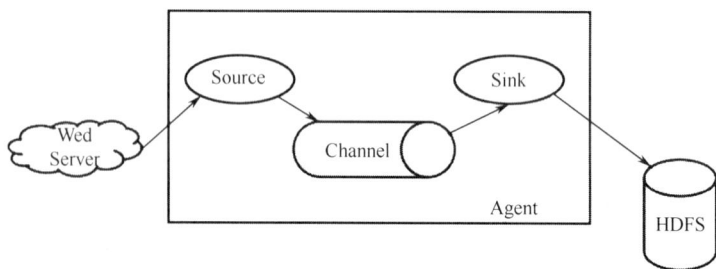

图 6-11　Flume 逻辑图

2．Flume 组成

Flume 包含 Source、Channel 和 Sink 三个组成部分，且这三部分是相互关联的，配置时须在配置文件里申明这三部分，并指定所属关系，下面简单介绍这三个组件。

1）Source

它负责读取原始数据，目前 Flume 支持 Avro Source，Thrift Source，Exec Source（即 Shell），NetCat Source，Syslog Sources，HTTP Source 等大量类型，甚至用户可以自定义 Source，使用时在配置文件里声明即可。

2）Channel

它负责将从 Source 端传来的数据存入 Channel，目前 Flume 包含三种类型的 Channel，即 Memory，JDBC 和 File，当传输数据量特别大时，用户应当考虑使用 File Channel，当然用户也可以自定义 Channel，同 Source 一样，使用时，在配置文件中指定即可。此外，Flume 的分用、复用和过滤功能即在于此，通过定义并控制多个相互无关的 Channel，可以实现数据发往不同地点而并不干涉。

3）Sink

它负责从 Channel 中取出并发送数据，Flume 当前支持 HDFS、Logger、Avro、Thrift、IRC、File 和 Hbase 等大量类型 Sink，其实这些 Sink 内部都是使用 netty 来发送数据的，只是发送的协议不同而已。

Flume 将 Source、Channel 和 Sink 构成的统一体称为 Agent，启动时须以 Agent 为单位启动 Flume。

6.7.2　Flume 入门

1．Flume 部署[21]

集群中只有一台机器部署 Flume 就可以接收数据了，此外下面的例题中还要有一台机器做为数据源，负责向 Hadoop 集群发送数据，故须在 cMaster 与 iClient 上部署 Flume。

（1）部署 Flume 接收端：

```
[root@cMaster ~]# sudo yum install flume-ng-agent        #在 cMaster 上部署 Flume
```

（2）部署 Flume 发送端：

```
[root@iClient ~]# sudo yum install flume-ng-agent        #在 iClient 上部署 Flume
```

2．Flume 访问接口

Flume 提供了命令行接口和程序接口，但 Flume 使用方式比较特别，无论是命令行还是程序接口，都必须使用 Flume 配置文档，这也是 Flume 架构思想之一——配置型工具。

【例 6-7】按要求完成问题：①进入 Flume 命令行，查看常用命令。②要求发送端 iClient 使用 telnet 向 cMaster 发送数据，而接收端 cMaster 开启 44444 端口接收数据，并将收到的数据显示于命令行。③要求发送端 iClient 将本地文件 "/home/joe/source.txt" 发往接收端 cMaster，而接收端 cMaster 将这些数据存入 HDFS。④根据问题③，接收端 cMaster 开启接收数据的 Flume 服务，既然此服务能接收 iClient 发来的数据，它必然也可以接收 iHacker 机器（黑客）发来的数据，问如何尽量减少端口攻击，并保证数据安全。

解答：对于问题①，直接在 iClient 上执行如下命令即可：

```
[root@iClient ~]# flume-ng        #查看 Flume 常用命令
```

对于问题②，首先需要在 cMaster 上按要求配置并开启 Flume（作为接收进程被动接收数据），接着在 iClient 上使用 telnet 向 cMaster 发送数据，具体过程参见如下几步。

在 cMaster 上以 root 权限，新建文件 "/etc/flume/conf/flume.conf"，并填入如下内容：

```
# 命令此处 agent 名为 a1，并命名此 a1 的 sources 为 r1，channels 为 c1，sinks 为 k1
a1.sources = r1
a1.channels = c1
a1.sinks = k1
# 定义 sources 相关属性：即此 sources 在 cMaster 上开启 44444 端口接收以 netcat 协议发来的数据
a1.sources.r1.type = netcat
a1.sources.r1.bind = cMaster
a1.sources.r1.port = 44444
# 定义 channels 及其相关属性，此处指定此次服务使用 memory 暂存数据
a1.channels.c1.type = memory
a1.channels.c1.capacity = 1000
a1.channels.c1.transactionCapacity = 100
# 定义此 sink 为 logger 类型 sink：即指定 sink 直接将收到的数据输出到控制台
a1.sinks.k1.type = logger
# 将 sources 关联到 channels，channels 关联到 sinks 上
a1.sources.r1.channels = c1
a1.sinks.k1.channel = c1
```

接着在 cMaster 上使用此配置以前台方式开启 Flume 服务：

```
[root@cMaster ~]# flume-ng agent -c /etc/flume-ng/ -f /etc/flume-ng/conf/flume.conf -n a1
```

此时，接收端 cMaster 已经配置好并开启了，接下来需要开启发送端，在 iClient 上执行：

```
[root@iClient ~]# telnet cMaster 44444
```

此时向此命令行里随意输入数据并回车，telnet 会将这些数据发往 cMaster，再次回到 cMaster 上执行命令的那个终端，会发现刚才在 iClient 里输入的数据发送到了 cMaster 的终端里。如果想退出 iClient 终端里的 telnet，按 Ctrl+]组合键（即同时按住 Ctrl 键和]键），回到 telnet 后输入"quit"命令回车即可，至于退出 cMaster 上的 Flume，直接按 Ctrl+C 组合键。

问题③的回答步骤较多。

首先，在 cMaster 上新建文件"/etc/flume-ng/conf/flume.conf.hdfs"，并填入如下内容：

```
# 命令此处 agent 名为 a1，并命名此 a1 的 sources 为 r1，channels 为 c1，sinks 为 k1
a1.sources = r1
a1.sinks = k1
a1.channels = c1
# 定义 sources 类型及其相关属性
# 即此 sources 为 avro 类型，且其在 cMaster 上开启 4141 端口接收 avro 协议发来的数据
a1.sources.r1.type = avro
a1.sources.r1.bind = cMaster
a1.sources.r1.port = 4141
# 定义 channels 类型其实相关属性，此处指定此次服务使用 memory 暂存数据
a1.channels.c1.type = memory
# 定义此 sink 为 HDFS 类型的 sink，且此 sink 将接收的数据以文本方式存入 HDFS 指定目录
a1.sinks.k1.type = hdfs
```

```
a1.sinks.k1.hdfs.path = /user/joe/flume/cstorArchive
a1.sinks.k1.hdfs.fileType = DataStream
# 将 sources 关联到 channels，channels 关联到 sinks 上
a1.sources.r1.channels = c1
a1.sinks.k1.channel = c1
```

接着，在 iClient 上新建文件"/root/ businessLog"，并填入如下内容：

```
cccccccccccccccccccccc
sssssssssssssssssssssssss
ttttttttttttttttttttttttttttttttt
ooooooooooooooooooo
rrrrrrrrrrrrrrrrrrrrrrrrrrrrr
```

iClient 上还要新建文件"/etc/flume-ng/conf/flume.conf.exce"，并填入如下内容：

```
# 命令此处 agent 名为 a1，并命名此 a1 的 sources 为 r1，channels 为 c1，sinks 为 k1
a1.sources = r1
a1.channels = c1
a1.sinks = k1
# 定义 sources 类型及其相关属性，此 sources 为 exce 类型
# 其使用 Linux cat 命令读取文件/root/businessLog，接着将读取到的内容写入 channel
a1.sources.r1.type = exec
a1.sources.r1.command = cat /root/businessLog
# 定义 channels 及其相关属性，此处指定此次服务使用 memory 暂存数据
a1.channels.c1.type = memory
# 定义此 sink 为 avro 类型 sink，即其用 avro 协议将 channel 里的数据发往 cMaster 的 4141 端口
a1.sinks.k1.type = avro
a1.sinks.k1.hostname = cMaster
a1.sinks.k1.port = 4141
# 将 sources 关联到 channels，channels 关联到 sinks 上
a1.sources.r1.channels = c1
a1.sinks.k1.channel = c1
```

至此，发送端 iClient 和接收端 cMaster 的 Flume 都已配置完成。现在需要做的是在 HDFS 里新建目录，并分别开启接收端 Flume 服务和发送端 Flume 服务，步骤如下。

在 cMaster 上开启 Flume，其中"flume-ng … a1"命令表示使用 flume.conf.hdfs 配置启动 Flume，参数 a1 即是配置文件里第一行定义的那个 a1。

```
[root@cMaster ~]# sudo -u joe hdfs dfs -mkdir flume          #HDFS 里新建目录
/user/joe/flume
[root@cMaster ~]# sudo -u joe flume-ng agent -c /etc/flume-ng/ -f /etc/flume-ng/conf/flume.conf.hdfs -n a1
```

最后，在 iClient 上开启发送进程，与上一条命令类似，这里的 a1，即 flume.conf.exce 定义的 a1：

```
[root@iClient ~]# flume-ng agent -c /etc/flume-ng/ -f /etc/flume-ng/conf/flume.conf.exce -n a1
```

此时，用户在 iClient 端口里打开"cMaster:50070"，依次进入目录"/user/joe/flume/cstorArchive"，将会查看到从 iClient 上传送过来的文件。

问题⑤属于开放性问题，请读者参考官方文档，讨论并解决。

6.8 Mahout

Mahout 是基于 Hadoop 平台的机器学习工具，它提供了大量机器学习算法的 MR 实现，此外，它还提供了大量针对数据预处理的工具类，通过数据预处理工具类与机器学习算法的结合，能够很方便地实现从模型构建到性能测试等一系列步骤。

6.8.1 Mahout 简介

目前 Mahout 主要包含分类、聚类和协同过滤三种类型算法，需要注意的是 Mahout 算法处理的数据类型必须是矩阵类型的二进制数据，若数据为文本类型，用户须通过 Mahout 提供的数据转换工具完成转换，接着提交给相关算法，用户可以把 Mahout 看成一个 Hadoop 客户端，只是这个客户端包含了大量的机器学习 Jar 包。

6.8.2 Mahout 入门

1．Mahout 部署[21]

作为 Hadoop 的一个客户端，Mahout 只要在集群中或集群外某台客户机上部署即可，实验中选择在 iClient 上部署 Mahout。

```
[root@iClient ~]# sudo yum install mahout
```

2．Mahout 访问接口

Mahout 提供了程序和命令行接口，通过参考 Mahout 已有的大量机器学习算法，程序员也可实现将某算法并行化。

【例 6-8】要求以 joe 用户运行 Mahout 示例程序 naivebayes，实现下载数据，建立学习器，训练学习器，最后使用测试数据针对此学习器进行性能测试。

解：首先须下载训练数据集和测试数据，接着运行训练 MR 和测试 MR，但是，Mahout 里的算法要求输入格式为 Value 和向量格式的二进制数据，故中间还须加一些步骤，将数据转换成要求格式的数据，下面的脚本 naivebayes.sh 可以完成这些动作。

```
#!/bin/sh
#新建本地目录，新建 HDFS 目录
mkdir -p /tmp/mahout/20news-bydate /tmp/mahout/20news-all && hdfs dfs -mkdir mahout
#下载训练和测试数据集
curl http://people.csail.mit.edu/jrennie/20Newsgroups/20news-bydate.tar.gz \
-o /tmp/mahout/20news-bydate.tar.gz
#将数据集解压、合并，并上传至 HDFS
cd /tmp/mahout/20news-bydate && tar xzf /tmp/mahout/20news-bydate.tar.gz && cd
cp -R /tmp/mahout/20news-bydate/*/* /tmp/mahout/20news-all
hdfs dfs -put /tmp/mahout/20news-all mahout/20news-all
#使用工具类 seqdirectory 将文本数据转换成二进制数据
mahout seqdirectory -i mahout/20news-all -o mahout/20news-seq -ow
```

```
#使用工具类 seq2sparse 将二进制数据转换成算法能处理的矩阵类型二进制数据
mahout seq2sparse -i mahout/20news-seq -o mahout/20news-vectors   -lnorm -nv   -wt tfidf
#将总数据随机分成两部分，第一部分约占总数据 80%，用来训练模型
#剩下的约 20%作为测试数据，用来测试模型
mahout split -i mahout/20news-vectors/tfidf-vectors --trainingOutput mahout/20news-train-vectors \
--testOutput mahout/20news-test-vectors    \
--randomSelectionPct 40 --overwrite --sequenceFiles -xm sequential
#训练 Naive Bayes 模型
mahout trainnb -i mahout/20news-train-vectors -el -o mahout/model -li mahout/labelindex -ow
#使用训练数据集对模型进行自我测试（可能会产生过拟合）
mahout testnb -i mahout/20news-train-vectors -m mahout/model -l mahout/labelindex \
-ow -o mahout/20news-testing
#使用测试数据对模型进行测试
mahout testnb -i mahout/20news-test-vectors -m mahout/model -l mahout/labelindex \
-ow -o mahout/20news-testing
```

限于篇幅，脚本写得简陋，执行时，切记须在 iClient 上，以 joe 用户身份执行，且只能执行一次。再次执行时，先将所有数据全部删除，执行方式如下：

```
[root@iClient ~]# cp naivebayes.sh /home/joe
[root@iClient ~]# chown joe.joe naivebayes.sh
[root@iClient ~]# sudo –u joe chmod +x naivebayes.sh
[root@iClient ~]# sudo –u joe sh naivebayes.sh
```

脚本执行时，用户可以打开 Web 界面"cMaster:8088"，查看正在执行的 Mahout 任务；还可以通过 Web 界面"cMaster:50070"，定位到"/user/joe/mahout/"查看目录变化。

6.9　小结

近两年分布式组件层出不穷，让人眼花缭乱，本章讲解了最重要的分布式组件，对于这些组件，建议用户深入学习 Hbase 与 Hive；如果您是位程序员，除了 MR 编程外，建议学习 ZooKeeper 与 Flume 编程；其他如 Oozie，Sqoop 之类的工具，用户只需要会用即可，不必深究；此外，算法开发人员最好能熟练使用 Mahout。

运维人员应当熟悉使用 Cloudera Manager 或 Ambari，这两个工具所能完成的工作几乎相同，主要为部署集群、管理集群和监控集群。其中，管理与监控集群包括开启/关闭集群，配置集群，监控集群运行状态，监控当前集群负载和个别机器负载等。

Cloudera Manager 和 Ambari 的集群部署功能大大简化了 Hadoop 及其生态圈组件部署，使用 Cloudera Manager 或 Ambari 的集群部署功能部署集群时，运维人员无须在每台机器都执行"yum install hadoop-hdfs …"或"tar -zxf"之类的命令，甚至也不需要新建本地目录，只需要在集群中的一台机器上执行 Cloudera Manager 或 Ambari，按照提示在 Web 栏里输入集群机器列表，和每台机器需要部署的组件，然后一键安装即可，这个工具会完成整个集群安装，建议用户使用 Cloudera Manager 和 Ambari 部署集群。

Hue 组件则是将各个组件操作 Web 化，几乎所有的组件（Pig，Hive，Oozie，

Hbase 等）命令行操作都可以在 Hue 提供的 Web 端完成。

　　限于篇幅，本章仅介绍了重要组件的最简单用法，如需要进一步学习，请参考 Cloudera，Hortonworks 和 Apache 的官方文档，搜素"Cloudera doc"，"Hortonworks doc"，"apache hadoop"，"apache flume"等关键词即可。

习题

　　1．请使用 ZooKeeper 实现 Hadoop 存储主服务 NameNode 的热切双备份。

　　2．使用 Hbase 存储表 6-4 中的数据。

　　3．使用 Pig 实现例 6-4 中第③问操作。

　　4．参考 http://www.cloudera.com/content/cloudera-content/cloudera-docs/CDH5/latest/CDH5-Installation-Guide/cdh5ig_topic_16_3.html，为 Pig 引入 Hbase Jar 包，并实现使用 Pig 操作 Hbase 里的数据。

　　5．参考 http://www.cloudera.com/content/cloudera-content/cloudera-docs/CDH5/latest/CDH5-Installation-Guide/cdh5ig_topic_18_10.html，为 Hive 引入 Hbase Jar 包，并实现使用 Hive 操作 Hbase 里的数据。

　　6．使用 Oozie，将例 6-1 到例 6-8（例 6-6 与例 6-7 除外）的工作流全部组织起来。

　　7．假设有 100 台生产机器，现在要使用 Flume 将这些生产机的日志导入两个不同的数据中心，如何设计数据流？

　　8．针对 Mahout 里聚类、分类和推荐三类算法，从每类中任意选一个算法在 Mahout 中执行。

参考文献

[1]　http://hadoop.apache.org/

[2]　http://zookeeper.apache.org/

[3]　https://hbase.apache.org/

[4]　https://pig.apache.org/

[5]　http://hive.apache.org/

[6]　https://oozie.apache.org/

[7]　http://flume.apache.org/

[8]　https://mahout.apache.org/

[9]　http://sqoop.apache.org/

[10]　http://cassandra.apache.org/

[11]　http://avro.apache.org/

[12]　http://ambari.apache.org/

[13]　https://chukwa.apache.org/

[14]　https://hama.apache.org/

[15]　https://giraph.apache.org/

[16]　http://crunch.apache.org/

[17]　https://whirr.apache.org/

[18]　http://bigtop.apache.org/

[19]　http://hortonworks.com/hadoop/hcatalog/

[20]　http://gethue.com/

[21]　http://www.cloudera.com/content/cloudera-content/cloudera-docs/CDH5/latest/CDH5-Installation-Guide/CDH5-Installation-Guide.html

第7章　虚拟化技术

虚拟化技术是伴随着计算机的出现而产生和发展起来的，虚拟化意味着对计算机资源的抽象。在云计算概念提出以后，虚拟化技术可以用来对数据中心的各种资源进行虚拟化和管理，可以实现服务器虚拟化、存储虚拟化、网络虚拟化和桌面虚拟化。虚拟化技术已经成为构建云计算环境的一项关键技术。本章从服务器虚拟化、存储虚拟化、网络虚拟化和桌面虚拟化四个方面介绍虚拟化技术在云计算中的地位和应用，并以VMware 公司的部分产品作为例子，介绍虚拟化的一些实现方法。

7.1　虚拟化技术简介

20 世纪 60 年代，IBM 公司推出虚拟化技术，主要用于当时的 IBM 大型机的服务器虚拟化。虚拟化技术的核心思想是利用软件或固件管理程序构成虚拟化层，把物理资源映射为虚拟资源。在虚拟资源上可以安装和部署多个虚拟机，实现多用户共享物理资源。

云计算中运用虚拟化技术主要体现在对数据中心的虚拟化上。数据中心是云计算技术的核心，近十年来，数据中心规模不断增大、成本逐渐上升、管理日趋复杂。数据中心为运营商带来巨大利益的同时，也带来了管理和运营等方面的重大挑战。

传统的数据中心网络不能满足虚拟数据中心网络高速、扁平、虚拟化的要求。传统的数据中心采用的多种技术，以及业务之间的孤立性，使得数据中心网络结构复杂，存在相对独立的三张网，包括数据网、存储网和高性能计算网，以及多个对外 I/O 接口。这些对外 I/O 接口中，数据中心的前端访问接口通常采用以太网进行互连，构成高速的数据网络；数据中心后端的存储则多采用 NAS、FC SAN 等接口；服务器的并行计算和高性能计算则需要低延迟接口和架构，如 infiniband 接口。以上这些因素，导致服务器之间存在操作系统和上层软件异构、接口与数据格式的不统一等问题。

随着云计算的发展，传统的数据中心逐渐过渡到虚拟化数据中心，即采用虚拟化技术将原来数据中心的物理资源进行抽象整合。数据中心的虚拟化可以实现资源的动态分配和调度，提高现有资源的利用率和服务可靠性；可以提供自动化的服务开通能力，降低运维成本；具有有效的安全机制和可靠性机制，满足公众客户和企业客户的安全需求；同时也可以方便系统升级、迁移和改造[2]。

数据中心的虚拟化是通过服务器虚拟化、存储虚拟化和网络虚拟化实现的。服务器虚拟化在云计算中是最重要和最关键的，是将一个或多个物理服务器虚拟成多个逻辑上的服务器，集中管理，能跨越物理平台而不受物理平台的限制。存储虚拟化是把分布的异构存储设备统一为一个或几个大的存储池，方便用户的使用和管理。网络虚拟化是在底层物理网络和网络用户之间增加一个抽象层，该抽象层向下对物理网络资源进行分割，向上提供虚拟网络[1]。

7.2 服务器虚拟化

目前，服务器虚拟化的概念并不统一。实际上，服务器虚拟化技术有两个方向，一种是把一个物理的服务器虚拟成若干个独立的逻辑服务器，比如分区；另一个是把若干分散的物理服务器虚拟为一个大的逻辑服务器，比如网格技术。本书主要关注第一种，即服务器虚拟化通过虚拟化层的实现使得多个虚拟机在同一物理机上独立并行运行。每个虚拟机都有自己的一套虚拟硬件，可以在这些硬件中加载操作系统和应用程序。不同的虚拟机加载的操作系统和应用程序可以是不同的。无论实际上采用了什么样的物理硬件，操作系统都将它们视为一组一致、标准化的硬件[3]。

7.2.1 服务器虚拟化的层次

不同的分类角度决定了虚拟化技术不同的分类方法。根据虚拟化层实现方式的不同，本书采用将服务器虚拟化分为寄居虚拟化和裸机虚拟化[4] 两种分类方法。

1. 寄居虚拟化

寄居虚拟化的虚拟化层一般称为虚拟机监控器（VMM）。VMM 安装在已有的主机操作系统（宿主操作系统）上（见图 7-1）。通过宿主操作系统来管理和访问各类资源（如文件和各类 I/O 设备等）。这类虚拟化架构系统损耗比较大。就操作系统层的虚拟化而言，没有独立的 Hypervisor 层。主机操作系统负责在多个虚拟服务器之间分配硬件资源，并且让这些服务器彼此独立。一个明显的区别是，如果使用操作系统层虚拟化，所有虚拟服务器必须运行同一操作系统（不过每个实例有各自的应用程序和用户账户）。虽然操作系统层虚拟化的灵活性比较差，但本机速度性能比较高。此外，由于架构在所有虚拟服务器上，使用单一标准的操作系统，管理起来比异构环境要容易。

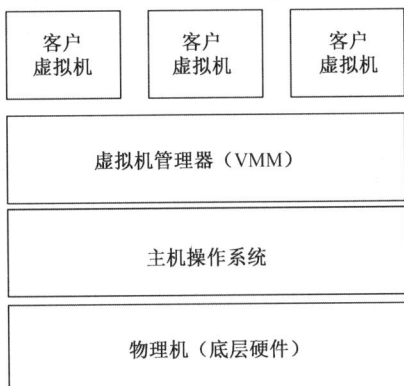

图 7-1 寄居虚拟化架构

2. 裸机虚拟化

裸机虚拟化架构不需要在服务器上先安装操作系统，而是直接将 VMM 安装在服务器硬件设备中，本质上该架构中的 VMM 也可以认为是一个操作系统，一般称为 Hypervisor（见图 7-2），只不过是非常轻量级的操作系统（实现核心功能）。Hypervisor 实现从虚拟资源到物理资源的映射。当虚拟机中的操作系统通过特权指令访问关键系统资源时，Hypervisor 将接管其请求，并进行相应的模拟处理。为了使这种机制能够有效地运行，每条特权指令的执行都需要产生"自陷"，以便 Hypervisor 能够捕获该指令，从而使 VMM 能够模拟执行相应的指令。Hypervisor 模拟特权指令的执行，并将处理结果返回给指定的客户虚拟系统，实现了不同虚拟机的运行上下文保护与切换，能够虚拟出多个硬件系统，保证了各个客户虚拟系统的有效隔离。

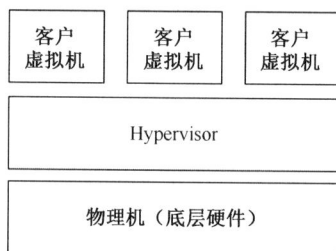

图 7-2　裸机虚拟化架构

然而，x86 体系结构的处理器并不是完全支持虚拟化的，因为某些 x86 特权指令在低特权级上下文执行时，不能产生自陷，导致 VMM 无法直接捕获特权指令。目前，针对这一问题的解决方案主要有基于动态指令转换或硬件辅助的完全虚拟化技术和半虚拟化技术。完全虚拟化是对真实物理服务器的完整模拟，在上层操作系统看来，虚拟机与物理平台没有区别，操作系统察觉不到是否运行在虚拟平台之上，也无须进行任何更改。因此，完全虚拟化具有很好的兼容性，在服务器虚拟化中得到广泛应用。半虚拟化技术通过修改操作系统代码使特权指令产生自陷。半虚拟化技术最初由 Denali 和 Xen 项目在 x86 体系架构上实现。通过对客户操作系统的内核进行适当的修改，使其能够在 VMM 的管理下尽可能地直接访问本地硬件平台。半虚拟化技术降低了由于虚拟化而产生的系统性能损失。

7.2.2　服务器虚拟化的底层实现

1. CPU 虚拟化

CPU 虚拟化技术把物理 CPU 抽象成虚拟 CPU，任意时刻，一个物理 CPU 只能运行一个虚拟 CPU 指令。每个客户操作系统可以使用一个或多个虚拟 CPU，在各个操作系统之间，虚拟 CPU 的运行相互隔离，互不影响。

CPU 虚拟化需要解决正确运行和调度两个关键问题。虚拟 CPU 的正确运行是要保证虚拟机指令正确运行，即操作系统要在虚拟化环境中执行特权指令功能，而且各个虚

拟机之间不能相互影响。现有的实现技术包括模拟执行和监控执行[5]。调度问题是指
VMM 决定当前哪个虚拟 CPU 在物理 CPU 上运行，要保证隔离性、公平性和性能。

2．内存虚拟化

内存虚拟化技术把物理内存统一管理，包装成多个虚拟的物理内存提供给若干虚拟
机使用，每个虚拟机拥有各自独立的内存空间。内存虚拟化也是虚拟机管理器的主要功
能之一。内存虚拟化的思路主要是分块共享，内存共享的核心思想是内存页面的写时复
制（Copy on Write）。虚拟机管理器完成并维护物理机内存和虚拟机所使用的内存的映射
关系。与真实的物理机相比，虚拟内存的管理包括 3 种地址：机器地址、物理地址和虚拟
地址。一般来说，虚拟机与虚拟机、虚拟机与虚拟机管理器之间的内存要相互隔离[4]。

3．I/O 设备虚拟化

I/O 设备的异构性和多样性，导致 I/O 设备的虚拟化相较于 CPU 和内存的虚拟化要
困难和复杂。I/O 设备虚拟化技术把真实的设备统一管理起来，包装成多个虚拟设备给
若干个虚拟机使用，响应每个虚拟机的设备访问请求和 I/O 请求。I/O 设备虚拟化同样
是由 VMM 进行管理的，主要有全虚拟化、半虚拟化和软件模拟三种思路[4]。目前主流
的设备与 I/O 虚拟化大多是通过软件方式来实现的。

7.2.3　虚拟机迁移

虚拟机迁移是将虚拟机实例从源宿主机迁移到目标宿主机，并且在目标宿主机上能
够将虚拟机运行状态恢复到其在迁移之前相同的状态（见图 7-3），以便能够继续完成应
用程序的任务[6]。虚拟机迁移对云计算具有重大的意义，可以保证云端的负载均衡，增
强系统错误容忍度，当发生故障时，也能有效恢复。从是否有计划的角度看，虚拟机迁
移包括有计划迁移、针对突发事件的迁移。从虚拟机迁移的源与目的地角度来看，虚拟
机迁移包括物理机到虚拟机的迁移（Physical-to-Virtual，P2V）、虚拟机到虚拟机的迁移
（Virtual-to-Virtual，V2V）、虚拟机到物理机的迁移（Virtual-to-Physical，V2P）。

1．虚拟机动态迁移

在云计算中，虚拟机到虚拟机的迁移是关注的重点。实时迁移（LiveMigration），就
是保持虚拟机运行的同时，把它从一个计算机迁移到另一个计算机，并在目的计算机恢
复运行的技术。动态实时迁移对云计算来讲至关重要，这是因为，第一，云计算中心的
物理服务器负载经常处于动态变化中，当一台物理服务器负载过大时，比如，某时出现
一个用户请求高峰期，若此刻不可能提供额外的物理服务器，管理员可以将其上面的虚
拟机迁移到其他服务器，达到负载平衡；第二，云计算中心的物理服务器有时候需要定
期进行升级维护，当升级维护服务器时，管理员可以将其上面的虚拟机迁移到其他服务
器，等升级维护完成之后，再把虚拟机迁移回来，如图 7-3 所示。

虚拟机的迁移包括它的完整的状态和资源的迁移，为了保证迁移后的虚拟机能够在
新的计算机上恢复且继续运行，必须要向目的计算机传送足够多的信息，如磁盘、内
存、CPU 状态、I/O 设备等。其中，内存的迁移最有难度和挑战性，因为内存中的信息
必不可少而且数据量比较大，CPU 状态和 I/O 设备虽然也很重要，但是它们只占迁移总

数据量很少的一部分，而磁盘的迁移最为简单，在局域网内可以通过 NFS（Network File System）的方式共享，而非真正迁移。

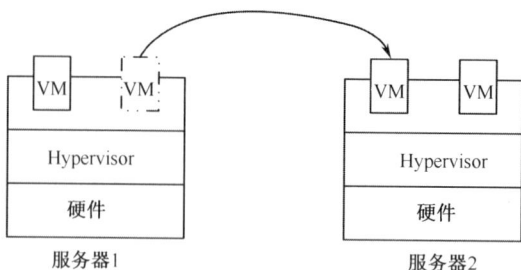

图 7-3　虚拟机迁移示意图

2．迁移的步骤

虚拟机的迁移是通过源计算机和目的计算机之间的交互完成的，若把迁移的发起者即源计算机记为主机 A（HostA），目的计算机记为主机 B（HostB），迁移的一般过程可以分为以下 6 个步骤。

步骤 1：预迁移（Pre-Migration）。主机 A 打算迁移其上的一个虚拟机 VM，首先选择一个目的计算机作为 VM 的新主机。

步骤 2：预定资源（Reservation）。主机 A 向主机 B 发起迁移请求，先确认 B 是否有必需的资源，若有，则预定这些资源；若没有，VM 仍在主机 A 中运行，可以继续选择其他计算机作为目的计算机。

步骤 3：预复制（InterativePre-Copy）。在这一阶段 VM 仍然运行，主机 A 以迭代的方式将 VM 的内存页复制到主机 B 上。在第一轮迭代中，所有的页都要从 A 传送到 B，以后的迭代只复制前一轮传送过程中被修改过的页面。

步骤 4：停机复制（Stop-and-Copy）。停止主机 A 上的 VM，把它的网络连接重定向到 B。CPU 状态和前一轮传送过程中修改过的页都在这个步骤被传送。最后，主机 A 和主机 B 上有一致的 VM 映象。

步骤 5：提交（Commitment）。主机 B 通知 A 已经成功收到了 VM 的映像，主机 A 对这个消息进行确认，然后主机 A 可以抛弃或销毁其上的 VM。

步骤 6：启动（Activation）。启动迁移到 B 上的 VM，迁移后使用目的计算机的设备驱动，广播新的 IP 地址。

3．迁移的内容

1）内存的迁移

内存的迁移是虚拟机迁移最困难的部分。理论上，为了实现虚拟机的实时迁移，一个完整的内存迁移的过程可以分为以下三个阶段。

第一阶段，Push 阶段。在 VM 运行的同时，将它的一些内存页面通过网络复制到目的机器上。为了保证内容的一致性，被修改过的页需要重传。

第二阶段，Stop-and-Copy 阶段。VM 停止工作，把剩下的页面复制到目的计算机上，然后在目的计算机上启动新的 VM。

第三阶段，Pull 阶段。新的虚拟机运行过程中，如果访问到未被复制的页面，就会出现页错误并从原来的 VM 处把该页复制过来。

实际上，迁移内存没有必要同时包含上述三个阶段，目前大部分的迁移策略只包含其中的一个或者两个阶段。

单纯的 Stop-and-Copy 阶段其实就是静态迁移（StaticMigration），也就是先暂停被迁移的 VM，然后把内存页复制给目的计算机，最后启动新的 VM。这种方法比较简单，总迁移时间也最短，但是太长的停机时间显然是无法接受的，停机时间和总迁移时间都与分配给被迁移 VM 的物理内存大小成正比，因此并不是一种理想的方法。

Stop-and-Copy 和 Pull 阶段结合也是一种迁移方案。首先在 Stop-and-Copy 阶段只把关键的、必要的页复制到目的机器上，其次在目的机器上启动 VM，剩下的页只有在需要使用的时候才复制过去。这种方案的停机时间很短，但是总迁移时间很长，而且如果很多页都要在 Pull 阶段复制的话，那么由此造成的性能下降也是不可接受的。

Push 和 Stop-and-Copy 阶段结合是第三种内存迁移方案，Xen 采用的就是这种方案。其思想是采用预复制（Pre-Copy）方法，在 Push 阶段将内存页以迭代（Iterative）方式一轮一轮复制到目的计算机上，第一轮复制所有的页，第二轮只复制在第一轮迭代过程中修改过的页，以此类推，第 n 轮复制的是在第 n-1 轮迭代过程中修改过的页。当脏页的数目到达某个常数或者迭代到达一定次数时，预复制阶段结束，进入 Stop-and-Copy 阶段。这时停机并把剩下的脏页，以及运行状态等信息都复制过去。预复制方法很好地平衡了停机时间和总迁移时间之间的矛盾，是一种比较理想的实时迁移内存的方法。但由于每次更新的页面都要重传，所以对于那些改动比较频繁的页来说，更适合在停机阶段，而不是预复制阶段传送。这些改动频繁的页被称为工作集（Writable Working Set，WWS）。为了保证迁移的效率和整体性能，需要有一种算法能够测定工作集，以避免反复重传。另外，这种方法可能会占用大量的网络带宽，对其他服务造成影响。

2）网络资源的迁移

虚拟机这种系统级别的封装方式意味着迁移时 VM 的所有网络设备，包括协议状态（如 TCP 连接状态）以及 IP 地址都要随之一起迁移。在局域网内，可以通过发送 ARP 重定向包，将 VM 的 IP 地址与目的机器的 MAC 地址相绑定，之后的所有包就可以发送到目的机器上。

3）存储设备的迁移

迁移存储设备的最大障碍在于需要占用大量时间和网络带宽，通常的解决办法是以共享的方式共享数据和文件系统，而非真正迁移。目前大多数集群使用 NAS（Network Attached Storage，网络连接存储）作为存储设备共享数据。NAS 实际上是一个带有瘦服务器的存储设备，其作用类似于一个专用的文件服务器。在局域网环境下，NAS 已经完全可以实现异构平台之间，如 NT、UNIX 等的数据级共享。基于以上的考虑，Xen 并没有实现存储设备的迁移，实时迁移的对象必须共享文件系统。

7.2.4　隔离技术

虚拟机隔离是指虚拟机之间在没有授权许可的情况下，互相之间不可通信、不可联系的一种技术。从软件角度讲，互相隔离的虚拟机之间保持独立，如同一个完整的计算机；从硬件角度讲，被隔离的虚拟机相当于一台物理机，有自己的 CPU、内存、硬盘、I/O 等，它与宿主机之间保持互相独立的状态。从网络角度讲，被隔离的虚拟机如同物理机一样，既可以对外提供网络服务，也可以从外界接受网络服务。

虚拟机隔离是确保虚拟机之间安全与可靠性的一种重要手段，现有虚拟机隔离机制主要包括：网络隔离；构建虚拟机安全文件防护网；基于访问控制的逻辑隔离机制；通过硬件虚拟，让每个虚拟机无法突破虚拟机管理器给出的资源限制；硬件提供的内存保护机制；进程地址空间的保护机制，IP 地址隔离。

1．内存隔离

MMU 是 Memory Management Unit 的缩写，中文名是内存管理单元，它是中央处理器（CPU）中用来管理虚拟存储器、物理存储器的控制线路，同时也负责将虚拟地址映射为物理地址，以及提供硬件机制的内存访问授权。以 Xen 为例，Xen 为了让内存可以被不同的虚拟机共享，它在虚拟内存（也称虚拟地址）到机器内存（也称物理地址）之间引入了一层中间地址，Guest OS 看到的是这层中间地址，不是机器的实际地址，因此 Guest OS 感觉自己的物理地址是从 0 开始的、"连续"的地址。实际上，Xen 将这层中间地址真正地映射到机器地址上却可以是不连续的，这样保证了所有的物理内存可被任意分配给不同的 Guest OS，其关系如图 7-4 所示。

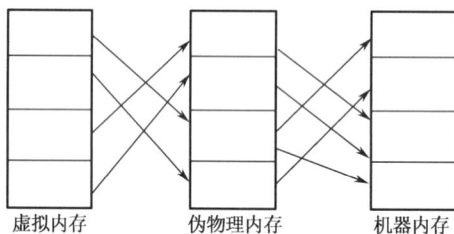

图 7-4　虚拟内存与机器内存的映射关系

为了区分这层中间地址，将这层中间地址称为伪物理地址或简称伪物理内存，而机器的实际地址（即没有虚拟化时的物理地址）称为机器内存或机器地址。对于整个伪物理内存而言，在引入虚拟化技术后，就不再属于 Xen 或任何一个操作系统了。在运行过程中也只能够使用其中的一部分，且不互相重叠，以达到隔离的目的。

虚拟机监控器使用分段和分页机制对自身的物理内存进行保护。x86 体系结构提供了支持分段机制的虚拟内存，这能够提供另一种形式的特权级分离。每个段包括基址、段限和一些属性位。基址和虚拟地址相加形成线性地址，段限决定了这个段中所能访问的线性空间的长度，属性位则标记了该段是否可读写、可执行，是代码段还是数据段等。代码段一般被标记为可读和可执行的，而数据段则被标记为可读和可写的。段的装载是经由段描述符完成的。段描述符存放在这两张系统表中。装载的内容会被缓存直到下一次段的装载，这一属性被称为段缓存。

在虚拟化环境下，中断会打断客户操作系统的运行而陷入虚拟机监控器。在中断处理程序执行完之后，虚拟机监控器必须能够重建客户机的初始状态。因为虚拟机监控器和客户操作系统共用同一地址空间，必须有一种机制来保证虚拟机监控器所占据那部分地址空间不被客户操作系统所访问。通过设定段描述符中的相关标记位，可以限定访问该段的特权级。

2．网络隔离

网络隔离技术的目标是确保把有害的攻击隔离，在可信网络之外和保证可信网络内部信息不外泄的前提下，完成网间数据的安全交换。网络隔离技术是在原有安全技术的基础上发展起来的，它弥补了原有安全技术的不足，突出了自己的优势。

网络隔离的关键在于系统对通信数据的控制，即通过不可路由的协议来完成网间的数据交换。由于通信硬件设备工作在网络七层的最下层，并不能感知到交换数据的机密性、完整性、可用性、可控性、抗抵性等安全要素，所以这要通过访问控制、身份认证、加密签名等安全机制来实现，而这些机制的实现都是通过软件来实现的。

最新第五代隔离技术的实现原理是通过专用通信设备、专有安全协议和加密验证机制及应用层数据提取和鉴别认证技术，进行不同安全级别网络之间的数据交换，彻底阻断了网络间的直接 TCP/IP 连接，同时对网间通信的双方、内容、过程施以严格的身份认证、内容过滤、安全审计等多种安全防护机制，从而保证了网间数据交换的安全、可控，杜绝了由于操作系统和网络协议自身漏洞带来的安全风险。

7.2.5　案例分析

VMware 公司推出了面向云计算的一系列产品和解决方案。基于已有的虚拟化技术和优势，VMware 提供了云基础架构及管理、云应用平台和终端用户计算等多个层次上的解决方案，主要支持企业级组织机构利用服务器虚拟化技术，实现从目前的数据中心向云计算环境转变[7]。VMware 推出的 ESX Server 属于裸金属架构的虚拟机。ESX Server 直接安装在服务器硬件上，在硬件和操作系统之间插入了一个稳固的虚拟化层。下面介绍一下 VMware 开发的虚拟机迁移工具 VMotion 和存储迁移工具 Storage VMotion。

1．VMotion

VMotion 是 VMware 用于在数据中心的服务器之间进行虚拟机迁移的技术。通过将服务器、存储和网络设备完全虚拟化，利用 VMotion 能够将正在运行的整个虚拟机实时从一台服务器移到另一台服务器上。虚拟机的全部状态由存储在共享存储器上的一组文件进行封装，而 VMware 的 VMFS 群集文件系统允许源和目标 ESX 同时访问这些虚拟机文件。然后，虚拟机的活动内存和精确的执行状态可通过高速网络迅速传输。由于网络也被 ESX 虚拟化，因此，虚拟机保留其网络标识和连接，从而确保实现无缝迁移。

虚拟机迁移过程中主要采用三项技术：① 将虚拟机状态信息压缩存储在共享存储器的文件中；② 将虚拟机的动态内存和执行状态通过高速网络在源 ESX 服务器和目标 ESX 服务器之间快速传输；③ 虚拟化网络以确保在迁移后虚拟机的网络身份和连接能保留。

2．VMware Storage VMotion

VMware Storage VMotion 用于实时迁移虚拟机磁盘文件，以便满足对虚拟机磁盘文件的升级、维护和备份[8]。Storage VMotion 的原理很简单，就是存储之间的转移。在操作过程中采用 VMware 所开发的核心技术，例如，磁盘快照、REDO 记录、父/子磁盘关系，以及快照整合。

7.3　存储虚拟化

存储虚拟化是指将存储网络中的各个分散且异构的存储设备按照一定的策略映射成一个统一的连续编址的逻辑存储空间，称为虚拟存储池，虚拟存储池可跨多个存储子系统，并将虚拟存储池的访问接口提供给应用系统。逻辑卷与物理存储设备之间的这种映射操作是由置入存储网络中的专门的虚拟化引擎来实现和管理的。虚拟化引擎可以屏蔽掉所有存储设备的物理特性，使得存储网络中的所有存储设备对应用服务器是透明的，应用服务器只与分配给它们的逻辑卷打交道，而不需要关心数据是在哪个物理存储设备上[9]。

存储虚拟化将系统中分散的存储资源整合起来，利用有限的物理资源提供大的虚拟存储空间，提高了存储资源利用率，降低了单位存储空间的成本，降低了存储管理的负担和复杂性。在虚拟层通过使用数据镜像、数据校验和多路径等技术，提高了数据的可靠性及系统的可用性。同时，还可以利用负载均衡、数据迁移、数据块重组等技术提升系统的潜在性能。另外，存储虚拟化技术可以通过整合和重组底层物理资源，从而得到多种不同性能和可靠性的新的虚拟设备，以满足多种存储应用的需求。

7.3.1　存储虚拟化的一般模型

一般来说，虚拟化存储系统在原有存储系统结构上增加了虚拟化层，将多个存储单元抽象成一个虚拟存储池，存储单元可以是异构，可以是直接的存储设备，也可以是基于网络的存储设备或系统。存储虚拟化的一般模型如图 7-5 所示。存储用户通过虚拟化层提供的接口向虚拟存储池提出虚拟请求，虚拟化层对这些请求进行处理后将相应的请求映射到具体的存储单元。使用虚拟化的存储系统的优势在于可以减少存储系统的管理开销、实现存储系统数据共享、提供透明的高可靠性和可扩展性等[10]。

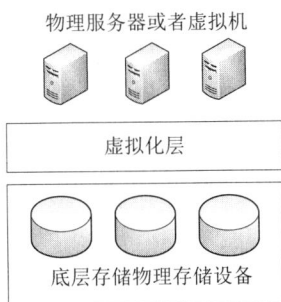

物理服务器或者虚拟机

虚拟化层

底层存储物理存储设备

图 7-5　存储虚拟化一般模型

7.3.2　存储虚拟化的实现方式

目前，实现存储虚拟化的方式主要有三种：基于主机的存储虚拟化、基于存储设备的存储虚拟化、基于网络的存储虚拟化[11]。

1．基于主机的存储虚拟化

基于主机的存储虚拟化，也称基于服务器的存储虚拟化或者基于系统卷管理器的存储虚拟化，其一般是通过逻辑卷管理来实现的。虚拟机为物理卷映射到逻辑卷提供了一个虚拟层。虚拟机主要功能是在系统和应用级上完成多台主机之间的数据存储共享、存储资源管理（存储媒介、卷及文件管理）、数据复制及迁移、集群系统、远程备份及灾难恢复等存储管理任务。基于主机的存储虚拟化不需要任何附加硬件。虚拟化层作为扩展的驱动模块，以软件的形式嵌入操作系统中，为连接到各种存储设备，如磁盘、磁盘阵列等，提供必要的控制功能。主机的操作系统就好像与一个单一的存储设备直接通信一样。

目前，已经有比较成熟的基于主机的存储虚拟化的软件产品，这些软件一般都提供了非常方便的图形化管理界面，可以很方便地进行存储虚拟化管理。从这一点上看，基于主机的存储虚拟化是一种性价比比较高的方法，但是，这种虚拟化方案往往具有可扩展性差、不支持异构平台等缺点。对于支持集群的虚拟化方案，为了确保元数据的一致性和完整性，往往需要在各主机间进行频繁的通信和采用锁机制，这就使得性能下降，可扩展性也比较差。同时，由于其一般都采用对称式的结构，就使得其很难支持异构平台，比如 CLVM 就只能支持特定版本的 Linux 平台。

2．基于存储设备的存储虚拟化

基于存储设备的存储虚拟化，也称基于存储控制器的存储虚拟化。它主要是在存储设备的磁盘、适配器或者控制器上实现虚拟化功能。目前，有很多的存储设备（如磁盘阵列等）的内部都有功能比较强的处理器，且都带有专门的嵌入式系统，可以在存储子系统的内部进行存储虚拟化，对外提供虚拟化磁盘，比如支持 RAID 的磁盘阵列等。这类存储子系统与主机无关，对系统性能的影响比较小，也比较容易管理，同时，它对用户和管理人员都是透明的。

基于存储设备的存储虚拟化依赖于提供相关功能的存储模块，往往需要第三方的虚拟软件，否则，其通常只能提供一种且不完全的存储虚拟化方案。对于包含有多家厂商提供异构的存储设备的 SAN 存储系统，基于存储设备的存储虚拟化方法的效果不是很好，而且这种设备往往规模有限并且不能进行级连，这就使得虚拟存储设备的可扩展性比较差。

3．基于网络的存储虚拟化

基于网络的存储虚拟化方法是在网络设备上实现存储虚拟化功能，包括基于互连设备和基于路由器两种方式。基于互连设备的虚拟化方法能够在专用服务器上运行，它在标准操作系统中运行，和主机的虚拟存储一样具有易使用、设备便宜等优点。同样，它也具有基于主机虚拟存储的一些缺点，因为基于互连设备的虚拟化方法同样需要一个运行在主机上的代理软件或基于主机的适配器，如果主机发生故障或者主机配置不合适都可能导致访问到不被保护的数据。基于路由器的虚拟化方法指的是在路由器固件上实现虚拟存储功能。为了截取网络中所有从主机到存储系统的命令，需要将路由器放置在每个主机到存储网络的数据通道之间，由于路由器能够为每台主机服务，大部分控制模块存储在路由器的固件里面，相对于上述几种方式，基于路由器的虚拟化在性能、效果和安全方面都要好一些。当然，基于路由器的虚拟化方法也有缺点，如果连接主机到存储网络的路由器出现故障，也可能会使主机上的数据不能被访问，但是只有与故障路由器连接在一起的主机才会受到影响，其余的主机还是可以用其他路由器访问存储系统，且路由器的冗余还能够支持动态多路径。

7.3.3　案例分析

VMware 的 vSphere 产品支持多种不同的本地存储和网络存储的虚拟化，前面讲到的 VMotion、Storage VMotion 都用到了 VMware 的虚拟化共享存储的技术[10]。vSphere 提出了虚拟机文件系统（Virtual Machine File System，VMFS），允许来自多个不同主机服务器的并发访问，即允许多个物理主机同时读写同一存储器。VMFS 的功能主要包括以下三点。

（1）磁盘锁定技术。磁盘锁定技术是指锁定已启动的虚拟机的磁盘，以避免多台服务器同时启动同一虚拟机。如果物理主机出现故障，系统则释放该物理主机上每个虚拟机的磁盘锁定，以便这些虚拟机能够在其他物理主机上重新启动。

（2）故障一致性和恢复机制。故障一致性和恢复机制可以用于快速识别故障的根本原因，帮助虚拟机、物理主机和存储子系统从故障中恢复。该机制中包括了分布式日志、故障一致的虚拟机 I/O 路径和计算机状况快照等。

（3）裸机映射（RDM）。RDM 使得虚拟机能够直接访问物理存储子系统（iSCSI 或光纤通道）上的 LUN（Logical Unit Number）。RDM 可以用于支持虚拟机中运行的 SAN 快照或其他分层应用程序，以及 Microsoft 群集服务。

VMware vSphere 存储架构由各种抽象层组成，这些抽象层隐藏并管理物理存储子系统之间的复杂性和差异，如图 7-6 所示。

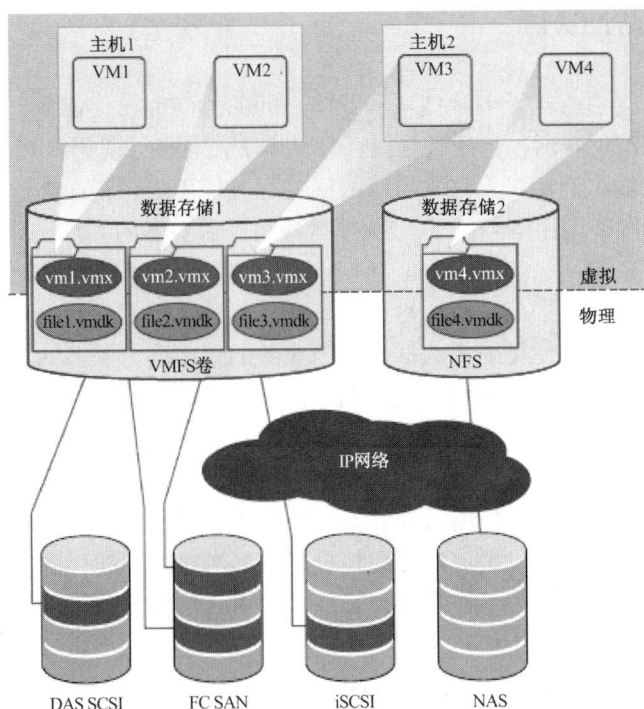

图 7-6 VMware 虚拟存储架构

对于每个虚拟机内的应用程序和客户机操作系统, 存储子系统显示为与一个或多个虚拟 SCSI 磁盘相连的虚拟 SCSI 控制器。虚拟机只能发现并访问这些类型的 SCSI 控制器, 包括 BusLogic 并行、LSI 逻辑并行、LSI 逻辑 SAS 和 VMware 准虚拟。虚拟 SCSI 磁盘通过数据中心的数据存储元素置备。数据存储就像一个存储设备, 为多个物理主机上的虚拟机提供存储空间。数据存储抽象概念是一种模型, 可将存储空间分配到虚拟机, 使客户机不必使用复杂的基础物理存储技术。客户机虚拟机不对光纤通道 SAN、iSCSI SAN、直接连接存储器和 NAS 公开。

每个虚拟机被作为一组文件存储在数据存储的目录中。这类文件可以作为普通文件在客户磁盘上进行操作, 包括复制、移动、备份等。在无须关闭虚拟机的情况下, 可向虚拟机添加新虚拟磁盘。此时, 系统将在 VMFS 中创建虚拟磁盘文件(.vmdk 文件), 从而为添加的虚拟磁盘或与虚拟机关联的现有虚拟磁盘文件提供新存储。每个数据存储都是存储设备上的物理 VMFS 卷。NAS 数据存储是带有 VMFS 特征的 NFS 卷, 数据存储可以跨多个物理存储子系统。单个 VMFS 卷可包含物理主机上本地 SCSI 磁盘阵列、光纤通道 SAN 磁盘场或 iSCSI SAN 磁盘场中的一个或多个 LUN。添加到任何物理存储子系统的新 LUN 可被检测到, 并可供所有的现有数据存储或新数据存储使用。先前创建的存储器容量可以扩展, 此时不必关闭物理主机或存储子系统。如果 VMFS 卷内的任何 LUN 出现故障或不可用, 则只有那些与该 LUN 关联的虚拟机才受影响。

7.4 网络虚拟化

目前传统的数据中心由于多种技术和业务之间的孤立性，使得数据中心网络结构复杂，存在相对独立的三张网，包括数据网、存储网和高性能计算网，和多个对外 I/O 接口。数据中心的前端访问接口通常采用以太网进行互连而成，构成高速的数据网络；数据中心后端的存储则多采用 NAS、FC SAN 等接口；服务器的并行计算和高性能计算则需要低延迟接口和架构，如 infiniband 接口。以上这些问题，导致了服务器之间存在操作系统和上层软件异构、接口与数据格式不统一。另外，数据中心内网络传输效率低。由于云计算技术的使用，使得虚拟数据中心中业务的集中度、服务的客户数量远超过传统的数据中心，因此对网络的高带宽、低拥塞提出更高的要求。一方面，传统数据中心中大量使用的 L2 层网络产生的拥塞和丢包，需要 L3 层以上协议来保证重传，效率低；另一方面，二层以太网网络采用生成树协议来保持数据包在互连的交换机回路中传递，也会产生大量冗余。因此，在使用云计算后，数据中心的网络需要解决数据中心内部的数据同步传送的大流量、备份大流量、虚拟机迁移大流量等问题。同时，还需要采用统一的交换网络减少布线、维护工作量和扩容成本。引入虚拟化技术之后，在不改变传统数据中心网络设计的物理拓扑和布线方式的前提下，可以实现网络各层的横向整合，形成一个统一的交换架构。数据中心网络虚拟化分为核心层、接入层和虚拟机网络虚拟化三个方面[12]。

7.4.1 核心层网络虚拟化

核心层网络虚拟化，主要指的是数据中心核心网络设备的虚拟化。它要求核心层网络具备超大规模的数据交换能力，以及足够的万兆接入能力；提供虚拟机箱技术，简化设备管理，提高资源利用率，提高交换系统的灵活性和扩展性，为资源的灵活调度和动态伸缩提供支撑。其中，VPC（Virtual Port-Channel）技术可以实现跨交换机的端口捆绑，这样在下级交换机上连属于不同机箱的虚拟交换机时，可以把分别连向不同机箱的万兆链路用于和 IEEE 802.3ad 兼容的技术实现以太网链路捆绑，提高冗余能力和链路互连带宽，简化网络维护。

7.4.2 接入层网络虚拟化

接入层虚拟化，可以实现数据中心接入层的分级设计。根据数据中心的走线要求，接入层交换机要求能够支持各种灵活的部署方式和新的以太网技术。目前无损以太网技术标准发展很快，称为数据中心以太网 DCE 或融合增强以太网 CEE，包括拥塞通知（IEEE 802.1Qau）、增强传输选择 ETS（IEEE 802.1Qaz）、优先级流量控制 PFC（IEEE 802.1Qbb）、链路发现协议 LLDP（IEEE 802.1AB）。

7.4.3 虚拟机网络虚拟化

虚拟机网络交互包括物理网卡虚拟化和虚拟网络交换机，在服务器内部虚拟出相应的交换机和网卡功能。虚拟交换机在主机内部提供了多个网卡的互连，以及为不同的网卡流量设定不同的 VLAN 标签功能，使得主机内部如同存在一台交换机，可以方便地将不同的网卡连接到不同的端口。虚拟网卡是在一个物理网卡上虚拟出多个逻辑独立的网卡，使得每个虚拟网卡具有独立的 MAC 地址、IP 地址，同时还可以在虚拟网卡之间实现一定的流量调度策略。因此，虚拟机网络交互需要实现以下功能。

（1）虚拟机的双向访问控制和流量监控，包括深度包检测、端口镜像、端口远程镜像、流量统计。

（2）虚拟机的网络属性应包括 VLAN、QoS、ACL、带宽等。

（3）虚拟机的网络属性可以跟随虚拟机的迁移而动态迁移，不需要人工干预或静态配置，从而在虚拟机扩展和迁移过程中，保障业务的持续性。

（4）虚拟机迁移时，与虚拟机相关的资源配置，如存储、网络配置也随之迁移。同时保证迁移过程中业务不中断。

IEEE 802.1Qbg EVB （Edge Virtual Bridging） 和 802.1Qbh BPE（Bridge Port Extension）是为扩展虚拟数据中心中交换机和虚拟网卡的功能而制定的，也称边缘网络虚拟化技术标准，这两种标准都在制定中。其中 802.1Qbg 要求所有 VM 数据的交换（即使位于同一物理服务器内部）都通过外部网络进行，即外部网络能够支持虚拟交换功能，对于虚拟交换网络范围内 VM 动态迁移、调度信息，均通过 LLDP 扩展协议得到同步以简化运维。802.1Qbh 可以将远程交换机部署为虚拟环境中的策略控制交换机，而不是部署成邻近服务器机架的交换机，通过多个虚拟通道，让边缘虚拟桥复制帧到一组远程端口，可以利用瀑布式的串联端口灵活地设计网络，从而更有效地为多播、广播和单播帧分配带宽。

7.4.4　案例分析: VMware 的网络虚拟化技术

VMware 的网络虚拟化技术主要是通过 VMware vSphere 中的 vNetwork 网络元素实现的，其虚拟网络架构如图 7-7 所示。通过这些元素，部署在数据中心物理主机上的虚拟机可以像物理环境一样进行网络互连。vNetwork 的组件主要包括虚拟网络接口卡 vNIC、vNetwork 标准交换机 vSwitch 和 vNetwork 分布式交换机 dvSwitch。

1. 虚拟网络接口卡

每个虚拟机都可以配置一个或者多个虚拟网络接口卡 vNIC。安装在虚拟机上的客户操作系统和应用程序利用通用的设备驱动程序与 vNIC 进行通信。从虚拟机的角度来看，客户操作系统中的通信过程就像与真实的物理设备通信一样。而在虚拟机的外部，vNIC 拥有独立的 MAC 地址以及一个或多个 IP 地址，且遵守标准的以太网协议。

2. 虚拟交换机 vSwitch

虚拟交换机用来满足不同的虚拟机和管理界面进行互连。虚拟交换机的工作原理与以太网中的第 2 层物理交换机一样。每台服务器都有自己的虚拟交换机。虚拟交换机的一端是与虚拟机相连的端口组，另一端是与虚拟机所在服务器上的物理以太网适配器相连的上行链路。虚拟机通过与虚拟交换机上行链路相连的物理以太网适配器与外部环境连接。虚拟交换机可将其上行链路连接到多个物理以太网适配器以启用网卡绑定。通过网卡绑定，两个或多个物理适配器可用于分摊流量负载，或在出现物理适配器硬件故障或网络故障时提供被动故障切换。

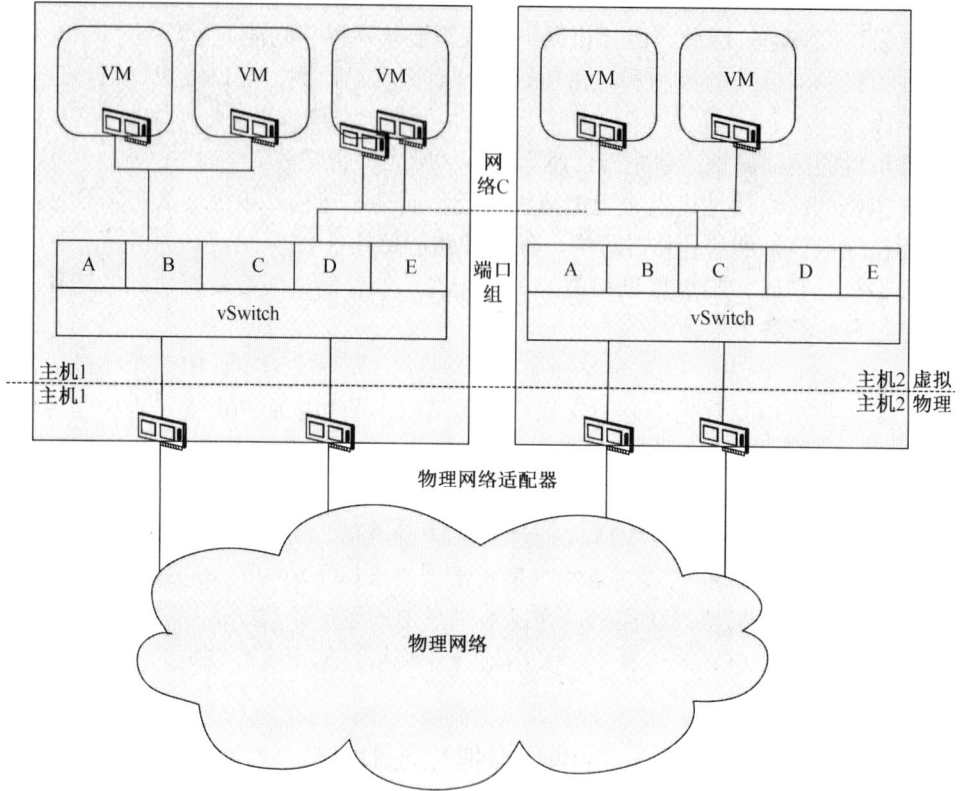

图 7-7　VMware 虚拟网络架构

3. 分布式交换机

vNetwork 分布式交换机（dvSwitch）是 vSphere 的新功能，如图 7-8 所示。dvSwitch 将原来分布在一台 ESX 主机上的交换机进行集成，成为一个单一的管理界面，在所有关联主机之间作为单个虚拟交换机使用。这使得虚拟机可在跨多个主机进行迁移时确保其网络配置保持一致。与 vSwitch 一样，每个 dvSwitch 都是一种可供虚拟机使用的网络集线器。dvSwitch 可在虚拟机之间进行内部流量路由，或通过连接物理以太网适配器链接外部网络，可以为每个 vSwitch 分配一个或多个 dvPort 组，dvPort 组将多个端口聚合在一个通用配置下，并为连接标定网络的虚拟机提供稳定的定位点。

4. 端口组

端口组是虚拟环境特有的概念。端口组是一种策略设置机制，这些策略用于管理与端口组相连的网络。一个 vSwitch 可以有多个端口组。虚拟机不是将其 vNIC 连接到 vSwitch 上的特定端口，而是连接到端口组。与同一端口组相连的所有虚拟机均属于虚拟环境内的同一网络，即使它们属于不同的物理服务器也是如此。可将端口组配置为执行策略，以提供增强的网络安全、网络分段、更佳的性能、高可用性及流量管理。

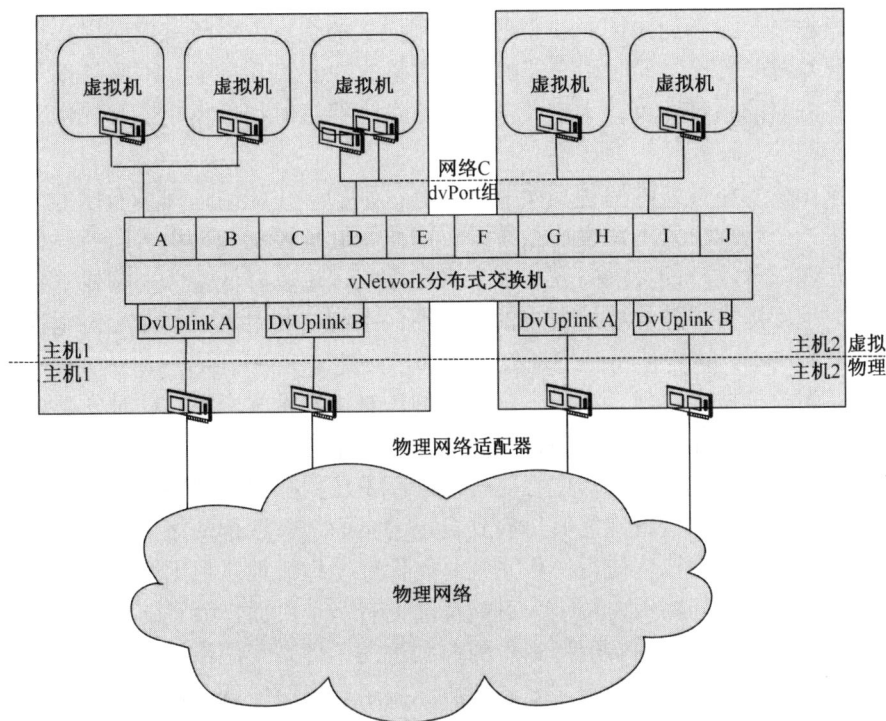

图 7-8　分布式交换机

5. VLAN

VLAN 支持将虚拟网络与物理网络 VLAN 集成。专用 VLAN 可以在专用网络中使用 VLAN ID，而不必担心 VLAN ID 在较大型的网络中会出现重复。流量调整定义平均带宽、峰值带宽和流量突发大小的 QOS 策略，设置策略以改进流量管理。网卡绑定为个别端口组或网络设置网卡绑定策略，以分摊流量负载或在出现硬件故障时提供故障切换。

7.5　桌面虚拟化

桌面虚拟化是指利用虚拟化技术将用户桌面的镜像文件存放到数据中心。从用户的角度看，每个桌面镜就像是一个带有应用程序的操作系统，终端用户通过一个虚拟显示协议来访问他们的桌面系统。这样做的目的就是使用户的使用体验同他们使用桌面上的 PC 一样。当用户关闭系统的时候，通过第三方配置文件管理软件，可以做到用户个性化定制以及保留用户的任何设置。桌面虚拟化对云计算用户来说，是非常实用的，推动了云计算的发展。

7.5.1 桌面虚拟化简介

桌面虚拟化是一种基于中心服务器的计算机运作模型，沿用了传统瘦客户端模型，能够让系统管理员与终端用户同时获得两种应用方式的优点：将所有桌面虚拟机在数据中心进行托管并统一管理，同时用户能够获得完整的 PC 使用体验。网络管理员仅维护部署在中心服务器的系统即可，不需要再为客户端计算机的程序更新以及软件升级带来的问题而担心。

桌面虚拟化技术和传统的远程桌面技术是有区别的，传统的远程桌面技术是接入一个真正安装在一个物理机器上的操作系统，仅能作为远程控制和远程访问的一种工具。虚拟化技术允许一台物理硬件同时安装多个操作系统，可以降低整体采购成本和运作维护成本，很大程度提高了计算机的安全性以及硬件系统的利用率，桌面虚拟化将技术做到收益大过采购成本，这也使得其逐渐推广成为了必然。

第一代桌面虚拟技术实现了在同一个独立的计算机硬件平台上，同时安装多个操作系统，并同时运行这些操作系统，使得桌面虚拟化技术的大规模应用成为可能。虚拟桌面的核心与关键，不是后台服务器虚拟化技术，而是让用户能够通过各种手段、任何时间、任何地点、通过任何设备都能够访问到自己的桌面，即远程网络访问的能力。从用户角度讲，第一代桌面虚拟化使得操作系统与硬件环境理想地实现了脱离，用户使用的计算环境不受物理机器的制约，每个人可能都会拥有多个桌面，而且随时随地都可以访问。对于网络管理员而言，则实现了集中的控制。为了提高管理性，第二代桌面虚拟化技术进一步将桌面系统的运行环境与安装环境、应用与桌面配置文件进行了拆分，从而大大降低了管理复杂度与成本，提高了管理效率。

7.5.2 技术现状

伴随着虚拟化技术蓬勃发展，桌面虚拟化得到了极大的发展，桌面虚拟化技术的进步和用户需求的逐渐兴起，毫无疑问其技术将在现有基础上得到更大范围的普及和推广，给用户带来一次桌面应用的革命。但是桌面虚拟化现阶段的技术并非完美，其部署仍然面临一定的风险。

桌面虚拟化技术还面临着很多问题：

（1）集中管理问题。多个系统整合在一台服务器中，一旦服务器出现硬件故障，其上运行的多个系统都将停止运行，对其用户造成的影响和损失是巨大的。虚拟化的服务器合并程度越高，此风险也越大。

（2）集中存储问题。默认情况下，用户的数据保存在集中的服务器上，系统不知每个虚拟桌面会占用多少存储空间，这给服务器带来的存储压力将会是非常大的；不管分多少个虚拟机，每个虚拟机都还是建立在一台硬件服务器之上的，互相之间再怎么隔离，其实和虚拟主机一样，用的也是同一个 CPU、同一个主板、同一个内存，用的还是同一个机器的硬盘，如果其中一个环节出错，很可能就会导致"全盘皆输"。总的来说，使用虚拟机并不比使用物理主机具有更高的安全性和可靠性。若是服务器出现了致命的故障，用户的数据可能丢失，整个平台将面临灾难。

（3）虚拟化产品缺乏统一标准问题。由于各个软件厂商在桌面虚拟化技术的标准上尚未达成共识，至今尚无虚拟化格式标准出现。各虚拟化产品厂商的产品间无法互通，一旦这个产品系列停止研发或其厂商倒闭，用户系统的持续运行、迁移和升级将会极其困难。

（4）网络负载压力问题。局域网一般不会存在太大问题，但是如果通过互联网就会出现很多技术难题，由于桌面虚拟化技术的实时性很强，如何降低这些传输压力，是很重要的一环；虽然千兆以太网对数据中心来说是一项标准，但还没有广泛部署到桌面，目前还达不到 VDI 对高带宽的要求。而且如果用户使用的网络出现问题，桌面虚拟化发布的应用程序不能运行，则直接影响应用程序的使用，其对用户的影响也是无法估计的。

7.5.3　案例分析

VMware View 是 VMware 桌面虚拟化产品，通过 VMware View 能够在一台普通的物理服务器上虚拟出很多台虚拟桌面（Virtual Desktop）供远端的用户使用。

VMware View 的主要部件[11]如下。

（1）View Connection Server：View 连接服务器，View 客户端通过它连接 View 代理，将接收到的远程桌面用户请求重定向到相应的虚拟桌面、物理桌面或终端服务器。

（2）View Manager Security Server：View 安全连接服务器，是可选组件。

（3）View Administrator Interface：View 管理接口程序，用于配置 View Connection Server、部署和管理虚拟桌面、控制用户身份验证。

（4）View 代理：View 代理程序，安装在虚拟桌面依托的虚拟机、物理机或终端服务器上，安装后提供服务，可由 View Manager Server 管理。该代理具备多种功能，如打印、远程 USB 运行和单点登录。因为 VMware vSphere Server 提供的虚拟机不包括声卡、USB 接口支持等，必须安装该软件，才可以将 VMware vSphere Server 提供的虚拟机连接到 View Client 计算机的相应设备上并显示、应用在客户端。

（5）View Client：View 客户端程序，安装在需要使用"虚拟桌面"的计算机上，通过它可以与 View Connection Server 通信，从而允许用户连接到虚拟桌面。

（6）View Client with Offline Desktop：也是 View 客户端程序，但该软件支持 View 脱机桌面，可以让用户"下载"vSphere Server 中的虚拟机到"本地"运行。

（7）View Composer：安装在 vCenter Server 上的软件服务，可以通过 View Manager 使用"克隆链接"的虚拟机，这是 View 4 提供的新功能，在以前的 View 3 版本中，每个虚拟桌面只能使用一个独立的虚拟机，而添加该组件后，可以让虚拟桌面使用"克隆链接"的虚拟机，这不仅提高了部署虚拟桌面的速度，也减少了 vSphere Server 的空间占用。

习题

1．虚拟化技术在云计算中的哪些地方发挥了关键作用？

2．比较 VMware、Xen 等虚拟化产品的关键技术，以及对云计算技术提供的支持。

3．服务器虚拟化、存储虚拟化和网络虚拟化都有哪些实现方式？

4．讨论桌面虚拟化的实现和作用。

参考文献

[1] 朱伟．网络虚拟化典型技术探讨．广东通信技术，2011.1，74-77.

[2] 房秉毅，张云勇，陈清金，贾兴华．云计算网络虚拟化技术.信息通信技术，2011.1，50-53.

[3] 李双权，王燕伟．云计算中服务器虚拟化技术探讨．邮电设计技术，2011.10，27-33.

[4] 金海．计算系统虚拟化-原理与应用．北京：清华大学出版社.2008.

[5] James E Smith, Ravi Nair. Virtual Machines, Versatile Platforms for Systems and Processors. 北京：电子工业出版社，2006.

[6] VMware Storage VMotion Non-disruptive, live migration of virtual machine storage（white paper）.

[7] VMware and Cloud Computing : An Evolutionary Approach to an IT Revolution.

[8] VMware Storage VMotion 概述及功能 http://www.wedoit.com.cn/article.php?id=57

[9] 杨宗博，郭玉东．提高存储资源利用率的存储虚拟化技术研究．计算机工程与设计，2008，29（12）：3224．3226.

[10] 吴松，金海．存储虚拟化研究．小型微型计算机系统，2003，24（4），728-732.

[11] 邱震，贺春林，王洪静．存储虚拟化技术研究.软件导刊，2013，12（1），137-138.

[12] 董向军，张恩刚，张沛等．桌面虚拟化技术研究．中国信息界，2010.4，50-52.

第8章 OpenStack 开源虚拟化平台

OpenStack 既是一个社区，也是一个项目和一个开源软件，提供了一个部署云的操作平台或工具集。用 OpenStack 易于构建虚拟计算或存储服务的云，既可以为公有云、私有云，也可以为大云、小云提供可扩展、灵活的云计算。

企业和服务供应商可以用它来安装和运行自己的云计算和存储基础设施。Rackspace[1]公司和美国宇航局 NASA[2]是主要的最早的贡献者，Rackspace 公司贡献了自己的"云文件"平台（Swift）作为 OpenStack 对象存储部分，而美国宇航局 NASA 贡献了他们的"星云"平台（Nova）作为计算部分。不到一年时间，OpenStack 社区已有超过 100 个成员，包括 Canonical、戴尔、思杰等。OpenStack 的服务能兼容亚马逊的 EC2/S3 API，因此为 AWS 写的客户端在 OpenStack 也能很好地工作。

8.1 OpenStack 背景介绍

OpenStack 是一个免费的开源平台，帮助服务提供商实现类似于亚马逊 EC2 和 S3 的基础设施服务。OpenStack 有两个主要部分：Nova，起初为 NASA 的计算处理服务而开发；Swift，是 Rackspace 开发的存储服务组件。Rackspace 称其目标是推动互操作服务的发展，或者说是允许客户在云服务提供商之间迁移工作量，使其不被锁定。

8.1.1 OpenStack 是什么

OpenStack 是一个由美国宇航局 NASA 与 Rackspace 公司共同开发的云计算平台项目，且通过 Apache 许可证授权开放源码。它可以帮助服务商和企业实现类似于 Amazon EC2 和 S3 的云基础架构服务。下面是 OpenStack[3]官方给出的定义。

OpenStack 是一个管理计算、存储和网络资源的数据中心云计算开放平台，通过一个仪表板，为管理员提供了所有的管理控制，同时通过 Web 界面为其用户提供资源。OpenStack 是一个可以管理整个数据中心里大量资源池的云操作系统，包括计算、存储及网络资源。管理员可以通过管理台管理整个系统，并可以通过 Web 接口为用户划定资源。现在我们知道了 OpenStack 的主要目标是管理数据中心的资源，简化资源分配。

OpenStack 主要管理计算、存储和网络三部分资源。

1. 计算资源管理

OpenStack 可以规划并管理大量虚拟机，从而允许企业或服务提供商按需提供计算资源；开发者可以通过 API 访问计算资源从而创建云应用，管理员与用户则可以通过 Web 访问这些资源。

2．存储资源管理

OpenStack 可以为云服务或云应用提供所需的对象及块存储资源；因对性能及价格有需求，很多组织已经不能满足于传统的企业级存储技术，因此 OpenStack 可以根据用户需要提供可配置的对象存储或块存储功能。

3．网络资源管理

如今的数据中心存在大量的设置，如服务器、网络设备、存储设备、安全设备，而它们还将被划分成更多的虚拟设备或虚拟网络；这会导致 IP 地址的数量、路由配置、安全规则将呈爆炸式增长；传统的网络管理技术无法真正高扩展、高自动化地管理下一代网络；因而 OpenStack 提供了插件式、可扩展、API 驱动型的网络及 IP 管理。

8.1.2 OpenStack 的主要服务

OpenStack 有三个主要的服务成员：计算服务（Nova）、存储服务（Swift）、镜像服务（Glance）。图 8-1 描述了 OpenStack 的核心部件是如何工作的。

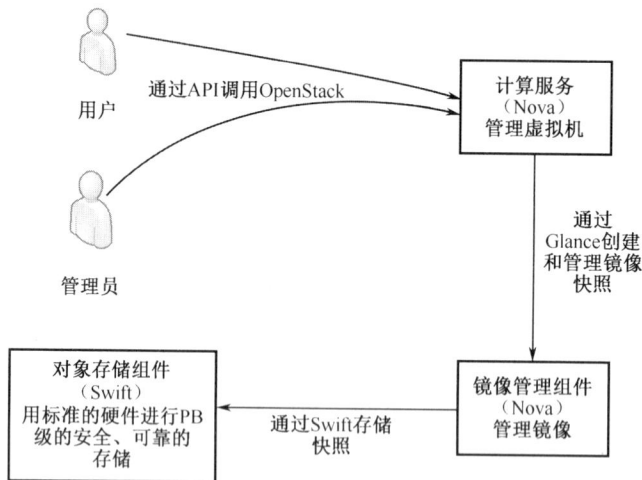

图 8-1 Openstack 核心部件的工作流图

1．计算服务 Nova

Nova 是 OpenStack 云计算架构的控制器，支持 OpenStack 云内的实例的生命周期所需的所有活动由 Nova 处理。Nova 作为管理平台管理着 OpenStack 云里的计算资源、网络、授权和扩展需求。但是，Nova 不能提供本身的虚拟化功能，相反，它使用 Libvirt 的 API 来支持虚拟机管理程序交互。Nova 通过 Web 服务接口开放所有功能并兼容亚马逊 Web 服务的 EC2 接口。

2．对象存储服务 Swift

Swift 提供的对象存储服务，允许对文件进行存储或者检索（但不通过挂载文件服务器上目录的方式来实现）。对于大部分用户来说，Swift 不是必需的，只有存储数量达到一定级别，而且是非结构化数据才有这样的需求。Swift 为 OpenStack 提供了分布式的、最终一致的虚拟对象存储。和亚马逊的 Web 服务——简单存储服务（S3）类似，通过分布式的存储节点，Swift 有能力存储数十亿计的对象，Swift 具有内置冗余、容错管理、存档、流媒体的功能。Swift 是高度扩展的。

3．镜像服务 Glance

它提供了一个虚拟磁盘镜像的目录和存储仓库，可以提供对虚拟机镜像的存储和检索。这些磁盘镜像广泛应用于 Nova 组件之中。Glance 能进行多个数据中心的镜像管理和租户私有镜像管理。虽然这种服务在技术上是属于可选的，但任何规模的云都可能对该服务有需求。目前 Glance 的镜像存储，支持本地存储、NFS、Swift、sheepdog 和 Ceph。OpenStack 镜像服务查找和检索虚拟机的镜像系统，它可以被配置为使用以下 3 个存储后端的任何一个：

（1）OpenStack 对象存储到存储镜像。

（2）S3 存储直连。

（3）S3 存储结合对象存储成为中间级的 S3 访问。

4．身份认证服务 keystone

它为 OpenStack 上的所有服务提供身份验证和授权。它还提供了在特定 OpenStack 云服务上运行的服务的一个目录。任何系统中，身份认证和授权其实都比较复杂，尤其是 Openstack 那么庞大的项目，每个组件都需要使用统一认证和授权。

5．网络管理服务 Quantum

在接口设备之间提供"网络连接即服务"的服务，而这些接口设备主要是由 OpenStack 的其他服务（如 Nova）进行管理的。该服务允许用户创建自己的网络，然后添加网络接口设备。Quantum 提供了一个可插拔的体系架构，使其能够支持很多流行的网络供应商和新的网络技术。Quantum 后端可以是商业产品或者开源。开源产品支持 Openvswitch[4]和 Linux bridge[5]。网络设备厂商都在积极参与，让他们的产品支持 Quantum，目前思科、锐捷已经实现支持。

6．存储管理服务 Cinder

Cinder 存储管理主要是指虚拟机的存储管理，Swift 主要是对象存储管理。目前支持开源和商业化产品 sheepdog、Ceph 等。

对于企业来说，使用分布式作为虚拟机的存储，并不能真正节省成本，维护一套分布式存储，成本还是很高的。目前虚拟机的各种高可用、备份的问题，其实都可以把问题交给商业存储厂商来解决。

7．仪表盘 Horizon

严格意义来说，Horizon 不会为 OpenStack 增加一个功能，更多的是一个演示。对于很多用户来说，了解 OpenStack 基本都是从 Horizon、dashboard 开始。从这个角度来看，它在 OpenStack 各个项目里显得非常重要。

8.2 计算服务 Nova

Nova 是 OpenStack 云中的计算组织控制器。Nova 处理 OpenStack 云中实例（instances）生命周期的所有活动。这样使得 Nova 成为一个负责管理计算资源、网络、认证、所需可扩展性的平台。但是，Nova 并不具有虚拟化能力，相反它使用 Libvirt API 来与被支持的 Hypervisors 交互。Nova 通过一个与 Amazon Web Services（AWS）EC2 API 兼容的 Web Services API 来对外提供服务。

8.2.1 Nova 组件介绍

Nova 云架构包括以下主要组件。

1．API Server（Nova-Api）

API Server 对外提供一个与云基础设施交互的接口，也是外部可用于管理基础设施的唯一组件。管理使用 EC2 API，通过 Web Services 调用实现。API Server 通过消息队列（Message Queue）轮流与云基础设施的相关组件通信。作为 EC2 API 的另外一种选择，OpenStack 也提供一个内部使用的 OpenStack API。

2．Message Queue（Rabbit MQ Server）

OpenStack 节点之间通过消息队列使用 AMQP（Advanced Message Queue Protocol）完成通信。Nova 通过异步调用请求响应，使用回调函数在收到响应时触发。因为使用了异步通信，不会有用户长时间卡在等待状态。这是有效的，因为许多 API 调用预期的行为都非常耗时，例如加载一个实例，或者上传一个镜像。

3．Compute Worker（Nova-Compute）

Compute Worker 管理实例生命周期，通过 Message Queue 接收实例生命周期管理的请求，并承担操作工作。在一个典型生产环境的云部署中有一些 Compute Worker。一个实例部署在哪个可用的 Compute Worker 上取决于调度算法。

4．Network Controller（Nova-Network）

Network Controller 处理主机的网络配置，包括 IP 地址分配、为项目配置 VLAN、实现安全组、配置计算节点网络。

5．Volume Workers（Nova-Volume）

Volume Workers 用来管理基于 LVM（Logical Volume Manager）的实例卷。Volume Workers 有卷的相关功能，例如新建卷、删除卷、为实例附加卷、为实例分离卷。卷为实例提供一个持久化存储，因为根分区是非持久化的，当实例终止时对它所做的任何改变都会丢失。当一个卷从实例分离或者实例终止（这个卷附加在该终止的实例上）时，这个卷保留着存储在其上的数据。当把这个卷重复加载相同实例或者附加到不同实例上时，这些数据依旧能被访问。

一个实例的重要数据几乎总要写在卷上，这样可以确保能在以后访问。这个对存储的典型应用需要数据库等服务的支持。

6．Scheduler（Nova-Scheduler）

调度器 Scheduler 把 Nova-API 调用映射为 OpenStack 组件。调度器作为一个 Nova-Schedule 守护进程运行，通过恰当的调度算法从可用资源池获得一个计算服务。Scheduler 会根据诸如负载、内存、可用域的物理距离、CPU 构架等做出调度决定。Nova Scheduler 实现了一个可插入式的结构。

当前 Nova-Scheduler 实现了一些基本的调度算法。

（1）随机算法：计算主机在所有可用域内随机选择。

（2）可用域算法：跟随机算法相仿，但是计算主机在指定的可用域内随机选择。

（3）简单算法：这种方法选择负载最小的主机运行实例,负载信息可通过负载均衡器获得。

8.2.2　Libvirt 简介

Nova 通过独立的软件管理模块实现 XenServer、Hyper-V 和 VMWare ESX 的调用与管理，同时对于其他的 Hypervisor，如 KVM、LXC、QEMU、UML 和 Xen 则通过 Libvirt 标准接口统一实现，其中 KVM 是 Nova-Compute 中 Libvirt 默认调用的底层虚拟化平台。为了更好地理解在 Nova 环境下 Libvirt 如何管理底层的 Hypervisor，先要基本了解 Libvirt 的体系架构与实现方法。

1．什么是 Libvirt

虚拟云实现的三部曲：虚拟化技术实现→虚拟机管理→集群资源管理（云管理）。各种不同的虚拟化技术都提供了基本的管理工具，比如启动、停用、配置、连接控制台等。这样在构建云管理的时候就存在两个问题。

（1）如果采用混合虚拟技术，上层就需要对不同的虚拟化技术调用不同管理工具，很是麻烦。

（2）虚拟化技术发展很迅速，系统虚拟化和容器虚拟化均在发展和演化中。可能有新的虚拟化技术更加符合现在的应用场景，需要迁移过去。这样管理平台就需要大幅改动。

为了适应变化，我们惯用的手段是分层，使之相互透明，在虚拟机和云管理中设置一个抽象管理层。Libvirt 就扮演这个角色。有了它，上面两个问题就迎刃而解。Libvirt 提供各种 API，供上层来管理不同的虚拟机。

Libvirt 管理虚拟机和其他虚拟化功能，比如存储管理、网络管理的软件集合。它包括一个 API 库、一个守护程序（libvirtd）和一个命令行工具（virsh）；Libvirt 本身构建于一种抽象的概念之上。它为受支持的虚拟机监控程序实现的常用功能提供通用的 API。

Libvirt 的主要目标是为各种虚拟化工具提供一套方便、可靠的编程接口，用一种单一的方式管理多种不同的虚拟化提供方式。

2．Libvirt 主要支持的功能

（1）虚拟机管理：包括不同的领域生命周期操作，比如启动、停止、暂停、保存、恢复和迁移，支持多种设备类型的热插拔操作，包括磁盘、网卡、内存和 CPU。

（2）远程机器支持：只要机器上运行了 Libvirt Daemon，包括远程机器，所有的 Libvirt 功能就都可以访问和使用，支持多种网络远程传输，使用最简单的 SSH，不需要额外配置工作。

（3）存储管理：任何运行了 Libvirt Daemon 的主机都可以用来管理不同类型的存储，创建不同格式的文件镜像（qcow2、vmdk、raw 等），挂接 NFS 共享,列出现有的 LVM 卷组，创建新的 LVM 卷组和逻辑卷，对未处理过的磁盘设备分区，挂接 iSCSI 共享等。因为 Libvirt 可以远程工作，所有这些都可以通过远程主机使用。

（4）网络接口管理：任何运行了 Libvirt Daemon 的主机都可以用来管理物理和逻辑的网络接。

（5）虚拟 NAT 和基于路由的网络：任何运行了 Libvirt Daemon 的主机都可以用来管理和创建虚拟网络。

3．Libvirt 体系结构

没有使用 Libvirt 的虚拟机管理方式如图 8-2 所示。

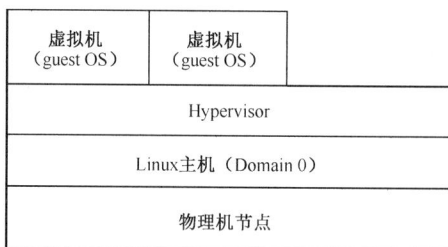

图 8-2　Libvirt 的虚拟机管理方式

为支持各种虚拟机监控程序的可扩展性，Libvirt 实施一种基于驱动程序的架构，该架构允许一种通用的 API 以通用方式为大量潜在的虚拟机监控程序提供服务。图 8-3 展示了 Libvirt API 与相关驱动程序的层次结构。这里也需要注意，Libvirt 提供从远程应用程序访问本地域的方式。

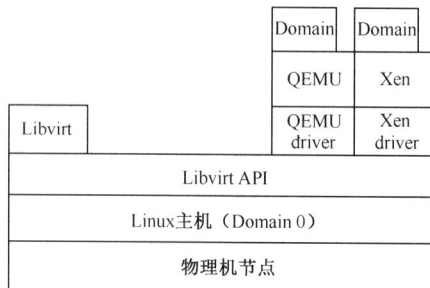

图 8-3　Libvirt 提供从远程应用程序访问本地域的方式

Libvirt 的控制方式有以下两种。

（1）管理位于同一节点上的应用程序和域。管理应用程序通过 Libvirt 工作，以控制本地域（见图 8-4 所示）。

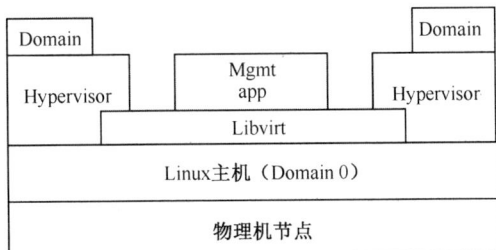

图 8-4　管理位于同一节点上的应用程序和域

（2）管理位于不同节点上的应用程序和域。该模式使用一种运行于远程节点上，名为 Libvirt 的特殊守护进程。当在新节点上安装 Libvirt 时该程序会自动启动，且可自动确定本地虚拟机监控程序并为其安装驱动程序。该管理应用程序通过一种通用协议从本地 Llibvirt 连接到远程 Libvirt（见图 8-5 所示）。

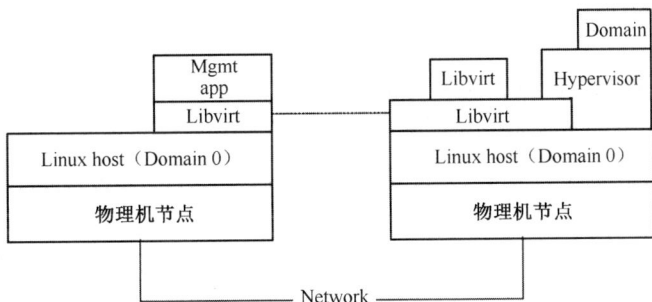

图 8-5　管理位于不同节点上的应用程序和域

8.2.3　Nova 中的 RabbitMQ 解析

消息队列（Queue）与数据库（Database）作为 Nova 总体架构中的两个重要组成部分，二者通过系统内消息传递和信息共享的方式实现任务之间、模块之间、接口之间的异步部署，在系统层面大大简化了复杂任务的调度流程与模式，是整个 OpenStack Nova 系统的核心功能模块。终端用户（DevOps、Developers 和其他 OpenStack 组件）主要通过 Nova API 实现与 OpenStack 系统的互动，同时 Nova 守护进程之间通过消息队列和数据库来交换信息以执行 API 请求，完成终端用户的云服务请求。

1. RabbitMQ

OpenStack Nova 系统目前主要采用 RabbitMQ 作为信息交换中枢。

RabbitMQ 是一种处理消息验证、消息转换和消息路由的架构模式，它协调应用程序之间的信息通信，并使得应用程序或者软件模块之间的相互意识最小化，有效实现解耦。

RabbitMQ 适合部署在一个拓扑灵活易扩展的规模化系统环境中，有效保证不同模块、不同节点、不同进程之间消息通信的时效性；而且，RabbitMQ 特有的集群 HA 安全保障能力可以实现信息枢纽中心的系统级备份，同时单节点具备消息恢复能力，当系统进程崩溃或者节点宕机时，RabbitMQ 正在处理的消息队列不会丢失，待节点重启之后可根据消息队列的状态数据以及信息数据及时恢复通信。

RabbitMQ 在功能性、时效性、安全可靠性以及 SLA 方面的出色能力可有效支持 OpenStack 云平台系统的规模化部署、弹性扩展、灵活架构以及信息安全的需求。

2．AMQP

AMQP 是应用层协议的一个开放标准，为面向消息的中间件而设计，其中 RabbitMQ 是 AMQP 协议的一个开源实现，OpenStack Nova 各软件模块通过 AMQP 协议实现信息通信。AMQP 协议的设计理念与数据通信网络中的路由协议非常类似，可归纳为基于状态的面向无连接通信系统模式。不同的是，数据通信网络基于通信链路的状态决定客户端与服务端之间的连接，而 AMQP 是基于消息队列的状态决定消息生产者与消息消费者之间的连接。对于 AMQP 来讲，消息队列的状态信息决定通信系统的转发路径，连接两端之间的连路并不是专用且永久的，而是根据消息队列的状态与属性实现信息在 RabbitMQ 服务器上的存储与转发，正如数据通信网络的 IP 数据包转发机制，所有的路由器基于通信连路的状态而形成路由表，IP 数据包根据路由表实现报文的本地存储与逐级转发，二者在实现机制上具有异曲同工之妙。

AMQP 的目标是实现端到端的信息通信，那么必然涉及两个基本的概念：AMQP 实现通信的因素是什么以及 AMQP 实现通信的实体以及机制是什么。

AMQP 是面向消息的一种应用程序之间的通信方法，也就是说，"消息"是 AMQP 实现通信的基本因素。AMQP 有两个核心要素——交换器（Exchange）与队列（Queue），通过消息的绑定与转发机制实现信息通信。其中，交换器由消费者应用程序创建，并且可与其他应用程序实现共享服务，其功能与数据通信网络中的路由器非常相似，即接收消息之后通过路由表将消息准确且安全地转发至相应的消息队列。一台 RabbitMQ 服务器或者由多台 RabbitMQ 服务器组成的集群可以存在多个交换器，每个交换器通过唯一的 Exchange ID 进行识别。

交换器根据不同的应用程序的需求，在生命周期方面也是灵活可变的，主要分为三种：持久交换器、临时交换器与自动删除交换器。持久交换器是在 RabbitMQ 服务器中长久存在的，并不会因为系统重启或者应用程序终止而消除，其相关数据长期驻留在硬盘上；临时交换器驻留在内存中，随着系统的关闭而消失；自动删除交换器随着宿主应用程序的中止而自动消亡，可有效释放服务器资源。

队列也由消费者应用程序创建，主要用于实现存储与转发交换器发送来的消息，队列同时也具备灵活的生命周期属性配置，可实现队列的持久保存、临时驻留与自动删除。

由以上可以看出，消息、队列和交换器是构成 AMQP 的三个关键组件，任何一个组件的失效都会导致信息通信的中断，因此鉴于三个关键组件的重要性，系统在创建三个组件的同时会打上"Durable"标签，表明在系统重启之后立即恢复业务功能。

构成 AMQP 的三个关键要素的工作方式如图 8-6 所示。

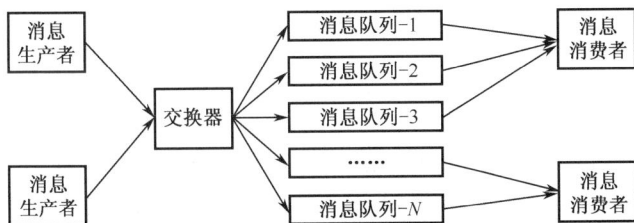

图 8-6　消息、队列和交换器的工作方式

由图 8-6 中可以看出，交换器接收发送端应用程序的消息，通过设定的路由转发表与绑定规则将消息转发至相匹配的消息队列，消息队列继而将接收到的消息转发至对应的接收端应用程序。数据通信网络通过 IP 地址形成的路由表实现 IP 报文的转发，在 AMQP 环境中的通信机制也非常类似，交换器通过 AMQP 消息头（Header）中的路由选择关键字（Routing Key）而形成的绑定规则（Binding）来实现消息的转发，也就是说，"绑定"即连接交换机与消息队列的路由表。消息生产者发送的消息中所带有的 Routing Key 是交换器转发的判断因素，也就是 AMQP 中的"IP 地址"，交换器获取消息之后提取 Routing Key 触发路由，通过绑定规则将消息转发至相应队列，消息消费者最后从队列中获取消息。AMQP 定义三种不同类型的交换器：广播式交换器（Fanout Exchange）、直接式交换器（Direct Exchange）和主题式交换器（Topic Exchange），三种交换器实现的绑定规则也有所不同。

3. Nova 中的 RabbitMQ 应用

RabbitMQ 是 Nova 系统的信息中枢，目前 Nova 中的各个模块通过 RabbitMQ 服务器以 RPC（远程过程调用）的方式实现通信，而且各模块之间形成松耦合关联关系，在扩展性、安全性以及性能方面均体现优势。由前文可知，AMQP 的交换器有三种类型：Direct、Fanout 和 Topic，而且消息队列由消息消费者根据自身的功能与业务需求而生成。

首先说说三个比较重要的概念。

（1）交换器

接受消息并且将消息转发给队列。在每个主机的内部，交换器有唯一对应的名字。应用程序在它的权限范围之内可以创建、删除、使用和共享交换器实例。交换器可以是持久的、临时的或者自动删除的。持久的交换器会一直存在于 Server 端直到它被显式的删除，临时交换器在服务器关闭时停止工作，自动删除的交换器在没有应用程序使用它的时候被服务器删除。

（2）队列

"消息队列"，它是一个具名缓冲区，它代表一组消费者应用程序保存消息。这些应用程序在它们的权限范围内可以创建、使用、共享消息队列。类似于交换器，消息队列也可以是持久的、临时的或者自动删除的。临时消息队列在服务器被关闭时停止工作，自动删除队列在没有应用程序使用它的时候被服务器自动删除。消息队列将消息保存在内存、硬盘或两者的组合之中。消息队列保存消息，并将消息发给一个或多个客户端，特别的消息队列会跟踪消息的获取情况，消息要出队就必须被获取，这样可以阻止多个客户端同时消费同一条消息的情况发生，同时也可以被用来做单个队列多个消费者之间的负载均衡。

（3）绑定

可以理解为交换器和消息队列之间的一种关系，绑定之后交换器会知道应该把消息发给哪个队列，绑定的关键字称为 binding_key。在程序中可以这样使用：

hannel.queue_bind（exchange='direct_logs',queue=queue_name,routing_key=binding_key）

Exchange 和 Queue 的绑定可以是多对多的关系，每个发送给 Exchange 的消息都会有一个叫作 routing_key 的关键字，交换器要想把消息发送给某个特定的队列，那么该队列与交换器的 binding_key 必须和消息的 routing_key 相匹配才 OK。

下面介绍一下 RabbitMQ 的三种类型的交换器。

1）广播式交换器类型（fanout）

该类交换器不分析所接收到消息中的 Routing Key，默认将消息转发到所有与该交换器绑定的队列中去。广播式交换器转发效率最高，但是安全性较低，消费者应用程序可获取本不属于自己的消息。

广播交换器是最简单的一种类型，就像我们从字面上理解到的一样，它把所有接收到的消息广播到所有它所知道的队列中去，不论消息的关键字是什么，消息都会被路由到和该交换器绑定的队列中去。

它的工作方式如图 8-7 所示。

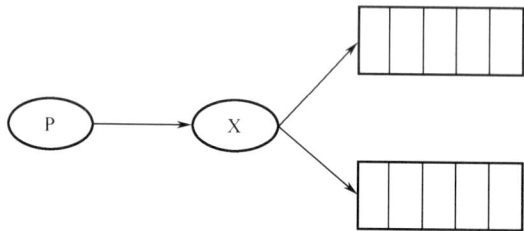

图 8-7　广播交换器的工作方式

在程序中申明一个广播式交换器的代码如下：

channel.exchange_declare（exchange='fanout',type='fanout'）

2）直接式交换器类型（direct）

该类交换器需要精确匹配 Routing Key 与 Binding Key，如消息的 Routing Key = Cloud，那么该条消息只能被转发至 Binding Key = Cloud 的消息队列中去。直接式交换器的转发效率较高，安全性较好，但是缺乏灵活性，系统配置量较大。

相对广播交换器来说，直接交换器可以给我们带来更多的灵活性。直接交换器的路由算法很简单：一个消息的 routing_key 完全匹配一个队列的 binding_key，就将这个消息路由到该队列。绑定的关键字将队列和交换器绑定到一起。当消息的 routing_key 和多个绑定关键字匹配时消息可能会被发送到多个队列中。

图 8-8 说明了直接交换器的工作方式。Q1、Q2 两个队列与直接交换器 X 绑定，Q1 的 binding_key 是"orange"；Q2 有两个绑定，一个 binding_key 是 black，另一个 binding_key 是 green。在这样的关系下，一个带有"orange"routing_key 的消息发送到 X 交换器之后将会被 X 路由到队列 Q1，一个带有"black"或者"green"routing_key 的消息发送到 X 交换器之后将会被路由到 Q2。而所有其他消息将会被丢去。

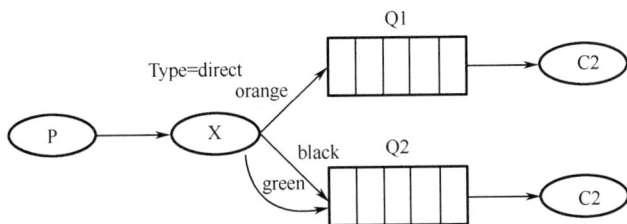

图 8-8　直接交换器的工作方式

3）主题式交换器（Topic Exchange）

该类交换器通过消息的 Routing Key 与 Binding Key 的模式匹配，将消息转发至所有符合绑定规则的队列中（见图 8-9）。Binding Key 支持通配符，其中"*"匹配一个词组，"#"匹配多个词组（包括零个）。例如，Binding Key="*.Cloud.#"可转发 Routing Key="OpenStack.Cloud.GD.GZ"、"OpenStack.Cloud.Beijing"以及"OpenStack.Cloud"的消息，但是对于 Routing Key="Cloud.GZ"的消息是无法匹配的。

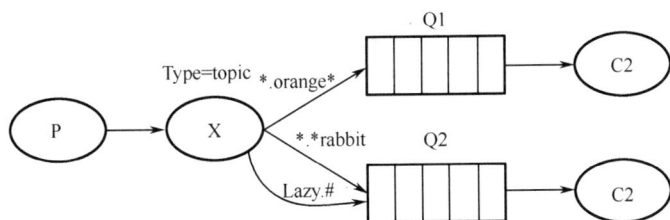

图 8-9　主题式交换器的工作方式

这里的 routing_key 可以使用一种类似正则表达式的形式，但是特殊字符只能是"*"和"#"，"*"代表一个单词，"#"代表 0 个或多个单词。这样发送过来的消息如果符合某个 queue 的 routing_key 定义的规则，那么就会转发给这个 queue。

在 Nova 中主要实现 Direct 和 Topic 两种交换器的应用，在系统初始化的过程中，各个模块基于 Direct 交换器针对每一条系统消息自动生成多个队列注入 RabbitMQ 服务器中，依据 Direct 交换器的特性要求，Binding Key=“MSG-ID”的消息队列只会存储与转发 Routing Key=“MSG-ID”的消息。同时，各个模块作为消息消费者基于 Topic 交换器自动生成两个队列注入 RabbitMQ 服务器中。

Nova 各个模块之间基于 AMQP 消息实现通信，但是真正实现消息调用的应用流程主要是 RPC 机制。Nova 基于 RabbitMQ 实现两种 RPC 调用：RPC.CALL 和 RPC.CAST。其中 RPC.CALL 基于请求与响应方式，RPC.CAST 只是提供单向请求，两种 RPC 调用方式在 Nova 中均有不同的应用场景。

Nova 的各个模块在逻辑功能上可以划分为两种：Invoker 和 Worker。其中，Invoker 模块主要功能是向消息队列中发送系统请求消息，如 Nova-API 和 Nova-Scheduler；Worker 模块则从消息队列中获取 Invoker 模块发送的系统请求消息以及向 Invoker 模块回复系统响应消息，如 Nova-Compute、Nova-Volume 和 Nova-Network。Invoker 通过 RPC.CALL 和 RPC.CAST 两个进程发送系统请求消息；Worker 从消息队列中接收消息，并对 RPC.CALL 做出响应。Invoker、Worker 与 RabbitMQ 中不同类型的交换器和队列之间的通信关系如图 8-10 所示。

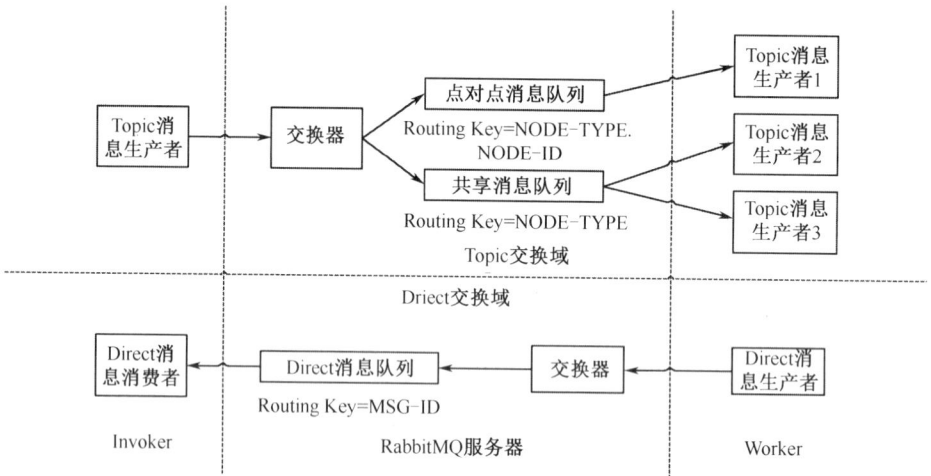

图 8-10   交换器和队列之间的通信关系

Nova 根据 Invoker 和 Worker 之间的通信关系可逻辑划分为两个交换域：Topic 交换域与 Direct 交换域，两个交换域之间并不是严格割裂，在信息通信的流程上是深度嵌入的关系。Topic 交换域中的 Topic 消息生产者（Nova-API 或者 Nova-Scheduler）与 Topic 交换器生成逻辑链接，通过 RPC.CALL 或者 RPC.CAST 进程将系统请求消息发往 Topic 交换器。Topic 交换器根据系统请求消息的 Routing Key 分别送入不同的消息队列进行转发，如果消息的 Routing Key=“NODE-TYPE.NODE-ID”，则将被转发至点对点消息队列；如果消息的 Routing Key=“NODE-TYPE”，则将被转发至共享消息队列。Topic 消息消费者探测到新消息已进入响应队列，立即从队列中接收消息并调用执行系统消息所请求的应用程序。每一个 Worker 都具有两个 Topic 消息消费者程序，对应点对点消息队列和共享消息队列，连接点对点消息队列的 Topic 消息消费者应用程序接收 RPC.CALL 的远程调用请求，并在执行相关计算任务之后将结果以系统响应消息的方式通过 Direct 交换器反馈给 Direct 消息消费者；同时连接共享消息队列的 Topic 消息消费者应用程序只是接收 RPC.CAST 的远程调用请求来执行相关的计算任务，并没有响应消息反馈。因此，Direct 交换域并不独立运作，而是受限于 Topic 交换域中 RPC.CALL 的远程调用流程与结果，每一个 RPC.CALL 激活一次 Direct 消息交换的运作，针对每一条系统响应消息会生成一组相应的消息队列与交换器组合。因此，对于规模化的 OpenStack 云平台系统来讲，Direct 交换域会因大量的消息处理而形成整个系统的性能瓶颈点。

由前文可以看出，RPC.CALL 是一种双向通信流程，即 Worker 程序接收消息生产者生成的系统请求消息，消息消费者经过处理之后将系统相应结果反馈给 Invoker 程序。

例如，一个用户通过外部系统将"启动虚拟机"的需求发送给 Nova-API，此时 Nova-API 作为消息生产者，将该消息包装为 AMQP 信息以 RPC.CALL 方式通过 Topic 交换器转发至点对点消息队列，此时，Nova-Compute 作为消息消费者，接收该信息并通过底层虚拟化软件执行相应虚拟机的启动进程；待用户虚拟机成功启动之后，Nova-Compute 作为消息生产者通过 Direct 交换器和响应的消息队列将"虚拟机启动成功"响应消息反馈给 Nova-API，此时 Nova-API 作为消息消费者接收该消息并通知用户虚拟机启动成功，一次完整的虚拟机启动的 RPC.CALL 调用流程结束。其调用流程如图 8-11 所示。

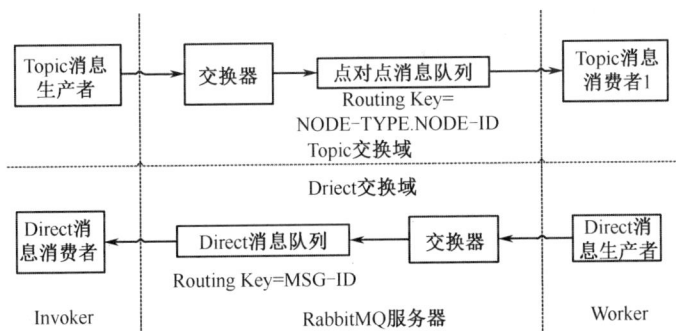

图 8-11　RPC.CALL 的调用流程

（1）Invoker 端生成一个 Topic 消息生产者和一个 Direct 消息消费者。其中，Topic 消息生产者发送系统请求消息到 Topic 交换器，Direct 消息消费者等待响应消息。

（2）Topic 交换器根据消息的 Routing Key 转发消息，Topic 消费者从相应的消息队列中接收消息，并传递给负责执行相关任务的 Worker。

（3）Worker 根据请求消息执行完任务之后，分配一个 Direct 消息生产者，Direct 消息生产者将响应消息发送到 Direct 交换器。

（4）Direct 交换器根据响应消息的 Routing Key 转发至相应的消息队列，Direct 消费者接收并把它传递给 Invoker。

RPC.CAST 的远程调用流程与 RPC.CALL 类似，只是缺少了系统消息响应流程。一个 Topic 消息生产者发送系统请求消息到 Topic 交换器，Topic 交换器根据消息的 Routing Key 将消息转发至共享消息队列，与共享消息队列相连的所有 Topic 消费者接收该系统请求消息，并把它传递给响应的 Worker 进行处理，其调用流程如图 8-12 所示。

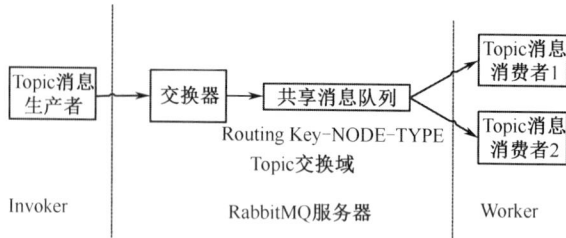

图 8-12　RPC.CAST 的远程调用流程

8.3　对象存储服务 Swift

Swift 是 OpenStack 开源云计算项目的子项目之一，是一个可扩展的对象存储系统，提供了强大的扩展性、冗余性和持久性。对象存储支持多种应用，比如复制和存档数据，图像或视频服务，存储次级静态数据，开发数据存储整合的新应用，存储容量难以估计的数据，为 Web 应用创建基于云的弹性存储。本节将从架构、原理和实践等几方面讲述 Swift。Swift 并不是文件系统或者实时的数据存储系统，它称为对象存储，用于永久类型的静态数据的长期存储，这些数据可以检索、调整，必要时进行更新。

8.3.1　Swift 特性

在 OpenStack 官网中，列举了 Swift 的 20 多个特性，其中最引人关注的是以下几个。

1．高数据持久性

很多人经常将数据持久性（Durability）与系统可用性（Availability）两个概念混淆，前者也理解为数据的可靠性，是指数据存储到系统中后，到某一天数据丢失的可能性。例如 Amazon S3 的数据持久性是 11 个 9，即如果存储 1 万（4 个 0）个文件到 S3 中，1 千万（7 个 0）年之后，可能会丢失其中 1 个文件。那么 Swift 能提供多少个 9 的 SLA 呢？下文会给出答案。我们从理论上测算过，Swift 在 5 个 Zone、5×10 个存储节点的环境下，数据复制份数为 3，数据持久性的 SLA 能达到 10 个 9。

2．完全对称的系统架构

"对称"意味着 Swift 中各节点可以完全对等，能极大地降低系统维护成本。

3．无限的可扩展性

这里的扩展性分为两方面，一是数据存储容量无限可扩展，二是 Swift 性能（如 QPS、吞吐量等）可线性提升。因为 Swift 是完全对称的架构，扩容只需要简单地新增机器，系统会自动完成数据迁移等工作，使各存储节点重新达到平衡状态。

4．无单点故障

在互联网业务大规模应用的场景中，存储的单点一直是个问题。例如数据库，一般的 HA 方法只能做主从，并且"主"一般只有一个；还有一些其他开源存储系统的实现中，元数据信息的存储一直以来是个头痛的地方，一般只能单点存储，而这个单点很容易成为瓶颈，并且一旦这个点出现差异，往往能影响到整个集群，典型的如 HDFS。而 Swift 的元数据存储是完全均匀随机分布的，并且与对象文件存储一样，元数据也会存储多份。整个 Swift 集群中，也没有一个角色是单点的，并且在架构和设计上保证无单点业务是有效的。

5．简单、可依赖

简单体现在实现易懂、架构优美、代码整洁，没有将高深的分布式存储理论用进去，而是采用简单的原则。可依赖是指 Swift 经测试、分析之后，可以放心大胆地将 Swift 用于最核心的存储业务上，而不用担心 Swift 出问题，因为不管出现任何问题，都能通过日志、阅读代码迅速解决。

8.3.2　应用场景

Swift 提供的服务与 Amazon S3 相同，适用于许多应用场景。最典型的应用是作为网盘类产品的存储引擎，比如 Dropbox 背后就是使用 Amazon S3 作为支撑的。在 OpenStack 中还可以与镜像服务 Glance 结合，为其存储镜像文件。另外，由于 Swift 的无限扩展能力，也非常适于存储日志文件和数据备份仓库。

Swift 主要有三个组成部分：Proxy Server、Storage Server 和 Consistency Server。其架构如图 8-13 所示，其中 Storage 和 Consistency 服务均允许在 Storage Node 上。Auth 认证服务目前已从 Swift 中剥离出来，使用 OpenStack 的认证服务 Keystone，目的在于实现统一 OpenStack 各个项目间的认证管理。

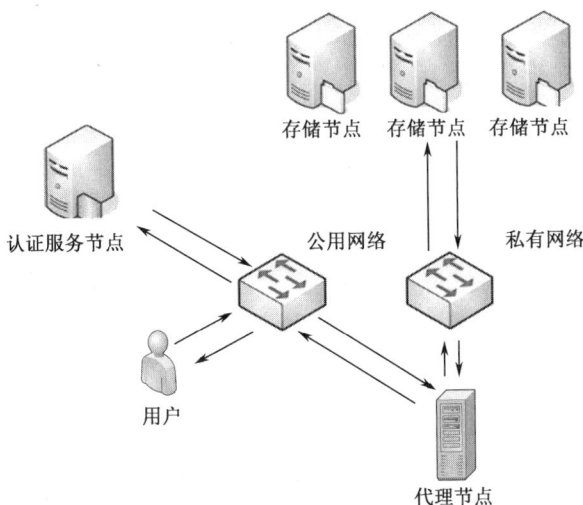

图 8-13　Swift 部署架构

8.3.3　Swift 主要组件

Swift 组件如下。

（1）代理服务（Proxy Server）：对外提供对象服务 API，会根据环的信息来查找服务地址并转发用户请求至相应的账户、容器或者对象服务；由于采用无状态的 REST 请求协议，可以进行横向扩展来均衡负载。

（2）认证服务（Authentication Server）：验证访问用户的身份信息，并获得一个对象访问令牌（Token），在一定的时间内会一直有效；验证访问令牌的有效性并缓存下来直至过期时间。

（3）缓存服务（Cache Server）：缓存的内容包括对象服务令牌、账户和容器的存在信息，但不会缓存对象本身的数据；缓存服务可采用 Memcached 集群，Swift 会使用一致性散列算法来分配缓存地址。

（4）账户服务（Account Server）：提供账户元数据和统计信息，并维护所含容器列表的服务，每个账户的信息被存储在一个 SQLite 数据库中。

（5）容器服务（Container Server）：提供容器元数据和统计信息，并维护所含对象列表的服务，每个容器的信息也存储在一个 SQLite 数据库中。

（6）对象服务（Object Server）：提供对象元数据和内容服务，每个对象的内容会以文件的形式存储在文件系统中，元数据会作为文件属性来存储，建议采用支持扩展属性的 XFS 文件系统。

（7）复制服务（Replicator）：会检测本地分区副本和远程副本是否一致，具体是通过对比散列文件和高级水印来完成，发现不一致时会采用推式（Push）更新远程副本，例如对象复制服务会使用远程文件复制工具 rsync 来同步；另外一个任务是确保被标记删除的对象从文件系统中移除。

（8）更新服务（Updater）：当对象由于高负载的原因而无法立即更新时，任务将会被序列化到在本地文件系统中进行排队，以便服务恢复后进行异步更新；例如成功创建对象后容器服务器没有及时更新对象列表，这个时候容器的更新操作就会进入排队中，更新服务会在系统恢复正常后扫描队列并进行相应的更新处理。

（9）审计服务（Auditor）：检查对象、容器和账户的完整性，如果发现比特级的错误，文件将被隔离，并复制其他的副本以覆盖本地损坏的副本；其他类型的错误会被记录到日志中。

（10）账户清理服务（Account Reaper）：移除被标记为删除的账户，删除其所包含的所有容器和对象。

1．Ring

Ring 是 Swift 最重要的组件，用于记录存储对象与物理位置间的映射关系。在涉及查询 Account（账户）、Container（容器）、Object（对象）信息时，就需要查询集群的 Ring 信息。Ring 使用 Zone、Device、Partition 和 Replica 来维护这些映射信息。Ring 中每个 Partition 在集群中都（默认）有 3 个 Replica。每个 Partition 的位置由 Ring 来维护，并存储在映射中。Ring 文件在系统初始化时创建，之后每次增减存储节点时，需要重新平衡一下 Ring 文件中的项目，以保证增减节点时，系统因此而发生迁移的文件数量最少。

2．Proxy Server

Proxy Server 是提供 Swift API 的服务器进程，负责 Swift 其余组件间的相互通信。对于每个客户端的请求，它将在 Ring 中查询 Account、Container 或 Object 的位置，并且相应地转发请求。Proxy 提供了 Rest-full API，并且符合标准的 HTTP 协议规范，这使得开发者可以快捷构建定制的 Client 与 Swift 交互。

3．Storage Server

Storage Server 提供了磁盘设备上的存储服务。在 Swift 中有三类存储服务器：Account、Container 和 Object。其中 Container 服务器负责处理 Object 的列表，Container 服务器并不知道对象存放位置，只知道指定 Container 里存了哪些 Object。这些 Object 信息以 SQLite 数据库文件的形式存储。Container 服务器也做一些跟踪统计，例如 Object 的总数、Container 的使用情况。

4．Consistency Servers

在磁盘上存储数据并向外提供 Rest-full API 并不是难以解决的问题，最主要的问题在于故障处理。Swift 的 Consistency Servers 的目的是查找并解决由数据损坏和硬件故障引起的错误。主要存在三个 Server：Auditor、Updater 和 Replicator。Auditor 运行在每个 Swift 服务器的后台持续地扫描磁盘来检测对象、Container 和账号的完整性。如果发现数据损坏，Auditor 就会将该文件移动到隔离区域，然后由 Replicator 负责用一个完好的副本来替代该数据。图 8-14 给出了隔离对象的处理流图。在系统高负荷或者发生故障的情况下，Container 或账号中的数据不会被立即更新。如果更新失败，该次更新在本地文件系统上会被加入队列，然后 Updaters 会继续处理这些失败了的更新工作，其中由 Account Updater 和 Container Updater 分别负责 Account 和 Object 列表的更新。Replicator 的功能是处理数据的存放位置是否正确，并且保持数据的合理副本数，它的设计目的是 Swift 服务器在面临如网络中断或者驱动器故障等临时性故障情况时可以保持系统的一致性。

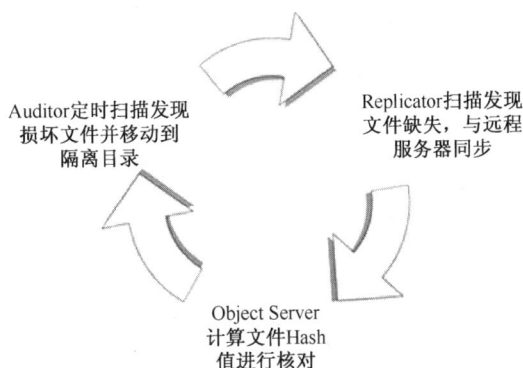

图 8-14　隔离对象的处理流图

8.3.4 Swift 基本原理

Swift 用到的算法和存储理论并不复杂，主要有几下几个概念。

1. 数据一致性模型（Consistency Model）

按照 Eric Brewer 的 CAP（Consistency，Availability，Partition Tolerance）理论，无法同时满足 3 个方面，Swift 放弃严格一致性（满足 ACID 事务级别），而采用最终一致性模型（Eventual Consistency），来达到高可用性和无限水平扩展能力。为了实现这一目标，Swift 采用 Quorum 仲裁协议（Quorum 有法定投票人数的含义）。

（1）定义 N 为数据的副本总数，W 为写操作被确认接受的副本数量，R 为读操作的副本数量。

（2）强一致性：$R+W>N$，以保证对副本的读写操作会产生交集，从而保证可以读取到最新版本；如果 $W=N$，$R=1$，则需要全部更新，适合大量读少量写操作场景下的强一致性；如果 $R=N$，$W=1$，则只更新一个副本，通过读取全部副本来得到最新版本，适合大量写少量读场景下的强一致性。

（3）弱一致性：$R+W<=N$，如果读写操作的副本集合不产生交集，就可能会读到脏数据；适合对一致性要求比较低的场景。

Swift 针对的是读写都比较频繁的场景，所以采用了比较折中的策略，即写操作需要满足至少一半以上成功 $W>N/2$，再保证读操作与写操作的副本集合至少产生一个交集，即 $R+W>N$。Swift 默认配置是 $N=3$，$W=2>N/2$，$R=1$ 或 2，即每个对象会存在 3 个副本，这些副本会尽量被存储在不同区域的节点上；$W=2$ 表示至少需要更新两个副本才算写成功；当 $R=1$ 时意味着某一个读操作成功便立刻返回，此种情况下可能会读取到旧版本（弱一致性模型）；当 $R=2$ 时，需要通过在读操作请求头中增加 x-newest=true 参数来同时读取两个副本的元数据信息，然后比较时间戳来确定哪个是最新版本（强一致性模型）；如果数据出现了不一致，后台服务进程会在一定时间窗口内通过检测和复制协议来完成数据同步，从而保证达到最终一致性，如图 8-15 所示。

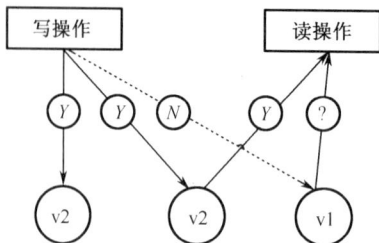

图 8-15　数据一致性模型

2. 一致性散列（Consistent Hashing）

面对海量级别的对象，需要存放在成千上万台服务器和硬盘设备上，首先要解决寻址问题，即如何将对象分布到这些设备地址上。Swift 基于一致性散列技术，通过计算可将对象均匀分布到虚拟空间的虚拟节点上，在增加或删除节点时可大大减少需要移动的数据量；虚拟空间大小通常采用 2 的 n 次幂，便于进行高效的移位操作；然后通过独特的数据结构 Ring（环）再将虚拟节点映射到实际的物理存储设备上，完成寻址过程之间的对象（它们本来映射到 Node4 上）。

如图 8-16 所示，以逆时针方向递增的散列空间有 4 字节长，共 32 位，因此整数范围是 $[0, 2^{32}-1]$；将散列结果右移 m 位，可产生 2^{32-m} 个虚拟节点，例如 $m=29$ 时可产生 8 个虚拟节点。在实际部署的时候需要经过仔细计算得到合适的虚拟节点数，以达到存储空间和工作负载之间的平衡。

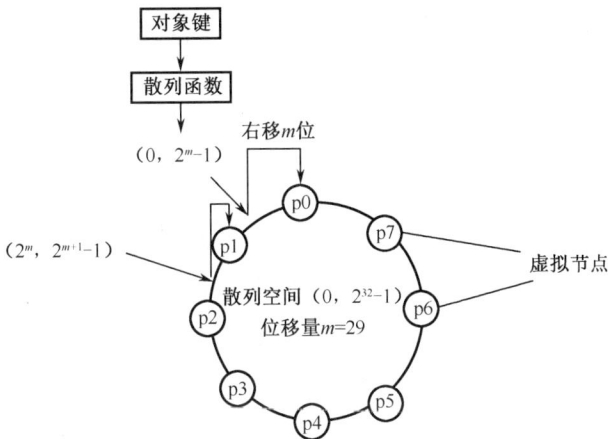

图 8-16　一致性散列

3. 数据模型

Swift 采用层次数据模型，共设三层逻辑结构：Account/Container/Object（即账户/容器/对象），每层节点数均没有限制，可以任意扩展。这里的账户和个人账户不是一个概念，可理解为租户，用来做顶层的隔离机制，可以被多个个人账户共同使用；容器代表封装一组对象，类似文件夹或目录；叶子节点代表对象，由元数据和内容两部分组成，如图 8-17 所示。

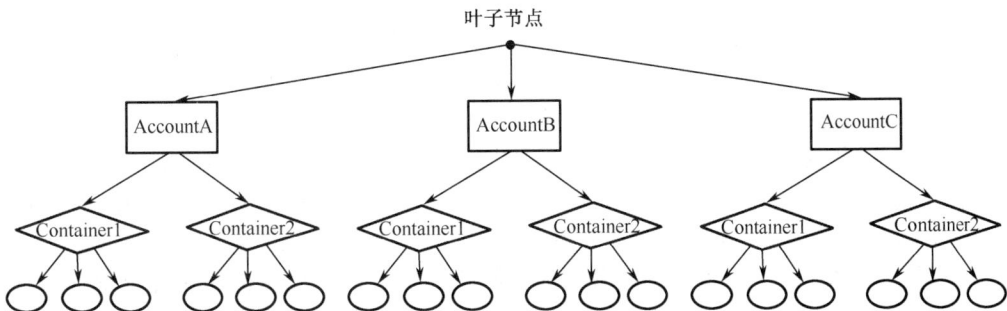

图 8-17　Swift 数据模型

4．环的数据结构

环是为了将虚拟节点（分区）映射到一组物理存储设备上，并提供一定的冗余度而设计的（见图 8-18），其数据结构由以下信息组成。

（1）存储设备列表、设备信息包括唯一标识号（id）、区域号（zone）、权重（weight）、IP 地址（ip）、端口（port）、设备名称（device）、元数据（metadata）。

（2）分区到设备映射关系（replica2part2dev_id 数组）。

（3）计算分区号的位移（part_shift 整数）。

以查找一个对象的计算过程为例：

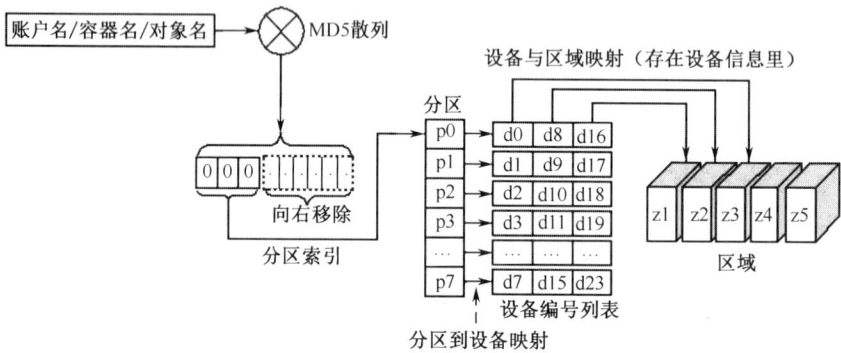

图 8-18　环的数据结构

使用对象的层次结构 account/container/object 作为键，使用 MD5 散列算法得到一个散列值，对该散列值的前 4 字节进行右移操作得到分区索引号，移动位数由上面的 part_shift 设置指定；按照分区索引号在分区的设备映射表（replica2part2dev_id）里查找该对象所在分区对应的所有设备编号，这些设备会被尽量选择部署在不同区域（Zone）内，区域只是个抽象概念，它可以是某台机器，某个机架，甚至某个建筑内的机群，以提供最高级别的冗余性，建议至少部署 5 个区域；权重参数是个相对值，可以根据磁盘的大小来调节，权重越大表示可分配的空间越多，可部署更多的分区。

Swift 为账户、容器和对象分别定义了环，查找账户和容器是同样的过程。

5．Replica

如果集群中的数据在本地节点上只有一份，一旦发生故障就可能会造成数据的永久性丢失。因此，需要有冗余的副本来保证数据安全。Swift 中引入了 Replica 的概念，其默认值为 3，理论依据主要来源于 NWR 策略（也叫 Quorum 协议）[6]。NWR 是一种在分布式存储系统中用于控制一致性级别的策略。在 Amazon 的 Dynamo 云存储系统中，使用了 NWR 来控制一致性。其中，N 代表同一份数据的 Replica 的份数，W 是更新一个数据对象时需要确保成功更新的份数，R 代表读取一个数据需要读取的 Replica 的份数。公式 $W+R>N$，保证某个数据不被两个不同的事务同时读和写，公式 $W>N/2$ 保证两个事务不能并发写某一个数据。在分布式系统中，数据的存储数量不允许单份（也称数据单点），一般存在的 Replica 数量为 1 的情况是非常危险的，因为一旦这个 Replica 出错，就可能发生数据的永久性错误。假如把 N 值设置为 2，那么只要有一个存储节点发生损坏，就会有数据单点的存在，所以 N 必须大于 2。N 越高，系统的维护成本和整体成本就越高，工业界通常把 N 设置为 3（即 3 个副本）。例如，对于 MySQL 主从结构，其 NWR 数值分别是 $N=2$、$W=1$、$R=1$，没有满足 NWR 策略；而 Swift 的 $N=3$、$W=2$、$R=2$，完全符合 NWR 策略，因此 Swift 系统是可靠的，没有单点故障。

6．Zone

如果所有的节点都在一个机架或一个机房中，那么一旦发生断电、网络故障等事故，都将导致用户无法访问，因此需要一种机制对机器的物理位置进行隔离，以满足分区容忍性（CAP 理论中的 P）。Ring 中引入了 Zone 的概念，把集群的节点分配到每个 Zone 中，其中，同一个 Partition 的 Replica 不能同时放在同一个节点上或同一个 Zone 内。注意，Zone 的大小可以根据业务需求和硬件条件自定义，可以是一块磁盘、一台存储服务器，也可以是一个机架甚至一个 IDC。

7．Weight 权重

Ring 引入权重的目的是解决未来添加存储能力更大的节点时，分配到更多的 Partition。例如，2TB 容量的节点的 Partition 数为 1TB 的两倍，那么就可以设置 2TB 的权重为 200，而 1TB 的权重为 100。

8．系统架构

如图 8-19 所示，Swift 采用完全对称、面向资源的分布式系统架构设计，所有组件都可扩展，避免因单点失效而扩散并影响整个系统运转；通信方式采用非阻塞式 I/O 模式，提高了系统吞吐和响应能力。

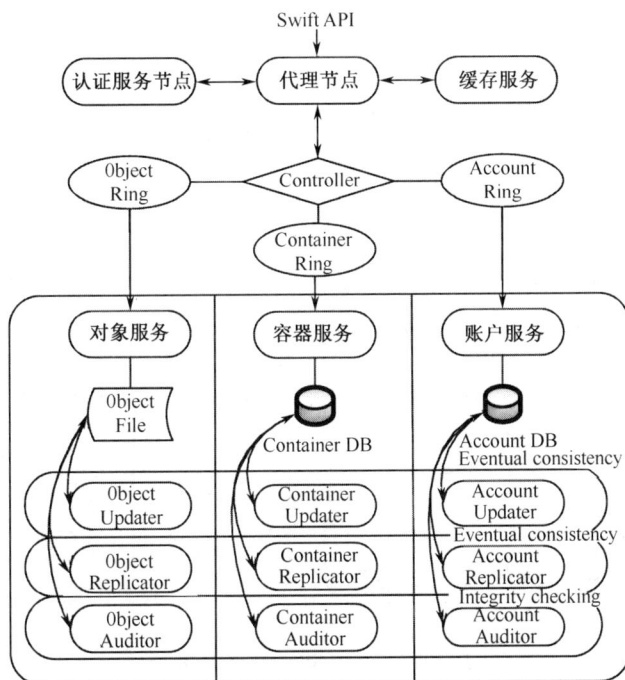

图 8-19　Swift 系统架构

8.3.5 实例分析

图 8-20 是新浪 SAE 在测试环境中部署的 Swift 集群，集群中又分为 4 个 Zone，每个 Zone 是一台存储服务器，每台服务器上由 12 块 2TB 的 SATA 磁盘组成，只有操作系统安装盘需要 RAID，其他盘作为存储节点，不需要 RAID。

前面提到过，Swift 采用完全对称的系统架构，在这个部署案例中得到了很好的体现。图 8-20 中每个存储服务器的角色是完全对等的，系统配置完全一样，均安装了所有 Swift 服务软件包，如 Proxy Server、Container Server 和 Account Server 等。上面的负载均衡（Load Balancer）并不属于 Swift 的软件包，出于安全和性能的考虑，一般会在业务之前挡一层负载均衡设备。当然可以去掉这层代理，让 Proxy Server 直接接收用户的请求，但这可能不太适合在生产环境中使用。

图 8-20 中分别表示了上传文件 PUT 和下载文件 GET 请求的数据流，两个请求操作的是同一个对象。上传文件时，PUT 请求通过负载均衡随机挑选一台 Proxy Server，将请求转发到后者，后者通过查询本地的 Ring 文件，选择 3 个不同 Zone 中的后端来存储这个文件，然后同时将该文件向这三个存储节点发送文件。这个过程需要满足 NWR 策略（Quorum Protocol），即 3 份存储，写成功的份数必须大于 2/3，即必须保证至少两份数据写成功，再给用户返回文件写成功的消息。下载文件时，GET 请求也通过负载均衡随机挑选一台 Proxy Server，后者上的 Ring 文件能查询到这个文件存储在哪三个节点中，然后同时去向后端查询，至少有两个存储节点"表示"可以提供该文件，然后 Proxy Server 从中选择一个节点下载文件。

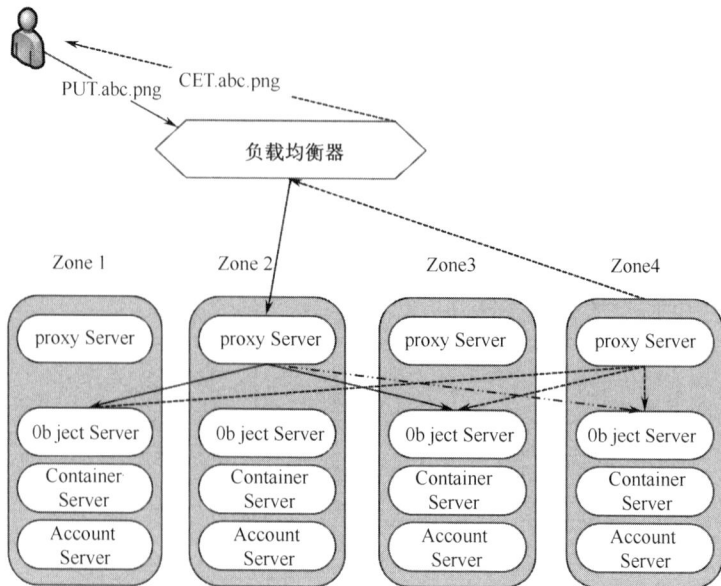

图 8-20　一种 Swift 部署集群

8.4　镜像服务 Glance

Glance 提供了一个虚拟磁盘镜像的目录和存储仓库，并且可以提供对虚拟机镜像的存储和检索。这些磁盘镜像常常广泛应用于 OpenStack Compute 组件之中。它能够以三种形式加以配置：利用 OpenStack 对象存储机制来存储镜像，利用 Amazon 的简单存储解决方案（简称 S3）直接存储信息，或者将 S3 存储与对象存储结合起来，作为 S3 访问的连接器。

OpenStack 镜像服务支持多种虚拟机镜像格式，包括 VMware（VMDK）、Amazon 镜像（AKI、ARI、AMI）以及 VirtualBox 所支持的各种磁盘格式。镜像元数据的容器格式包括 Amazon 的 AKI、ARI 以及 AMI 信息，标准 OVF 格式以及二进制大型数据。

8.4.1　Glance 的作用

Glance 作为 OpenStack 的虚拟机的 Image（镜像）服务，提供了一系列的 REST API，用来管理、查询虚拟机的镜像，它支持多种后端存储介质，例如用本地文件系统作为介质、Swift（OpenStack Object Storage）作为存储介质或者 S3 兼容的 API 作为存储介质。

图 8-21 描述了 Glance 在整个 OpenStack 项目中的角色定位。

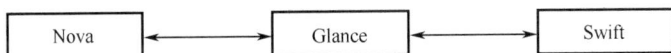

图 8-21　Glance 与 Nova、Swift 的关系

可以看出，通过 Glance，Opentack 的 3 个模块被连接成了一个整体，Glance 为 Nova 提供镜像的查找操作，而 Swift 又为 Glance 提供实际的存储服务，Swift 可以看成 Glacne 存储接口的一个具体实现。

8.4.2　Glance 的组成部分

OpenStack Image Service（Glance）包括两个主要的部分，分别是 API Server 和 Registry Server（s）。Glance 的设计，尽可能适合各种后端仓储和注册数据库方案。API Server（运行"glance-api"程序）起到了通信 Hub 的作用。比如，各种各样的客户程序，镜像元数据的注册，实际包含虚拟机镜像数据的存储系统，都是通过它来进行通信的。API Server 转发客户端的请求到镜像元数据注册处和它的后端仓储。Glance 服务就是通过这些机制保存虚拟机镜像的。

glance-api 主要用来接受各种 API 调用请求，并提供相应的操作。

glacne-registry 用来和 MySQL 数据库进行交互，存储或者获取镜像的元数据。注意，Swift 在自己的 Storage Server 中是不保存元数据的，这里的元数据是指保存在 MySQL 数据库中的关于镜像的一些信息，这个元数据是属于 Glance 的。

OpenStack Image Service 支持的后端仓储如下。

（1）OpenStack Object Storage（Swift）：它是 OpenStack 中高可用的对象存储项目。

（2）FileSystem：OpenStack Image Service 存储虚拟机镜像的默认后端是后端文件系统。这个简单的后端会把镜像文件写到本地文件系统。

（3）S3：该后端允许 OpenStack Image Service 存储虚拟机镜像在 Amazon S3 服务中。

（4）HTTP：OpenStack Image Service 能通过 HTTP 在 Internet 上读取可用的虚拟机镜像。这种存储方式是只读的。

真正去创建一个实例（instance）的操作是由 Computer 完成的，而这个过程中 Computer 组件与 Glance 密不可分，创建一个实例的流程如图 8-22 所示。

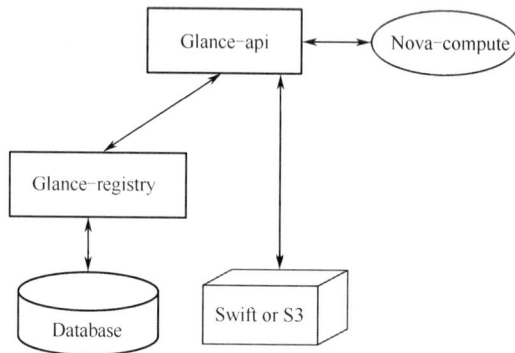

图 8-22　创建一个实例的流程

习题

1．OpenStack 是什么？

2．总结 OpenStack 的主要组件及其功能。

3．请根据学过的知识总结一下各服务模块之间如何协同工作。

4．请通过学过的知识概括一下 OpenStack 与 AWS 的异同。

参考文献

[1]　Rackspace: http://www.rackspace.com/

[2]　NASA: http://www.nasa.gov/

[3]　Openstack: http://www.openstack.org/

[4]　Openswitch: http://openswitch.net/

[5]　Linux bridge: http://sourceforge.net/projects/bridgelinux/

[6]　HDFS:http://hadoop.apache.org/docs/r1.2.1/hdfs_design.html

[7]　熊庭刚，卢正鼎，张家宏，等．基于 Quorum 系统的分布式访问控制框架研究[J]．计算机科学．2010, 37（5）：91-94.

第9章　云计算数据中心

信息服务的集约化、社会化和专业化发展使得因特网上的应用、计算和存储资源向数据中心迁移，商业化的发展促使了承载上万甚至超过 10 万台服务器的大型数据中心的出现。Facebook、谷歌、亚马逊等在多地建立了自己的大规模数据中心，Google 拥有 36 个数据中心超过 90 万台服务器，Facebook 在建第四座数据中心，亚马逊也开始建造第 10 座数据中心，针对成本、环保等问题，这些云计算数据中心在网络架构、绿色节能、自动化管理等方面进行了大胆革新。

9.1　云数据中心的特征

云计算基于互联网的相关服务的增加、使用和交付模式，通常涉及通过互联网来提供动态易扩展且经常是虚拟化的资源。将云计算与数据中心有效结合实现了优势互补。云数据中心应具备以下几个特征。

1．高设备利用率

在云数据中心广泛采用虚拟化技术进行系统和数据中心整合，通过服务器虚拟化、存储虚拟化、网络虚拟化、应用虚拟化等解决方案，可以帮助数据中心减少服务器数量，优化资源利用率、简化管理，从而达到降低成本和能快速响应业务需求的变化等目的。

2．绿色节能

在云数据中心将大量使用节能服务器、节能存储设备和刀片服务器，并通过先进的供电和散热技术，降低数据中心的能耗，实现供电、散热和计算资源的无缝集成和管理。

3．高可用性

云数据中心特别强调系统中各部分的冗余、容错以至容灾设计，使之能保证应用服务的不间断性，满足连续服务要求。当网络扩展或升级时，网络能够正常运行，对网络的性能影响不大。

4．自动化管理

云数据中心应是 24×7 小时无人值守并可远程管理的。数据中心管理人员只要有一个浏览器，就能通过 Internet 实现可视化远程管理，也能进行统一的系统漏洞与补丁管理，主动的性能管理与瓶颈分析、快速的服务器与操作系统部署、系统功率测量与调整。甚至，数据中心的门禁、通风、温度、湿度、电力都能够远程调度与控制。

9.2　云数据中心网络部署

数据中心网络是指数据中心内部通过高速链路和交换机连接大量服务器的网络[1]。数据中心网络利用各类数据在服务器间的组织交互，向用户提供各种高效的信息服务。数据中心网络是数据中心硬件部分的核心基础构成，它的拓扑结构给出了数据中心所有交换机和服务器的连接关系，决定了数据中心的具体组织形式。

目前数据中心网络主要采用三层树形结构[2,3]，采用这种树形结构的数据中心网络建造起来比较方便简单，但不便于拓展和升级。这种结构中的服务器全部集中在边缘层，而且服务器仅与各自的交换机相连，一个核心交换机故障可能导致上千台服务器失效。当网络规模较大时，对顶层网络设备的要求高，而且树形拓扑的网络带宽不足，无法较好地支持以"东西流量"为主的数据中心分布式计算。

为了适应新型应用的需求，数据中心网络需要在低成本的前提下满足高扩展性、低配置开销、健壮性和节能的要求。文献[4]对目前的数据中心网络体系结构做了对比，见表 9-1。

表 9-1　数据中心网络体系结构对比表

网络拓扑	规模	带宽	容错性	扩展性	布线复杂性	成本	兼容性	配置开销	流量隔离	灵活性
FatTree	中	中	中	中	较高	较高	高	较高	无	低
VL2	大	大	中	中	较高	较高	中	较高	无	中
OSA	小	大	差	中	较低	较高	低	中	无	高
WDCN	小	大	较好	中	较低	中	中	中	无	高
DCell	大	较大	较好	较好	高	较高	中	较高	无	较高
FiConn	大	较大	较好	较好	较高	中	中	较高	无	较高
BCube	小	大	好	较好	高	较高	中	较高	无	较高
MDCube	大	大	较好	较好	高	高	中	较高	无	较高

9.2.1　改进型树结构

为了解决传统数据中心树结构上层交换网络存在的单点失效和瓶颈带宽问题，Al-Fares 等人将胖树（FatTree）[5]引入数据中心网络，现在它已成为大型网络普遍采用的网络结构。FatTree 仍然采用三层级联的交换机拓扑结构为服务器之间的通信提供无阻塞网络交换，如图 9-1 所示。如果 FatTree 为一棵 k 叉树，则有 k 个 Pod，每个 Pod 中包含 k 个交换机，其中 $k/2$ 个是接入交换机，$k/2$ 个是汇聚交换机。每个接入交换机有 k 个端口，其中 $k/2$ 个连接到主机端，$k/2$ 个连接到汇聚交换机。同样每个汇聚交换机的 $k/2$ 个端口连接到接入交换机，另外 $k/2$ 个连接到核心交换机，这样就有 $(k/2)^2$ 个核心交换机，每个核心交换机的 k 个端口分别连接到 k 个 Pod 的汇聚交换机。接入交换机和汇聚交换机被划分为不同的集群，如图 9-1 中的虚线部分。在一个集群中，每台接入交换机与每台汇聚交换机都相连，构成一个完全二分图。每个汇聚交换机与某一部分核心交换机连接，使得每个集群与任何一个核心层交换机都相连。FatTree 结构中提供足够多的核心交换机保证 1:1 的网络超额订购率（oversub-scription ratio），提供服务器之间的无阻塞通信。典型 FatTree 拓扑中所有交换机均为 1Gbps 端口的普通商用交换机。

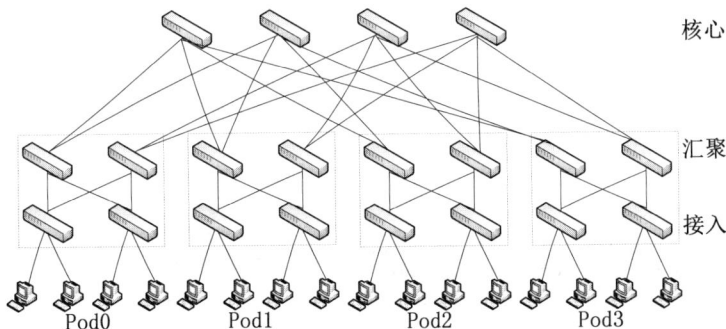

图 9-1　FatTree 网络拓扑结构

为了使 Pod 间的流量尽可能均匀地分布于核心交换机，FatTree 实现了两级路由表以允许两级前缀查询。一些路由表的表项会有个额外的指针到一个二级路由表（suffix,port）项。FatTree 的任意两个不同 Pod 主机之间存在 k 条路径（FatTree 为 k 叉树），从而提供了更多的路径选项，并且可以将流量在这些路径之间进行分散。任意给定 Pod 的低层和高层交换机对位于本 Pod 的任意子网都有终结性表项，在全负载最坏的情况下可以实现约 87% 的聚合带宽。

与传统层次结构相比，FatTree 结构消除了树形结构上层链路对吞吐量的限制，并能为内部节点间通信提供多条并行链路；其横向扩展的尝试降低了构建数据中心网络的成本；同时 FatTree 结构与现有数据中心网络使用的以太网结构和 IP 配置的服务器兼容。但是，FatTree 的扩展性受限于核心交换机端口数量，目前比较常用的是 48 端口 10G 核心交换机，在 3 层树结构中能够支持 27648 台主机。

微软数据中心采用了 VL2[6]架构，VL2 是一套可扩展并十分灵活的网络架构。

（1）扁平寻址，这可以允许服务实例被放置到网络覆盖的任何地方。

（2）负载均衡将流量统一的分配到网络路径。

（3）终端系统的地址解析拓展到巨大的服务器池，并不需要将网络复杂度传递给网络控制平台。

VL2 的核心思想是使用 CLOS 拓扑结构建立扁平的第二层网络。在 VL2 的体系结构中，应用程序使用服务地址通信而底层网络使用位置信息地址进行转发，这使得虚拟机能在网络中任意迁移而影响服务质量。

VL2 仍然采用三层拓扑结构进行交换机级联。但不同的是，VL2 中的各级交换机之间都采用 10Gbps 端口以减小布线开销。VL2 方案中，若干台（通常是 20 台）服务器连接到一个机架交换机，每台接入交换机与两台汇聚交换机相连，每台汇聚交换机与所有核心交换机相连，构成一个完全二分图，形成了大量的可能路径，保证足够高的网络容量，如图 9-2 所示。

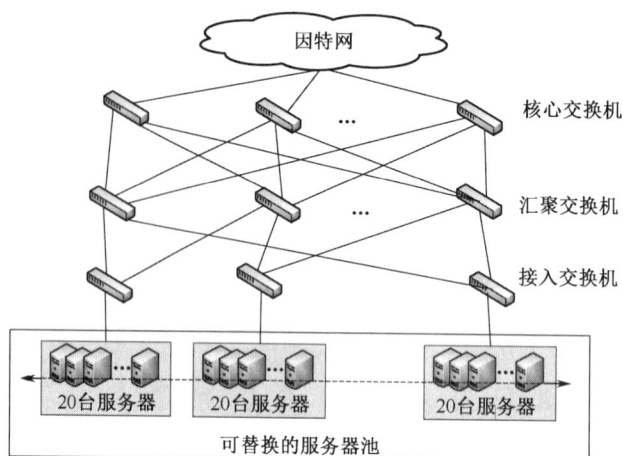

图 9-2　VL2 网络结构

在 VL2 中，通过在网络顶层的一个核心交换机间接转发流量，路由简单且富有弹性，采用一个随机路径到达一个随机核心交换机，然后沿一个随机路径到达目的接入交换机。

在 VL2 中，IP 地址仅仅作为名字使用，没有拓扑含义。VL2 的寻址机制将服务器的名字与其位置分开。VL2 使用可扩展、可靠的目录系统来维持名字和位置间的映射。当服务器发送分组时，服务器上的 VL2 代理开启目录系统以得到实际的目的位置，然后将分组发送到目的地。VL2 是目前最易用于对现有数据中心网络改造的结构，但 VL2 依赖于中心化的基础设施来实现 2 层语义和资源整合，面临单点失效和扩展性问题。

9.2.2　递归层次结构

递归层次结构是解决数据中心网络可拓展性问题的一种较好选择。设计递归层次结构的数据中心网络，主要是设计好最小递归单元的结构和确定好递归规律。在递归层次结构中，每一个高层的网络拓扑都由多个低一层的递归单元按照递归规律相互连接构成，同时也构成了组建更高层级网络拓扑的一个递归单元。当需要增加服务器数量时就提高总的递归层次，此时整个数据中心网络的规模可增长数倍。该结构中的服务器都处于平行或并列的位置。采用这种结构，能够为数据中心网络灵活地添加大量的服务器，而不用改变已经存在的拓扑结构。而且递归层次结构对交换机的性能要求很低，通常只需要采用标准统一且价格低廉的普通商务交换机即可，大大节省了数据中心网络的建造成本。

微软亚洲研究院的郭传雄博士和研究团队发表的关于 DCell[7]的一篇论文，让我们有机会了解了微软的云计算网络架构，随后陆续发表的包括 FiConn[8]、BCube[9]和 MDCube[10]等重量级论文，让我们看到了一个越来越完善的应用在数据中心的网络拓扑结构。

在 DCell 网络的构建过程中，低层网络是基本的构建单元，n 个服务器连接一个具

有 n 个端口的交换机，每个 DCell 中的服务器有 1 个端口连接到交换机，称为 0 层端口，连接到 0 层端口和交换机的链路称为 0 层链路。每个低层网络中的每台服务器分别与其他每个低层网络中的某台服务器相连，因此，构建高层次网络时，需要的低层网络的个数等于每个低层网络中的服务器个数加 1，其拓扑结构如图 9-3 所示。如果将每个低层网络看成一个虚节点，则高层 DCell 网络是由若干个低层 DCell 网络构成的完全图。DCell 拓扑的优势是网络可扩展性好，但其拓扑的层数受限于服务器的端口数。

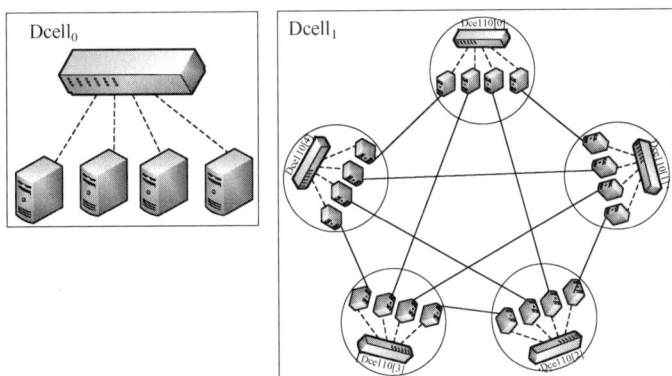

图 9-3　DCell 拓扑结构

FiConn[8]的网络构建方式与 DCell 网络相似，其拓扑结构如图 9-4 所示。但与 DCell 不同的是，FiConn 中的服务器使用两个网卡端口（一个主用端口，一个备用端口），其中主用端口用于连接低层（第 0 层）网络，备用端口用于连接高层网络。

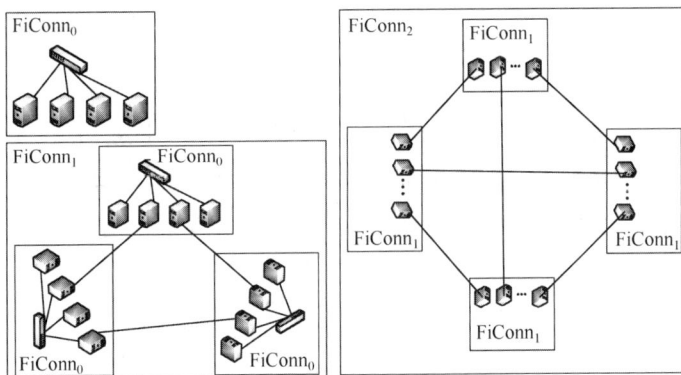

图 9-4　FiConn 拓扑结构

FiConn 是一个递归定义的结构，高层 FiConn 由一些低层 FiConn 构建，Li 等人将 k 层 FiConn 标识为 FiConn$_k$。第 0 层是基本的构建单元，n 个服务器连接一个具有 n 个端口的交换机，每个 FiConn 中的服务器有 1 个端口连接到第 0 层，如果服务器的备用端口没有连接到其他服务器，则称其为备用端口。

在进行层次化网络互连的过程中，每个低层 FiConn 网络中备用端口空闲的一半服务器会与其他相同层次的 FiConn 网络中备用端口空闲的服务器连接，构建高层次的

FiConn 网络。即如果一个 FiConn$_k$ 中共有 b 个服务器拥有可用备用端口，那么在每个 FiConn$_k$ 中，b 个服务器中的 $b/2$ 个拥有备用端口的服务器使用其备用端口连接到其他 FiConn$_k$，这 $b/2$ 个被选择的服务器称为 k 层服务器，k 层服务器上被选择的端口称为 k 层端口，连接 k 层端口的链路称为 k 层链路。与 DCell 类似，如果将 FiConn 看成一个虚拟服务器，那么高层次的 FiConn 网络是由若干个低层次的 FiConn 网络构成的一个完全图。该拓扑方案的优点是不需要对服务器和交换机的硬件做任何修改，但每个 FiConn 对外连接的链路仍然有限，这使用 FiConn 的容错性较弱，且其路径长度较大，路由效率不高。

BCube[9]使用交换机构建层次化网络，网络中主要包括服务器和交换机两种组件。BCube 采用了递归的构建方法，拓扑结构如图 9-5 所示。BCube 第 0 层就是将 n 个服务器连接到一个 n 端口的交换机，然后通过若干台交换机将多个低层 BCube 网络互连起来，其中每个高层交换机与每个低层 BCube 网络都相连。$n=4$，BCube 第 1 层由 4 个 BCube$_0$ 和 4 个 4 端口交换机构成。更一般的情况是，BCube$_k$ 由 n 个 BCube$_{k-1}$ 和 n^k 个 n 端口交换机组成。每个 BCube$_k$ 中的服务器有 $k+1$ 个端口，标记为 level0 到 level$k$。因此，一个 BCube$_k$ 有 $N=n^{k+1}$ 个服务器和 $k+1$ 层交换机，每一层有 n^k 个 n 端口交换机。

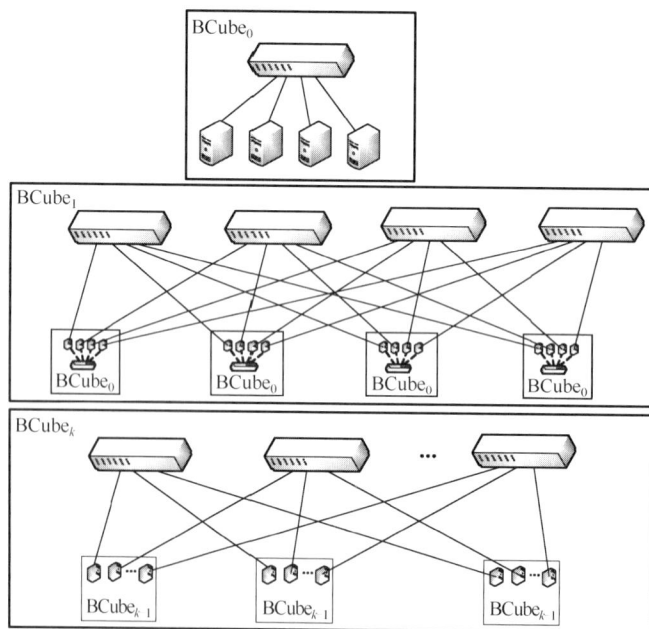

图 9-5　BCube 拓扑结构

BCube 主要为集装箱规模的数据中心设计，采用的服务器为中心的体系结构充分利用了服务器和普通交换机的转发功能，在支持大量服务器的同时降低了构建成本，成为了数据中心网络的重要研究方向。其最大优势是链路资源非常丰富，提供了负载均衡，不会出现明显的瓶颈链路，当发生服务器或者交换机失效时，BCube 可以做到性能的优雅下降，从而维持了服务的可用性。但 BCube 服务器间存在 $k+1$ 条路径，在探测过程会造成较大的通信和计算开销，同时 BCube 要求每个服务器都要有 k+1 个端口，这使得目前的很多现有服务器难以符合其要求，需要进行升级改造。

MDCube[10]使用 BCube 中交换机的高速接口来互连多个 BCube 集装箱。为了支持数百个集装箱，它使用光纤作为高速链路，每个交换机将其高速接口作为其 BCube 集装箱的虚拟接口。因此，如果将每个 BCube 集装箱都当做一个虚拟节点，它将拥有多个虚拟接口。MDCube 是一个多维的拓扑结构，它可以互连的数据中心集装箱的个数是所有维度上可容纳的数据中心个数的乘积。

9.2.3　光交换网络

以前的数据中心，大多数网络数据流量在服务器和用户之间来回传输，但现在，随着 Facebook、谷歌和亚马逊等越来越庞大和复杂的业务出现，数据中心内部和服务器间的数据流量快速增加，传统网络设备无法处理这么多的流量，这些变化使这些网络巨头开始考虑采用可光速传播数据的设备，重新修改网络拓扑。

Helios[11]是谷歌、Facebook 和其他技术巨头资助研发的混合电/光结构网络，它是一个两层的多根树结构，主要应用于集装箱规模的数据中心网络，其拓扑如图 9-6 所示。Helios 将所有的服务器划分为若干集群，每个集群中的服务器连接到接入交换机，每个接入交换机与一个电交换网络和一个光网络连接。电网络是一个 2 层或 3 层的具有特定超额认购比例的树；在光部分，每个接入交换机仅有 1 个连接到其他机架交换机的光链路。该拓扑保证了服务器之间的通信可使用分组链路，也可使用光纤链路。

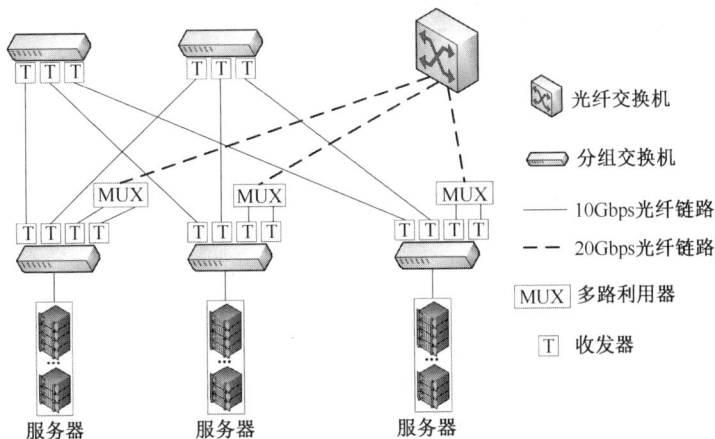

图 9-6　Helios 拓扑结构

一个集中式的拓扑管理程序实时地对网络中各个服务器之间的流量进行监测，并对未来流量需求进行估算。拓扑管理程序会根据估算结果对网络资源进行动态配置，使流量大的数据流使用光纤链路进行传输，流量小的数据流仍然使用分组链路传输，从而实现网络资源的最佳利用。

OSA（optical Switching Architecture）[7]是 Chen 等人提出的基于光交换的数据中心网络体系结构，其体系结构如图 9-7 所示。OSA 的应用场景是集装箱规模的数据中心网络。OSA 中主要引入了光交换矩阵（Optical Switching Matrix，OSM）和波长选择交换机（Wavelength Selective Switch，WSS）作为技术基础。

大部分光交换模块是双向 $N \times N$ 矩阵，任意输入端口可以连接到任意的输出端口。目前流行的 OSM 技术使用 MEMS（Micro-Electro-Mechanical Switch）实现，它可以在 10ms 以内通过机械地调整镜子的微排列来更改输入和输出端口的连接。

一个波长选择交换机 WSS 是一个 $1 \times N$ 交换机，由一个通用和 N 个波长端口组成。它将通用端口进入的波长集合分开在 N 个波长端口，这个过程可以在运行时以毫秒级进行配置。

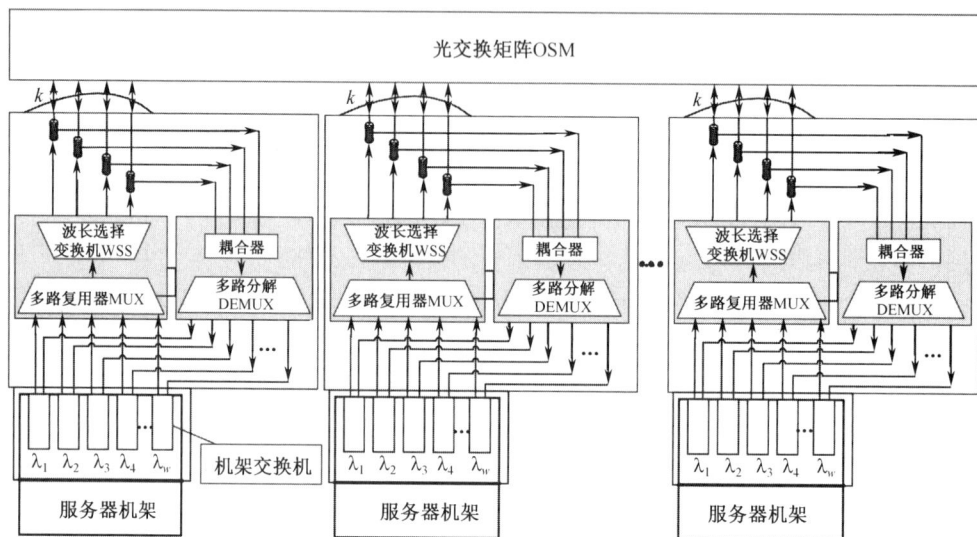

图 9-7　OSA 体系结构

OSA 在网络内部采用了全光信号传输，仅在服务器与机架交换机之间使用电信号传输。OSA 通过光交换机将所有机架交换机连接起来。由于服务器发出的都是电信号，因此 OSA 在机架交换机中放置光收发器（Optical Transceiver），用于光电转换；然后利用波长选择交换机 WSS 将接收到的不同波长映射到不同的出端口；再通过光交换矩阵 OSM 在不同端口之间按需实现光交换。为了更有效地利用光交换机的端口，通过使用光环流器（Optical Circulator）实现在同一条光纤上双向传输数据。

OSA 实现了多跳光信号传输，它使用逐跳交换来达到网络范围的连通性，不过在中间每一跳，都需要进行"光—电—光"的转换，在机架交换机进行交换。OSA 的最大特点是利用光网络配置灵活的特点，能够根据实际需求动态调整拓扑，大大提高了应用的灵活性。

光交换比点交换方式具有潜在的更高的传输速率、更灵活的拓扑结构，并且其制冷成本更低，因而是数据中心网络很重要的研究方向。但由于光交换网络是面向连接的网络，将不可避免引入时延，这将对搜索等对时延要求较高的应用带来影响。另外，目前光交换网络的设计针对集装箱规模的数据中心，其规模有限，如何从体系结构和管理的角度设计和构建大规模数据中心网络是一项很有挑战性的工作。

9.2.4　无线数据中心网络

由于传统数据中心普遍采用以太网静态链路和有线网络接口，大量的高突发流量和高负载服务器会降低数据中心网络的性能，而无线网络的广播机制可以顺利克服这些限制，而且无线网络可以在不必进行重新布线的情况下灵活调整拓扑结构。

2009 年美国微软的 Kandula 指出可以增加新的"飞路"（Flyways）来缓解部分热节点的拥塞状况[12]。Flyways 是利用无线通信技术解决网络中部分节点过热的著名设计方案，它通过在原有网络拓扑中添加一些新的连接来分流过热的交换机之间的数据流，主要思路是运用贪心算法将网络中流量最大的链路分摊至其他可行路径，由此得到效用最高的无线连接方式。Flyways 在很大程度上提高了数据中心的网络流量，缓解了部分节点过热的问题。但是无线网络很难单独满足所有的针对数据中心网络的需求，包括扩展性、高容量和容错等。比如，由于干扰和高传输负载，无线链路的容量经常是受限的。因此，Cui 等人提出了一个异构的以太网/无线体系结构 WDCN[13]，其体系结构如图 9-8 所示。

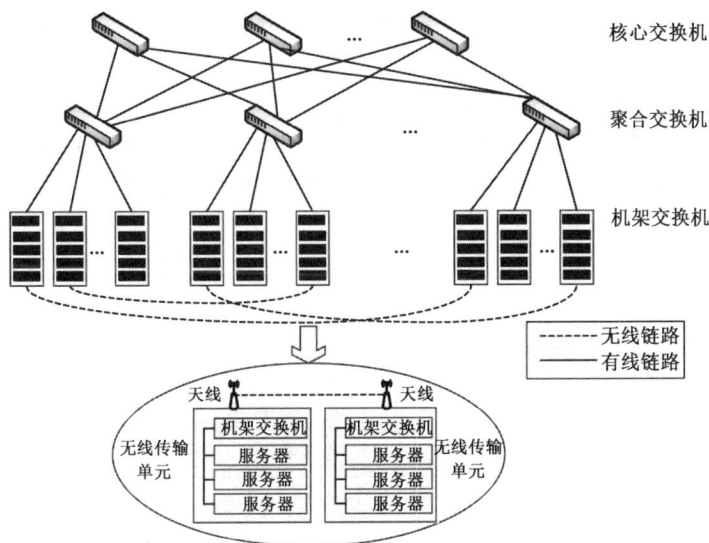

图 9-8　WDCN 体系结构

无线技术可以在不必进行重新布线的情况下灵活调整拓扑，省去了复杂的布线工作，但无线技术在提供足够带宽的前提下，其传输距离是有限的，因而限制了其在大规模数据中心的部署。

9.2.5　软件定义网络

软件定义网络（Software Defined Networking，SDN）[41,44]作为新的网络架构成为最近学术界关注的热点，美国 GENI、Internet2、欧洲 OFELIA 和日本的 JGN2plus 先后展

开对 SDN 的研究和部署。在产业界，以 Nicira（创始人实际为 McKeown 和 Casado 等人，已被 VMware 收购）和 Big Switch 为代表的 SDN 创业公司不断涌现。当前，SDN 相关的工作主要在三个相关组织开展，包括开放网络基金会 ONF（Open Networking Foundation）定义的 OpenFlow 架构、IETF 的 Software DrivenNetwork 架构以及 ETSI 的 Network FunctionVirtualization 架构。

互联网的高速发展可以归结于细腰的 TCP/IP 架构和开放的应用层软件设计，但从网络核心来讲，由于专有的硬件设备和操作系统，网络在很大程度上是封闭的。

SDN 是一种新型的网络技术，它将网络的控制平面与数据转发平面进行分离，网络智能地被抽取到一个集中式的控制器（Controller）中，数据流的接入、路由等都由控制器来控制，而交换机只是按控制器所设定的规则进行数据分组的转发，最终通过开放可编程的软件模式来实现网络的自动化控制功能。SDN 架构主要分为基础设施层、控制层和应用层，如图 9-9 所示。基础设施层表示网络的底层转发设备，包含了特定的转发面抽象（如 OpenFlow 交换机中流表的匹配字段设计）。中间的控制层集中维护网络状态，并通过南向接口（控制和数据平面接口，如 OpenFlow）获取底层基础设施信息，同时为应用层提供可扩展的北向接口。在 SDN 的这种三层架构下，网络的运行维护仅需要通过软件的更新来实现网络功能的升级，网络管理者无须再针对每一个硬件设备进行配置或者等待网络设备厂商硬件的发布，从而加速了网络部署周期。同时，SDN 降低了网络复杂度，使得网络设备从封闭走向开放，底层的网络设备能够专注于数据转发而使功能简化，有效降低网络构建成本。同时 SDN 通过软件来实现集中控制，使得网络具备集中协调点，因而能够通过软件形式达到最优性能，从而加速网络创新周期。

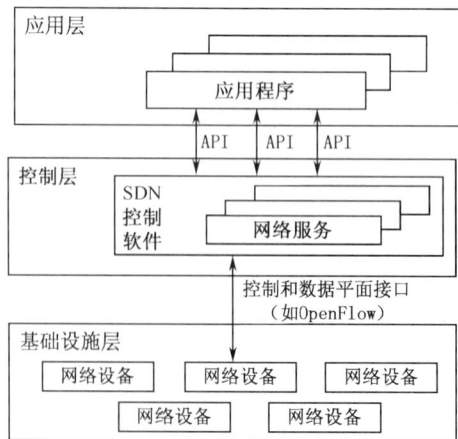

图 9-9　SDN 架构

SDN 将转发平面与控制平面的关系由紧耦合向松耦合演进，控制平面由分布式向集中式演进并开放北向接口，转发平面由特定硬件转发行为向可被定义的灵活硬件转发行为演进。目前，OpenFlow 以其良好的灵活性、规范性已被看成 SDN 通信协议事实上的标准，类似于 TCP/IP 作为互联网的通信标准。Open Flow 起源于斯坦福大学的 Clean Slate 计划（Clean Slate 计划是一个致力于研究重新设计互联网的项目），在 2008 年开始发布并进行推广。其研发成员组成由最开始的斯坦福大学高性能网络研究组（The High Performance Networking Group），逐渐扩展为许多学术界顶尖机构，如 MIT、加利福尼亚大学伯克利分校等，还有工业界的领头企业，如 Cisco、Juniper 等。

OpenFlow 是第一个针对 SDN 实现的标准接口，包括数据层与控制层之间的传输协议、控制器上的 API 等。OpenFlow 的基本思想是将路由器的控制平面和数据平面相分离，将控制功能从网络设备中分离出来，在网络设备上维护流表结构，数据分组按照流表进行转发，而流表的生成、维护、配置则由中央控制器来管理。OpenFlow 的流表结构将网络处理层次扁平化，使得网络数据的处理满足细粒度的处理要求。在这种控制转发分离架构下，网络的逻辑控制功能和高层策略可以通过中央控制器灵活地进行动态管理和配置，可在不影响传统网络正常流量的情况下，在现有的网络中实现和部署新型网络架构。

OpenFlow 主要由 OpenFlow 交换机、控制器两部分组成。OpenFlow 交换机负责数据转发功能，主要技术细节由三部分组成：流表（Flow Table）、安全信道（Secure Channel）和 OpenFlow 协议（OpenFlow Protocol），如图 9-10 所示。每个 OpenFlow 交换机的处理单元由流表构成，每个流表由许多流表项组成，流表项则代表转发规则。进入交换机的数据包通过查询流表来取得对应的操作。安全通道是连接 OpenFlow 交换机和控制器的接口，控制器通过这个接口，按照 OpenFlow 协议规定的格式来配置和管理 OpenFlow 交换机。在控制器中，网络操作系统（Network Operating System， NOS）实现控制逻辑功能，实际上，这里的 NOS 指的是 SDN 概念中的控制软件，通过在 NOS 上运行不同的应用程序能够实现不同的逻辑管控功能。目前 NOX 控制器成为 OpenFlow 网络控制器平台实现的基础和模板。NOX 通过维护网络视图（Network View）来维护整个网络的基本信息，如拓扑、网络单元和提供的服务，运行在 NOX 之上的应用程序通过调用网络视图中的全局数据，进而操作 OpenFlow 交换机来对整个网络进行管理和控制。

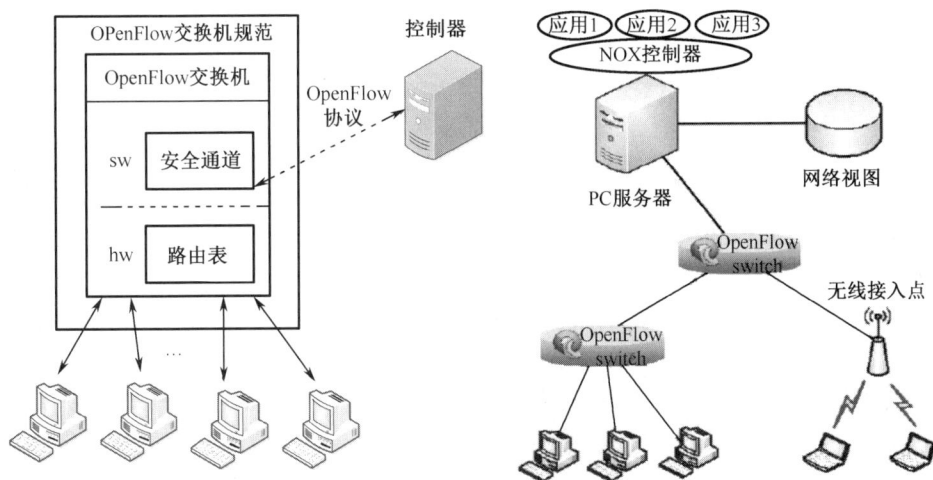

图 9-10　OpenFlow 交换机及网络

目前，包括 Juniper、HP、IBM、Cisco、NEC 以及国内的华为和中兴等传统网络设备制造商都已纷纷加入 OpenFlow 的阵营，先后发布了支持 OpenFlow 的 SDN 硬件，并在 SDN 研究领域进行了相关部署。Cisco 在 Cisco Live 2012 上宣布了其开放网络环境（Open Network Environment，Cisco ONE）计划，涵盖了从传输到管理和协调的整套解决方案，并补充了当前的软件定义方法。Google 在其广域网数据中心已经大规模使用基于 OpenFlow 的 SDN 技术，通过 10G 网络链接分布全球的 12 个数据中心，实现了数据中心的流量工程和实时管控功能，使其数据中心的核心网络带宽利用率提高到了 100%，谷歌将自己的 SDN 网络命名为为 B4[43]，其网络结构图如图 9-11 所示。

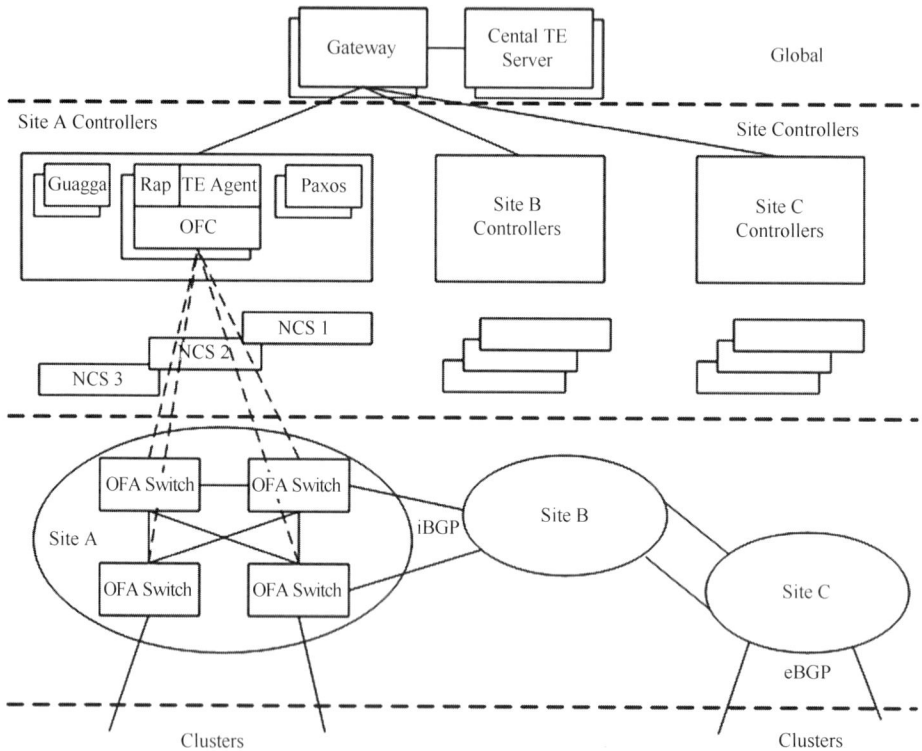

图 9-11 B4 SDN 网络架构图

网络共分为三层：物理设备层（Switch Hardware）、局部网络控制层（Site Controllers）和全局控制层（Global）。一个 Site 就是一个数据中心。第一层的物理交换机是 Google 自行设计的，交换机里运行了 OpenFlow 协议，向上提供 OpenFlow 接口，交换机把 BGP/IS-IS 协议报文送到 Controller 供其处理。OSFP、BGP、ISIS 路由协议来自于开源的 Quagga 协议栈。第二层部署了几套网络控制器服务器（NCS），每个服务器上都运行了一个 Controller，一台交换机可以连接到多个 Controller，但其中只有一个处于工作状态。一个 Controller 可以控制多台交换机，一个名叫 Paxos 的程序用来选出工作状态的 Controller。在 Controller 上运行了两上应用，一个是 RRP（Routing Application Proxy）作为 SDN 应用与 Quagga 通信，另一个是 TE Agent 与全局的 SDN 网关

（Gateway）通信。第三层中全局的 TE Server 通过 SDN 网关从各个数据中心的控制器收集链路信息，从而掌握路径信息。

经过上述改造之后，链路带宽利用率提高了 3 倍以上，接近 100%，链路成本大大降低，而且网络更稳定，对路径失效的反应更快，大大简化了管理，也不再需要交换机使用大的包缓存，降低了对交换机的要求。Google 这个基于 SDN 的网络改造项目影响非常大，对 SDN 的推广有着良好的示范作用。

9.3　绿色节能技术

云计算基础设施中包括数以万计的计算机，伴随着云计算应用规模的扩大，云计算数据中心的耗能越来越大，已经成为日益严重的问题。Gartner 的调查显示，2012 年全球数据中心耗能达 7203 亿千瓦时，这个数据相当于全球发电量的 2%，折合成标准煤消耗约合 2.6 亿吨。早在 2010 年，Google 公司云数据中心就排放了 146 万吨的 CO_2，100 条搜索的用电量相当于 60W 灯泡持续亮 28 分钟。因此，解决云计算数据中心的高能耗问题已经成为一个环境问题，构建绿色节能的云计算数据中心也成为一个重要的研究热点。

针对云计算数据中心的特点，我们从数据中心的配电系统、空调系统、管理系统的节能策略和算法，以及新能源应用等方面分析云计算数据中心的节能技术，并对典型的绿色节能云计算数据中心进行介绍。

9.3.1　配电系统节能技术

电力是数据中心的驱动力，稳定可靠的配电系统是保障数据中心持续运转的最重要的因素。在传统数据中心里，为了保证网络、服务器等设备稳定运行，通常使用 UPS（Un-interruptible Power Supply）系统稳定供电，在外部供电线路出现异常时，使用电池系统过渡到后备的油机发电系统，实现数据中心的可靠性和稳定性。

但是，传统的 UPS 不间断供电系统也存在着一些问题。

（1）典型的 UPS 系统需要将 380V 的市电经过整流逆变两个环节转换成标准的 220V 交流电，给服务器机架电源模块使用，服务器电源再经过电压转换输出 12V 直流电供给主板使用，转换级数过多，结构复杂。同时，为了避免 UPS 形成单点故障，数据中心通常采用多台 UPS 并机甚至进行 1:1 备份，这也使得数据中心的供电架构变得复杂且难以维护。

（2）由于 UPS 系统进行了多级转换，因此其自身也消耗了大量的电能。据实验分析，在实验室环境和理想负载情况下，UPS 的最高效率能达到 95%，但考虑到实际运行时的设备安全负载区间、市电波动影响和负载特性等因素，通常会增加一个供电系统安全系数，绝大部分 UPS 的单台负载通常控制在 20%～40%，UPS 的效率一般不高于90%，也就是说 UPS 的电力损耗在 10%以上。不仅如此，UPS 自身所带来的热量还会进一步增加空调系统的负载。

综合考虑 UPS 系统自身的效率和服务器自身的电源模块效率，传统数据中心配电系统的效率一般低于 77%，因此云计算数据中心如何改善配电系统的效率成为一个重要的问题。目前常见的两个方案是高压直流配电和市电直供配电。

1. 高压直流配电技术

随着将交流电（如 AC380V）直接转换成 240V 直流电源（即高压直流 UPS）技术的出现，目前一些数据中心开始采用 240V 直流供电架构。由于绝大多数服务器电源模块能够兼容 220V 交流和 240V 直流，因此现存服务器节点无须任何修改即可支持。直流电源一般采用模块化设计，而且蓄电池直接挂 240V 直流母线连接服务器电源无须逆变环节，可靠性也高于交流 UPS。另外，240V 直流 UPS 在转换级数上比交流 UPS 少一级，因此实际运行效率通常在 92%以上，再综合 240V 到 12V 的直流电压转换，整个配电系统的效率可以提高到约 81%。

除此以外，还有一种更加优化的高压直流供电架构。该架构仍然使用 240V 直流 UPS 系统，但是将每台服务器节点自身的交流电源模块去除，采用机架集中式电源 PSU（Power Supply Unit）供电。机架式电源能够将 240V 直流电直接转化为 12V 直流电，并直接连接至服务器主板。另外，机架电源采用热插拔模块设计，可维护性和更换效率得到提高。机架式电源将传统的集中供电分散到每个机架，可靠性较传统 UPS 有很大提高，能够更好地适应云计算业务场景。这种架构的配电原理如图 9-12 所示，由于去除了服务器节点的交流电源系统，因而在效率方面有了更大的提升，在实际测试中，这种配电系统的效率可以提高到 85.5%左右。

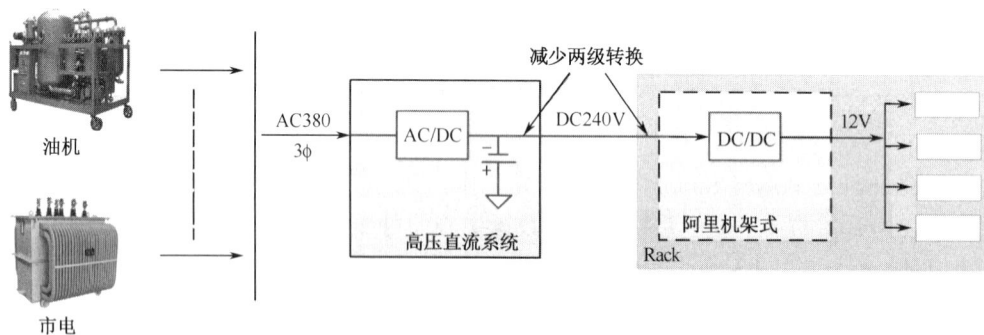

图 9-12　高压直流供电+机架式 PSU

2. 市电直供配电技术

除了高压直流配电技术，另一种得到应用的高效节能配电技术是市电直供配电技术。例如，Google 在某数据中心取消 UPS 系统，使用市电直连服务器，服务器内置 12V 电池以支撑到油机启动，避免服务器断电；Facebook 使用一路市电直供服务器，一路 48V 直流电源作为备份电源。这些架构能够将配电系统的损耗进一步降低，国外的互联网公司对此进行了大量的研究与实践，从国内来看，阿里巴巴也借鉴这种先进的市电直供配电架构，在其数据中心里进行了成功的实践[16]，如图 9-13 所示。

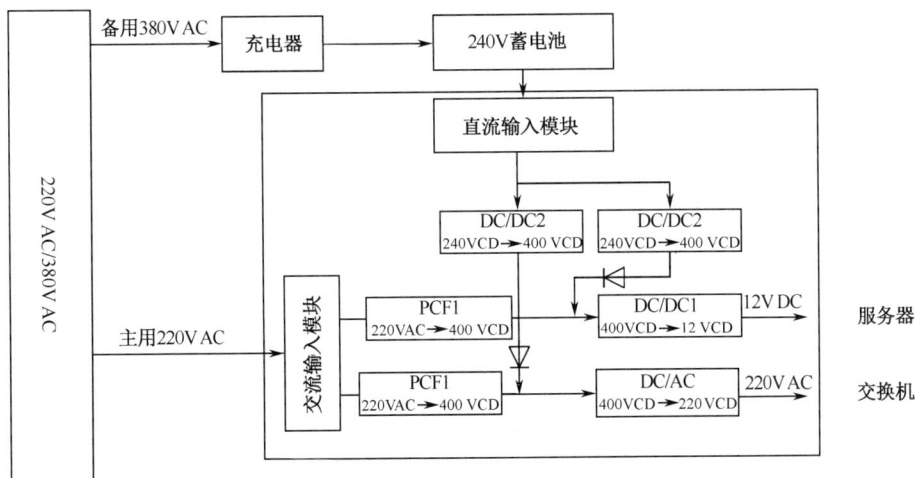

图 9-13　市电供电电源与高压直流充电后备系统

在市电正常时，交流输入模块经过一级直流 PFC 电路将 220V 交流电升高到 400V 的直流电，再经过降压变换电路将 400V 的直流转换成 12V 的直流供给服务器主板，逆变模块将 400V 直流转换为 220V 交流供给交换机使用。在市电异常时，由 240V 的蓄电池供电，直流输入模块经过一级升压电路将 240V 直流升至 400V 直流，再经过降压变换电路将 400V 的直流转换成 12V 的直流供给服务器主板，逆变模块将 400V 直流转换为 220V 交流供给交换机使用。当市电恢复正常或油机启动后电源会自动由蓄电池直流供电切换到交流供电状态，切换由电源模块自身完成，整个过程无缝切换保证了输出不间断。

市电直供电源保留了机架式电源支持热插拔的模块化设计，也采用机架分散供电的方式，同样适合云数据中心的特点，即模块化扩容、高效率、高可用性和高可维护性。采用市电直供方案，其最大的特点在于最大化减少配电系统的转换环节，从市电到服务器 12V 主板只经过两级电路转换，整个配电系统的综合效率能够达到 92% 左右，与传统数据中心配电和高压直流配电技术相比，具有较为明显的优势。

9.3.2　空调系统节能技术

在数据中心运行过程中，服务器节点、网络设备、办公环境等时刻产生着热量，如果不能及时散发热量，数据中心将无法运行。数据中心常见的散热环节如图 9-14 所示。

空调系统是目前大部分数据中心必须具备的基础设施，它能够保证数据中心具备合适的温湿度，从而保障数据中心 IT 设施平稳运行，避免发生故障或损坏设备。同时，由于空调系统自身也需要消耗电力，因此如何提高空调系统运行效率，甚至如何使用自然冷空调系统，成为数据中心节能方面一个热点话题。

在传统数据中心里，空调系统主要针对机房内整体温湿度控制需求，基本方法是先冷却机房环境再冷却 IT 设备。机房空调的设计流程一般是先核算机房内的建筑负载和 IT 设备负载，选择机房的温湿度指标，然后再根据机房的状况，匹配一定的气流组织方式（如风道上送风、地板下送风等）。机房专用空调设备一般会集成制冷系统、加湿系统、除湿系统、电加热系统，同时辅助以复杂的逻辑和控制系统。传统数据中心空调系统效率通常较低，采用指标能效利用系数 PUE（Power Usage Effectiveness，PUE=1+（配电损耗+空调功耗+其他损耗）/IT 功耗）核算，PUE 一般在 2.0 以上，除了使用传统 UPS 损耗和散热影响外，空调系统就是主要的原因，主要体现在数据中心中冷热通道不分、机架密封不严密造成的冷热混流、过度制冷、空调能效比不高、空调气流组织不佳等。

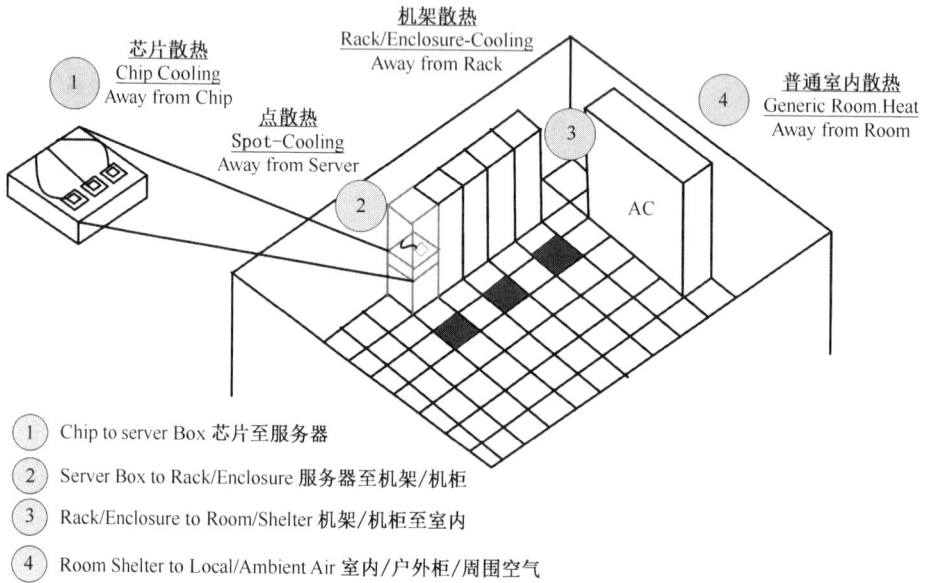

图 9-14　数据中心 IT 设备散热环节

　　与传统数据中心不同，云计算数据中心空调系统的核心理念是注重 IT 设备的温湿度要求，高效解决区域化的制冷，是机架级别甚至是 IT 设备级别的制冷解决方案，而非着眼机房环境温湿度控制。在云计算时代，IT 设备在适应温湿度方面变得更强壮，目前的通用服务器设计标准为 35℃进风温度，某些服务器还针对高温以及较差环境下进行优化设计，在 40℃～45℃进风温度下能运行数小时，被称为高温服务器。

　　IT 设备的优化工作直接导致了数据中心空调温湿度标准的改变。ASHRAE （美国暖通空调协会）在其 2008 年版标准中，数据中心的温湿度推荐标准：温度范围为 18℃～27℃，湿度范围为 40RH%～70RH%；而在 2011 年的推荐标准中，温度范围扩展为 10℃～35℃，湿度范围扩大到 20 RH%～80RH%。

　　高温服务器的出现使得云计算数据中心空调系统方案得到了革新，从而取得了更好的能效比。具体而言，这些节能措施包括高温回风空调系统、低能耗加湿系统和自然冷空调系统等。

1. 高温回风空调系统

根据不同出水温度下的制冷和能耗，对应的出水温度（即空调回风温度）提高 1℃，空调系统约节能 3%。目前的云计算数据中心中，冷冻水空调设计已经从常规的 7℃供水 12°C 回水温度提高到 10°C 供水 15℃回水温度，甚至更高，对应的冷通道温度或者服务器进风温度在 23℃～27℃，空调系统节能明显。

高送风回风温度的空调系统常见的气流组织方案是冷热通道密封，对机架用盲板密封空余处，避免冷热混合，提高回风温度，节能降耗。冷热密封通道方案主要解决小于 8kW/rack 的机架散热，对于功耗较大的机架，控制局部空间的温湿度的区域精确制冷的空调系统是合适选择。如安装在机架背面的水冷板，可直接冷却服务器设备高达 35℃～40℃的热出风；位于机架列之间水平送风或者安装在机架上部向下送风的机架式精密空调系统，解决区域 10～30kW 的机架散热；甚至出现了针对芯片级别的解决方案，使用热管换热器或者相变制冷系统直接冷却核心发热元器件。

2. 低能耗加湿系统

云计算数据中心中另一个典型应用是湿膜加湿系统或水喷雾系统，该系统将纯净的水直接喷洒在多孔介质或者空气中，形成颗粒极小的水雾，由送风气流送出。整个加湿过程无需电能加热水，仅需水泵和风机能耗，取代了传统的将水加热成蒸汽、电能耗较大的红外加湿系统或电极式加湿器系统。以加湿 10kg 水蒸气为例，湿膜加湿系统仅需要耗能 0.6～0.8kW·h，而采用红外加湿或电极加热系统需要耗能 8～12kW·h。

3. 自然冷空调系统

随着数据中心温湿度标准的放宽，数据中心直接引入经过滤处理的室外低温新风或使用室外低温冷水换热变得可能。使用室外自然冷风直接带走机房的 IT 设备的散热，减少了机械制冷系统中最大的压缩耗能环节，压缩机制冷系统的 EER（制冷量/制冷电能耗）由 2～3.5 提高到 10～15，节能空间巨大。

在不适合新风自然冷区域，如果有较丰富的低温自然水资源，或者使用冷却塔提供低温冷却水，水自然冷系统也是很好的选择。水自然冷系统通过水泵驱动室外冷水循环，并将冷水通过板式换热器与机房内气流进行隔离换热，再由室内冷风冷却机房内的 IT 设备。不过水自然冷空调系统的能效比 EER 为 6～8，节能效果低于直接引入新风的自然冷空调系统。

新风自然冷空调系统是将外面的空气经过滤处理后直接引入机房内以冷却 IT 设备。新风自然冷系统有着若干关键设计，以图 9-15 中经典的 Facebook 在美国自建的新风自然冷系统为例，有以下关键设计。

（1）低温和降温风系统：选择具有较长时间低于 IT 设备进风温度要求（如 27℃）的地区，以含较少硫氮化合物的空气为佳，使用送风系统送风至数据中心内。在温度较高的季节，可以使用水喷淋蒸发降温或者机械压缩制冷系统来降温；在室外低温季节，直接将室外新风引入机房，可能引起机房凝露，因此系统会将部分回风混合进入的低温新风，保证送风温度符合 IT 设备的需求，避免凝露。

（2）新风过滤系统：在室外进风口处使用防雨百叶，并使用可经常更换维护的粗效过滤器，除掉较大污染物颗粒，在新风与回风混合之后，使用中效和亚高效滤网二次过滤，以保证进入数据中心的空气达到相关的洁净度要求。

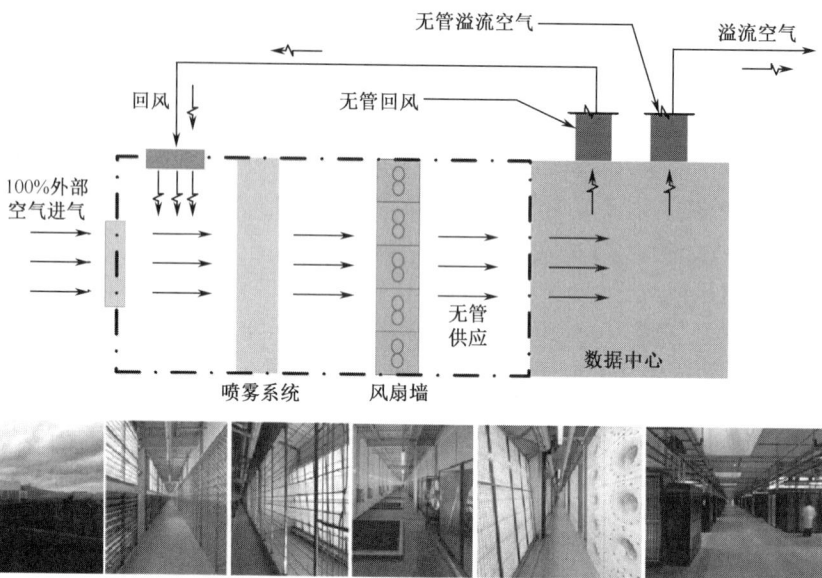

图 9-15　FACEBOOK 新风自然冷空调系统　（PUE=1.07，空调 EER 约为 15）

（3）气流组织：新风送风系统一般会选择高效气流组织设计，如地板下送风、冷热通道密封等隔绝冷热气流的措施。不同于常规数据中心的是，新风自然冷系统中，热风需要排放室外或部分回风需要返回新风入口处，排风和部分回风系统需要做好匹配，保证机房整个静压，避免回风倒流入机房。

（4）智能控制：新风自然冷系统其本身也相当于智能的机房恒温恒湿空调，而且更复杂，涵盖了温湿度、压力、风量等参数探测，运动部件驱动，阀门切换和各种逻辑编程等。这个系统的一些关键部分在于监控室外温湿度进行逻辑判断是否可使用，控制阀门调节新风进入量、回风混合量、排风量，根据送风的温湿度调整喷淋水量和风机转速，还要考虑室内静压情况调整送风排风量等。

9.3.3　集装箱数据中心节能技术

数据中心模块化是近年来云计算数据中心设计的热点，集装箱数据中心（Container DC）就是一个典型的案例。所谓集装箱式数据中心，就是将数据中心的服务器设备、网络设备、空调设备、供电设备等高密度地装入固定尺寸的集装箱中，使其成为数据中心的标准构建模块，进而通过若干集装箱模块网络和电力的互连互通构建完整的数据中心。目前，集装箱数据中心已经得到了广泛的运用，例如 Microsoft 芝加哥数据中心、Google 俄勒冈州 Dalles 数据中心、Amazon 俄勒冈州 Perdix 数据中心等均采用了集装箱数据中心模块化技术；相关的集装箱数据中心模块化产品解决方案也层出不穷，例如微软拖车式集装箱数据中心、Active Power 集装箱数据中心、SGI ICE Cube、惠普"金刚"集装箱数据中心、浪潮云海集装箱数据中心 SmartCloud、华为赛门铁克 Oceanspace DCS、曙光 CloudBase、世纪互联云立方等。图 9-16 给出了一个集装箱数据中心模块的内部组成结构，图 9-17 给出了一个基于集装箱数据中心模块构建云数据中心的部署示意图。

图 9-16　集装箱数据中心模块内部结构

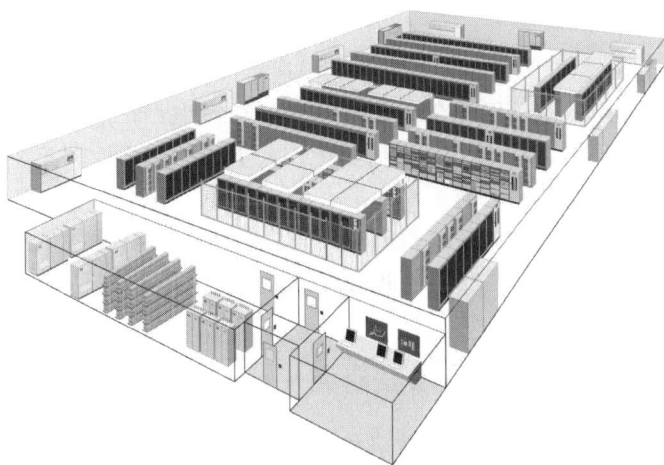

图 9-17　集装箱式数据中心部署示意图

集装箱数据中心的主要特点包括以下几个方面。

（1）高密度。集装箱数据中心模块可容纳高密度计算设备，相同空间内可容纳六倍于传统数据中心的机柜数量。例如，华为赛门铁克 Oceanspace DCS 在其 13.5 平方米的内部空间中可以放置 600 个 CPU、2880GB 内存的服务器以及 1824TB 的存储系统，SGI 的 40 英尺集装箱式数据中心模块最多能够支持 46080 个处理器核。

（2）模块化。传统数据中心的设计支离破碎，因为不同的设备（例如服务器、配电系统以及供暖、通风和空调设备等）在设计时都要考虑到最坏情况，所以在设计余量中存在着严重的成本浪费。集装箱数据中心将有利于数据中心的模块化，可以建立一个最优的数据中心生态系统，具有恰如所需的供电、冷却和计算能力等。

（3）按需快速部署。集装箱数据中心不需要企业再经过空间租用、土地申请、机房建设、硬件部署等周期，可大大缩短部署周期。以往传统数据中心至少两年才能完成的事情，HP、SUN 可做到"美国 6 周、全球 12 周"交货，世纪互联也可做到"国内 1.5个月"供货的快速反应，为企业快速增加存储和计算能力。

（4）移动便携。集装箱数据中心的安装非常容易，只需要提供电源连接、水源连接（用于冷却）和数据连接即可。利用集装箱数据中心可移动性的特点，可以灵活机动地放到一个搞大型活动的区域，活动结束后还可以移动到其他地区继续使用。

从绿色节能的角度看，集装箱数据中心也采用了诸多良好的设计提高数据中心的能效比。

（1）缩短送风距离。由于集装箱空间较为密闭，因此可以将空调盘管安装到服务器顶部，缩短送风距离，减少了送风过程中的冷量损失。

（2）提高冷通道温度。将冷通道温度提高（如 24℃）后，可升高盘管供/回水温度，减少压缩机工作时间，提高冷水机组工作效率，达到节能环保的效果。

（3）冷/热通道完全隔离。隔离冷/热通道，可以防止冷热空气混合，增大进出风温差，从而提高盘管制冷能力。

（4）隔热保温材料。在集装箱内外涂隔热保温涂料，可以做到冬季不结露，夏季冷量不外泄。

（5）Free Cooling 功能。集装箱数据中心模块可以使用 Free Cooling，减少压缩机工作时间，提高能源利用效率。例如在北京，每年有 4 个月时间可以使用 Free Cooling。

除此以外，由于集装箱数据中心不需要工作人员进驻办公，因此在正常运转过程中可以完全关闭照明电源，从而节省了电力。

在采用各种节能设计后，集装箱数据中心模块能够取得较好的 PUE。例如，SGI 的集装箱式数据中心模块的 PUE 最低可以达到 1.05，华为赛门铁克 OceanSpace DCS 的PUE 也能够达到 1.25 左右。

9.3.4 数据中心节能策略和算法研究

目前常见的云计算数据中心节能策略和算法可以从功率管理和降低能耗两个角度进行分类。从功率管理来看，主要可以分为动态功率管理（Dynamic Power Management,DPM）技术和静态功率管理（Static Power Management, SPM）技术；按照降低能耗阶段的不同，可以分为关闭/开启技术（Resource Hibernation）、动态电压/频率调整（Dynamic Voltage & Frequency Scaling, DVFS）技术[14]以及虚拟机技术三类，其中关闭/开启技术主要降低空闲能耗，后两者则注重降低运行时能耗。DPM 的主要前提是数据中心所面临的负载随时间动态变化，它允许根据负载对功率进行动态调整，常见的技术主要有 DVFS 和虚拟化。SPM 则主要利用高效硬件设备（如 CPU、硬盘、网络、UPS和能源提供设备等），通过设备结构的改变来降低能耗。

下面，我们基于相关研究[15, 16]对目前常见的云计算节能技术进行介绍。

1．DVFS 节能技术

DVFS 是常用的控制 CPU 能耗的节能技术之一，其主要思想是：当 CPU 未被完全利用时，通过降低 CPU 的供电电压和时钟频率主动降低 CPU 性能，这样可以带来立方数量级的动态能耗降低，并且不会对性能产生影响。

文献[17]在实时云计算虚拟化服务环境中提出了三种基于 DVFS 的能量感知虚拟机提供策略，用户将服务提交到虚拟机后，服务提供者能够利用不同的应用场景，利用不同策略提供虚拟机以减少能耗。文献[18]基于 DVFS 技术提出了一种启发式调度算法，用来降低并行任务在集群环境中执行产生的能耗。该算法针对并行任务图中非关键路径上的任务，在不影响整个任务完成时间的前提下，降低非关键任务所调度 CPU 的电压来降低能耗。文献[19]提出了集群环境中基于能量感知的任务调度算法，提出通过控制适当的电压来减少能耗。文献[20]针对嵌入式多处理器系统，提出了基于能耗感知的启发式任务调度算法 EGMS 和 EGMSIV，算法综合考虑了任务调度顺序和电压的动态调整，并利用能耗梯度作为任务调度的评价指标。

文献[21]研究了具有 DVS 能力的多处理器平台中周期性抢占式硬件实时任务的能量最小化问题，采用分段调度机制为每个任务分配一个静态优先级，一旦任务分配给处理器，就启动处理器速率分配机制，降低能耗，并保持灵活性。

DVFS 的目的在于降低执行能耗，由于 CMOS 电路动态功率中功率与电压频率成正比，降低 CPU 电压或频率可以降低 CPU 的执行功率。但是，这类方法的缺点在于降低 CPU 的电压或频率之后，CPU 的性能也会随之降低[7]。

2．基于虚拟化的节能技术

虚拟化是云计算中的关键技术之一，它允许在一个主机上创建多个虚拟机，因此减少了硬件资源的使用数量，改进了资源利用率。虚拟化不仅可以使得共享相同计算节点的应用之间实现性能的隔离，而且还可以利用动态或离线迁移技术实现虚拟机在节点之间的迁移，进而实现节点的动态负载合并，从而转换闲置节点为节能模式。

文献[22]将能耗管理技术与虚拟化技术结合起来，为云计算数据中心开发了一种能耗优化管理方法 VirtualPower。该方法支持虚拟机独立运行自身的能耗控制方法，并能合理协调不同虚拟化平台之间以及同一虚拟化平台上不同虚拟机之间的能耗控制请求，实现对能耗的整体优化。文献[23]使用约束满足问题对虚拟机部署进行建模，约束条件为用户的服务等级协议，以达到最大化节省能量的目的。实现思想是最大化空闲物理机数，通过关闭空闲物理主机来节省能量。文献[24]通过将云计算环境中的虚拟资源分配问题形式化为一个路径构建问题，提出了一种高能效的分配策略 EEVARS，策略使用受限精华策略的蚁群系统生成优化的资源分配方案，降低了服务器的使用数量及系统能耗。

以上方法均通过减少服务器数量达成节能目标。文献[25]提出将虚拟机的动态迁移与关闭空闲节点相结合的方式，提高物理资源的利用率，平衡电量和性能间的需求。文章提出了动态虚拟机再分配机制，将资源利用率进行排序，然后将资源利用率较小的物理主机上的虚拟机以最小电量增加原则迁移出去，将空闲的物理主机关闭，节省电量。文献[26]开发了一种分层的能耗控制系统，包含宿主级和用户级子系统。前者根据用户请求对硬件资源进行合理分配，以使每个虚拟机的能耗不超过规定上限；后者在虚拟机层重新对虚拟硬件资源进行分配，使每个用户任务产生的能耗不超过规定上限。

3．基于主机关闭/开启的节能技术

基于主机关闭/开启技术的节能策略可以分为随机式策略、超时式策略和预测式策略三类。随机策略将服务器的关闭/开启时机视为一个随机优化模型，利用随机决策模型设计控制算法。超时式策略预先设置一系列超时阈值，若持续空闲时间超过阈值，就将服务器切换到关闭模式，同时，阈值可以固定不变，也可以随系统负载自适应调整。预测式策略在初始阶段就对本次空闲时间进行预测，一旦预测值足够大，就直接切换到关闭模式。三类策略的目标均是最大限度地降低空闲能耗，而缺点在于当计算机启动时间较长时，会导致性能一定程度上降低。

文献[27]提出，由于计算机系统业务请求具有自相似性，导致基于关闭/开启技术的最优节能策略为超时策略；并提出了当空闲时间长度服务 Pareto 分布时，基于截尾均值法小样本情况下，Pareto 分布形状参数的稳健有效估计算法和基于窗口大小自适应技术非平稳业务请求下的 DPM 控制算法。

文献[28]引入负载感知机制，提出了一种在虚拟化计算平台中的动态节能算法，利用动态提供机制关闭不需要的主机子系统来实现节能。与随机策略和预定义的超时策略相比，该方法在保证 QoS 前提下可提高能耗效率。

基于主机关闭/开启的节能技术可与虚拟化中的虚拟机迁移方法结合起来使用，当可以预知负载信息时，该方式可以极大节约空闲主机的闲时能耗。

4．其他节能技术

冷却系统约占云数据中心总能耗的 40%，计算资源的高速运行导致设备温度升高，温度过高不仅会降低数据系统的可靠性，而且会减少设备的生命周期。因此，必须对云数据中心的冷却设备降温，有效地减少冷却的能量，这对云数据中心的稳定运行和节省电量都有重要的意义。

文献[29]提出将数据中心冷却系统考虑在内，在服务器中安装变速风扇和温度传感器，根据服务器的温度调整风扇的转速，既保证了安全又节省了电量。文献[30]提出数据中心的指令数据流包括温度传感器数据、服务器指令、数据中心空间的空调单元数据，文章对这些数据流进行了分析，提出了简单灵活的模型，根据给定的负载分布和冷却系统配置可以预测数据中心热分布，然后静态或手动配置热负载管理系统。文献[31]提出了数据中心级的电量和热点管理解决方案，PTM（Power & Thermal Management）引擎决定活动服务器数目的位置，同时调节提供的冷却温度，提高了数据中心的能效。文献[32]提出了控制数据中心风扇的精细方式，每个机架上的风扇根据其自身的热系统、硬件使用率等信息调整风扇速度。文献[33]综合考虑空间大小、机架和风扇的摆放以及空气的流动方向等因素，提出了一种多层次的数据中心冷却设备设计思路，并对空气流和热交换进行建模与仿真，为数据中心布局提供了理论支持。

此外，数据中心建成以后可采用动态冷却策略降低能耗，如对于处于休眠的服务器，可以适当关闭一些制冷设施或改变冷气的走向，以节约成本。文献[34]针对云数据

中心内部热量分配不均衡的问题，首次提出了以无线多媒体传感器网络（WMSNs）实时监测局部热点，并利用任务迁移等方法降低热点区域的热负载，以"热点发现—热点定位—特征提取—热点消除"为主线，实现平衡热量分配、提高制冷效率的目的。

DPM 利用实时的资源使用状况和应用负载状况对能耗实行优化，不足之处在于若负载一直处于峰值状态，功耗并不能减少。

不同的节能技术通常拥有不同的应用场景。基于 DVFS 的节能技术的主要思想是通过动态调整 CPU 的电压和频率使其在不同阶段拥有不同的功率/性能，用不同的功率/性能处理不同的负载类型或不同计算量的任务，在降低执行能耗的同时保证执行性能。虚拟化节能算法实现了计算机资源从物理实体到虚拟实体的过渡，提高了计算资源的使用率。然而，虚拟化节能算法本身要付出高昂的效能代价，因为虚拟化技术通过对底层硬件到高层服务应用的层层虚拟，每一级的虚拟都不可避免地会造成效能的损耗。关闭/开启节能算法通常是针对服务器的关闭/开启时机进行设定或预测，但对于包含大量类型的计算资源的云计算系统而言，如何根据单位时间到达的任务量决定要关闭的服务器数量，以及关闭哪些服务器等问题，都给关闭/开启节能策略带来了难题[35]。

综合现有的研究，在数据中心能耗管理方面仍然有进一步的研究重点。

（1）如何在给定的真实云计算系统中，根据任务类型、到达率及分布决策物理主机的运行状态，并结合 DVFS 和主机关闭/开启技术对系统进行能效优化。

（2）云是面向服务的，这必定要求满足一定的 QoS 需求，如何定义一种 QoS 能效模型来度量云系统的能耗优化目标，并明确它们之间的主从关系，也是在未来需要进一步关注的问题。

9.3.5 新能源的应用

近年来，学术界和工业界一直通过各种方法改善数据中心能效，如利用更好的能耗均增（Energy Proportional）计算技术（包括虚拟化、动态开关服务器、负载整合、IT 设备的深度休眠和功耗模式控制），更高效的电力配送及冷却系统，但是，改善能效并不等于就实现了绿色计算，因为数据中心消耗的仍然是传统的高碳排放量的能源。绿色和平组织（GreenPeace）定义实现绿色 IT 的方式是"高能效加新能源"。为了减少能耗开销和碳排放量以实现绿色计算，充分利用新能源才是根本途径。新能源一般指在新技术基础上加以开发利用的可再生能源，包括太阳能、生物质能、风能等。随着常规能源（煤炭、石油、天然气）的有限性以及环境问题的日益突出，环保、可再生的新能源越来越得到各国的重视[36]。

能源领域对于绿色可再生能源的研究（如太阳能、生物能的利用）从未停歇，而这股潮流随着云计算的到来，同样走向了数据中心。绿色和平组织通过对全球 IT 公司的数据中心清洁能源进行评级，来倡导和激励数据中心使用新能源。同时，各国政府也纷纷制定鼓励节能减排的法规和政策。例如，美国加利福尼亚州规定到 2020 年其市政电力中 33%要来源于新能源。此外，美国还提出多种激励补贴方式鼓励新能源的应用。例如，生产税收抵免政策规定在新能源设施运营的前 10 年内，每生产 1 千瓦时清洁能量将获得 2.2 美分补贴。新能源不但能够显著减少高碳电厂的温室气体排放，而且具有光明的经济前景，是减轻未来电力价格上涨压力的一种新途径。例如，用户在安装了新能源或者购买了新能源产品之后，可以在多年内（如 20 年）拥有固定的能量价格。如果数据中心所在地区需要征收烟碳排放税，或者实行限额与交易政策（每家企业都给了一定量的排碳限额，在限额之内排碳免费；未用完限额可以卖给那些碳排量超过配额的企业），那么对新能源的投资将具有较高的性价比。

现在，越来越多的 IT 企业和机构正在逐步实现完全或者部分新能源驱动的数据中心，例如 Facebook 建在俄勒冈州的太阳能数据中心，利用太阳能可以得到部分电能，如图 9-18 所示。Apple 将使用太阳能厂和燃料电池站生产 60%的电力驱动其在南加州的数据中心。2010 年谷歌与风力发电公司 NextEra Energy 公司签订风能供电采购协议，为数据中心提供未来 20 年的风能支持，如图 9-19 所示。继微软和谷歌之后，2013 年 11 月 Facebook 也开始建设以可再生能源供能的数据中心，目前正在美国艾奥瓦州建设一座以风能供电的数据中心。2011 年谷歌在芬兰 Hamina 新建的数据中心完全利用海水来进行冷却，谷歌通过花岗岩隧道将海水输送到数据中心，并且利用了一艘微型潜水艇来保证送水隧道的畅通，海水被输送到数据中心后，谷歌再利用管道系统和泵机将海水推向为服务器散热的热交换器，海水吸收了热交换器的热量后被重新排入大海。Google 还将启动海上数据中心建设，依靠海水和潮汐发电，同时利用海水的流动，对数据中心的机器进行冷却，如图 9-20 所示。

图 9-18　Facebook 太阳能数据中心

图 9-19　谷歌风能数据中心

图 9-20　谷歌海上数据中心

为了给出标准的方法来评价数据中心的碳强度，绿色网络组织 Green Grid 采用碳使用效率（Carbon Usage Effectiveness，CUE）表示每千瓦时用电产生的碳排放密集程度。CUE 值的计算方法为数据中心总的 CO_2 排放量除以 IT 设备能耗。

在数据中心部署使用新能源有就地（on-site）电站和离站（off-site）电厂两种方式。就地新能源发电厂生产的电力可直接为数据中心供能，例如 Facebook 建在俄勒冈州的太阳能数据中心，其优势在于几乎没有电力传输和配送损失，但是位置最好的数据中心（土地价格、水电价格、网络带宽、可用的劳动力、税收等因素）并不一定具有最佳的资源来部署就地新能源电站。另一种模式就是将新能源电厂建设在具有丰富资源（如风速大或日照强）的离站地区，然后通过电网将新能源产生的电力传送到需要用电的数据中心，尽管这种方式具有较大的传输损失和电网传送、存储的费用，但是其电产量更大，而且选址更灵活。由于新能源的不稳定性，上述两种方式均需要采用储能设备来缓解"产量／供应"与"消费／需求"之间的不匹配，因此相应的储能开销（购买费用和管理储能费用）也被纳入当前的权衡考虑之中。

目前关于新能源在数据中心应用的研究主要是考虑风能和太阳能。据统计，风能和太阳能分别占全球非水能新能源产量的 62% 和 13%。由于风能和太阳能发电量与环境条件紧密相关，如风速和日照强度，因此可用电量是不稳定、随时间变化的。相应地，它们的容量因子也远低于传统电厂（容量因子是指实际产出与最大的额定产出的比值）。由于有稳定的化石燃料供应，传统电厂的容量因子可达 80% 甚至更高。依据年平均风速的不同，风能的容量因子在 20%～45%。风能发电的开销主要是前期的安装部署开销，其资金支出占据了生命周期总开销的 75%。

新能源最主要的优点就是一旦建设好电厂就可以源源不断地提供电能，而且管理费用较低，运营过程中不会排放碳等污染物质。尽管在生产、传输、安装、设备回收利用过程中也会产生碳污染，但是与传统电网的碳排放因子 585gCO₂e/kWh 相比，风能（29gCO₂e/kWh）和太阳能（53gCO₂e/kWh）的碳排放因子仍然低得多。

文献[36]对近年来数据中心应用新能源策略进行了对比。将不同的机制策略归纳为四种情形。

第一是新能源模型和预测机制，即采用风能发电还是太阳能发电，根据新能源的不同特性进行建模，通过多种时间序列预测算法、机器学习和回归预测技术，根据历史数据建立能量曲线表等方法来预测新能源产量的变化趋势。

第二是数据中心能源配额规划，即选择最佳的能源组合来最小化开销和碳排放量，并同时满足相应能耗需求。ReRack 是一个模拟优化器，通过输入新能源来源、新能源费用、碳排放量、储电设备、激励政策、服务协议等因素来评估使用新能源数据中心的能耗开销。ReRack 主要包含两部分：一是模拟器，用来分析新能源的效益，二是优化器，用来寻找对于给定地区和负载的开销最佳的求解空间，因地制宜地规划能源组合，优化能源组合的费用开销。

第三是数据中心内作业调试机制，即根据新能源可用量，来分级调度交互性和延迟容忍型作业、调节服务功耗状态以最大化利用新能源。美国罗格斯大学的研究者为绿色数据中心设计了两个负载调度系统：GreenSlot 和 GreenHadoop。GreenSlot 首先预测未来太阳能的可用量，在满足作业的时延要求情况下，GreenSlot 尽可能将作业延迟到未来新能源可用的时候再执行。GreenHadoop 在 Hadoop 数据处理的框架下改进作业调度器来最大化新能源的利用。佛罗里达大学 IDEAL 实验室设计了 SolarCore，依据可用的太阳能动态地设置处理器的能耗预算，并利用 DVFS 技术根据吞吐率和能耗的比值来动态调节每个核的负载，以充分利用新能源实现最佳的性能。iSwitch 是 IDEAL 实验室的另一研究成果，iSwitch 是在两组服务器之间动态调节负载：一组服务器依靠新能源供能，另一组依靠传统电网供能。根据能源波动利用虚拟机迁移技术，当新能源不足时将任务迁移到电网服务器组，新能源充足时将任务迁移到新能源服务器组。

第四是数据中心间负载均衡机制，即针对不同地区数据中心的不同新能源可用量和不同碳排放量，负载均衡器将请求分发到不用的地区进行执行处理，从而最大化新能源的利用，减少能耗开销和碳排放量。剑桥大学的学者提出了 Free Lunch 架构。Free Lunch 根据可用能源在多个数据中心进行无缝执行和迁移虚拟机，将任务迁移到有富余新能源的数据中心。

9.3.6　典型的绿色节能数据中心

2006 年 ChristianBelady 提出了数据中心能源利用率（PUE）的概念，如今，PUE 已发展成为一个全球性的数据中心能耗标准。数据中心的 PUE 的值等于数据中心总能耗与 IT 设备能耗的比值，基准是 2，比值越接近 1，表示数据中心的能源利用率越高。以 PUE 为衡量指标，目前全球最节能的 5 个数据中心如下。

1. 雅虎"鸡窝"式数据中心（PUE=1.08）

雅虎在纽约洛克波特的数据中心，位于纽约州北部不远的尼亚加拉大瀑布，每幢建筑看上去就像一个巨大的鸡窝，该建筑本身就是一个空气处理程序，整个建筑是为了更好地"呼吸"，有一个很大的天窗和阻尼器来控制气流。

2. Facebook 数据中心（PUE=1.15）

Facebook 的数据中心采用新的配电设计，免除了传统的数据中心不间断电源（UPS）和配电单元（PDUs），把数据中心的 UPS 和电池备份功能转移到机柜，每个服务器电力供应增加了一个 12V 的电池。Facebook 使用自然冷却策略，利用新鲜空气而不是凉水冷却服务器。

3. 谷歌比利时数据中心（PUE=1.16）

谷歌比利时数据中心没有冷却装置，完全依靠纯自然冷却，即用数据中心外面的新鲜空气来支持冷却系统。比利时的气候几乎可以全年支持免费的冷却，平均每年只有 7 天气温不符合免费冷却系统的要求。夏季布鲁塞尔最高气温达到 66～71 华氏度（19℃～22℃），然而谷歌数据中心的温度超过 80 华氏度（27℃）。

4. 惠普英国温耶德数据中心（PUE=1.16）

惠普英国温耶德数据中心利用来自北海的凉爽的海风进行冷却，不仅仅是使用外部空气保持服务器的冷却，而且进行气流创新，使用较低楼层作为整个楼层的冷却设施。

5．微软都柏林数据中心（PUE=1.25）

微软爱尔兰都柏林数据中心，采用创新设计的"免费冷却"系统，使用外部空气冷却数据中心和服务器，同时采用热通道控制，以控制服务器空间内的工作温度。

下面，以 Facebook 数据中心为例，说明具体的节能措施。

位于俄勒冈州普林维尔（Prineville）的 Facebook 数据中心，是 Facebook 自行建造的首个数据中心，俄勒冈州凉爽、干燥的气候是 Facebook 决定将其数据中心放在普利维尔的关键因素。过去 50 年来，普利维尔的温度从未超过 105 华氏度（约 40.56℃）。

Facebook 在瑞典北部城镇吕勒奥也新建了一个数据中心，该数据中心是 Facebook 在美国本土之外建立的第一座数据中心，也是 Facebook 在欧洲最大的数据中心。由于可以依赖地区电网，Facebook 数据中心使用的备用发电机比美国少了 70%，这也是一大优势。自 1979 年以来，当地的高压电线还没有中断过一次。吕勒奥背靠吕勒河，建有瑞典最大的几座水电站。吕勒奥位于波罗的海北岸，距离北极圈只有 100km 之遥，当地的气候因素是 Facebook 选择在吕勒奥建立数据中心的重要原因之一。由于众多的服务器会产生十分大的热量，将数据中心选址在寒冷地区有助于降低电费和用于制冷系统的开支。

Facebook 采纳了双层架构，将服务器和制冷设备分开，允许对服务器占地面积的最大利用。Facebook 选择通过数据中心的上半部分管理制冷供应，因此冷空气可以从顶部进入服务器空间，利用冷空气下降热空气上升的自然循环，避免使用气压实现下送风。

空气通过在二楼的一组换气扇进入数据中心。然后空气经过一个混调室，在这里冷空气可以和服务器的余热混合以调整温度。然后冷空气经过一系列的空气过滤器，在最后一间过滤室，通过小型喷头进一步控制温度和湿度。空气继续通过另一个过滤器，吸收水雾，然后通过一个风扇墙，将空气通过地板的开口吹入服务器区域。整个冷却系统都位于二楼，空气直接吹向服务器，无须风道，如图 9-21 所示。

图 9-21　混调室和过滤室

冷空气然后进入定制的机架，这些机架三个一组，每组包括 30 个 1.5U 的 Facebook 服务器。为了避免浪费，服务器也是定制的，服务器内部的英特尔和 AMD 主板被分拆成一些基本的必需部件，以节省成本。机箱体积比一般机箱大，这意味着能够容下更大的散热器和风扇，也意味着需要更少的外界空气用于降温。

Facebook 数据中心采用定制的供电设备，可以适用 277V 交流电源，而不是普通的 208V，这使得电能可以直接接入服务器，不需要经过交流到直流的转换，从而避免了电能损耗。每组服务器之间放置一套 UPS，独特的电源与 UPS 一体化设计，使得电池可以直接给电源供电，在断电时提供后备电源，如图 9-22 所示。

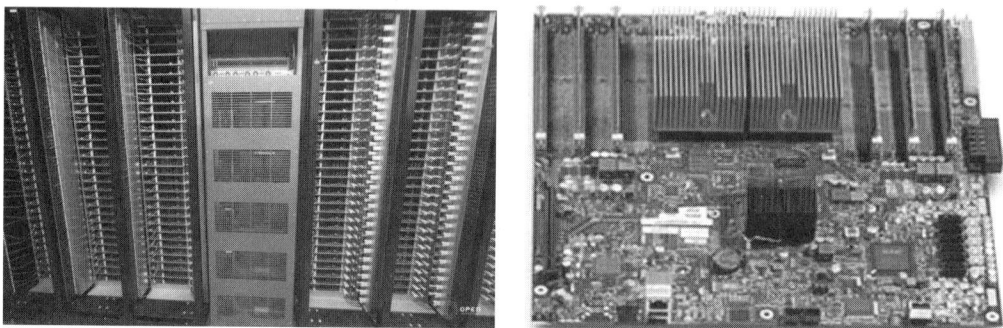

图 9-22　机架和主板

9.4　自动化管理

自动化管理是传统数据中心没有的功能，云计算数据中心的自动化管理使得在规模较大的情况下，实现较少工作人员对数据中心的高度智能管理。数据中心自动化管理提供实现所有硬件、软件和流程协调一致工作的组合方法，能跨越技术领域帮助自动完成 IT 系统管理流程，以提高 IT 运营水平，它消除了绝大多数手工操作流程，为 IT 操作和 IT 服务管理队伍提供从设计到运行与维护的服务。

9.4.1　自动化管理的特征

云自动化，即按需分配和收回服务器、存储、网络、应用程序，是非常重要的。数据中心的管理需要资源的自动化调度和对业务的灵活响应，即需要单个业务能自治管理，也需要一个负责全局控制和协调的中心，对业务和资源进行统一监控、管理和调度。在传统的服务管理模式中，管理员需要登录若干个软件的控制台来获取信息、执行操作，这种分别针对不同软件、硬件和系统的方式缺乏面向服务的统一视图，需要通过自动化工具来提升互操作性，从而简化数据中心网络的自动化负载分配任务，或者由网络管理员以一个交换机、一个交换结构视图来管理网络基础架构，有利于保证平稳地过渡到以太网结构和未来的开放网络软件。如 IBM 的 Tivoli 软件提供了智能基础设施管理解决方案，为整个服务链提供了端到端的管理能力。Tivoli 软件利用基于策略的资源分配、安全、存储和系统管理解决方案，提供了管理和优化关键 IT 系统的集成视图。

数据中心自动化管理应具有如下五个主要特征：全面的可视性、自动的控制执行、多层次的无缝集成、综合与实时的报告和全生命周期支持[37]。

（1）全面的可视性。数据中心自动化软件利用自动发现功能建立对数据中心所有层次的全面可视性，获得数据中心从基础设施层、中间件和数据库层、应用层直到业务服务层跨各个层次的运行时视图，使得数据中心自动化软件能够全面掌握数据中心资产、配置和各个层次依赖关系的现状，从而奠定自动完成各种功能的基础。

（2）自动的控制执行。将自动化全面实施于数据中心的流程管理，提高实施信息技术基础架构库的成功率。

（3）多层次的无缝集成。消除不同层次、不同组成部分间的各种障碍和间隙，完成连接所有数据中心和组成部分，流畅地自动执行在这些层次和组成部分间的各种处理流程，快速地协调数据中心内外的所有变更，实现端到端的流程管理。

（4）综合与实时的报告。使用自动化管理工具提供具有全面综合和透视依赖关系的报告来提高管理水平。可通过建立集中的配置管理数据库，存储所需信息，简化报告的创建和产生，并确保完整性。

（5）全生命周期支持。IT 服务管理每个流程都强调周而复始的"计划—实施—检查—更正"，利用自动化策略和技术来实现支持整个 IT 流程生命周期，把数据中心自动化从静态的过程转变成动态的螺旋形发展过程。

自动化管理一方面是对环境设备（如供配电系统、冷却系统、消防系统等）的智能监控系统，可实时动态呈现设备告警信息及设备参数，快速定位出故障设备，使维护和管理从人工被动看守的方式向计算机集中控制和管理的模式转变。另一方面数据中心在采用虚拟化技术降低物理成本的同时，会提升运维成本，使 IT 管理更加复杂，需要使用统一的资源可视化来管理虚拟化网络的相关信息，同时自动化管理能自动监测虚拟机的创建和迁移，并确保网络设置随着迁移，真正把虚拟机的优势发挥出来。所有基础架构实现虚拟化并以服务的形式交付，数据中心的管理和控制由软件驱动，通过数据中心统一管理软件达到对数据中心设备、网络、服务、客户的智能化统一管理。

9.4.2　自动化管理实现阶段

由于资金、效率等问题，实现自动化管理不可能一蹴而就，自动化管理通常须经历三个阶段[40]。

第一阶段：IT 服务操作。这一阶段主要是监控和管理 IT 基础设施的广义集合，如网络、服务器、应用和相关的存储设备。

第二阶段：IT 服务管理。这一阶段会制定一系列的设施间的交互和协作处理，确保 IT 服务符合标准规范。

第三阶段：数据中心自动化。这一阶段的时间和精力主要是维护 IT 环境，定制、检查和执行服务层协议。为了保证 IT 的高效、节约成本，将使用必要的工具进行自动化处理，真正实现工作或过程的自动化。

IT 服务操作的目标是生成有效的全局 IT 支撑架构，提高 IT 服务质量，对活动和过程进行协调和执行。活动和过程包括事故管理，事件监控和管理、问题管理。

一旦 IT 操作机构能监控和管理基础设施，下一步重点就是 IT 服务管理。通常 IT 服务管理是处理 IT 技术部门与其客户间的交互信息。Forrester 将 IT 服务管理定义为根据客户需求的服务层次确保 IT 服务质量的一系列过程。IT 服务管理通常包含了促进服务提高的方法，如 IT 基础架构库（Information Technology Infrastructure Library，ITIL）将配置管理、失效管理、容量和性能管理、安全管理和计费管理流程进行了简化。IT 服务管理通常由 4 个主题范围所组成：服务管理、服务层管理、IT 资产管理和财务管理。

目前，IT 将 75% 的预算用在持续经营和维护上，一个主要原因就是缺少自动化工作机制。数据中心混合了硬件、软件和工作处理等各种方法，简化了 IT 操作。数据中心自动化在概念上位于 IT 服务操作和 IT 服务管理流程之间，减少了 IT 服务操作团队的工作量，因而提高了效率，降低了人为错误。第一个自动化工具是执行配置为中心任务的产品，如服务器配置和软件分发。在这样的自动化工具中，配置管理数据库（Configuration Management DataBase，CMDB）的存在是重要的，它能存储配置数据并衡量实时改变。自动化发展的下一个变化就是操作管理流程的自动化，IT 流程自动化工具有两种类型：一种提供通用的 IT 流程自动化，如 BMC 的 RealOps、HP 的 iConclude；另一种关注具体流程。

数据中心自动化的最关键成功因素是其基础服务和支持流程都已到位。在最低限度上，一个公司想要采用数据中心自动化工具必须具备下列条件。

（1）管理系统。支持各类 IT 管理软件，能管理、监控、探测、识别和解决 IT 设施的异常行为。

（2）定义过程。一套基本明确定义的流程并能运作良好，应包括事件管理、变更管理、配置管理和版本管理。

（3）认知非自动化过程的成本。为了计算引入自动化的成本节约，必须知道非自动化过程的成本，避免为了自动化而自动化。

（4）内部流程资源。在初始配置时可使用外部资源，但是在后续的维护中，使用内部资源是更节约且有效的。

9.4.3　Facebook 自动化管理

Facebook 服务器数量惊人，其硬件方面的工作重点主要放在"可服务性"上，内容也涉及服务器的初期设计，一系列工作的目标就是为了保证数据机房的设备维修最简单、最省时。每个 Facebook 数据中心的运维工作人员管理了至少 20 000 台服务器，其中部分员工会管理数量高达 26 000 多个的系统。

Facebook 在 OCP 项目硬件管理中对设备自动化管理给出了具体规则，硬件管理主要关注四个方面的内容：固件的生命周期、事件告警和日志、远程管理、策略技术。固件的生命周期是指提供一个统一界面独立地对固件的二进制文件和配置进行部署和更新，通常固件包括 BIOS、NIC 和 BMC 固件。在大规模环境下，快速部署、安全地更新和固件组合是很重要的。事件告警和日志是指对产生的机器事件和日志消息进行格式统一，事件和告警可通过下列方法进行记录：SNMP、WS-MAN、Syslog 和发布/订阅事件服务。远程管理通常是远程控制机器配置和执行系统操作（如重新启动），并打开一个远程控制台，远程管理主要关注的是远程开启/关闭、远程控制台、发现机器的配件/固件配置、软重启/关闭、图形化控制台/VGA 重定向、唤醒功能 WOL 和唤醒功能重启 WOR、基本身份验证/LDAP 认证。策略使能技术是指遵循和鼓励有潜在利益的产品和标准，探索未来的开放计算规范，可能包括替代系统管理有线协议，集成数据中心楼宇管理系统等，通过各种 DCIM 供应商提供的服务器、存储、网络、办公自动化系统等加强硬件管理的实践。

Facebook 推出了数据中心基础设施管理（DCIM）项目，以及一个全新的集群规划系统用于将所有数据都可视化[44]。这个一体化管理软件能够将温度、湿度等户外信息与整栋建筑的能耗，以及 CPU 存储和内存方面的数据进行综合分析和管理。该管理软件包含自开发的软件，如 CYBORG 可自动检测服务器问题进行修复。服务器的设计坚持"可服务性"原则，如在主板的设计上，为了节约能源，像 PCIe 通道、PCI 通道、USB 接口、SATA/SAS 端口等很少用到的功能都被直接禁用。BIOS 同样经过严格调整，以确保系统功耗始终处于最低水平。根据规范要求，BIOS 还在设定方面做出了有针对性的修改，进而使各组件以特定的速度及功率运转。主板上配有五个热敏元件，负责监测 CPU、PCH、输入接口及输出接口的温度。若侦测到温度过高，这些元件还会自动控制风扇转速，以确保冷却效果与运行状态相吻合。大厅里的一个监视器，就能告诉你数据中心的状态，以及制冷系统是否正常工作，如图 9-23 所示。一体化管理软件减少了工程师设计数据中心性能优化方案的时间，从过去的 12 小时缩短到半个小时。

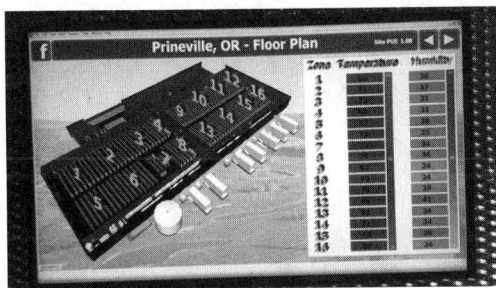

图 9-23　数据中心监控

Facebook 拥有世界上最大的 MySQL 数据库集群，其中包含了成千上万台服务器，这些服务器分布在跨越两个大洲的多个数据中心里。Facebook 采用 MySQL Pool Scanner（MPS）系统对 MySQL 数据库集群进行管理，所有任务几乎全部自动化，MPS 是一个大部分用 Python 写的复杂状态机。它能够代替 DBA 执行很多例行任务，并且可以很少或不施加人为干预就能执行批量维护工作。

Amazon 采用 StarCluster 实现服务器集群管理自动化，StarCluster 开源工具可通过在 Amazon 弹性云计算（EC2）中自动化运行众多的烦琐程序，使服务器集群的创建和管理工作得到显著简化，且耗时更少。StarCluster 软件可以让用户使用简单的命令行程序创建服务器集群。服务器集群中包含了一台单个的主服务器、多台工作服务器以及弹性块存储（EBS）卷。当你输入一个创建服务器集群的命令时，StarCluster 会完成如下工作。

（1）初始化虚拟机实例。

（2）配置一个新的安全组。

（3）定义一个用户友好的主机名（如 node001）。

（4）创建一个非管理员的用户账号。

（5）为密码登录配置 SSH。

（6）定义跨集群的网络文件系统（NFS）文件共享。

（7）配置 Oracle 网格引擎排队系统以实现跨服务器集群的任务管理。

StarCluster 是专为科学计算研究而开发的，它通常是一般科学计算工具中的标准配置组件。诸如 NumPy 这样的 Python 数值计算工具包，以及 ATLAS 这样的优化线性代数工具包都非常擅长数据分析。StarCluster 的插件支持通用工具，如 Hadoop 和 MySQL。

9.5 容灾备份

容灾备份是通过在异地建立和维护一个备份存储系统，利用地理上的分离来保证系统和数据对灾难性事件的抵御能力[38]。

根据容灾系统对灾难的抵抗程度，可分为数据级容灾和应用级容灾。数据级容灾是指建立一个异地的数据系统，该系统对本地系统关键应用数据实时复制，当出现灾难时，可由异地系统迅速接替本地系统而保证业务的连续性。数据级容灾只保证数据的完整性、可靠性和安全性，但提供实时服务的请求在灾难中会中断。

应用容灾比数据容灾层次更高，即在异地建立一套完整的、与本地数据系统相当的备份应用系统（可以同本地应用系统互为备份，也可与本地应用系统共同工作），在灾难出现后，远程应用系统迅速接管或承担本地应用系统的业务运行。应用级容灾系统能够提供不间断的应用服务，让服务请求能够透明地继续运行，保证数据中心提供的服务完整、可靠、安全，如图 9-24 所示。

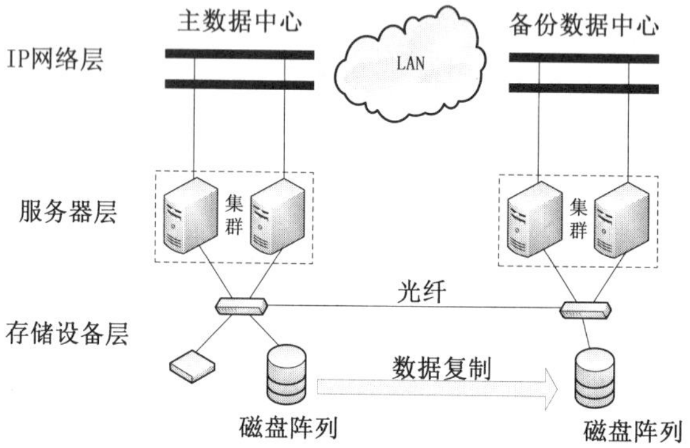

图 9-24 数据容灾原理图

数据中心的容灾备份系统主要用两个技术指标来衡量：数据恢复点目标（Recovery Point Objective，RPO）和恢复时间目标（Recovery Time Objective，RTO）。RPO 主要指的是业务系统所能容忍的数据丢失量，RTO 主要指的是所能容忍的业务停止服务的最长时间，也就是从灾难发生到业务系统恢复服务功能所需要的最短时间周期。

9.5.1　容灾系统的等级标准

数据数据中心容灾与备份主要涉及两个标准：国际标准 SHARE78 和我国的国家标准 GB/T 20988—2007。SHARE78 将数据容灾与备份系统的安全等级分为 7 级，我国的国家标准将其分为 6 级，其对应关系见表 9-2。

表 9-2　国际标准 SHARE78 和国家标准 GB/T 20988—2007 对照表

SHARE78		GB/T 20988—2007	
Tier-0	在异地没有备份数据	第一级	异地有备份数据，没有备份系统，没有网络
Tier-1	异地有备份数据，没有备份系统，没有网络		
Tier-2	异地有备份数据，有备份系统，没有网络	第二级	异地有备份数据，备份系统和网络在预定时间内可以安装好
Tier-3	异地有备份数据，有备份系统，有网络支持	第三级	异地有备份数据，有备份系统，部分网络支持
Tier-4	主备两个中心的数据相互备份，关键应用恢复时间达到小时级	第四级	异地有备份数据，有备份系统，完整网络支持，关键应用恢复时间达到小时级
Tier-5	数据同时写向主备中心，实现双重在线存储，关键应用恢复时间达到分钟级	第五级	数据同时写向主备中心，关键应用恢复时间达到分钟级
Tier-6	主备中心同时向外提供服务，可实现负载均衡，数据丢失率为零	第六级	主备中心同时向外提供服务，应用远程集群，数据丢失率为零

9.5.2　容灾备份的关键技术

备份是容灾的基础，是为防止系统出现操作失误或系统故障导致数据丢失，而将全部或部分数据集合从应用主机的硬盘或阵列复制到其他的存储介质的过程。在建立容灾备份系统时会涉及多种技术，目前，国际上比较成熟的灾备技术包括 SAN/NAS 技术、远程镜像技术、虚拟存储、基于 IP 的 SAN 的互连技术以及快照技术等。

1．远程镜像技术

远程镜像技术在主数据中心和备援中心之间的数据备份时用到。镜像是在两个或多个磁盘或磁盘子系统上产生同一个数据的镜像视图的信息存储过程，一个叫主镜像系统，另一个叫从镜像系统。按主从镜像存储系统所处的位置可分为本地镜像和远程镜像。远程镜像又叫远程复制，是容灾备份的核心技术，同时也是保持远程数据同步和实现灾难恢复的基础。

远程的数据复制是以后台同步的方式进行的，这使本地系统性能受到的影响很小，传输距离长（可达 1000km 以上），对网络带宽要求小。但是，许多远程的从属存储子系统的写没有得到确认，当某种因素造成数据传输失败，可能出现数据一致性问题。为了解决这个问题，目前大多采用延迟复制的技术（本地数据复制均在后台日志区进行），即在确保本地数据完好无损后进行远程数据更新。

2．快照技术

远程镜像技术往往同快照技术结合起来实现远程备份，即通过镜像把数据备份到远程存储系统中，再用快照技术把远程存储系统中的信息备份到远程的磁带库、光盘库中。

快照是通过软件对要备份的磁盘子系统的数据快速扫描，建立一个要备份数据的快照逻辑单元号 LUN 和快照 Cache。在快速扫描时，把备份过程中即将要修改的数据块同时快速复制到快照 Cache 中。在正常业务进行的同时，利用快照 LUN 实现对原数据的一个完全的备份，大大增加系统业务的连续性，为实现系统真正的 7×24 运转提供了保证。快照是通过内存作为缓冲区（快照 Cache），由快照软件提供系统磁盘存储的即时数据映像，它存在缓冲区调度的问题。

3. 基于 IP 的 SAN 的远程数据容灾备份技术

它是利用基于 IP 的 SAN 的互连协议，将主数据中心 SAN 中的信息通过现有的 TCP/IP 网络，远程复制到备援中心 SAN 中。当备援中心存储的数据量过大时，可利用快照技术将其备份到磁带库或光盘库中。这种基于 IP 的 SAN 的远程容灾备份，可以跨越 LAN、MAN 和 WAN，成本低、可扩展性好，具有广阔的发展前景。基于 IP 的互连协议包括 FCIP、iFCP、Infiniband、iSCSI 等。

4. 数据库复制技术

如果需要将数据库复制到另外一个地方，必须满足以下重要指标：数据必须实时、数据必须准确、数据必须可在线查询、数据复制具有独立性、数据复制配置简单、数据复制便于监控。Spanner 是谷歌公司研发的可扩展、多版本、全球分布式、同步复制数据库。它是第一个把数据分布在全球范围内的系统，并且支持外部一致性的分布式事务。Spanner 是一个可扩展、全球分布式的数据库，是在谷歌公司设计、开发和部署的。在最高抽象层面，Spanner 就是一个数据库，把数据分片存储在许多 Paxos 状态机上，这些机器位于遍布全球的数据中心内。复制技术可以用来服务于全球可用性和地理局部性。客户端会自动在副本之间进行失败恢复。随着数据的变化和服务器的变化，Spanner 会自动把数据进行重新分片，从而有效应对负载变化和处理失败。Spanner 被设计成可以扩展到几百万个机器节点，跨越成百上千个数据中心，具备几万亿数据库行的规模。应用可以借助于 Spanner 来实现高可用性，通过在一个洲的内部和跨越不同的洲之间复制数据，保证即使面对大范围的自然灾害时数据依然可用。

Spanner 的主要工作，就是管理跨越多个数据中心的数据副本。尽管有许多项目可以很好地使用 BigTable，但 BigTable 无法应用到一些特定类型的应用上面，比如具备复杂可变的模式，或者对于在大范围内分布的多个副本数据具有较高的一致性要求。谷歌的许多应用已经选择使用 Megastore，主要是因为它的半关系数据模型和对同步复制的支持，尽管 Megastore 具备较差的写操作吞吐量。由于上述多个方面的因素，Spanner 已经从一个类似 BigTable 的单一版本的键值存储，演化成为一个具有时间属性的多版本的数据库。数据被存储到模式化、半关系的表中，数据被版本化，每个版本都会自动以提交时间作为时间戳，旧版本的数据会更容易被垃圾回收。应用可以读取旧版本的数据。Spanner 支持通用的事务，提供了基于 SQL 的查询语言。作为一个全球分布式数据库，Spanner 提供了几个有趣的特性。

第一，在数据的副本配置方面，应用可以在一个很细的粒度上进行动态控制。应用可以详细规定，哪些数据中心包含哪些数据，数据距离用户有多远（控制用户读取数据的延迟），不同数据副本之间距离有多远（控制写操作的延迟），以及需要维护多少个副本（控制可用性和读操作性能）。数据也可以被动态和透明地在数据中心之间进行移动，从而平衡不同数据中心内资源的使用。

第二，Spanner 有两个重要的特性，很难在一个分布式数据库上实现，即 Spanner 提供了读和写操作的外部一致性，以及在一个时间戳下面的跨越数据库的全球一致性的读操作。这些特性使得 Spanner 可以支持一致的备份、一致的 MapReduce 执行和原子模式变更，所有都在全球范围内实现，即使存在正在处理中的事务也可以。之所以可以支持这些特性，是因为 Spanner 可以为事务分配全球范围内有意义的提交时间戳，即使事务可能是分布式的。这些时间戳反映了事务序列化的顺序。除此以外，这些序列化的顺序满足了外部一致性的要求：如果一个事务 T1 在另一个事务 T2 开始之前就已经提交了，那么，T1 的时间戳就要比 T2 的时间戳小。Spanner 是第一个可以在全球范围内提供这种保证的系统。实现这种特性的关键技术就是一个新的 TrueTime API 及其实现。这个 API 可以直接暴露时钟不确定性，Spanner 时间戳的保证就是取决于这个 API 实现的界限。如果这个不确定性很大，Spanner 就降低速度来等待这个大的不确定性结束。谷歌的簇管理器软件提供了一个 TrueTime API 的实现。这种实现可以保持较小的不确定性（通常小于 10ms），主要是借助于现代时钟参考值（比如 GPS 和原子钟）。

9.5.3　云存储在容灾备份中的应用

云存储是指通过集群应用、网格技术或分布式文件系统等功能，将网络中大量各种不同类型的存储设备通过应用软件集合起来协同工作，共同对外提供数据存储和业务访问功能的一个系统。

在存储系统内通过容错数据布局提高存储系统的数据可用性，当前的分布式存储系统如 Amazon S3、Google 等文件系统为了保证数据的可靠性，都默认采用 3-Replicas 的数据备份机制。在存储层级，主机故障完全由其文件系统（如 Google 的 GFS）处理。在云数据中心运用服务器虚拟化技术、存储虚拟化技术等实现跨数据中心的资源自动接管及移动，实现服务器虚拟化和网络虚拟化的无缝融合。

Google 的所有在线应用（包括 Gmail，Google Calendar，Google Docs，以及 Google Sites 等）均采用了数据同步复制技术，用户需要保存的任何数据，都同步存储到 Google 的两个不同地理位置的数据中心，当任何一个数据中心发生故障，系统会立即切换到另一个数据中心。同步复制式备份的灾难恢复方式的运营成本相当高，Google 云计算通过以下方法，保证这些高成本的技术可以免费提供给用户使用。

（1）Google 的一个数据中心支撑着数百万用户，因此，每个用户分摊的成本相对低很多。

（2）Google 的备用数据中心并不是在灾难发生时才启用，而是一直在使用中，Google 始终在这些数据中心之间进行平衡，保证没有资源浪费。

（3）Google 的数据中心之间有自己的高度连接网络，保证数据快速传送。

目前，国内外存储厂商提供的云存储服务（如 Google 云存储等），均为用户提供在线数据备份，将企业的数据直接备份到云存储数据中心，让那些以往只有超级公司才有能力享受的诸如灾难恢复服务变得十分普通，而且成本极低。基于已有的云服务模式，Wood 等人[39]利用云计算的虚拟平台为企业及个人提供数据容灾服务，提出了容灾即服务的云服务模式，并针对网站应用服务建立了容灾云模式，以实例证明了利用云资源进行数据备份可大大节省容灾的成本开销。

云提供商可根据自身任务的执行情况租用其他多个云平台的资源用以存储自身数据备份，这是基于多个云平台的数据冗余备份，云提供商须选择一种合理的数据备份方案，从而优化数据容灾成本。企业也可根据自己的需要，按需购买云存储数据中心的容量，存储多少数据就支付云存储数据中心多少成本，而并不需要建立数据中心。与自建数据中心相比，用户可以有效抑制成本的增加，并按需扩展自己的容量。

习题

1. 集装箱数据中心有哪些优点？常见的节能措施有哪些？
2. 云计算数据中心配电系统节能的原理是什么？
3. 能源利用效率（PUE）的计算方式是什么？

参考文献

[1] Guo C, Wu H, Tan K, Shi L, Zhang Y, Lu S. Dcell: A scalable and fault-tolerant network structure for data centers. ACM SIGCOMM Computer Communication Review, 2008,38（4）:75-86. [doi: 10.1145/1402958.1402968]

[2] Greenberg A, Lahiri P, Maltz DA, Patel P, Sengupta S. Towards a next generation data center architecture: Scalability and commoditization. In: Proc. of the ACM Workshop on Programmable Routers for Extensible Services of Tomorrow. 2008. 57-62. [doi: 10.1145/1397718.1397732]

[3] 李丹，陈贵海，任丰原，蒋长林，徐明伟. 数据中心网络的研究进展与趋势. 计算机学报，2014，37（2）:259-274

[4] 魏祥麟，陈鸣，范建华，张国敏，卢紫毅. 数据中心网络的体系结构. 软件学报，2013,24（2）:295-316.

[5] Al-Fares M, Loukissas A, Vahdat A. A scalable commodity data center network architecture. ACM SIGCOMM Computer Communication Review, 2008,38（4）:63-74. [doi: 10.1145/1402958.1402967]

[6] Greenberg A, Hamilton JR, Jain N, Kandula S, Kim C, Lahiri P, Maltz DA, Patel P, Sengupta S. VL2: A scalable and flexible data center network. ACM SIGCOMM Computer Communication Review, 2009,39（4）:51-62. [doi: 10.1145/1592568.1592576]

[7] Chen K, Singla A, Singh A, Ramachandran K, Xu L, Zhang Y, Wen X, Chen Y, OSA: An optical switching architecture for data center networks with unprecedented flexibility. In:

Proc. of the USENIX/ACM Symp. on Networked Systems Design and Implementation（NSDI）. San Jose, 2012. 1-14.

[8] Li D, Guo C, Wu H, Tan K, Zhang Y, Lu S. FiConn: Using backup port for server interconnection in data centers. In: Proc. of the INFOCOM 2009. IEEE, 2009. 2276-2285. [doi: 10.1109/INFCOM.2009.5062153]

[9] Guo C, Lu G, Li D, Wu H, Zhang X, Shi Y, Tian C, Zhang Y, Lu S. BCube: A high performance, server-centric network architecture for modular data centers. ACM SIGCOMM Computer Communication Review, 2009,39（4）:63-74. [doi: 10.1145/1592568.1592577]

[10] Wu H, Lu G, Li D, Guo C, Zhang Y. MDCube: A high performance network structure for modular data center interconnection. In: Proc. of the 5th Int'l Conf. on Emerging Networking Experiments and Technologies. 2009. 25-36. [doi:10.1145/1658939.1658943]

[11] Farrington N, Porter G, Radhakrishnan S, Bazzaz H, Subramanya V, Fainman Y, Papen G, Vahdat A. Helios: A hybrid electrical/optical switch architecture for modular data centers. ACM SIGCOMM Computer Communication Review, 2010,40（4）:339-350.[doi: 10.1145/1851275.1851223]

[12] Kandula JPS, Bahl P. Flyways to de-congest data center networks. In: Proc. of the 8th ACM Workshop. Hot Topics in Networks. 2009: 1-6.

[13] Cui Y, Wang H, Cheng X, Chen B. Wireless data center networking. Wireless Communications of IEEE, 2011,18（6）:46-53. [doi:10.1109/MWC.2011.6108333]

[14] Magklis G, Semeraro G, Albonesi D H, et al. Dynamic frequency and voltage scaling for a multiple-clock-domain microprocessor[J]. IEEE Micro, 2003, 23（6）: 62-68.

[15] 张小庆，贺忠堂，李春林，张恒喜. 云计算系统中数据中心的节能算法研究[J]. 计算机应用研究，2013, 30（4）: 961-964.

[16] 韩玉，韩亚明，刘水旺. 云数据中心绿色节能设计及应用实践[J]. 科研信息化技术与应用，2012, 3（6）: 56-65

[17] Kim K H, Beloglazov A, Buyya R. Power-aware provisioning of virtual machines for real-time cloud services[J]. Concurrency and Computation: Practice and Experience, 2011, 23（13）: 1491-1505.

[18] Wang Li-zhe, Von Laszewski G, Dayal J, et al. Towards energy aware scheduling for precedence constrained parallel tasks in a cluster with DVFS[C]. Proc of the 10th IEEE/ACM International Conference on Cluster, Cloud and Grid Computing, Washington DC: IEEE Computer Society, 2010: 368-377.

[19] Von Laszewski G, Wang Li-zhe, Younge A J, et al. Power-aware scheduling of virtual machines in DVFS-enabled clusters[C]. Proc of IEEE International Conference on Cluster Computing and Workshops. 2009: 1-10.

[20] Goh L K, Veeravalli B, Viswanathan S. Design of fast and efficient energy-aware gradient-based scheduling algorithms heterogeneous embedded multiprocessor systems[J]. IEEE Trans on Parallel and Distributed Systems, 2009, 20（1）: 1-12.

[21] Alenawy T A, Aydin H. Energy-aware task allocation for rate monotonic scheduling[C]. Proc of the 11th IEEE Real Time on Embedded Technology and Applications Symposium. Washington DC: IEEE Computer Society, 2005: 213-223.

[22] Nathuji r, Schwan K. VirtualPower: coordinated power management in virtualized enterprise systems[C]. Proc of the 21st ACM SIGOPS Symposium on Operating Systems Principles. New York: ACM Press, 2007: 265-278.

[23] Van Nguyen H, Tran F D, Menaud J M. Performance and power management for cloud infrastructures[C]. Proc of the 3rd International Conference on Cloud Computing. 2010:329:336.

[24] 曾智斌，许力．云计算中高能效的虚拟资源分配策略[J]. 计算机系统应用，2011, 20（12）：55-60.

[25] Beloglazov A, Buyya R. Energy efficient allocation of virtual machines in cloud data centers[C]. Proc of the 10th IEEE/ACM International Conference on Cluster, Cloud and Grid Computing. Washington DC: IEEE Computer Society, 2010: 577-578.

[26] Stoess J, Lang C, Bellosa F. Energy management for hypervisor-based virtual machines[C]. Proc of USENIX Annual Technical Conference. 2007: 1-14.

[27] 吴琦，熊光泽．非平衡自相似业务下自适应动态功耗管理[J]. 软件学报，2005, 16（8）：1499-1505.

[28] Rodero I, Jaramillo J, Quiroz A, et al. Energy-efficient application-aware online provisioning for virtualized clouds and data centers[C]. Proc of International Conference on Green Computing. Washington DC: IEEE Computer Society, 2010: 31-45.

[29] Meisner D, Gold B T, Wenisch T F. PowerNap: eliminating server idle power[J]. ACM SIGPLAN Notices, 2009, 44（3）：205-216.

[30] Moore J, Chase J S, Ranganathan P. Weatherman: automated, online and predictive thermal mapping and management for data centers[C]. Proc of IEEE International Conference on Autonomic Computing. Washington DC: IEEE Computer Society, 2006: 155-164.

[31] Pakbaznia E, Ghasemazar M, Pedram M. Temperature-aware dynamic resource provisioning in power-optimized datacenter[C]. Proc of Conference on Design, Automation & Test in Europe. 2010: 124-129.

[32] Tolia N, Wang Zhi-kui, Marwah M, et al. Delivering energy proportionality with non energy-proportional systems: optimizing the ensemble[C]. Proc of Conference on Power Aware Computing and Systems. Berkeley: USENIX Association, 2008: 2.

[33] Samadiani E, Joshi Y, Mistree F. The thermal design of a next generation data center: a conceptual exposition[C]. Proc of International Conference on Thermal Issues in Emerging Technologies: Theory and Application. 2007: 93-102.

[34] 刘航．WMSNs 在云计算中心节能减排中的关键技术研究[D]. 大连：大连理工大学，2011.

[35] 谭一鸣，曾国荪，王伟．随机任务在云计算平台中能耗的优化管理方法[J]. 软件学

报, 2012, 23（2）: 266-278.

[36] 邓维，刘方明，金海，李丹．云计算数据中心的新能源应用：研究现状与趋势 [J]．计算机学报，2013,36（3）:582-588.

[37] 朱伟雄，王德安，蔡建华.新一代数据中心建设理论与实践[M]．北京：人民邮电出版社，2009.

[38] 陈先云．数据容灾备份的等级及关键技术[D]．电力行业信息化年会论文集，2011：566-568.

[39] WOOD T, CECCHET E, RAMAKRISHNAN K K. Disaster recovery as a cloud service: economic benfiets & deployment challenges[A]. HotCloud'10 Proceedings of the 2nd USENIX conference on Hot topics in cloud computing[C]. Boston, USA, 2010. 8-15.

[40] Evelyn Hubbert. Data Center Automation Defined. Forrester Research, 2008:2.

[41] 左青云，陈鸣，赵广松，邢长友，张国敏，蒋培成．基于 OpenFlow 的 SDN 技术研究 [J]．软件学报，2013,24（5）:1078-1097. http://www.jos.org.cn/1000-9825/4390.htm.

[42] http://www.opencompute.org/projects/.

[43] 张卫峰．走近 Google 基于 SDN 的 B4 网络[J]．程序员，2013.

[44] https://www.opennetworking.org/.

第10章　云计算核心算法

云计算的基础技术是集群技术，支撑集群高效协同工作需要一系列资源和任务调度算法，良好的调度算法可以提高集群处理能力，有效分配资源，加速作业进度。在这一系列调度算法中，有三种核心算法奠定了集群互连互通的基础，它们是 Paxos 算法、DHT 算法和 Gossip 协议。Paxos 算法解决分布式系统中信息一致性问题，DHT 算法解决分布式网络的应用层选路问题，Gossip 协议解决分布式环境下信息高效分发问题。为了让读者更透彻地理解云计算技术，本章将对这三种云计算核心算法进行详细介绍。

10.1　Paxos 算法

Paxos 算法解决的问题是一个分布式系统如何就某个 value（决议）达成一致。一个典型的场景是，在一个分布式数据库系统中，如果各节点的初始状态一致，每个节点都执行相同的操作序列，那么它们最后能得到一个一致的状态。为保证每个节点执行相同的命令序列，需要在每一条指令上执行一个"一致性算法"以保证每个节点看到的指令一致。一个通用的一致性算法可以应用在许多场景中，是分布式计算中的重要问题。Paxos 算法作为分布式系统中最著名的算法之一，在目前所有的一致性算法中，该算法最常用而且被认为是最有效的。

10.1.1　Paxos 算法背景知识

在详细介绍 Paxos 算法之前，先介绍以下背景知识：

（1）分布式系统中各个节点称为"processor"，processor 可以担任"proposer"、"accepter"和"learner"三个角色中的一个或多个角色。

（2）了解两个概念，proposal 和 value（proposal 一般译为"提案"，value 一般译为"决议"。然而在这里对这些名词还是用原文中的英文单词，这样可避免读者的混淆）proposal = [num,value]；这里的 num 是 proposal 的编号（按 proposal 被提出的顺序递增），任意两个 proposal 可以拥有相同的 value，但是它们的编号却是不一样的。proposal 中的 value 就是需要同步的分布式系统中的指令。

（3）proposer 可以 propose（提出）proposal；accepter 可以 accept（接受）proposal；当一个 proposal 被大多数（大多数是指超过一半，称为"多数派"）的 accepter 所 accept 时就说这个 proposal 被 choose，同时这个 value 也被 choose。learner 可以学习被 choose 出来的 value，即各个 processor 按照大多数 processor 的执行进度来调整自己的执行指令，从而达到分布式系统的一致。

（4）各个 processor 之间信息的传递可以延迟、丢失，但是在这个算法中假设传达到的信息都是正确的（信息传输过程中产生的错误不在 Paxos 的考虑范围之内）。

10.1.2　Paxos 算法详解

Paxos 算法的核心是，只要满足下面三个条件就能保证数据的一致性：

（1）一个 value 只有在被 proposer 提出之后才可以被 choose；

（2）每次只有一个 value 被 choose；

（3）value 只有被 choose 之后才能被 learners 所获取。

这三个条件其实很好理解，而这三个条件中最重要的就是条件 2，Paxos 算法也就是对条件 2 的不断加强。如何保证每次只有一个 value 被 chosen 呢？

首先，来看一个单点问题：只有一个 proposer 和一个 accepter，proposer 传递有一个 proposal 给 accepter，accepter 接受并执行。这种机制很简单也很容易实现。但是如果其中一个 processor 宕机或者重启导致没有接收到信息那么整个系统就瘫痪了。显然，这不是理想的系统。

当系统有多个 processor 时（分布式系统），一个 proposer 向一组 accepter 发送 proposal，这些 accepter 可能接受这个 proposal 也可能不接受（例如 proposal 丢失）。现在来加强条件 2：

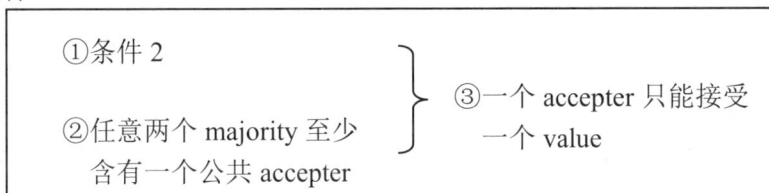

```
①条件 2
                              ③一个 accepter 只能接受
②任意两个 majority 至少         一个 value
   含有一个公共 accepter
```

这一步推导很简单，例如，有一个 accepter 集合，这个集合里有 3 个 accepter，显然多数派至少含有两个 accepter，如果有两个 value 则有两个多数派，而两个多数派至少有一个重合的 accepter，也就是说这个 accepter 接受了两个不同 value（议案）。这样有了③的限制则保证了只有一个 value 被 chosen。

假设当分布式系统刚刚运行的时候只有一个 proposer 提出了一个 proposal，如果所有的 accepter 都不接受这个 proposal 则系统不会运行，因此要求 p1。

p1：每个 accepter 都必须接受它收到的第一个 proposal。

注意，p1 是不完备的，例如，由两个 proposer 和 4 个 accepter 组成的分布式系统中，如果两个 proposer 几乎同时提出了两个 value 不同的 proposal，而这两个 proposal 分别被两个 accepter 接受了，这样就没有 value 被 chosen，因为这个案例中的多数派至少由 3 个 accepter 组成。但是我们现在暂时搁置这个问题，在后面会进行讲解。

由于 p1，显然，一个 accepter 可以接受多个 proposal（由③可以知道这些 proposal 有着相同的 value）。根据③，通过引入 proposal = [num,value]，于是有了限制 p2。

p2：如果一个 value 为 v 的 proposal 被 choose，那么此后被 choose 的编号更大的 proposal 的 value 也必须是 v。

然而，一个 proposal 要被 choose 必须被大多数 accepter 所接受，故得到了 p2 的加强版本 p2a。

p2a：如果一个 value 为 v 的 proposal 被 choose，那么此后被任意 accepter 接受的编号更大的 proposal 的 value 也必须是 v。

到这里出现了一个矛盾，如果一个 value 为 v1 的 proposal p1 被 choose 了，随后又有一个 proposer 提出了一个 value 为 v2 的 proposal p2，这个 p2 送达了 accepter x，巧合的是之前所有送往 x 的 proposal 都丢失了，也就是说这个 p2 是送达 x 的第一个 proposal，根据 p1 这个 x 必须接受 p2，而根据 p2a 则不能，因此对 P2a 再做一次加强。因为一个 proposal 要被 accepter 所接受，它必须被 proposer 所提出，故得到了对 p2a 的加强版本 p2b。

p2b：如果一个 value 为 v 的 proposal 被 choose，那么此后被任意 proposer 提出的编号更大的 proposal 的 value 也必须是 v。

这三个限制的关系是，p2b→p2a→p2，即 p2b 蕴含 p2a，p2a 蕴含 p2。

到这里 p1 和 p2b 已经可以保证分布式中的一致性，然而，p2b 虽在逻辑上满足要求却很难在实际中实现，因为 proposer 提出的 proposal 是难以限制的。所以，编者对 p2b 又做了一次加强。

p2c：如果一个 proposal = (n,v) "想要"被提出，那么存在一个多数派 S，要么(a)S 中没有 accepter 接受任何 num < n 的 proposal，要么(b)S 中 accepter 所接受的 proposal 中编号最大的 proposal 的 value 是 v。

从 p2b 到 p2c 是整个 Paxos 算法最难以理解的地方，维基百科和一些人的博客对此处的理解都不太一样，p2c 是 p2b 的加强，即 p2c→p2b。现在编者解释一下 p2c 的含义，如果 proposal (n,v) 想要被提出，有两种情况：

（1）S 中没有 accepter 接受 num<n 的 proposal，也就是说 proposal 是第一个 proposal。num==1 的 proposal 的提出是不受到限制的。

（2）S 中 accepter 所接受的 proposal 中编号最大的 proposal 的 value 是 v，S 中 accepter 接受了某个或者一些 proposal，那么这些 proposal 的 value 已经被 choose。前面说过 p2c 是 p2b 的加强，p2b 要求一旦某个 value 被 choose，则以后提出的 proposal 的 value 必须跟被 choose 的 value 一致。proposal 想要被提出则它的 value 必须和编号最大的 proposal value 一致。为什么是编号最大的而不是编号为 n-1（n 为当前接受的 proposal 的编号）的呢？因为一个 proposal 被多数派 S 接受之后它后续的 proposal 有可能丢失。

为了满足 p2c，一个 proposer 要想提出一个编号为 n 的 proposal，它必须知道 accepter 多数派中已经接受的或者将要接受的编号小于 n 的最大的编号是多少。知道已经接受的 proposal 的编号是很简单的，但是预测就比较难实现了，Paxos 通过让 accepter 承诺不再接受任何编号小于 n 的 proposal 来控制。因此，proposer 提出一个 proposal 需要经过以下两步：

（1）proposer 选择一个编号 n 并向一组 accepter 发送一个 prepare 请求（包含所选择的编号 n），要求 accepter 返回 promise，promise 包含两个信息：①不再接受任何编号小于 n 的 proposal 的承诺；②该 accepter 所接受的小于 n 的最大编号的 proposal，如果该

accepter 还未接受过任何 proposal 则不用返回这个信息。

（2）如果 proposer 接收到大多数的 accepter 所返回的 promise，则该 proposer 可以提出编号为 n，value 为 promise 所带回的 proposal 的 value 的 proposal，如果 promise 没有带回有关的 proposal 则 value 可以为任意值。

proposer 通过向一组（不一定是发给它 promise 的那一组）accepter 发送 accept 请求来发送一个已经被接受的 proposal。以上是 proposer 提出 proposal 的算法，下面看看 accepter 接受 proposal 的算法。

p1a：当且仅当 accepter 没有对任何编号大于 n 的 prepare 做出过 promise 时，它可以接受一个编号为 n 的 proposal。

显然，p1a 蕴含 p1。与 proposer 不同的是，即使是宕机或者重启 accepter 也必须"记住"它所接受的最大编号的 proposal 以及它所做出过回应的最大编号的 prepare 请求。而 proposer 只要保证不提出重复的 proposal 即可。

现在，对一个 proposal 的提出和接受做一个系统的描述，这个过程分为请求和提出两个阶段。

1）请求阶段

（1）proposer 选择一个编号 n，并向 accepter 多数派发出一个 prepare 请求（带有编号 n）。

（2）如果 accepter 接受到的 prepare 所带有的编号 n 比它之前所做出过回应的 prepare 请求的编号都要高，则该 accepter 回应 proposer 一个 promise（带有这个 accepter 所接受的编号最大的 proposal，如果没有接受过任何编号小于 n 的 proposal 则不带回）。

2）提出阶段

（1）如果 proposer 收到了 accepter 多数派对它所发出的 prepare 请求所做的回应，则它发出带有 proposal 的 accept 请求，proposal = (num,value)，value 为回应所带回的 proposal 的 value 值（如果没有带回 proposal 则 value 为任意值）。

（2）如果 accepter 接受到一个 accept 请求，如果该 accepter 之前没有对任何编号大于 n 的 prepare 请求做出过 promise，则接受该 proposal。

到这里 Paxos 算法已经讲解完了，但是似乎算法中还有一些问题还没有解决，在 p1 提出后曾经提到过 p1 是不完备的，回到那个例子，偶数个 accepter 分成了两个数量一样的集合，并接受了两个 value 不一样的 proposal，根据"每个 accepter 只能接受一个 value"，如此说来，这个分布式系统不只是这一次无法 choose 出一个 value，而且以后再也不能 choose 出一个 value，因为每个 accepter 所能接受的 value 已经被确定，而这些 accepter 不能形成多数派。这是一个很严重的问题，会导致分布式系统完全瘫痪。然而，这个情况会发生吗？显然不会，拿上文中提到的例子来说：两个 proposer (p1,p2) 以及 4 个 accepter(a1,a2,a3,a4)。先假设 p1 提出一个 proposal(1,v1)，根据上面的 proposal 提出的两个阶段，首先 p1 先向一个多数派（假设为 a1，a2，a3）发出 prepare（编号为 1）请求（见图 10-1）。

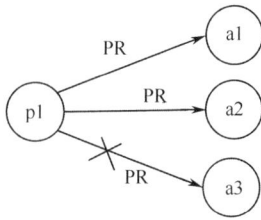

图 10-1 PR：prepare request（假设 p1 到 a3 的 PR 丢失）

a1 和 a2 是第一次接受到 prepare 请求，所以返回 promise（不带回 proposal），此时 p1 收到了 a1 和 a2 的 promise，但是根据提出阶段的 proposer 必须接受来自多数派的 promise 才可以提出 accept 请求，因此不会出现先前例子中的情况。

10.1.3 Paxos 算法举例

在一个分布式数据库系统中，有 5 个节点 S1、S2、S3、S4、S5，假设各节点的初始状态一致，则每个节点都执行相同的操作序列，那么它们最后能得到一个一致的状态。现在用 Paxos 算法保证每个节点都执行相同的操作序列。假设 S1 只传输 sql 命令（proposer），剩下的都是数据库节点（accepter）。

步骤 1，S1 选定编号 1（假设第一个命令编号为 1），向集合 Database={S2, S3, S4, S5}的一个多数派子集发送 prepare request（PR）（见图 10-2）。

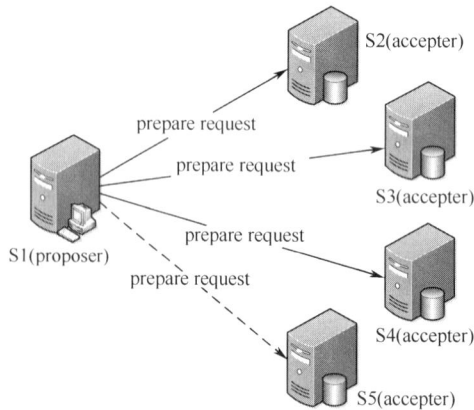

图 10-2 S1 向集合 database 中多数派发出 PR

步骤 2，如果通信顺利，所有的多数派都收到了 PR，因为这是它们所接收的第一个 prepare，所以这个多数派的成员都会回应 S1 一个 promise，因为之前它们还没有接收过任何 proposal，所以 promise 不带回 proposal；如果通信部分失败导致接受到 PR 的节点不构成多数派则 S1 重复步骤 1（PR 编号递增），如图 10-3 所示。

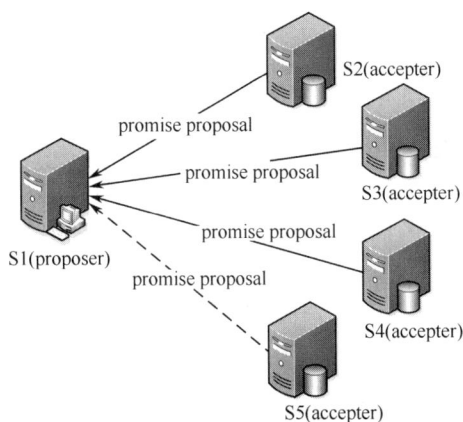

图 10-3　Database 向 S1 发出 promise 和 proposal

步骤 3，S1 接收到多数派的 paromise，向集合 Database 发出带有第一个 SQL 命令（这里的 SQL 命令就是之前的 value）的 proposal，编号为 1，因为 promise 没有带回 proposal 所以这里的 SQL 命令没有限制。

步骤 4，如果通信顺利，所有的数据库节点都收到了 S1 所提出的 proposal（编号为 1），而它们之前并没有做过任何编号大于 1 的 prepare，因此它们接收这个 proposal，由此多数派形成，决议也就产生了。然后各个节点执行决议的内容也就是 SQL 命令，然后等待 S1 提出第二个 SQL 命令；如果通信部分失败，这种情况下，如果接受到 proposal 1 的节点可以构成多数派则和通信顺利的情况下一样；反之则不然，由于构不成多数派则不能产生决议，所有的数据库节点都不执行 SQL 命令，从而保证了数据库内容的一致性（见图 10-4）。

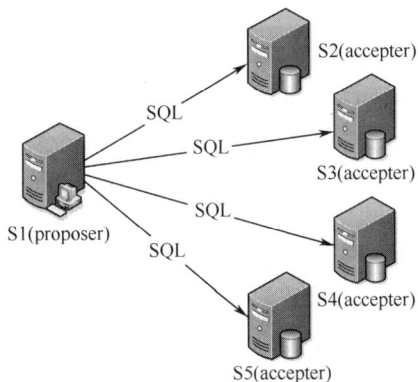

图 10-4　S1 所有 Database 节点发出 SQL 语句

步骤 5，重复以上操作，注意 proposal、prepare 及 promise 的编号递增，以及 promise 根据情况带回 proposal。

10.2　DHT 算法

从整个计算机发展历史来看，集中式与分布式计算模式交替占了一段历史时期。如今，云计算应用中各大公司都建立了自己的数据中心和计算中心。当云计算的应用越来越多，用户越来越多后，集中式的计算模式将受到网络带宽等因素的制约。P2P 是云计算的未来。云计算与物联网的计算模式未来 5 年后将主要采用 P2P 计算模式（对等计算模式）。Client/Server 计算模式（客户—服务器计算模式）主要应用于小规模的网络环境。Client/Server 计算模式采用中央集中式架构，中央节点（服务器）对整个网络服务具有决定性的作用。如果服务器失效，则整个服务失效。这就是所谓的"单点失效问题"。此外，大部分的计算都集中在服务器端，因而引起负载的不平衡。即所谓的"服务器端的计算瓶颈"，而客户机端则存在资源浪费的情况。此外，集中式计算模式对用户的隐私以及数据安全也将存在不可能解决的难题。P2P 计算模式是一种非集中计算模式。P2P 网络中的每台计算机（或称对等点），具有同样的地位，既可以请求服务，也可以提供服务。P2P 计算模式具有资源充分利用，网络规模可扩展（节点越多网络越稳定，不存在瓶颈）等优点。下一代计算机网络（云计算和物联网）都是巨大的网络，因此，未来的计算模式应该是 P2P 计算模式[3]。

P2P 按照拓扑结构的不同可以分为三种。

（1）集中式拓扑模式，如 Napster。这种模式必须有中央服务器。当系统中节点数增多时，中央服务器就成为系统的瓶颈。

（2）分布式非结构化拓扑模式，如 Gnutella 和 Freenet。每个节点存储自身的信息或信息的索引，当用户需要在 P2P 系统中获取信息时，他们预先并不知道这些信息会在哪个节点上存储，搜索采用泛洪方式，搜索在超出一定范围后就不能进一步扩展。因此，在非结构化 P2P 系统中，信息搜索的算法难免会带有一定的盲目性。

（3）分布式结构化拓扑模式。它们都是基于 DHT 技术的，如 Chord、CAN、Pastry 和 Tapestry。每个节点只存储特定信息或特定信息的索引。当用户需要在 P2P 系统中获取信息时，他们必须知道这些信息（或索引）可能存在于哪些节点中。由于用户预先知道应该搜索哪些节点，避免了非结构化 P2P 系统中使用的泛洪式查找，提高了信息搜索的效率。

P2P 网络中如何快速准确地对资源进行定位是衡量其性能的一个关键。现在的分布式 P2P 系统普遍采取的是 DHT 搜索算法。DHT 是分布式哈希表（Distributed Hash Table）的首字母缩写。DHT 算法使用分布式哈希函数来解决结构化的分布式存储问题。DHT 每个节点负责存储一个小范围的路由以及数据，从而实现整个网络的寻址和存储。此种网络的优点是每个节点都在一个虚拟的拓扑结构中，发现内容仅需要有限的消息，不会造成通信阻塞。其缺点为节点和内容本身的语义被哈希函数打破了，不能对节点的内容进行复杂的语义查询。

本节将对 DHT 的原理以及基于 DHT 的几种常见的资源定位算法（包括 Chord、Pastry、CAN、Tapestry）进行介绍。

10.2.1　DHT 原理介绍

哈希函数可以将给定的一段任意长度数据计算出一个固定长度的散列值，称为消息摘要（Message Digest，MD），一般用于安全和保密中对数据加密。$h=H(x)$，一般要求 h 可以作用于任何尺寸的数据，并且产生定长的输出，即给定一个任意数据 x，可以通过 $H(x)$ 计算出等长的字符串输出。如果哈希函数 $H(x)$ 设计得足够好，$H(x)$ 能够很快地计算和查找。但是仅给出 $H(x)$ 时几乎无法得到原数据 x，同时由于散列值所在的散列空间非常大，因此很难发生同一散列值对应不同数据的情况[4]。

DHT 中主要使用相容哈希函数进行散列[5]。相容哈希又称一致性哈希（Consistem Hashing）。相容哈希为每个节点和关键词分配 m 位的标识符。标志符长度越长，则经过 Hash 后得到的值相同的可能性越小，因此只要使标志位数 m 足够大，可以认为关键字在 Hash 后得到了一个唯一的值。另外使用相容哈希得到的值能够体现负载均衡，节点在经过散列后得到的标识符 ID，一般在散列空间中均匀分散，使得每个节点的负责管理的内容比较平均。DHT 中常见的 Hash 函数有 SHA-1、MD4、MD5 等。其中 SHA-1 算法消息摘要的固定长度为 160 位，MD5 算法为 128 位。

基于 DHT 进行网络资源定位的方式是一种结构化资源定位方法。如图 10-5 所示，所谓 DHT 技术就是在 P2P 网络应用层和网络/路由层间假设单独的 DHT 层来进行 P2P 网络资源定位和查找。DHT 分布式哈希表采用 Hash 函数加速了查找速度和增强了安全性，而且便于管理，同时不会占用太多的网络带宽[6]。

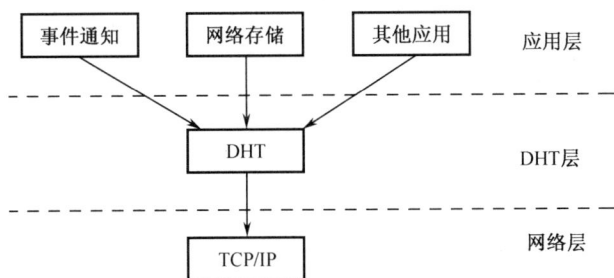

图 10-5　DHT 技术的基本概念

基于 DHT 分布式哈希表技术是与应用无关的技术，因为 DHT 层单独加入在应用层和下层通信层之间，可以不考虑具体的应用，只利用 DHT 层负责上层数据和下层通信节点之间查询和插入。利用哈希函数得到关键字并不能反映数据的含义，具体关键字的产生，又完全取决于应用层的开发者。DHT 的应用层接口如图 10-6 所示。DHT 系统基本的操作就是 LookUp(key)。由于系统中的每一个节点负责存储一定范围的关键字，通过 LookUp(key) 操作返回一个存储该关键字节点的节点标识符（NodeID），这个操作允许节点根据关键字进行存储和读取。通过 DHT 层的 LookUp(key) 操作，可以把应用层的数据均匀分布在网络的各个节点内，这种方法使下层网络完全不受中心控制[7]。

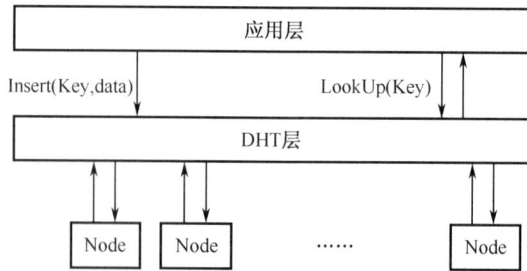

图 10-6　DHT 应用层的接口

DHT 作为应用层接口与传统的应用层接口相比还具有更多的优点。传统应用层接口 UDP/IP 是通信中心的接口，一定要具体指出要查找和发送数据的节点 IP 地址。由于现在的 Internet 过分依赖 DNS 网关，只要其中有一个服务器出现"问题"，相应的其他任何服务就无法获得。DHT 是以数据为中心的接口，只要给出与数据唯一对应的 key 就可以进行资源查找，并不需要关心数据具体存放在哪个节点上和数据具体来自哪个应用。

DHT 是一个好的共享下层设施，由于 DHT 使用资源名字不必再编码成位置或路由链路，这样形成一个统一的基于内容的命名层，增加了寻找对象的灵活性。并且由于 DHT 也是一个均衡的体系结构，可以提供多种选择用于考虑在哪些节点空间存放对象副本，以及用哪一条路径寻找存放对象副本来确保应用层的安全。基于 DHT 基础结构是自组织和自治的，所以不需要人们事先预见额外操作，这样就降低了执行、维护和管理的代价。使用 DHT 技术使一个实体并不知道它要保存什么样的数据，因此所有实体必须能够自愿地提供 PC 资源、网络带宽，并且能够接收任何类型的数据。

所有的 DHT 路由算法都主要包括三个方面，一是 DHT 的散列空间的描述，即如何进行散列。二是 DHT 中各节点如何分配管理散列空间，即散列后的信息如何决定其存储的节点位置。三是路由发现算法，即对散列值进行查询时节点如何高效地路由到存储目标信息的节点。

10.2.2　Chord 中 DHT 的具体实现

Chord 是由麻省理工学院的 Ion Stoica 等人设计的一种简单的结构化 P2P 搜索策略。它的设计目标是提供一个具有完全分布、可扩展性及可用性好、负载均衡的 P2P 搜索策略，解决由中心控制的搜索策略带来的扩展性能差、负载不均衡等限制问题。

Chord 系统内，每一个节点通过一些哈希函数（通常是 SHA-1）计算出唯一的 m 位标识符（节点 ID），标识该节点在 Chord 系统中的位置。当 Chord 需要路由某一消息时，该消息也用哈希函数计算出消息 key 值。消息的目标节点就是节点 ID 大于或者等于消息 key 值的节点中节点 ID 最小的一个，此节点称为这个消息的后继节点（successor）。

Chord 中所有节点按节点 ID 大小顺时针排列并首尾相接组成一个拥有 $2m$（m 一般为 160）个节点的环空间，称为 Chord 环。Chord 通过将资源存放在"距离"资源关键值 key 最近的节点，将资源查找的问题转换成节点查找的问题。Chord 中"距离"以在

Chord 环空间上按顺时针方向节点 ID 之间的节点数来计算。

在 Chord 中，每个节点只需要维护它在圆环上的后继节点（successor）和前驱节点（predecessor）的节点标识和 IP 地址，对特定 key 的查询请求可以通过各个节点的 successor 在圆环上传递，直到到达一对节点，该 Key 落在这对节点标识之间，后一个节点即为存储目标(K,V)对的节点。在扩展的 Chord 中，为了加快查询速度，每个节点需要维护一个路由表 finger 表，finger 表中最多包含 m 项路由信息，节点 N 的 finger 表中第 i 项是圆环上距离 n（节点个数）至少 2i-1 的第一个节点 S[如 $S = successor(n+2i-1)$，$1 =< i <= m$]，称节点 S 为节点 N 的第 i 个 finger，表示为 N.finger[i]。N.finger[i]就是节点 N 的后继节点。finger 表中每一项既包含相关节点的标识，又包含该节点的 IP 地址和端口号。

如图 10-7 所示，是一个 m=6 且只有 10 个节点的查找示意图，其中节点标识以 N 开头，而关键字标识以 K 开头，图中给出了节点 N8、N42、N51 的 finger 表。节点 N8 发起查询 K54 的分组转发路线为：N8 首先找到其 finger 表中节点标识位于 K54 之前且距离 K54 最近的节点 N42，然后把查询分组转发给 N42，而 N42 按同样的规则找到其 finger 表中的节点 N51，并将查询分组转发给 N51，节点 N51 发现 K54 落在它的后继节点 N56 之前，即 N56 就是要找的节点，把 N56 返回给节点 N8。此后 N8 直接和 N56 建立连接以获取 K54 相应的文件信息。

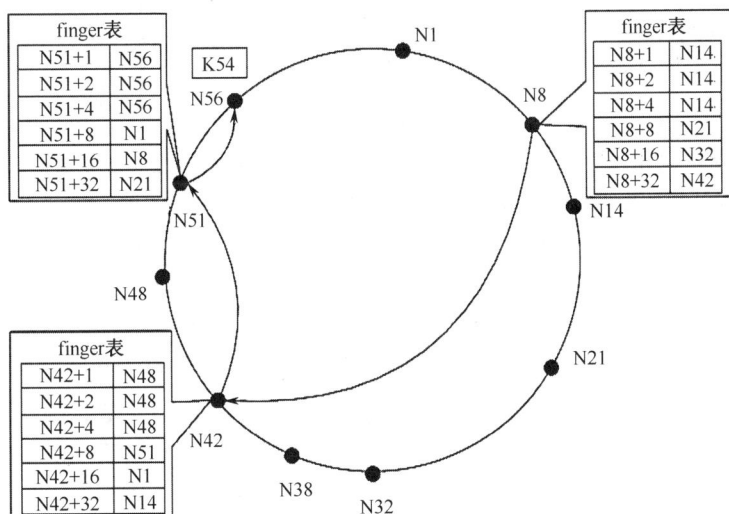

图 10-7　Chord 模型示意图

1. 节点 N 的加入过程

节点 N 的加入过程如下。

步骤 1，初始化新节点的指针表。假设节点 N 在加入网络之前通过某种机制知道网络中的某个节点 M。这时，为了初始化 N 的指针表，N 将要求节点 M 为它查找指针表中的其他表项。

步骤 2，更新现有其他节点的指针表。节点加入网络后将调用其他节点的更新函数，让其他节点更新其指针表。

步骤 3，从后继节点把关键字传递到节点 N。这一步是把所有后继节点是 N 的关键字转移到 N 上。整个加入操作的时间复杂度是 $O(\log 2N)$，如果采用更复杂的算法，可以把复杂度降低到 $O(\log N)$。

2．节点的退出过程

节点的退出过程如下。

在 P2P 网络中，某个对等节点随时可能退出系统或者发生失效，因此处理节点失效是一个更重要的问题。在 Chord 中，当节点 N 失效时，所有指针表中包括 N 的节点都必须把 N 替换成 N 的后继节点。另外，节点 N 的失效不能影响系统中正在进行的查询过程。

在失效处理中最关键的步骤是维护正确的后继指针。为了保证这一点，每个 Chord 节点都维护一张包括 t 个最近后继的后继列表。如果节点 N 注意到它的后继节点失效了，那么它就用后继列表中第一个正常节点替换已经失效了的节点。

10.2.3　Pastry 中 DHT 的具体实现

Pastry 是微软研究院提出的一种可扩展的分布式对象定位和路由协议，可用于构建大规模的 P2P 系统。在 Pastry 中，为每个节点分配一个 128 位的节点标识符，所有的节点标识符形成了一个环形的 ID 空间，ID 范围从 0 到 $2^{128}-1$。

Pastry 网络中的每个节点都有一个唯一的节点 ID。当给定一条消息和一个关键字时，Pastry 节点将会把这条消息路由到在当前所有的 Pastry 节点中节点 ID 和关键字最接近的那个节点。Pastry 考虑了网络的位置信息，它的目标是使消息传递的距离短，距离按照节点 ID 的数值差来计算。每个 Pastry 节点记录在节点空间和它直接相邻的邻居节点，当新节点加入、原有节点失效和恢复时通知上层应用。

为了实现消息路由，每个 Pastry 节点都要维护一张状态表，状态表由 Leaf set、Routing table 和 Neighborhood set 三张表组成。Pastry 的路由过程是：当收到一条消息时，节点首先检查消息的关键字是否落在叶子节点集合中。如果是，则直接把消息转发给对应的节点，也就是叶子节点集合中节点号和关键字最接近的节点；如果关键字没有落在叶子节点集合中，那么将使用路由表进行路由。当前节点将会把消息发送给节点号和关键字直接的共同前缀至少比现在节点长一个数位的节点。当然，在某些情况下，会出现路由表对应表项为空，或者路由表表项对应的节点不可达。这时候消息将会被转发给共同前缀一样长的节点，但是该节点和当前节点相比，其节点号从数值上将更接近关键字。这样的节点一定位于叶子节点集合中。因此，只要叶子节点集合中不会出现一半以上的节点同时失效，路由过程就可以继续。从上述过程可以看出，路由的每一步和上一步相比都向目标节点前进了一步，因此这个过程是收敛的。

1. 节点的加入

假定新加入节点的节点号为 N，节点号的分配过程是由应用程序决定的，例如可以对节点的 IP 地址进行哈希运算得到节点号。N 在加入 Pastry 之前，需要知道一个相邻节点 A 的位置信息。N 的加入过程主要包括初始化自己的节点数据结构，并通知其他节点自己已经加入系统。

N 首先要求 A 路由一条"加入"消息，消息的关键字就是 N 的节点号，和其他的消息一样，这条消息最终会达到具有和 N 最接近的节点号的节点 Z。作为响应，节点 A 和节点 Z，以及从 A 到 Z 的路径上的所有其他节点都会把自己的数据结构传给 N。N 利用这些信息初始化自己的数据结构，初始化完成后，N 将通知其他节点，它已经加入了系统。

2. 节点的退出

Pastry 网络中的节点可能会随时失效或者在离开系统时并未发出通知。当相邻节点不能和某个 Pastry 节点通信时，就认为该节点发生了失效。

如果是叶子节点集合中 L 的节点失效，则当前节点会要求当前叶子节点集合中最大节点号或者最小节点号的节点把它的叶子节点集合 L1 发送过来。L1 中如果存在 L 中没有的节点，当前节点将从中选择一个替代失效节点，在替代之前，需要首先验证该节点是否还在系统中。

如果是路由表中某项对应的节点失效，那么当前节点将从该项所在的路由表中选择另一个节点，要求它把自己路由表中对应位置的项发过来，如果当前节点的路由表中对应行已经没有可用节点了，那么当前节点将从路由表的下一行中选择一个节点，这个过程将继续，直到当前节点能够得到一个替代失效节点的节点号，或者当前节点遍历了路由表为止。

10.2.4　CAN 中 DHT 的具体实现

CAN 是内容可编址网络（Content-Addressable Network）的缩写，2001 年由加州大学伯克利分校设计[8]。CAN 可以在 Internet 规模的大型对等网络上提供类似哈希表的功能。CAN 具有可扩展、容错和完全自组织等特点。CAN 类似于一张大哈希表，基本操作包括插入、查找和删除。CAN 由大量自治的节点组成，每个节点保存哈希表的一部分，称为一个区。CAN 的设计完全是分布式的，不需要任何形式的中央控制点。CAN 具有很好的可扩展性，节点只需要维护少量的控制状态而且状态数量独立于系统中的节点数量。CAN 支持容错特性，节点可以绕过错误节点进行路由。

CAN 是基于一个虚拟的 d 维笛卡儿坐标空间实现其数据组织和路由查找功能的，整个空间被网络中的节点动态地划分为许多区域，每个节点负责一块独立的不相交的区域，节点通过它所负责的区域的边界表示。每个资源对象被映射到这个虚拟空间中的一个点，并保存在负责该点所在区域的节点中。

CAN 中的节点根据它们负责的区域所在的坐标空间中的位置来建立邻居关系。在 d 维笛卡儿空间中，两个节点的 d 维坐标中有 d-1 维是相等的，剩余的一维是相邻的节点称为这两个节点区域邻接。由于在 d 维的空间中最多有个 $2d$ 个相邻的节点，因此一个节点的相邻节点表最多有 $2d$ 个表项。图 10-8 是 $d=2$ 时 CAN 的拓扑结构示意图，整个区域坐标由 5 个节点 A，B，C，D，E 组成，每个节点负责部分区域，如节点 C 负责的区域为(0-0.5,0.5-1.0)，其邻居节点为 A 和 D，CAN 中通过哈希函数把资源映射到 d 维空间中的一点，资源对象就发布在该节点上。

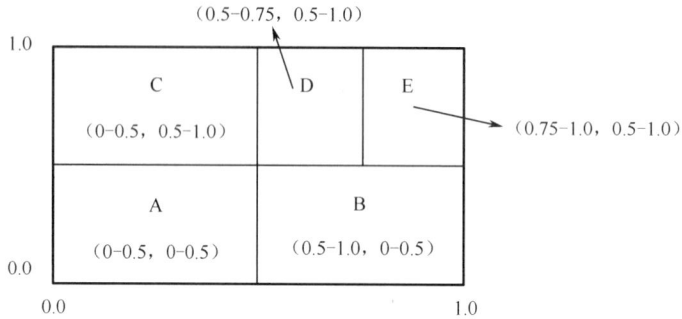

图 10-8　二维坐标空间中 CAN 的节点示意图

查询操作通过在 d 维笛卡儿坐标空间中转发查询消息被执行，转发从查询初始化点沿着坐标系上最接近直线的路径到达存储关键字的节点。当收到一个查询请求，一个节点转发请求到与存储关键字节点在坐标系中最接近的节点上，图 10-9 表明找寻关键字(0.8,0.9)的路径。每个节点维护 $O(d)$ 个状态，查询代价是 $O(d_{N1}/d)$。初始 Node(0,0,0.5,0.5) 查找(0.8,0.9)的路径。CAN 路由模型的路由过程如图 10-9 所示。

CAN 系统中，一个减少查询时延的技术是多实现技术。用户位于多个坐标空间同时参与查询来减少时延和提高 CAN 的健壮性。每个节点在每个坐标空间被分配一个不同的区域。关键字在每个坐标空间被复制，提高节点失效时系统的强壮性。转发消息节点检验在每个空间实际存在的邻居节点，并且转发消息到离本节点最近的邻居节点。

为了加入 CAN 网络，一个新的节点首先在坐标空间中选择一个随机点 P，找到包含随机点的新加入节点。新加入节点可以很容易地初始化其路由表，因为和它相邻的所有节点除了 N 节点之外，都在 N 节点的邻居表中。这也允许邻居用新节点更新路由表。

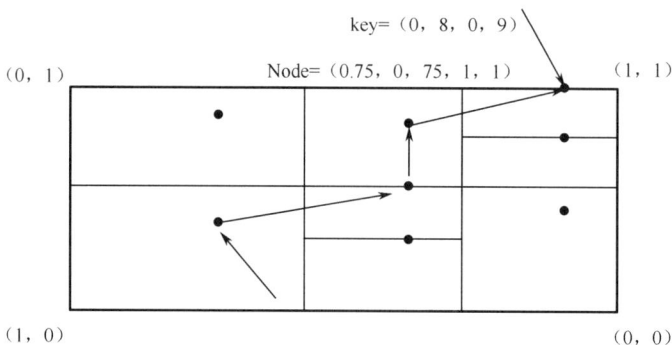

图 10-9　CAN 路由模型的路由过程

当一个节点离开时，这个节点将其区域交给它的邻居。如果两个区域能合并成一个大的区域，则产生一个新的有效区域。如果两个区域并不能合并，那么邻居节点就会暂时处理两个区域。当一个节点失效时，CAN 系统潜在的问题就是多点失效会导致一个坐标空间的分裂，由多个节点处理多个区域，区域越分越多，越分越小。为了解决这个问题，CAN 执行一个特别的重分配节点算法。该算法能尽量将多个可以合并的区域分配到 CAN 系统中一个合法的节点上，来联合使用这些区域。

10.2.5　Tapestry 中 DHT 的具体实现

Tapestry 是由加州大学伯克利分校计算机系设计的分层路由和组织结构的查询算法，它为面向广域网的分布式应用提供了一个分布式查找和路由定位基础平台。Tapestry 网络中每个节点和文档通过哈希变换得到各自 160 位比特的唯一标识符，每个节点都拥有一个邻居表，记录邻居节点的信息。Tapestry 基于文档标识符的后缀进行路由，即从标识符的最后一位开始依次向前一步一步逼近目标节点的标识符，直到达到最大程度的匹配。查询时，节点通过比较收到的文档标识符和本地保存的邻居节点的标识符，选择节点标识符和文档标识符有着最长后缀匹配的节点作为路由路径中的下一跳节点。

Tapestry 基于 Plax ton 中提出的定位和路由机制进行优化。Plax ton 提出了一种分布式数据结构，用于在网络范围内定位资源对象。在 Plax ton 中，每个节点都可以承担服务器（保存对象）、路由器（转发消息）和客户端（请求发起者）的功能。另外，对象和节点的标识符和它们的位置以及具体内容无关，用某种固定长度的位串采用随机方式确定。系统假定对象和节点的标识符在整个名字空间中是均匀分布的。

Tapestry 采用的基本定位和路由机制和 Plax ton 很类似。Tapestry 中的每个节点都可以用 Plax ton 中描述的算法转发消息。每张邻居映射表都按照路由层次组织，每个层次都包括匹配该层次对应的前缀并离该节点最近的一组节点。每个节点还维护一张后向指针列表指向把自己作为邻居的那些节点，在节点加入算法中会用到这些指针。

Tapestry 的节点加入算法和 Pastry 很类似。节点 N 在加入 Tapestry 网络之前，也需要已知一个已经在网络中的节点 G，然后 N 通过 G 发出路由自己的节点 ID 的请求，根据经过的节点所对应的邻居节点表构造自己的邻居节点表。构造过程中还需要进行一些优化工作。构造完自己的数据结构后，节点 N 将通知网络中的其他节点，自己已经加入网络。通知只针对在 N 的邻居映射表中的主邻居节点和二级邻居节点进行。

Tapestry 采用两种机制处理节点的退出。一种情况是节点从网络中自行消失，在这种情况下，它的邻居可以检测到它已经退出网络并可以相应地调整路由表；另一种机制是节点在退出系统之前，利用后向指针确定所有把它作为邻居的节点，这些节点会相应调整路由表并通知对象服务器该节点已经退出网络。

10.3　Gossip 协议

Gossip 协议因为 Cassandra 而名声大噪，其完整定义最早由 Demers 提出，他在论文[9]

中介绍了一种传染病算法（Epidemic Algorithm）用于解决分布式数据库的数据备份问题。随后该协议被广泛用于异构环境下的信息分发、P2P 网络节点信息管理等多种应用中。

Gossip 协议如其名，灵感来自办公室八卦，只要一个人八卦一下，在有限的时间内，所有人都会知道该八卦的信息，这种信息传播方式与病毒传播类似，因此 Gossip 协议有众多别名："闲话算法"、"疫情传播算法"、"病毒感染算法"、"谣言传播算法"等。在 Demers 提出该方法之前，Gossip 协议的思想已经被广泛使用，洪泛查找、路由算法等都归属这一范畴，不同的是 Demers 利用 Gossip 对这类算法提供了明确的语义、具体实施方法以及收敛性证明。

Gossip 协议所使用的算法被称为反熵算法（Anti-Entropy）。熵是物理学上的一个概念，反映系统的杂乱程度，反熵则意味着在杂乱无章中寻求一致。这充分说明了 Gossip 协议的特点：在一个有界的网络中，每个节点都随机地与其他节点通信，经过一番杂乱无章的阶段，最终所有节点的状态都达成一致。每个节点可能知道所有其他节点，也可能仅知道几个邻居节点，但只要这些节点通过网络连通，最终所有节点的状态都将是一致的。当然，这也是疫情传播的特点。

10.3.1　Gossip 协议的特点

Gossip 协议具有以下几个优点[10]。

（1）分布式容错。当系统中有节点因为宕机而重启，或有新节点加入，经过一段时间后，这些节点的状态仍会与系统中其他节点达成一致，也就是说 Gossip 天然具有分布式容错的特点。

（2）最终一致性。Gossip 协议虽然无法保证在某个时刻所有节点状态保持一致，但可以保证在"最终"所有节点一致。"最终"是一个现实中存在，但理论上难以证明的时间点。

（3）去中心化。Gossip 协议不要求节点知道系统中所有节点的状态，节点之间完全对等，不需要任何中心节点。

Gossip 协议的缺点也很明显，冗余通信会大大增加网络和 CPU 的负载，并进一步影响算法收敛的速度。

Gossip 协议目前已经用于 Amazon 平台基础存储架构 Dynamo，Dynamo 利用该协议进行节点信息管理。同样应用了该协议的还有 Facebook 的 Cassandra 架构。在国内，大量流媒体系统也应用该协议进行信息同步，如香港大学张欣研发的 CoolStreaming 系统、华中理工大学的 PPLive、宁波大学开发的 PPStream，以及腾讯公司开发的 QQLive 等。本书后面章节将详细介绍 Gossip 协议在 Cassandra 架构和 CoolStreaming 系统中的应用。

10.3.2　Gossip 协议的通信方式及收敛性

Gossip 协议的概念最早由 Demers 在论文中提出，作者介绍了一种传染病算法（Epidemic Algorithm），用于解决分布式数据库备份问题。传染病算法中存在三种不同单元：人口（population），交互（a set of interactive），交流（communicating）。这三个单元通过既定规则决定如何传递信息。规则可以由用户自由设定，但是任意单元在特定时间 t 内必须处于以下三种状态之一。

（1）易受感染（Susceptible）：单元不了解信息的内容，但可以收到这条信息。

（2）传染（Infective）：单元知道（接收到）信息，按照指定规则进行传播。

（3）恢复（Recovered）：单元知道（接收到）信息，但不进行转发。

基于上述三个定义，可以将传染病算法分为以下三类。

1. 感染—传染（Susceptible-Infective，SI）

该类算法中几乎每个单元最初都设定为感染状态，当一个单元接收到更新的信息后立即转为传染状态，并保持这种状态直到所有单元都成为传染状态。因此，就需要某种额外的方法来决定是否停止信息传播。假定一个单元每次循环中遇到的单元数为 β，第 t 次循环后，传染者的相对数量为 $i(t)$，则有

$$\frac{i(0)}{2(1-i(0))} \leqslant i(t) \leqslant \frac{i(t)}{1-i(t)}e^{\beta t} \tag{10-1}$$

易受感染单元相对数量 $s(t)$ 为

$$\frac{1}{2}\left(\frac{1}{i(0)}-1\right)e^{-\beta t} \leqslant s(t) \leqslant \left(\frac{1}{i(0)}-1\right)e^{-\beta t} \tag{10-2}$$

2. 感染—传染—感染（SIS）

与 SI 算法模型不同，SIS 算法可以决定在全部人口被传染前停止传播。例如，若一个单元意识到它前五个通信伙伴已经是传染者，它就确定接收到的信息版本比较旧，因此直接停止传播该消息。但是恢复的单元仍可以成为传染者。如果一个单元在停止传播前收到一条特定信息，就会继续传播直到失去兴趣。在 t 次循环后，传染单元相对数量为

$$i(t) = \frac{1-p}{1+\left(\dfrac{(1-p)n}{i(0)}-1\right)} \times n \tag{10-3}$$

这里 p 表示每次循环中恢复单元与传染单元之比。从式（10-3）可以看出，传染者数量上限为 $\dfrac{1-p}{2}$，之后会逐渐下降到 $1-p$。

3. 感染—传染—恢复（SIR）

SIR 算法和 SIS 算法比较接近，唯一区别是恢复单元在停止传播信息之后便不再收到传染。因此迭代到最后，会有常量个单元保持易受感染状态。

Gossip 协议属于 SIR 类传染病算法，早期的 Gossip 协议中，系统中的节点会将接收到的需要扩散的信息发送给它随机选择的邻居节点。通过这种冗余的信息频繁转发机制，Gossip 协议无须依靠具体的机制去选择建立连接的节点，确保了在部分节点损坏和网络丢包率高的情况下信息扩散的可靠性。此外，当节点规模扩展后，每个节点的通信负载随着群体规模以对数级速度缓慢增加，从而保证了系统通信的可扩展性。由于

Gossip 协议的高容错性，以及易扩展和部署等特性，非常适用于系统稳定但节点通信关系变化复杂的场景中。

在节点 N 上运行 Gossip 协议，具有图 10-10 描述的通用框架。

```
When (N receives a new message M)
    While (N believes that not enough of its neighbors have received m)
        A=random select a neighbor process of N;
```

图 10-10 Gossip 协议基本框架

10.3.3 Gossip 节点管理算法

Gossip 协议一个重要功能就是对节点关系的分布式管理，管理机制包括：节点加入（Subscribe），节点离开（Unsubscribe）。每个节点维护一个包含邻居节点记录的局部视图，随机选择邻居节点进行通信，并不需要了解群体中全部节点的信息，节点通过 SIR 算法转发和维护自己的局部视图，从而保持与整体的联系。

1. 节点加入

遇到有节点加入时的管理算法如下。

（1）接触（Contact）。有新节点加入群体时，会任意选择一个邻居节点发送加入请求，这种节点称为接触。运行初期，节点的局部视图只包含这些接触记录。

（2）新加入（New subscription）。当一个节点收到一个新加入请求时，它会把新节点的标识符转发到局部视图里的所有成员。同时节点还会创建 n 个新加入的副本（n 是一个设计参数，决定了系统的容错性），并且把它们转发给局部视图中随机选择的节点。

（3）转发加入（Forward subscription）。当节点收到一条转发的加入请求时，如果这条信息的源节点不在它的局部视图中，它会以概率 p 将此节点加入局部视图（p 值取决于局部视图的大小）。如果它不保存该节点，这条加入请求会被转发到局部视图中随机选择的节点。这些被转发的加入请求或者被某个节点保留，或者被转发，直到一些节点将其保留才会消失。

（4）保持加入（Keeping a subscription）。群体中每个节点都会维护两张表：局部视图（Partial View），存储所有它可以转发的 Gossip 信息的节点；入度视图（In View），存储接受 Gossip 信息源节点。如果节点 i 决定保存来自节点 j 的建立联系的信息，它会把 j 的标识符放入它的局部视图中，并向 j 发送一条信息，通知 j 把 i 的标识符放入自己的入度视图中。

2. 节点离开

离开机制是用来控制节点局部视图大小的。现假设节点 n_0 要退出，它的局部视图中包含的 ID 有 $i(1), i(2), \cdots, i(l)$，它的入度视图中 ID 分别是 $j(1), j(2), \cdots, j(l')$。$n_0$ 会告知节点 $j(1), j(2), \cdots, j(l'-c-1)$ 用 $i(1), i(2), \cdots, i(l'-c-1)$ 来分别取代自己（如果 $l'-c-1>l$，则

循环使用局部视图中的节点）。同时节点 n_0 简单地告知节点 $j(l'-c), j(l'-c+1),\cdots, j(l')$ 把自己直接从它们的视图中移除，而不用其他节点代替。这种机制的缺陷是一个节点可能需要在局部视图中保存某个节点的多个副本，或者保存自己的 ID，此时只需要把相关 ID 删除即可。

10.3.4 Cassandra 中 Gossip 协议的具体实现方式

Cassandra 集群中没有中心节点，各个节点的地位完全相同，它们通过 Gossip 协议来维护集群的状态，使每个节点都能知道集群中包含哪些节点，以及这些节点的状态。这使得 Cassandra 集群中的任何一个节点都可以完成路由，且任意一个节点不可用都不会造成灾难性的后果[11]。

在 Cassandra 集群中，Gossip 协议为每一个节点维护一组状态，状态可以用一个 <key,value> 对来表示，并附带一个版本号，版本号大的为较新的状态。

当一个节点启动时，获取配置文件（cassandra.yaml）中的 seeds 配置，从而知道集群中所有的 seed 节点。Cassandra 内部有一个 Gossiper，每隔一秒运行一次（在 Gossiper.java 的 start 方法中），按照以下规则向其他节点发送同步消息：

（1）随机取一个当前在线节点，并向它发送同步请求；

（2）向随机一台不可达机器发送同步请求；

（3）如果所选择的节点不是 seed，或者当前在线节点数少于 seed 总数，则向随机一台 seed 发送同步请求。

之所以设计这样的通信规则，是考虑存在这样一种场景：有 4 台机器，分别用 A、B、C、D 表示，并且配置它们都是 seed 节点，当它们同时启动时，可能会出现如下情形。

（1）A 节点启动了，发现不存在其他在线节点，走到步骤（3），和任意一个 seed 节点同步，假设选择了 seed 节点 B。

（2）B 节点和 A 节点完成同步，则认为 A 在线，它将和 A 同步，由于 A 是种子，B 将不再和其他种子节点同步。

（3）C 节点启动后发现没有其他节点在线，同样走到步骤（3），和任意一个 seed 节点同步，假设这次恰好选择了 seed 节点 D。

（4）D 节点和 C 节点完成同步，则认为 C 在线，它将和 C 同步，由于 C 是种子，D 将不再和其他种子节点同步。

在这样的情况下，就形成了两个孤岛，A 和 B 互相同步，C 和 D 互相同步，但是 A、B 和 C、D 之间不再互相同步。加入步骤 2，当 A 和 B 同步完，发现除了自己，仅有一个节点在线，但 seed 节点有 4 个，这时便会和任意一个 seed 通信，从而打破这个孤岛。

下面介绍一下 Cassandra 中 Gossip 协议的数据结构。Gossip 协议通信的状态信息主要有三种：

（1）EndPointState；

（2）HeartBeatState；

（3）ApplicationState。

EndPointState 封装了一个节点的所有 ApplicationState 和 HeartBeatState。

HeartBeatState 由 generation 和 version 组成：generation 每次启动都会变化，用于区分机器重启前后的状态；version 只能增长，每次心跳之前进行递增。

ApplicationState 用于表示系统的状态，由 state 和 version 组成：state 表示节点的状态；version 是递增的，每个对象表示节点一种状态。ApplicationState 可表示如下三类状态信息，包括负载信息（LOAD-INFORMATION）、迁移信息（MIGRATION）和节点状态信息。节点状态信息又可再细分为四类，包括 BOOT（节点正在启动）、NORMAL（节点加入了令牌环，可以提供读）、LEAVING（节点准备离开令牌环）、LEFT（节点被踢出集群或者令牌信息被手工变更）。

节点自身的状态只能由其自己修改，其他节点的状态只能通过同步进行更新。

下面给出一个集群中两个节点的状态信息。

1）Node 10.0.0.1

EndPointState 10.0.0.1
HeartBeatState: generation 1259909635, version 325
ApplicationState "load-information": 5.2, generation 1259909635, version 45
ApplicationState "bootstrapping": bxLpassF2XD8Kyks, generation 1259909635, version 56
ApplicationState "normal": bxLpassF3XD8Kyks, generation 1259909635, version 87
EndPointState 10.0.0.2
HeartBeatState: generation 1259911052, version 61
ApplicationState "load-information": 2.7, generation 1259911052, version 2
ApplicationState "bootstrapping": AujDMftpyUvebtnn, generation 1259911052, version 31
EndPointState 10.0.0.3
HeartBeatState: generation 1259912238, version 5
ApplicationState "load-information": 12.0, generation 1259912238, version 3
EndPointState 10.0.0.4
HeartBeatState: generation 1259912942, version 18
ApplicationState "load-information": 6.7, generation 1259912942, version 3
ApplicationState "normal": bj05IVc0lvRXw2xH, generation 1259912942, version 7

2）Node 10.0.0.2

EndPointState 10.0.0.1
    HeartBeatState: generation 1259909635, version 324
    ApplicationState "load-information": 5.2, generation 1259909635, version 45
    ApplicationState "bootstrapping": bxLpassF3XD8Kyks, generation 1259909635, version 56
    ApplicationState "normal": bxLpassF3XD8Kyks, generation 1259909635, version 87
EndPointState 10.0.0.2
    HeartBeatState: generation 1259911052, version 63
    ApplicationState "load-information": 2.7, generation 1259911052, version 2
    ApplicationState "bootstrapping": AujDMftpyUvebtnn, generation 1259911052, version 31
    ApplicationState "normal": AujDMftpyUvebtnn, generation 1259911052, version 62
EndPointState 10.0.0.3

HeartBeatState: generation 1259812143, version 2142

ApplicationState "load-information": 16.0, generation 1259812143, version 1803

ApplicationState "normal": W2U1XYUC3wMppcY7, generation 1259812143, version 6

Gossip 协议的状态同步流程如图 10-11 所示。

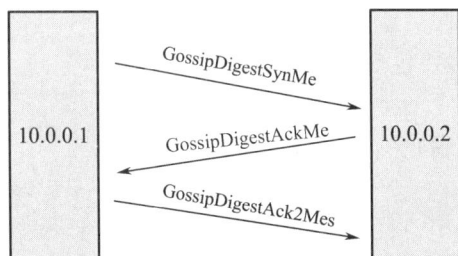

图 10-11　Gossip 协议的状态同步流程

如图 10-11 所示，节点 10.0.0.1 向节点 10.0.0.2 发送 GossipDigestSynMe 报文，假设当前两节点的状态正如前文所给出的示例中的状态，则报文包含状态信息如下：

GossipDigestSynMessage（节点 10.0.0.1）

　　10.0.0.1:1259909635:325

　　10.0.0.2:1259911052:61

　　10.0.0.3:1259912238:5

　　10.0.0.4:1259912942:18

节点 10.0.0.2 回复 10.0.0.1 的信息如下：

GossipDigestAckMessage（节点 10.0.0.2）

　　10.0.0.1:1259909635:324

　　10.0.0.3:1259912238:0

　　10.0.0.4:1259912942:0

　　10.0.0.2:

[ApplicationState "normal": AujDMftpyUvebtnn, generation 1259911052, version 62],

[HeartBeatState, generation 1259911052, version 63]

节点 10.0.0.1 再次回复 10.0.0.2 的信息如下：

GossipDigestAck2Message（节点 10.0.0.1）

　　10.0.0.1:

　　　　HeartBeatState: generation 1259909635, version 325

　　　　ApplicationState "load-information": 5.2, generation 1259909635, version 45

　　　　ApplicationState "bootstrapping": bxLpassF3XD8Kyks, generation 1259909635, version 56

　　　　ApplicationState "normal": bxLpassF3XD8Kyks, generation 1259909635, version 87

　　10.0.0.3:

　　　　HeartBeatState: generation 1259912238, version 5

　　　　ApplicationState "load-information": 12.0, generation 1259912238, version 3

　　10.0.0.4:

　　　　HeartBeatState: generation 1259912942, version 18

　　　　ApplicationState "load-information": 6.7, generation 1259912942, version 3

　　　　ApplicationState "normal": bj05IVc0lvRXw2xH, generation 1259912942, version 7

10.3.5 CoolStreaming 系统中 Gossip 协议的具体实现方式

CoolStreaming 是一个典型的基于 Gossip 协议的模型。在 CoolStreaming 中，每个节点既是数据的接收者，也是数据的提供者。服务器是一个特殊的节点，只作为数据的提供者，称为源节点。

CoolStreaming 系统主要包括以下四个方面：

（1）节点管理；

（2）数据的表示与交换；

（3）数据调度算法；

（4）错误恢复与伙伴节点优化[12]。

1．节点管理

CoolStreaming 中存在三类节点。

（1）伙伴节点（partner）：某个节点维护了系统中部分其他节点信息的列表，称这些节点为该节点的伙伴节点或候选节点。

（2）请求节点（requester）与活动节点（supplier）：节点 A 从它的伙伴节点中挑选出一个子集 E，由这个子集中的节点为 A 提供流媒体数据，则称节点 A 为请求节点或接收节点，称子集 E 中的节点为活动节点或提供节点。

CoolStreaming 中每个节点有一个在整个系统中唯一的标识 ID，比如 IP 地址。每个请求节点维护一个其伙伴节点的列表 mCache，当新节点加入时，首先请求源节点，源节点从它的 mCache 中随机选择一个节点作为新节点的代理。新节点从代理节点获得初始的伙伴节点的列表。列表中的每个节点都有一个存活时间 TTL，这个值将随着时间的流逝而不断减少，当减为 0 时，则认为是无效节点，从列表里将其删除。然而在一个动态的系统中，为了防止 mCache 中节点 TTL 减为 0 而被删除，每个节点向 mCache 中所有伙伴节点周期性地发送宣告自己存在的新消息。新消息的 TTL 为最大存活时间，为了系统能够正常运行，节点发送消息的周期小于最大存活时间。伙伴节点在收到消息后，如果其 mCache 中没有该节点的信息则先创建；如果是新消息（一个消息的传播可能会构成一个环路）则更新其列表中该节点的 TTL 值，并将消息继续向它的伙伴节点转播。

以图 10-12 为例，节点 Pr 向它的伙伴节点 P1、P2、P3 周期性地发送消息，P1 收到消息后，判断是否为新消息，如果是则更新 P1 mCache 中 Pr 的 TTL，并继续向其伙伴节点 P4、P5 发送该消息，P4 则继续向其伙伴节点 Pn 发送该消息，而 P2 为 Pn 的伙伴节点，当 Pn 转发该消息到 P2 时，P2 收到的是旧消息就不再转播了。为了避免消息的泛滥，造成网络拥塞，可以控制消息最大存活时间或消息的传播次数。

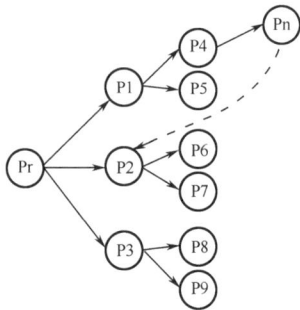

图 10-12 CoolStreaming 的消息传播

2．数据表示

在 CoolStrearning 中，节点的伙伴及伙伴之间数据的传输方向并不固定，伙伴之间根据各自缓存的数据情况进行数据交换，所以节点和伙伴需要相互知道所缓存的数据的内容。在 CoolStreaming 中，视频数据被分割成相同大小的块，用一个缓存映射（Buffer Map，BM）来表示节点中是否拥有某个数据块。节点和伙伴通过不断交换 BM 来了解相互间的缓存情况。在 CoolStreaming 的实现中，每个数据块代表一秒的数据，用一个滑动窗口（Sliding window）来代表 BM，大小为 120 个片断，BM 中 120 比特来记录，每比特位代表一个数据块，比特值为 1 表示有这个片断，0 表示没有。由于不同节点的滑动窗口代表的并不是完全一样的数据，CoolStreaming 用 2 字节表示滑动窗 E1 中第一个数据块的序列号。

3．数据调度

调度的目的就是如何从伙伴节点获取数据块。在一个静态、同构的环境中，由于各节点的带宽基本相同，可以随机地从各伙伴节点获取数据块；然而在一个动态、异构的网络中，需要更智能的调度算法。调度的约束有两个。

（1）每个数据块必须在播放的最大延迟之前获取，错过最大延迟的数据块应尽可能少。

（2）每个伙伴的带宽情况不同。如果某个数据块的提供者越少，就越难满足最大延迟的要求，因此在 CoolStreaming 中，采用最少块优先的算法。

4．错误恢复与伙伴节点优化

在 CoolStreaming 系统中，节点同样会在任意时刻离开或者中断。不管什么情况，定时的 BM 的交换和 CoolStreaming 系统中部署了 TFRC（TCP Friendly Rate Control）协议都可以发现离开的节点，除了这些机制以外，CoolStreaming 内建了一些机制来增强系统的容错性。

节点正常离开的情况下会产生一个离开的消息，如果是节点异常中断，它的伙伴节点会检测到它的中断，伙伴将发出该节点离开的消息。节点离开的消息的传递方式和节点加入时的消息一样。中断节点离开的消息会被不同的伙伴重复发出，节点只有在第一次收到消息时进行转发，所有收到消息的节点会更新它的 mCache。

CoolStreaming 的伙伴节点优化策略，新节点 N 从服务器上获得初始伙伴节点，并从中选出活动节点，而这些节点不一定是 N 的"最佳"活动节点，就算是"最佳"的活动节点，随着系统节点的变化、时间的变化，节点 N 的伙伴节点的数量和连接带宽会发生变化，因此，每个节点都需要定期更新它的活动节点，即删除一些连接速度慢的活动节点，从备用节点中选择一些连接速度快的节点成为新活动节点。在 CoolStreaming 中，每个节点会为它的活动节点 j 计算一个分数 $\max\{\overline{s_{ij}}, \overline{s_{ji}}\}$，其中 $\overline{s_{ij}}$ 表示单位时间内节点 i 从节点 j 平均获取的片段数。因为每个节点既是提供者，也是接收者，所以考虑了两个方向的分数。在找到更好的活动节点后，原有活动节点中分数最低的节点将从伙伴列表里删除。

习题

1. Paxos 算法解决了什么问题？
2. Paxos 算法如何保证数据的一致性？
3. DHT 算法解决了什么问题？
4. 请举例说明目前哪些分布式系统使用了 DHT 协议。
5. 在传统的网络协议层次结构中，DHT 处于哪一层？
6. Gossip 协议解决了什么问题？
7. Gossip 协议中消息传播有哪三种方式？
8. 请画出 CoolStreaming 系统中消息传播的示意图。

参考文献

[1] L.Lamport.The part-time parliament. ACM Transactions on Computer Systems, 16(2): 133-169, May 1998.

[2] L. Lamport. Paxos made simple. Distributed Computing Column of ACM SIGACT News, 32(4):51-58, 2001.

[3] http://labs.chinamobile.com/mblog/396048_61067.

[4] 马育青. 结构化对等网中 DHT 算法的研究与改进. 燕山大学硕士学位论文，2010.

[5] 钟评. DHT 分布式搜索中 Chord 算法研究. 太原理工大学硕士学位论文，2012.

[6] 张世永. 网络安全原理与应用. 北京：科学出版社，2004.

[7] 林雅榕，侯整风. 对哈希算法 SHA-1 的分析和改进. 计算机技术与发展，2006，16(3): 124-126.

[8] C.G.Plaxton, R.Rajaraman, A.W.Richa. Accessing nearby copies of replicated objectsin a distributed environment. Proceedings of ACM Symp. Parallel Algorithms andArchitectures, 1997:311-320.

[9] Gupta I, Birman K, Linga P, et al. Kelips: Building an efficient and stable P2P DHT through increased memory and background overhead[M]//Peer-to-Peer Systems II. Springer Berlin Heidelberg, 2003: 160-169.

[10] 侯君. 基于 Gossip 协议的群体机器人系统通讯机制研究. 上海交通大学硕士学位论文, 2013.

[11] http://blog.csdn.net/zhangzhaokun/article/details/5859760.

[12] 阳卫文. 基于 Gossip 协议的 P2P 流媒体直播研究. 中南大学硕士学位论文, 2007.

第 11 章　中国云计算技术

本章通过梳理和分析国内云计算技术的发展概况，总结我国云计算发展形势，重点介绍国产云存储技术、大数据库技术、云视频监控技术以及云服务等关键技术、产品与平台，以便读者能够更加直观地了解国内云计算发展态势。

11.1　国内云计算发展概况

从 2014 年开始，我国云计算将结束发展培育期，步入快速成长的新阶段，技术创新步伐不断加快，产业结构不断优化，市场需求空间不断扩大，产业规模快速增长，新的产业格局正在形成。由于中国市场规模巨大，产业界对待云计算不同于早期单纯地学习、模仿 Amazon、Google 的业务模式，而是越来越务实地接纳它，不断挖掘云计算中蕴藏的巨大价值。目前国内众多知名的互联网服务企业通过对国内市场大量差异化需求的充分发掘及各自的创新，已成为现阶段中国云计算服务发展的主导力量。同时，一些新现象正引起人们的关注，包括国内市场竞争带来产业格局变革，开源技术受到企业广泛关注，移动互联网等新型业态与云计算深度融合的趋势更加明显，城市云建设将迅速发展。

以"BAT"等为代表的互联网企业（百度、阿里巴巴、腾讯）基于云计算模式提供了搜索引擎、电子商务、企业管理等服务，并不断提高云计算能力，成为现阶段中国云计算服务创新发展的主导力量。后起之秀 UCloud、QingCloud 等，也开始把目标对准庞大的企业级市场，希望能够在未来的庞大的企业级市场占据领导地位。

百度认为未来是移动和云的时代，因此，百度云的一个重要发展方向就是将向开发者提供包括云存储、大数据处理、云计算能力等在内的核心技术支持，以百度 BAE（百度应用引擎平台）为代表，让开发者在成熟的云平台上调取云能力，让广大开发者的智慧得到充分发挥。百度希望由此将这股原动力凝聚和集中，以此掌握更大的市场主动权。这和 App Store 所代表的策略思想很相似，也是一种云服务的全新模式。业界普遍认为，百度将自己最核心的云能力开放给开发者，将引起云计算市场的巨大变革。

阿里巴巴在云计算领域特别是云平台的市场中，更加侧重于对实际用户的支持，不管是终端用户，还是其他服务提供商、合作用户。2013 年 10 月，阿里云推出"飞天 5K 集群"项目[2]，技术上取得了重大突破，拥有了只有 Google、Facebook 这样的顶级技术型 IT 公司才能达到的单集群规模达到 5000 台服务器的通用计算平台。阿里云于 2013 年 12 月在"飞天"平台上启动一系列举措，包括低门槛入云策略、1 亿元扶持计划、开发全新开发者服务平台等多项内容。

腾讯公司则在 2013 年 9 月宣布腾讯云生态系统构建完成，将借助腾讯社交网络以及开放平台来专门推广腾讯云。

UCloud 获得国内 IaaS 领域最大的投资，目前产品线覆盖云存储、云加速、云数据库等多个产品线，它将会在国内的游戏及移动互联网产业链上，整合更多的优秀资源，形成独特的面向特定行业的极具竞争力的垂直类云服务商。

同时，云计算技术的落地，也离不开硬件技术和云系统管理技术的适应性发展。在这方面，一大批老牌和新兴的 IT 企业，通过多年来的技术积累以及对云计算技术和市场的积极探索，逐步明确了自己的市场方向。如华为、中兴、云创大数据[1]、浪潮、曙光等重点企业将在云计算相关软/硬件研发和云计算系统解决方案提供等方面开展工作，在扩充既有产品的同时，为云计算服务发展提供支撑。

华为公司秉承开放的弹性云计算的理念，推出了 FusionCloud 云战略，提供云数据中心、云计算产品、云服务解决方案。"IC 软/硬件基础设施、顶层设计咨询服务和联合第三方开发智慧城市应用"是华为企业业务的三个主要方向，在云数据中心的基础上，实现"云—管—端"的分层建设，打造可以面向未来的城市系统框架。

曙光公司创造性地推出了"城市云"战略，以"城市云"切实推进云计算技术和产品的应用，大大缩短了云计算从"概念时代"到"应用时代"的距离。近期曙光推出了 ParaStor 云存储系统，全力打造电子政务、城市管理和工业创新服务平台，让城市云成为产业升级变革的助推器、加速器。

云创大数据公司打造出 cStor 云存储系统、cProc 云处理系统、cVideo 云视频系统、cTrans 云传输系统四条大数据特色产品线，成功应用于平安城市、智能交通、智慧环保、电信运营商、物联网、传媒、教育、医疗等诸多领域，成为国内云计算领域发展最快、具有核心竞争力的企业之一。

总的来说，未来云计算的发展离不开以下四大发展趋势。第一，随着云计算创新水平的不断提升，产业链上中下游整合趋势更加明显。第二，国内云计算应用市场进一步发展成熟，市场空间显著扩大。第三，云计算服务发展迅速，公共云服务和大型企业、机构内部的私有云建设与运维将成为重点。第四，云计算公共化程度将进一步提升。国内云计算应用市场进一步发展与成熟，市场空间显著扩大。

11.2 国产云存储技术

作为云计算 IaaS 层的代表性技术，国内云存储技术的发展速度十分迅猛，经过这几年的时间，已经从学习开源云存储技术的时期，逐步向自主知识产权的云存储技术转变。以云计算技术为基础的新兴存储企业，给市场带来了一种全新的改变，他们以全新的方式提供云存储产品和技术。本节将以淘宝的分布式文件系统 TFS、云创大数据的分布式文件系统 cStor 和超低功耗一体机 A8000 为例，介绍国产云存储技术。

11.2.1 淘宝分布式文件系统 TFS

Taobao File System（TFS）[3]作为国内屈指可数的分布式文件系统，对目前中国分布式文件系统的发展有很重要的意义。它是一个高可扩展、高可用、高性能、面向互联网服务的分布式文件系统，主要针对海量的非结构化数据，它构建在普通的 Linux 机器集群上，可对外提供高可靠和高并发的存储访问。TFS 为淘宝提供海量小文件存储，通常文件大小不超过 1MB，满足了淘宝对小文件存储的需求，被广泛地应用在淘宝各项应用中。它采用了高容错架构和平滑扩容，保证了整个文件系统的可用性和扩展性。同时扁平化的数据组织结构，可将文件名映射到文件的物理地址，简化了文件的访问流程，在一定程度上为 TFS 提供了良好的读/写性能。

1．总体架构

TFS 的逻辑架构如图 11-1 所示，它主要由 NameServer、DataServer 和客户端组成，其中 NameServer 负责维护文件的元数据信息并管理 DataServer，DataServer 负责实际数据的存储，客户端提供数据的存储访问，并向第三方应用提供数据访问接口。其中 NameServer 采用双机热备互为容错，多个 DataServer 组成数据存储集群。

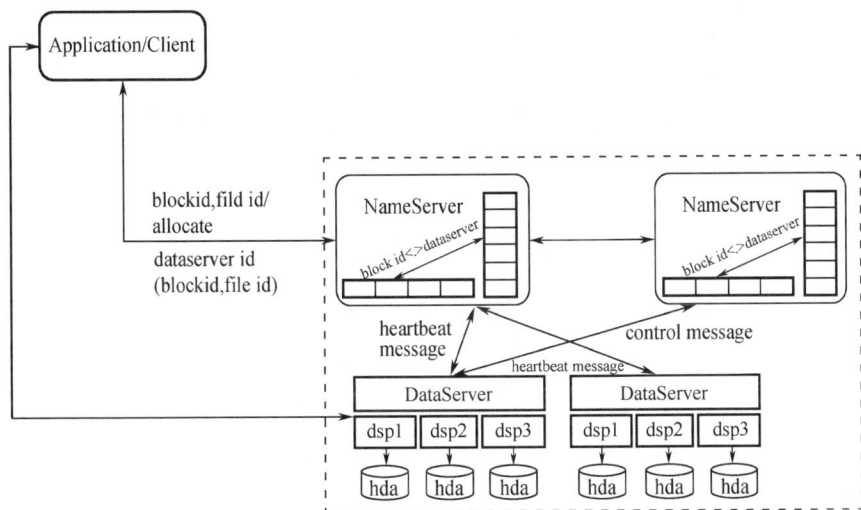

图 11-1　TFS 逻辑架构

TFS 主要是针对海量小文件的存储，为了提高小文件的读/写性能，大量的小文件在内部都会合并为一个大文件，类似于 GFS 中 Chunk，定位 Chunk 信息称为一级索引，Chunk 内部的文件定位信息称为二级索引，TFS 文件名中会包含这些索引信息，用户写入文件前，会向 TFS 申请 TFS 文件名，保证后续能够通过解析 TFS 文件名获取索引信息。这种方式在灵活性上不如传统文件系统 POSIX 接口，但这种扁平化的文件组织方式可以大大降低元数据的大小，保证 NameServer 可以支持 PB 级别的一级索引，系统可以获得更大的扩展性，二级索引只需要针对单台 DataServer 的数据量，这样就避免了因数据量膨胀带来的索引膨胀。

2．存储机制

在 TFS 中，用户的大量小文件在内部会合并为一个大文件，这个大文件称为 Block

块。TFS 以 Block 的方式组织文件的存储。每一个 Block 在整个集群内拥有唯一的编号，这个编号由 NameServer 统一分配，Block 实际存储在 DataServer 之上。NameServer 节点维护所有的 Block 信息，每个 Block 都会存储在多个 DataServer 节点上保证数据的冗余。对于客户端发起的读/写请求，由 NameServer 选择合适的 DataServer 节点返回给客户端，客户端直接与 DataServer 进行数据读/写操作。NameServer 需要维护 Block 信息列表，以及 Block 与 DataServer 之间的映射关系，其结构如图 11-2 所示。

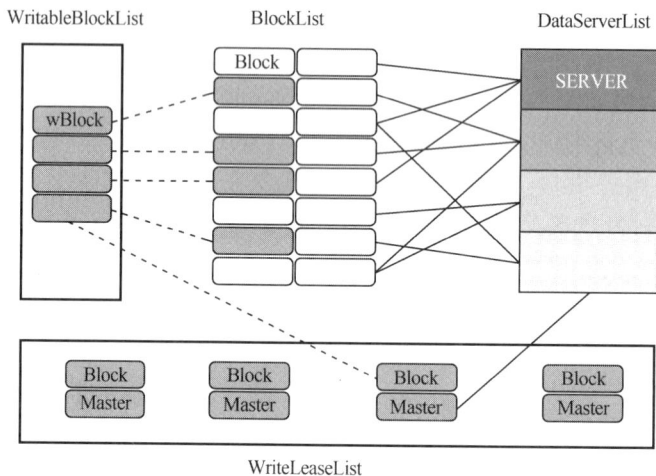

图 11-2 存储的元数据结构

在 DataServer 节点上，在挂载目录上会有很多物理块，物理块以文件的形式存在磁盘上，并在 DataServer 部署前预先分配，以保证后续的访问速度和减少碎片产生。为了满足这个特性，DataServer 一般在 EXT4 文件系统上运行。物理块分为主块和扩展块，一般主块的大小会远大于扩展块，使用扩展块是为了满足文件更新操作时文件大小的变化。每个 Block 在文件系统上以"主块+扩展块"的方式存储。每一个 Block 可能对应于多个物理块，其中包括一个主块，多个扩展块。

在 DataServer 端，每个 Block 可能会有多个实际的物理文件组成：一个主 Physical Block 文件，N 个扩展 Physical Block 文件和一个与该 Block 对应的索引文件。Block 中的每个小文件会用一个 Block 内唯一的 Fileid 来标识。DataServer 会在启动时把自身所拥有的 Block 和对应的 Index 加载进来。

3. 容错机制

1）集群容错

TFS 可以配置主辅集群，一般主辅集群会存放在两个不同的机房。主集群提供所有功能，辅集群只提供读。主集群会把所有操作重放到辅集群，这样既提供了负载均衡，又可以在主集群机房出现异常情况时不会中断服务或丢失数据。

2）NameServer 容错

Namserve 负责维护 Block 列表和 DataServer 与 Block 之间的关系。如每个

DataServer 拥有哪些 Block，每个 Block 存放在哪些 DataServer 上等。同时，NameServer 采用 HA 结构，一主一备，主 NameServer 上的操作会重放至备 NameServer。如果主 NameServer 出现问题，可以实时切换到备 NameServer。

另外，NameServer 和 DataServer 之间也会有定时的 heartbeat，DataServer 会把自己拥有的 Block 发送给 NameServer，NameServer 会根据这些信息重建 DataServer 和 Block 的关系。

3）DataServer 容错

TFS 采用 Block 存储多份的方式来实现 DataServer 的容错。每个 Block 会在 TFS 中存在多份，一般为 3 份，并且分布在不同网段的不同 DataServer 上。对于每个写入请求，必须在所有的 Block 写入成功时才算成功。当出现磁盘损坏 DataServer 宕机时，TFS 启动复制流程，把备份数未达到最小备份数的 Block 尽快复制到其他 DataServer 上去。TFS 对每个文件会记录校验 CRC，当客户端发现 CRC 和文件内容不匹配时，会自动切换到一个好的 Block 上读取。此后客户端将会实现自动修复单个文件损坏的情况。

4．平滑扩容

TFS 集群容量不足时，只需新增 DataServer，在上面部署好应用程序后启动即可。这些 DataServer 会向 NameServer 进行心跳汇报。用户写数据时，NameServer 会根据 DataServer 容量的比率和负责情况选择合适的 DataServer 节点进行数据存储。

同时，在集群负载较轻时，NameServer 会对 DataServer 上的 Block 进行均衡，保证每个 DataServer 的 Block 数尽可能均衡。进行均衡计划时，首先计算每台 DataServer 上拥有的 Block 平均数量，然后将 DataServer 划分为两堆，一堆超过平均数量的，作为移动源，一堆低于平均数量的，作为移动目的。

11.2.2　云创大数据 cStor 分布式文件系统

1．总体架构

cStor 云存储文件系统[4]采用分式的存储机制，将数据分散存储在多台独立的存储服务器上。它是由卷管理服务器（VolumeServer），元数据管理服务器（MasterServer）和数据存储服务器（ChunkServer）以及客户端组成，对外提供一个虚拟的海量存储卷。如图 11-3 所示。

其中，MasterServer 保存系统的元数据，负责对整个文件系统的管理，MasterServer 在逻辑上只有一个，但采用主备双机镜像的方式，保证系统的不间断服务；ChunkServer 负责具体的数据存储工作，数据以文件的形式存储在 ChunkServer 上，ChunkServer 的个数可以有多个，它的数目直接决定了 cStor 云存储系统的规模；客户端即为服务器对外提供数据存储和访问服务的窗口，通常情况下，客户端都部署在 ChunkServer 上，每个块数据服务器、及时存储服务器也是客户端服务器。对每个节点，cStor 云存储系统提供的管理监控中心都可以对其进行管理，包括设备运行状态、磁盘运行状态、服务在线情况以及异常告警等功能。另外，网管监控中心还提供 FTP 账户添加等客户端管理和配置工具。

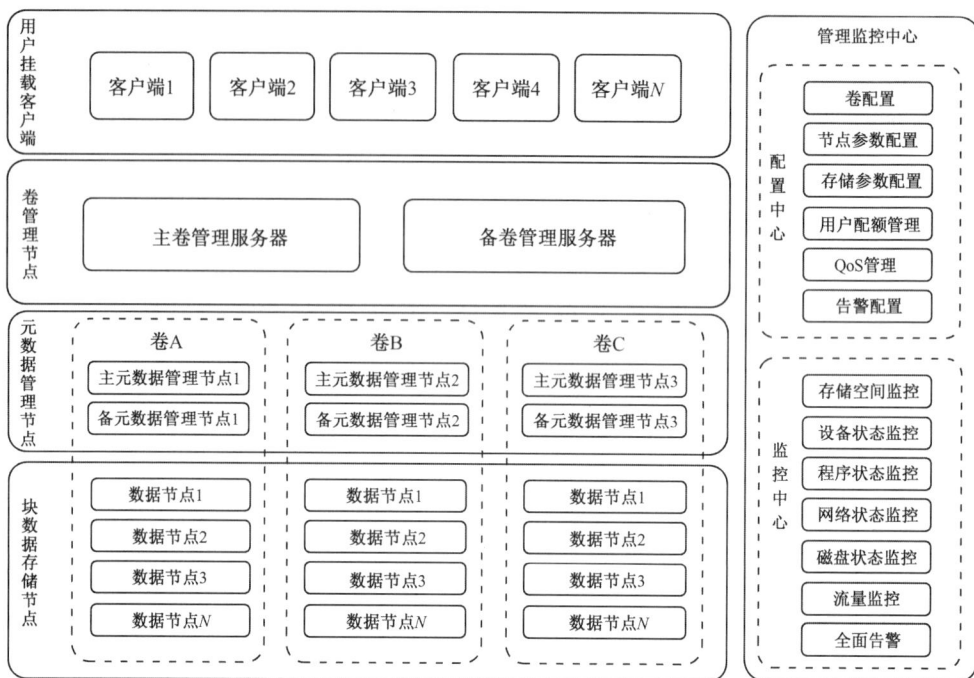

图 11-3　cStor 云存储系统架构

　　这种分布式系统最大的好处是有利于存储系统的扩展和实现，在小规模的数据扩展时，只需添加具体的 ChunkServer 即可，而不需要添加整套设备。

2．存储机制

　　在 cStor 中，用户的大文件会被切分多个 Chunk 块，每个 Chunk 块在整个集群中拥有唯一的编号，由 MasterServer 统一分配。MasterServer 会维护集群内所有的 Chunk 信息列表，以及 Chunk 块与 ChunkServer 之间的对应关系，ChunkServer 对 Chunk 块进行实际的存储工作，并维护本 ChunkServer 上的 Chunk 块信息，并实时把最新的 Chunk 块信息上报给 MasterServer。 对于客户端发起的读/写请求，由 MasterServer 选择合适的 ChunkServer 节点返回给客户端，客户端直接对 ChunkServer 进行数据读写操作。

　　cStor 客户端向系统中写数据流程如图 11-4 所示。

　　其详细过程如下：

　　（1）cStor 客户端向元数据服务器发起数据写请求；

　　（2）元数据服务器根据存储服务器的负载情况，选择负载较轻的存储服务器 1 和存储服务器 2 存储数据的两个副本，在存储服务器 1 上预留存储空间保存数据；

　　（3）存储服务器 1 存储空间足够，向元数据服务器返回预留存储空间成功；

　　（4）元数据服务器同时向存储服务器 2 发起预留存储空间申请；

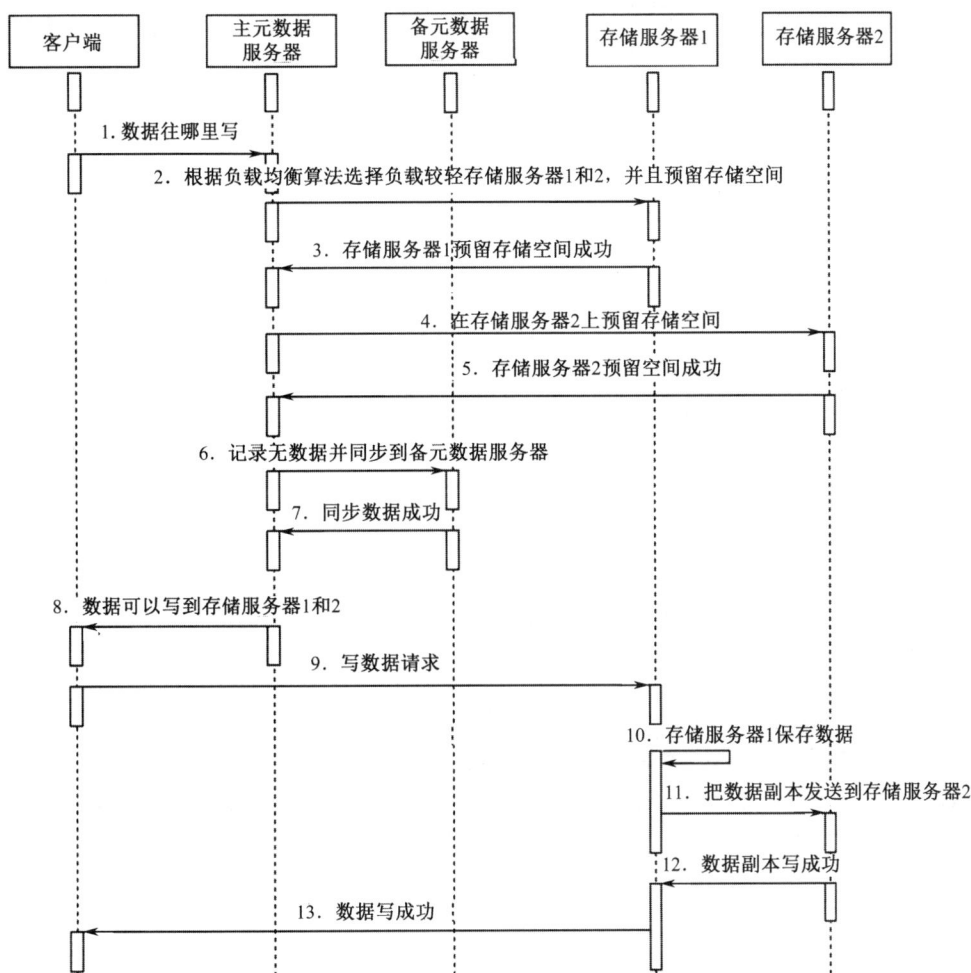

图 11-4　cStor 云存储写数据流程

（5）存储服务器 2 存储空间足够，向元数据服务器返回预留存储空间成功；

（6）主元数据服务器同步元数据信息到备元数据服务器，保证元数据始终保存两份（注：所有的元数据都会进行主备同步，后续流程不再说明）；

（7）同步元数据成功；

（8）元数据服务器向客户端返回数据可以写到存储服务器 1 和 2；

（9）客户端向存储服务器 1 发起数据请求；

（10）存储服务器 1 保存数据；

（11）存储服务器 1 同时把数据副本发送到存储服务器 2，存储服务器 2 保存数据副本；

（12）存储服务器 2 副本写成功，返回写成功给存储服务器 1；

（13）客户端收到成功信号后，即完成数据的存储；

cStor 客户端从系统中读数据流程如图 11-5 所示。

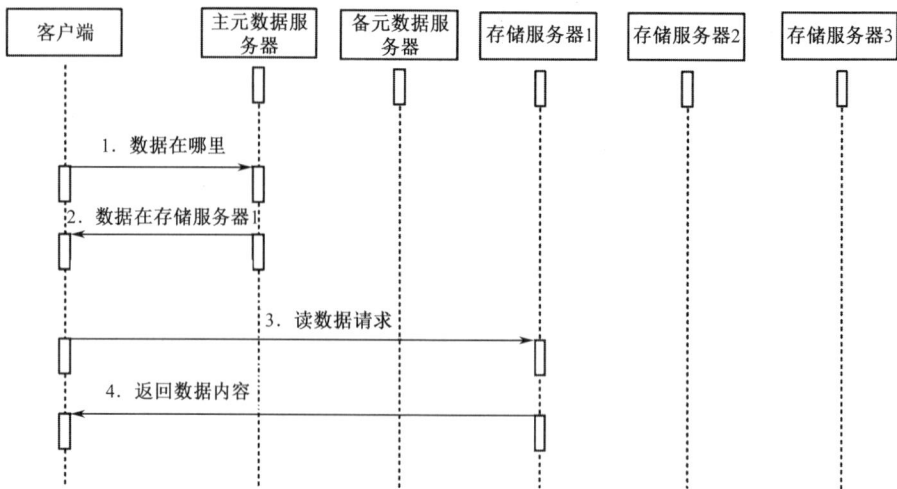

图 11-5　cStor 云存储读数据流程

其详细过程如下：

（1）cStor 客户端向元数据服务器发起数据读请求；

（2）元数据服务器查找文件保存在存储服务器 1 上，然后告知客户端；

（3）客户端存储服务器 1 发出数据读请求，并从存储服务器 1 读取数据；

（4）存储服务器 1 返回数据内容给客户端。

cStor 云存储系统的控制流和数据流是分离的，一方面降低了元数据管理节点的负担，使得其处理能力更强；另一方面将数据读/写的负担分摊到各存储节点，使得系统的整体性能得到了提高，系统整体性能与节点数目成正相关。

3．关键技术

1）负载均衡技术

（1）读/写数据时负载均衡。在客户端向元数据节点发送数据读/写请求时，元数据节点会根据存储节点的负载情况，选择负载最轻的存储节点对外提供服务。

（2）后台数据自动均衡技术。当检测到存储服务器空间占用情况不均衡时，会自动从数据量大的存储服务器迁移部分数据到数据量少的存储服务器上，最终使所有的存储服务器数据量达到均衡。

2）高速并发访问技术

客户端在访问 cStor 系统时，首先访问元数据管理节点，获取将要与之进行交互的存储节点信息，然后直接访问这些存储节点完成数据存取。cStor 的这种设计方法实现了控制流和数据流的分离。

客户端与管理节点之间只有控制流，而无数据流，这样就极大地降低了管理节点的负载，避免成为系统性能的瓶颈。客户端与存储节点之间直接传输数据流，同时由于文件被分成多个 Chunk 进行分布式存储，客户端可以同时访问多个存储节点，从而使得整个系统的 I/O 高度并行，系统整体性能得到提高。

通常情况下，系统的整体吞吐率与存储节点的数量呈正比。

3）数据高可靠保证技术

cStor 云存储系统中，小文件采用多副本方式（默认情况下是 2 份，可以根据需要设置）实现高可靠：数据在不同的存储节点上具有多个副本，任意存储节点损坏，系统自动将数据复制到其他存储节点上，保证数据完整可靠。

大文件采用超安存技术（数据编解码技术）实现高可靠：数据编码后存储在不同的存储节点上，如果多个存储节点同时损坏，数据仍可以通过超安存技术自动恢复。超安存技术不仅提高了数据的安全级别，同时又提升了磁盘的空间利用率，在不到 20%数据冗余的情况下便能保证同时损坏二个存储节点而不丢失数据。甚至能够支持在 100%数据冗余的情况下，任意损失一半的节点而不丢失数据。

管理节点采用双机热备容错技术：一台管理节点出故障后，另一台管理节点立即接管工作，服务不中断。整个系统无单点故障，cStor 云存储软件能自动屏蔽硬件故障。

4）数据可扩展性

cStor 系统可以平滑地进行数据扩容，当客户需要增加容量时，可按照需求采购服务器和硬盘，简单增加即可实现容量的扩展。新设备仅需安装操作系统及 cStor 云存储软件，打开电源接上网络，系统便能自动识别，自动把容量加入 cStor 存储池中完成扩展，扩容环节无任何限制。

5）超安存编解码技术

（1）传统云存储副本容错方式存储空间利用率低，三副本容错和超安存 8:2 编码都可以允许两个节点损坏数据不丢失，但它们的存储空间利用率分别是 33%和 80%。

（2）超安存编解码方案是把用户原始数据切分为 M 个原始数据块，并根据编解码算法生成 N 个校验块，把这个 $M+N$ 个数据块分别存储到不同的数据节点，丢失 $M+N$ 个块中的任意 N 个块，都可以根据其中任意 M 个块恢复数据，保证数据的可靠性。

（3）如图 11-6 所示，采用三副本容错，D1～D8 都存在 3 个副本，能容忍 2 个副本失效，需 24 个数据块存储空间；采用超安存 8:2 编解码容错，对数据块 D1～D8 进行编码，生成 P1、P2 两个校验块，能容忍 2 个副本失效，总共需要 10 个数据块存储空间。

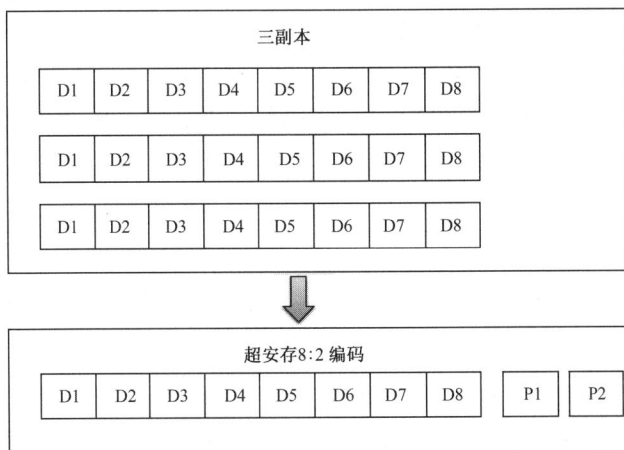

图 11-6　副本容错与超安存容错对比

11.2.3 A8000 超低功耗云存储一体机

A8000 超低功耗云存储一体机是云创大数据与 Intel 联合发布的全球首款超低功耗、高密度的云存储产品。A8000 采用云创大数据研制的基于 Intel Atom 存储专用处理器的 64 位超低功耗服务器主板，以及平铺式 1U 存储单元、集中直流供电、集中智能散热等全新架构，搭载 cStor 云存储系统，具有超高密度、超高性价比、节能环保的绿色魅力。与传统云存储产品相比，该产品单机架可搭载总存储容量高达 3600TB，平均功耗仅为 3000W，比传统云存储产品节能 10 倍。如图 11-7 所示。

图 11-7 A8000 超低功耗云存储系统

1．机架结构

A8000 采用了标准 42U 机架。其中 4U 空间用于部署交换机、供电模块和 RMC 模块，其余 38U 用于部署 38 个 1U 的服务器，包括 2 个 E5 系列的主控节点，36 个 Atom 系列的存储节点。供电模块由电源模块、配电板（PDU）、母排、背板组成。电源支持 250VAC 输入，集中输出至 12VDC 母排，机柜内母排分为上下两段，服务器节点通过母排或背板直接取电。风扇模块采用了风扇墙共享设计，由 RMC 实现独立风扇控制，其 N+1 冗余设计可以实现独立维护，对节点透明。

2．产品特性

A8000 超低功耗云存储系统具有以下特性。

1）优异性能

支持高并发、带宽饱和利用。cStor 云存储系统将控制流和数据流分离，数据访问时多个存储服务器同时对外提供服务，实现高并发访问。系统自动均衡负载，将不同客户端的访问负载均衡到不同的存储服务器上。系统性能随节点规模的增加呈线性增长，系统的规模越大，云存储系统的优势越明显，无性能瓶颈。

2）超低功耗

每节点主板功耗 25W，单机架平均功耗 3000W。与传统云存储系统相比，节能 10 倍。系统采用了集中式直流供电，减少了电源逆变次数，提高电源效率。同时系统采用 RMC 智能管理模块对所有风扇进行管理，可根据系统局部温度变化调节风扇转速，达到节能效果。

3）简单通用

支持 POSIX 接口规范，支持 Windows/Linux/Mac OS X 等操作系统平台，可当成海量磁盘使用，无须修改应用，同时系统也对外提供专用的高速 API 访问接口。

4）便捷管理

系统的管理由 cStor 云存储系统管理监控中心完成，使用人员无需任何专业知识便可以轻松管理整个系统。机架上还搭载一个 Pad 用于直观管理。

5）全面监控

通过专业的分布式集群监控软件对 cStor 中的所有节点实行无间断监控，用户通过界面可以清楚地了解每一个节点的运行情况。

6）超高密度

单节点支持 10 块 4TB-10TB 硬盘，单机架配置 36 个存储节点，共计 360 块硬盘，最大存储容量为 3600TB。

7）高度可靠

高度可靠的冗余备份机制，每个硬盘、主板、电源、交换机、服务器之间相互冗余，任何单节点出现故障，都不会影响整个系统的运行。

3．关键技术

1）A8000 低功耗主板

单块主板最大可接 18 个 SATA3.0 硬盘，对外网络提供 4 个千兆以太网，支持四网口绑定，网络带宽速率可达 4 千兆。处理器是 Intel64 位低功耗 CPU，支持 8GB DDR3 内存，单板可直接安装 Linux 发行版操作系统。如图 11-8 和图 11-9 所示。

图 11-8　A8000 低功耗主板视图

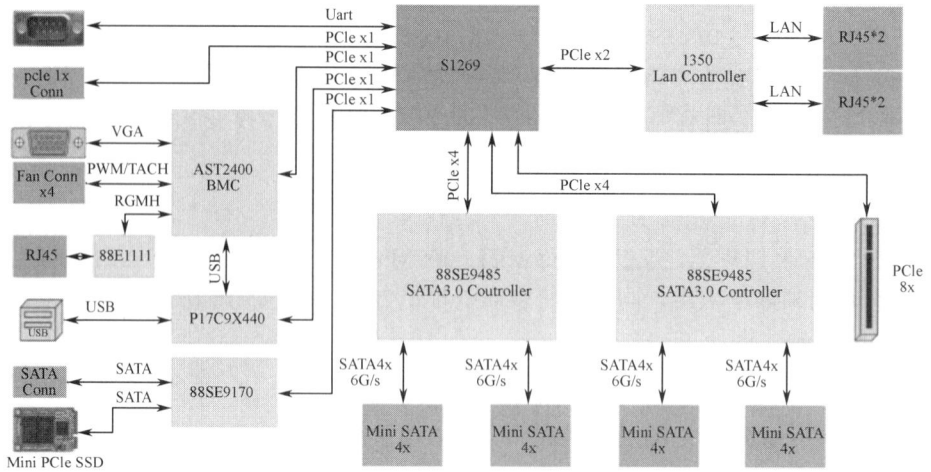

图 11-9　A8000 低功耗主板功能逻辑架构图

2）集中式直流供电

A8000 采用集中式供电系统，通过 8 个 1800W 的电源模块，构成 6+2 的冗余系统，任意一个电源模块出现故障，不影响整个系统的供电。

A8000 采用目前最先进的直流式供电（12V），电压从 250VAC 直接逆变到 12VDC，通过铜排电缆送到每个节点，减少电压逆变次数，提高电源效率。如图 11-10 所示。

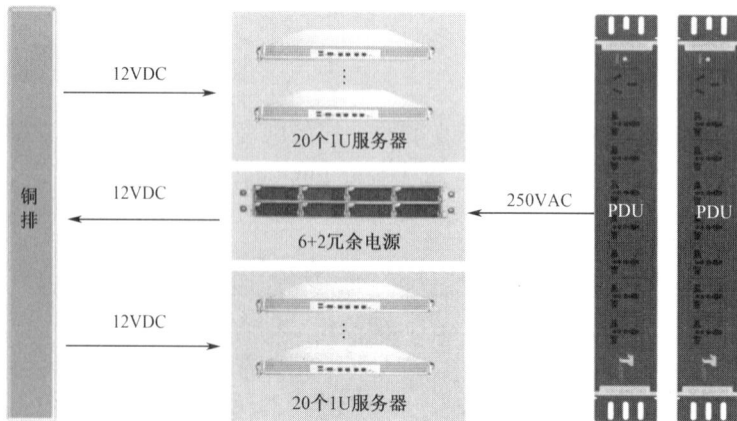

图 11-10　A8000 供电系统逻辑视图

3）集中式散热系统

A8000 整套系统通过 RMC 管理模块，对整个机架 8 个散热模块进行实时控制，每个散热模块由 6 个独立的风扇组成，通过 RMC 集中管理模块，根据每个区域的温度，

自动调节风扇转速，针对整个系统的问题进行有效散热，从而达到节点效果。如图 11-11
所示。

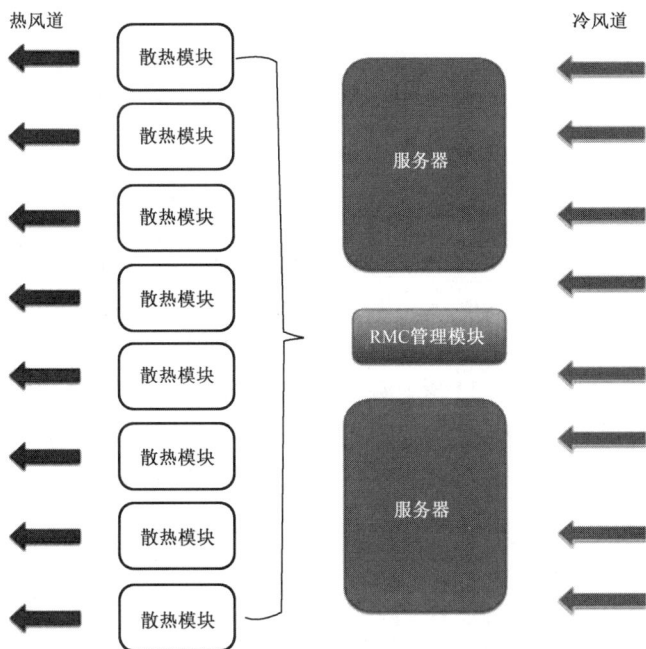

图 11-11　散热系统逻辑视图

11.3　国产大数据库技术

随着近年来数据的爆发式增长，"大数据"的概念早已深入人心，大数据库（即分
布式数据库）的需求也与日俱增。国外大数据库技术发展一直较为领先，从 Google 的
Bigtable，到 Amazon 公司的 Simple DB、Oracle 公司的 Exadata、EMC 公司的 Greenplum
等，以及一些开源的分布式数据库，如 HBase、Cassandra、VlotDB、MongoDB、Spark、
Storm，等等。而近年来，国内云计算大数据库技术的发展也进入了一个迅猛发展阶
段，其中较有代表性的有阿里巴巴的 OceanBase 和云创大数据的数据立方（DataCube）。

11.3.1　阿里巴巴 OceanBase

OceanBase 主要是为了解决淘宝网的大规模数据而产生的，是一个支持海量数据的
高性能分布式数据库系统，达到管理数千亿条记录的规模，支持在数百 TB 数据上跨行
跨表事务并支持 SQL 操作。到目前为止，OceanBase 支持了收藏夹、直通车报表、天
猫评价等 OLTP 和 OLAP 在线业务，线上数据量已经超过千亿条记录。

1. 系统架构

OceanBase 系统架构[5]如图 11-12 所示。

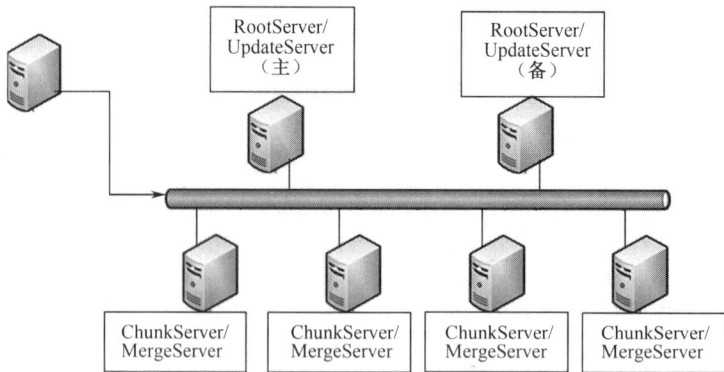

图 11-12　OceanBse 系统架构

OceanBase 主要由客户端、主备控制服务器 RootServer、更新服务器 UpdateServer、基线数据服务器 ChunkServer 和合并服务器 MergeServerh 5 部分构成。

（1）客户端。用户使用 OceanBase 的方式和 MySQL 数据库完全相同，支持 JDBC、C 客户端访问等。基于 MySQL 数据库开发的应用程序、工具能够直接迁移到 OceanBase。

（2）RootServer。配置服务器，一般是单台服务器。为了避免软/硬件故障导致的服务中断，RootServer 记录 commit log 并通常采用双机热备。由于 RootServer 负载一般都很轻，所以它常常与 UpdateServer 共用物理机器。

（3）UpdateServer。存储 OceanBase 系统的增量更新数据。UpdateServer 一般为一主一备，主备之间可以配置不同的同步模式。部署时，UpdateServer 进程和 RootServer 进程往往共用物理服务器。

（4）ChunkServer。保存基准数据的服务器，通常是多台，为了避免软/硬件故障导致的服务中断，同一份基准数据通常保存 3 份并存储在不同的 ChunkServer 上。

（5）MergeServer。接收并解析用户的 SQL 请求，经过词法分析、语法分析、查询优化等一系列操作后转发给相应的 ChunkServer 或者 UpdateServer。如果请求的数据分布在多台 ChunkServer 上，MergeServer 还需要对多台 ChunkServer 返回的结果进行合并。客户端和 MergeServer 之间采用原生的 MySQL 通信协议，MySQL 客户端可以直接访问 MergeServer。

2. 数据查询流程

如图 11-13 所示，用户可以通过兼容 MySQL 协议的客户端，JDBC/ODBC 等方式将 SQL 请求发送给某台 MergeServer，MergeServer 的 MySQL 协议模块将解析出其中的 SQL 语句，并交给 MS-SQL 模块进行词法分析（采用 GNU Flex 实现）、语法分析（采用 GNU Bison 实现）、预处理，并生成逻辑执行计划和物理执行计划。

如果是只读事务，MergeServer 需要首先定位请求的数据所在的 ChunkServer，接着往相应的 ChunkServer 发送 SQL 子请求，每个 ChunkServer 将调用 CS-SQL 模块计算 SQL 子请求的结果，并将计算结果返回给 MergeServer。最后，MergeServer 需要整合这些子请求的返回结果，执行结果合并、联表、子查询等操作，得到最终结果并返回给客户端。

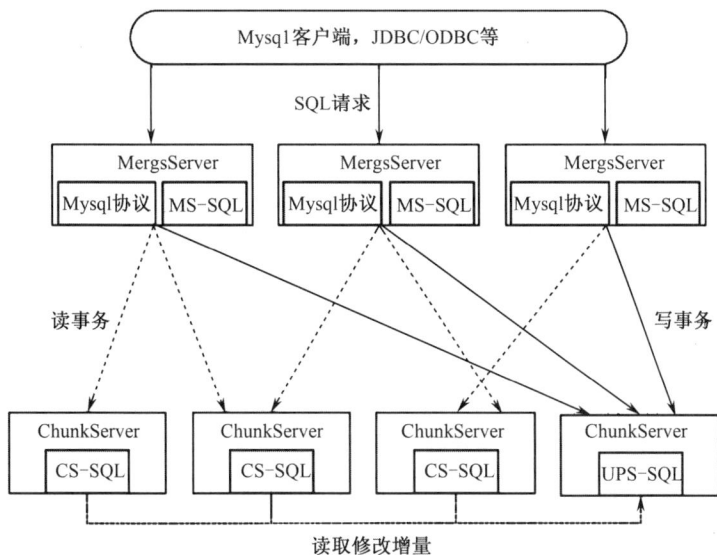

图 11-13　数据查询流程图

如果是读/写事务，MergeServer 需要首先从 ChunkServer 中读取需要的基线数据，接着将物理执行计划以及基线数据一起发送给 UpdateServer，UpdateServer 将调用 PS-SQL 模块完成最终的写事务。

CS-SQL：实现针对单个 table 的 SQL 查询，包括表格扫描（table scan）、投影（projection）、过滤（filter）、排序（order by）、分组（group by）、分页（limit），支持表达式计算、聚集函数（count/sum/max/min 等）。执行表格扫描时，需要从 UPS 读取修改增量，与本地的基准数据合并。

UPS-SQL：实现写事务，支持的功能包括多版本并发控制、操作日志多线程并发回放等。

MS-SQL：SQL 语句解析，包括词法分析、语法分析、预处理、生成执行计划，按照 tablet 范围合并多个 ChunkServer 返回的部分结果，实现针对多个表格的物理操作符，包括联表（Join）、子查询（Subquery）等。

3．系统特点及优势

OceanBase 设计和实现时暂时摒弃了许多不需要的 DBMS 的功能，例如临时表、视图（view）、SQL 语言支持等，这使得研发团队能够把有限的资源集中到关键的功能上，例如数据一致性、高性能的跨表事务、范围查询、join 等。

虽然数据总量比较大，但跟许多行业一样，淘宝业务一段时间（例如小时或天）内数据的增删改是有限的（通常一天不超过几千万次到几亿次），根据这个特点，OceanBase 把一段时间内的增删改等修改操作以增量形式记录下来（称之为动态数据，通常保存在内存中），这样也使得主体数据在一段时间内保持相对稳定（称之为基准数据）。

由于动态数据相对较小，通常情况下，OceanBase 把它保存在独立的服务器 UpdateServer 的内存中，以内存保存增删改记录极大地提高了系统写事务的性能。此外，假如每条修改平均消耗 100 Bytes，那么 10GB 内存可以记录 100M（即 1 亿）条修改，且扩充 UpdateServer 内存即增加了内存中容纳的修改量。不仅如此，由于冻结后的内存表不再修改，它也可以转换成 sstable 格式并保存到 SSD 固态盘或磁盘上。转储到 SSD 固态盘后所占内存即可释放，并仍然可以提供较高性能的读服务，这也缓解了在极端情况下 UpdateServer 的内存需求。为了应对机器故障，动态数据服务器 UpdateServer 写 commit log 并采取双机（甚至多机）热备。由于 UpdateServer 的主备机是同步的，因此备机也可同时提供读服务。

因为基准数据相对稳定，OceanBase 把它按照主键（primary key，也称为 row key）分段（即 tablet）后保存多个副本（一般是 3 个）到多台机器（ChunkServer）上，避免了单台机器故障导致的服务中断，多个副本也提升了系统服务能力。单个 tablet 的尺寸可以根据应用数据特点进行配置，相对配置过小的 tablet 会合并，过大的 tablet 则会分裂。

由于 tablet 按主键分块连续存放，因此 OceanBase 按主键的范围查询对应着连续的磁盘读，十分高效。

对于已经冻结/转储的动态数据，OceanBase 的 ChunkServer 会在自己不是太繁忙的时候启动基准数据与冻结/转储内存表的合并，并生成新的基准数据。这种合并过程其实是一种范围查询，是一串连续的磁盘读和连续的磁盘写，也是很高效的。

传统的 DBMS 提供了强大的事务性、良好的一致性和很短的查询修改响应时间，但数据规模受到严重制约，缺乏扩展性。现代云计算提供了极大的数据规模、良好的扩展性，但缺乏跨行跨表事务，数据一致性也较弱，查询修改响应时间通常也较长，OceanBase 的设计和实现融合了二者的优势。

（1）UpdateServer。类似于 DBMS 中的 DB 角色，提供跨行跨表事务和很短的查询修改的响应时间以及良好的一致性

（2）ChunkServer。类似于云计算中的工作机（如 GFS 的 Chunk server），具有数据多副本（通常是 3）、中等规模数据粒度（tablet 大小约 256MB）、自动负载平衡、宕机恢复、机器 plug and play 等特点，系统容量及性能可随时扩展。

（3）MergeServer。结合 ChunkServer 和 UpdateServer，获得最新数据，实现数据一致性。

（4）RootServer。类似于云计算中的主控机（如 GFS master），进行机器故障检测、负载平衡计算、负载迁移调度等。

上述的 DBMS 和云计算技术的优势互补使得 OceanBase 既具有传统 DBMS 的跨行跨表事务、数据的强一致性以及很短的查询修改响应时间，还有云计算的海量数据管理能力、自动故障恢复、自动负载平衡以及良好的扩展性。

4．可靠性与可用性

分布式系统需要处理各种故障，例如软件故障、服务器故障、网络故障、数据中心

故障、地震、火灾等。与其他分布式存储系统一样，OceanBase 通过冗余的方式保障了高可靠性和高可用性。

OceanBase 在 ChunkServer 中保存了基准数据的多个副本。单集群部署时一般会配置 3 个副本，主备集群部署时一般会配置每个集群 2 个副本，总共 4 个副本。

OceanBase 在 UpdateServer 中保存了增量数据的多个副本。UpdateServer 主备模式下主备两台机器各保存一个副本，另外，每台机器都通过软件的方式实现了 RAID1，将数据自动复制到多块磁盘，进一步增强了可靠性。

ChunkServer 的多个副本可以同时提供服务。Bigtable 以及 HBase 这样的系统服务节点不冗余，如果服务器出现故障，需要等待其他节点恢复成功才能提供服务，而 OceanBase 多个 ChunkServer 的 tablet 副本数据完全一致，可以同时提供服务。

UpdateServer 主备之间为热备，同一时刻只有一台机器为主 UpdateServer 提供写服务。如果主 UpdateServer 发生故障，OceanBase 能够在几秒中之内（一般为 3～5s）检测到并将服务切换到备机，备机几乎没有预热时间。

OceanBase 存储多个副本并没有带来太多的成本。当前的主流服务器的磁盘容量通常是富余的，例如 300GB×12 或 600GB×12 的服务器有 3TB 或 6TB 左右的磁盘总容量，但存储系统单机通常只能服务少得多的数据量。

在 OceanBase 系统中，用户的读/写请求，即读/写事务，都发给 MergeServer。MergeServer 解析这些读/写事务的内容，例如词法和语法分析、schema 检查等。对于只读事务，由 MergeServer 发给相应的 ChunkServer 分别执行后再合并每个 ChunkServer 的执行结果；对于读/写事务，由 MergeServer 进行预处理后，发送给 UpdateServer 执行。只读事务执行流程如下。

（1）MergeServer 解析 SQL 语句，词法分析、语法分析、预处理（schema 合法性检查、权限检查、数据类型检查等），最后生成逻辑执行计划和物理执行计划。

（2）如果 SQL 请求只涉及单张表格，MergeServer 将请求拆分后同时发给多台 ChunkServer 并发执行，每台 ChunkServer 将读取的部分结果返回 MergeServer，由 MergeServer 来执行结果合并。

（3）如果 SQL 请求涉及多张表格，MergeServer 还需要执行联表、嵌套查询等操作。

（4）MergeServer 将最终结果返回给客户端。

11.3.2　云创大数据数据立方（DataCube）

针对目前各类大数据库无法实时处理极其海量数据（万亿条记录以上规模）的不足，云创大数据推出了全新的云计算数据库——数据立方。该系统采用分布式块存储、动态 B+树森林、并行执行架构以及读取本地磁盘的执行方式，使入库和处理达到了实时完成、简单易用、高度可靠的效能，使 EB 级的数据能够秒级处理，极大地提高了海量数据的处理效能，还可支持数据仓库存储、数据深度挖掘和商业智能分析等业务。目前平台已经在中国移动、国家地震局等得到非常成功的应用。在中国移动某省公司已经稳定生产运行 3 年，单库由 40 多个机架构成，且仍在不断扩展中，处理了高达 1 亿个同时在线终端形成的实时数据流 15000Mbps，每天新增 100 亿条记录。

1．数据立方体系架构

数据立方（DataCube）的结构分为用户接口、索引、SQL 解析器、作业生成器、元数据管理、并行计算架构、分布式文件系统等部分，如图 11-14 所示。

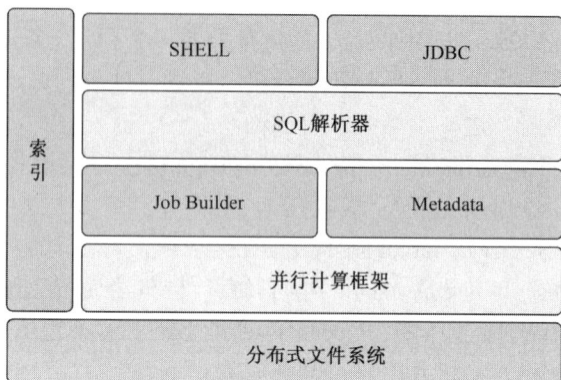

图 11-14　数据立方架构

用户接口主要有两个：JDBC 和 Shell。JDBC 主要执行数据的定义操作，即建立数据库、建表、建分区，对数据库、表和分区的删改等，同时可执行数据查询的 SQL 语句，暂不支持单条记录的增删改。数据立方提供友好的 Shell 交互界面，Shell 支持数据库、表的增删改以及数据查询的 SQL 语句。

数据在入库的同时与数据对应的索引也在同时建立，索引由若干颗 B+树构成的 B+树森林，数据插入内存的同时，索引 B+树森林也在生成和融和，当达到内存数据块上限时，数据和索引会刷新到分布式文件系统上成为文件。数据立方的元数据存储在数据库中。其中包括数据库的名字和属性、数据库中的表、表的名字、表的列和分区及其属性、表的属性、表的数据所在目录等。

SQL 解析器接收从 JDBC 和 SHELL 传来的 SQL 查询语句，同时对 SQL 进行词法分析、语法分析、编译、优化。作业生成器根据 SQL 语法树生成查询作业，分析所要处理的数据表对应的索引文件所在的存储子节点位置，并将作业发送给并行计算架构。并行计算架构接收到作业生成器生成的作业，根据索引文件的位置切分查询作业形成子任务，然后将子任务发送给数据所在的存储子节点，每个节点执行这些子任务查询索引得到结果记录所在的数据文件名与偏移量，并以广播的方式发送查询子任务到数据文件所在的节点，在执行完毕后将结果返回。

数据立方可以使用 HDFS 和 cStor 作为底层存储系统，cStor 是一个主从结构的分布式文件系统，不仅具有 HDFS 的高吞吐率、高读/写性能等特性，还支持 HDFS 所不具备的对文件修改等功能，并且支持 POXIS 接口。

2．分布式并行计算架构（DPCA）

数据立方的分布式并行架构（DPCA）是典型的主从结构，主 Master 与从 Master 分别部署在 HDFS 的主从 NameNode 物理节点上，而 Slave 部署在 DataNode 物理节点上，主从 Master 使用 Zookeeper 同步，并共享系统日志，Master 与 Slave 之间用心跳信息保持信息交换。如图 11-15 所示。

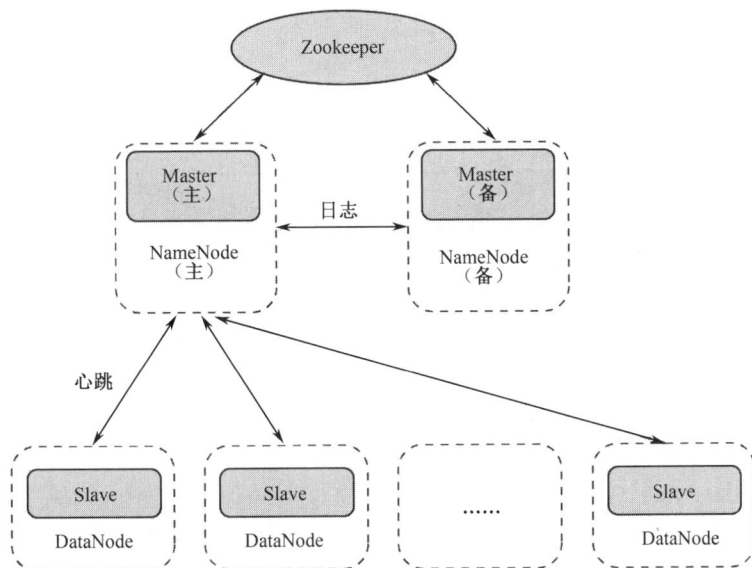

图 11-15　DPCA 架构

相对于 MapReduce 架构，DPCA 具有实时性、计算的数据本地性以及数据平衡性。MapReduce 架构的 Job 提交过程较为复杂，客户端将 Job 提交到 JobTracker 有较长的延迟，JobTracker 将 Job 处理为 MapReduce Task 后，通过 TaskTracker 的心跳信息将 Task 任务返回给 TaskTracker，此过程中也存在延迟。MapReduce 架构虽然也遵循数据本地性，但仍会有很大比例的数据处理不是本地的。相对于 MapReduce 架构，DPCA 的 Job 提交是实时性的，在提交 Job 之前所需程序 Jar 包已经分发到所有计算节点，在 Job 提交之后，Master 在初始化处理之后即将 Task 直接分发到所有 slave 节点上，如图 11-16 所示。在 Job 提交后，Master 根据数据文件所在位置分配 Task，这样在每个计算节点上要处理的 HDFS 上的数据块就在本地，这样避免了数据的移动，极大地减少了网络 I/O 负载，缩短了计算时间。每个计算节点会根据 Task 中 SQL 解析器生成的执行计划对 Task 执行的结果进行分发。分发的方式有 3 种：分发所有中间数据到所有计算节点，分发所有中间数据到部分节点，根据数据所在位置分发，如图 11-17 所示。并行计算架构能够周期性地对 HDFS 上的数据表进行维护，保持数据表在所有的 DataNode 节点上所存储的数据量的平衡，减少因数据负载的不平衡而导致的计算负载的不平衡。

举一个典型的小表与大表 Join 连接的实例，如图 11-18 所示，Master 解析 Job 中的执行计划，判断小表的位置后，将 Task0 发送给 Slave0，指令 Slave0 发送小表到所有节点，而其他节点接收到的子任务是等待接受小表的数据，接收到数据后将小表与大表连接并将数据返回给 Master，当所有数据返回完成则这个 Job 完成。

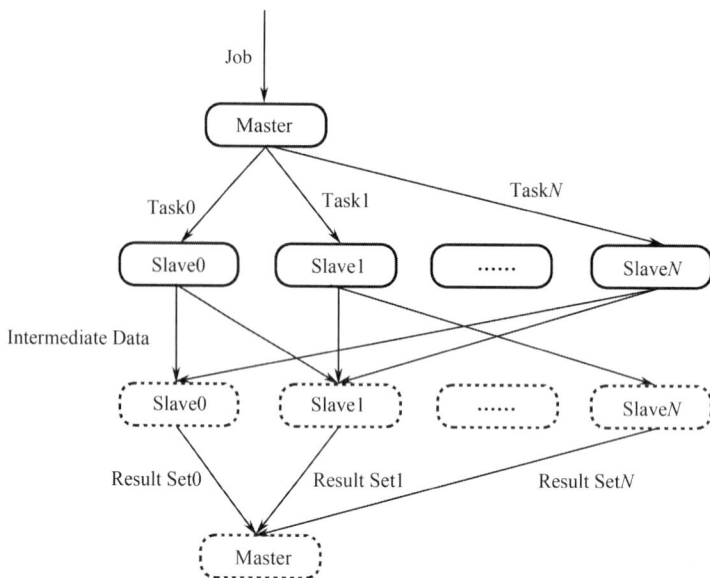

图 11-16　并行计算架构上作业执行过程

3．分布式索引

MapReduce 对每个查询都是直接从分布式文件系统中读入原始数据文件，I/O 代价远高于数据库，相对于 MapReduce 架构以及在其之上的 SQL 解析器 Hive，数据立方引入了一种高效的分布式索引机制，不同于并行数据库的 Shared-nothing 和 Shared-disk 架构，数据立方的数据文件与索引文件都存放在分布式文件系统之上。

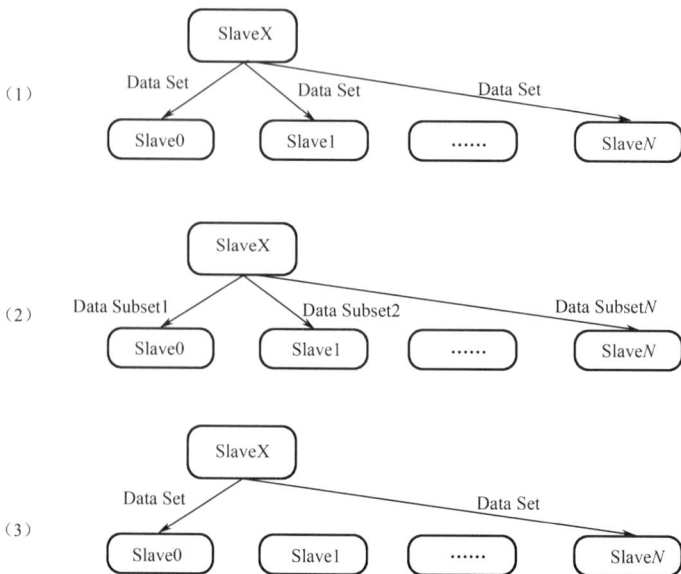

图 11-17　并行计算架构的 3 种分发方式

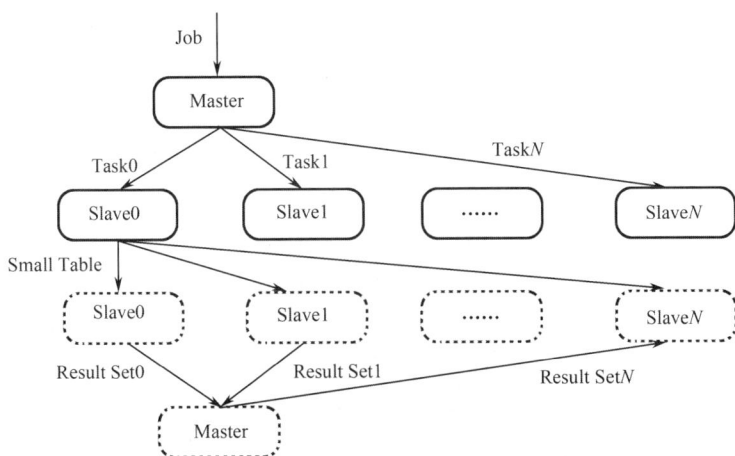

图 11-18　小表与大表的 join 实例

数据在入库的同时 B+树索引在内存中同步生成，B+树中的叶子节点存储的是数据文件路径与记录在文件中的偏移量。在 B+树中的叶子节点达到设置上限后，索引将被序列化到分布式文件系统之上，在根据条件进行单表查询的时，Job 被提交到并行计算框架。Master 节点首先分析该表的索引文件根据索引文件，所在的节点将 Task 发送到相应的节点，每个节点在查询本地的索引文件之后将符合条件的数据文件路径+偏移量打包成 Task，根据数据文件位置进行再次分发，在数据文件中的记录查询出来之后将结果返回，如图 11-19 所示。

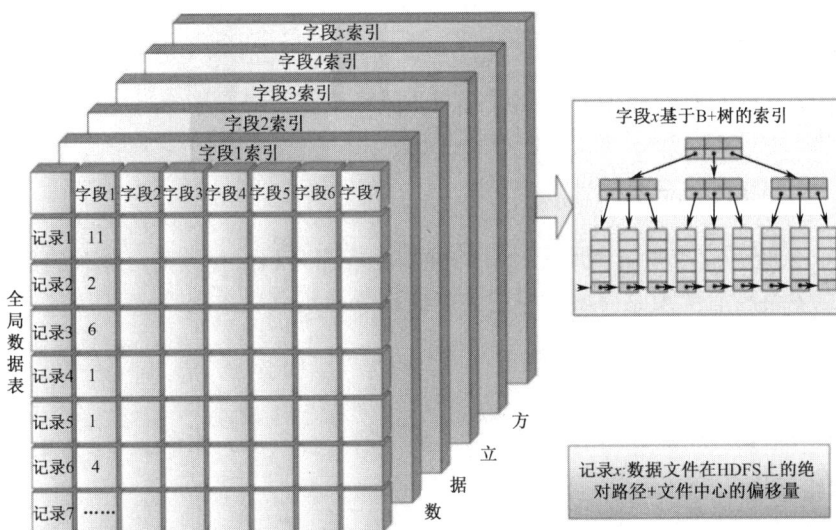

图 11-19　B+树索引

4．数据立方大数据一体机

数据立方大数据一体机是一种处理海量数据的高效分布式软/硬件集合的云处理平

台，该平台可以从 TB 乃至 PB 级的数据中挖掘出有用的信息，并对这些海量信息进行快捷、高效的处理。平台支持 100Gbps 以上量级的数据流实时索引，秒级响应客户请求，秒级完成数据处理、查询和分析工作。平台可以对入口数据进行实时索引，对数据进行分析、清理、分割，并将其存储在云存储系统上，不仅在入库和检索时具有非常高的性能优势，还可以支持数据深度挖掘和商业智能分析等业务。如图 11-20 所示。

图 11-20　数据立方大数据一体机实物图

11.4　云视频监控技术

随着云计算技术的飞速发展，许多传统行业纷纷向"云"上靠拢，视频监控行业就是其中之一。将分布式云计算的灵活性、稳定性、性价比应用于庞大的监控行业，势必会对这一传统行业带来崭新的活力和巨大的飞跃。下面就以云创大数据的 cVideo 云视频监控技术为例，简要介绍云视频的相关技术。

11.4.1　cVideo 云视频监控系统

cVideo 云视频监控系统利用云计算的强大处理能力和云存储的海量存储能力，可同时提供任意多路高清视频监控系统和超大规模高清视频点播系统。

1．系统架构

cVideo 云视频平台主要由 7 个模块组成：前端设备、接入服务器、处理服务器集群、存储服务器集群、流媒体服务器、中心服务器和客户端。如图 11-21 所示。

2．网络架构

图 11-22 简要描述了 cVideo 云视频监控系统的系统数据流。其中支持 RTSP 标准协议的网络摄像机等前端设备，可以直接接入 cVideo 综合处理云平台中；模拟摄像头经过编码器编码后接入到平台中；其他平台或前端设备可以经过 SDK 整合后接入。经过接入服务器后，进入云处理集群进行数据处理，实现对实时视频流的内容识别、转码、智能分析等功能，并经过转发服务器以流媒体的形式对外提供服务。对于经过 cVideo 处理

后流出的视频数据，如果是终端设备（手机、IPAD 等）需求，则直接由 cVideo 的转发
服务器发送转码后的视频流；如果是上电视墙显示的需求，将视频流推送给解码器进行
解码上墙。

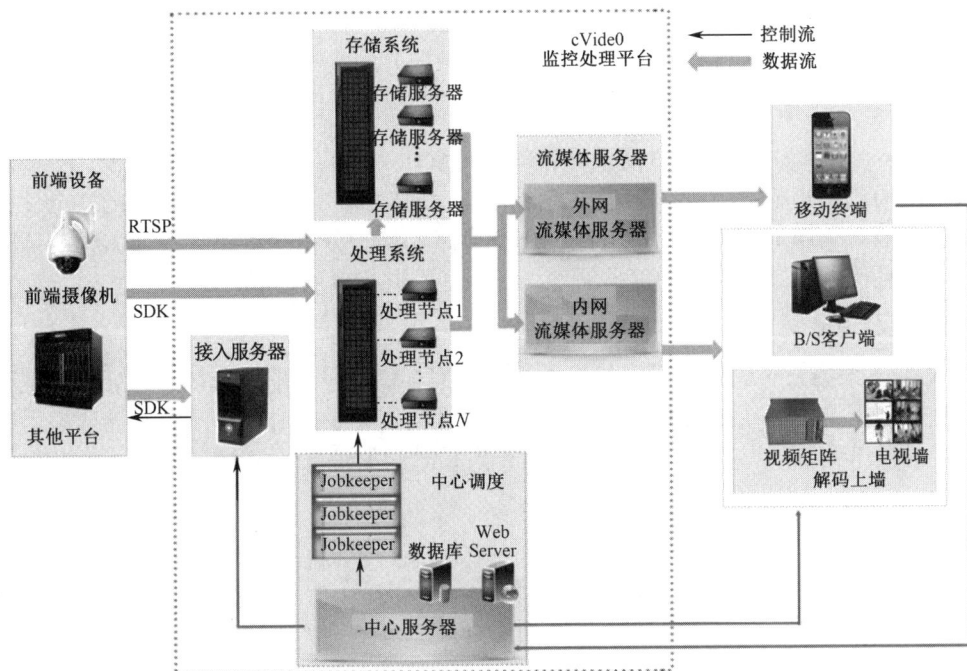

图 11-21　cVideo 系统架构

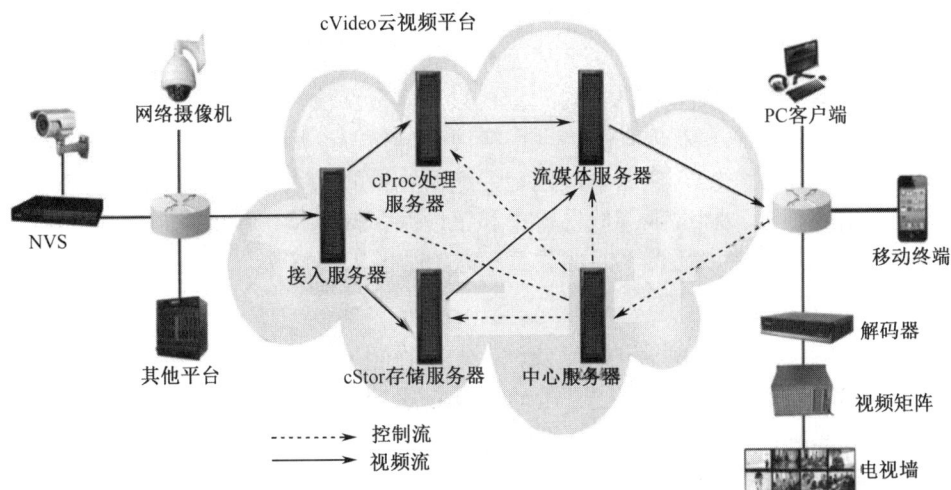

图 11-22　cVideo 系统数据流

3．关键技术

1）基于分布式网络设计，支持多点超远距离实时高清视频监控

cVideo 采用 DDNS 和 NAT 等技术，通过互联网可以将地理位置上分布距离很远的多个地点的监控前端（即摄像机）接入当前的监控系统中，以满足远距离实时监控多个地点的需求。同时，人性化的设计提供友善的操作界面。

2）支持大规模、多层级的监控系统

cVideo 基于高可扩展性、高可靠性的架构设计，使其能够支持不同规模、不同层级的系统。通过用户权限管理、中心服务器管理、通信加密等措施提高系统的安全性；通过基于云的转码服务器集群，使其能够支持多路、动态分辨率的超大规模实时高清视频监控，并且使系统具有优异的可扩展性，以满足不同规模的需求。

3）支持海量视频数据备份

cVideo 采用云存储技术，支持海量视频数据存储。可靠的冗余技术保证数据记录的可靠性。根据监控系统规模和所需要保存的视频数据记录的时长，配置存储容量，并通过热插拔技术支持动态扩展，理论上支持无限长时间的视频备份。

4）采用先进的视频内容智能分析技术

cVideo 采用国际先进的视频内容分析技术，通过将场景中背景和前景目标分离，进而探测、提取、跟踪在场景内出现的目标并进行行为识别。通过对视频的内容描述及规则匹配，计算机系统如同人类有了眼睛和大脑，可以脱离人为干预而实现"独立自主"，"代替"人进行监控，即视频分析，这样，大量的、枯燥的、"死盯"屏幕的任务便交给了服务器的算法程序，值班人员解脱出来之后，可以将重心放在视频分析系统报警触发后的事件审核工作上。

11.4.2 cVideo 智能分析系统

cVideo 的智能分析系统[4]构架于云调度和云处理架构之上，采用国际先进的图像处理技术，并结合模式识别技术对已有的海量视频进行事件检索，实现了对事件发生视频的切片回放、运动帧提取和对象跟踪。现已实现火焰检测、烟雾检测、打架事件检测、车流量统计分析、车速判定、交通事故判定、遗留物检测、入侵检测等。通过优化的智能识别算法，能够在最大程度上降低误检率和错检率，提高检出率并发出相应的报警信号。cVideo 是个开放平台，还可不断加载第三方的智能识别算法。

1．特定人物视频检索

cVideo 自主知识产权的视频 DNA 算法，应用在犯罪嫌疑人识别问题中，首先分析监控视频中目标人物的运动模式，建立运动 DNA 序列，为后续分析处理提供基础。后续分析包括运动目标优化、运动轨迹分析、运动特征提取、步态建模等。如图 11-23 和图 11-24 所示。

同时，以人搜人功能是基于视频智能分析技术的一项重要应用，通过人为选取或运动检测的方式抓取目标人物图像，以人搜人技术可以自动检测出监控视频中的目标人物并进行跟踪。

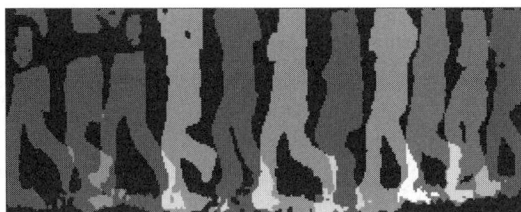

图 11-23　目标运动 DNA 序列

图 11-24　目标运动图谱

以人搜人功能适用于各种场合的指定目标检测与跟踪，例如重要区域可疑人物跟踪等。如图 11-25 所示。

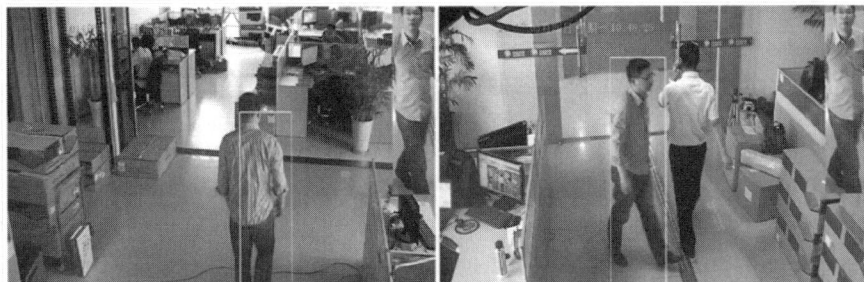

图 11-25　以人搜人功能示意

2. 区域入侵检测

区域入侵检测是在视频智能分析技术——运动目标检测的基础上延伸出来的一种检测报警应用功能，可以自动检测出监控视频中的预设防区内所出现的运动目标，如果检测到的运动目标及其行为符合预先设定的警戒条件，则自动进行抓拍、录像以及报警等关联性动作。如图 11-26 所示。

区域入侵检测可以预设多个任意形状的防区，各防区位置可以重叠，互不影响。防区设定后，只有符合指定条件的运动目标的入侵行为才会引发报警，而其他不符合条件的入侵将会被忽略。

区域入侵检测适用于各种场合的非法入侵检测，例如入室盗窃、入侵高危区域、非法进入私人住宅区，以及针对在非工作时间内在非法方向上运动的过往人员进行记录等。

图 11-26　区域入侵检测功能示意

3．车流量统计

车流量统计是在视频智能分析技术——运动目标检测的基础上延伸出来的，采用"虚拟线圈"的方式自动检测出监控视频中所出现的车辆，并统计相应车道上的车辆进出数量。如图 11-27 所示。

车流量统计功能允许用户根据实际车道情况设定若干检测区域，当有车辆通过检测区域时则自动计数并记录车辆通过时间等信息。

图 11-27　车流量统计功能示意

车流量统计是智能交通系统中的一项重要功能，主要用于城市道路或高速公路出入口、收费站等治安卡口及重点治安地段的全天候实时车辆检测与记录，为交通情况判定提供数据支撑。

4．火焰检测

火焰检测功能可以自动对视频图像信息进行分析判断，及时发现监控区域内的火灾苗头，以最快、最佳的方式进行告警和提供有用信息，能有效地协助消防人员处理火灾危机。如图 11-28 所示。

火焰有着与众不同的特征，但是传统的视频烟火检测容易受到其他类似火焰物体的干扰，存在很高的误报率，基于视频智能分析技术的火焰检测算法利用火焰的颜色、形状以及火焰的运动规律等不同动/静态特征进行融合，有效地避免了相似火焰物体的干扰，很大程度上降低了误报率。

火焰检测功能可以广泛应用于军事、海关、公安、消防、林业、堤坝、机场、铁路、港口、城市交通等众多公众场合。

图 11-28　火焰检测结果显示图

11.4.3　cVideo 云转码系统

1．系统简介

视频转码是一种将已压缩的视频数据从一种格式转换为另一种格式的技术，视频的编码格式主要有 MPEG、H264、DivX、WMA、RM 等，封装格式主要有 AVI、PS、TS、MOV、MKV、MPG 等，而不同的播放器对格式的支持也不同，因此不同终端对视频流格式也有着特殊的需求。

同时，视频转码是一个高运算负荷的过程，需要对输入的视频流进行全解码、视频过滤/图像处理，并且对输出格式进行全编码。最简单的转码过程仅仅涉及解码一个比特流和用不同的编解码器重新编码两个步骤。这种硬转码看似很简单，只需要一个解码器和一个编码器，但是最终显示结果并不理想，因为视频数据解码后重新编码会降低画质。

由于视频转码计算量很大，单一的计算机不可能实现整个监控系统内的摄像头实时视频数据的转码。cVideo 云端转码技术[4]将视频转码计算放到云端，实现整个系统内的实时视频转码，以满足用户对不同分辨率、不同码流、不同终端的使用需求。cVideo 云转码系统、能对现有视频文件按需进行分布式转码，实现不同格式、分辨率等参数的转换，并将转好的文件进行存储。

2．逻辑架构

图 11-29 为简化的 cVideo 云转码平台逻辑图，其核心内容是对各类视频文件的高效转码。基于云计算的模式，采取海量分布式 JobKeeper 云调度架构，以 Web Services 形式共同对外服务。实现云端转码、动态伸缩、监控管理等需求。最后将转码好的视频文件保存于 cStor 存储服务器中，并给用户提供对应接口方便调用。

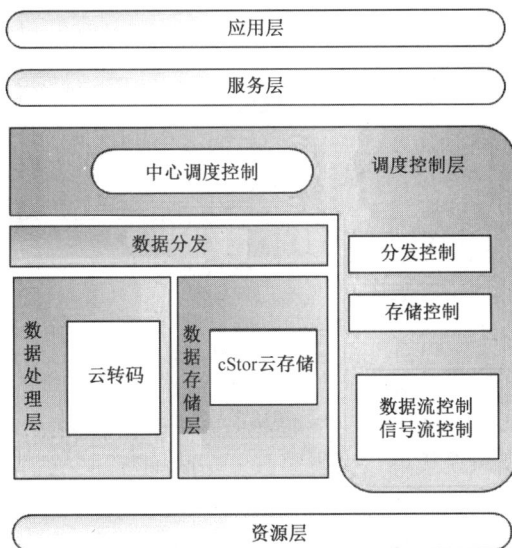

图 11-29　cVideo 云转码逻辑图

（1）资源层：存储于 cstor 云存储系统中的视频数据。

（2）数据存储层：即 cStor 云存储系统，提供海量的存储空间，以备历史数据的回看与处理。

（3）数据处理层：即 cVideoCodec 云转码模块，由中心调度服务器（JobKeeper）调用，进行视频的转码等。

（4）API 层：提供 API 接口，实现上层应用对底层资源的透明操作，提供业务应用的开发支持。

（5）调度控制层：实现对以上各层的综合调度与控制，以实现整套系统机制。

（6）应用层：主要包括调阅查询、内容识别等视频相关应用，可自己设计友善的界面、人性化的操作方式等。

3．系统架构

图 11-30 简要描述了 cVideo 的云端转码系统架构。用户可以将需要转码的任意格式、任意分辨率的视频文件存储到 cStor 存储服务器中，然后通过客户端的 Web 操作页面，根据需求提交转码请求，根据源文件的大小和时间轴长度拆分转码任务，通过 JobKeeper 云调度系统，自动负载均衡，将其分发到相应的处理节点，待分布式的转码完成后，再进行中间结果文件的合并与时间轴重构，并将最终视频文件存放在 cStor 的指定位置。这些视频文件经过索引建立一一对应关系，在 cVideo 云转码集群中进行数据处理，实现对视频文件的高效转码，并将结果保存在 cStor 存储服务器中。

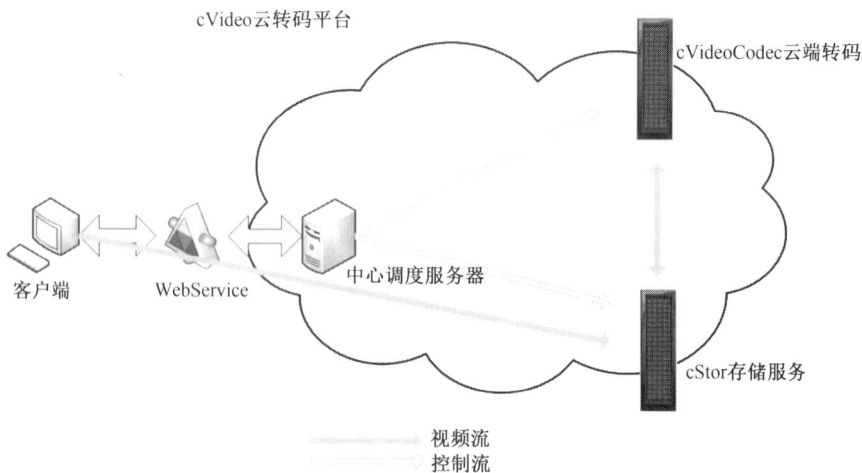

图 11-30　cVideo 云转码系统架构

（1）中心调度服务器：负责获取用户从客户端或其他上层系统发出的指令，使用 JobKeeper 综合调度各个系统集群，实现整套 cVideo 的控制机制，并通过 WebService 技术，将相关信息返回给客户端。

（2）cStor 存储服务器：用以长期存储视频数据，以备调阅及重新处理等需求。

（3）cVideoCodec 云端转码：视频文件的云端转码处理。

（4）客户端：客户端与中心调度服务器通过 WebService 技术连接，实现 Client 和 Server 之间交互。

11.5　阿里巴巴阿里云服务

2009 年 9 月，阿里巴巴集团在十周年庆典上宣布成立新的子公司阿里云[6]。该公司专注于云计算领域的研究，依托云计算的架构做一个可扩展、高可靠、低成本的基础设施服务，支撑包括电子商务在内的互联网应用的发展，从而降低进入电子商务生态圈的门槛、成本，并提高效率。所以阿里巴巴的云计算也被称为电子商务云。

阿里云的定位是云计算的全服务提供商。针对云计算不同层次，阿里云都进行了充分的部署，开发了自己的技术。

阿里云只涉及基础研发，不涉及具体的软件产品的开发。阿里云会为阿里巴巴集团内其他公司提供技术支持，和其他的技术团队一起开发在线服务。主要服务有弹性计算服务 ECS、开放存储服务 OSS、开放结构化数据服务 OTS、开放数据处理服务 ODPS、关系型数据库 RDS 等。

11.5.1　阿里云计算体系架构

阿里云的核心系统是底层的大规模分布式计算系统（飞天）、分布式文件系统以及资源管理和任务调度。在核心系统之上构建弹性计算服务、开放存储服务、开放结构化数据服务、开放数据处理服务和关系型数据库服务等。阿里云计算体系架构[7]如图 11-31 所示。

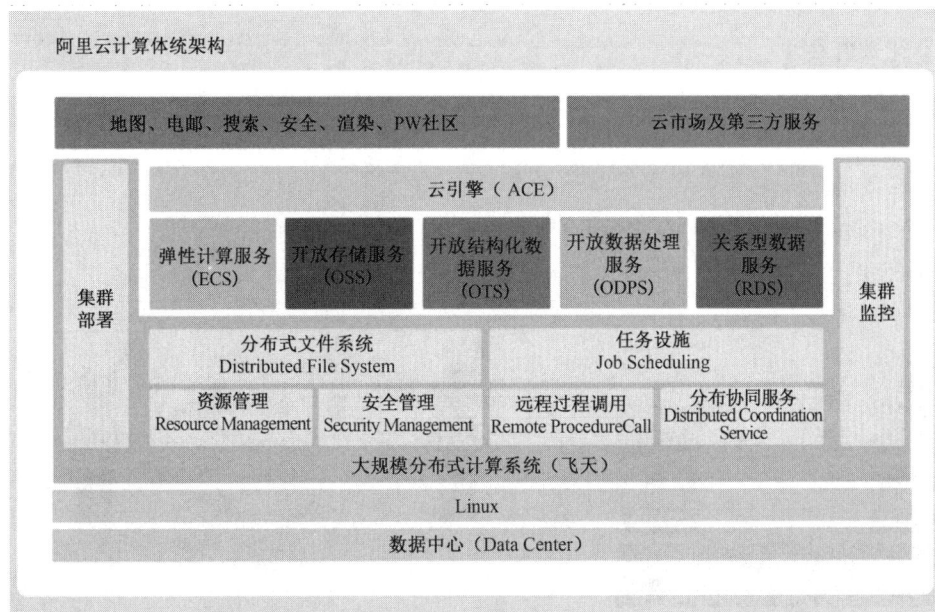

图 11-31　阿里云计算体系架构

11.5.2 弹性计算服务（ECS）

弹性计算服务即云服务器（Elastic Compute Service，ECS）[8]。它基于阿里云自主研发的飞天大规模分布式计算系统，通过虚拟化技术整合 IT 资源，为各行业提供互联网基础设施服务。

ECS 底层基于分布式计算平台飞天，飞天平台负责管理实际的硬件资源，向用户提供安全可靠的云服务器，任何硬件的故障都可以自动恢复，同时提供防网络攻击等高级功能，能够简化开发部署过程，降低运维成本，构建按需扩展的网络架构。它的主要特点如下。

1）完全管理权限

对云服务器的操作系统有完全控制权，用户可以通过连接管理终端自助解决系统问题，进行各项操作。

2）快照备份与恢复

对云服务器的磁盘数据生成快照，用户可使用快照回滚、恢复以往磁盘数据，加强数据安全。

3）自定义镜像

对已安装应用软件包的云服务器，支持用户自定义镜像、数据盘快照批量创建服务器，简化用户管理部署工作。

4）API 接口

使用 ECS API 调用管理，通过安全组功能可以对一台或多台云服务器进行访问设置，使开发使用更加方便。

5）弹性内存

同一物理机上的 VM 内存共享，系统自动预测 VM 内存使用，智能分配与回收，如图 11-32 所示。

6）在线迁移

在线迁移时，硬盘与内存、CPU 状态不会丢失，迁移耗时因内存大小不同，但应用不中断，如图 11-33 所示。

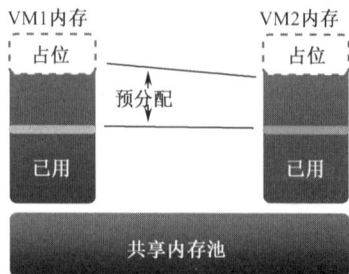

图 11-32 内存共享图

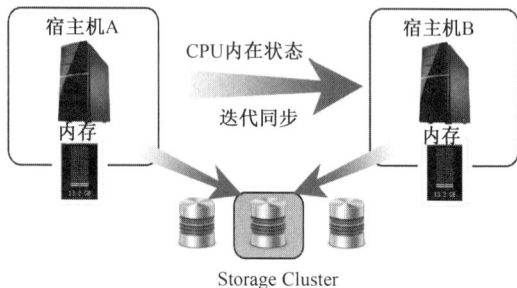

图 11-33 在线迁移图

11.5.3　开放存储服务（OSS）

开放存储服务（Open Storage Service，OSS）[8]，是阿里云对外提供的海量、安全和高可靠的云存储服务。它拥有 RESTFul API 的平台无关性，容量和处理能力的弹性扩展，按实际容量付费的核心业务。它的主要特点如下。

1）弹性扩展

海量的存储空间，随着用户使用的增加，存储空间弹性增长，无须担心存储容量的限制。

2）大规模并发读写

数据并发读写，在短时间内可以进行大量数据的读/写操作。

3）图片处理优化

对存储在 OSS 上的图片，支持缩略、裁剪、水印、压缩和格式转换等图片处理功能。

11.5.4　开放结构化数据服务（OTS）

开放结构化数据服务（Open Table Service，OTS）[8]是构建在阿里云飞天分布式系统之上的 NoSQL 数据库服务，提供海量结构化数据的存储和实时访问。它的主要特点如下。

1）数据的海量存储

支持互联网应用用于服务海量的终端用户，如存储邮件、日记、行程、用户信息等。也可用于大规模对象数据的存储，应对移动互联网及物联网带来的数据存储挑战。

2）简单易用的表管理

用户根据业务需求创建多个实例进行管理。在某实例下，进行创建表、查询表、删除表等多种操作。

3）数据的管理

数据的单行读写、多行读写以及范围读取。

11.5.5　开放数据处理服务（ODPS）

开放数据处理服务（Open Data Processing Service，ODPS）[9]由阿里云自主研发，提供针对 TB/PB 级数据、实时性要求不高的分布式处理能力，应用于数据分析、挖掘、商业智能等领域。阿里巴巴的数据业务都运行在 ODPS 上。它的主要特点如下。

1）海量运算

彻底无极限解决大数据存储与运算瓶颈，可以专心于数据分析和挖掘，最大化发挥数据价值。

2）数据安全

多层次数据存储和访问安全机制，保护数据不丢失、不泄露、不被窃取。

3）开箱即用

无须关心集群的搭建和运维，仅需简单的几步操作，即可开始数据的分析和挖掘任务。

11.5.6 关系型数据库（RDS）

关系型数据库云服务（Relational Database Service，RDS）[9]，通过云服务的方式让关系型数据库设置、操作和扩展变得更加简单。RDS 的低成本、高效率、灵活性帮助企业解决费时、费力的数据库管理，使企业有更多的时间聚焦到应用和业务层面上来，节约用户的硬件成本和维护成本。

RDS 支持 MySQL、MS SQLServer 两种关系型数据库，与现有商用 MySQL 和 MS SQLServer 完全兼容。RDS 可以作为各行业中小企业关系型数据库应用，比如 SAAS 化应用、电子商务网站、社区网站、手机 APP 以及游戏类应用等。它的主要特点如下。

1）安全稳定，数据可靠

RDS 集群处于多层防火墙的保护之下，可以有力地抗击各种恶意攻击，保证数据的安全。同时 RDS 采用主从热备的集群架构方式，当出现硬件故障时，可以在 30s 内完成自动切换。

2）自动备份，管理透明

RDS 根据自定义的备份策略自动备份数据库，防止数据丢失和误删除，保证数据安全可靠。无缝兼容与 MySQL、SQLServer 兼容的所有应用，且与现有的程序、工具完全兼容。不需要做任何改动，就可将现有程序迁移至 RDS 数据库上。

3）性能卓越，灵活扩容

采用高端高性能服务器配置，为高性能提供了有效的硬件平台。同时对数据库参数做了特定的优化，相比其他同类产品具有很大的性能优势。

11.6 云创大数据万物云服务

根据智能硬件、物联网大数据的产生方式和使用特点，在数据立方（DataCube）云计算大数据库基础之上，云创大数据打造了一个超大规模、高可靠、高安全、高性能、低成本、简捷易用的万物云平台（http://www.wanwuyun.com）。万物云是用于物联网数据存储处理一站式托管服务平台，目的是为了降低物联网应用的技术门槛和成本，将智能硬件快速对接到物联网大数据平台之上，使物联网开发者专注于自己的核心业务，增强核心竞争力。与其他智能硬件平台相比，万物云的最大特点是采用了自主研发的数据立方云计算大数据库，从而先天就具有实时处理万亿量级以上数据规模的优势。

11.6.1 平台简介

近两年来，智能硬件爆炸式增长，从智能电表、智能水表、智能环境传感器，到运动手环、智能手表、空气盒子，再到智能水杯、智能电动车、智能机器人，发展非常迅猛。可以预见，在不久的将来，智能硬件总数将很快突破千亿个、万亿个规模。在我国，在深圳、北京和上海形成了智能硬件研发集聚区，以北京创客空间、深圳柴火创客空间、3W 咖啡、IC 咖啡为代表的众创空间正在茁壮成长。

　　然而，做智能硬件的团队面临的挑战非常大。他们不仅要解决智能硬件的技术和市场问题，还需要自己研发支撑智能硬件运转的后台平台。如果智能硬件团队自己来开发数据存储处理后台，首先面临的难题是代码和测试工作量极其繁杂庞大，需要投入大量的人力和财力；其次一旦应用上线，后台数据服务的运维将会是一项很大的技术挑战和成本开销。而随着智能设备用户的不断增加，数据的规模随之扩大，存储和处理的性能如何保证，数据安全性如何保证，将成为巨大难题。

　　针对以上所遇到的问题，云创大数据在现有数据立方（DataCube）产品基础之上，专门打造了面向智能硬件的公共云计算平台——万物云，如图 11-34 所示。它是一个功能丰富、简捷易用、安全可靠的物联网应用支撑平台，其核心是一个数据服务逻辑层和一套面向应用的编程接口，满足物联网应用各个层次的数据存储、查询、处理需求，保障用户数据安全和服务稳定，并提供一系列协助用户开发调试、监控性能和优化性能的工具。

图 11-34　万物云网站

　　有了万物云，智能硬件研发团队只需专注于智能硬件和 App 本身，而不用花精力在后台的云计算平台研发上。而且，万物云只向 10%的数据量最大的客户收费，对于 90%的智能硬件团队而言，它是终生免费的。

11.6.2　系统架构

　　万物云底层基于海量弹性分布式数据存储和计算架构——数据立方（DataCube），

在其上构造了一个面向物联网智能硬件应用的业务逻辑层，并提供一个基于 HTTP 协议的 RESTful 应用服务调用接口，以及一系列覆盖主流语言和平台应用的编程接口，包括 Java、Python、C#、Scala、PHP、Ruby、Node.js 等语言。云创大数据物联网大数据平台架构如图 11-35 所示。

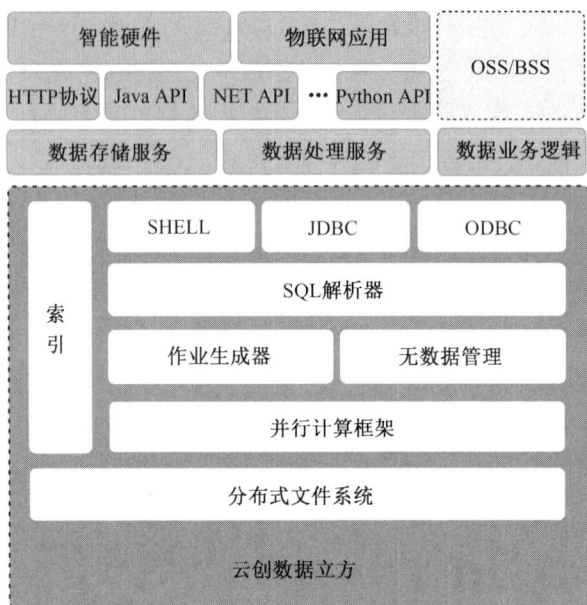

图 11-35　万物云平台架构

11.6.3　功能服务

万物云按功能可分为数据存储服务和数据处理应用服务。数据存储服务提供海量、弹性、安全、高可用和高可靠的云存储；数据处理应用服务提供针对 TB/PB 级数据、实时性要求不高的处理服务，主要应用于数据挖掘和数据智能分析等领域。

1．编程接口

云创大数据物联网大数据平台提供丰富的编程接口，实现了大数据平台所遵循的设计理念：方便智能硬件数据直接接入，减少和简化物联网应用端的代码，降低物联网数据接入和应用的技术门槛。这意味着物联网厂商可以专注于自己的设备开发。

1）基于 HTTP 协议的数据服务调用接口

构建基于 HTTP 的 RESTful 协议接口的目的主要是使智能硬件便捷地通过发送 HTTP POST 请求直接访问平台大数据服务。RESTful 协议将平台的各种数据服务资源映射成 URI 以供调用，比如智能硬件只要将数据包装成 JSON 格式，通过访问数据插入服务的 URI 即可完成数据递交。

HTTP 协议服务调用接口支持表的各种基础操作，HTTP 协议的通用性保证了大数据平台对物联网应用支持的广泛性。通过 HTTP 调用，用户可便捷地完成表的增、删、查、改等操作。

2）应用程序编程接口（JavaAPI 等）

大数据平台通过提供软件应用开发包的形式为物联网应用提供具有针对性的数据应用服务，目的在于减少物联网应用端的开发量。与大数据平台的数据处理和分析应用有关的各项功能主要通过专用编程接口提供。如表 11-1 所示。

表 11-1　Java API 基本数据和表操作一览

操作名称	操作目标
AddTableRow	插入一行数据
AddTableRows	插入多行数据
GetTableRow	读取一个表中单行数据
GetTableRows	批量读取一个表中若干行数据
GetTableRowsByRange	读取指定主键范围内的数据
DeleteTableRow	删除一个表中一行数据
DeleteTableRows	删除一个表中若干行数据
CreateTable	根据给定的表结构信息创建相应的表
DeleteTable	删除指定的表
GetAllTableInfo	获取当前用户所有表的结构信息
GetTableInfo	获取指定表的结构信息

2．编程接口方法调用示例

1）智能硬件数据提交示例

下面的代码演示了智能硬件如何通过一个 HTTP 协议的调用将一行数据提交至大数据平台。

调用地址	http://cdsserver：8080/api/addTableRow
方法	POST
参数示例	user={"AccessID":"user"，"AccessKey"："xxxxxxxxx"} row={"values"：{"location"："12345"，"temp"："21"}} tableName={"tableName"}
返回	1

2）物联网应用数据读取示例

使用大数据平台 Java API 进行数据或表操作一般遵循以下几个步骤。

（1）创建 CDS 对象，在构造函数中指定供服务安全认证所需的 AccessID 和 AccessKey；

（2）构造请求对象；

（3）调用 CDSClient 对象相关接口发送请求。

下面应用程序代码演示了物联网应用如何通过 JavaAPI 接口用 getTableRow（）方法读取表中的一行中的 location、temp 列。

```
String accessId = "<your access id>";
String accessKey = "<your access key>";
CDSClient client = new CDSClient(accessId, accessKey);
String COLUMN_GID_NAME = "gid";
String COLUMN_UID_NAME = "uid";
String COLUMN_LOC_NAME = "location";
String COLUMN_TEMP_NAME = "temp";
SingleRowQueryCriteria criteria = new SingleRowQueryCriteria(tableName);
RowPrimaryKeyprimaryKeys = new RowPrimaryKey();
primaryKeys.addPrimaryKeyColumn(COLUMN_GID_NAME, PrimaryKeyValue.fromLong(1));
primaryKeys.addPrimaryKeyColumn(COLUMN_UID_NAME, PrimaryKeyValue.fromLong(101));
criteria.setPrimaryKey(primaryKeys);
criteria.addColumnsToGet(new String[] {
COLUMN_LOC_NAME,
COLUMN_TEMP_NAME,
});
GetRowRequest request = new GetRowRequest();
request.setRowQueryCriteria(criteria);
GetRowResult result = client.getTableRow(request);
Row row = result.getRow();
System.out.println("location 信息：" + row.getColumns().get(COLUMN_LOC_NAME));
System.out.println("temperature 信息：" + row.getColumns().get(COLUMN_TEMP_NAME));
```

3．数据安全机制

用户数据安全是物联网数据应用的关键。云创大数据的物联网大数据平台通过多层次的安全验证和访问权限限制等措施保护用户数据，防止数据丢失和泄露。

1）访问许可验证

面对数据处理服务的请求，物联网大数据平台通过使用 AccessID/AccessKey 对称加密的方法来验证发送请求的用户身份。AccessID 用于标示用户，AccessKey 是用户用于加密签名字符串和大数据平台用来验证签名字符串的密钥。平台根据对称验证结果决定接受或拒绝服务请求。

2）用户数据分离

大数据平台对用户数据的建表操作采用用户名+实例名+表名的方式，在数据访问时如果表名中的用户名和发送请求的用户名不匹配，服务请求会被拒绝，通过这种方式保证用户只能对自己用户名下的数据资源进行读取和操作。

3）攻击防范机制

大数据平台内建了基本的攻击监测及防范措施。异常的服务请求如过于频繁或数据参数超大的 HTTP POST 请求会导致服务被拒绝。

4．智能硬件直通接入方案

用户可以使用 HTTP、TCP 或 MQTT 等协议接入智能硬件。物联网智能设备基于常用嵌入式 MCU，如 ARM、Intel 等，可通过 SPI/RS485/RS232/I2C 等接口外接各种传感器。物联网智能设备搭载的标准 Linux、mbed OS 等操作系统均支持 CoAP、HTTP、MQTT、LWM2M 等协议，支持多种通信手段，包括 3G/LTE/Bluetooth Smart/Wi-Fi 及6toWPAN。智能设备通过无线网络将数据可靠传输到平台服务器，为用户提供一个涵盖数据采集、可靠传输、大数据存储和处理的完整解决方案。

5．规模和性能

万物云充分利用现有 DataCube 产品所提供的安全、可靠、高效的各项云计算基础服务，确保平台能够向物联网应用提供卓越的数据存储性能。数据立方存储系统支持弹性扩展，用户无须担心存储空间不足。分布式存储系统中各存储节点副本数据实时同步，读写性能不会因数据量增加而受影响。现有平台提供毫秒级单行数据读/写延迟，数据入库可在每秒十万条以上量级，查询在百万 QPS 级别。

根据物联网应用的特点，物联网大数据平台还提供一系列有针对性的工具，如数据迁移同步、性能监控、辅助调试工具等。

11.6.4　应用举例

依托万物云，云创大数据研发了 PM2.5 云监测平台。该平台突破传统的监测方法，运用创新的设计理念，将环保和云计算技术有机结合。目前已在多个城市大规模部署PM2.5 云监测物联网系统，配合现有的环境监测站点，可准确、及时、全面地反映空气质量现状及发展趋势，为空气质量监测和执法提供技术支撑，为环境管理、污染源控制、环境规划等提供科学依据。该平台已经向公众免费开放，网址：http://www.mypm25.cn，"我的 PM2.5"App 可以从安卓和苹果应用分发平台下载。

习题

1. 查阅资料，比较淘宝 TFS 分布式文件系统、cStor 分布式文件系统与阿里云分布式文件系统有何异同？

2. 比较分布式数据库 OceanBase、数据立方 DataCube 与传统关系数据库有何异同？

3. 列举一个阿里云服务器 ECS 的使用场景，与传统服务器相比，使用云服务器的优势在哪里？

4. 查阅资料，列举其他商业云计算解决方案的应用场景。

5. 简述云计算技术发展概况。

参考文献

[1] 云创大数据官网. http://www.cstor.cn.

[2] 飞天开放平台编程指南:阿里云计算的实践. http:// www.gome.com.cn/ product/ A0004423229. html.

[3] 淘宝分布式文件系统. TFS http://code.taobao.org/p/tfs/wiki/index/.

[4] cStor 云存储系统. http://www.cstor.cn/imglist_15.html.

[5] OceanBase 架构介绍. http://wenku.baidu.com/link?url=j6YYRw1p_nmsNtWVIUClmz ApR3XrnfXkgbLv_TwJ7k8t7ASjVdIn0NsuX33mBEnknJr0xcC6UrRgcy98T2Zw2GVx-HkPBNTr_Emh7Up28vC.

[6] 阿里云计算的市场发展策略研究 http://max.book118.com/html/2014/0104/ 5470354. shtm.

[7] 阿里云服务 http://wenku.baidu.com/link?url=WSoH7Xx7ygzOJgXfVwvP_14q9elz6_ WUeEnHSFTHd2Fu9ujOZsOXvUUnr2DCblAuPNeM7agehGXOXKGRv36FjnUMubZ Q9mwWhP966lSpkei.

[8] 阿里云 http://baike.baidu.com/view/2817287.htm?fr=aladdin.

[9] 阿里云 http://help.aliyun.com/?spm=5176.7209265.0.0.eqDxPx.

[11]　Azza Abouzeid , Kamil Bajda-Pawlikowski , Daniel J Abadi, Alexander Rasin, Avi Silberschatz. HadoopDB: An architectural hybrid of MapReduce and DBMS technologies for analytical workloads//Proceedings of the 35th International Conference on Very Large DataBases (VLDB' 09).Lyon , France , 2009: 733-743.

[12]　Abouzied A, Bajda-Pawlikowski K, Huang JW, Abadi DJ, Silberschatz A. HadoopDB in action: Building real world applications. In: Elmagarmid AK, Agrawal D, eds. Proc. of the SIGMOD. Indiana: ACM Press, 2010. 1111−1114. [doi: 10.1145/1807167. 1807294].

第 12 章　总结与展望

本章横向比较 Google、Amazon、微软和 VMware 的商业云计算解决方案，以及 Hadoop、Spark、Docker、OpenStack 等开源云计算方案，方便读者更好地掌握本书的主体内容。另外，云计算在互联网和信息社会发展史中处于什么位置？它将朝什么方向发展？这些读者关心的问题也将在本章加以阐述。

12.1　主流商业云计算解决方案比较

云计算时代已经到来，从 Google App Engine[1]到 Amazon 的 AWS[2]，从微软的 Azure[3]到 VMware 的 vCloud[4]，为了在云计算时代继续保持自己的领先优势，IT 业的巨头们纷纷推出自己的云计算解决方案。这些方案的着眼点和应用场景不尽相同，技术实现上各有千秋。解决方案的多种多样反映了云计算蓬勃发展的势头，也使得用户需要面临解决方案选择的问题。不论是个人用户还是企业用户，了解各种云计算解决方案的异同点，都将有助于选择最合适自己的方案。

本节将从应用场景、使用流程、体系结构、实现技术和核心服务五个方面比较 Google、Amazon、微软和 VMware 这四家公司的云计算解决方案。四家公司解决方案的具体细节参见前面的相关章节。

12.1.1　应用场景

Google、Amazon、微软和 VMware 这四家公司在不同时间陆续推出各自的云计算方案，在应用领域和赢利模式上，Amazon 和 Google 处于领跑者地位，微软和 VMware 紧随其后。

Google 在 2007 年率先提出了"云计算"的概念，开发了电子邮件、在线文档等一系列 SaaS 类型的云计算产品，并根据产品开发中积累的技术，打造了 Google App Engine 平台来对外提供 PaaS 类型的服务。开发人员可以在 Google App Engine 平台上开发应用程序并对外服务。该平台采用了 Google GFS、Bigtable 等关键技术，具有很高的可靠性和稳定性。但由于该平台和 Google 自身产品的开发需要结合得过于紧密，所以在使用中限制较多，例如最初只支持 Python 和 Java 语言（目前还可支持 PHP 和 Go 语言）、基于 Django 架构的 Web 应用等。目前 Google App Engine 的使用者大都是个人用户，使用的内容也主要是开发一些比较实用的小规模程序，比如搭建 CDN、使用 iphone 访问 GAE 等。不过考虑到 Google 在全球的服务器数量已经超过 200 万台，海量的服务器将会产生巨大的聚集效应，再加上 Google 强大的科研创新实力，相信 Google 很快就会推出专门面向企业的"杀手级"服务。

　　Amazon 在"云计算"概念出现之前就开始了提供弹性的计算、存储等服务,其云计算解决方案在技术上最为全面深入。整套方案被统一命名为 Amazon Web Service(AWS)。Amazon 的 AWS 包括了云计算服务的所有类型(IaaS,PaaS 和 SaaS)。个人和企业可以通过 EC2 和 S3 来构建 SmugMug、Animoto 等典型应用,通过 SimpleDB 来处理日常简单的数据库业务,利用弹性 MapReduce 进行大规模数据处理,利用 CloudFront 分发网页内容,利用 FPS 提供安全的网上支付服务等。可见,Amazon 提供的云计算服务是目前所有的商业解决方案中覆盖领域最全面、应用范围最广泛的,并且 Amazon 还在根据市场需求不断推出更多的新型服务。

　　微软在 2008 年发布了其云计算战略及云计算服务平台 Windows Azure Platform,其后连续发布了几个版本,很多特性和服务都在不断地完善和改进中。微软的 Azure 平台中包含了 IaaS 和 PaaS 类型的云计算服务,主要面向软件开发商。其中,Windows Azure 云操作系统是整个云计算方案的核心,包含了多种计算和存储服务;在此基础上 AppFabric 和 SQL Azure 分别提供了云的基础架构服务和数据库服务。此外,微软还提供了 Azure Marketplace 用于在线购买基于云计算机的数据与应用。与其他方案不同的是,Azure 中考虑了本地环境在云计算方案中的作用,Azure 上的程序在离线状态下仍可在本地环境中运行。

　　VMware 在云计算解决方案中充分利用了自身在虚拟化技术上的领先优势,在 2008 年与 EMC、思科等公司联合推出了 vCloud 计划,在 2009 年又推出了首款云操作系统 vSphere。目前,VMware 通过自主研发和收购合作,提供了包括云基础架构及管理、云应用平台和终端用户计算在内的所有类型的一系列云计算产品和解决方案,其中以 IaaS 类型服务为主,用以支持企业级组织机构从现有的数据中心向云计算环境进行转变。

　　表 12-1 展示了 Google、Amazon、微软和 VMware 云计算解决方案总体的异同点。

表 12-1　主流商业云计算解决方案比较

	Google	Amazon	微软	VMware
提供的服务类型	PaaS, SaaS	IaaS, PaaS, SaaS	IaaS, PaaS, SaaS	IaaS, PaaS, SaaS
服务间的关联度	所有服务被捆绑在一起,耦合度高	可以任意选择服务组合,耦合度低	可以任意选择服务组合,耦合度低	可以任意选择服务组合,耦合度低
虚拟化技术	未使用	Xen	Hyper-V	ESX Server
运行环境	Google 提供的环境,位于云端	Amazon 平台,位于云端	位于云端或本地	位于云端
支持的编程语言	Python, Java	多种	多种	多种
使用限制	最多	最少	较少	较少
实现功能	最少	最多	较多	较多
计费方式	有免费部分和收费项目	按实际使用量付费	按实际使用量付费	按实际使用量付费
可扩展性	自动扩充所需资源并进行负载均衡	需要手动或通过编程自动地增加所需的虚拟机数量	需要手动或通过编程自动地增加所需的虚拟机数量	需要手动或通过编程自动地增加所需的虚拟机数量
不同应用间的隔离	通过沙盒来实现	通过将不同的应用运行在不同的虚拟机上来实现	通过将不同的应用运行在不同的虚拟机上来实现	通过将不同的应用运行在不同的虚拟机上来实现

从表 12-1 中可以看出，四家公司的云计算解决方案各有特色，除了各个公司提供的云计算软件服务外，用户可以根据自身需要选择合适的平台来构建自己的云计算服务。例如，如果用户对定制性要求不高、希望简化操作时，可以选择 Google App Engine；如果需要直接定制底层硬件配置，可以选择 Amazon 的 AWS 或 VMware 的 vCloud；如果希望利用已有的 IT 环境或需要离线操作，则可以选择微软的 Azure。

12.1.2　使用流程

个人或企业用户在使用各种云计算解决方案时都要遵从一定的使用流程。Google、Amazon、微软和 VMware 的云计算方案从整体上来看基本的流程是一致的，但是具体的细节有所不同。

1．Google App Engine 的使用流程

（1）注册 Google 账户，填写注册信息，登录。

（2）创建 Google App Engine 应用，通过手机号码完成验证，填写应用的详细信息（注意应用的标示符无法更改）。

（3）下载 App Engine SDK。

（4）使用 Python 或 Java 语言在本地开发应用程序，并完成本地调试。

（5）将程序上传到 Google App Engine 后运行。

2．Amazon AWS 的使用流程

（1）注册亚马逊账户，填写注册信息，登录。

（2）根据需要选择需要的服务进行注册，填写相关信息，完成服务配置（对于 IaaS 类型服务需要选定所需的资源数，对于其他类型服务需要对设置参数）。

（3）上传应用程序或待处理数据，有时需要按要求上传附加程序。

（4）运行服务，直至获取结果。

（5）停止使用，根据实际使用量支付相关费用。

3．微软 Azure 的使用流程

（1）在 Azure 页面上输入 Live ID，注册 Azure 账号，填写注册信息，登录。

（2）在项目列表中选择"Windows Azure"，然后在新建服务向导中选择"托管服务"。

（3）在本地新建"cloud"类型项目，编写应用程序并完成调试。

（4）创建应用程序服务包，将服务包上传到 Windows Azure 上，设定 URL 地址，选择"部署"，选择"运行"。

（5）停止使用，根据实际使用量支付相关费用。

4．VMware vCloud 的使用流程

（1）加入 VMware 技术联盟计划，填写基本信息，获取账号和信息支持，登录。

（2）选择编程语言（支持 Java、C、C++）编写在不同操作系统（包括 Linux、Windows、Solaris）上运行的软件应用程序，并可根据 vCloud API 来利用基于 VMware

的云计算基础架构。

（3）在 VMware 认证服务提供商列表中选择合适的服务提供商，或选择使用企业自身的支持 vCloud 的云计算环境。

（4）在虚拟机、虚拟设备和 vApp 三种模式中选择一种，将应用程序部署到云平台中运行。

（5）停止使用，如果使用了服务提供商的服务，根据实际使用量支付相关费用。

12.1.3　体系结构

Google、Amazon、微软和 VMware 的云计算解决方案所提供服务的差别与其云计算系统体系结构的差异密切相关。

Google App Engine 的结构是主/从式的，共分为四个部分。前端用于负载均衡、静态文件转发和请求转发；应用服务器用于运行程序；应用管理节点用于复杂应用启停和计费；服务群用于提供多种类型的服务。这四个部分被集成为一个整体，对外提供服务。

Amazon AWS 的架构是完全分布式、去中心化的。不同用户请求在经过一系列请求路由后被分发到各自的目的地。服务之间的低耦合度可以保证各个服务之间的运行互不影响，且整个系统不存在弱点。

微软 Azure 的架构由“云”和“端”两部分组成，“云”和“端”能够无缝地运行应用程序和提供服务是 Azure 的特点。Azure 的核心是云计算操作系统 Windows Azure，用以提供多种计算和存储服务。在此之上，AppFabric 为本地应用和云中应用提供了分布式的基础架构服务，SQL Azure 提供类似 SQL Server 的数据库服务、报表服务、数据同步服务等。

VMware 平台的云计算服务中以云基础架构和管理为主，其中主要包括云操作系统 vSphere 和底层架构服务 vCloud Service Director 两大部分。vSphere 中包含了底层的虚拟机 ESX Server 和 vCenter，ESX Server 负责对数据中心虚拟化，vCenter 负责整合和管理 ESX Server。在 vSphere 架构之上，vCloud Service Director 利用一系列虚拟技术提供连接企业虚拟环境与私有云的接口和自动化管理工具，通过运行 vCloud Express 与外部服务商无缝地连接，向外提供云 IaaS 服务。

四家公司云计算体系结构的主要相同之处有如下两点。

（1）整个云计算平台对外提供统一的 Web 接口。

（2）后台实现的细节对用户透明。

主要的区别也有两点。

（1）Amazon、微软和 VMware 的云计算服务都是由多种服务组成，需要为不同的服务提供不同的入口。Google 的云计算服务实现相对简单，没有实现多个服务的单独入口。

（2）微软的云计算不仅支持云端应用程序，还支持本地的应用程序，这是微软云计算和其他三种方案的最大不同之一。这也反映了微软在云计算中的“云+端”策略。

12.1.4　实现技术

云计算至今还没有公认的统一定义，技术实现上也是千差万别。各个公司都以自己原先的技术优势为基础，来构建各自的云计算系统。下面将四家公司的核心技术进行总结。

1. Google App Engine 的实现技术

Google 云计算系统中所采用的技术来源于搜索等核心产品，具有很强的创新性。Google App Engine 实现中所涉及的关键技术被 Google 以论文的形式陆续公开。总体来讲，可以分为 GFS、MapReduce、Bigtable 和 Chubby 四个相互独立却又紧密联系的组成部分。这四部分都是由 Google 独立开发的全新系统。其中，GFS 是为 Google 应用程序量身定做的分布式文件系统，数据分块存储在块服务器上并自动备份；MapReduce 是一种并行数据处理的编程规范，通过自定义的 Map 函数和 Reduce 函数可以实现大规模数据的快速并行处理；Bigtable 是一个采取了多种容错措施的分布式数据库，具有很高的可用性；Chubby 是一个分布式的锁服务，用于保证系统服务的一致性。

2. Amazon AWS 的实现技术

Amazon 在技术上进行了一系列的创新。最具代表性的是基础存储架构 Dynamo，它是一个完全分布式的存储架构，采用了改进的一致性哈希算法、向量时钟、Merkle 树等技术，在负载均衡、系统扩容等方面有着天然的优势。在此基础上，Amazon 设计了 EC2、S3、SimpDB 等计算、存储、数据库服务，并积极地引入已有的先进技术，如在 EC2 上使用 Hadoop 的 MapReduce 来构建弹性 MapReduce 服务等。

3. 微软 Azure 的实现技术

微软 Azure 以微软在个人计算机操作系统和应用软件上多年的技术积累为基础，通过在虚拟机上运行 Windows Server 2008、基于 SQL Server 实现 SQL Azure 等方式构建云计算系统。这些已有的技术具有很好的成熟性和广泛的使用性，经过了大量用户长期使用的检验，符合多数用户的使用习惯。通过整合和扩展已有技术，微软 Azure 可以保证用户在使用体验上的无缝过渡，也使得开发者可以使用习惯的编程语言和框架在相对熟悉的平台上进行软件开发。

4. VMware vCloud 的实现技术

VMware 充分利用在虚拟化技术上的优势，对云计算中涉及的计算、存储、网络等方面进行了虚拟化，提供以 IaaS 类型为主的云计算服务。在底层，VMware 开发了云操作系统 vSphere，实现了对数据中心服务器的虚拟化和对虚拟机的管理。在 vSphere 之上，VMware 又开发了 vCloud Service Director，利用一系列虚拟技术提供连接企业虚拟环境与私有云的接口和自动化管理工具。VMware 还提供了桌面虚拟化产品 VMware View，通过在一台普通的物理服务器上虚拟出很多台虚拟桌面来供远端的用户使用，以简化 IT 管理和节省开支。除此以外，VMware 还通过收购合作等方式，借助已有的基础来推出 PaaS 和 SaaS 类型的云计算服务。

12.1.5　核心业务

四种主流的商业云计算解决方案中均涉及计算服务、存储服务和数据库服务这三个核心业务。下面对不同方案在这三个核心业务上分别进行比较，找出其中的异同点。

计算服务是所有的云计算解决方案最核心的业务之一，同时也是用户最常用的服务务。Google 提供基于 MapReduce 的数据处理，整个过程对用户而言是透明的。Amazon 的 EC2 给予用户配置硬件参数的权利，使得用户可以根据实际的需求动态地改变配置，从而提高效率和节省资源。微软的 Azure 允许用户在处理数据之前设置部分参数，但相对于 EC2 其灵活性要差很多。VMware 的 vCloud 中提供了 DRS 和 DPM 技术，可以通过迁移和关闭虚拟机来实现资源优化。表 12-2 是这四种计算服务的比较。

表 12-2　商业云计算方案的计算服务比较

	Google MapReduce	Amazon EC2	微软 Azure 计算服务	VMware vCloud 计算服务
服务类型	PaaS	IaaS	PaaS	IaaS
虚拟机的使用	未使用	用户可以根据需要设置运行虚拟机的硬件配置	系统自动分配	vCenter 自动进行资源优化
运行环境	Google 自身提供的环境，用户无法自行调配	用户自行提供运行程序所需的 AMI	系统自动为用户生成的装有 Windows Server 2008 的虚拟机	用户在虚拟机、虚拟设备和 vApp 三种模式中选择一种
易用性	最好	稍差	较好	较好
灵活性	稍差	最好	较好	较好
适用的应用程序	适合可以并行处理的应用程序	任意程序	任意可在 Windows Server 2008 上运行的程序	任意程序

稳定、高效的存储系统既是系统正常运行的重要保证，也可以单独作为一项服务提供给用户。四种方案之中，Amazon 的 S3 和微软的 Blob 存储比较的类似，Google 的 GFS 则完全不同，VMware 目前仅向虚拟机提供存储服务。表 12-3 是四种存储服务的简单对比。

表 12-3　商业云计算方案的存储服务比较

	Google GFS	Amazon S3	微软 Blob	VMware 存储
系统结构	文件分块存储	桶、对象两级模式	容器、Blob 两级模式	目录、文件两级模式
可扩展性	可通过增加数据块服务器数量扩展存储容量	可通过增加桶中对象数量扩展存储容量	可通过增加容器中 Blob 数量扩展存储容量	自动迁移虚拟机以获取更大存储容量，及自动回收未使用存储容量
数据交互方式	用户和数据块服务器进行数据交互	用户可以从获得授权的对象中取得数据	用户可以从获得授权的 Blob 中取得数据	仅提供给虚拟机使用
存储限制	无特殊限制	桶的数量和对象大小有限制，但对象的数量无限制	Blob 大小有限制，但是容器和 Blob 数量未限制	数据存储可跨越多个物理存储子系统
容量扩展方式	自动扩容	手动或编程实现自动扩容	手动或编程实现自动扩容	自动迁移虚拟机以扩容
容错技术	针对主、从服务器有各自的容错技术	数据监听回传 Merkle 哈希树数据冗余存储	仅重传出错的 Block，数据冗余存储	为运行中虚拟机创建与同步的 Shadow 虚拟机多个虚拟机的集中备份

四家公司都提供了"云"环境下的数据库存储服务。Google App Engine 的 Datastore 构建在 Bigtable 上，但自身及其内部没有实现直接访问 Bigtable 的机制，可以看做是 Bigtable 上的一个简单接口。Amazon 的 SimpleDB 采用的是"键/值"存储方式，功能比较简单，实现的查询功能也不太全面。SimpleDB 和 Datastore 使用的都是"实体—属性—值"（Entity-Attribute-Value）的 EAV 数据模型。微软的 SQL Azure 是云环境下的关系数据库，并支持报表、数据同步等服务。VMware 在最近的 CloudFoundary 中采用了 10gen 开发的开源云数据库 MongoDB，可以实现均衡性较好的分布式数据库存储。表 12-4 是四种数据库之间的比较。

表 12-4　商业云计算方案的数据库服务比较

	Google Datastore	Amazon SimpleDB	微软 SQL Azure	VMware MongoDB
系统结构	实体组、实体、属性、值四级模式	域、条目、属性、值四级模式	Authority、容器、实体三级模式	集合、文档、域、值四级模式
主要存储的数据类型	结构化和半结构化数据	结构化数据	结构化数据	结构化和半结构化数据
所用的查询语言	GQL	支持有限的 SQL 语句	SQL	BSON
数据更新时间	有延迟，但不是常态	有延迟	没有延迟	有延迟
实现的功能	较多	最少	最多	较多
其他数据库服务	无	运行在 EC2 上的 Oracle、SQL Server 等	无	运行在 vCloud 上的 Oracle、SQL Server 等

从上述比较中不难发现，四种商业云计算解决方案在应用场景、使用流程、体系结构、实现技术、核心业务等方面都存在较大的差异。但不同方案之间没有绝对的优劣之分，仅有适用场合的区别，用户可在确定自身的需求后进行选择。

12.2　主流开源云计算系统比较

开源云计算系统为个人和科研团体研究云计算技术提供了平台，也为企业根据自身需要研发相应的云计算系统提供了基础。利用开源云计算系统，可以在低成本机器构成的集群系统上模拟出近似商业云计算的环境。

随着云计算研究的不断发展，开源云计算系统也层出不穷。其中，有对成熟商业云计算系统的模仿实现，例如模仿 Google 云计算系统的 Hadoop，能实现类似 AWS 功能的 Openstack；也有专门针对 Hadoop 不足而开发的 Spark；还有针对特定服务的云计算系统，例如专门实现应用程序打包和迁移的 Docker，面向存储的 Cassandra、VoltDB、MongoDB 等。

为了帮助用户更好地选择符合需要的开源计算系统，本节从开发目的、体系结构、实现技术和核心服务四个方面，对 Hadoop[5]、Spark[6]、Docker[7]、Openstack[8]四种同时包含了计算和存储服务的主流开源云计算系统进行比较分析。关于这四个开源云计算系统的具体细节参见前面的相关章节。

12.2.1 开发目的

Hadoop 旨在提供与 Google 云计算平台类似的开源系统，由开源组织 Apache 孵化。对于 Google 云计算平台中包含的 GFS、MapReduce、Bigtable 等组件，Hadoop 中分别有 HDFS、MapReduce、HBase 等开源实现的组件与之对应。此外，Hadoop 还包含了若干个独立的子系统，例如分布式数据仓库 Hive、分布式数据采集系统 Chukwa、远程过程调用方案 Avro。由于 Hadoop 具有良好的性能和丰富的功能，其改进版本目前已经在中国移动、淘宝等公司得到了应用。

Spark 最初是针对 Hadoop 批处理模式存在的问题而开发的。在机器学习、图处理等众多领域需要对数据进行反复的迭代处理。而 MapReduce 的中间结果要保存在本地磁盘，因此对于这种需要迭代处理的计算任务，从 I/O 效率来看，MapReduce 并不适合。基于这种考虑，UC Berkeley 的 AMP 实验室主导开发了 Spark 系统，并将其开源。现在 Spark 已经成为 Apache 的顶级项目。Spark 目前在国内外得到了较为广泛的应用，最大的一个集群规模已经达到 8000 个节点。

Docker 虽然最初的开发只是为了简化程序开发和运行过程，但就其目前的发展来看，Docker 为云平台的实现提供了另一种思路和可能性。简单来讲，可以将 Docker 理解成一个轻量级的虚拟机（Virtual Machine，VM）。但实际上其准确的理解应当是一种应用容器（Application Container）。Docker 实现的功能和虚拟机类似，可以让开发者和用户将程序当前完整的运行环境打包，然后运行到另一个环境中。但是和传统的虚拟机实现方案相比，Dcoker 是非常轻量级的。在启动时间、对资源的占用等方面具有绝对的优势。Docker 的这种特性让以 Docker 容器为单位的云平台成为可能。如果在云平台中广泛地使用 Docker，则可以将任何程序都统一封装在 Docker 容器中进行销售、分发和部署。

OpenStack 旨在为不同规模的企业提供一种构建云平台的简便方式。这种云可以是私有云，也可以是公有云。OpenStack 是由美国航空航天局（NASA）和 Rackspace 公司共同开发完成。OpenStack 可以为用户提供包括计算、存储、数据库服务等在内的多种云服务。同时提供具有统一接口的管理平台以便于管理。主流开源云计算系统比较见表 12-5。

表 12-5 主流开源云计算系统比较

	Hadoop	Dcoker	OpenStack	Spark
参照的商业方案	Google	VMware	AWS	无
提供的服务类型	PaaS	PaaS	IaaS	PaaS
服务间的关联度	所有服务被捆绑在一起，耦合度高	所有服务被捆绑在一起，耦合度高	可以选择组件来实现不同的服务，耦合度低	可以选择模块应对不同处理任务，耦合度低
支持的编程语言	主要是 Java	多种	多种	多种
使用限制	较多	较少	较少	较多
支持的功能	较多	较少	较多	较多

续表

	Hadoop	Dcoker	OpenStack	Spark
可定制性	较弱	较弱	较强	较弱
可扩展性	自动扩充所需资源并进行负载均衡	需要手动增加所需的应用程序数量	可以实现自动扩充所需资源并进行负载均衡	自动扩充所需资源并进行负载均衡
特色	实现了 Google 云计算系统的关键功能，得到了广泛应用	能便捷地实现应用程序的打包和迁移	可以灵活地构建公有云、私有云以及混合云	解决了 Hadoop 存在的一些问题，同时支持流处理、图处理等多种类型任务

12.2.2 体系结构

Hadoop 采用与 Google 云计算平台类似的体系结构，主要由 Hadoop Common、HDFS、MapReduce、HBase、Zookeeper 等组件构成。其中，Hadoop Common 是整个 Hadoop 项目的核心，其他子项目都是在其基础上发展起来的；HDFS 是支持高吞吐量的分布式文件系统；MapReduce 是大规模数据的分布式处理模型；HBase 是构建在 HDFS 上的、支持结构化数据存储的分布式数据库；ZooKeeper 用于解决分布式系统中的一致性问题。此外，Hadoop 还包含了若干个相对独立的子项目，例如用于管理大型分布式系统的数据采集系统 Chukwa、提供数据摘要和查询功能的数据仓库 Hive 等。

Spark 经过几年的发展，已经较为完善。围绕着 Spark 的核心模块（Spark Core），已经构建起一个支持多种数据处理的完整生态圈。AMP 实验室称之为 BDAS（Berkeley Data Analytics Stack）[9]，如图 12-1 所示。

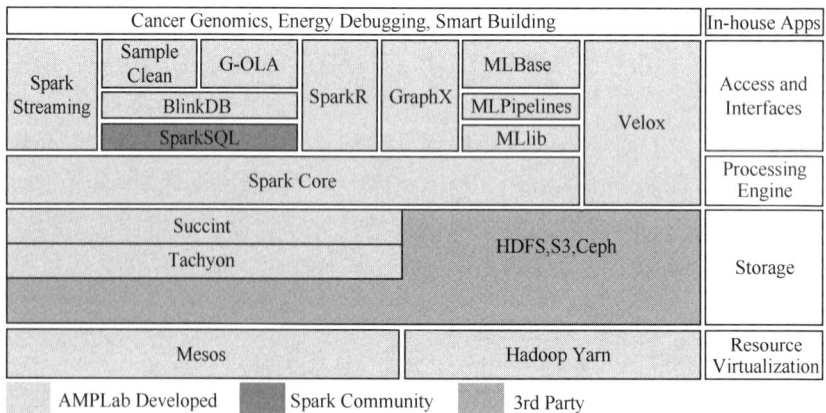

图 12-1 Berkeley Data Analytics Stack

在这个体系结构中，最核心的自然是 Spark Core。底层文件系统支持 HDFS、S3 等。资源管理和调度系统则支持 Mesos 以及 Hadoop Yarn。在此之上则支持流处理（Spark Streaming）、近似计算（BlinkDB）、图处理（GraphX）、机器学习（MLBase）等多种计算任务。

Docker 的基本体系结构如图 12-2 所示。

从图 12-2 中不难发现 Docker 的实现其本质也是一种虚拟化技术。但跟 VMware 这种重量级虚拟化产品比较而言，其实现中无须实现硬件的虚拟化，也不用搭载自己的操作系统。因此无论在体量还是在启动速度等方面都有绝对的优势。但是由于 Docker 对 Linux 容器的依赖，目前 Docker 只能运行在 Linux 环境下。

图 12-2　Docker 基本架构

OpenStack 提供了一整套的 IaaS（Infrastructure as a Service，基础设施即服务）实现。最新的发行版中主要包括如下的 11 种服务：对象存储（Swift）、计算服务（Nova）、镜像服务（Glance）、面板（Horizon）、鉴权服务（Keystone）、网络服务（Neutron）、块存储服务（Cinder）、遥测（Ceilometer）、编排（Heat）、数据库服务（Trove）、数据处理（Sahara）。其中最核心的是对象存储（Swift）以及计算服务（Nova）。

12.2.3　实现技术

Hadoop 在功能上尽可能地模仿 Google 云计算平台，实现分布式文件存储系统 HDFS、计算系统 MapReduce、分布式数据库 Hbase 等。但对于 Google 云计算平台的部分功能，Hadoop 在实现上依然存在着差距。例如，Hadoop 中使用 ZooKeeper 代替 Google 云计算系统中的 Chubby，但前者在功能上存在一定的不足。

Spark 的内核采用 Scala 语言开发，实现了一整套的基于内存的迭代计算框架。Spark 基于 RDD（Resilient Distributed Datasets，弹性分布式数据集）这种基本数据结构来对数据进行处理。数据处理主要在内存中完成，因此效率很高。同时跟 MapReduce 主要支持 Map 和 Reduce 操作不同，Spark 支持更多类型的操作，比如 filter、flatMap、sample、groupByKey、reduceByKey、union、join 等。

Docker 基于 Linux 容器（Linux Containers，LXC），采用 Go 语言实现。虚拟化技术需要解决隔离性、可配额、移动性以及安全性这四个方面的问题。其中隔离性由 Linux 的 Namespace（命名空间）来保证，可配额由 Cgroups（Control groups）来实现。移动性则利用了 UnionFS（Union File Systems）来实现，就 Docker 本身而言，主要使用的是 AUFS（Another UnionFS）；最后在安全性方面 Docker 主要利用了 Linux 内核的 GRSEC 补丁（patch），以此来保护宿主不受非法入侵。

OpenStack 在处理能力上类似于 Amazon Web Services。虽然 OpenStack 中各个服务相对独立，但在完整的功能实现时，基本都需要各个服务的相互配合。其中 Nova 是核心，负责相关的计算任务。当计算实例需要进行持久化存储时，可以选择基于对象的存储 Swift 或者基于块的存储 Cinder。Horizon 提供了用户图形界面。而 Keystone 则可以完成权限控制等方面的工作。

12.2.4　核心服务

在计算服务、存储服务、数据库服务三大核心服务上，Hadoop 所提供的服务与

Google 云计算平台十分类似，分别由 MapReduce、HDFS、HBase 组件承担；Spark 提供了包括批处理、流处理在内的多种处理模式。在某种程度上来说，Spark 比 Hadoop 可处理的任务类型更广。Docker 作为一种应用容器，通过轻量级虚拟化技术实现了云环境下各种程序的便捷迁移。Openstack 提供了与 Amazon EC2 和 S3 类似的计算和存储服务，用户可以自行实现一个较为完整的云平台；表 12-6 展示了除 Docker 外上述三个主流开源云计算系统在核心服务方面的比较。

表 12-6　开源云计算系统的核心服务比较

	Hadoop	Spark	OpenStack
计算服务	基于 MapReduce 的计算任务	基于 RDD 数据结构的内存计算	提供计算服务 Nova
存储服务	提供分块存储的 HDFS	兼容包括 HDFS 在内的多种文件系统	基于对象的存储 Swift 或者基于块的存储 Cinder
数据库服务	提供布式数据库的 HBase	Spark SQL	提供专门的数据库服务 Trove

Docker 提供的服务和上述三种不太一样。Docker 本身并不提供完整的计算、存储等服务。但 Docker 提供的对各类应用程序简易的打包和迁移服务使得 Docker 成为众多云平台的基础组件之一。

12.3　云计算的历史坐标与发展方向

云计算的兴起无疑是互联网发展史上最激动人心的事件之一。那么，云计算在互联网和信息社会的发展历程中究竟处于什么位置？云计算的发展方向是什么？本节将对这些问题进行分析。

12.3.1　互联网发展的阶段划分

回顾互联网的发展历史，展望未来，可以将互联网的发展进程大致划分为三个阶段。

1．第一代互联网

1969 年，为了能在核战争爆发时保障通信畅通，美国国防部启动了具有抗核打击能力的计算机网络 ARPANET 研究项目。ARPANET 建立在分组交换技术之上，首批连接了美国四所大学。

从 20 世纪 70 年代末开始，个人计算机兴起，各式各样的计算机网络应运而生，如 MILNET、USENET、BITNET、CSNET 等。由此产生了实现不同网络之间互联的需求，导致了 TCP/IP 协议的诞生。1982 年，ARPANET 开始使用 IP 协议。

1986 年，美国国家科学基金会（NSF）资助建成了基于 TCP/IP 的主干网 NSFNET，连接了主要的科研机构，第一代互联网由此诞生。

这个阶段只有极其少量的计算机实现了相互连通，可以进行数据通信，所能够支持的应用非常少，发挥的作用不大。然而，第一代互联网的意义却十分深远，它使人类社会初现信息社会的雏形，我们将其称为"信息社会 0.1"。

2．第二代互联网

1989 年，Tim Berners-Lee 提出万维网（WWW）的设想。他发明了超文本，使用超级链接将不同服务器上的网页互相链接起来，从而使人们很容易访问相互关联的信息。他将这项发明无偿提供给全世界使用。WWW 的出现推动互联网用户数呈指数增长。从 1995 年到 2002 年，互联网用户数平均每半年翻一番。

2003 年后，WWW 从单纯通过浏览器浏览 HTML 网页的 Web 1.0 模式演化到方便大量用户共同参与互联网内容编织的 Web 2.0 阶段。新的应用应运而生，如博客（Blog）、社会关系网络（SNS）、维基百科（Wiki）、内容聚合（RSS）、混搭编程（Mashup）等。

在 20 年的时间里，WWW 给全球信息交流和传播带来了革命性的变化，改变了商业运作模式，改变了人们的生活方式，改变了知识的获取和形成模式，缔造了许多优秀的 IT 公司，如 Google、eBay、Amazon、Facebook、腾讯、阿里巴巴等。这个阶段，我们将其称为"信息社会 1.0"。

3．第三代互联网

第三代互联网的呼声开始于 20 世纪 90 年代末。当时以网格技术、Web Services、IPv6 等为代表的新技术不断涌现，让人们看到了将网上所有信息资源融为一体的希望。然而，十多年的发展历程证明，人们对网络资源融合的预期过于乐观了。网络资源融合除了存在技术上的障碍外（例如互操作技术标准体系、信息安全等），还受到许多非技术因素的影响（例如政策因素、商业模式、利益冲突等）。

但是，网络资源高度融合的这一天迟早会到来。云计算技术从 2007 年突然兴起，且迅速形成盈利模式，正式掀开了第三代互联网的面纱。看似突然，实际上是偶然中的必然——云计算只是众多下一代互联网技术中率先突围的一个。

我们认为，第三代互联网将实现信息节点之间的大协作，实现信息系统之间的互操作，实现信息平台一体化，从而构成紧密星球（Compact Planet）。第三代互联网的基础是无处不在的宽带网络，Internet 2 和 NGN 将融为一体，Wifi、3G、LTE 等的普及将导致终端泛化、全民上网。笔记本电脑、上网本、手机、PDA、摄像头、传感器、RFID、电视、冰箱、汽车等，都将与互联网相连，从而使得几乎每一个物体、每一个人都成为互联网的一部分。第三代互联网的信息将以富媒体（Rich Media）的形式存在。它是由各种方式产生的多种媒体的有机集成，支持非特定人员的动态参与和协作，并可自适应地呈现在各种终端上和各种应用系统中。人类的所有信息将朝着被有序管理的方向迈进。第三代互联网的时代，我们称为"信息社会 2.0"。

4．三代互联网的比较

在第一代互联网时期，网络缺乏与传统信息传播业竞争的实力，传统行业（如电信、电视、新闻、出版、广告等）占主导地位。在第二代互联网时期，网络提高了传统行业效率，开始与传统信息传播业分庭抗礼。数字出版第一次超过了传统出版，《读者文摘》破产就是一个典型的代表。几乎所有人类行为都将与网络关联，90%以上的物理能力和行为都将在网络中体现，人们在网络上开展业务运营、视频监控、电子商务、金融服务、通信联络等。

　　前两代互联网技术革命都是由美国引领的，第三代互联网也诞生在美国。究其原因，其科技创新模式和风险资本运作模式是一个重要因素。然而，我们相信，第三代互联网最终将由中国来引领。主要原因是：中国有无与匹敌的市场规模，有无与伦比的决策和执行效率（如收放自如的市场调控能力等）。目前，中国的科技创新体系已经初步形成，自主研发能力提升迅速，正依次在信息化程度越来越高的行业取得优势：从制造业（钢铁、轮船、集装箱、重型机械等），到精密制造业（汽车、高速列车、飞机、电子产品等），再到信息、服务业（电子商务、软件等）。根据世界知识产权组织（WIPO）公布的 2013 年国际专利申请状况，国内的中兴和华为均进入了前三。根据世界著名的消费市场研究机构 Euromonitor 在 2009 年 12 月发布的调查结果，海尔冰箱在全球市场占有率已经位列第一。根据 Dell'Oro 在 2009 年 5 月公布的统计数据，华为、中兴通讯在全球移动通讯设备市场的排名已经分列全球第三和第五。我国的电子商务交易 2013 年达到 9.9 万亿元，阿里巴巴已经在 B2B 领域保持国际领先。近期我们已经看到中国高速铁路技术已经开始引领世界，我们将看到中国在更多高技术领域领先，包括移动宽带、云计算、IPv6、物联网、大飞机等领域。

　　表 12-7 呈现了对三代互联网横向对比的结果。

<h3 style="text-align:center">表 12-7　三代互联网的比较</h3>

	第一代互联网	第二代互联网	第三代互联网
社会形态	信息社会 0.1	信息社会 1.0	信息社会 2.0
历史时期	1970 年代，主机时代 1980 年代，PC 时代	1990 年代，Web 1.0 时代 2000 年代，Web 2.0 时代	2010 年代，云计算时代 2020 年代，云格时代
具体时段	1969—1989 年（20 年） 1969 年 ARPANET 诞生	1989—2007（18 年） 1989：WWW 诞生	2007—2023（16 年） 2007：云计算诞生
主要特征	实现计算机与计算机的通信连通	实现网页与网页的连通	实现信息平台的一体化
典型技术	分组交换传输技术（TCP/IP）	WWW、宽带网、Web 2.0	云计算、IPv6、移动宽带网、Web Services、网格计算、物联网、云格（Gloud）
媒体类型	文本	多媒体（MultiMedia）	富媒体（RichMedia）
典型应用	电子邮件、FTP、资料检索系统	搜索引擎、新闻、电子商务、论坛、聊天、视频、文件共享	计算资源租用、在线 CRM、在线 Office、GIG、一体化服务
典型特征	手工操作	半自动操作	信息随手可得
网络的地位	网络无力与传统信息传播业竞争传统行业（包括电信、电视、新闻、出版、广告等）占主导地位	网络提高了传统行业效率与传统信息传播业分庭抗礼	网络占绝对统治地位。 2009 年数字出版产值第一次超过了传统出版，美国标杆传统期刊《读者文摘》破产
潮流引领者	美国引领 • 军方需求推动	美国引领 • 科技创新模式 • 风险资本运作模式	中国引领 • 无与匹敌的市场规模优势 • 无与伦比的决策和执行效率

12.3.2　云格（Gloud）——云计算的未来

通过本书前面章节的学习，我们发现，云计算的规模可以动态扩展，处理能力超强，存储空间海量，高度可靠，资源利用率很高，通用性很强而且成本极低。这些特性决定了云计算正在以前所未有的速度迅速扩张，使得传统 IT 企业纷纷转型[15]。目前，硅谷已经涌现出上百家新型云计算创新企业，颇有 20 世纪 90 年代互联网刚刚兴起时的势头。

云计算无疑是迄今最为成功的商业计算模型，但它并不是完美无缺的，它的一些缺陷却是网格技术所擅长的。具体说来体现在以下五个方面。

（1）从平台统一角度看，目前云计算还没有统一的标准，不同厂商的解决方案风格迥异、互不兼容，未来一定会朝着形成统一平台的方向发展；而网格技术生来就是为了解决跨平台、跨系统、跨地域的异构资源动态集成与共享的，而且国际网格界已经形成了统一的标准体系和成功应用。网格技术能够帮助完成在云计算平台之间的互操作，从而实现云计算设施的一体化，使得未来的云计算不再是以厂商为单位提供服务，而是以构成的一个统一的虚拟平台提供服务。因而，可以预见，云和云之间的协同共享离不开网格的支持。

（2）从计算角度看，云计算管理的是由廉价 PC 和服务器构成的计算资源池，主要针对的是松耦合型的数据处理应用，对于不容易分解成众多相互独立子任务的紧耦合型计算任务来说，采用云计算模式处理数据的效率会很低（因为节点之间存在频繁的通信）；网格技术能够将分布在不同机构的高性能计算机集成在一起，处理云计算不擅长的紧耦合型应用（如数值天气预报、汽车模拟碰撞试验、高楼受力分析等）。如果云计算与网格技术能够一体化，则可以充分发挥各自特点。

（3）从数据角度看，云计算主要管理和分析商业数据；网格技术已经集成了极其海量的科学数据，如物种基因数据、天文观测数据、地球遥感数据、气象数据、海洋数据、药物数据、人口统计数据等。如果将云计算与网格技术集成在一起，则可以大大扩大云计算的应用范围。目前亚马逊在不断征集供公众共享使用的数据集，包括人类基因数据、化学数据、经济数据、交通数据等，这充分说明可以利用云计算处理这些数据集，同时也反映出这种征集数据的方法过于原始。

（4）从资源集成角度看，使用云计算，就必须将各种数据、系统、应用集中到云计算数据中心，如果改变很多现有信息系统的运行模式，把他们迁移到云计算平台上，将面临难度和成本的双重挑战。特别是，有些系统的数据源距离数据中心可能较远，且数据源的数据是不断更新的（物联网就具有此种特性），若要求随时随刻将这些数据传送到云计算中心，则会消耗大量的网络带宽。因此，会有大量的应用系统处于分散运转状态，而不会集中到云计算平台上去；而网格技术可以在现有资源上实现集成，达到"物理分散、逻辑集中"的效果，巧妙地解决这方面的问题。

（5）从信息安全角度看，许多用户担心将自己宝贵的数据托管到云计算中心，就相当于丧失了对数据的绝对控制权，存在被第三方窥看、非法利用或丢失的可能，从而不敢采用云计算技术；而在网格环境中，数据可以仍然保存在原来的数据中心，仍然由其所有者管控，对外界提供数据访问服务，只是一种"可以用，但不能全部拿走"的模式，不会丧失数据的所有权，但数据资源的使用范围扩大了、利用率提高了。由于数据源头分别由不同所有者控制，所有者可以决定是否共享数据，以及在什么范围共享，避免了敏感数据的扩散，比把所有数据都放进云计算数据中心进行共享更安全。

因此，云计算与网格技术之间是互补关系，而不是取代关系。网格技术主要解决分布在不同机构的各种信息资源的共享问题，而云计算主要解决计算力和存储空间的集中共享使用问题。可以预见，云计算与网格技术终将融为一体，这就是云计算的明天，作者给它取了个名字，叫云格（Gloud），即 Gloud=Grid+Cloud。

云计算与网格技术结合的基准将是面向服务的体系结构 SOA（Service Oriented Architecture）。SOA 最早由 Gartner 公司于 1996 年正式提出。SOA 架构模型的本质是业务建模——将一切信息资源封装成服务，以服务形式来解决业务间的互操作问题。目前，无论是网格技术，还是云计算，基本上都符合 Web Services 规范。Web Services 是 SOA 的实现机制之一。Web Services 是由 URI（Uniform Resource Identifier）标识的软件应用。该应用的接口和绑定可通过基于 XML 的语言进行定义、描述和发现。同时，该应用可通过基于互联网的 XML 消息协议与其他软件应用直接交互。Web Services 是简单的、标准的、跨平台的且与厂商无关的，可以大幅度降低构架耦合度，提供服务层次的集成。

在 SOA 框架下，无论是网格服务，还是云计算服务，或其他的 Web Services 服务，都能够非常容易地共存、共用、互操作。在这样的环境中，用户不必分清楚哪些部分是传统的 Web Services，哪些是云计算，哪些是网格技术，只要关心自己需要哪些服务（数据处理服务、高性能计算服务，企业管理服务、电子商务服务，等等），如何获取服务即可，如图 12-3 所示。

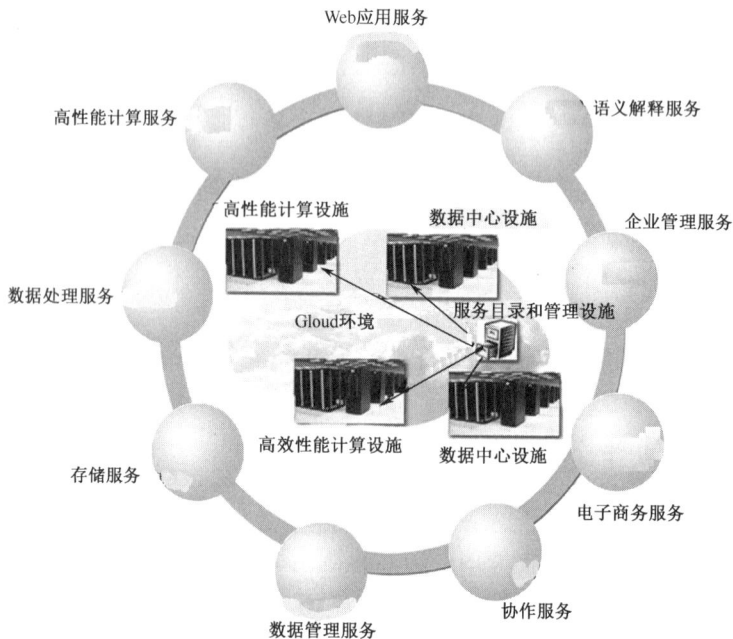

图 12-3　云计算与网格服务的融合远景

因此，我们有理由相信，未来的云格时代会更加美好！

习题

1．查阅资料，列举其他商业云计算解决方案的应用场景。

2．用图形方式描述 Google、Amazon、微软和 VMware 云计算平台的体系结构。

3．比较 Hadoop 与 Spark 的异同，以及 Docker 与 OpenStack 的异同。

4．以"体系结构"为比较点，在表 12-5 的基础上完善 12.2 节中关于主流开源云计算平台的对比。

5．查阅资料，简单描述一个适于"云格"技术思路解决问题的领域或场景。

参考文献

[1]   Google. Google App Engine.. http://code.google.com/appengine/.

[2]   Amazon. Amazon Web Service.. http://aws.amazon.com/.

[3]   Microsoft. Introducing the Windows Azure Platform (Final PDC10). http://go.microsoft. com/ ?linkid=9752185.

[4]   VMware. VMware vCloud.   http://www.vmware.com/products/vcloud/.

[5]   T. White. Hadoop: The definitive guide. 2nd Edition. O'Reilly Media, 2010.

[6]   Apache. Spark. https://spark.apache.org/.

[7]   Docker. Docker. https://www.docker.com/.

[8]   Rackspace. Openstack. https://www.openstack.org/.

[9]   AMPLab. BDAS.https://amplab.cs.berkeley.edu/software/.

[10]   中国移动通信. 中国移动大云. http://labs.chinamobile.com/focus/bigcloud/.

[11]   吴峥涛. XEngine 介绍. http://ecug.googlecode.com/svn-history/r371/trunk/cn-erlounge/iv/wuzhengtao/XEngine.pdf.

[12]   Zhuo Zhang, Chao Li, Yangyu Tao, Renyu Yang, Hong Tang, Jie Xu: Fuxi: a Fault-Tolerant Resource Management and Job Scheduling System at Internet Scale. PVLDB 7(13): 1393-1404.

[13]   至顶网. PHPwind 是阿里集团向用户延展业务的重要平台. http://soft.zdnet.com.cn/ software_zone/2010/1220/1969965.shtml.

[14]   Wei Cao, Feng Yu, Jiasen Xie: Realization of the Low Cost and High Performance MySQL Cloud Database. PVLDB 7(13): 1742-1747.

[15]   M. Armbrust, A. Fox, R. Griffith, A.D. Joseph，R.H. Katz, A. Konwinski, G. Lee, D.A. Patterson, A. Rabkin, I. Stoica, and M. Zaharia. Above the couldst: A Berkeley view of cloud computing. http://www.eecs. berkeley.edu/Pubs/TechRpts/2009/EECS-2009-28.pdf.

[16]   http://cloud.it168.com/a2010/0521/889/000000889396.shtml.